“十二五”普通高等教育本科国家级规划教材
普通高等教育“十一五”国家级规划教材
普通高等教育“十五”国家级规划教材

材料成形工艺

第2版

主　编　夏巨谌　张启勋
参　编　郝启堂　李远才　姚泽坤
　　　　王新云　金俊松　熊腊森
　　　　刘顺洪　杨思乾　李德群
　　　　周华民
主　审　华　林　姜奎华

机械工业出版社

本书为“十二五”普通高等教育本科国家级规划教材，全书共分为六篇：第一篇简要讲述材料成形工艺的发展概况、作用及特点；第二篇讲述液态金属的成形过程及控制、各种砂型与特种铸造成形的原理和方法、铸件的铸造工艺设计；第三篇着重讲述固态金属塑性成形中的模锻工艺及锻模设计、板料冲压工艺及冲模设计，其次讲述其他体积金属塑性成形和板管成形新工艺；第四篇系统讲述金属焊接成形原理、主要工艺方法、构件的焊接设计、焊接新技术和焊接成形件的缺陷分析及检测技术；第五篇在简要讲述塑料的性能与工艺特性的基础上，重点讲述塑料制品的设计原则、注射成型工艺及模具，其次讲述橡胶成形工艺与橡胶成形模具设计；第六篇着重讲述各种成形工艺方法的选用原则和工艺方案的技术经济论证。

本书可供高等院校材料加工工程专业的学生使用，也可供机械类专业学生和从事铸、锻、焊生产技术与科学研究工作的工程技术人员参考。

图书在版编目(CIP)数据

材料成形工艺/夏巨谌，张启勋主编．—2版．—北京：机械工业出版社，2010.1（2025.1重印）
普通高等教育“十一五”国家级规划教材
ISBN 978-7-111-29295-1

Ⅰ.材… Ⅱ.①夏…②张… Ⅲ.工程材料—成型—工艺—高等学校—教材 Ⅳ.TB3

中国版本图书馆CIP数据核字(2009)第231592号

机械工业出版社(北京市百万庄大街22号 邮政编码100037)
策划编辑：冯春生 责任编辑：周璐婷 版式设计：霍永明
责任校对：陈延翔 责任印制：郜 敏
北京富资园科技发展有限公司印刷

2025年1月第2版第11次印刷
184mm×260mm·22.25印张·552千字
标准书号：ISBN 978-7-111-29295-1
定价：59.80元

电话服务 网络服务
客服电话：010-88361066 机 工 官 网：www.cmpbook.com
010-88379833 机 工 官 博：weibo.com/cmp1952
010-68326294 金 书 网：www.golden-book.com
封底无防伪标均为盗版 机工教育服务网：www.cmpedu.com

第2版前言

《材料成形工艺》(第1版)于2004年10月出版发行以来，较好地满足了材料成形及控制工程专业人才培养的要求。广大读者在充分肯定成绩的同时，也提出了不少中肯的意见，这些意见主要可归纳为：材料成形工艺是材料成形及控制工程专业本科生毕业后从事的技术工作内容，因此，希望教材内容应与目前铸、锻、焊及塑料等制造行业的相应技术需求紧密结合；使学生具有较强的工艺分析计算与模具设计能力；使学生了解国内外发展动态，培养创新能力。

本书在保持《材料成形工艺》(第1版)的体系结构特点的基础上，着重围绕这些意见和专业发展趋势进行了修订，现将其主要修订内容说明如下：

1）第一篇概述为第1版的绪论，虽然主要内容仍是讲述铸、锻、焊、注塑等材料成形工艺的发展概况、作用、特点及发展趋势，但修订后的内容不仅能使学生学到这些入门知识，更重要的还能了解不同成形工艺的共同特点；其一，材料主要是在热态下成形；其二，材料是在模具的型腔内压制成形；其三，成形工艺的发展方向是精密成形。第六篇即原书第五篇综合应用，着重讲述了铸、锻、冲、焊、注塑等材料成形工艺方法的选用原则和工艺方案的技术经济论证。该两篇较为充分地概括了各种材料成形工艺的共同特点和内在联系，有利于培养学生对各种材料成形工艺的综合分析和总体把握能力，符合教育部“全面推进素质教育，培养创新人才”的高等教育改革与教材建设的精神。

2）第二篇液态金属铸造成形工艺是在第1版第一篇的基础上修订而成。第2版第二章是在保持第1版第一章液态金属成形过程及控制的基本结构及内容的基础上，作了少许修改，并适当增加了成形机理分析；针对我国目前砂型铸造产量占整个铸件产量的80%以上这一生产实际，在第三章集中讲述砂型铸造，将其成套技术讲深讲透；第四章为特种铸造，简要介绍熔模铸造、消失模铸造、压力铸造、离心铸造和低压与差压铸造的工艺原理、特点及应用范围；第五章讲述液态金属成形工艺设计，并在最后一节介绍一完整的设计实例。

3）第三篇固态金属塑性成形工艺(第1版第二篇)，将第1版第五章毛坯加热与锻件冷却、第六章开式模锻工艺及模具设计和第七章精密模锻工艺及模具设计合并为第2版第六章模锻工艺及锻模设计，第七章其他体积金属塑性成形工艺是将第1版第八章中的镦锻成形工艺改为粉末金属锻造而成；第八章冲压工艺及冲模设计和第九章板管成形新工艺两章，分别是在第1版第九章中增加了板料冲压性能试验方法、板料成形极限、模具结构设计和板管液压成形。针对冲压行业量大面广的特点，本篇在修订时压缩了体积金属塑性成形工艺的篇幅，增加了板料金属塑性成形工艺的内容。

4）第四篇金属焊接成形工艺是在第1版第三篇金属连接成形工艺的基础上，删去使用面窄而又与焊接无实质联系的螺钉联接、铆接、粘接和钣金咬接等联接方法，增加搅拌摩擦焊接、金属焊接等内容，集中讲述金属焊接原理、主要工艺方法、构件焊接设计、焊接新技术、焊接件的缺陷分析及检测技术。

5）第五篇高分子材料成形工艺，是在第1版第四篇的基础上增加了塑料片材、板材、棒材的热成形、挤塑成形工艺及模具。

6）第六篇即原书第五篇综合应用，着重讲述了铸、锻、冲、焊、注塑等材料成形工艺方法的选用原则和工艺方案的技术经济论证。讲课教师可在书中所列选用原则和实例的基础上，增加自己所熟悉的典型实例来丰富讲授内容。

经过上述修订，本书的结构将更加合理，重点更加突出，更加贴近工业生产实际，也更加便于教师讲授和学生学习。

本书由华中科技大学夏巨谌、西北工业大学张启勋主编，参加编写的有西北工业大学张启勋、郝启堂，华中科技大学李远才(第二篇)，华中科技大学夏巨谌、王新云、金俊松，西北工业大学姚泽坤(第三篇)，华中科技大学刘顺洪、熊腊森，西北工业大学杨思乾(第四篇)，华中科技大学李德群、周华民、夏巨谌(第一篇、第五篇、第六篇)。本书由武汉理工大学华林、姜奎华两位教授主审。

鉴于作者水平所限，书中如有不妥之处，敬请读者批评指正。

编　者

第1版前言

为了适应国家教育改革形势的发展，根据教育部最新专业目录，全国大部分理工科院校已将原铸造、锻压、焊接专业合并组建为材料成形及控制工程大专业。要培养综合素质高、专业口径宽、知识结构合理的栋梁之材，在很大程度上取决于教材建设。

本书已入选为普通高等教育“十一五”国家级规划教材。它是在华中科技大学等高校编写出版的改革教材《塑性成形工艺及设备》、《铸造工程基础》、《焊接工程基础》基础上，结合西北工业大学相关教材改革成果及近年来大材料、大机械类及材料加工工程与机械制造相互交叉的专业学科发展趋势，以培养具有国际竞争力的高素质创造性人才为目标，力争编写成一本精品教材。

本书的编写思路及特点为：以工艺为主线，兼顾模具设计；以传统工艺为基础，兼顾精密成形新工艺的导向；侧重基础，着重于工艺基础和关键技术的论述；对于不同类型的成形工艺，做到精选内容，写透一种，举一反三；在绪论中着重讲述不同成形工艺的共同点，在结尾(第五篇)中归纳出不同成形工艺的选用原则和方法，既有利于全书形成有机的整体，又有利于培养从多方面观察与分析实际工艺问题和技术创新能力。

全书由液态金属铸造成形工艺、固态金属塑性成形工艺、金属连接成形工艺、高分子材料成形工艺和材料成形工艺的选用共五篇组成。第一篇系统地讲述了液态金属的成形过程及控制、各种典型铸造技术的原理和方法、铸件的工艺设计和液态金属成形新工艺；第二篇在简要介绍毛坯加热和锻件冷却的基础上，着重讲述了固态金属塑性成形中的开式模锻、精密模锻、板料冲压及板管成形等工艺和相应的模具设计；第三篇系统地讲述了金属连接成形原理、主要工艺方法、构件的焊接设计、焊接新技术和焊接成形件的缺陷分析及相应的检测技术；第四篇在简要讲述塑料的性能与工艺特性的基础上，着重讲述了塑料制品的设计原则、注射成型工艺及注射模，其次讲述了橡胶成形工艺及模具；第五篇着重讲述了各种成形工艺的选用原则、方法和工艺方案的技术经济论证。

本书由华中科技大学夏巨谌、西北工业大学张启勋主编。具体分工如下：张启勋(第一、三章)，西北工业大学郝启堂(第二章)，华中科技大学樊自田(第四章)，夏巨谌与西北工业大学姚泽坤(第五、六、七、八章)，夏巨谌(绪论、第二十章)，华中科技大学陈志明、王新云(第九、十章)，华中科技大学熊腊森(第十一、十二、十三、十四章)，西北工业大学杨思乾(第十五章)，华中科技大学李德群、周华民(第十六、十七、十八、十九章)。本书由武汉理工大学姜奎华教授主审。

鉴于作者水平所限，书中如有不当之处，敬请读者批评指正。

编　者

目　录

第四篇　金属焊接成形工艺

第五篇　高分子材料成形工艺

第六篇 综合应用

第一篇

概　　述

1

第一章　材料成形工艺的发展概况、作用、特点及发展趋势

材料成形工艺主要包括液态金属铸造成形工艺、固态金属塑性成形工艺、金属材料焊接成形工艺和高分子材料成形工艺等（简称铸造、塑性成形、焊接和注塑，或称铸、锻、焊和注塑），是机械制造的重要组成部分，是现代化工业生产技术的基础。铸、锻、焊生产能力及其工艺水平，对一个国家的工业、农业、国防和科学技术的发展影响很大。

一、我国材料成形工艺的发展概况

材料成形工艺，尤其是铸造和锻造，我国是世界上应用最早的国家之一。目前发现的青铜器是1975年在甘肃省东乡林家村古遗址中的一把铜刀，距今已有5000多年。1978年在湖北省随州出土距今2400年前战国初期的曾侯乙墓青铜器总质量达10t左右，其中有64件的一套编钟，分8组包括辅件在内用铜达5t之多。钟面铸有变体龙纹和花卉纹饰，有的细如发丝，钟上铸有镀金铭文2800多字，标记音名与音律。整套编钟音域宽达五个半八度，可演奏各类名曲，音律准确和谐，音色优美动听，铸造工艺水平极高。公元前6~7世纪的春秋时代，我国就发明了冶铸生铁的技术，比欧洲早1700年。1972年，河北藁城县商代遗址出土的兵器经考证，距今已有3300余年，经采用现代技术检验，其刃口采用合金嵌锻而成，这是我国至今发现最早生产的锻件。早在远古的铜、铁器时代，当人类刚开始掌握金属冶炼并用来制作简单的生产和生活器具时，火烙铁钎焊、锻焊方法就已为古人所发现并得到应用。我国的铸、锻生产虽然历史悠久，但长期处于手工和作坊的落后状态，直到新中国成立之后，我国的铸、锻、焊工业随着机械制造业的发展同步壮大起来。

改革开放以来，随着我国国民经济的持续快速发展，铸、锻、焊生产也突飞猛进。据统计，我国压铸机数量超过3000台，大小铸造厂遍布全国。近几年来，我国铸件产量已超过1000万t/年，居世界前列；我国目前拥有重点锻造企业350余家，其中合资与外资锻造企业数十家，主要锻造设备32000台，锻件年产量近500万t。目前全世界锻件年产量约1500万t，我国锻件产量居第一位。1996年以来，我国年钢产量达2亿t以上，居世界第一位，其中以焊接管为主的钢管近1000万t，我国现已建有各类焊管厂600多家，焊管机组多达2000余套。铸件、锻件、焊接件出口也逐年增长。

我国是铸、锻、焊件大国，但不是强国。与工业发达国家相比，我国的铸、锻、焊生产的差距不是表现在规模和产量上，而是集中表现在质量和效率上。据文献介绍，20世纪90年代初统计的铸造生产，美国50~60t/(人·年)，日本70t/(人·年)，前苏联40t/(人·年)，而中国低于8t/(人·年)。锻件和焊接件生产情况与铸造生产情况类似。概括起来，我国铸、锻、焊工业存在的主要问题是：企业数量多，但规模小，尤其是专业化生产的企业少，商品铸、锻、焊接件少；一般设备数量多，高精高效专用设备少，一般铸、锻焊生产能力过剩，而高精和特种铸、锻、焊生产能力不足；计算机CAD/CAM/CAE技术应用不广；专业人才力量薄弱等。

尽管存在这些问题，但发展前景非常广阔。一是汽车工业大发展尤其是轿车加速进入家

庭，家用电器更新换代和与制造业息息相关的各行各业大发展，为我国铸、锻、焊工业的发展提供了强大动力；二是我国加入 WTO 后，一些工业发达国家纷纷将制造业尤其是铸、锻、焊加工业向我国转移，同时，出口迅速增长，为我国铸、锻、焊及塑料工业发展和技术进步提供了极好机遇。

二、材料成形工艺的作用和地位

材料成形工艺在汽车、拖拉机与农用机械、工程机械、动力机械、起重机械、石油化工机械、桥梁、冶金、机床、航空航天、兵器、仪器仪表、轻工和家用电器等制造业中，起着极为重要的作用。它是实现这些行业中的铸件、锻件、钣金件、焊接件、塑料件和橡胶件等生产的主要方式和方法。

采用铸造方法可以生产铸钢件、铸铁件，各种铝、铜、镁、钛及锌等有色合金铸件，我国已铸造出重约 315t 的大型厚板轧机的铸钢框架，重 260t 的大型铸铁钢锭模，还铸出 30×10^4kW 水轮机转子等复杂铸件，其尺寸精度达到国际电工会议规定的标准。采用铸造方法还可铸造壁厚为 0.3mm、长度为 12mm、质量为 12g 的小型铸件。铸件的比例在机床、内燃机、重型机器中占 70%~90%；在风机、压缩机中占 60%~80%；在农业机械中占 40%~70%；在汽车中占 20%~30%。综合起来，铸件在一般机器生产中占总质量的 40%~80%。

采用塑性成形方法，既可生产钢锻件、钢板冲压件、各种有色金属及其合金的锻件和板料冲压件，还可生产塑料件与橡胶制品。塑性成形加工的零件与制品，其比例在汽车中与摩托车中占 70%~80%；在拖拉机及农业机械中约占 50%；在航空航天飞行器中占 50%~60%；在仪表中约占 90%；在家用电器中占 90%~95%；在工程与动力机械中占 20%~40%。

虽然采用焊接方法生产独立的制件或产品不如铸、锻方法的多，但据国外权威机构统计，目前在各种门类的工业制品中，半数以上都采用一种或多种焊接技术才能制成。在钢铁、汽车和铁路车辆、舰船、航空航天飞行器，原子能反应堆及电站、石油化工设备，机床和工程机械、电器与电子产品以及家电等众多现代工业产品与桥梁，高层建筑，城市高架或地铁、油和气远距离输送管道、高能粒子加速器等许多重大工程中，焊接技术都占据十分重要的地位，其应用尤为广泛。

总之，材料成形工艺是整个制造技术的一个重要领域，金属材料约有 70% 以上需经过铸、锻、焊成形加工才能获得所需制件，非金属材料也主要依靠成形方法才能加工成半成品或最终产品。

以载货汽车为例，一辆汽车由数十个部件、上万个零件装配而成。其中发动机上的气缸体、气缸套、气缸盖、离合器壳体、手动变速箱壳体、自动变速箱壳体、后桥壳体、活塞、活塞环、化油器壳体、油泵壳体等，系采用铸铁、铸铝和铝合金压铸工艺生产；连杆、曲轴、气门、齿轮、同步器、万向节、十字轴、半轴、前桥等及板簧零件，系采用模锻工艺生产；驾驶室顶棚、车门、前盖板、挡泥板、侧围板、后围板、车箱、油箱、底盘上的大梁、横梁、保险杠、轮毂等零件，系采用冲压工艺和焊接工艺联合生产；仪表板(部分汽车)、转向盘、灯罩(部分)等，系采用注塑件；而轮胎为橡胶压制件。总之，一辆汽车有 80%~90% 的零件系采用成形工艺生产的。

三、材料成形工艺的特点

材料成形工艺的几种主要方法有铸造、锻造、冲压、焊接与注塑等。铸造是将液态合金注入铸造模型(简称铸型)中使之冷却，凝固而获得铸件产品；锻造与冲压是将固态金属(体积金属或板料金属)加热，或在室温下在锻压机器的外力作用下通过模具成形为所需锻件或冲压件产品；焊接则是将若干个坯件或零件通过焊接方法连接成为一个整体构件而获得焊接制品；注塑是采用注射成型机将粒状塑料连续输入到成型机的料筒并加热熔融使其呈粘性流动状态，由料筒中的螺杆或柱塞通过喷嘴注入到闭合的模具型腔中，经过保压和冷却固化定型而得到塑料制品。

由上述几种主要材料成形方法的工艺原理，并与机械切削加工工艺相比较，可将材料成形工艺的特点归纳如下：

(1) 材料一般在热态下模压成形　在此热态下(液态或固态)通过模具或模型，在机器外力或材料自重作用下成形为所需制件，制件形状与最终零件产品相似或完全相同，留有一定的机械(切削)加工余量或机械加工余量为零。

(2) 材料利用率高　对于相同的零件产品，当采用棒料或块状金属为毛坯时，要通过车、钻、铯、铣、磨等方法将多余金属切削掉，从而得到所需零件产品；当采用铸、锻件为毛坯进行切削加工时，则仅将其机加工余量切削掉即可。以常见的锥齿轮和汽车轮胎螺母为例，当采用第一种工艺方法生产时，其材料利用率分别为41%、37%；当采用第二种工艺方法生产时，其材料利用率分别为68%、72%；当采用精密成形工艺生产时，其材料利用率分别为83%、92%。可见，采用普通成形工艺时，材料利用率比切削加工时分别提高了27%、35%；而采用精密成形工艺时则分别提高了42%、55%。其一般规律是，零件形状越复杂，采用成形工艺时的材料利用率越高。

(3) 产品性能好　这主要是成形工艺生产时，材料尤其是金属材料沿零件的轮廓形状分布，金属纤维连续，而切削加工时则将金属纤维割断；其次，材料在外力或自重作用下成形，处于三向压应力或以压应力为主的应力状态下成形，有利于提高材料的成形性能和材料的“结实”程度，其综合效果是有利于提高零件产品的内在质量，主要是力学性能，如强度、疲劳寿命等。以锥齿轮为例，采用成形工艺生产同采用切削加工生产相比，其强度、抗弯疲劳寿命分别提高20%，而热处理变形降低了30%，这将有利于提高其使用寿命。

(4) 产品尺寸规格一致　特别是对大批量生产的机电与家电产品更能获得价廉物美的效果。

(5) 劳动生产率高　对于成形工艺，普遍可采用机械化、自动化流水作业来实现大批大量乃至大规模生产，仍以锥齿轮和汽车轮胎螺母为例，同采用切削加工相比其生产率分别提高2倍和3倍，有的零件可提高数倍乃至数十倍。

(6) 一般制件尺寸精度比切削加工的低而表面粗糙度值比切削加工的高　即使在室温下成形，因模具或模型的磨损、弹性变形等因素，必将影响制件尺寸精度和表面粗糙度；而当在热态下成形时，因金属毛坯的氧化和热胀冷缩等因素，其制件尺寸精度和表面粗糙度更受影响。

因此，对于金属零件的生产，一般采用材料成形工艺获得具有一定机械加工余量和尺寸公差的毛坯，然后通过机械切削加工获得最终产品。

四、材料成形工艺的分类

根据材料种类和成形方法的不同，材料成形工艺大致的分类如图1-1所示。此外，若按制件的机械加工余量及公差大小，还可分为一般铸锻成形和精密成形。

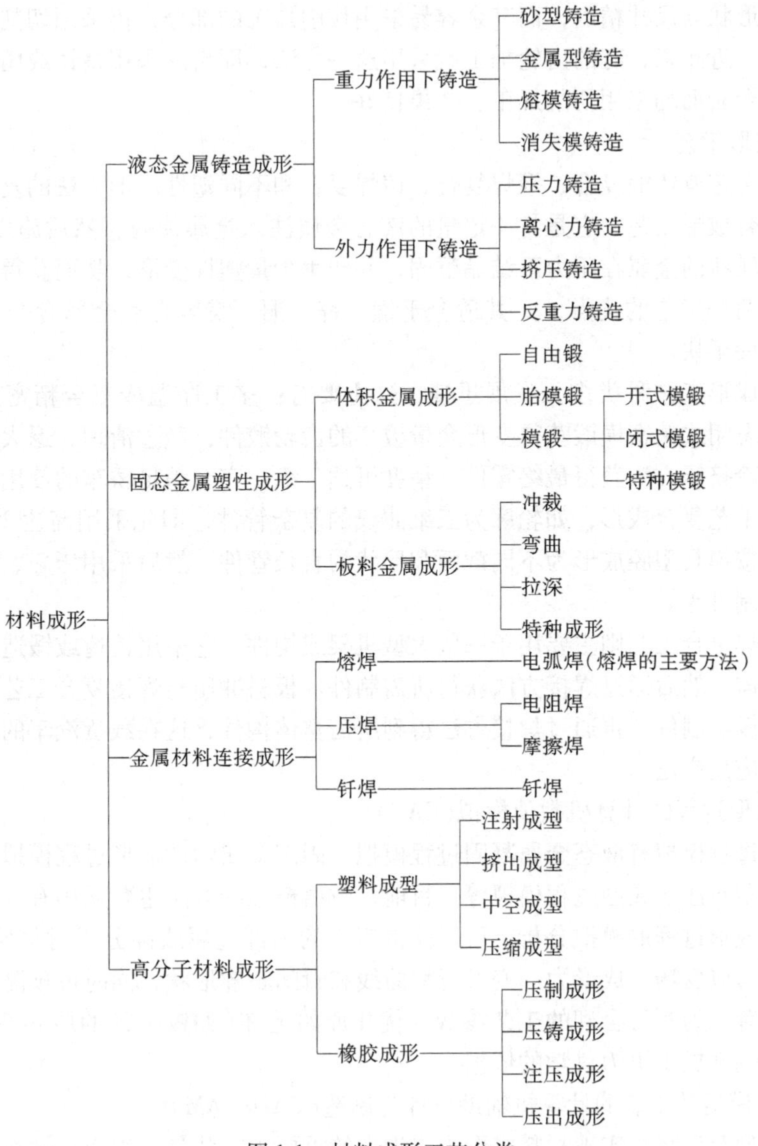

图 1-1　材料成形工艺分类

分类的作用主要是为了制订成形方案和模具、模型与工装设计。显然，类型相同和相近的工艺其成形工艺方案、模具或模型与工装设计方法相同或相近。

五、材料成形工艺的发展趋势

1. 精密成形工艺

在 20 世纪 90 年代中期，国际生产技术协会及有关专家预测：到 21 世纪初，零件粗加工的 75%、精加工的 50% 将采用成形工艺来实现。其总的发展趋势是，由近形(Near Net Shape of Productions)向净形(Net Shape of Productions)发展，即通常所说的向精密成形发展。以轿车为例，其铸、锻件生产工艺的发展趋势为，以轻代重，以薄代厚，少无切削精密化，成线成套，高效自动化。

目前，精化毛坯应用广泛，例如精密铸件、精密锻件、板料精密冲裁件等。精密成形较为普遍的方法是，将零件上难于进行切削加工的、形状复杂的部分采用精密成形工艺，使其完全达到最终形状与尺寸精度，而其余容易采用切削加工的部分，仍采用切削加工方法使其达到最终要求。近年来，有的齿轮加工就采用这一方法，即齿形采用精铸或精锻，而小花键孔和一些窄的台阶面均采用切削加工，效果良好。

2. 复合成形工艺

复合成形工艺有铸锻复合、锻焊复合、铸焊复合和不同塑性成形方法的复合等。如液态模锻即铸锻复合成形工艺，它是将一定量的液态金属注入金属模膛，然后施以机械静压力，使熔融或半熔融状的金属在压力下结晶凝固，并产生少量塑性变形，从而获得所需制件。它综合了铸、锻两种工艺的优点，尤其适合于锰、锌、铜、镁等有色金属合金零件的成形加工，近年来发展很快。

复合塑性成形工艺种类多，发展迅速，这主要有：多工序温冷复合精密成形，如锥齿轮，先采用温态闭式精密模锻获得变形余量极小的齿轮锻件，经过清理、退火和磷化皂化处理后，再采用冷挤压方法获得最终零件，精度可达7级，完全满足轿车的使用要求；内高压胀形与冷冲压工艺复合成形，如轮廓为三维曲线的复杂管件，即先采用高达200MPa以上的内高压，使其按模具型腔成形为不同截面和形状的直长管件，然后采用压扁、弯曲或扭转等工序获得所需制件等。

铸焊、锻焊复合工艺则主要用于一些大型机架或构件，它采用铸造或锻造方法加工成铸钢或锻钢单元体，然后通过焊接方法获得所需制件。板料冲压与焊接复合工艺即先采用冲压方法获得单个钣金制件，再通过焊接方法得到所需整体构件，这在载货汽车的车身和轿车覆盖件的生产中应用广泛。

3. 材料成形过程的计算机数值模拟（CAE）

材料成形过程模拟有液态金属凝固过程模拟、固态金属塑性成形过程模拟、金属材料焊接过程模拟和塑料注射成型过程模拟等。目前，数值模拟的方法主要采用有限元法通过计算机实现。通过成形过程的模拟分析，可以获得工件的内部金属或高分子材料质点流向分布、温度场、应力与应变场、成形力—变形行程曲线和瞬间轮廓形状，同时可预测是否会形成缺陷及其所在位置，为制订合理的工艺参数，优化原始毛坯（如钣金件的展开毛坯）和中间毛坯，获得优质制件提供更为科学的依据。

4. 模具、模型及工装的计算机辅助设计与制造（CAD/CAM）

模具、模型及工装是实现材料成形工艺生产的重要工艺装备，生产一辆载货汽车，一般需要各种模具1000余套。工业发达国家的模具产业已于20世纪80年代初逐步从机床行业分离出来形成了一个独立的工业部门，且其产值超过了机床工业。我国台湾省的模具工业的产值于1987年首次超过了该省机床工业。20世纪80年代以来，我国的模具工业发展也十分迅速，近年来，一直以每年15%左右的速度快速发展，并于90年代末其产值也超过了机床工业的产值。2007年中国模具工业总产值达500亿元人民币，但仍花数亿美元进口轿车及电子产品等所需大型、精密、复杂模具。这表明，中国模具工业不仅在数量上还有很大的发展空间，而在品种与质量上发展空间更大。

模具CAD/CAM是发展模具工业的先进技术，其优点是将计算机的快速与人的智力紧密结合，可显著提高模具设计与制造的速度和质量，缩短周期，快速反应，提高竞争力。工业发达国家于20世纪70年代开始进行研究与开发，80年代一些简单的模具CAD/CAM系统开始应用于模具设计与制造，90年代中末期以来得到了较快的发展，开发了不少的实用化的商业软件。我国以华中科技大学模具技术国家重点实验室和上海交通大学模具 CAD 工程技术研究中心为代表，先后于 20 世纪 80 年代初期和中期开始开展注射模、多工位级进模、汽车覆盖件冲压成形模和低压铸造模具 CAD/CAM 系统的开发，其中，注射模和低压铸造模具 CAD/CAM 系统已在全国塑料制品和铸造行业中推广应用。

未来，一是在模具设计与制造中推广应用国内外高水平的 CAD/CAM 商业软件；二是加紧开发与应用 CAD/CAM/CAE 一体化系统软件，使我国一体化系统软件尽快赶上国外先进水平，促进我国模具设计与制造技术快速发展。

复习思考题

1. 试说明材料成形工艺在科学技术及国民经济中的作用。
2. 分析材料成形工艺的特点，并分析不同材料成形工艺中的共性技术有哪些?
3. 论述材料成形工艺的发展趋势。

第二篇

液态金属铸造成形工艺

2

第二章　液态金属成形过程及控制

第一节　液态金属充型过程的水力学特性及流动情况

液态金属成形的基本过程是充型和凝固，充型过程对铸件质量的影响很大，可能造成如冷隔、浇不足、夹杂、气孔、夹砂、粘砂等缺陷。这些缺陷都是在液态金属充型不利的情况下产生的。正确地设计浇注系统使液态金属平稳而又合理地充满型腔，对保证铸件质量起着很重要的作用。

一、液态金属充型流动过程的水力学特性

铸造生产中砂型铸造占有很大的比例，而液态金属在砂型中流动时呈现出如下的水力学特性：

（1）粘性流体流动　液态金属是有粘性的流体，其粘度的大小与它的成分有关，在流动过程中又随温度的降低而增大。当液态金属中出现晶体时，液体的粘度急剧增加，其流速和流态也会发生急剧变化。

（2）不稳定流动　在充型过程中液态金属温度不断降低，而铸型温度不断增高，两者之间的热交换呈不稳定状态。随着液流温度下降，粘度增加，流动阻力也随之增加；加之充型过程中液流的压头增加或减少，液态金属的流速和流态也不断变化，导致液态金属在充填铸型过程中的不稳定流动。

（3）多孔管中流动　由于砂型具有一定的孔隙，可以把砂型中的浇注系统和型腔看做是多孔的管道和容器。液态金属在“多孔管”中流动时，往往不能很好地贴附于管壁，此时可能将外界气体卷入液流，形成气孔或引起金属液的氧化而形成氧化夹渣。

（4）湍流流动　生产实践中的测试和计算证明，液态金属在浇注系统中流动时，其雷诺数 Re 大于临界雷诺数 $Re_{临}$，属于湍流流动。不同的铸造合金，或在同一铸造合金条件下，在浇注系统中的不同浇注单元，其所允许的最大雷诺数(临界雷诺数)也是不同的。对一些水平浇注的薄壁铸件或厚大铸件的充型，液流上升速度很慢，也有可能得到层流流动。

综上分析，液态金属的水力学特性与理想液体相比较，有明显的差别。但实验研究和生产实践表明，在砂型铸造时，由于液态金属浇注时有一定的过热度，加之浇注系统长度不大，充型时间很短，因此在浇注过程中浇道壁上不发生结晶现象，其粘度变化对流动影响并不显著。所以对液态金属的充型过程和浇注系统的设计，可以用水力学的基本公式进行分析和计算。但在某些特种铸造工艺如压力铸造、半固态铸造等的充型过程中，液态金属的特点有较大差别。

二、液态金属在浇注系统中的流动情况

浇注系统是液态金属流入型腔的通道。铸铁件浇注系统的典型结构如图 2-1 所示，通常由浇口杯、直浇道、直浇道窝、横浇道、内浇道等单元组成。分析液态金属在浇注系统中的

流动规律，对正确地设计浇注系统有重要的作用。

1. 液态金属在浇口杯中的流动情况

浇口杯的作用是：承接来自浇包的金属液，防止金属液飞溅和溢出，便于浇注；减轻液流对型腔的冲击；分离熔渣和气泡，并阻止其进入型腔；增加充型压力头。

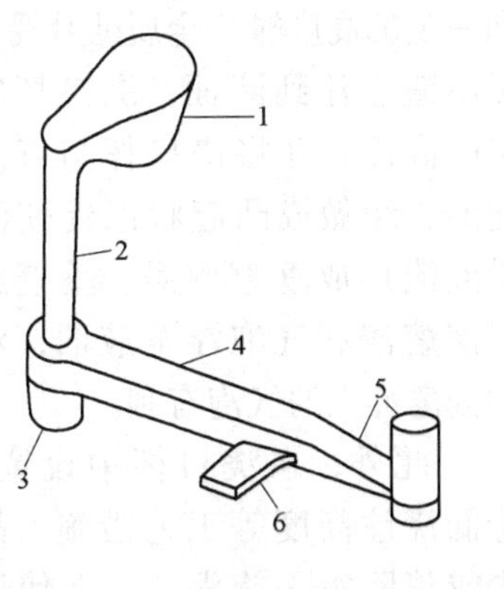

图 2-1　铸铁件浇注系统的典型结构
1—浇口杯　2—直浇道　3—直浇道窝　4—横浇道　5—末端延长段　6—内浇道

浇口杯按结构形状可分为漏斗形和盆形两大类。漏斗形浇口杯结构简单，挡渣作用差，由于金属液易产生绕垂直轴旋转的涡流，易于卷入气体和熔渣，因此这种浇口杯仅适用于对挡渣要求不高的砂型铸造及金属型铸造的小型铸件。盆形浇口杯效果较好，底部设置凸缘有利于浇注操作，使金属液的浇注速度达到适宜的大小后再流入直浇道。这样浇口杯内液体深度大，可阻止垂直轴旋转的水平旋涡的形成，从而有利于分离熔渣和气泡，如图 2-2 所示。

浇口杯内出现水平旋涡会带入熔渣和气体，因而应注意防止。当金属液从各个方向流入直浇道时，各向流量不均衡，某一流股的流向偏离直浇道中心，就会形成水平涡流。根据水力学原理，水平涡流越靠近中心部位压力越低，液面越低，这样浮在液面上的熔渣会沿着弯曲的液面，一边旋转，一边和空气一同进入直浇道，就有可能形成氧化夹渣等铸造缺陷。

水力模拟试验表明，影响浇口杯内水平旋涡的主要因素是浇口杯内液面的深度，其次是浇注高度、浇注方向及浇口杯的结构等。浇口杯内液面深度和浇注高度的影响如图 2-3 所示。液面深度大时不易出现水平旋涡(见图 2-3a)，液面浅时易出现水平旋涡(见图 2-3b)。浇包嘴距浇口杯越高，水平旋涡越易于产生(见图 2-3c)。总之，液面浅和浇注高度大时，偏离直浇道中心的水平流速较高，因而易出现水平旋涡。

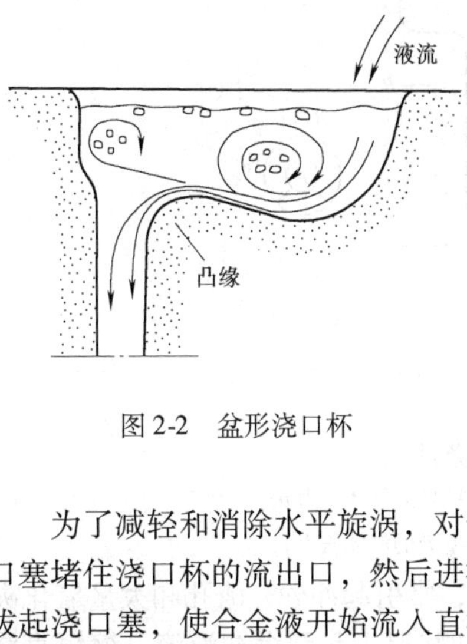

图 2-2　盆形浇口杯

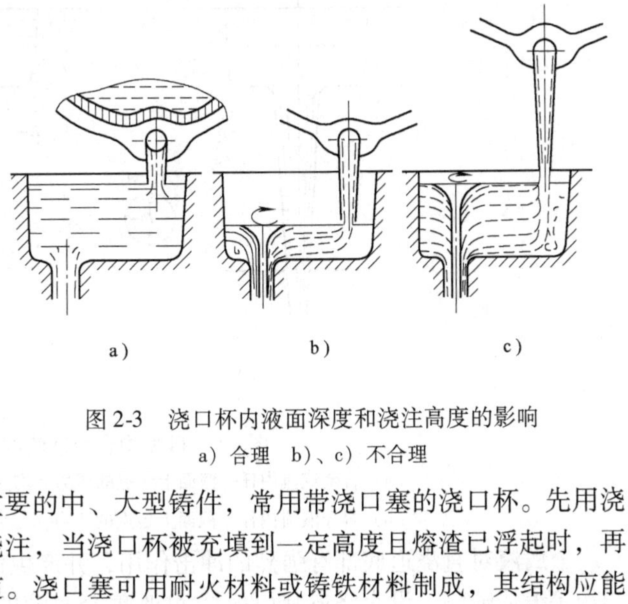

图 2-3　浇口杯内液面深度和浇注高度的影响
a) 合理　b)、c) 不合理

为了减轻和消除水平旋涡，对于重要的中、大型铸件，常用带浇口塞的浇口杯。先用浇口塞堵住浇口杯的流出口，然后进行浇注，当浇口杯被充填到一定高度且熔渣已浮起时，再拔起浇口塞，使合金液开始流入直浇道。浇口塞可用耐火材料或铸铁材料制成，其结构应能保证拔起浇口塞时不产生涡流。有时也用一金属薄片盖住浇口杯的流出口，当浇口杯被充填到一定的高度时，金属薄片受热熔化，浇口杯的流出口就被打开，如图 2-4 所示。为了有利于熔渣上浮到液面，浇口杯应有一定的高度，并将浇口杯与直浇道相连的边缘做成凸起状以促使浇口杯中液流形成垂直旋涡。垂直旋涡能促使熔渣和气泡浮至液面，对挡渣和分离冲入的气泡有利。

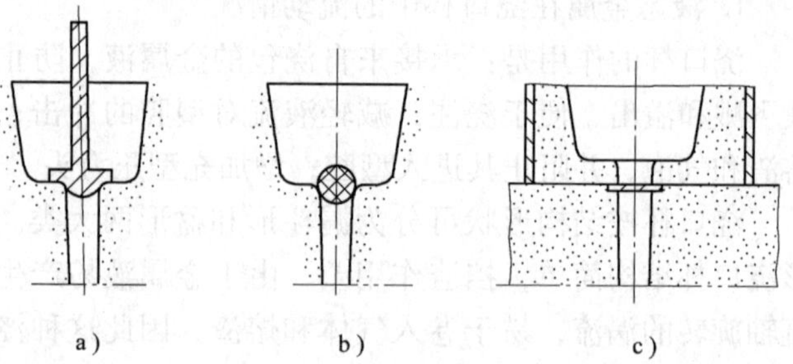

图 2-4 有拔塞、浮塞或铁隔片的浇口杯
a）拔塞式 b）浮塞式 c）铁隔片式

此外，在浇口杯中设置堤坝、降低浇注高度等工艺措施，都可减少或消除水平旋涡，并促使形成垂直旋涡。浇口杯的流出口应做出圆角，以避免液流引起冲砂，并有利于消除液流离壁和吸入气体的现象。

2. 液态金属在直浇道中的流动情况

直浇道是将来自浇口杯的液流引入横浇道、内浇道或直接进入型腔。通过调整直浇道的高度，可获得足够的压头以保证金属液能克服沿程阻力损失，在规定的时间内以适当的速度充满型腔。直浇道越高，则压头越大，金属液进入型腔的速度越快，对浇注薄壁铸件有利，但同时对铸型的冲击也越大。

对液态金属在砂型直浇道中的流动状态进行模拟试验和摄影观察得出，液态金属在直浇道中存在充满式流动和非充满式流动。在等截面的圆柱形和上小下大的倒锥形直浇道中，液流呈非充满状态(见图 2-5b)。在非充满的直浇道中，流股自上而下呈渐缩形，流股表面压力接近大气压力，微呈正压。流股表面会带动表层气体向下运动，并能冲入型内上升的金属液内。而在上大下小的锥形直浇道中液流呈充满状态(见图 2-5a)，无负压和吸气现象。

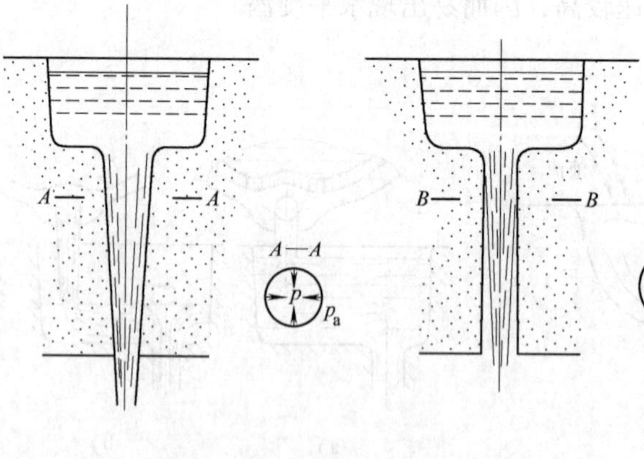

a） b）

图 2-5 砂型中合金液流的充满条件
a）合金液流内任一截面上各点的压力 p 均大于型壁处的气体压力 p_a
b）合金液流内任一截面上各点的压力 p 均小于型壁处的气体压力 p_a

金属液对直浇道底部有强烈的冲击作用，并产生涡流，常引起冲砂、渣孔和大量氧化夹杂物等铸造缺陷。设直浇道窝(凹井)可改善金属液的流动状况，起到缓冲液流、缩短直浇

道与横浇道拐弯处的高度湍流区长度、改善内浇道的流量分布、减少浇道拐弯处的局部阻力系数和水头损失以及浮出金属液中的气泡等作用。

3. 液态金属在横浇道中的流动情况

横浇道是连接直浇道和内浇道的中间通道，它的功用主要有稳流、流量分配和挡渣三个方面。

（1）横浇道的稳流作用　液流从直浇道落下时，速度大，不平稳，而经过浇口窝进入横浇道后，液流转向并趋于平稳。横浇道是直浇道与内浇道之间的中间浇道，液体金属在横浇道中的流动情况与这三个浇道的断面积之比有较密切的关系。当直浇道断面积大于横浇道断面积，而横浇道断面积又大于内浇道断面积，即收缩式浇注系统时，从直浇道下落的液流可立即把横浇道充满；相反，对于扩张式或半扩张式浇注系统，横浇道并不立即被充满，而是随着型腔中合金液面的升高而逐渐地被充满。

（2）横浇道的流量分配作用　液流充满横浇道的同时，即由横浇道分配给各个内浇道。同一横浇道上有多个等断面的内浇道时，各内浇道的流量不等。在一般条件下，远离直浇道的流量大，接近直浇道的流量小。各内浇道的流量主要取决于合金液柱的高度、横浇道的长度、内浇道在横浇道上的位置以及各浇道断面积之比。当合金液柱高、横浇道不十分长时，从直浇道流入横浇道的合金液大部分流入距直浇道较远的内浇道。如果直浇道高度不大、横浇道很长，则大部分液流将流入处于中间位置或靠近直浇道的内浇道。这种流量不均匀现象同横浇道与内浇道断面积之比有关。一般情况下，浇道截面扩张程度越大，则流量不均匀现象越明显。

内浇道流量的不均匀性 U 可表示为

$$U=\frac{Q_{\max}-Q_{\min}}{\frac{Q}{n}} \tag{2-1}$$

式中，$Q_{\max}$为内浇道中的最大流量；$Q_{\min}$为内浇道中的最小流量；Q 为所有内浇道的总流量；n 为横浇道上连接的内浇道个数。

内浇道流量不均匀现象对铸件质量有显著影响。对大型复杂铸件和薄壁铸件易出现浇不足和冷隔缺陷；在流量大的内浇道附近会引起局部过热、破坏原来所预计的铸件凝固次序，使铸件产生氧化、缩松、缩孔和裂纹等缺陷。为了克服内浇道流量不均匀带来的弊病，通常采用如下方法：尽可能将内浇道设置在横浇道的对称位置；将横浇道断面设计成顺着液流方向逐渐缩小形式；采用不同断面内浇道，缩小远离直浇道的内浇道断面积；设置浇口窝等。

（3）横浇道的挡渣作用　横浇道是浇注系统的主要挡渣单元，其挡渣作用与熔渣特性、横浇道本身结构、各浇道的相互配置关系有关。

铸造合金不同，熔渣特性不同，挡渣的原理和措施也不同。铸铁夹渣的密度小于合金液，一般采用重力分离的措施；对于密度大于合金液的夹杂物，则在浇注系统中采用过滤挡渣的方法(如镁合金铸造)，铝合金的熔渣密度有大有小，所以在横浇道设计中常采用两种挡渣措施。

在横浇道中采取重力分离除渣原理如图 2-6 所示。随合金液进入横浇道的杂质，其运动受两个速度的作用，即随液流向前运动的速度 $v_{横}$ 和由于密度差引起的上浮或下沉速度 $v_{浮}$，最后杂质以两者的合速度 $v_{合}$ 向前上方运动。横浇道的挡渣设计，则应使杂质在合金液流入内浇道之前就上浮到合金液的表面。在横浇道中，渣的上浮速度和横浇道挡渣作用的主要因素有：

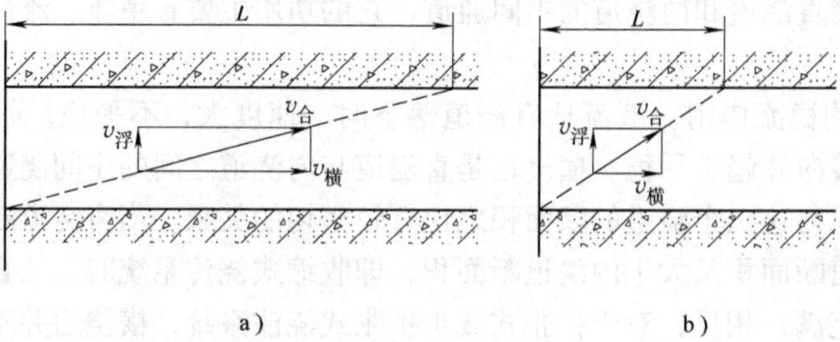

图 2-6 横浇道挡渣原理图
a）$v_{横}$ 大时 b）$v_{横}$ 小时

1）杂质与合金液的密度差越大，熔渣越易上浮除去。

2）渣团半径 R 越大，熔渣上浮速度越大，越易除去。

3）合金液在横浇道中的流动速度 $v_{横}$ 越大，液流在横浇道中的湍流程度越大，杂质上浮所遇到的干扰越大。当 $v_{横}$ 达到一定程度时，杂质就浮不上来而始终悬浮在液流中，此时的 $v_{横}$ 临界速度称为悬浮速度。

4）合金液的粘度越大，则渣团上浮越慢，越难除去夹杂。

根据以上对横浇道挡渣作用原理的分析，为强化挡渣作用，在设计横浇道时常采用以下措施：

① 降低合金液在横浇道的流动速度。为此，在实际生产中常采用增加横浇道的水力学阻力的措施，例如采用搭接式横浇道或双重横浇道(见图 2-7)。采用扩张式浇注系统、增大横浇道的截面积也有利于降低 $v_{横}$。

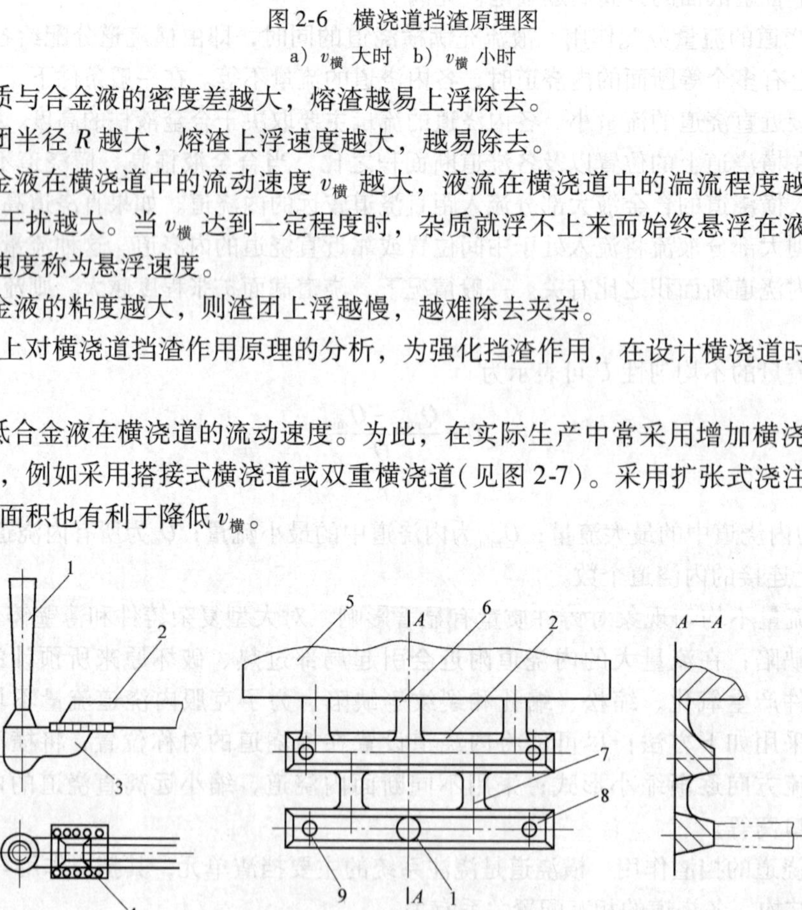

图 2-7 横浇道
a）搭接式 b）双重式
1—直浇道 2—横浇道 3—缓冲槽 4—过滤网 5—铸件
6—内浇道 7—过渡内浇道 8—过渡横浇道 9—出气孔

② 横浇道应呈充满状态，这样有利于使渣团上浮到横浇道顶部而不进入内浇道。减小浇注系统的扩张程度，采用底注式浇注系统等措施均有利于使横浇道呈充满状态。

③ 内浇道的位置关系要正确。内浇道距直浇道应有一定距离，使渣团能浮上横浇道顶部而不进入内浇道。横浇道末端应有一定的延长段，以容纳最初进入横浇道的低温、含气及有夹杂的金属液，还可在末端设置集渣包。

④ 在横浇道上设置过滤网以滤除渣团，如图2-7a所示。

⑤ 横浇道上被局部加高、加大的部分称为集渣包。在横浇道上设置集渣槽是常用的除渣措施。当金属液以切线方向进入圆形的集渣包时，称为离心集渣包。金属液流入集渣包，因断面积突然增大，流速降低并在集渣包内产生旋涡，使密度较小的渣团向旋涡中心集中并浮起而留滞在顶部。离心集渣包的出口截面积应小于入口，方向须和液流旋转方向相反(见图2-8)，保证金属液流充满集渣包且使浮起的渣团不致流出集渣包。

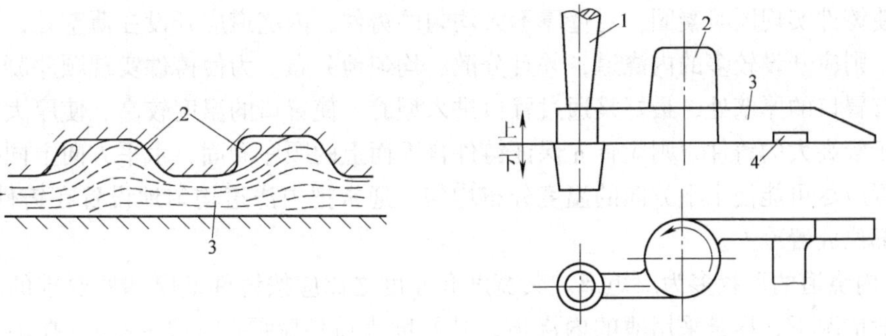

a) b)

图2-8 设置集渣包的浇注系统

a) 齿形集渣包 b) 离心集渣包

1—直浇道 2—集渣包 3—横浇道 4—内浇道

当离心集渣包兼起冒口作用时，其结构与尺寸应依补缩需要来设计，出口截面积应按冒口颈的大小来确定。

(4) 横浇道的结构形状 横浇道的断面形状，可有圆形、半圆形、梯形等多种形式。以圆形的热损失最小和流动最平稳，但造型工艺较复杂。为了使直浇道与横浇道和内浇道连接方便和造型工艺简单，一般都采用高度大于宽度(高/宽 =1.2~1.5)的梯形断面的横浇道。

4. 液态金属在内浇道中的流动情况

内浇道是浇注系统中把液体金属引入型腔的一个单元。其功用是控制充型速度和方向，分配液态金属，调节铸件各部位的温度分布和凝固次序，并对铸件有一定的补缩作用。因此内浇道的位置、数量、尺寸大小等对铸件的质量有很大的影响。

1) 直浇道、横浇道和内浇道截面积之比(即 $A_{直}:A_{横}:A_{内}$)称为浇口比。以内浇道为阻流时，金属液流入型腔时喷射严重；以直浇道下端或附近的横浇道为阻流时，充型较平稳，$A_{内}/A_{阻}$ 比值越大则越平稳。两种浇注系统的充型流态如图2-9所示。

2) 内浇道与横浇道的相对位置是否正确，对浇注系统的稳流和挡渣作用影响极大。为了浮渣和挡渣，第一个内浇道不要离直浇道太近，最后一个内浇道距横浇道末端要有一定距离。而在高度方向上，内浇道一般应置于横浇道的中部，其底面与横浇道的底面平齐。

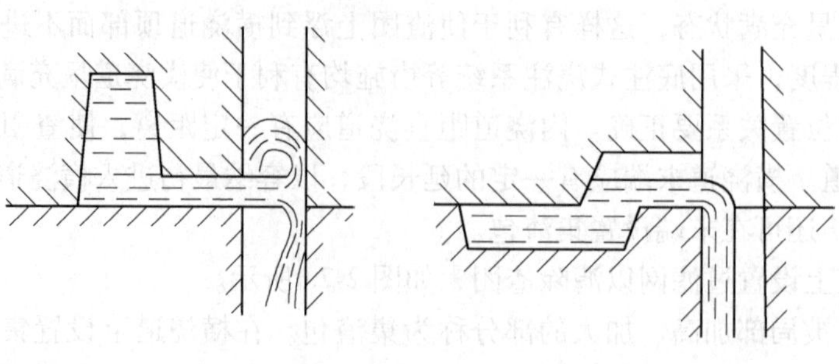

图 2-9 两种浇注系统的充型流态
a）封闭式 b）开放式

3）内浇道与铸件的相对位置和内浇口数量的选择，应服从所选定的凝固顺序和补缩方式。为使铸件实现同时凝固，对壁厚不太均匀的铸件，内浇道应开设在薄壁处；对壁厚均匀的铸件，则应开设较多的内浇道，并且分散、均匀地分布。为使铸件实现顺序凝固，内浇口应设在有冒口的厚壁处，最好是通过冒口进入型腔，使冒口的温度较高，使厚大部位得到补缩。对于较高大的铸件，则应首先保证铸件自下而上的顺序凝固，水平方向上同时凝固，内浇道位置应尽可能使水平方向的温度分布均匀，通常把内浇道均匀地设置在铸件的薄壁处，在厚壁部位放置冷铁。

4）内浇道的形状多为扁矩形。其宽度和厚度之比应按铸件壁厚和所要求的凝固形式而定。一般情况下，尽量采用薄的内浇道，其厚度为铸件壁厚的 1/2～2/3。在铝、镁合金铸件生产中，对某些局部厚大部位，需要内浇道直接起补缩作用，内浇道结构形状及厚度则不受此限制。

此外，在开设内浇道时，液流不要正对着冲击细小砂芯和型壁，以避免因飞溅、涡流等使铸件产生氧化夹渣、气孔和夹砂等缺陷；开设位置应使金属液在型腔中流程尽量短；内浇道位置最好选择在铸件平面或凸出部位，以利于铸件的清理和打磨。

三、金属熔体过滤器及浇注系统

近年来，金属熔体过滤技术的发展，为得到高纯净度的金属铸件和铸锭提供了条件。这项技术的主要优点是：大大减少了金属中的非金属夹杂物，防止铸件产生夹渣缺陷；改善了金属的力学性能，特别是疲劳强度；改进了切削性能，延长了刀具的使用寿命；提高了铸件的表面品质，减小了加工余量；简化了浇注系统结构，提高了铸件的工艺出品率。此外，还可改善某些合金铸件的耐蚀性等。

1. 金属熔体过滤器的分类

金属熔体过滤器可分普通芯型过滤器、密孔芯型过滤器、网型过滤器、网格形过滤器、疏松质过滤器、颗粒状过滤器、缝隙式过滤器、液态熔剂过滤器和泡沫陶瓷过滤器等。目前在铸造生产中应用的主要有以下三类：

（1）网型过滤器　网型过滤器又称为耐火纤维过滤网或称过滤网。它是由耐火纤维编织的网涂以涂料制成的。网孔多为正方形，也有长方形、三角形等几种。根据编织的特点，该过滤器具有网很薄、使用方便的特点，是一种用得较多的过滤器。

（2）网格形过滤器　网格形过滤器也称为“格子状”过滤器。其外形有圆形和方形，通孔有正方形、长方形、六角形、三角形等各种形状。但其通孔皆有一个特点，即直通孔，这是由于其制造方法所决定的。

(3) 泡沫陶瓷过滤器　泡沫陶瓷过滤器是由陶瓷构成的泡沫体，采用聚氨酯泡沫塑料为坯体，将它浸入由陶瓷粉末、粘结剂、助烧结剂、悬浮剂等制成的涂料中，充分润湿塑料骨架后，然后挤掉多余涂料，使陶瓷涂料均匀涂敷于载体骨架成为坯体，再把坯体烘干并经高温焙烧而成。

泡沫陶瓷过滤器的孔洞曲折，能有效地阻止非金属夹杂物流过。其主要技术特性包括透气率、孔隙率、孔眼大小(或孔数)和厚度。透气率的适用范围为$(400\sim8000)\times10^{-7}cm^2$。透气率过低，流动阻力大，要求有很高的金属压力头，因而不适用；透气率过高，杂质通过率高，效果差。当金属液较脏时，应先用粗网过滤，后用细网过滤，以防夹杂物堵塞孔洞。孔隙率应控制在70%~95%。孔的大小一般用单位面积的孔数表示(或者用平均孔径表示)。图2-10为铸铁、有色合金及铸钢用泡沫陶瓷过滤器的实物照片。

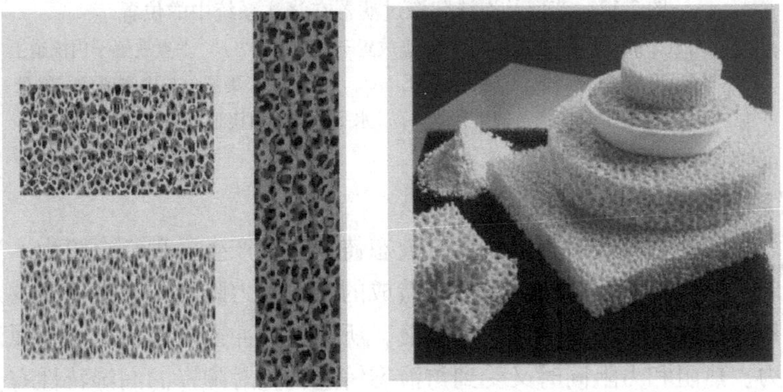

a)　　b)

图2-10　泡沫陶瓷过滤器

a) 铸铁、有色合金用　b) 铸钢用

2. 过滤器在浇注系统中的放置位置

过滤网和泡沫陶瓷过滤器在浇注系统中的位置如图2-11、图2-12所示。

如图2-11所示，过滤网可放在直浇道的上部或下部，也可设在上下横浇道的搭接处，或设在横浇道与内浇道的搭接处，使熔渣留在浇口杯或留在过滤网上。

图2-12a、b、c中，过滤器垂直放置，金属液对过滤器冲刷大，过滤器必须有足够的强度、刚度和热稳定性，浇道结构需做较大变动。图2-12d、f中，被过滤住的夹杂物在过滤器下面堆积，极易形成“滤饼”，增大液流阻力。图2-12e中，在过滤器上方有集渣包，有利于夹杂物上浮聚集。图2-12g中，可保证充型速度不变，被截获的夹杂物上浮至横浇

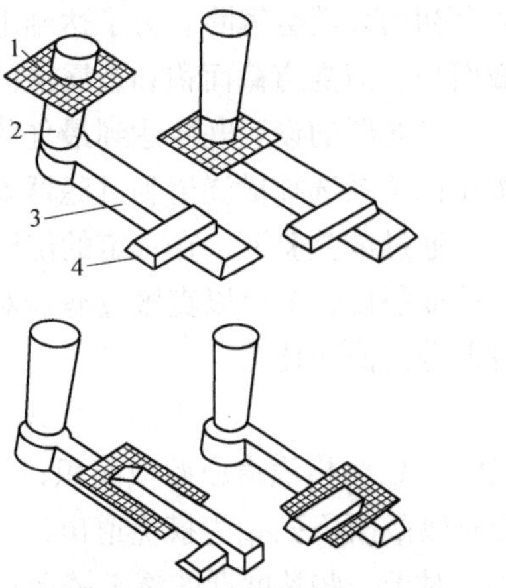

图2-11　过滤网在浇注系统中的位置

1—过滤网　2—直浇道　3—横浇道　4—内浇道

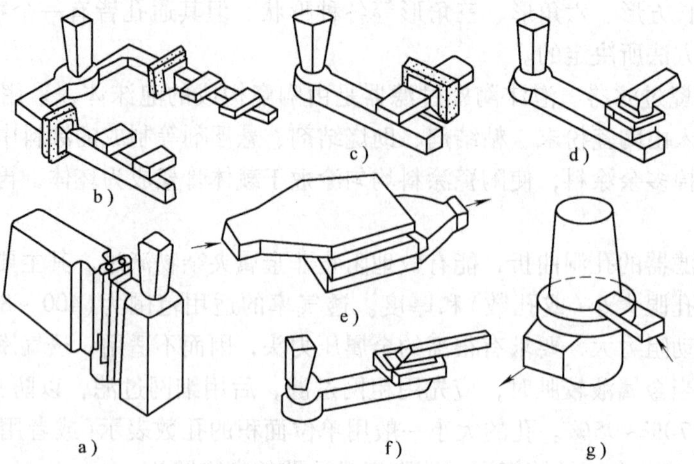

图 2-12 芯型及泡沫陶瓷过滤器在浇注系统中的位置

a）垂直放置于缝隙式横浇道上 b）垂直放置于横浇道上 c）垂直放置于内浇道上

d）水平放置于横浇道与内浇道的搭接处 e）水平放置于集渣包与内浇道的连接处

f）水平放置于上下横浇道的搭接处 g）水平放置于直浇道与浇口窝的连接处

道顶部。

3. 过滤器对浇注系统中金属液的阻力

在浇注系统中安放过滤器后，过滤器对液态铸造合金产生一种综合阻力。这种阻力主要包括：热阻，即高温金属液与过滤器温度差造成的阻力；力阻，即在过滤器的入口处，由于大股的金属液被分流成很多小股的流动金属液，所产生的冲击流动阻力和金属液通过过滤器时产生的摩擦力。热阻和力阻同时又受到与液态铸造合金对陶瓷的润湿特性有关的表面张力效应的影响。为了使过滤器能够顺利地起动，必须克服上述阻力。克服热阻的措施是保证液态铸造合金有足够的过热度。利用金属液的热量将过滤器加热到接近金属液的温度，这样当金属液临近过滤器时仍能保持液态。

创造为穿透泡沫陶瓷过滤器所需要的足够的压差，克服机械阻力，这样过滤器对金属液的最初约束就会解除。为了达到上述目的，必须正确选择过滤器的尺寸，包括过滤器的入口截面积、横浇道截面积和金属液的静压头。

过滤器的设置既要达到最佳的过滤效果，又要使金属液保持适当的流动速度，为此，应按比例关系选择横浇道和过滤器安放位置处的面积比。

通过试验验证，在一定的浇注工艺条件下，只要采用合适的最大横浇道截面积与过滤器的截面积比，就可以克服过滤器对金属液的约束，也就避免了过滤器的阻塞。一般浇注系统各部分的面积比为

$$A_0 : A_{r1} : A_{r2} : A_{r0} = 1 : 4.5 : 2.6 : 1.1$$

式中，A_0 为横浇道原始截面积；A_{r1} 为过滤器进入面的最大有效截面积；A_{r2} 为过滤器出口处的有效截面积；A_{r0} 为横浇道出口截面积。

对于一些粘度低的液态铸造合金，可以选择浇道比的“下限”。但是，如果浇道比过小将会过分强化浇注系统的节流作用，限制了粗大熔渣的移动，造成过滤器过早阻塞，以致铸件出现浇不足的缺陷。

第二节 浇注系统的设计

一、浇注系统的类型及应用

浇注系统类型的选择是正确设计浇注系统的重要问题之一。它与铸件的合金成分、结构、大小、技术要求和生产要求有关。

1. 按浇注系统各单元断面积比例分类

浇注系统按直浇道、横浇道及内浇道断面积的比例关系，可分为收缩式、扩张式和半扩张式三种。

（1）收缩式浇注系统　直浇道、横浇道和内浇道的截面积依次缩小（即 $A_{直}>A_{横}>A_{内}$）的浇注系统称为收缩式浇注系统。液态金属在这种浇注系统中流动时，由于浇道截面积越来越小，流动速度越来越大，从内浇道进入型腔的液流，流动速度很大，对型壁产生冲击，易引起喷溅和剧烈氧化。但此种浇注系统在充型的最初阶段直至整个充型过程，都保持充满状态，金属液中的熔渣易于上浮到横浇道上部，避免进入型腔。此外，这种浇注系统所占体积较小，减少了合金的消耗。这种浇注系统主要用于不易氧化的铸铁件。

（2）扩张式浇注系统　直浇道、横浇道和内浇道截面积依次扩大的浇注系统（即 $A_{直}<A_{横}<A_{内}$）称为扩张式浇注系统。扩张式浇注系统的特点和收缩式恰恰相反，其主要优点是金属液在横浇道和内浇道中流速较慢，在进入型腔时流动平稳。不足之处是横浇道在充填初期不易充满，在开始阶段浮渣作用较差。易氧化的铝合金和镁合金要求液流平稳，大、中型铸件一般都采用扩张式浇注系统。

（3）半扩张式浇注系统　$A_{直}<A_{横}>A_{内}$，而且 $A_{内}>A_{直}$ 的浇注系统称为半扩张式浇注系统。其优缺点介于扩张式与收缩式之间，液流比较平稳，充型能力和挡渣能力比较好，适合于一般小型、结构简单的铸件。

在浇注系统设计中，其浇道比对铸件质量有较大的影响，所以正确选择浇道比也是浇注系统设计中一个重要内容。在生产实践中，对浇道比的选择已积累了不少经验，也有不少专著文献。但由于铸件结构、生产工艺等具体条件不同，很难归纳出一个行之有效、简单易行的确定方法。有关资料和设计手册也列举了不同合金、不同结构铸件的浇道比，可供选择时参考。

2. 按液态金属导入铸件型腔的位置分类

浇注系统按液态金属导入铸件型腔的位置分类，可分为顶注式、底注式、中注式、阶梯式、缝隙式和复合式等多种形式。本文主要介绍在实际生产中使用较多的顶注式、底注式、中注式和阶梯式浇注系统。

（1）顶注式（又称上注式）浇注系统　以浇注位置为基准，金属液从铸件型腔顶部引入的浇注系统称为顶注式浇注系统。顶注式浇注系统的优点是：

1）液态金属从铸型型腔顶部引入，在浇注和凝固过程中，铸件上部的温度高于下部，有利于铸件自下而上顺序凝固，能够有效地发挥顶部冒口的补缩作用。

2）液流流量大，充型时间短，充型能力强。

3）造型工艺简单，模具制造方便，浇注系统和冒口消耗金属少，浇注系统切割清理容易。

顶注式浇注系统最大的缺点是，液体金属进入型腔后，从高处落下，对铸型冲击大，容易导致液态金属的飞溅、氧化和卷入气体，形成氧化夹渣和气孔缺陷。

顶注式浇注系统适用于质量不大、高度不高、形状简单的中小铸件。铝合金和镁合金铸件在使用顶注式浇注系统时，必须考虑液流在型腔内下落高度不能太大。

常见的顶注式浇注系统如图 2-13 所示。其中：

1）简单式：用于要求不高的简单小铸件的生产。

2）楔形式：浇道窄而长、断面积大，适用于薄壁容器类铸件的生产。

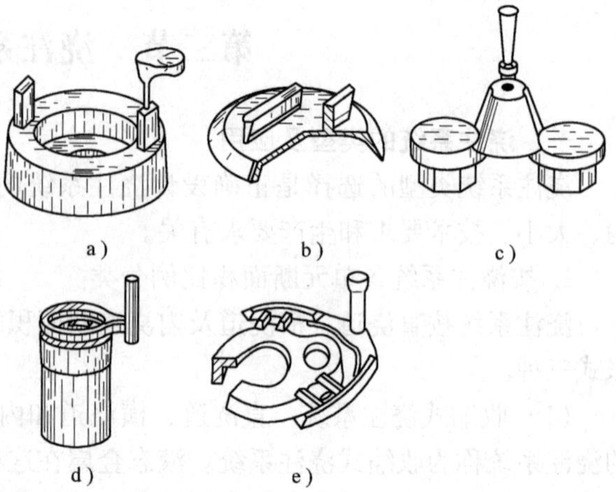

图 2-13　顶注式浇注系统

a）简单式　b）楔形式　c）压边式　d）雨淋式　e）搭边式

3）压边式：金属液经压边窄缝进入型腔，充型慢，有一定补缩和阻渣作用，结构简单，易于清除，多用于中、小型厚壁铸铁件的生产。

4）雨淋式：金属液经型腔顶部许多小孔（内浇道）流入，状似雨淋，比其他顶注式对型腔的冲击力小，炽热金属流不断冲刷上升液面，使熔渣不易粘附在型（芯）侧壁上，适用于要求较高的筒类铸件，如缸套、大的活塞、机床卡盘等，也可用于床身、柴油机缸体等。

5）搭边式：自上而下导入金属液，避免冲击型（芯）侧壁，适用于湿型铸造薄壁铸件，如纺织机铸件等。

（2）底注式（又称下注式）浇注系统　内浇道设在铸件底部的称为底注式浇注系统，这种浇注系统的优点是：

1）合金液从下部充填型腔，流动平稳。

2）无论浇口比多大，横浇道基本处于充满状态，有利于挡渣。型腔内的气体能顺利排出。

但这种浇注系统的缺点是：

1）充型后铸件的温度分布不利于自下而上的顺序凝固，削弱了顶部冒口的补缩作用。

2）铸件底部尤其是内浇道附近容易过热，使铸件易产生缩松、缩孔、晶粒粗大等缺陷。

3）充型能力较差，对大型薄壁铸件容易产生冷隔和浇不足的缺陷。

4）造型工艺复杂，金属消耗量大。

底注式浇注系统的这些缺点，通过有关工艺措施可加以解决，例如采用快浇和分散的多内浇道、底部使用冷铁、用高温金属补浇冒口等措施，常可收到满意的结果。

底注式浇注系统广泛应用于铝镁合金铸件的生产，也适用于形状复杂、要求高的各种黑色金属铸件。常见的底注式浇注系统如图 2-14 所示。其中牛角式浇注系统造型工艺复杂，只有在铸造中小型、质量要求较高的铸件时，用一般的底注式难以解决时，才考虑使用。

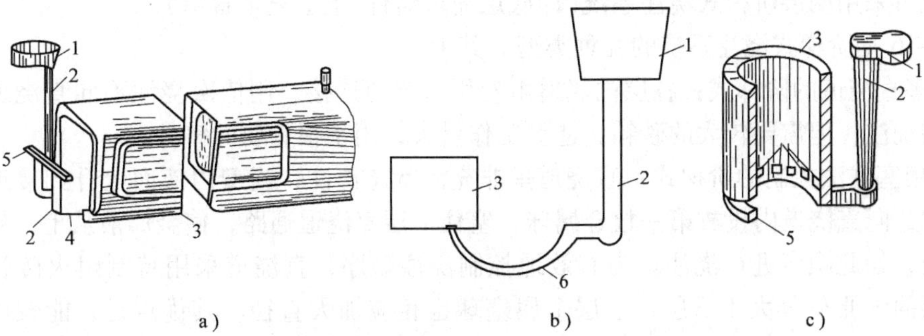

图 2-14　底注式浇注系统

a）普通式　b）牛角式　c）底雨淋式

1—浇口杯　2—直浇道　3—铸件　4—内浇道　5—横浇道　6—牛角浇口

（3）中注式浇注系统　这种浇注系统的液态金属引入位置介于顶注和底注之间（见图 2-15），其优、缺点也介于顶注式与底注式之间。它普遍应用于高度不大、水平尺寸较大的中小型铸件，在铸件质量要求较高时，应控制合金液的下落高度即下半型腔的深度。采用机器造型生产铸件时，广泛使用中注式浇注系统。此时，多采用两箱造型，内浇道开在分型面上，工艺简单，操作容易。

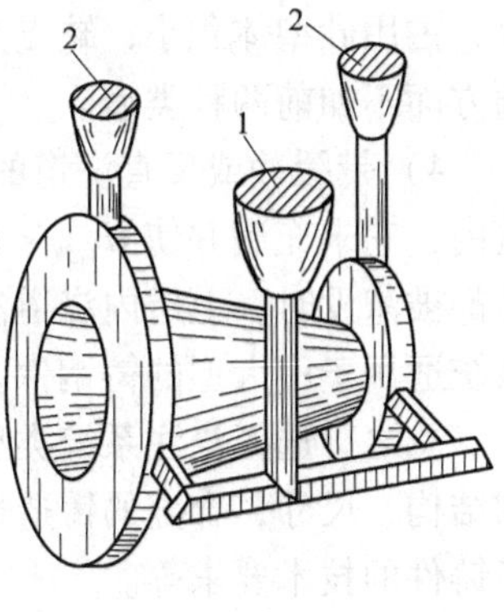

图 2-15　中注式浇注系统

1—浇口杯　2—出气冒口

（4）阶梯式浇注系统　在铸件不同高度上开设多层内浇道的称为阶梯式浇注系统（见图 2-16）。结构设计合理的阶梯式浇注系统应有以下优点：金属液自下而上充型；充型平稳；型腔内气体排出顺利；充型后上部金属液温度高于下部，有利于顺序凝固和冒口的补缩；充型能力强，易避免冷隔和浇不足等铸造缺陷。另外，利用多内浇道，可减轻内浇道附近的局部过热现象。

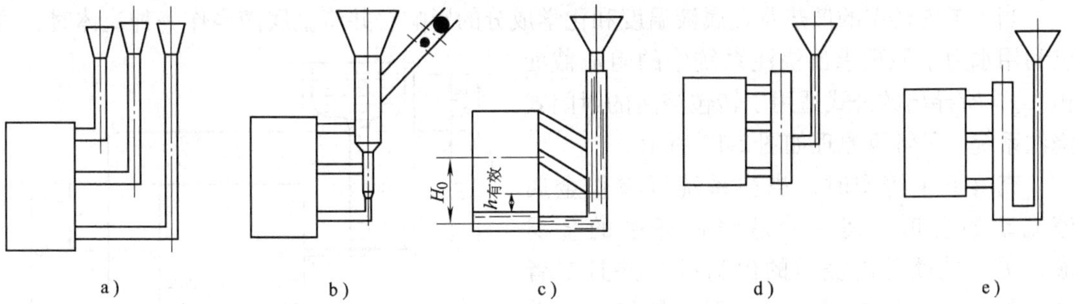

图 2-16　阶梯式浇注系统

a）多直浇道　b）用塞球法控制　c）控制各组元比例　d）带缓冲直浇道　e）带反直浇道

阶梯式浇注系统的主要缺点是：造型复杂，有时要求几个分型面；要求正确的计算和结构设计，否则，容易出现上下各层内浇道同时进入金属液的“乱浇”现象，或底层进入金属液过多，形成下部温度高的不理想的温度分布。阶梯式浇注系统适用于高度大的大中型铸钢件、铸铁件。在铝合金、镁合金铸造生产中为了提高顶部冒口中金属液的温度，增强补缩作用，也可采用两层阶梯式浇注系统(即底层充填铸件,上层充填冒口)。

图 2-16 是阶梯式浇注系统的几种类型。其中：

1）多直浇道的阶梯式：各层内浇道由专用直浇道连接，用依次浇注不同直浇道的方法实现分层浇注；但需要较大的砂箱，造型工作量大，用于很重要的铸件。

2）用塞球法控制的阶梯式：直浇道呈非充满状态浇注，当型内液面上升到接近第二层内浇道时，向直浇道内投放第一枚金属球，塞住下层直浇道通路，使金属液从上一层内浇道注入型腔，如此顺序进行浇注。为有效地控制浇注顺序，直浇道采用特制耐火砖管或砂芯管，上层的 V 形管径大于下层，上层金属塞球也相应加大直径。其优点是，能较可靠地控制浇注顺序，并获得有利的金属温度分布；但缺点是，需要特制耐火管金属塞球。该类型浇注系统对于经常应用阶梯式浇注系统的铸造厂可以考虑应用。

3）控制各组元比例的阶梯式：在和各层内浇道相连接的分配直浇道之前设置阻流，造成分配直浇内呈非充满流态，并使 $H_{有效} < H_0$，从而实现分层引注。其主要优点是，结构简单，占用砂型体积小；缺点是，底层内浇道进入金属液过多，在获得有利于冒口补缩的温度场方面不如前两种类型。

4）带缓冲或反直浇道的阶梯式：金属液流经直浇道及横浇道，进入宽大的缓冲反直浇道内，它未充满并使 $H_{有效} < H_0$，从而实现逐层充型。具有反直浇道的阶梯式，当几层内浇道都被淹没时，上层内浇道流量较大，容易实现铸件的顺序凝固，有利于补缩。该类型浇注系统适用于中大型的铸钢件。

总之，选择浇注系统类型时要综合考虑多种因素，包括铸件的浇注位置，分型面，铸件的结构、尺寸，合金的铸造性能，是否应用冒口、冷铁及如何发挥它们的作用，以及是否满足铸件的技术要求等。

二、浇注系统的尺寸计算

在浇注系统的类型和引入位置确定以后，就可进一步确定浇注系统各基本单元的尺寸和结构。目前大都采用水力学近似公式或经验公式计算出浇注系统的最小截面积，再根据铸件的结构特点、几何形状等确定浇道比，最后确定各单元的尺寸和结构。

当不考虑铸型的散热及金属液温度和化学成分的影响，并将金属液当作一种流体时，可以利用水力学原理求出浇注系统中的阻流截面积 $A_{阻}$，所导出的公式适用于转包浇注的封闭式浇注系统。其计算原理如图 2-17 所示。

充填下半铸型时，浇注系统可看作金属液流动的管道，其一端是浇口杯中的金属液，另一端就是内浇道的出口处，并且二者之间的液柱高度是不变的，而且是稳定流动的。由最小截面内浇道控制液流时，则依伯努利方程得出

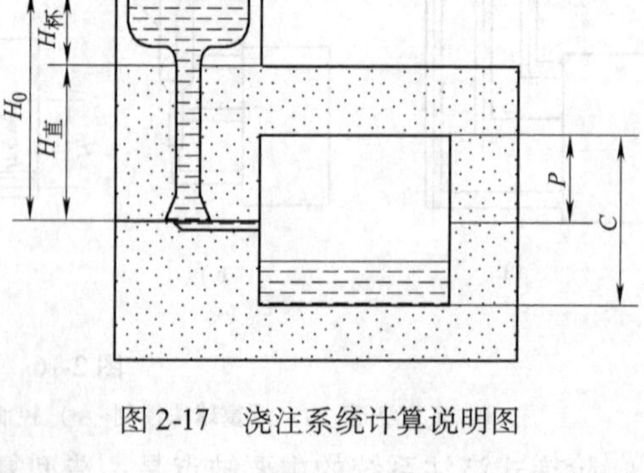

图 2-17 浇注系统计算说明图

$$H = \frac{v^2}{2g} + \sum h_{总损} \tag{2-2}$$

式中，H 为内浇道以上的金属液静压头；v 为金属液由内浇道流出的速度；g 为重力加速度；

$\sum h_{总损}$为总的阻力损耗，$\sum h_{总损}=\xi_{浇}\frac{v^2}{2g}$，$\xi_{浇}$ 为浇注系统中的总阻力系数。

$$H_0=\frac{v^2}{2g}(1+\sum\xi_{浇}) \tag{2-3}$$

$$v=\frac{\sqrt{2gH_0}}{\sqrt{(1+\sum\xi_{浇})}} \tag{2-4}$$

第一种情况下充填型腔的金属液质量为

$$m_1=\frac{\rho S_{阻}\ \tau\sqrt{2gH_0}}{\sqrt{(1+\sum\xi_{浇})}} \tag{2-5}$$

式中，m_1 为第一种情况下充填型腔的金属液质量；ρ 为金属液的密度；$S_{阻}$ 为阻流截面面积（在封闭式系统中为内浇道的总截面积 $S_{内}$）；τ 为浇注时间。

$\frac{1}{\sqrt{1+\sum\xi_{浇}}}$ 表示实际的有粘性液体的真正流量与没有粘性的理想液体的理论流量之比，称为流量系数，用μ 表示。于是有

$$m_1=\rho\mu S_{阻}\ \tau\sqrt{2gH_0} \tag{2-6}$$

$$S_{阻}=\frac{m_1}{\rho\mu\tau\sqrt{2gH_0}} \tag{2-7}$$

充填上半铸型时，由于从内浇道流出的金属液是充填内浇道以上的型腔部分，因此，在内浇道出口处的静压头 p 将不是零，而是内浇道以后的各种阻力之和（包括内浇道出口处以上的型腔内金属液的平均静压头 h'和型腔内的总阻力损失）

$$\sum h_{型损}=\sum\xi_{型}\frac{v^2}{2g} \tag{2-8}$$

于是在充填内浇道出口处以上的型腔部分时可以得出如下的伯努利方程，即

$$H_0=\frac{v^2}{2g}+\sum h_{总损}+h'+\sum h_{型损} \tag{2-9}$$

设

$$H_{均}=H_0-h' \tag{2-10}$$

则

$$H_{均}=\frac{v^2}{2g}+(1+\sum\xi_{浇}+\sum\xi_{型}) \tag{2-11}$$

H_0 是作用在内浇道中金属液上的实际压头的平均计算值，于是当充填时间为τ'时，则

$$S_{阻}=\frac{m_2}{\rho\mu'\tau'\sqrt{H_{均}}} \tag{2-12}$$

$$\mu'=\frac{1}{\sqrt{1+\sum\xi_{浇}+\sum\xi_{型}}} \tag{2-13}$$

式中，μ'为流量系数；m_2 为第二种情况下充填型腔的金属液质量。

将式(2-8)和式(2-13)合并为通式，即计算浇注系统中最小截面积的公式，也就是著名的奥赞(Osann)公式，即

$$S_{阻}=\frac{m}{\rho\mu\tau\sqrt{2gH_{均}}} \tag{2-14}$$

式中，m 为流经阻流断面的液体金属总质量；μ 为流量系数；τ 为充填全部型腔的时间；ρ 为液体金属的密度；$H_{均}$ 为平均计算静压头。

（1）m 和 ρ 的确定　在计算的铸件确定以后，ρ 即已确定。铸件图上一般已标出了铸件的质量，再加上浇注系统和冒口的质量即为 m 值。但此时浇注系统和冒口尚未设计出，可根据经验对铸件质量乘以适当的系数来求得。对铝镁合金、铸钢件 m 值一般为铸件质量的 2～3 倍，铸铁件为 1.1～1.4 倍。

（2）μ 值的确定　μ 是合金液在充填浇注系统和铸件型腔的过程中，由于受到各种摩擦阻力、水力学局部阻力和合金液与铸型的热作用、物理—化学作用等的影响，引起液流速度下降，流量消耗的一个修正系数。影响 μ 值的因素很多，难于用数学计算方法确定，一般都按生产经验和参考实验结果选定。铸铁和铸钢件的流量系数在 0.25～0.50 之间选取；对于航空铝、镁合金铸件所用的扩张式浇注系统，其 μ 值可在 0.3～0.7 之间选取。实际铸造时，可根据铸件合金种类、浇注温度和铸件结构选择。

（3）τ 值的确定　合适的浇注时间应根据铸件的具体结构、合金种类和铸造工艺方法来确定。在有关资料中列举了大量的计算浇注时间的经验公式和图表可供设计时选用。这些公式大部分不很完善，铸铁等不易氧化的合金铸件，主要依据铸件的质量来定；航空产品铝合金和镁合金铸件，常以液面在型腔中适宜的上升速度为确定浇注时间的基本依据。

（4）$H_{均}$ 值的确定　金属液平均计算静压头可由简单的水力学推导得出如下公式：

$$H_{均}=H-\frac{P^2}{2C} \tag{2-15}$$

式中，H 为内浇道以上至浇口杯中合金液面的高度；P 为内浇道以上型腔高度；C 为铸件型腔的总高度。

在确定了 μ、τ 及 $H_{均}$ 之后，就可用式(2-15)求出浇注系统的最小截面积，再按已选定的浇注系统各单元断面积之比以及各单元的结构形式，即可初步确定浇注系统的具体尺寸。由于在最初计算时预定的 m、τ 的数值是估算值，并且各单元断面积的实际比例与选定的也有出入，所以计算结果还需经过验算和调整。

在计算获得的阻流截面积的基础上，根据浇注系统各组元的截面比的经验数据，可进一步计算出浇注系统各组元的截面比。经验不足时可以先按类比的方法选用，再通过实际浇注验证后确定。

有关文献推荐了一些浇口比 $S_{直}:S_{横}:S_{内}$ 的比例关系值，可供参考选用。

灰铸铁：1:4:4；1.1:1.3:1；1:0.75:0.5。

球墨铸铁：1:0.9:0.5(干砂型)；1:2:2(壳型,立浇)；1.2:1:2。

铸钢：1:2:1.5；1:3:3；1:1:0.7；1:2:2。

铜合金：1:2:2；1:4:4；1:1:1；1:1:3(黄铜)。

铝合金：1:6:6；1:2:4；(0.6～0.7):1:0.75。

镁合金：1:2:2；1:4:4。

三、几种合金浇注系统设计的特点

1. 铸铁件浇注系统

通常在确定铸造方案的基础上设计铸铁件的浇注系统：

1）选择浇注系统类型。

2）确定内浇道在铸件上的位置、数目和金属液引入方向。

3）确定直浇道的位置和高度。实践表明，直浇道过低使充型及液态补缩压力不足，易出现铸件棱角和轮廓不清晰、浇不足、上表面缩凹等缺陷。一般使直浇道高度等于上砂箱高度，但应检验该高度是否足够。

直浇道的位置应设在横、内浇道的对称中心点上，以使金属液流程最短，流量分布均匀。近代造型机（如多触头高压造型机）模板上的直浇道位置一般都被确定，在这样的条件下应遵守规定的位置。直浇道距离第一个内浇道应有足够的距离。

4）计算浇注时间并核算金属液上升速度。应指出，重要的是核算铸件最大横截面处的型内金属液上升速度。当不满足要求时，应缩短浇注时间或改变浇注位置。

5）计算阻流截面积 $S_{阻}$。依水力学公式计算 $S_{阻}$，如果铸件质量很大，则计算铸件质量 m 时，应包括型腔扩大量（由于各种原因引起的增重，原因有木模壁厚偏差、起模时扩砂量、铸型及砂芯干燥过程中的尺寸变化、合箱偏差及浇注时的胀砂等）。增重因铸件大小及铸型等工艺条件而异，一般增重在3%～7%范围内。考虑铸件增重，不仅使浇注系统计算精确，更重要的是提供了浇注时所需要的金属量。

6）确定浇口比并计算各组元截面积。浇注系统中主要组元的截面积比例关系——$S_{直}:S_{横}:S_{内}$称为浇口比。以阻流面积为基准尺度，可查阅有关文献表格，选择和确定浇口比。

7）绘出浇注系统图形。铸铁件浇注系统有垂直分型、阶梯式浇注系统等。

2. 铸钢件浇注系统

铸钢的特点是熔点高、流动性差、收缩大、易氧化，而且夹杂物对铸件力学性能影响严重，多使用底注浇包（Bottom Pouring Iadle，俗称漏包、柱塞包），要求浇注系统结构简单、截面积大，使充型快而平稳，流股不宜分散，有利于铸件的顺序凝固和冒口的补缩，不应阻碍铸件的收缩。

在生产中，大多数工厂使用保温性能好、阻渣能力强的底注浇包浇注，大中型铸件的直浇道用耐火砖管砌成。当每个内浇道的钢液流过量超过1t时，内浇道和横浇道也用耐火砖管砌成。只在造型流水线上浇注小件的情况下才使用转包浇注。

为了浇注质量不同的铸件，可使用不同容量的浇包、不同直径的包孔及采用塞杆阻流以调节流量。塞杆阻流有一定限度，依经验，最大塞杆阻流限度时的流量为开启塞杆流量的0.77倍，超过此限度时钢液流股分散，无法正常浇注。频繁地开闭塞杆会导致堵塞失灵，故应按不调节塞杆法来设计浇注系统。用底注浇包浇注时，浇注系统必须是开放式的，直浇道不被充满，保证钢液不会溢出浇道以外。为快速而平稳地充型，一般中小铸件多用底注式浇注系统，高大铸件常采用阶梯式浇注系统。

底注浇包浇注系统的经验计算法是，先确定浇包容量和包孔直径，依经验的浇口比确定浇注系统各组元尺寸。

以包孔截面积为基准，参照下述浇口比确定浇注系统各组元截面积之比为

$$A_{包孔}:A_{直}:A_{横}:A_{内}=1:(1.8\sim2.0):(1.8\sim2.0):(2.0\sim2.5)$$

3. 轻合金铸件的浇注系统

轻合金包括铝、镁合金等，其特点是密度小，熔点低，体积热容小而热导率大，化学性质活泼，极易氧化和吸收气体。常见的缺陷有非金属夹杂物（由泡沫、熔渣和氧化物组成）、浇不足和冷隔、气孔、缩孔、缩松及裂纹、变形等。

轻合金的浇注温度低，对型砂的热作用较轻。如果出现夹砂结疤、粘砂缺陷，常是因型

砂质量太差引起的。过热的铝合金有很高的氢溶解度，因而应严格控制熔炼温度，脱氢和变质处理应精心，否则易引起析出性气孔。改善充型过程无助于解决此类缺陷。轻合金降温快，宜快浇。有的轻合金结晶范围宽，凝固收缩大，易出现缩孔、缩松、变形甚至开裂等缺陷。有的糊状凝固特性强，难于消除缩松，浇注系统的设计应注意发挥冷铁、冒口的作用，要求有较大的纵向温度梯度以消除缩松缺陷。

轻合金液化学性质极为活泼，一旦接触空气或水分，表面立即被氧化，因此，液流表面总是覆盖着极薄的一层氧化膜。这层膜的高温强度很低，若流速高或流向急剧改变，都会使氧化膜破裂。湍流运动促使氧化膜、空气混入合金内部，所形成的氧化夹杂物的密度常比金属液的密度大，难于清除。因此，要求合金在浇注系统中流动平稳，不产生涡流、喷溅，以近乎层流的方式充型。

据经验，高度低于100mm的矮铸件才可用顶注式或中间注入式浇注系统。广泛应用垂直缝隙式和带立缝的底注式浇注系统，能把合金液平稳地导入型腔，有利于顺序凝固。蛇形直浇道增加流动阻力，降低流速使充型平稳。高大铸件可使用阶梯式浇注系统。

浇口比如下：

质量小于20kg的铸件，$A_{直}:A_{横}:A_{内}=1:2:(2\sim4)$。

质量20～50kg的铸件，$A_{直}:A_{横}:A_{内}=1:3:(4\sim5)$。

质量大于50kg的铸件，$A_{直}:A_{横}:A_{内}=1:4:(5\sim6)$。

推荐以容许最小湍流程度为依据的阻流计算法，实质为保证金属流动平稳，以免形成过多氧化夹杂物。根据水力模拟试验及实际浇注试验，确定出轻合金充型时的最大允许雷诺数（其经验数据可通过查阅相关文献获得）。

4. 铜合金铸件浇注系统

铸造常用的铜合金有铝青铜、锡青铜和黄铜。铝青铜结晶温度范围窄，易产生集中缩孔，易氧化生成氧化膜和铸件夹杂物，多应用底注、开放式浇注系统，并常用滤渣网和集渣包。

锡青铜和磷青铜的结晶温度范围宽，易产生缩松缺陷，但受氧化倾向轻。可采用雨淋式、压边式等顶注式浇注系统。对大中型复杂铸件，也常设滤网除渣，并使流动趋于平稳。

黄铜的铸造性能接近于铝青铜等无锡青铜，黄铜液中因有锌蒸气的保护和自然脱气作用，故很少形成氧化膜和析出性气孔。应按顺序凝固的原则设置浇注系统和冒口。

第三节　液态金属凝固收缩过程的工艺分析

液态金属成形过程是高温液态金属在铸型中冷却、凝固至常温固态的过程，在这个过程中，会出现收缩。合金收缩会在铸件中产生缩孔、缩松、热裂、应力、变形和冷裂等缺陷，在液态金属成形过程中，通常通过合理地设置冒口和冷铁等予以控制和防止。

一、液态金属凝固过程中的收缩

现以铸钢件为例，分析其收缩过程和在收缩过程中产生的缩孔和缩松现象。

铸钢件在液态、凝固态和固态的冷却过程中均产生体积缩小的现象，称为铸件的收缩。收缩是铸钢本身的物理性质。

金属从浇注温度到常温的体积收缩称为体收缩。金属在固态时的线尺寸收缩称为线收缩，线收缩与铸件的变形、裂纹和模样制造等有关。

铸钢从液态到凝固完毕，体积的缩小分为两个阶段，即液态收缩和凝固收缩。两者的收缩是直接引起铸件产生缩孔、缩松、气孔、偏析和热裂的根本原因。其中液态收缩的体收缩率

$$\varepsilon v_L = \frac{V_0 - V_L}{V_0} \times 100\% = a v_L (t_0 - t_L) \times 100\% \tag{2-16}$$

式中，εv_L 为液态收缩的体收缩率(%)；V_0 为金属液在浇注结束时的体积；V_L 为金属液在液相线时的体积；$a v_L$ 为金属的液态体收缩系数(1/℃)；t_0 为浇注温度(℃)；t_L 为液相线温度(℃)。

二、铸钢件中的缩孔和缩松

铸钢件在凝固过程中，由于液态体收缩和凝固体收缩，在铸件最后凝固的部位如得不到外加钢液的补缩，则会出现孔洞，称为缩孔。缩孔的形状不规整，表面不平滑，可以看到发达的树枝晶末梢，故可以和气孔区分开来。

根据缩孔的大小和在铸件中分布的特点，可分为宏观缩孔和微观缩孔。

微观缩孔也称显微缩孔，是在铸件断面上要借助于放大镜或将铸件断面腐蚀以后才能发现的孔洞，它分布在树枝晶的枝晶间，与微观气孔很难区分，且往往是同时发生的，它在铸件中或多或少都要存在。对于一般铸件，往往不把它作为缺陷对待，只在特殊情况下，即要求铸件具有高的气密性和物理化学性能时，才考虑设法将其减少。

宏观缩孔是在铸件外表上或铸件断面上用肉眼直接观察到的缩孔。宏观缩孔有两种，即缩孔和缩松。

缩孔的体积较大，多集中在铸件的上部和最后凝固的部位；缩松的体积很小，对于铸钢来说，它分布在铸件壁的轴线区域，通常称为轴线缩松。

存在于铸件中任何形态的缩孔，都会减少受力的有效面积和在缩孔处产生应力集中，而使铸件的力学性能显著降低。由于缩孔的存在，还会降低铸件的气密性和物理化学性能。因此，缩孔是铸件的主要缺陷之一，应设法防止。

1. 缩孔形成机理

以图 2-18 的圆柱形铸件为例，来分析缩孔的形成过程。假定所浇注的合金的结晶温度范围很窄，铸件是由表及里逐层凝固。

图 2-18a 为液态金属充满了铸型。因铸型吸热，金属液温度下降，发生液态收缩，但它将从浇注系统中得到补充。因此，此期间型腔总是充满着金属液。

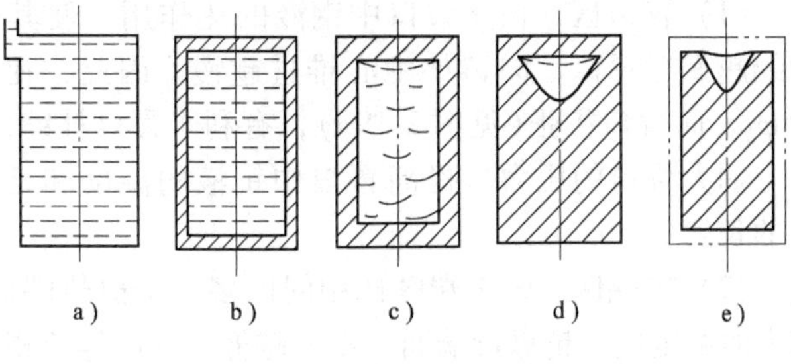

图 2-18　铸件中缩孔形成过程示意图

当铸件外表温度下降到凝固温度时，铸件表面凝固了一层硬壳，并紧紧地包住内部的金属液。内浇道此时已凝固，如图 2-18b 所示。

进一步冷却时，硬壳内的金属液因温度降低产生液态收缩，并对形成硬壳的凝固收缩进行补缩，液面下降。与此同时，固态硬壳也因为温度降低，而使铸件外表尺寸缩小。如果因

液态收缩和凝固收缩引起的体积缩减等于外表尺寸缩小所造成的体积缩减，则凝固的外壳仍和内部的液态金属紧密接触，而不产生缩孔。但是，液态收缩和凝固收缩总是超过硬壳的固态收缩，因此，液面脱离顶部的硬壳，液面下降，如图 2-18c 所示。如此进行下去，硬壳不断增厚，液面不断下降，待金属全部凝固后，在铸件上部就形成一个倒锥形的缩孔，如图 2-18d 所示。整个铸件体积因温度下降至常温而不断缩小，使缩孔绝对体积有所减小，如图 2-18e 所示。

2. 缩松形成机理

铸钢件的轴线缩松通常都产生在壁厚均匀的铸壁内。从纵断面上看，缩松产生在轴线处；从横断面上看，缩松产生在中心部位，所以称其为轴线缩松或中心缩松。

形成轴线缩松的基本原因和形成缩孔一样，都是铸钢的凝固体收缩得不到钢液的有利补缩而形成的。轴线缩松的形成条件，是在缩松区域内的金属几乎同时凝固。

图 2-19 是一个具有均匀厚度的平浇铸件。在它的左端放一个足够大的冒口。用热电偶测量浇注后各时刻铸件中心线的温度，用射线检查铸件的内部质量。

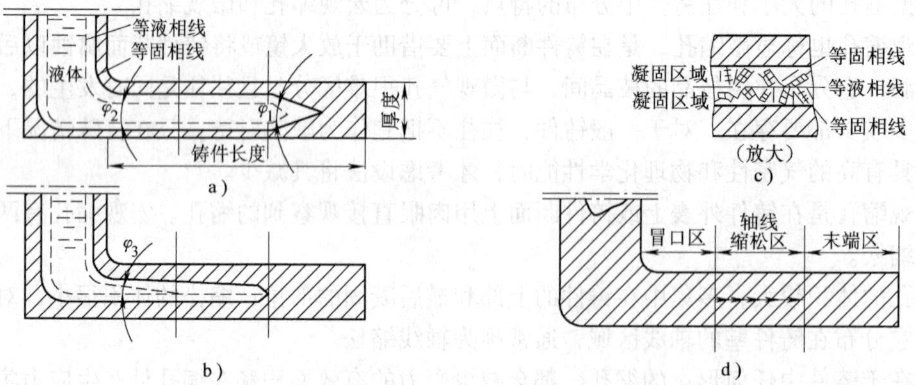

图 2-19 均匀壁厚铸件凝固示意图

a）、b）等液相线、等固相线移动情况 c）中间区的凝固区域放大 d）凝固结束的 3 个区域

可将铸件分为三个区域：

（1）冒口区 由于冒口中钢液的热作用，使其在纵向存在温度差。等液相线和等固相线越靠近冒口，向铸件中心推进越慢。因此，在冒口区中构成楔形补缩通道，扩张角为 φ_2，向冒口扩张（见图 2-19a），有利于冒口补缩，为顺序凝固，铸件在这个区域是致密的。加大冒口的压力，提高冒口中钢液的温度和延长冒口的凝固时间，都可以增加冒口区的长度。

（2）末端区 因末端区比中间区多一个散热端面，所以冷却速度较快，在纵向上存在较大的温度差。越靠近端面，温度越低，因此等液相线和等固相线越靠近端面，向铸件中心推进越快，这就构成了补缩通道，其扩张角 φ_1 向冒口方向扩张。因在中间段的中心尚未构成补缩边界之前，末端区已凝固完毕，所以末端区里的钢液所产生的凝固收缩，完全能获得冒口中的钢液的补缩。这一段为顺序凝固，铸件是致密的。若末端区加放冷铁，可增加末端区的长度。

（3）轴线缩松区 在冒口区和末端区作用都达不到的中间段称为轴线缩松区。在这个区域，铸件的冷却速度相同，在纵向上没有温度差。等液相线和等固相线平行于铸件上、下表面向中心推进，侧面的凝固情况也相同，所以其扩张角 φ 为零，其凝固前沿是平行的，凝固方式为同时凝固，如图 2-19b 所示。在末端区凝固完毕以后，中间区的等液相线在铸件中心汇合，构成很宽的凝固区，凝固前沿平行，当等固相线推进到铸件中心附近，在靠近等固相线的初生晶体之间的钢液发生凝固收缩，首先形成具有一定真空度的晶体间的小孔隙。这种真空的小孔隙又把中心线上的初生晶体之间钢液吸入，而得到补缩，如图 2-19c 所示。然而却在铸件的中心线上产生断断续续的晶间小孔，称为轴线缩松。此时，冒口虽然存在补缩通道扩张角 φ_3（见图 2-19b），但冒口中的钢液已克服不了中间段已经搭接的晶体间的阻力来对中心处进行补缩。这就是轴线缩松形成的机理。

液相线和固相线与铸件壁轴线相交的区间称为“补缩困难区 μ”。液固两相并存区越宽，扩张角 φ 越小，补缩困难区就越长，如图 2-20 所示。在液固两相并存区中，尤其在补缩困难区 μ 中，液相与固相之间的附着力往往大于液体的重力，而且附在枝晶之间的液体以其附加压力反作用于补缩力，致使钢液在凝固结束之前便失去了补缩能力，克服不了已经搭接的晶体间的阻力。因此，结晶温度范围较小、倾向于逐层凝固的低碳钢，其等液相线和等固相线之间的凝固区域较窄，容易实现补缩。相反，在补缩扩张角 φ 相同的条件下，结晶温度范围较宽的高碳钢就不如低碳钢容易实现补缩。

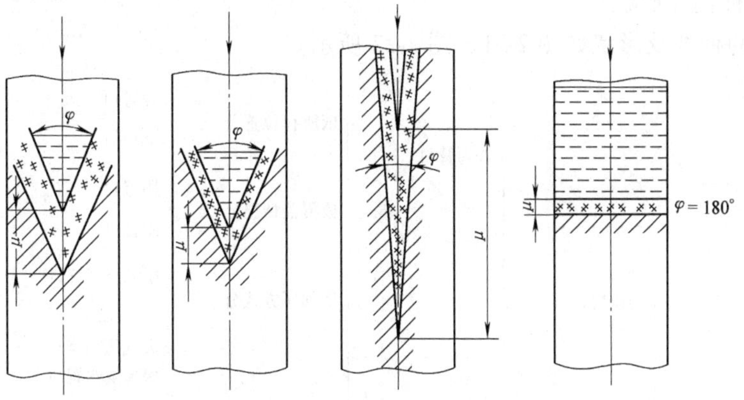

图 2-20　扩张角 φ 对补缩困难区 μ 的影响（立浇，顶注式）

试验证明：为了获得致密的铸件，无论是平浇还是立浇的铸钢件，在沿冒口方向上，铸钢平板中的温度差应大于或等于 0.5℃/cm；对于杆状铸钢件，因其横截面上的宽厚比不同，其凝固条件就不同，故对长杆铸钢件中的最小温差（临界温度差）为 1.3 ~ 2.2℃/cm。

综上所述，形成铸件缩松的原因是，在凝固期，铸件纵截面上各点没有或没有足够的温度差，以致在凝固末期补缩通道消失。因此，凡是能创造等于或大于临界温度差的措施，都能增加致密区的长度，从而使一些宽结晶温度范围的合金获得致密的组织。

第四节　冒 口 设 计

一、冒口的作用与种类

1. 冒口的作用

冒口是铸型内用以储存金属液的空腔，其作用如下：

1）补偿铸件凝固时的收缩。即将冒口设置在铸件最后凝固的部位，由冒口中的合金液补偿其体收缩，使收缩形成的孔洞移入冒口，防止铸件产生缩孔、缩松缺陷。

2）调整铸件凝固时的温度分布，控制铸件的凝固顺序。在铝、镁合金铸件及铸钢件的生产中，一般都使用较大的冒口，冒口内蓄积了大量的液态金属并且散热很慢，对凝固前的温度调整和凝固过程中的温度分布产生一定的影响。

3）排气、集渣。

4）利用明冒口观察型腔内金属液的充型情况。

2. 对冒口的要求

根据设置冒口的目的和作用，所设计的冒口应遵守以下基本条件：

1）冒口的凝固时间应大于或等于铸件(被补缩部分)的凝固时间。

2）冒口应有足够大的体积，以保证有足够的金属液补充铸件的液态收缩和凝固收缩。

3）在铸件整个凝固的过程中，冒口与被补缩部位之间的补缩通道应该畅通，即使扩张角始终向着冒口。对于结晶温度间隔较宽、易于产生分散性缩松的合金铸件，还需要将冒口与浇注系统、冷铁、工艺补贴等配合使用，使铸件在较大的温度梯度下，自远离冒口的末端区逐渐向着冒口方向实现明显的顺序凝固。

3. 冒口的种类和形状

常用冒口的种类及形状如图 2-21、图 2-22 所示。

- 冒口
  - 传统冒口
    - 普通冒口
      - 依所在位置分
        - 顶冒口
        - 侧冒口
      - 依覆盖情况分
        - 明冒口
        - 暗冒口
    - 特种冒口
      - 依加压方式分
        - 压缩空气冒口
        - 发气压力冒口
        - 大气压力冒口
      - 依加热方式分
        - 保温发热冒口
        - 发热冒口
        - 加氧冒口
        - 煤气加热冒口
        - 电弧加热冒口
      - 易割冒口
        - 直接实用冒口
        - 控制压力冒口
  - 铸铁件的实用冒口(均衡凝固)

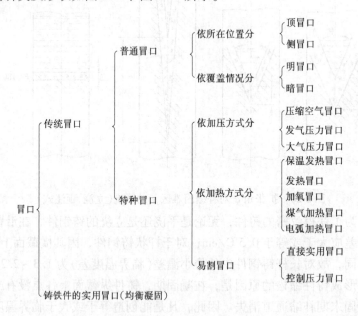

图 2-21　冒口的种类

冒口形状有圆柱形、球顶圆柱形、长(腰)圆柱形、球形及扁球形等多种。

二、冒口的补缩原理

1. 冒口的有效补缩距离

冒口作用区长度和末端区长度之和称为冒口有效补缩距离。常用冒口补缩距离长度与铸件厚度之比来表示冒口的有效补缩范围。不同类型的冒口都有一定的补缩范围。冒口的有效补缩距离与合金种类、铸件结构形状以及铸件凝固方向上的温度梯度有关，也和凝固时析出

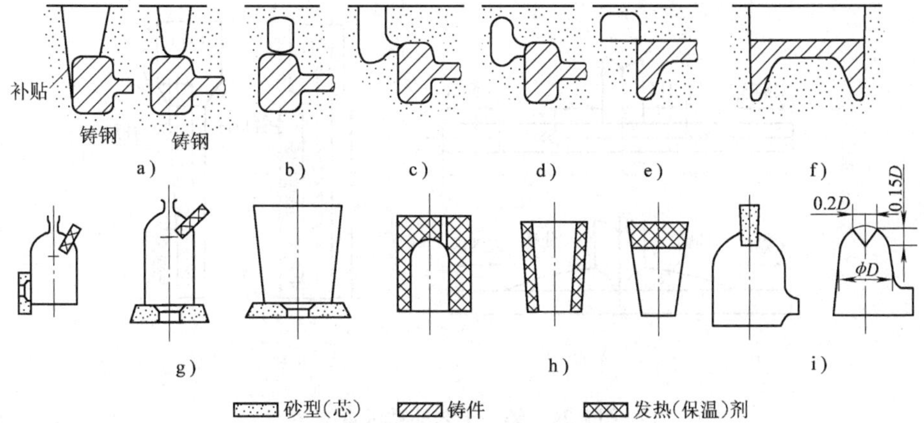

图 2-22　冒口形状示意图

a）明顶冒口　b）暗顶冒口　c）明侧冒口　d）暗侧冒口　e）压边冒口
f）整体冒口　g）易割冒口　h）发热(保温)冒口　i）大气压力冒口

气体的反压力及冒口的补缩压力有关。

在铸件上合理地安放冷铁，利用冷铁的激冷作用使铸件朝着冒口方向的温度梯度增大，加强铸件的顺序凝固，从而增加冒口的有效补缩距离。如图 2-23a 所示，由于在板件的端部安放了冷铁，末端区的长度扩大了 E'，对低碳钢板件 E' 约为 50mm。在两个冒口之间放置冷铁，相当于在铸件中间增加了激冷端，如图 2-23c 所示，可使原来的冒口作用区 $2A$ 增加了两个末端作用区，于是两个冒口之间的有效补缩距离从 $2A$ 增加到 $2(A+E+E')$。

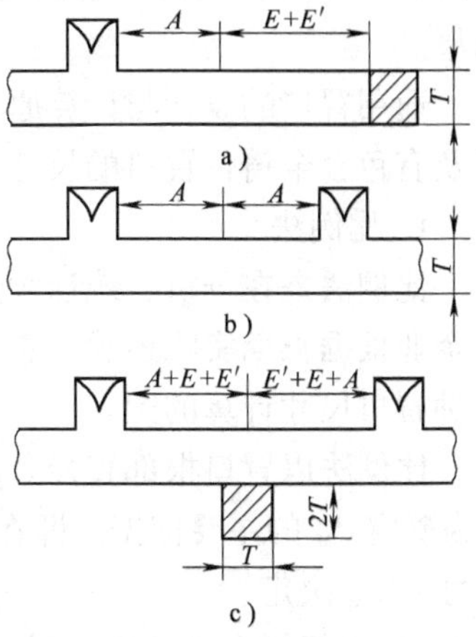

图 2-23　冷铁对冒口有效补缩距离的影响

2. 工艺补贴的应用

在实际生产中往往有些铸件需补缩的高度超过冒口的有效补缩距离。由于铸件结构或铸造工艺上的不便，难以在铸件的中部设置暗冒口，此时仅靠增加冒口直径和高度，其补缩效果并不明显，相反大大降低了工艺出品率。为此，一般采用在铸件壁板的一侧增加工艺补贴，来增加冒口的有效补缩距离，提高冒口的补缩效率。根据在铸件上的位置，补贴可分为垂直补贴和水平补贴两类，如图 2-24 所示。

补贴工艺余量，常附加在铸件的加工表面，最后用机械加工的方法切除。

3. 冒口位置的确定

冒口位置的选择对获得优质铸件有着重要的意义。一般情况下，根据铸件结构特点，结合浇注位置、浇注系统类型以及冷铁的应用等工艺因素的影响，先确定铸件的热节位置，则冒口应设在铸件热节的上方或侧旁，并尽量设在铸件最高、最厚的部位。对低处的热节增设补贴或使用冷铁，创造补缩的有利条件。当铸件结构复杂时，通常把铸件划分成几个区域，在每一个区域内设置一个合适的冒口。对于那些壁厚均匀的铸件，则需根据冒口的有效补缩距离来确定冒口的位置和个数。

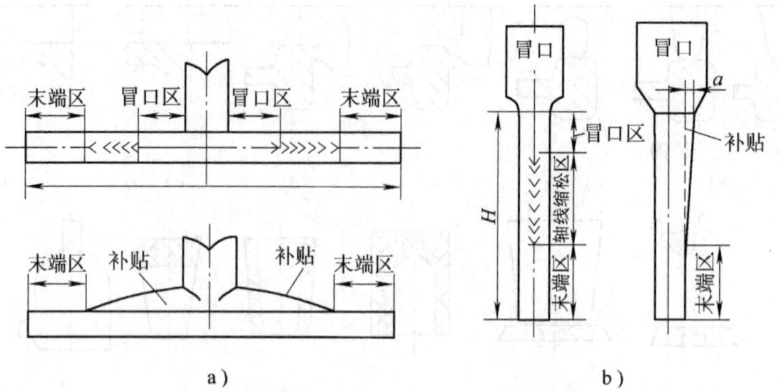

a） b）

图 2-24 铸件工艺补贴示意图

a）水平补贴 b）垂直补贴

三、通用冒口的设计

合理地确定冒口尺寸，在铸造生产中是一个很重要的工艺问题。目前，还缺少一种适合各种合金、各种结构、被大家所公认的确定冒口尺寸的办法，往往是根据生产经验总结出来的近似计算法。因此在应用这些方法时，要注意结合生产的具体情况，才能得到较好的结果。

通用冒口的设计与计算原理适用于实行顺序凝固的一切合金铸件。通常多用于铸钢件冒口及有色合金铸件冒口的尺寸计算。其计算方法很多，现仅介绍几种常用的冒口计算方法。

1. 比例法

比例法是在分析、统计大量工艺资料的基础上，总结出的冒口尺寸经验确定法。国内铸造企业根据长期实践经验，总结归纳出冒口各种尺寸相对于热节圆直径的比例关系，汇编成各种冒口尺寸计算的图表。

比例法以冒口根部直径 d_M 或根部宽度为冒口的主要尺寸，以铸件热节圆直径 d_y 或厚度 T 为确定 d_M 的主要依据。即在不同的情况下用 d_y 乘以一定的比例系数求得 d_M，冒口的其他尺寸由 d_M 决定。

1）对铝镁合金铸件，对顶冒口，当垂直补缩时，d_M/d_y 为 1.1～1.8，需补缩的高度比例也越大，铸件热节圆直径 d_y 越大，其比例越小。在冒口沿水平方向补缩时，其补缩效果不如垂直方向，所以水平补缩的冒口直径要比垂直补缩时大，d_M/d_y 约为 1.1～2.3。当铸件较薄时，d_M/d_y 的比值应取大些。顶冒口的高度 H_M/d_M 约为 1.5～2.5。在确定了冒口的主要尺寸 d_M 和 H_M 之后，还应设计好冒口根部的形状和尺寸，冒口根部的形状、大小、连接形式都应和铸件的大小形状相符合。对铝镁合金常用的侧冒口，由于其补缩效果较差，所以选取的比例系数应比顶冒口大，根据生产经验，可按下列比例确定：$d_M=(1.5\sim2.5)d_y$；$d_{颈}=(1.1\sim1.5)d_y$；$H_M=(1.5\sim2.5)d_M$。

2）对铸钢件，生产中也总结出如下比例关系

$$D=Cd \tag{2-17}$$

式中，D 为冒口根部直径；d 为铸件被补缩热节处内切圆直径；C 为比例系数，可查相关资料。

2. 公式计算法

根据冒口应比铸件凝固得晚以及冒口应有足够的金属液补偿铸件凝固时的收缩这两条原则，经过数学推导，得出了如下通用的冒口方程式

$$(1-\beta)\frac{V_r}{V_c}=\frac{A_r}{A_c}\frac{K_r}{K_c}f_s f_h+\beta \tag{2-18}$$

式中，V_r、A_r、K_r 分别为冒口的体积、表面积和凝固系数；V_c、A_c、K_c 分别为铸件的体积、表面积和凝固系数；β 为需要补缩的金属百分率，常用合金液态和凝固时的体收缩代替；f_s 为形状因素，表示在体积和模数相同的情况下，铸件和冒口形状对其凝固时间的影响；f_h 为过热因素，合金过热度对凝固时间的影响。

用公式法来计算复杂的铸件的冒口尺寸在实际生产中应用还较少，仅作参考。

3. 模数法

在铸钢件冒口设计中，模数法得到了广泛应用，近年来铸造工艺计算机辅助设计的发展，模数法被认为是一种方便可行的方法。

（1）模数法的基本原理

1）冒口凝固时间应大于或至少等于铸件被补缩部位的凝固时间。在冒口计算中引入模数概念后，只要满足 $M_冒 \geqslant M_件$，冒口就能比铸件晚凝固。

根据试验，对于钢铸件来说，只要满足下列比例即能实现补缩。

顶明冒口 $$M_冒=(1.1\sim1.2)M_件 \tag{2-19}$$

侧暗冒口 $$M_件:M_颈:M_冒=1:1.1:1.2 \tag{2-20}$$

钢液通过冒口浇注时

$$M_件:M_颈:M_冒=1:(1\sim1.03):1.2 \tag{2-21}$$

式中，$M_件$ 为铸件被补缩处的模数；$M_颈$ 为冒口颈模数；$M_冒$ 为冒口模数。

2）冒口必须具有足够的合金液补充铸件热节处的体积收缩，即

$$V_冒-V_{冒终}=\varepsilon(V_冒+V_件) \tag{2-22}$$

在保证铸件无缩孔的条件下，式(2-22)也可写成

$$\varepsilon(V_冒+V_件)\leqslant V_冒\eta \tag{2-23}$$

或

$$\eta=\frac{V_冒+V_{冒终}}{V_冒}\times100\% \tag{2-24}$$

式中，η 为冒口补缩率（η 的经验数据列于表 2-1）；$V_冒$、$V_{冒终}$ 分别为冒口初始和凝固终了的金属体积；$V_件$ 为铸件被补缩热节处的体积；$\varepsilon(V_冒+V_件)$ 为缩孔体积。

表 2-1 冒口补缩率 η

冒口种类	圆柱形和腰圆柱形冒口	球形冒口	补浇冒口	发热保温冒口	大气压力冒口	压缩空气冒口	气弹冒口
η(%)	12～15	15～20	15～20	25～30	15～20	35～40	30～35

计算冒口时，通常根据第一个基本条件确定冒口尺寸，用第二个基本条件校核冒口的补缩能力，即检查是否有足够的合金液补偿铸件的收缩。

（2）冒口设计的基本步骤

1）计算铸件的模数。把铸件划分为几个补缩区，计算各区的铸件模数 $M_件$。

2）根据所求得的$M_{件}$，按该种合金及拟采用的冒口种类所对应的$M_{件}:M_{颈}:M_{冒}$经验比，求出冒口及冒口颈的模数$M_{冒}$和$M_{颈}$。

3）由标准冒口表确定冒口的形状和尺寸。

4）根据冒口的有效补缩范围确定冒口的个数。

5）校核冒口的最大补缩能力。

（3）模数法计算冒口举例　图2-25所示铸钢件，材质为ZG310-570，上下法兰均需补缩。已知铸件质量为710kg，试求冒口各部分尺寸。

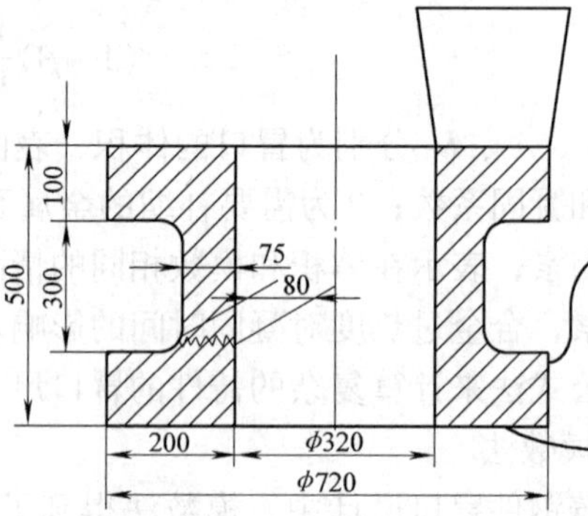

图2-25　双法兰铸钢件冒口设计

1）求铸件模数$M_{件}$，考虑上、下法兰各放两个冒口，每个冒口的补缩区域是半个法兰，其模数为

$$M_{件}=\frac{ab}{2(a+b)-c}=\frac{10\times 20}{2(10+20)-8}\text{cm}=3.84\text{cm} \tag{2-25}$$

2）求模数$M_{冒}$和$M_{颈}$，即

$$M_{冒}=1.2M_{件}=1.2\times 3.84\text{cm}=4.6\text{cm} \tag{2-26}$$

底部法兰采用浇道通过的暗侧冒口，冒口颈模数$M_{颈}=1.03M_{件}=1.03\times 3.84\text{cm}\approx 4\text{cm}$。

3）确定冒口的形状和尺寸（根据有关表格查出）。顶部明冒口取$M_{冒}=4.5\text{cm}$的长腰圆柱形冒口，其根部宽度$a=170\text{mm}$，长度$b=380\text{mm}$，单个冒口质量为129kg。当钢液的体收缩率为5%时，每个冒口的最大补缩能力为280kg。

底部暗边冒口取$M_{颈}=4.5\text{cm}$的圆形暗冒口，根部直径$d=240\text{mm}$，高$H=360\text{mm}$，冒口颈宽$D=240\text{mm}$，颈高$b=127\text{mm}$。单个冒口的质量为95kg，每个冒口的最大补缩能力为195kg。

4）校核冒口数目。近似地用圆筒周长$\pi D=1256\text{mm}$代替法兰热节中心周长。上、下法兰均被视为厚度为100mm、宽厚比为2∶1的杆件，根据有关手册，冒口的总作用范围是$(240\text{mm}+2\times 150\text{mm})\times 2=1080\text{mm}$，略小于1256mm，说明暗冒口数目不足。但对于没有气密性要求的铸件来说，上述四个冒口，基本上可以满足使用要求。

5）校核冒口的最大补缩能力。已知四个冒口最大补缩能力的总质量$m=(280\times 2+195\times 2)\text{kg}=950\text{kg}$，铸件质量为710kg，可见有足够的金属液供铸件补缩。

四、实用冒口的设计

1. 铸铁的体收缩

灰铸铁、蠕墨铸铁和球墨铸铁在凝固过程中，由于析出石墨而体积膨胀，且膨胀的大小、出现的早晚，均受冶金质量和冷却速度的影响，因而有别于其他合金。以球墨铸铁为代表，其凝固过程可分为一次收缩、体积膨胀和二次收缩三阶段，影响铸铁的一次收缩、体积膨胀和二次收缩的大小、进程的主要因素是冶金质量、冷却速度和化学成分。其凝固特点为：

1）在凝固完毕前要经历一次（液态）收缩、体积膨胀和二次收缩过程。

2）一次收缩、体积膨胀和二次收缩的大小并非确定值，而是在很大范围内变化。液态体收缩系数为$(0.016\sim 0.0245)\times 10^{-2}/℃$，体积膨胀量为3%~6%。

实用冒口设计法是让冒口和冒口颈先于铸件凝固，利用全部或部分的共晶膨胀量在铸件内部建立压力，实现自补缩，更有利于克服缩松缺陷。实用冒口的工艺出品率高，铸件品质好，成本低。它比通用冒口更实用。

现以球墨铸铁为例，介绍直接实用冒口(包括浇注系统当冒口)和控制压力冒口。

2. 直接实用冒口

安放直接实用冒口是为了补给铸件的液态(一次)收缩，当液态收缩终止或体积膨胀开始时，让冒口颈及时冻结。在刚性好的高强度铸型内，铸铁的共晶膨胀形成内压，迫使液体流向缩孔、缩松形成之处，这样就可预防铸件于凝固期内部出现真空度，从而避免了缩孔、缩松缺陷。这种冒口又称为压力冒口。

在平衡状态下，近似地认为铸铁的共晶温度是1150℃。直接实用冒口设计中冒口颈尺寸可按以下公式计算：

$$M_n = M_s \frac{t_p - 1150℃}{t_p - 1150℃ + \dfrac{L}{c}} \tag{2-27}$$

式中，M_n 为冒口颈模数；M_s 为铸件的“关键”模数(计算冒口时起决定作用的模数)；c 为铁液比热容[J/(kg·℃)]，c=835J/(kg·℃)；L 为铸铁的熔化热(或结晶潜热,J/g)，L=209J/g；t_p 为浇注温度(浇注后型内铁液的平均温度,℃)。

直接实用冒口的主要优点是：铸件工艺出品率高；冒口的位置便于选择，冒口颈可很长；冒口便于去除，花费少等。其主要缺点是：要求铸型强度高，模数超过0.18cm的球墨铸铁件，要求使用高强度铸型，如干型、自硬砂型和V法砂型等；对浇注温度范围控制严格，以保证冒口颈冻结时间准确；对于形状复杂的多模数铸件，其关键模数不易确定；为了验证冒口颈是否正确，需进行试验。如果生产条件较好，铸件形状简单，或铸件批量大，能克服上述缺点，就应用直接实用冒口，以获得较大的经济效益。

3. 控制压力冒口

控制压力冒口适于在湿型中铸造的球墨铸铁件(见图2-26)。安放冒口补给铸件的液态收缩，在共晶膨胀初期冒口颈畅通，可使铸件内部铁液回填冒口以释放“压力”。控制回填程度使铸件内建立适中的内压用来克服二次收缩缺陷——缩松，从而达到既无缩孔、缩松，又能避免铸件胀大变形的目的。这种冒口又叫“释压冒口”。

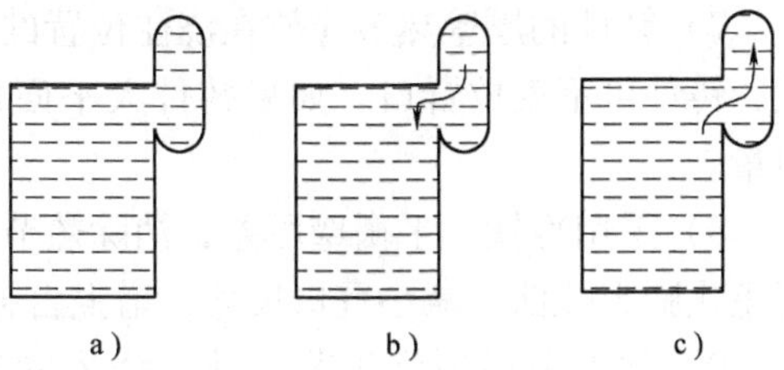

图2-26　控制压力冒口示意图

a) 浇注初期　b) 液态收缩　c) 膨胀回填

控制压力冒口可采用三种方法控制：

1) 冒口颈适时冻结。

2) 用暗冒口的容积实现控制。暗冒口被回填满，即告终止。

3) 采用冒口颈尺寸和暗冒口容积的双重控制。

以上三种方法都有成功的实例，但比较起来，以第三钟方法更经济可靠，推荐使用双重控制法。由于金属液体收缩受冶金质量的影响较大，因此，其冒口及冒口颈的模数可按照有关手册的图表初步确定，并经试验获得。

4. 基于均衡理论的冒口设计

（1）铸铁件的均衡凝固理论　由前所知，铸铁件在凝固过程中存在着收缩和膨胀并存的现象，其收缩与膨胀叠加示意图如图 2-27 所示。

与顺序凝固不同，均衡凝固技术不仅强调用冒口进行补缩，而且强调利用石墨化膨胀的自补缩作用。铸铁冷却时产生体积收缩，凝固时因析出石墨又发生体积膨胀，膨胀时抵消一部分收缩。均衡凝固就是利用收缩和膨胀的动态叠加，采取工艺措施，使单位时间的收缩与补缩、收缩与膨胀按比例进行的一种凝固原则。

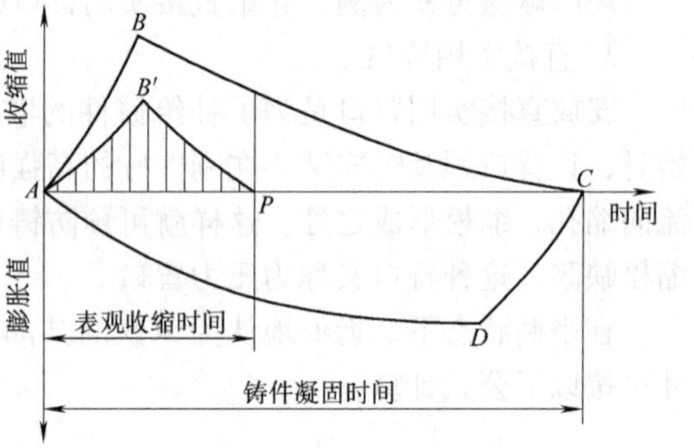

图 2-27　铸铁件收缩与膨胀的叠加

ABC—铸件的总收缩，为液态收缩和凝固收缩之和　ADC—铸件的石墨化膨胀　AB′P—膨胀和收缩相抵的净结果，为铸件的表观收缩　P—均衡点，此时表观收缩为零，为冒口补缩终止时间

（2）均衡凝固的工艺原则　一般均衡凝固的工艺原则如下：

1）铸铁件的体收缩率是不确定的，不仅与化学成分、浇注温度有关，还和铸件大小、结构、壁厚、铸型种类、浇注工艺方案有关。

2）越是薄小件越要强调补缩，厚大件补缩要求低。

3）任何铸铁件，应以自补缩为基础。铸铁件的冒口不必晚于铸件凝固，冒口模数可以小于铸件模数。应充分利用石墨化膨胀的自补缩条件。

4）冒口不应设在铸件热节点上。要靠近热节以利补缩，又要离开热节减少冒口对铸件的热干扰。这是均衡凝固的技术关键之一。

5）开设浇冒口时，要避免在浇冒口和铸件接触处形成接触热节。

6）推荐使用耳冒口、飞边冒口等冒口颈短、薄、宽的形式。

7）铸件的厚壁热节应放在浇注位置的下部。当厚薄相差较大时，厚壁热节处安放外冷铁，铸件可不安放冒口。如果铸件大平面处于上型，可采用溢流冒口，保证大平面的表面质量。

8）采用冷铁，平衡壁厚差，消除热节。这样不仅能防止厚壁处热节的疏松，而且可使石墨化膨胀提前，减小冒口尺寸，增强自补缩作用。

9）优先采用顶浇工艺。使先浇入的铁液尽快静止，尽早发生石墨化膨胀，以提高自补缩的程度。避免切线引入，防止铁液在型内旋转而降低石墨化膨胀的自补缩利用程度。

五、提高通用冒口补缩效率的措施和特种冒口

通用冒口的质量约为铸件质量的 50%～100%，耗费金属多，去除冒口的劳动量大。因此，应努力提高通用冒口的补缩效率，其主要措施为：提高冒口中金属液的补压力，如采用大气压力冒口等；延长冒口中金属液的保持时间，如采用保温冒口、发热冒口等。

1. 大气压力冒口

在暗冒口顶部插放一个细砂芯（铸钢件），或造型时做出锥顶砂（机器造型的中小铸铁件），伸入到冒口中心区，称为大气压力冒口。浇注后，冒口表面结壳，外界大气压力仍可通过砂芯的孔隙作用在内部金属液面上，从而增加了冒口的补缩压力（见图 2-28）。理论上，

大气压力冒口可补缩比冒口高出1480mm的钢、铁铸件，但由于枝晶阻力及金属中气体的析出等原因，实际上的补缩高度H约为200mm。

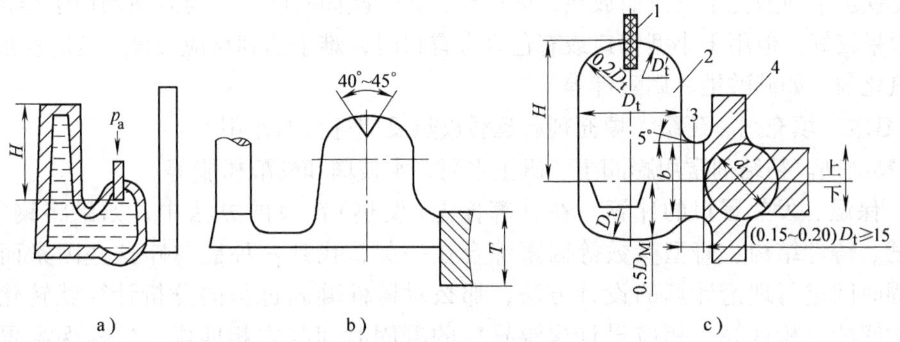

图2-28　大气压力冒口

a）补缩原理　b）带锥顶砂的冒口　c）带砂芯的大气压力冒口

1—大气压力砂芯　2—冒口　3—冒口颈　4—铸件

2. 保温、发热冒口

用保温材料或发热材料做冒口套(见图2-29)、顶部使用保温剂和发热剂的冒口称为保温冒口或发热冒口。试验表明，使用保温套或发热套，可大大延长冒口的凝固时间，见表2-2。冒口补缩效率为30%~50%，最高可达67%。该冒口一般比普通冒口的铸件工艺出品率提高10%~25%，从而显著地节约金属和降低铸件成本。

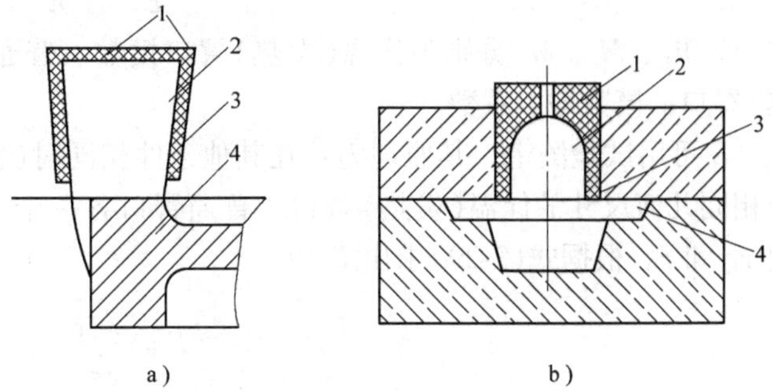

图2-29　保温、发热冒口

a）明冒口　b）暗冒口

1—保温、发热套(剂)　2—冒口　3—隔离砂　4—铸件

表2-2　不同保温措施对冒口凝固时间的影响　　(单位:min)

措施 合金	明　冒　口	顶 部 绝 热	四周用保温套	保温套加顶部绝热
铸钢	5.0	13.4	7.5	43
铸铜	8.2	11.0	15.1	45
铸铝	12.3	14.3	31.1	45.6

(1) 冒口套的组成

1）耐火材料。耐火材料常用石英砂、镁砂、铬铁矿砂等。

2）保温材料。保温材料必须具备以下特点：保温性能较好，高温耐火性能良好；在1400℃左右高温下具有较好的化学稳定性；具有足够的干强度和湿强度；使用过程中不对环境造成污染，符合环保要求；价格低廉，原材料来源广泛，容易采购等。根据上述条件，保温冒口套所用材料可分为三大类：一是耐火纤维保温材料；二是空心材料，如膨胀珍珠岩复合材料、漂珠等；三是废物利用材料，如烟道灰、木炭粒、锯木屑等复合材料。

3）发热剂和点火剂。发热剂常用铝粉、硅铁粉和氧化铁等的混合物，称为铝硅热剂。单是铝粉和氧化铁的混合物称为铝热剂。在金属液热作用下，当温度超过1250℃时，铝、硅和氧化铁发生强烈化学反应而放热，因而延长冒口凝固时间。这类发热剂用于铸钢大型冒口时，效果较好；但用于小型冒口或有色合金冒口时，难于达到反应温度，这时应加入点火剂镁和氧化剂，如硝酸钠、硝酸钾等。

4）延缓、填充剂。延缓、填充剂起延缓放热反应进行的作用。

5）粘结剂。粘结剂常用膨润土、矾土水泥、水玻璃和酚醛树脂等。

（2）保温、发热冒口的计算　在计算保温（发热）冒口的方法中，如果将钢的种类、浇注温度、铸件结构、铸型参数等因素综合在一起，找到一种能忽略这些因素而只对铸件的凝固时间进行理论计算的设计方法，那么对铸件凝固过程的分析计算就转化为对铸件凝固时间的分析计算，相应设计保温冒口的凝固时间与之相匹配，这样保温冒口的计算方法将变得简单易行。

冒口模数可依下式计算，即

$$M_E = \frac{M_r}{E} = \frac{1.2M_c}{E} \tag{2-28}$$

式中，M_E、M_r、M_c 分别为保温（发热）冒口模数、普通冒口模数和铸件模数；E 为保温（发热）冒口的模数增大系数。

E 可用试验测定，其原理为：在其他条件相同时（浇注温度、钢液成分等），在一型内制造相同几何尺寸的保温（发热）冒口、普通冒口各一个。浇注后分别测出两个冒口的凝固时间 τ_E 和 τ。根据式(2-29)求出 E 为

$$E = \frac{\sqrt{\tau_E}}{\sqrt{\tau}} \tag{2-29}$$

第五节　冷 铁 设 计

为增加铸件局部冷却速度，在型腔内部及工件表面安放的激冷物称为冷铁。冷铁分为内冷铁和外冷铁两大类。在铸造生产中常将冷铁、浇注系统和冒口配合使用，控制铸件的凝固过程以获得合格铸件。

一、冷铁的作用

1. 控制铸件凝固次序

为了获得合格铸件，根据铸件结构特点，与浇注系统和冒口配合，确定正确的凝固次序，并控制铸件按这种次序进行凝固。

1）形成顺序凝固的凝固次序。对某些质量要求很高的铸件，常希望按顺序凝固，使得冒口及时补缩。但当铸件结构难以形成顺序凝固时，则可在铸件远离冒口部位放置冷铁，使铸件形成从冷铁到冒口的顺序凝固次序。

2）改变铸件的凝固次序，使之形成顺序凝固。

3）增大凝固过程的温度梯度，使凝固次序更加明显。铝、镁合金大部分都有较大的结晶温度间隔，如ZM5为127℃，ZL301为180℃等。这些合金铸件在凝固时，凝固区宽度较大，补缩性能很差，即使有较大的冒口，铸件凝固时也是顺序凝固，但凝固过程中温度梯度

不够大，补缩通道不够畅通，凝固后仍会出现疏松缺陷。对这种情况，在铸件端部放冷铁，则会加强铸件向着冒口方向的凝固次序，增大铸件凝固时的温度梯度，增强冒口的补缩作用。

4）加速铸件局部厚大部位的凝固速度，使之与周围部分同时凝固。对于铸件上局部厚大部位，如凸台、法兰等，在凝固时往往比周围的连接壁凝固的晚，得不到足够的液体金属补缩，容易产生缩孔、缩松和热裂纹。在这些局部热节处放置冷铁，可使热节比临近的连接壁早凝固，或与周围的连接壁同时凝固，以防止在这些热节部位产生缩孔或疏松缺陷。

2. 加速铸件的凝固速度

铸件在凝固过程中不仅要有较大的温度梯度，还要有较快的凝固速度。凝固速度越快，铸件的晶粒越细，晶轴之间的次生相、疏松、气孔和夹杂也越弥散、越细小，热处理后越易于得到均匀组织，因而不论是铸态，还是热处理状态都有较高的力学性能。

据有关资料介绍，AlSi7Mg 合金铸件试验表明，砂型铸造使用正确设计的冷铁，抗拉强度提高 50%，伸长率提高 70%。铝、镁合金铸件使用冷铁后可使晶界上的金属夹杂物和杂质弥散分布，从而提高铸件力学性能。对于铝合金铸件，使用冷铁还可降低其针孔度。

除了以上作用外，冷铁还可用来划分冒口的补缩区域，控制和扩大冒口的补缩范围，提高冒口的补缩效率。

二、冷铁材料的选择

在生产中常用的冷铁材料有钢、铸铁、铝合金、石墨、镁砂和铜合金等，常用冷铁材料的热力学性能见表 2-3。从表中可以看出，铸铁冷铁的蓄热系数较大，可以吸收较多的热量，有比较强的激冷能力。铸铁冷铁制作方便、成本低廉、应用广泛，尤其放在铸件底部或末端以加强铸件的凝固次序时，一般用铸铁冷铁。但是，铸铁的热导率比较小，激冷速度比较慢，对于局部小的热节，要求激冷速度快时，使用铸铁冷铁效果较差。

表 2-3　常用冷铁材料的热力学性能

材料 \ 热性能	温度 /℃	密度 ρ /(kg/m³)	比热容 c /[J/(kg·℃)]	热导率 λ /[W/(m·℃)]	蓄热系数 b /[J/(m²·℃)]	热扩散率 a /(m²/s)
铜	20	8930	385.2	392	3.67	1.14×10^{-4}
铝	300	2680	941.9	273.8	2.52	1.1×10^{-4}
铸铁	20	7200	669.9	37.2	1.34	7.78×10^{-6}
钢	20	7850	460.5	46.5	1.3	1.28×10^{-6}
	1200	7500	669.9	31.5	1.26	6.3×10^{-6}
人造石墨	—	1560	1356.5	112.8	1.55	—
镁砂	1000	3100	1088.6	3.5	0.344	1.03×10^{-6}

钢冷铁的激冷能力与铸铁相似，对于一些形状比较规则的矩形、圆形冷铁，常用型材直接制作。在铸钢件生产中由于浇注温度高，大都使用钢冷铁。

铝质冷铁热导率比铸铁大，激冷速度快，制造方便，成本低，应用广泛，尤其对要求快速激冷的局部热节，常用铝冷铁。由于铝冷铁制备容易，铸件的理论型面、转角处放置的成形冷铁一般都用铝制冷铁。但是，铝冷铁熔点较低，在受金属液包围、热量不易扩散的部位尽量不使用，以免将冷铁和铸件熔焊在一起。

铜冷铁的热导率和热容量都比较大，激冷作用很强。在金属型铸造中铜冷铁常用于某些要求迅速激冷的部位，以控制铸件的凝固次序。但铜合金价格贵，材料比较短缺，在砂型铸造中较少使用。

三、外冷铁

1. 外冷铁的分类

外冷铁分为直接外冷铁和间接外冷铁两类。直接外冷铁(明冷铁,见图 2-30)与铸件表面直接接触，激冷作用强，它又可分为有气隙和无气隙两种(见图 2-31)；间接外冷铁(见图 2-32)与被激冷铸件之间有 10~15mm 厚的砂层相隔，故又称为隔砂冷铁、暗冷铁。其激冷作用弱，可避免灰铸铁件表面产生白口层或过冷石墨层，还可避免因明冷铁激冷作用过强造成裂纹，铸件外观平整，不会出现同铸件熔接等缺陷。

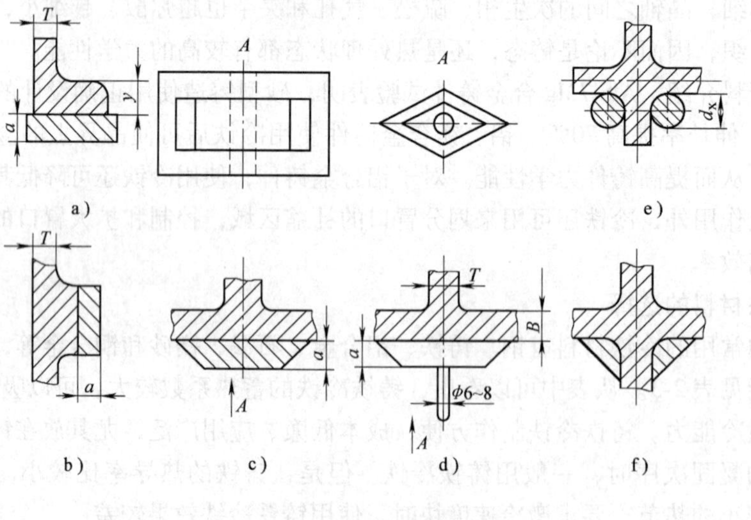

图 2-30 直接外冷铁

a)、b) 平面直线形 c) 带切口平面 d) 平面菱形 e) 圆柱形 f) 异形

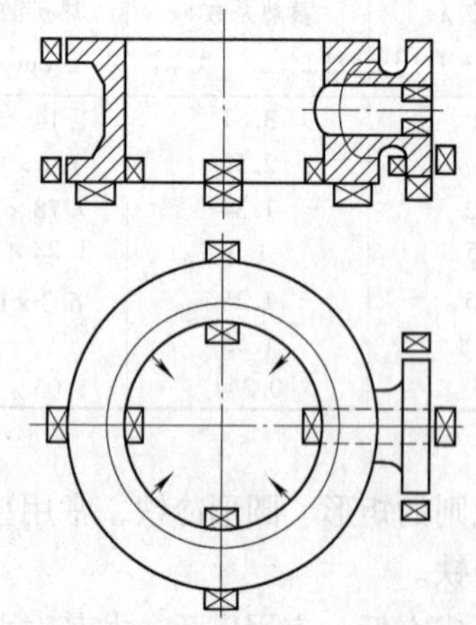

图 2-31 两种直接外冷铁设置

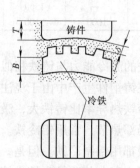

图 2-32 间接外冷铁

2. 外冷铁厚度的确定

冷铁的厚度目前主要是根据冷铁的作用和冷铁处热节的大小来确定的。为了实现和加强铸件的顺序凝固以提高冒口的补缩效率而设置的外冷铁，特别是冷铁置于铸件底部或末端时，冷铁的厚度可选大一些。而在铸件局部热节处安放的冷铁，必须严格控制其厚度。冷铁厚度δ与铸件热节圆厚度T的关系可参见表2-4。

表2-4 外冷铁的厚度

序号	使用条件	外冷铁的厚度	序号	使用条件	外冷铁的厚度
1	灰铸铁件	$\delta=(0.25\sim0.5)T$	4	铜合金件	$\delta=(1.0\sim2.0)T$(铸铁冷铁)
2	球墨铸铁件	$\delta=(0.3\sim0.8)T$	5		$\delta=(0.6\sim1.0)T$(钢冷铁)
3	铸钢件	$\delta=(0.3\sim0.8)T$	6	轻合金件	$\delta=(0.25\sim0.5)T$

3. 外冷铁工作表面积的确定

设在铸件底面和内侧的外冷铁，在重力和铸件收缩力作用下同铸件表面紧密接触，称为无气隙外冷铁；设在铸件顶部和外侧的冷铁称为气隙外冷铁。对于铸钢件，无气隙外冷铁的激冷效果相当于在原有砂型的散热表面上净增了两倍的冷铁工作表面积($A_s=A_0+2A_{c1}$)；而气隙外冷铁的激冷效果相当于在原有砂型的散热表面上净增了一倍的冷铁工作表面积($A_s=A_0+A_{c2}$)。应用了外冷铁使铸件凝固时间缩短，相当于使铸件模数由M_0减少为M_1，由此可推导出外冷铁工作表面积A_c。

对气隙外冷铁，则

$$A_{c2}=A_s-A_0=\frac{V_0}{M_1}-\frac{V_0}{M_0}=\frac{V_0(M_0-M_1)}{M_0M_1} \tag{2-30}$$

对无气隙外冷铁，则

$$A_{c1}=\frac{A_s-A_0}{2}=\frac{\dfrac{V_0}{M_1}-\dfrac{V_0}{M_0}}{2}=\frac{V_0(M_0-M_1)}{2M_0M_1} \tag{2-31}$$

式中，V_0为铸件被激冷处的体积；A_c、A_s、A_0分别为冷铁工作表面积、砂型等效面积和铸件的表面积；M_0、M_1为铸件原模数、使用冷铁后铸件的等效模数。

$$M_1=\frac{V_0}{A_s}=\frac{V_0}{A_0+A_{c2}+2A_{c1}} \tag{2-32}$$

式中，A_{c1}、A_{c2}为无气隙、有气隙冷铁工作面积。

4. 外冷铁的质量

为防止外冷铁被铸件熔接，应计算或校核外冷铁的质量，计算原理为：铸件(热节部分)的质量为W_0，用外冷铁激冷后，铸件模数M_0减小为等效模数M_1，对应模数M_1的铸件质量为W_1，则质量差(W_0-W_1)所含的过热热量和结晶潜热应为外冷铁所吸收并使之升温。设c_L、c_S为金属液、固体的比热容，铸件凝固结束时允许外冷铁最高温度为600℃。依热平衡原理可导出外冷铁的质量W_c为

$$W_c=\frac{(L+\Delta tc_L)}{600℃\times c_S}\frac{(M_0-M_1)}{M_0}W_0 \tag{2-33}$$

式中，Δt为过热度；L为结晶潜热。

四、内冷铁

将金属激冷物插入铸件型腔中需要激冷的部位，使合金激冷并同铸件熔为一体，这种金属激冷物称为内冷铁。内冷铁的激冷作用比外冷铁强，能有效地防止厚壁铸件中心部位缩松、偏析等。但应用时必须对内冷铁的材质、表面处理、质量和尺寸等严加控制，以免引起缺陷。通常是在外冷铁激冷作用不足时才用内冷铁，内冷铁主要用于壁厚大而技术要求不太高的铸件上，如锤座、锤砧等黑色金属厚大铸件，特别是铸钢件。

一般应用的是"熔接内冷铁"，要求内冷铁和铸件牢固地熔合为一体。只在个别条件下才允许应用"非熔接内冷铁"。例如，在铸件加工孔中心放置的内冷铁在以后加工时被钻去。

常用内冷铁的形式如图 2-33 所示。

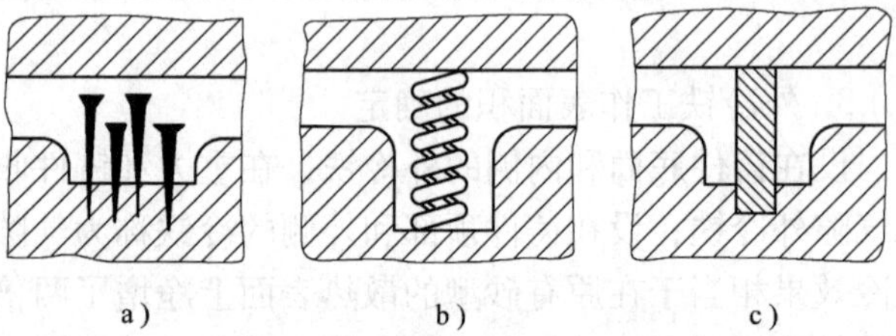

图 2-33 常用内冷铁的形式

a）用钉子 b）螺旋形 c）短圆柱形

1. 内冷铁的熔接过程

内冷铁的熔接过程可分为四个阶段：

1）浇注后，在很短的时间内，冷铁吸热升温，使靠近冷铁表面的金属液过冷，产生类似纯金属组织的粒状等轴晶。

2）自粒状等轴晶表面陆续生长树枝晶，随时间延长，结晶速度减小，直到结晶前沿停止前进，此时，冷铁的温度已上升到固相线附近。

3）冷铁作用区温度升高，冷铁周围已形成的树枝晶重新熔化，冷铁表面达到熔点。

4）内冷铁局部或完全熔化，最后由于铸件外壁结晶前沿向中心推进而使凝固结束。

2. 内冷铁质量和尺寸的确定

（1）模数法　由于内冷铁的激冷作用，使铸件（热节处）的凝固时间缩短，可以认为使铸件模数由 M_0 减小到 M_1。为实现同时凝固时，M_1 应比其相邻的薄壁部分的模数小 10%；当实现顺序凝固时，M_1 应小于补缩壁的模数 M_p，即 $M_1=(0.83\sim0.91)M_p$。当实体的铸件需要减小冒口体积时，冒口模数 $M_r=(1.0\sim1.2)M_1$。

（2）经验法　内冷铁质量 W_d 可依如下经验式计算：

$$W_d = KG \tag{2-34}$$

式中，G 为铸件或被激冷的热节部位质量；K 为系数，即内冷铁占铸件（热节处）的质量分数（可查阅相关手册获得）。

五、冷铁放置的位置

在冷铁的设计中，除考虑冷铁的尺寸外，还应确定冷铁放置的位置等。冷铁能否充分发挥作用，关键在于安放的位置是否合理。确定冷铁在铸型中的位置，主要取决于要求冷铁所起的作用以及铸件的结构、形状，同时还需要考虑冒口和浇注系统的位置。

1. 冷铁的作用分析

由于铸件需要按自下而上的顺序凝固，一般将冷铁放在铸型的下部。即使铸件底部不是很厚大，为了加强铸件自下而上的顺序进行凝固，增加凝固过程的温度梯度，也在铸型底部放置冷铁。

对于铸件上的某些局部热节，为使其早凝固或与整个铸件同时凝固，冷铁自然应放于热节部位或热节附近。结晶温度间隔宽的合金，常在转角处产生热裂和缩松，若在转角处设置冷铁，对防止热裂有明显的作用。

2. 铸件结构的分析

为了确定冷铁的安放位置，必须先分析该铸件的结构特点，找出其厚大的部位，还应考虑浇注系统、冒口等的影响。在不宜安放冒口的厚大部位，一般均应放冷铁，如靠近内浇道处；或被金属液所包围的型芯部位，散热条件很差，也应该放冷铁。相反，铸件某些部位虽然比较厚大，但若该处散热条件极好或距冒口很近，易于得到充分补缩，也可以不放冷铁。

3. 与冒口配合使用

冷铁位置应与冒口有一定的距离，使铸件凝固时沿着从安放冷铁部位向冒口方向顺序凝固，冷铁与冒口之间作用距离与冷铁材料的热物理性能、铸件的合金种类及壁厚尺寸有关。在实际生产中此距离应如何选定，还缺少公认的参考数据，可参照有关冒口有效补缩距离的经验数据，根据铸件的实际结构和技术要求予以选定。厚大部位放置冷铁时，必须考虑该部位是否能得到冒口的补缩。若得不到液体金属的补缩时，即使放置冷铁也不能消除铸件的疏松，只不过使疏松缺陷移向别处而已。

4. 浇注系统及引入位置的影响

选择冷铁安放位置时，还要考虑浇注系统及引入位置对铸件温度分布和冷铁作用的影响。采用底注式浇注系统时，一般均在铸件底部放置冷铁。

复习思考题

1. 试用水力学基本原理来分析液态金属充型过程的流动状态。

2. 设计浇注系统时应遵循哪些原则？这些要求有哪些是相互统一的？哪些是相互矛盾的？如何根据铸件的合金种类、结构形状等的不同来满足必须满足的条件？请针对具体零件说明之。

3. 浇注系统的基本类型有哪几种？各有何特点？请列表进行比较。结合实际，分析由于浇注系统设计不当而使铸件产生浇不足、氧化夹渣、缩松等缺陷的例子，提出改进措施。

4. 试述铸件收缩过程中缩孔与缩松的形成条件有何异同？如何预测缩孔位置？在铸件凝固收缩过程中为什么要注意保持补缩通道的畅通？结晶面夹角和补缩通道有何关系？温度梯度与补缩通道有何关系？试分析说明之。

5. 冒口有什么作用？设计冒口时应遵循哪些基本条件？如何确定冒口位置？如何用比例法来确定？如何确定冒口的有效补缩作用？如何提高冒口的补缩效率？

6. 冷铁在铁件凝固收缩过程中起什么作用？如何根据不同的目的来确定冷铁的放置位置及尺寸大小？如何选择冷铁材料？

7. 综述液态金属成形过程及机理和成形过程的控制方法及效果。

第三章　砂 型 铸 造

砂型铸造与其他铸造方法相比，不受零件形状、大小、复杂程度及合金种类的限制；造型材料来源广，生产准备周期短，成本低。虽然部分砂型铸件外观质量欠佳，但砂型铸造仍是铸造生产中应用最广泛的一种方法，世界各国用砂型铸造生产的铸件占总产量的80%~90%。

第一节　砂型和砂芯的制造方法

一、概述

将原砂或再生砂 + 粘结剂 + 其他附加物所混制成的混合物称为型砂或芯砂。在造型（芯）过程中，型（芯）砂在外力作用下成形并达到一定的紧实度或密度成为砂型（芯）。它是一种具有一定强度的微孔——多孔隙体系，或者称为毛细管多孔隙体系。原砂是骨干材料，占型砂总质量的82%~99%；粘结剂起粘结砂粒的作用，以粘结薄膜形成包覆砂粒，使型砂具有必要的强度和韧性；附加物是为了改善型（芯）砂所需要的性能，或为了抑制型砂不希望有的性能而加入的物质。

用原砂作为型（芯）砂的主要骨干材料，一方面，是因为它为砂型（芯）提供了必要的耐高温性能和热物理性能，有助高温金属液顺利充型，以及使金属液在铸型中冷却、凝固并得到所要求形状和性能的铸件；另一方面，原砂砂粒能为砂型（芯）提供众多孔隙，保证型、芯具有一定透气性，在浇注过程中，使金属在型腔内受热急剧膨胀形成的气体和铸型本身产生的大量气体能顺利逸出。但孔隙大小要适当，孔隙过大将恶化铸件的表面质量，不仅增大表面粗糙度值，降低铸件尺寸精度，甚至引起铸件严重粘砂。

二、砂型和砂芯的制造方法分类

1. 按型（芯）砂粘（固）结机理分类

用型砂、芯砂来造型、造芯，根据砂型、砂芯本身建立强度过程中其粘（固）结机理的不同，通常可分三种类型的方法（见图 3-1），即机械粘结造型（芯）、化学粘结造型（芯）和物理固结造型（芯）。其中，机械粘结是指以粘土作粘结剂的粘土型（芯）砂产生的粘结。粘土由于在自然界中储量大，价格低（开采后只需稍作加工即可供生产使用），砂型制造工艺简单，旧砂回用处理容易等，因此广泛用来配制型（芯）砂制造砂型（芯）。化学粘结是指型砂、芯砂在造型、造芯过程中，依靠其粘结剂本身发生物理-化学反应达到硬化，从而建立强度，使砂粒牢固地粘结成为一个整体。其中所用粘结剂可分为无机粘结剂和有机粘结剂，前者有钠水玻璃、水泥、磷酸盐等粘结剂，而后者有热硬、自硬和气硬树脂砂粘结剂等。所谓物理固结，是指用物理学原理产生的力将不含粘结剂的原砂固结在一起的方法，如磁型铸造法、负压造型或真空密封造型法、薄膜负压造型法（简称 V 法）以及消失模法（简称 EPC-V 法）等。

化学粘结方法中，分为模具内冷硬、模具内热硬和模具外硬，而这些又可派生出诸多方法。

制造砂型的工艺过程称为造型；制造砂芯的工艺过程称为制芯。选择合适的造型（芯）

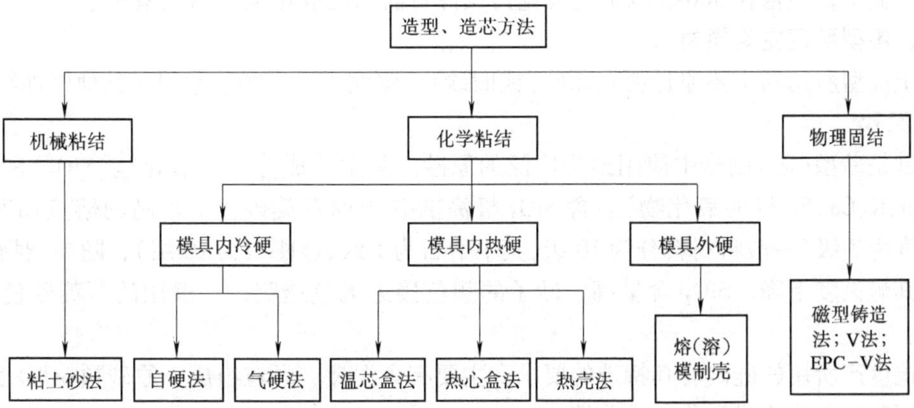

图3-1 砂型和砂芯的制造方法

方法和正确的造型(芯)工艺，对提高铸件质量、降低成本、提高生产率有极为重要的意义。

2. 按造型(芯)时的机械化程度分类

造型(芯)方法按机械化程度可分为手工造型(芯)和机器造型(芯)两大类。

(1) 手工造型(芯) 手工造型(芯)是最基本的方法，这种方法适应范围广，不需要复杂设备，而且造型质量一般能够满足工艺要求，所以到目前为止，在单件、小批生产的铸造车间中，手工造型(芯)仍占很大比重，在航空、航天、航海领域应用广泛。手工造型(芯)劳动强度大、生产率低，铸件质量不易稳定，在很大程度上取决于工人的技术水平和熟练程度。手工造型方法很多，如模样造型、刮板造型、地坑造型，各种造型方法有不同的特点和应用范围。

(2) 机器造型(芯) 用机器完成全部或部分造型工序，称为机器造型。和手工造型相比，机器造型生产率高，质量稳定，劳动强度低，对工人的技术要求不像手工造型那样高。但设备和工艺装备费用较高，生产准备时间长，一般适用于一个分型面的两箱造型。机器造型(芯)主要适用于黑色金属铸件的大批量生产。

目前在所有型砂中，粘土砂、水玻璃砂和树脂砂等占有主导地位，三种型砂间的比例视各国具体情况而异，平均来看大致为5∶3∶2。本章主要介绍上述三种砂型(芯)及其制造。

第二节 粘土湿型

一、湿型及其特点

造好的砂型不经烘干、直接浇入高温金属液的砂型称为湿型。

湿型铸造法的基本特点是砂型(芯)无需烘干，不存在硬化过程。其主要优点是，生产灵活性大，生产率高，生产周期短，便于组织流水线生产，易于实现生产过程的机械化和自动化；材料成本低；节省了烘干设备、燃料、电力及车间生产面积；延长了砂箱使用寿命等。但是，采用湿型铸造，也容易使铸件产生一些铸造缺陷，如夹砂结疤、鼠尾、粘砂、气孔、砂眼、胀砂等。随着铸造技术的发展，对金属与铸型相互作用原理的理解更加深刻，并且现代化砂处理设备的使用使型砂质量得到了一定保证；先进的造型机械使型砂紧实均匀，起模平稳，铸型的质量较高，促进了湿型铸造方法应用范围的扩大。例如汽车、拖拉机、柴油机等工业中，质量在300kg以下的薄壁铸铁件目前均已成功地采用湿型铸造。

二、湿型所用主要原材料

粘土湿型所用的主要原材料有原砂(或旧砂)、膨润土、煤粉、水以及其他附加物等。

1. 原砂

硅砂是砂型(芯)制造中使用最为广泛的原砂。其主要成分为二氧化硅(SiO_2)和少量的杂质(Na、K、Ca、Fe等的氧化物)。含SiO_2极高的砂子称石英砂，有很高的熔点(1700℃)，摩氏硬度为7级(一般将材料分为10级,其中滑石为1级,金刚石为10级)，随夹杂物含量的增加，其耐火度下降，SiO_2含量高，砂子的颜色接近无色透明，一般用的石英砂色白并略带灰色。

铸造生产所用的硅砂有其特殊的要求，主要有含泥量、颗粒组成、原砂颗粒形状及表面状况、原砂的矿物组成和化学成分等。

硅砂的缺点是，热膨胀系数比较大，而且在573℃时会因相变而产生突然膨胀——铸件热裂；热扩散率比较低；容易与铁的氧化物起作用等。这些都会对铸型与金属的界面反应产生不良影响。在生产高合金钢铸件或大型铸钢件时，使用硅砂配制的型砂，铸件容易发生粘砂缺陷，使铸件的清砂十分困难。

在铸钢生产中已逐渐采用一些非石英质原砂来配制无机和有机化学粘结剂型砂、芯砂或涂料。目前可用的非石英质原砂有橄榄石砂、锆砂、铬铁矿砂、石灰石砂、镁砂、刚玉砂、钛铁矿砂、铝矾土砂等。这些材料与硅砂相比，大多数都具有较高的耐火度、热导率、热扩散率和蓄热系数，热膨胀系数低而且膨胀均匀，无体积突变，与金属氧化物的反应能力低，能得到表面质量高的铸件并改善清砂劳动条件。但这些材料中有的因比较稀缺而价格较高，故应当合理选用。

2. 膨润土

膨润土是湿型砂的主要粘结剂。膨润土被水湿润后具有粘结性和可塑性；烘干后硬结，具有干强度，而硬结的粘土加水后又能恢复粘结性和可塑性。铸造用膨润土可分为钠膨润土和钙膨润土两大类。我国钙基膨润土资源较多，开采和供应比较方便。有时要根据粘土的阳离子交换特性，对钙土进行处理，使之转变为钠基膨润土。这种离子交换过程，通常称为膨润土的活化处理。

3. 煤粉

煤粉通常是将烟煤里的气煤、肥煤和焦煤根据铸造煤粉性能(主要是灰分和挥发分)要求，按照一定比例进行混配，经粉碎制成的产品，外观为黑色或黑褐色细粉。煤粉的作用是利用煤在高温的分解及分解后包覆在砂粒表面的炭膜以防止铸铁件产生粘砂和夹砂，同时也起到提高型砂溃散性的作用。因此，煤粉中挥发物的含量是质量分级的主要依据。煤的挥发物包括气体和液体两部分，因此在控制湿型用煤粉的质量方面，除了挥发物的含量外，对煤粉的胶质层厚度及焦渣特征也应加以控制。

三、湿型砂的混制、旧砂处理及型砂性能检测

1. 混砂

粘土湿型的典型配方为：原砂(或旧砂)100%，膨润土1%~5%，煤粉少于8%，水少于6%，其他附加物适量。膨润土、煤粉、水及其他附加物后数值均为占原砂的质量分数。

将上述原材料投入混砂机中混制。除了要求混砂机具有高生产率以适应高速造型线对型

砂的需要外，还应具有良好的混砂性能以混制出高质量的型砂。混砂过程的作用：一是使砂、粘土、水分及其他附加物混合均匀；二是揉搓各种材料，使粘土膜均匀包覆在砂粒周围。生产中常用的混砂机有碾轮式、摆轮式、叶片式等，各有优缺点。

2. 旧砂处理

据统计，生产1t铸件约需要5～10t湿型型砂，配制型砂时都尽量回用旧砂(即重复使用过的型砂)，这既经济又能满足保护环境的需要。但简单地重复使用旧砂，会使型砂性能变差，铸件质量下降。必须了解旧砂的特性，掌握其性能变化的规律，采取必要措施，才能保证和稳定型砂的性能。混砂时，还需向旧砂中补充加入新砂、膨润土、煤粉和水等材料，才能使混制出的型砂性能符合要求。

3. 型砂性能检测

高质量型砂应当具有为铸造出高质量铸件所必备的各种性能。根据铸件合金的种类、铸件重量及壁厚大小、浇注温度、金属液压头、砂型紧实方法、紧实比压、起模方法、浇注系统的形式及位置和出气孔情况，以及砂型表面风干情况等的不同，对湿型砂性能提出不同的要求。最直接影响铸件质量和造型工艺的湿型砂性能有湿度、透气性、强度、紧实率、变形量、破碎指数、流动性、含泥量、有效粘土含量、颗粒组成、砂温、发气性、有效煤粉含量、灼烧减量、抗夹砂性、抗粘砂性等，其检测方法有在线控制和线外控制之分。线外控制是指当前实验室常用的检测型砂性能的方法。

四、湿型的紧实工艺

1. 对型(芯)砂紧实度的要求

(1) 紧实度对铸型性能的影响　型砂需要紧实才能成为整体的砂型。型砂的紧实程度常用紧实度(密度)和孔隙度表示。紧实度影响着铸型的强度和透气性。紧实度越大，铸型强度越大，透气性越差。紧实度高，蓄热系数也高，加快了金属的凝固冷却速度，改善了铸件的内在质量，组织更为致密，铸件尺寸精确，力学性能有所提高。对高压造型法的研究表明，铸型紧实度高，浇注时型壁移动量小，铸件尺寸精确，表面光洁。因此，铸件可以做得更薄，进而减轻铸件机器的质量。

(2) 对型砂紧实度的要求　要求铸型紧实度高且均匀。高压造型法由于铸型紧实度高，其铸型性能和铸件质量普遍好于中低压造型。高压造型法的目的就在于制出均匀的高紧实度铸型。理论和实验研究证明，其压实方法和压头形式对紧实度有很大的影响。对湿型而言，通常有震击紧实、震压紧实、压实、微震压实和高压紧实等，下面简单介绍其紧实方法。

2. 震击紧实和震压紧实

震击紧实用震击造型机来完成。多以压缩空气为动力，利用震击动能和惯性使型砂紧实，如图3-2所示。将砂箱1放在模板2上，模板固定于震击工作台，与震击活塞3相连，4为震击气缸。砂箱内装满型砂后，打开进气阀，使压缩空气进入震击气缸，推动活塞上升。活塞升高超过排气孔时，压缩空气由排气孔逸出，气缸中的压力突然下降，此时震击活塞连同砂箱模板下落并与震击气缸发生撞击，砂箱中的型砂由于惯性力的作用而互相紧实。而后因出气孔堵住，进气孔进入的压缩空气压力超过砂箱模板、活塞等的重量，使工作台上升，如此连续震击，使型砂得以紧实。

3. 压实、微震压实和高压紧实

压实紧实是通过压实造型机来完成的，多以压缩空气为动力对型砂压实紧实，其工作原理如图 3-3 所示。打开进气阀，压缩空气由进气孔进入压实气缸 4，将活塞 3 举起，当砂箱 2 内的型砂碰到压头 1 时就发生压实作用。型砂压实后，打开排气阀，气缸中的压缩空气排出，活塞立即下降，压实工作完成。这种紧实较震击紧实的效率高，噪声很小，机器结构也很简单。缺点是型砂紧实度不均匀，上紧下松。适用于砂箱高度不超过 150mm，而底面积一般不超过 800mm × 600mm 的铸型。

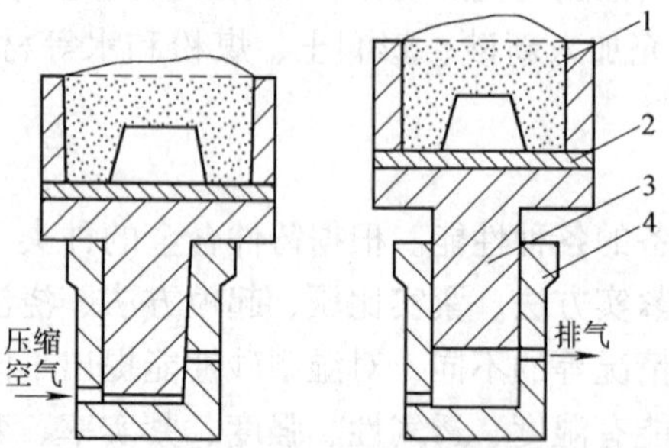

图 3-2 震击紧实示意图

1—砂箱 2—模板 3—震击活塞 4—震击气缸

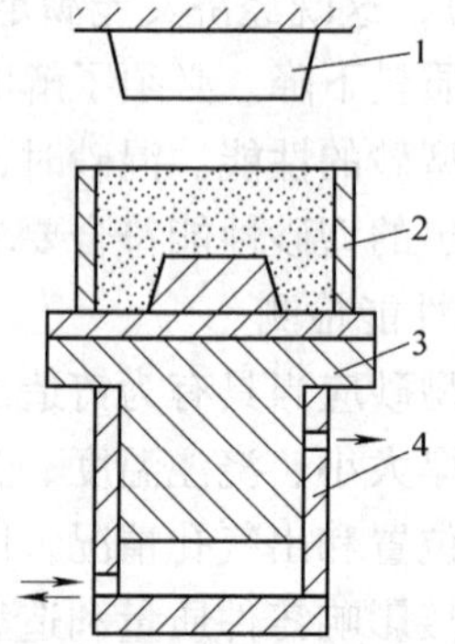

图 3-3 压实紧实造型

1—压头 2—砂箱

3—活塞 4—压实气缸

微震压实造型是在型砂受压的同时，模板、砂箱和型砂作高频小振幅(10 ~ 13Hz, 3 ~ 8mm, 普通震击造型的震击频率和振幅分别为 1.1 ~ 3.3Hz, 30 ~ 80mm) 的一种造型方法，其原理如图 3-4 所示。当压缩空气经过工作台的进气孔进入微震气缸后(见图 3-4a)，在压缩空气的压力作用下微震活塞与固定在工作台上的模板、砂箱上升；同时压缩空气的压力还使微震气缸向下运动，压缩微压气缸下的弹簧(见图 3-4b)；当微震活塞上升至打开排气孔时(排气孔面积是进气孔的 6 ~7 倍)，缸内气压迅速降低，工作台等靠自重下落，而微震气缸受弹簧作用上升，二者发生撞击(见图 3-4c)，使砂箱内的型砂获得一次紧实。这样多次重复，型砂就能较为迅速地达到预定的紧实度要求。

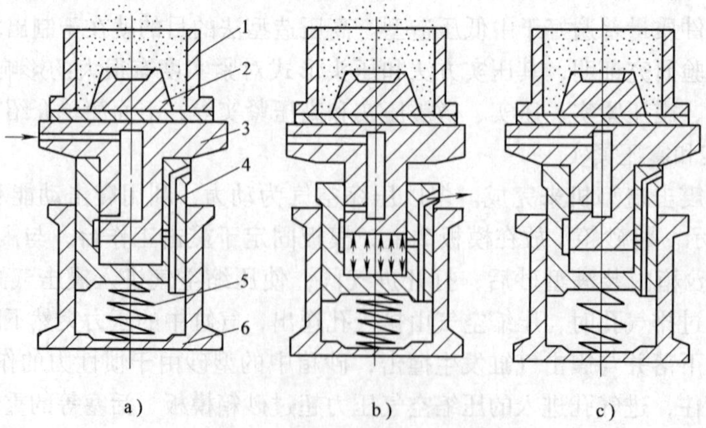

图 3-4 气动微震造型工作原理

a) 填砂 b) 工作台上升 c) 震击

1—砂箱 2—模板 3—工作台及微震活塞 4—微震气缸 5—弹簧 6—机座

微震压实造型比单纯压实效果好，在相同压力下能获得更高的紧实度，相当于提高比压30%~50%，而且砂型的紧实度分布比较均匀。

上述压实造型是中低压压实，其压实比压为0.4MPa左右。近年来，国内外大量发展和采用高压压实造型机。用高压造型机造型时，由于压实比压提高到0.7MPa以上，砂型硬度、紧实度和强度都大为提高，沿砂箱高度方向的紧实度分布得到改善，砂型轮廓清晰，可以得到尺寸比较准确的铸件(可达CT7~CT8级)，表面光洁(R_{amax}=3.2~2.5μm)；由于铸型紧实度高，热容量也高，加快了金属凝固、冷却速度，改善了铸件内部质量，提高了力学性能；节约金属，减少加工余量及费用；压实紧砂工艺简单、生产率高(200~300箱砂型/h)，易于机械化，噪声小，劳动强度低；适应性强，能制造复杂、较大的铸件。

4. 气流冲击紧实

气流冲击紧实造型是将压力为0.4~0.6MPa的压缩空气以均匀的气流冲击型砂表面，使型砂紧实的造型新方法(见图3-5)。铸型的紧实机构采用脉冲发生器(冲击头)，其结构似储气罐(见图3-5a)，内有一小室3，室内压缩空气压力通常为0.4~0.6MPa，称为过剩压力。小室外部压缩空气压力通常比室内空气压力低0.1MPa，称为储气罐压力。砂箱7和辅助框6充满型砂，移到冲击头下边并被压紧后，打开单向快开阀2，室内压缩空气的过剩压力骤然下降，强制打开隔膜阀5，使压缩空气迅速加速而产生气流冲击(见图3-5b)，继而由于空气急剧膨胀而形成压力波，其速度可达800m/s以上。压力波在若干毫秒内穿透整个砂型，使砂型紧实。

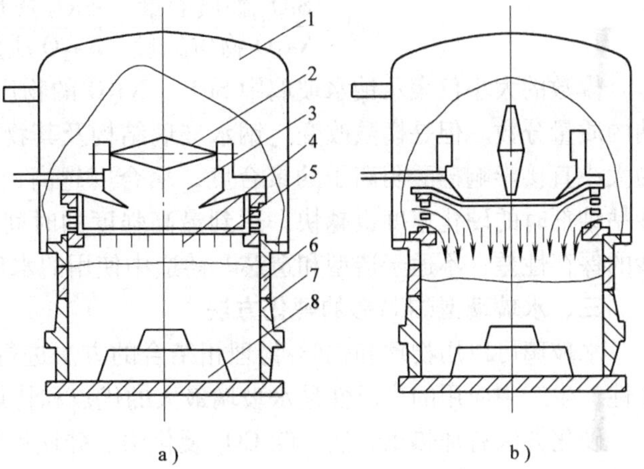

图3-5　气流冲击紧实造型原理

a）紧实结构　b）压力波紧实

1—储气罐　2—单向快开阀　3—小室　4—分流器　5—隔膜阀　6—辅助框　7—砂箱　8—模样

气流冲击造型的主要优点是：砂型紧实度均匀，砂型硬度高，铸件尺寸精度和光洁程度都得到提高；造型机结构简单，噪声小；生产率高，劳动条件好；砂型充填性好，吃砂量少，可节约型砂及混砂能耗；适应性强，既可利用高压造型型砂，也可利用普通机器造型型砂。

第三节　钠水玻璃砂型

一、概述

铸造生产中应用最广泛的无机化学粘结剂是钠水玻璃。此类型芯砂与粘土砂比较，具有下列优点：

1）型(芯)砂流动性好，易于紧实，故造型(芯)劳动强度低。

2）硬化快，强度较高，可简化造型(芯)工艺，缩短生产周期，提高劳动生产率。

3）可在型(芯)硬化后起模，型、芯尺寸精度高。

4）可取消或缩短烘烤时间，降低能耗，改善工作环境和工作条件。

二、钠水玻璃粘结剂

水玻璃是各种聚硅酸盐水溶液的通称。铸造上最常用的是钠水玻璃，因钠水玻璃便宜且来源充足；其次为钾水玻璃；此外还有锂水玻璃、钾钠水玻璃、季铵盐水玻璃等。

硅酸钠是弱酸强碱盐，干态时为白色或灰白色团块或粉末，溶于水时，纯的钠水玻璃外观为无色粘稠液体，由于含铁盐而呈灰色或绿色，pH 值一般在 11 ~ 13。钠水玻璃的化学式为 $Na_2O \cdot mSiO_2 \cdot nH_2O$。

钠水玻璃有几个重要参数，直接影响它的化学和物理性质，也直接影响钠水玻璃砂的工艺性能，这就是钠水玻璃的模数、密度、含固量和粘度等。

钠水玻璃中 SiO_2 和 Na_2O 的物质的量之比称为模数，用 M 来表示，即

$$M = \frac{SiO_2\ 物质的量}{Na_2O\ 物质的量} = \frac{SiO_2\ 质量分数}{Na_2O\ 质量分数} \times 1.033 \tag{3-1}$$

模数的大小仅表示钠水玻璃中 SiO_2、Na_2O 的物质的量之比，并不表示钠水玻璃中硅酸钠的质量分数。但是模数改变，钠水玻璃结构及其物理-化学性质也会发生变化，因为模数的大小直接影响硅酸阴离子的聚合度，聚合度越高，模数也越大。模数越高，作为芯(型)砂粘结剂时的硬化速度也越快，达到最高强度的时间也越短。但过高的模数，将使芯(型)砂的保存性差，不适于造型和造芯。铸造中使用的水玻璃的模数 M 通常为 2 ~ 4。

三、水玻璃型(芯)砂的硬化方法

水玻璃可以用物理和化学-物理相结合的方法进行硬化，可以适应造型、制芯工艺的多样性，生产中应用的广泛性是水玻璃最大的优点和特点。

硬化方法有加热烘干法、吹 CO_2 硬化法、硅铁粉自硬砂、β 硅酸二钙自硬砂、有机酯自硬砂、真空置换硬化(VRH)—CO_2 法等。这些方法中，既有适用于单件、小批量、多品种生产的工艺，又有适用于大批量生产的工艺。目前，在铸造生产中广泛使用的水玻璃砂型(芯)的制造方法有吹 CO_2 硬化法和有机酯硬化法。

1. 吹 CO_2 硬化

我国水玻璃吹 CO_2 硬化工艺正处于不断改进中，优质改性水玻璃和新的吹 CO_2 硬化工艺也在一部分工厂成功地应用，以取代传统的吹 CO_2 硬化工艺。

在传统的吹 CO_2 硬化工艺中，大多要求型砂造型后就有一定的湿强度，采用的是先起模后硬化的工艺，因而不得不加一定量的粉状材料(如粘土)以增加型砂的湿强度，这样就会导致水玻璃加入量增加，型砂易烧结，溃散性差，旧砂再生困难。

而新型吹 CO_2 硬化工艺的主要特点是采用高性能的水玻璃，以及先硬化再起模的生产工艺，使得水玻璃的加入量比传统工艺大大减少，从而降低了型砂浇注后的残留强度，使铸件的落砂和清理容易，也有利于旧砂的再生。

传统的吹 CO_2 硬化的方法有以下几种：

1）在砂型或砂芯上扎一些 $\phi6 \sim 10mm$ 的吹气孔，将吹气管插入并吹 CO_2，硬化后起模，如图 3-6 所示。

2）在砂型上盖罩吹 CO_2，如图 3-7 所示。

近年来，在传统的吹 CO_2 硬化方法的基础上又出现了如下一些新方法，可以减少吹 CO_2 气体的数量，改善硬化效果：

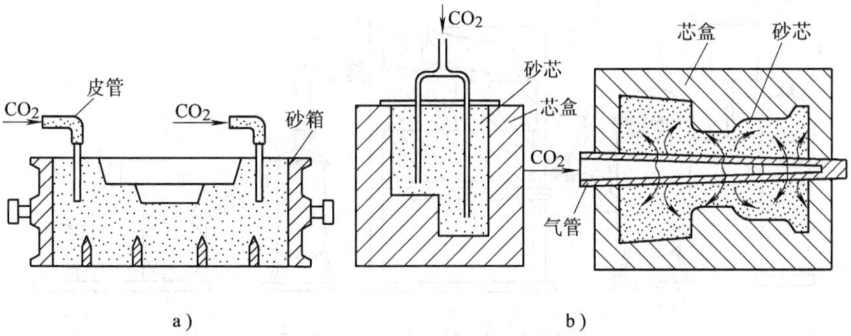

图 3-6 插管法硬化示意图

a) 硬化砂型 b) 硬化砂芯

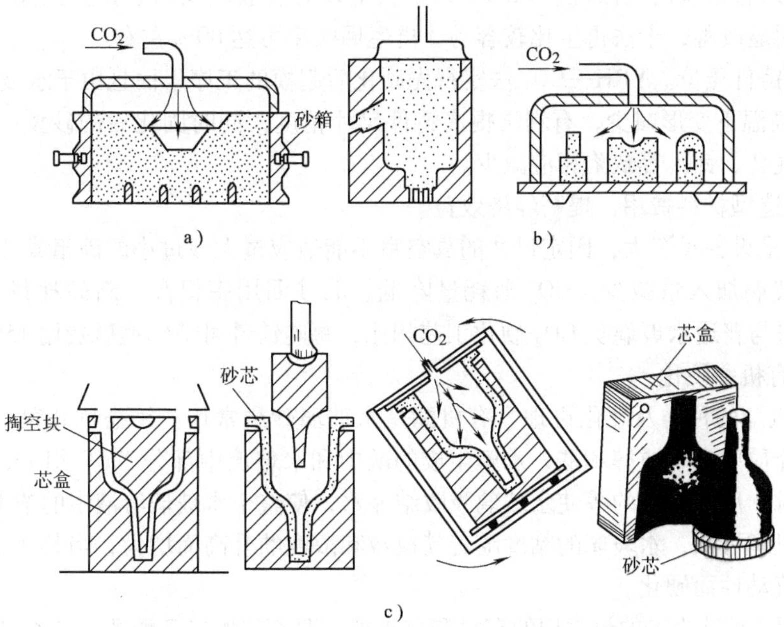

图 3-7 盖罩法硬化示意图

a) 硬化砂型 b) 硬化砂芯 c) 硬化掏空型芯

1) CO_2 预热后再吹入砂型(芯)，增加 CO_2 的扩散能力。

2) 将 CO_2 用空气或氮气稀释，节省 CO_2 用量。

3) 间断或脉冲吹 CO_2。

4) 定压、定时吹 CO_2。

2. 真空置换硬化(VRH)—CO_2 法

VRH—CO_2 法(见图 3-8)是水玻璃砂工艺的新发展，砂型(芯)在真空室内经真空脱水后，再进行吹 CO_2 硬化。

VRH—CO_2 法的主要特点是：

1) 水玻璃加入量少。当型砂中水玻璃的质量分数为 2.5%~3.5% 时，抽真空后吹 CO_2，2min 后砂型抗压强度可达 1~2MPa，可以立即进行浇注。

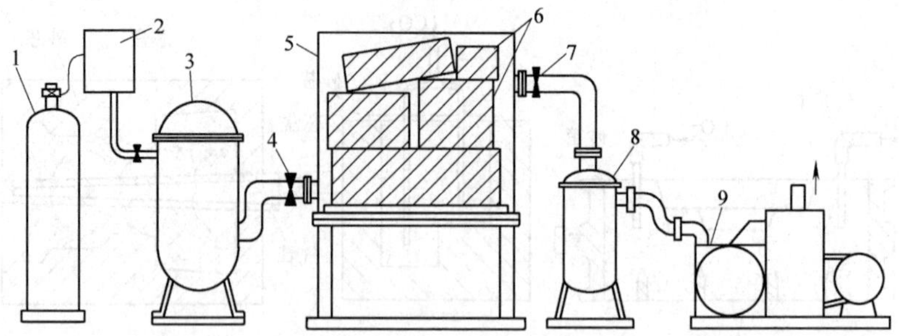

图 3-8 VRH—CO_2 法示意图

1—液体 CO_2 2—气化器 3—CO_2 气体储气罐 4—阀 5—真空室

6—芯盒 7—三通阀 8—水、粉分离器 9—真空泵

2）显著改善砂型的溃散性。VRH—CO_2 法型砂的溃散性及旧砂再生性能比普通吹 CO_2 水玻璃砂均明显改善，干法再生比较容易，再生回收率可达80%左右。

3）提高铸件质量。VRH—CO_2 法实行先硬化后起模的工序，而且由于水玻璃加入量少，砂型(芯)在高温下变形减少，有利于提高铸件尺寸精度，同时固化后的砂型(芯)水分含量低，铸件的气孔、针孔等缺陷相应减少。

4）降低造型材料费用，提高经济效益。

5）缺点是设备投资大，固定尺寸的真空室不能适应过大或过小的砂箱或芯盒。

由于水玻璃加入量减少、CO_2 消耗量降低、旧砂回用率提高、新砂耗量降低等因素，VRH—CO_2 法与普通水玻璃吹 CO_2 硬化工艺相比，每吨铸件可节约型砂费用15%~20%。

3. 液态有机酯硬化

（1）有机酯的种类及硬化机理　有机酯是水玻璃砂最常用的液态固化剂。有机酯在水玻璃的碱性介质中水解成醇和酸，水解生成的酸中和水玻璃中部分 Na_2O 组分，使水玻璃模数升高。同时，反应生成的醇使水玻璃吸收结晶水，使整个水玻璃溶液中的浓度提高。根据水玻璃硬化机理可知，水玻璃的粘度随着其模数和浓度的升高而增大，当其达到一定的临界值后便失去流动性而硬化。

目前，用于铸造生产的最常用的有机酯有4种，即乙二醇二乙酸酯、二乙二醇二乙酸酯、丙三醇二乙酸酯和丙三醇三乙酸酯等，其中丙三醇二乙酸酯是硬化反应最快的有机酯，丙三醇三乙酸酯是硬化反应最慢的有机酯，这两种有机酯一般用于调节硬化速度。商品有机酯有许多不同牌号，以区分不同的硬化速度，一般都是用这4种有机酯按不同比列配合而成的。

有机酯促使钠水玻璃砂硬化建立强度分两阶段：有机酯使钠水玻璃胶凝化，产生强度；最终强度来自硅酸钠脱水。用有机酯硬化时，有机酯在钠水玻璃中进行水解生成有机酸和醇，有机酸提供氢离子，其反应式是

$$RCOOR' + H_2O \longrightarrow RCOOH + R'OH \quad (3\text{-}2)$$

RCOO—与钠水玻璃电离的钠离子 Na^+ 发生皂化反应，生成脂肪酸钠；H^+ 与钠水玻璃的OH—结合，均有利于有机酯的进一步水解和使钠水玻璃析出硅酸溶胶，并促使向生成大的凝聚的硅酸分子方向移动。当硅酸溶胶在三维空间任意生长时，就形成凝胶，这就导致钠水玻璃硬化。

（2）混合料配比及其性能　典型的有机酯硬化水玻璃砂的配方(质量分数)：原砂(擦洗砂或

水洗海砂,40/70 筛号)100%，水玻璃(M=2.2~2.8)为3%，有机酯(快、中、慢硬化)为0.3%。

水玻璃的模数和有机酯硬化速度(快、中、慢)的选择，要视环境的温度和湿度、合箱浇注时间等调定。环境的温度越高，水玻璃的模数应选择更低，其有机酯也应该选择慢酯；反之，环境的温度较低，水玻璃的模数应选择更高，其有机酯也应该选择快酯。具体的水玻璃模数及固化剂的种类，应根据现场的实际情况测试后选定。

有机酯硬化水玻璃砂的混砂工艺一般为：在原砂中先加有机酯混匀，然后再加水玻璃混匀直至卸砂。混制时间以混碾均匀为宜，一般整个时间为3~5min。

(3) 型砂性能特点及其影响因素　采用有机酯硬化水玻璃砂工艺，其溃散性比普通吹CO_2水玻璃砂大为改善。型砂的硬化终强度、硬化速度(硬透性)、高温残留强度(溃散性)等参数是衡量其性能好坏的主要指标。影响水玻璃砂的硬化强度、硬化速度、高温残留强度的主要因素有水玻璃的模数、浓度及加入量，原砂的质量，环境温度和环境湿度，混砂工艺，浇注温度以及保温时间等。

四、钠水玻璃砂应用问题及其解决途径

钠水玻璃砂工艺在生产中存在的主要问题是溃散性差，砂型芯表面易粉化(即白霜)，浇注铸铁件易产生粘砂，砂型芯抗吸湿性差以及旧砂再生和回用困难等。

过去，由于水玻璃砂工艺落后，型砂中水玻璃加入量多，导致其溃散性差，旧砂再生困难，出现水玻璃砂使用量减少的现象。近年来，由于广大铸造工作者的努力，情况发生了很大变化，主要是：①水玻璃砂工艺的改进，使型砂中水玻璃加入量大幅度下降，改善了型砂的溃散性，降低了旧砂再生的难度；②各种旧砂再生新工艺、新设备的研究开发成功，为水玻璃旧砂再生提供了前所未有的有利条件；③水玻璃基础理论研究的深入，为水玻璃旧砂的再生和再生砂的应用提供了理论指导，使各种物理再生和化学再生方法有机地结合起来，旧砂再生的过程得到简化。干法再生砂已用于大型铸钢件的背砂和中小型铸钢和铸铁件的单一砂。旧砂回用率的提高，使生产成本降低，环境污染减少。

第四节　树脂砂型(芯)

一、砂芯的分级

砂芯主要用来形成铸件的内腔、孔洞和凹坑等部分，在浇注时，它的大部分或部分表面被液态金属包围，经受金属液的热作用和机械作用强烈，排气条件差，出砂及清理困难。因此，对芯砂的性能要求一般比型砂高。

随着化学工业的发展，人工合成的树脂粘结剂广泛用于制作尺寸精度和表面粗糙度要求高的砂型，特别是砂芯。为了便于合理地选用砂芯用芯砂的粘结剂和有利芯砂的管理，根据砂芯形状特征及在浇注期间的工作条件和产品质量的要求，生产上常将砂芯分为5级(见表3-1)。

表3-1　砂芯的级别及其特征

级别	特　征	典型砂芯	制芯方法
Ⅰ级	砂芯剖面细薄、形状复杂、芯头窄小，大部分表面被液体金属包围，在铸件内形成不加工的表面质量好、光洁的内腔。砂芯应具有很高的干强度，良好的断裂韧度和高温强度，良好的透气性、出砂性、防粘砂性和低的发气性	缸盖水套砂芯、液压件多路阀体砂芯	壳型(芯)、气硬冷芯盒法

（续）

级别	特 征	典型砂芯	制芯方法
Ⅱ级	砂芯大部分表面被液体金属包围，形状较复杂，有局部薄断面，芯头比Ⅰ级砂芯的大，在铸件中构成表面质量好、光洁、部分完全不加工的内腔。砂芯也应具备高的干强度、高温强度、耐火度、防粘砂性、透气性、出砂性以及低的发气性	排气管、暖气片、潜液压泵叶轮、阀体的砂芯	壳型(芯)、气硬冷芯盒法、热芯盒法
Ⅲ级	形状中等复杂，没有很薄的部分，但局部有凸缘、棱角、肋片，在铸件中构成重要的不加工表面的各种体积较大的砂芯。砂芯应具有较好的干强度、透气性、出砂性、退让性和较高的表面强度	车床溜板箱砂芯、缸体的缸筒砂芯	热芯盒法、自硬冷芯盒法
Ⅳ级	外形不复杂，在铸件中构成还需机械加工的内腔，或形成虽不加工但对粗糙度要求不很严格的表面的砂芯；具有一般复杂程度和中等复杂程度的外廓砂芯。砂芯在表面强度足够的条件下应具有适度的干强度、良好的退让性	离合器外壳、车床主轴箱体的砂芯	自硬冷芯盒法
Ⅴ级	在大铸件中构成很大内腔的简单大砂芯，其在浇注过程中只能热透很少一层。砂芯中如加有有机粘结剂，就不能完全燃烧和分解，而使出砂性变差，砂芯应有很高的退让性	机床床腿砂芯	自硬冷芯盒法

从表3-1可看出，Ⅰ级砂芯的要求最高。各级砂芯所需的湿强度大都取决于砂芯特点和制芯工艺。如果砂芯在芯盒内硬化成形，则要求芯砂湿强度宜低，以保证有好的流动性和减轻制芯劳动强度。如果起模后硬化，则Ⅲ、Ⅳ、Ⅴ级砂芯要求有高的湿强度。对于Ⅰ、Ⅱ级砂芯，尤其是Ⅰ级砂芯，为使砂芯流动性好、发气性低，湿强度可低一些。

以下简单介绍几种树脂砂型(芯)所用原材料及制型(芯)方法。

二、覆膜砂及壳法造型(芯)

1. 覆膜砂

(1) 原材料　在造型(芯)前，将砂粒表面上已覆有一层固态树脂膜的型砂、芯砂称为覆膜砂，也称壳型(芯)砂。覆膜砂一般由耐火骨料、粘结剂、固化剂、润滑剂和特殊添加剂等组成。

1）骨料。骨料是构成覆膜砂的主体。对骨料的要求是：耐火度高，挥发物少，颗粒较圆整并自身强度高等。一般选用天然硅砂，这主要是由于其储量丰富，价格便宜，能满足铸造要求。只有特殊要求的铸钢件或铸铁才采用锆砂或铬铁矿砂。

2）粘结剂。目前国内外普遍采用酚醛类树脂作为粘结剂。酚醛类树脂有固体和液体、热固性和热塑性之分。生产覆膜砂通常采用热塑性固态(片状、短杆状、粉状、颗粒状等)酚醛树脂。热塑性酚醛树脂又称线型酚醛树脂或二阶酚醛树脂或Novolac树脂。它是在酸性介质中，由过量的苯酚与甲醛反应制得的。

3）固化剂。为了使热塑性酚醛树脂在制造壳型、壳芯过程中由线型转变成体型结构，必须补充酚醛树脂分子间连接苯酚的次甲基—CH_2—，通常为加入硬化剂(含有—CH_2—基团或析出甲醛的物质)并加热。常用的硬化剂为六亚甲基四胺[$(CH_2)_6N_4$]它是甲醛和氨的反应产物，其加入量一般占树脂质量的10%~15%，并按乌洛托品:水 =1:1 ~1.5(质量比)配成水溶液加入。部分乌洛托品分解并作为亚甲基桥(—CH_2—)的给予体和酚醛树脂的活性部分交联，形成不熔的体型结构。另外，乌洛托品也提供氮原子键。

4）润滑剂、添加剂。润滑剂一般采用硬脂酸钙，其作用是防止覆膜砂结块，增加流动性，使型、芯表面致密及改善砂型（芯）的脱模性。添加剂的主要作用是改善覆膜砂的性能。目前采用的添加剂主要有耐高温添加剂（如含碳材料或其他惰性材料）、易溃散添加剂（如二氧化锰、重铬酸钾、高锰酸钾、已内酰胺等）、增强增韧添加剂（如超短玻璃纤维材料、有机硅烷偶联剂等）以及防粘砂添加剂和抗老化添加剂等。

（2）混制工艺　覆膜砂一般配方为：原砂（或旧砂）100%，树脂为1%～3%，乌洛托品为10%～15%，硬脂酸钙为5%～7%，其他附加物适量。乌洛托品、硬脂酸钙及其他附加物后数值均为占树脂的质量分数。

覆膜砂的混制工艺主要有冷法覆膜、温法覆膜和热法覆膜三种，其中最常用的是热法覆膜，因为该法具有树脂用量少、生产效率高等特点。热法覆膜工艺是先将原砂加热到一定温度，然后分别与树脂、乌洛托品水溶液和硬脂酸钙混合搅拌，经冷却、破碎和筛分而成。

随着覆膜砂应用范围的不断扩展，不同铸造工艺、不同材质要求以及不同结构的铸件对覆膜砂提出了不同的性能要求。自20世纪90年代以来，国内开发了不同性能的覆膜砂，按其性能特点来划分，可将国内市场上的覆膜砂分为干态和湿态两大类。其中干态覆膜砂包括普通类、耐高温类、高强度低发气类、易溃散类、离心铸造类等。湿态覆膜砂包括机械类和手工类两种。

2. 壳法造型（芯）

用覆膜砂主要用于制作壳型、壳芯。从理论上讲，覆膜砂几乎可以生产所有类型，尤其是高精度铸件的实体芯。现简要介绍壳型、壳芯的制造。

（1）制作壳型　制作壳型通常采用翻斗法（见图3-9）。将模型预热到250～300℃，喷涂分型剂；将模板置于翻斗上并固紧，翻斗转动180°，使覆膜砂落到模板上，保持15～50s（常称结壳时间），砂上树脂软化重熔，在砂粒间接触部位形成连接“桥”，将砂粒粘在一起，并沿模板形成一定厚度的塑性状态的壳；翻斗复位，未起反应的覆膜砂仍旧落回翻斗中；对塑性薄壳继续加热30～90s（常称烘烤时间）；顶出，即得壳厚为5～15mm的壳型。

（2）制作壳芯　制作壳芯可分顶吹法和底吹法两种（见图3-10）。一般顶吹法的吹砂压力为0.1～0.35MPa，吹砂时间为2～6s；底吹法的吹砂压力为0.4～0.5MPa，吹砂时间为15～35s。顶吹法可用于制造较大型的复杂砂芯；底吹法常用于制造小砂芯，硬化时间为1.5～2min，硬化时间长，壳厚增加，而硬化温度提高，对硬化速度几乎没有影响，使靠近芯盒或模板的砂有过硬化的危险。

芯盒加热温度一般为250℃。芯盒材料为铸铁，应避免使用铜或黄铜，因为硬化过程中释放出氨，将腐蚀芯盒。模板或芯盒的加热采用电热或煤气，且为连续加热。

为了确保壳芯（型）的质量，除了要保证覆膜砂的质量之外，还必须根据每个砂芯（型）的具体情况来选择合理的芯盒温度、射砂压力及时间、结壳时间、摇摆倒砂时间和硬化时间等制芯（型）工艺参数。

3. 覆膜砂及壳法造型（芯）的特点

1）具有适宜的强度性能，对于高强度的壳芯砂、中强度的热芯盒砂、低强度的有色合金用砂均能满足要求。

2）流动性优良，砂芯成形性好、轮廓清晰，能够制造最复杂的砂芯，如缸盖、机体等

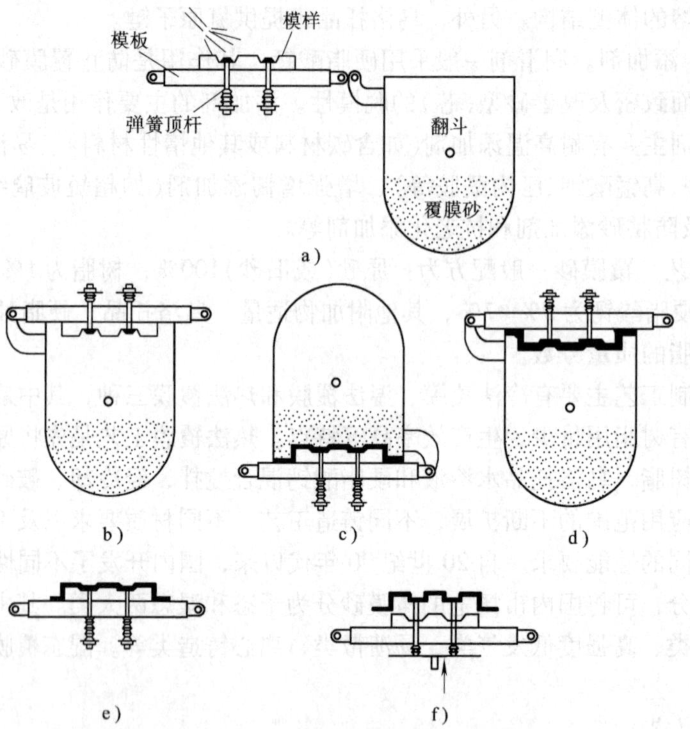

图 3-9　壳型造型法示意图

a）在模具上喷脱模剂　b）模样旋转到翻斗上方夹紧　c）结壳

d）结充完毕、复位　e）壳型在模具上继续硬化　f）脱壳、制成壳型

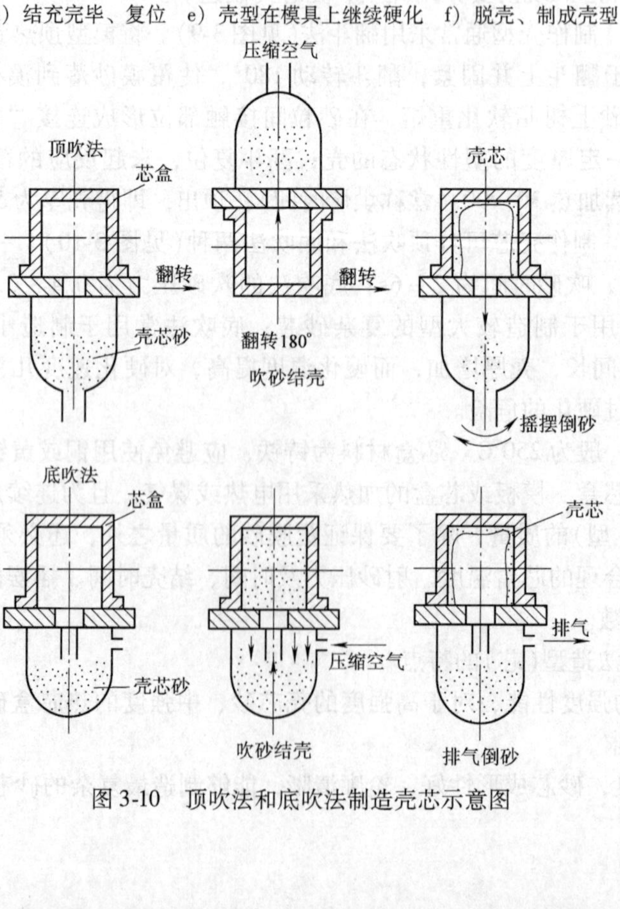

图 3-10　顶吹法和底吹法制造壳芯示意图

水套砂芯。

3）砂芯表面质量好，致密无疏松，即使少施或不施涂料，也能获得较好的铸件表面质量。铸件尺寸精度可达 CT7 ~ CT8 级，表面粗糙度可达 $R_a = 6.3 \sim 12.5\mu m$。特别适合要求铸件表面光洁和尺寸精度较高的行业，如汽车、拖拉机、液压阀体等铸件。

4）溃散性好，有利于铸件清理，提高产品性能。

5）砂芯不易吸潮，长时间存放强度不易下降，有利于储存、运输及使用。

6）覆膜砂可作为商品供应，使用单位具有较大的选择余地。

三、热(温)芯盒法造型(芯)

1. 概述

所谓热芯盒法和温芯盒法制芯，是用液态热固性树脂粘结剂和催化剂配制成的芯砂，吹射入被加热到一定温度的芯盒内(热芯盒为 180 ~ 250℃，温芯盒低于 175℃)，贴近芯盒表面的砂芯受热，其粘结剂在很短时间即可缩聚而硬化。而且只要砂芯的表层有数毫米结成硬壳即可自芯盒取出，中心部分的砂芯利用余热和硬化反应放出的热量可自行硬化。

在 20 世纪 60 年代后，热芯盒法陆续在欧美等国被逐步开发应用，其发展极为迅速，至今仍在全世界的汽车、拖拉机及柴油机等行业广泛应用。热芯盒法与壳芯(型)法相比，具有更高的生产率，制芯时间从几秒至数十秒，制芯用粘结剂成本低；砂芯的混砂设备简单，投资少。而温芯盒法造芯则出现在 20 世纪 70 年代中后期，至今应用不多。

2. 热芯盒用粘结剂

热芯盒用的树脂有呋喃树脂和酚醛树脂，大多数是以尿醛、酚醛和糠醇改性为基础的一些化合物，根据所使用的铸造合金及砂芯的不同以及市场供应情况进行树脂的选择。

热芯盒法使用的催化剂在室温下处于潜伏状态，一般采用在常温下呈中性或弱酸性的盐(这有利于混合好的树脂砂的存放，即可使用时间长)，而在加热时激活成强酸，促使树脂迅速硬化。生产中常用的为氯化铵、硝酸铵、磷酸铵水溶液，也可采用对甲苯磺酸铜盐等。

由于热芯盒法制芯时要求芯砂在热芯盒内快速硬化成形，因此要求热芯盒砂流动性好，可射制出形状复杂、紧实度均一的砂芯；硬化速度快，硬化温度范围宽，硬化强度高，以提高制芯生产率，并使砂芯具有高的尺寸精度；可使用时间长，以利于生产管理和减少废砂。

3. 温芯盒法

温芯盒法常指芯盒温度低于 175℃ 的制芯方法，最理想的芯盒温度是低于 100℃，例如 50 ~ 70℃。

用热芯盒法造芯，砂芯在芯盒中时间长而表面发酥，常引起铸件质量问题。采用温芯盒法，由于芯盒温度低，砂芯表面不会过烧，可使砂芯表面光洁并具有最高强度，防止热芯盒法常出现的某些砂芯表面过烧和截面硬化不足的现象。另外，在节能和劳动卫生方面也有很大改善。例如，将芯盒温度从传统热芯盒法的 260℃ 降到 160℃，在实际生产中就可节能 20% ~ 30%。另外，温度低，工作场所散发出的有害物质、烟气也会减少。

目前主要的温芯盒法是：

1）开发能够在较低温度下产生高活性强酸的新型潜伏性催化剂。

2）开发高活性的新型树脂。

3）开发新型的硬化工艺。

四、自硬冷芯盒法造型(芯)

1. 概述

将原砂、液态树脂及液态催化剂混合均匀后，填充到芯盒(或砂箱)中，稍紧实即于室温下在芯盒(或砂箱)内硬化成形，称为自硬冷芯盒法制芯，简称自硬法制芯(型)。自硬法可大致分为酸催化树脂砂自硬法、尿烷系树脂砂自硬法和酚醛—酯自硬法。

自硬冷芯盒法的优点是：

1）提高了铸件的尺寸精度，改善了表面粗糙度。

2）型(芯)砂的硬化无需烘干，可节省能源，还可以采用价廉的木质或塑料芯盒和模板。

3）型砂易紧实，易溃散，铸件清理容易，旧砂可再生回用，大大减轻了制芯、造型、落砂、清理等环节的劳动强度，易实现机械化或自动化。

4）砂中树脂的质量分数仅为0.8%~2.5%，原材料综合成本低。

自硬法的缺点是，对原砂的质量要求高，起模时间为数分钟至数十分钟，其生产效率低于热芯盒法和壳法，工艺过程受环境温度、湿度的影响大；混砂造型时有刺激性的气味等。

但由于自硬法具有上述许多独持优点，故目前不仅用于制芯，而且用于造型；不仅适用于单件和小批量生产，而且适用于大批量生产线生产；可生产几千克至上百吨的铸铁、铸钢及有色合金铸件。有些工厂已用该方法制芯完全取代粘土干砂型、水泥砂型、部分取代水玻璃砂型等。

2. 呋喃自硬树脂砂工艺

呋喃自硬树脂砂工艺是酸催化树脂砂自硬法中应用最为广泛的一种树脂砂，它占到其用量的95%以上。自20世纪50年代末问世以来，该工艺即引起了铸造界重视，发展很快。目前，呋喃自硬树脂砂工艺已广泛应用于机床、重型与矿山机械、造船和通用机械的大中型铸钢件的生产中。我国从20世纪70年代开始研究呋喃树脂砂，经过30多年的努力，已在生产与应用等方面取得了发展。

(1) 呋喃树脂　呋喃树脂是对脲醛树脂、酚醛树脂或脲酚醛树脂用糠醇进行改性以后，得到的一系列新的化合物的总称。常用的有脲呋喃树脂(UF/FA)、酚呋喃树脂(PF/FA)、酚脲呋喃树脂(UF/PF/FA)以及甲醛—糠醇树脂(F/FA)。呋喃树脂含有“呋喃环”，还含有活性很强的羟基(—OH)和羟甲基(CH_2OH)及氢键(—H)，以短链线性化合结构存在，其相对分子质量较小。在酸的催化作用下，经链状化合物发生(—H)+(—OH)=H_2O的脱水反应，交联成三维的大分子有机化合体。原砂、固化剂、树脂经过混砂机搅拌以后，每一粒砂粒好像镶嵌于或包容于这个大相对分子质量的有机体中，砂粒与砂粒之间被树脂桥粘结起来，从而形成在生产过程中需要的结构强度。

(2) 催化剂　呋喃树脂在合成阶段只是得到具有一定聚合程度的树脂预聚物，而在树脂应用中的固化阶段，得到具有较高强度的多维交联的固体产物，才是最后完成缩聚反应的全过程。这一固化阶段的完成，必须引入具有很高浓度的酸性介质，即催化剂。实践证明，一种高粘结能力的呋喃树脂，必须要有相应的催化剂及其加入量才能充分发挥其的粘结效率，从而使呋喃树脂砂具有较好的工艺性能和力学性能。

呋喃树脂在催化剂作用下的硬化是一个纯催化自硬过程，催化剂不产生化学消耗，而是机械地包含在聚合物的结构中。就其硬化反应的机理而言，一般认为在酸作用下主要发生两种类型的反应，即羟基与羟基或活性氢原子之间的失水缩聚，以及呋喃环破裂然后进一步加成聚合的反应。

在酸催化剂自硬法中，催化剂对硬化过程的控制起着决定性的作用。一种好的树脂必须有合适的催化剂与之配合，才能充分发挥其粘结效率，获得比较理想的工艺性能。

从呋喃树脂自硬砂用酸性催化剂看，常用的无机酸为磷酸、硫酸单酯、硫酸乙酯；芳基磺酸为对甲苯磺酸（PTSA）、苯磺酸（BSA）、二甲苯磺酸、苯酚磺酸、萘磺酸、对氯苯磺酸等。从催化效果来看，强酸使树脂砂硬化速度快，但终强度较低；弱酸硬化速度慢，但终强度较高。几种不同的酸，其酸性强弱次序是：硫酸单酯>苯磺酸>对甲苯磺酸>磷酸。它们与树脂砂终强度及起模时间的关系如图 3-11 所示。

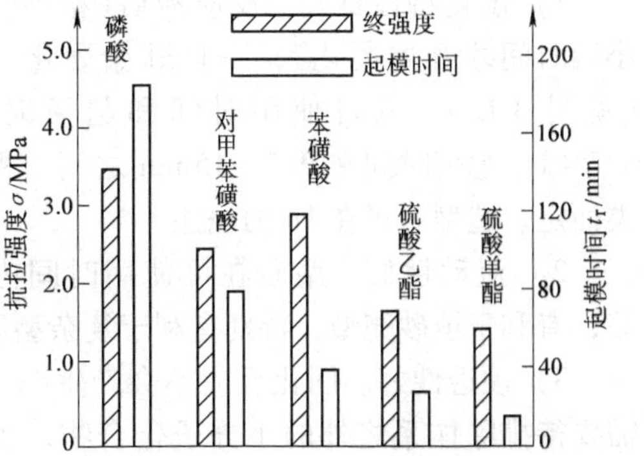

图 3-11 固化剂种类与树脂砂终强度及起模时间的关系（呋喃树脂的质量分数为 7%，环境温度为 24℃，相对湿度为 70%）

（3）硬化工艺 树脂自硬砂硬化速度与原砂温度、工作环境温度、湿度和固化剂种类及其加入量有很大关系。原砂温度最好在 20～25℃，原砂温度过低时应适当加热，呋喃树脂砂的最佳硬化温度是 20～30℃。应掌握好树脂自硬砂的可使用时间及脱模时间。

1）可使用时间。树脂砂从混制时起即开始了树脂的固化反应。如果将混制好的型砂放置一段时间后再造型，则会将已经聚合起来的部分树脂链重新破断，使得终强度降低。如果将混制好的树脂砂每隔一定时间（如 2min）做出一组试样，分别测定它们 24h 后终强度，则刚混出的型砂做出的试样强度最高，随造型时间（即型砂放置时间）的延迟，终强度有所下降。一般把终强度只剩下 80% 的试样制作时间称为型砂的可使用时间。

影响型砂可使用时间的因素主要有砂温、固化剂、气温与空气湿度。砂温越高，固化剂酸性越强或加入量越多，气温越高，空气湿度越低，则可使用时间越短。呋喃自硬树脂砂的可使用时间一般为 1～10min。

2）起模时间。树脂砂造型（芯）后，必须等型（芯）砂建立起一定强度后才可起模，以免起模时型（芯）破损或起模后型（芯）继续变形。一般将型（芯）砂抗拉强度达 0.14MPa（或抗压强度达 0.4MPa）作为可起模强度，将达到起模强度所需的硬化时间称为起模时间。起模时间约为 15～45min。

可使用时间与起模时间的比值可表示某一粘结系统的硬化特性，其比值越大，表示硬化特性越好。生产中可使用时间对起模时间之比的最理想值为 0.8，一般为 0.35～0.6。

3. 酚醛尿烷自硬树脂砂工艺

（1）粘结剂系统 酚醛尿烷自硬树脂砂工艺于 1970 年开始用于铸造，采用的粘结剂由三部分组成，即苯基醚酚醛树脂（组分Ⅰ）、聚异氰酸酯（组分Ⅱ）和胺催化剂（组分Ⅲ）。这三种成分均为液体。组分Ⅰ和组分Ⅱ的质量比常采用 50∶50 或 60∶40。这两种成分的总加入量为砂质量的 1.4%～1.6%。催化剂Ⅲ用于调整树脂砂的硬化速度，通常采用比三乙胺的碱性弱得多的芳香族胺，例如苯基丙基吡啶（液体），其加入量为组分Ⅰ质量的 1%～5%。混制方法是，先把酚醛树脂与催化剂混合，使催化剂均匀地分散在树脂中。混砂时再把含有催化剂的酚醛树脂和聚异氰酸酯依次加到砂中。

（2）工艺特点　酚醛尿烷自硬树脂砂工艺有如下优点：

1）硬化特性良好。反应滞后（型砂混好后过一小段时间才开始硬化），一旦开始硬化，速度很快（见图 3-12）。其可使用时间和起模时间之比为 0.75∶1，起模时间在 0.5～15min 之间，视固化剂种类而定。造型后可在 1h 内浇注。

2）流动性好。型砂在可使用时间内流动性极好，有利于填砂充型，特别有利于复杂型腔的充型。

3）硬透性好。固化反应不会产生副产物，没有需要待排除体系之外的小分子化合物，也不需要空气中的氧参与，所以型砂整体不分大小，不管是内部还是外部，全部一起固化。因此，整个型芯强度均匀，能承受浇注时的恶劣环境。

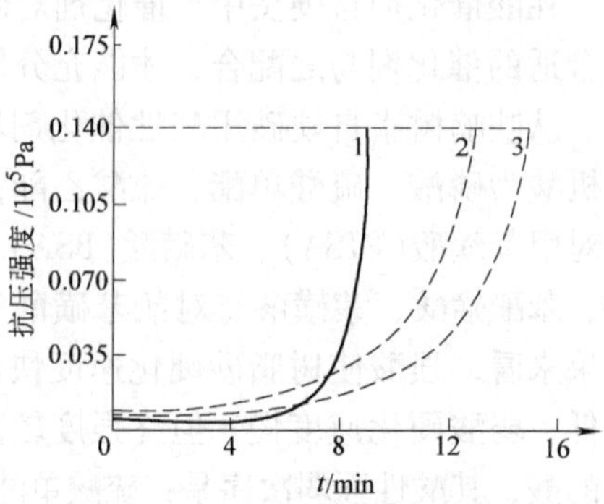

图 3-12　三种自硬砂的硬化特性

1—酚醛尿烷自硬树脂砂　2—呋喃　3—油脲烷

但是酚醛尿烷自硬树脂砂工艺也有其缺点，其固化过程受型砂中水分和环境湿度影响较大，砂中水分可以与组分Ⅱ中的异氰酸酯发生反应，首先生成不稳定的氨基甲酸，氨基甲酸随即分解成胺并放出二氧化碳，胺再继续与异氰酸酯反应生成取代脲。当环境湿度较大时，酚醛尿烷自硬树脂砂的硬化速度变慢，常温强度降低很多，且随着存放时间的增加，常温强度不断降低，即抗吸湿性差。而且异氰酸酯价格较贵，型（芯）砂的高温性能较差。胺类固化剂一般有毒，而且浇注时有烟气，这使劳动条件受到影响。

4. 酯固化碱性酚醛树脂自硬砂工艺

（1）粘结剂系统　酯固化碱性酚醛树脂自硬砂用的树脂是以苯酚和甲醛为主要原料，在碱性条件下（NaOH、KOH、LiOH 作为催化剂）缩聚而成的甲阶水溶性酚醛树脂，其外观为棕红色液体，粘度为 50～280mPa·s，pH 值大于12，固含量为 41%～50%。

酯固化碱性酚醛树脂自硬砂所用固化剂一般为多元醇的有机酯，是低分子内酯、醋酸甘油酯、低分子碳酸酯等液态酯类，或这些酯组成的混合物，在国内醋酸甘油酯应用较普遍。

（2）酚醛—酯自硬砂的应用　原砂为硅砂、铬砂、锆砂都合适，特别是橄榄石砂。型砂中，树脂占原砂的质量分数为 1.5%～2.5%，固化剂占树脂质量的 20%～25%。当采用间歇式或连续式混砂机混砂时，像酸催化法一样，首先加入酯催化剂组分，直到完全包覆砂子后再加入树脂组分。

在树脂加入量相同的条件下，酯自硬砂的实际强度低于酸催化的呋喃树脂砂和尿烷自硬砂。

固化剂用量应与树脂相匹配，其固化速度与温度、有机酯的种类有关。调节固化速度不是靠改变酯的用量，而是靠改变酯的种类。

酯固化碱性酚醛树脂自硬砂工艺的一个特殊优点是，有机酯固化剂能直接参与树脂的硬化反应，但在室温下有机酯仅能使大部分树脂交联，故它有一定的塑性。在浇注时的热作用下，未交联的树脂继续进行缩聚反应（称二次硬化），这种先表现出塑性，然后再转为刚性而产生较高强度的特点，导致树脂砂具有一定的热塑性和退让性，可减少硅砂的热膨胀对铸件的收缩阻力，从而减轻薄壁铸钢件产生热裂纹的倾向。

酯固化碱性酚醛树脂自硬砂工艺有待改进之处是，在树脂加入量相同的条件下，强度还不如呋喃树脂等粘结剂；存放稳定性差；旧砂用干法再生后的使用率并不高，这是由于树脂中含有氢氧化钾，使再生砂中仍存在钾的残余物质。

酯固化碱性酚醛树脂自硬砂的可使用时间和硬化速度、起模时间也受温度、固化剂类型以及加入量的影响。树脂和固化剂都是水溶性的。

5. 自硬树脂砂的造型紧实工艺

自硬树脂砂造型(芯)工艺有手工紧实和机器造型两种方式，而机器造型(可分为有砂箱和无砂箱)大多采用抛砂机进行抛砂紧实造型(见图3-13)。利用高速旋转(1000r/min)的砂铲，将送入抛砂头的型砂以30~50m/s的速度抛入砂箱或型盒中，可以使填砂和紧实同时进行。一般连续式混砂机均使用抛砂工艺。抛砂紧实的方法生产效率高，噪声小，造型时不需要特别的模板、砂箱，所以这种方法不受生产批量的限制，特别适合于大型铸件的砂箱造型。

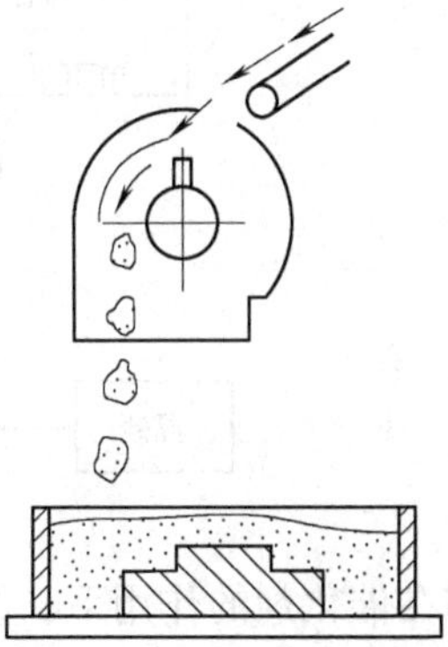

图3-13 抛砂紧实示意图

五、气硬冷芯盒法造型(芯)

热芯盒法、壳法，均因耗能高、芯盒工装的设计和制造周期长、成本高、制芯时工人需在高温及强烈刺激气味下操作等因素，从而限制了其应用。采用自硬冷芯法制芯，芯砂可使用时间短，起模时间长，不利于高效大批量制芯。而气硬冷芯盒法基本可以弥补前几种方法的不足。气硬冷芯盒法制芯是将树脂砂填入芯盒，而后吹气硬化制成砂芯。根据使用的粘结剂和所吹气体及作用的不同，气硬冷芯盒法分为三乙胺法、SO_2法、酯硬化法、低毒和无毒气体促硬制芯法等。本节主要介绍三乙胺法。

三乙胺法用粘结剂由两部分液体组成：组分Ⅰ是苯醚型的酚醛树脂；组分Ⅱ是聚异氰酸酯。催化剂为液态叔胺，有三乙胺(C_2H_5N)(TEA)、二甲基乙胺(DMEA)、异丙基乙胺和三甲胺[$(CH_3)_3N$]。其中三乙胺因其价格便宜，所以使用最为广泛。因此一般气硬冷芯盒法多指三乙胺法。

用干燥压缩空气、CO_2或N_2作液态三乙胺的载体气体，体积分数稀释到约5%。制芯时，填砂后向树脂砂中吹入催化剂气雾(压力为0.14~0.2MPa)，便能在数秒至数十秒内硬化，达到满足起模搬运的强度。

制芯工艺的一般过程为：将混好的树脂砂吹入芯盒，然后向芯盒中吹入催化剂气雾(压力为0.14~0.2MPa)，使砂芯硬化成形，尾气通过洗涤塔吸收。其工艺具体如图3-14所示。其硬化反应为：

液态组分Ⅰ+液态组分Ⅱ⟶固态粘结剂；

酚醛树脂+聚异氰酸酯 $\xrightarrow{\text{叔胺催化剂}}$ 尿烷

(3-3)

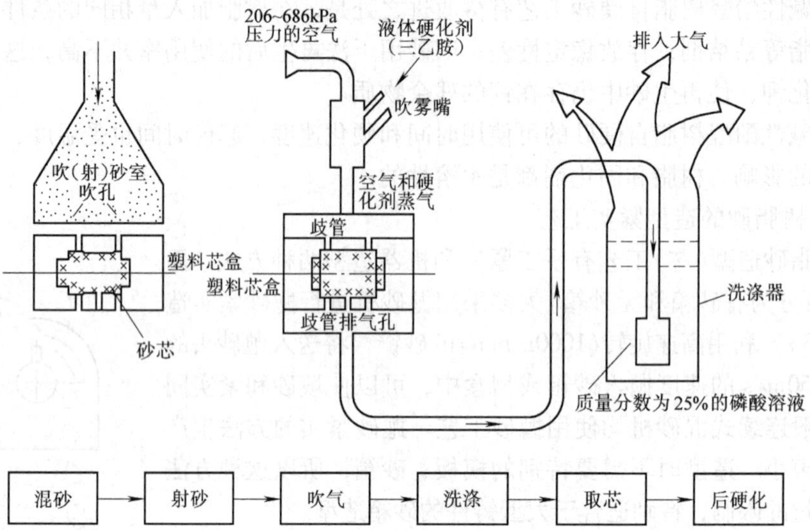

图 3-14 三乙胺法制芯工艺流程

即在催化剂的作用下，组分Ⅰ中的酚醛树脂的羟基与组分Ⅱ中异氰酸基反应形成固态的脲烷树脂。

组分Ⅰ和组分Ⅱ都用高沸点的芳香溶剂(热解过程中产生苯析出物)或植物油甲基酯类溶剂稀释以达到低粘度，这样可使它们具有良好的可泵性和便于以一层薄膜包覆砂粒，而且能提高树脂砂的流动性和充型性能，并使催化剂作用更有效。

采用三乙胺法造芯时，原砂采用干净的 AFS 细度为 50～60 的硅砂，也可使用锆砂、铬铁矿砂。原砂必须干燥，水分的质量分数超过 0.1% 就会减少可使用时间、降低砂芯抗拉强度，还会增加针孔产生的可能性。耗酸值高也会缩短可使用时间。原砂的理想温度是 21～27℃。砂温低，会降低混砂效率和使胺冷凝及硬化不均匀；砂温高，可缩短吹气周期，减少所需催化剂用量，但是使粘结剂失去溶剂及强度降低。典型的芯砂配方是树脂粘结剂占原砂质量的 1.5%，该粘结剂通常由等质量的组分Ⅰ和Ⅱ构成。

三乙胺法是现代气硬冷芯盒法中应用最早的工艺，由于其生产效率高、节能，铸件表面较光洁，因此是当前国际上应用较广的方法(占气硬冷芯盒法的 85%)。

第五节 砂型(芯)的烘干合箱、浇注及落砂清理

一、砂型(芯)的烘干

砂型(芯)烘干是造型制芯的一道辅助工序。在很多情况下，此道工序可以省略。

(1) 表面烘干 为了缩短生产周期，减少燃料消耗，有利于组织流水作业，在保证质量的条件下，应尽量应用表面烘干。表面烘干的方法主要有喷灯火焰烘干、移动式焦炭炉或煤气炉烘干、红外线辐射烘干以及高频干燥炉烘干和微波技术烘干等。

(2) 体烘干 大型和较重要的砂型(芯)，特别是施涂水基涂料后都要进行整体烘干，一般在周期作业或连续作业的烘干炉中进行。周期式烘干炉有台车室式和抽屉式两种。前者用于大中型砂型(芯)的烘干，后者用于较小砂芯的烘干。连续式烘干炉用在批量生产的铸造车间，这种烘干炉有卧式和立式两种，后者占地面积小。炉内各部位按烘干规范的要求保

持确定的温度和运行时间，使砂芯逐渐升温、保温和降温冷却。所以，烘干操作可连续地进行，效率高于周期式烘干炉。

二、合型

合型就是把砂型和砂芯按要求组合为铸型的过程，也是制备铸型的最后工序。合型质量不高，铸件形状、尺寸和表面质量就得不到保证，甚至会因偏芯、错型、抬型跑火等原因而使铸件报废。合型一般按以下步骤进行：

1）全面检查、清扫、修理所有的砂型和砂芯，特别要注意检查砂芯的烘干程度和通气道是否畅通。不符合要求者，应进行返修或废弃。

2）依次将砂芯装入砂型，严格检查，保证铸件壁厚、砂芯固定、芯头排气和填补接缝处的间隙。无牢固支撑的砂芯，要用芯撑在上下和四周加固，防止砂芯在浇注时移动、漂浮。装在上型的砂芯，要插栓吊紧；若砂芯与砂芯之间接缝相对较大时，需使用填补料修平，并用喷灯烘干。

3）仔细清除型内散砂，全面检查下芯质量，在分型面上沿型腔外围放上一圈泥条或石棉绳，保证合型后分型面密合，避免液态金属从分型面间隙流出。

4）放上压铁或用螺栓、金属卡子固紧铸型。放好浇口杯、冒口圈，在分型面四周接缝处抹上砂泥，防止跑火。最后全面清理场地，以便安全方便地浇注。

三、浇注

（1）浇注前的准备工作　铸型合型紧固后浇注前应做好下述浇注准备工作：了解浇注合金的种类、牌号、待浇注铸型的数量和估算所需金属液的质量；检查浇包的修理质量、烘干预热情况及其运输与倾转机构的灵活性和可靠性；熟悉各种铸型在车间所处的位置，以便确定浇注次序；检查冒口、冒口圈的安放及铸型的紧固情况；清理浇注场地，确保浇注安全。

（2）浇注工艺　为了获得合格铸件，必须控制浇注温度、浇注速度，严格遵守浇注操作规程。

1）浇注温度。应根据合金的种类、铸件结构和铸型特点确定合理的浇注温度范围。金属液由炉中注入浇包时，温度都会降低。为了减小包内降温，修好的浇包一定要充分烘干，浇注前需预热；尽量避免倒包，减少金属液在包中的停留时间和缩短运输距离；浇包壁可采用高效保温材料，金属液出炉后，在包内液面加保温集渣覆盖剂；加强测温，严格监控金属液在包内的降温情况和浇注温度。

2）浇注要点。浇注前需除去浇包中金属液面上的熔渣；根据规定的速度和时间范围进行浇注；浇注时应避免金属液流的飞溅和中断；开始慢浇，且不能直冲浇口，以免冲毁砂型；中间快浇，以充满浇注系统；浇口杯中应始终保持一定数量的金属液，防止渣、气进入铸型；快充满时应慢浇，防止溢出和减小抬箱力。有冒口的铸型，浇注后期应进行点浇和补浇。浇注后应注意引燃从铸型排出的气体。待铸件凝固完毕，及时卸除压铁和箱卡，以减少铸件收缩阻力，避免裂纹。

四、铸件的落砂、清理

1. 铸件的落砂

铸件凝固冷却到一定温度后，把铸件从砂箱中取出，去掉铸件表面及内腔中的型砂和芯砂，落砂通常分为人工落砂和机械落砂两种。

（1）人工落砂　在一般铸造车间浇注场地人工就地落砂。这主要用于单件小批生产，对于有色合金铸件，基本上都采用手工落砂。

（2）机械落砂　在机械化生产线上，通常采用机械化落砂。它是把铸件放在振动落砂机上通过振动使砂子下落。机械落砂效率高，但机械易损坏，维修调整困难，而且噪声大。

（3）清除砂芯的方法　生产中常采用下述清砂除芯方法：

1）水力清砂除芯。它是利用高压水来切割、冲刷铸件上残留的芯砂与粘砂的一种有效方法。该法无粉尘，改善了劳动条件；生产效率高，为手工清砂的5~10倍。缺点是需要庞大的沉淀池和湿砂干燥设备。为了提高清砂效果，特别是清理铸钢件芯砂时，可在高压水射流中加入砂子，这种方法还可部分地用来清理铸件表面的粘砂，称为水砂清砂法。

2）水爆清砂除芯。待铸件冷却到适当温度，从铸型中取出立即浸入水中，水迅速进入砂芯，急剧汽化膨胀，当水汽达到一定压力后便产生爆炸，使砂芯爆裂而脱离铸件。水爆清砂设备主要是水爆池和吊车，设备简单。

2. 铸件的清理

为了提高铸件表面质量，还需进一步对铸件进行清理，切除浇冒口，打磨毛刺并进行吹砂。

（1）浇冒口的切除　铸件必须除去浇注系统和冒口。对于中小型铸铁件，可用锤打掉浇冒口。铸钢件一般用氧气切割或电弧切割来去掉浇冒口。不能用气割法切除浇冒口的铸钢件和大部分铝镁合金铸件，采用车床、圆盘锯及带锯等进行切割。在大批量生产中，许多定型铸铁、铸钢生产线都采用专用浇冒口切除线，甚至配备专用机器人或机械手来完成。

（2）铸件的表面清理　包括去除铸件内外表面的粘砂、分型面和芯头处的披缝、毛刺、冒口切除痕迹。其方法有：

1）手工清理。它适用于单件、小批量和形状复杂的零件；

2）滚筒清理。将铸件装入滚筒，利用铸件之间以及铸件与附加角铁之间的摩擦、碰撞来去除铸件表面粘砂、毛刺和氧化铁皮。其设备结构简单，易于制造，清理效果较好；缺点是生产率低，噪声大。它适合于中小型铸造车间。

3）喷、抛丸清理。喷丸清理是用4.90~5.88MPa的压缩空气，使弹丸从喷嘴以50~70m/s的高速喷射到铸件表面，将粘附在铸件表面的型砂、氧化皮等清除掉。抛丸清理是用高速旋转的叶轮将弹丸以60~80m/s的速度呈扇形扩散角抛射到铸件表面进行清理。

（3）铸件表面处理　有些铸件经过上述处理以后，还需进行表面处理。如镁合金铸件在吹砂后，需进行表面氧化处理，在表面生成一层致密而的薄膜，以防止或减轻镁合金在使用过程中产生腐蚀。铸铁件、铸钢件在检验合格入库前，需涂上底漆，以防生锈，并作为进一步油漆的底漆。

另外，为了保证铸件质量，铸造生产的各个环节，特别是清理后，都要进行质量检验（包括表面缺陷检验和内部缺陷检验）。凡是有缺陷的铸件，经修补后能满足要求、不影响使用者均应进行修补。常见的铸件修补方法有三种：用腻子和环氧树脂修补、焊接修补和浸渗修补等。

复习思考题

1. 在不同合金铸件的生产中，如何根据硅砂的矿物组成和化学组成来选择原砂？橄榄石砂、镁砂、锆砂和铬铁矿砂等非石英质原砂与硅砂相比有哪些特点？适合在什么场合采用？

2. 煤粉在湿型砂中的作用是什么？目前煤粉代用材料的研究与开发方面有何进展？

3. 试用膨润土的水化性质来阐述湿型用膨润土型砂的粘结机理。

4. 试从物理硬化和化学硬化的原理角度来阐述水玻璃砂的硬化过程。

5. 钠水玻璃砂的主要问题是溃散性差，旧砂再生回用率低于树脂砂和粘土砂。目前在提高钠水玻璃砂的溃散性和旧砂再生回用率方面，有哪些行之有效的措施？

6. 壳法工艺用覆膜砂和热芯盒砂作为精密树脂砂。精密树脂砂与无机型（芯）砂相比有哪些优点？试述覆膜砂和热芯盒砂在铸造生产中的一些典型用途。

7. 自硬呋喃树脂砂用树脂可分为哪几类？其特点及适用范围有何不同？

8. 试比较酸硬化的呋喃树脂砂、酯硬化的碱性酚醛树脂砂和胺硬化的酚尿烷树脂砂等三种自硬砂的硬化机理和工艺特性。气硬树脂砂与热芯盒树脂砂相比，在硬化工艺、应用范围及铸件质量等方面有何不同？

第四章　特 种 铸 造

生产上，通常将普通砂型铸造以外的铸造方法称为特种铸造。作为特种铸造，通常根据铸型特点分类，有一次型铸造(熔模铸造、石膏型铸造、消失模铸造等)、半永久型铸造(陶瓷型铸造、石墨型铸造等)、永久型铸造(金属型铸造、压力铸造、挤压铸造、离心铸造等)；根据浇注时金属液所承受的压力状态分类，有重力铸造和非重力铸造。金属液在常压下完成重力浇注称自由浇注或常压浇注。金属液在外力作用下实现充填和补缩，如压力铸造、挤压铸造、离心铸造和反重力铸造等。

本章主要介绍熔模铸造、消失模铸造、压力铸造、离心铸造和低压(差压)铸造等。

第一节　熔 模 铸 造

一、熔模铸造的原理及特点

熔模铸造又称精密铸造或失蜡铸造，它是用易熔材料(蜡料及塑料等)制成精确的可熔性模样，在模样上涂以若干层耐火涂料，经过干燥、硬化成整体型壳；然后加热型壳熔失模样，再经高温焙烧而成为耐火型壳；将液体金属浇入型壳中，待冷却后即成铸件。其工艺流程如图 4-1 所示。与其他铸造方法相比，熔模铸造的主要优点如下：

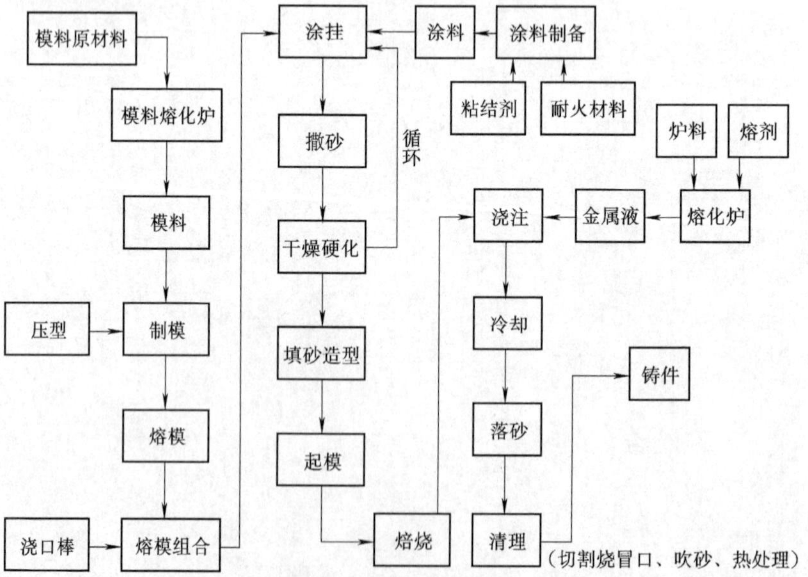

图 4-1　熔模铸造工艺流程图

1) 铸件尺寸精度较高和表面粗糙度较低，可以浇注形状复杂的铸件，一般尺寸精度可达 CT5 ~ CT7 级，粗糙度达 R_a25 ~ 6.3μm。

2) 可以铸造薄壁铸件以及重量很小的铸件，熔模铸件的最小壁厚可达 0.5mm，质量可以小到几克。

3）可以铸造花纹精细的图案、文字、带有细槽和弯曲细孔的铸件。

4）熔模铸件的外形和内腔形状几乎不受限制，可以制造出用砂型铸造、锻压、切削加工等方法难以制造的形状复杂的零件，而且可以使有些组合件、焊接件在稍进行结构改进后直接铸造成整体零件，从而减轻零件重量、降低生产成本。

5）铸造合金的类型几乎没有限制，常用来铸造合金钢件、碳钢件和耐热合金铸件；生产批量没有限制，可以从单件到成批大量生产。

这种铸造方法的缺点就是工艺复杂、生产周期长，不适用于生产轮廓尺寸很大的铸件。

二、模料种类及性能要求

（1）模料的分类　随着熔模铸造工艺的发展，模料的种类日益繁多，组成各不相同。通常按模料熔点的高低将其分为高温、中温和低温模料。低温模料的熔点低于60℃，我国目前广泛应用的石蜡—硬脂酸各50%的模料属于这一类；高温模料的熔点高于120℃，组成(质量分数)为松香50%、地蜡20%、聚苯乙烯30%的模料即为较典型的高温模料；中温模料的熔点介于上述两类模料之间，现用的中温模料基本上可分为松香基和蜡基模料两种。

（2）对模料性能的基本要求　对熔模模料性能的基本要求概括为：热物理性能，主要指有合适的熔化温度和凝固区间、较小的热膨胀和收缩、较高的耐热性(软化点)，模料在液态时应无析出物，固态时无相变；力学性能，主要有强度、硬度、塑性、柔韧性等；工艺性能，主要有粘度(或流动性)、灰分、涂挂性等。

三、制模工艺与制壳工艺

制模与制壳工艺流程示意图如图4-2所示。

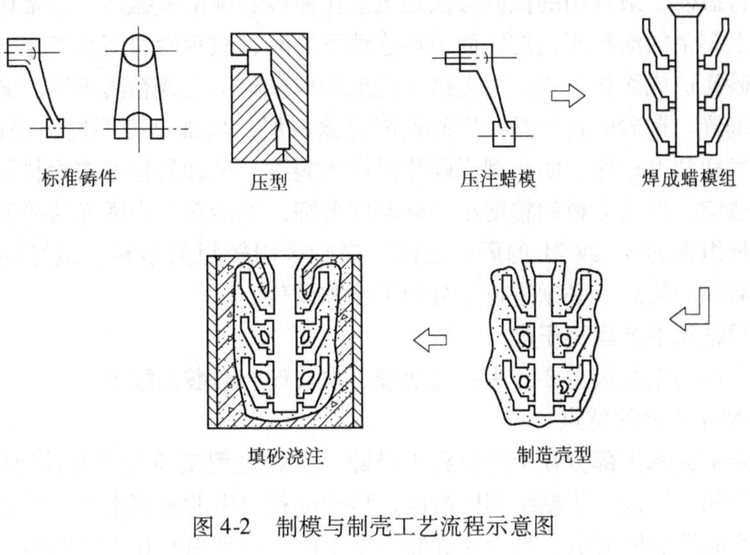

图4-2　制模与制壳工艺流程示意图

1. 制模

按照模料的规定成分和配比，将各种原料熔融成液态，混合并搅拌均匀，滤去杂质浇制成糊状模料，即可以压制熔模。压制熔模普遍采用压制成形的方法。该方法允许使用液态、半液态以及固态、半固态模料。液态和半液态模料在低的压力下压制成形，称为压注成形；半固态或固态模料在高的压力下压制成形，称为挤压成形。无论是压注成形还是挤压成形，都必须考虑充填和凝固时的优缺点。

（1）压注成形　压注成形的注蜡温度多在熔点以下，此时模料是液、固两相共存的浆状或糊状。呈浆状的模料中，液相量显著超过固相量，所以仍保留着液体的流动性。在这种状态下压注，熔模表面具有较低的粗糙度，而且不易出现由于湍流、飞溅带来的表面缺陷。糊状模料的温度比浆状模料更低，已失去流动性，虽少有表面缺陷，但却具有较高的表面粗糙度。

模料压注成形时，在保证良好充填情况下应尽量采用最低的模料温度和压型工作温度。压力的选择并不是越大越好，虽然压力大熔模收缩率小，但压力和压注速度过大，会使熔模表面不光滑，产生“鼓泡”（熔模表皮下气泡膨胀），同时使模料飞溅出现冷隔缺陷。在制模过程中，为了避免模料粘附压型，降低熔模表面粗糙度，应使用分型剂，特别是对于松香基模料。

（2）挤压成形　挤压成形是把在低温塑性状态下的模料挤压入型腔，在高压下成形，以减少和防止熔模收缩。挤压成形时的模料处于半固态或固态，该模料在正常条件下比较硬，但在高压下能够流动，其特点是粘度大。因此，挤压时压力的大小取决于模料的粘度及在注料孔和型腔中的流动阻力。模料的粘度越大，注料孔径越小，型腔尺寸越大而横截面积越小以及模料行程越长，则模料流动时的阻力越大，因此需要越高的挤压压力。采用半固态模料挤压成形，熔模的凝固时间缩短，因而生产率增高，特别适用于生产具有厚大截面的铸件。

2. 制壳

制壳包括涂挂和撒砂两道工序。涂挂涂料之前，熔模需经脱油脂处理。涂挂时要采用浸涂法。涂挂操作时应保持熔模表面均匀地涂挂上涂料，避免空白和局布堆积；焊合处、圆角、棱角和凹槽等，应用毛笔或特制工具涂刷均匀，避免气泡；涂挂每层加固层涂料前应清理前一层上的浮砂；涂挂过程中要定时搅拌涂料，掌握和调整涂料的粘度。

涂挂后进行撒砂。最常用的撒砂方法是流态化撒砂和雨淋式撒砂。通常熔模自涂料槽中取出后，待其上剩余的涂料流动均匀而不再连续下滴时，表示涂料流动终止，凝固开始即可撒砂。过早撒砂易造成涂料堆积；过迟撒砂造成砂粒粘附不上或粘附不牢。撒砂时熔模要不断回转和上下倒置。撒砂的目的是：用砂粒固定涂料层；增加型壳厚度，获得必要的强度；提高型壳的透气性和退让性；防止型壳硬化时产生裂纹。撒砂的粒度按涂料层次选择，并与涂料的粘度相适应。面层涂料的粘度小，砂粒度要细，才能获得表面光洁的型腔，一般面层撒砂粒度可选择组别为 30 或 21 的砂；加固层撒砂采用较粗的砂粒，最好逐层加粗。制壳时，每涂挂和撒砂一层后，必须进行充分的干燥和硬化。

四、制壳用粘结剂及型壳干燥

目前国内所用的粘结剂主要分为：硅溶胶、水玻璃、硅酸乙酯等。

1. 硅溶胶型壳干燥的特点

硅溶胶型壳中的水大部分在干燥过程中排除，干燥过程实质上就是硅溶胶的胶凝过程。干燥过程可分为四个阶段：①粘结剂胶凝前，型壳涂料层中的游离水在涂挂过程中和干燥阶段初期蒸发；②硅溶胶胶凝后，被包在冻胶网格中的物理吸附水在干燥期间逐渐蒸发；③硅溶胶胶粒吸附层中的化学吸附水在加热至 100～200℃时失去；④胶粒表面残存的硅醇（Si—OH）在 400～800℃范围内通过自缩聚而脱水。干燥的最终结果是不断发生硅醇聚缩反应，形成牢固的硅氧键而胶凝。需要注意的是，干燥不良的型壳质量不好，因为这类型壳的硅溶胶还未转变成凝胶，或者刚胶凝尚含有较多溶剂，马上涂挂下一层，必然会发生冻胶回溶现象或者吸收下层溶胶引起型壳溶胀、剥落、掉砂，甚至使制壳工艺无法进行下去。干燥过程中，随着溶剂的蒸发，型壳将发生收缩，若各部分干燥不均匀，收缩不一致，就会形成内应力而导致型壳开裂。影响型壳干燥的因素很多，其中环境湿度的影响最大，其次是风速和环境温度。

2. 水玻璃型壳的干燥硬化

水玻璃粘结剂是含有少量胶体 SiO_2 粒子的硅酸盐离子溶液，需要通过干燥和化学硬化两个环节才能完成水玻璃粘结剂型壳的干燥硬化。全过程顺序为：自然干燥—化学硬化—硬化后干燥。

自然干燥是使水玻璃溶液不断脱水浓缩，以及使粘结剂通过扩散和渗透而在型壳层中均匀分布。水分的蒸发和脱水收缩会在型壳中留下微细通道和裂纹，有助于硬化剂能深入扩散，加之硬化反应在脱水后的硅酸钠中进行，故扩散速度快，硬化时间短。

化学硬化过程是水玻璃的胶凝，由界面硬化和扩散硬化两个连续过程组成。界面硬化在硬化剂与涂料的接触面上进行，接着硬化剂透过界面硬化形成的凝胶膜，通过型壳上的微裂纹由表及里地进行扩散。界面硬化的速度大大高于硬化剂在型壳中的扩散，所以，型壳的硬化速度主要由扩散硬化速度来决定。不同的硬化剂因分子状态、表面张力和粘度等性质的不同，扩散硬化的能力差别很大。氯化铵是电解真溶液，与氯化铝和聚氯化铝相比，具有良好的扩散硬化能力，这是因为发生化学反应后，除生成硅溶胶外，就剩水溶性钠盐和氨气。

3. 硅酸乙酯型壳的干燥硬化

硅酸乙酯粘结剂型壳的干燥硬化，实质上是涂料中的硅酸乙酯水解液继续水解缩聚，最终胶凝以及溶剂挥发的过程。前者主要是化学变化，后者是物理过程，但彼此有密切联系。

型壳涂挂后，涂料层中的硅酸乙酯水解液继续水解，直至胶凝，该过程随型壳的硬化分为三个阶段，即回溶阶段、鼓胀阶段和稳定阶段。处在回溶阶段时，水解液中的有机硅聚合物仍保持着线型状态，分子间尚未交联或交联度很小，如果这时就浸涂下一层涂料，则前一层涂料中的粘结剂将回溶，使模组上大片涂料脱落；处在鼓胀阶段时，水解液中分子虽有相当大的交联度，但仍残留有较多的乙氧基，如果此时涂挂下一层涂料，将会发生由于溶剂浸入而使粘结剂溶胀，引起型壳鼓胀甚至开裂，这种型壳焙烧后，粘结剂分子支链上的乙氧基被烧掉，变成毫无粘结能力的 SiO_2 粉末，使型壳强度大大降低；处在稳定阶段时，水解液中的有机聚合物基本上都转变为二氧化硅凝胶，交联度接近100%，型壳硬化牢固，此时涂挂下一层时，不会产生溶胀现象。

pH 值对水解液的继续水解缩聚速度有重要影响，增大涂料层中粘结剂的 pH 值可以大大加快硬化速度。通常，型壳自然干燥后进行氨干就是为了达到这个目的。氨气自氨瓶通入干燥箱后，氨气溶解于型壳上的水中，形成 NH_4OH，它在涂料层中离解为 NH_4^+ 和 OH^-，提高了粘结剂的 pH 值，从而加速胶凝。在生产中已广泛应用空气-氨气干燥硬化法。模组撒砂完毕后先在空气中自然干燥 0.5 ~ 2h，再放入氨气中硬化 5 ~ 15min，最后排氨消味。提高温度可加快溶剂蒸发和粘结剂的聚缩，但温度过高会影响熔模变形，一般要求干燥地点温度不低于 20 ~ 25℃。若温度过低，涂料层中的溶剂蒸发缓慢，型壳将产生开裂。

五、缺陷及防止方法

熔模铸件的缺陷分为表面和内部缺陷以及尺寸和粗糙度超差。表面和内部缺陷，指欠铸、冷隔、缩松、气孔、夹渣、热裂、冷裂等；尺寸和粗糙度超差主要包括铸件的拉长和变形。

产生表面和内部缺陷主要与合金液的浇注温度、型壳的焙烧温度与制备工艺、浇注系统与铸件结构的设计等因素有关。铸件尺寸和粗糙度超差，主要与压型的使用磨损、铸件结构、型壳的焙烧及其强度、铸件的清理等因素有关。应根据铸件的具体结构和涉及到的相关工艺，有针对性地解决问题，消除缺陷。

第二节　消失模铸造

一、消失模铸造成形原理、特点

消失模铸造又称气化模铸造或实型铸造。它是采用泡沫塑料模样代替普通模样紧实造型，造好铸型后不取出模样，直接浇入金属液，在高温金属液的作用下，模样受热汽化、燃烧而消失，金属液取代原来泡沫塑料模样占据的空间位置，冷却凝固后即获得所需的铸件。消失模铸造的工艺过程如图4-3所示。与砂型铸造相比，消失模铸造方法具有如下主要特点：

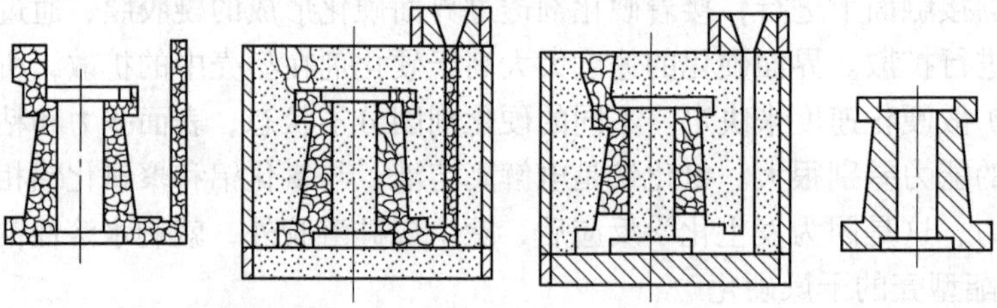

图4-3　消失模铸造的工艺过程
a）组装后的泡沫塑料模样　b）紧实好的待浇铸型　c）浇注充型过程　d）去除浇、冒口后的铸件

1）因铸型紧实后不用起模、分型，没有铸造斜度和活块，取消了砂芯，因此避免了普通砂型铸件尺寸误差和错型等缺陷；同时，由于泡沫塑料模样的表面粗糙度较低，故消失模铸件的表面粗糙度也较低，铸件的尺寸精度可达CT5～CT6级，表面粗糙度可达R_a6.3～12.5μm。

2）消失模铸造由于没有分型面，也不存在下芯、起模等问题，许多在普通砂型铸造中难以铸造的铸件结构在消失铸造中不存在任何困难。

3）简化铸件生产工序，提高劳动生产率，容易实现清洁生产。消失模铸造不用砂芯，省去了芯盒制造、芯砂配制、砂芯制造等工序；型砂不需要粘结剂、铸件落砂，砂处理系统简便；劳动强度降低，环境改善。

4）减少材料消耗，降低铸件成本。消失模铸造采用无粘结剂干砂造型，可节省大量型砂粘结剂，旧砂可以全部回用。型砂紧实及旧砂处理设备简单，所需的设备也较少。

二、消失模铸造过程

1. 泡沫塑料模样的成形加工及组装

泡沫塑料模样通常采用两种方法制成：一种是采用商品泡沫塑料板料切削加工、粘结成形；另一种是商品泡沫塑料珠粒预发后，经模具发泡成形。由泡沫塑料珠粒原材料制成铸件模样的工艺过程如图4-4a所示，其成形后的泡沫塑料模样照片如图4-4b所示。

泡沫塑料模样加工成形后，不同部分的模样及浇、冒口系统要进行组装、粘结，通常采用热熔胶或冷粘胶粘结组装。

泡沫塑料模样的材料种类及性能（密度、强度、发气量等）对消失模铸件的质量具有重大

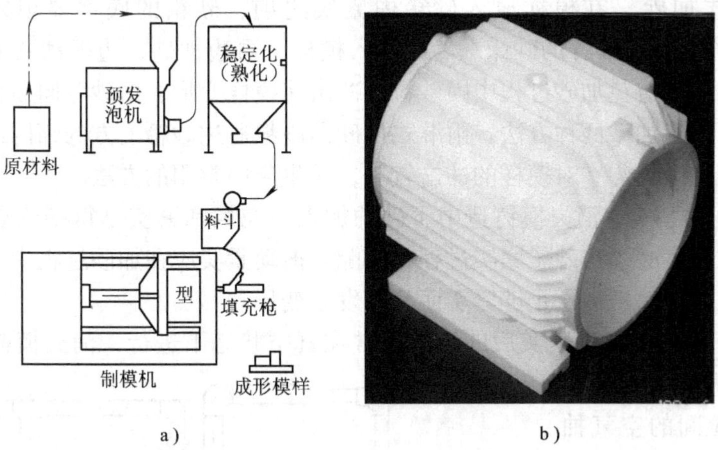

图4-4 泡沫塑料模样的成形方法
a) 泡沫塑料珠粒制成铸件模样过程
b) 成形后的泡沫塑料模样

影响。泡沫塑料的种类很多，但能用于消失模铸造工艺的泡沫塑料种类却较少，目前常用于消失模铸造工艺的泡沫塑料及其特性见表4-1。

表4-1 用于消失模铸造工艺的泡沫塑料及其特性

名称	英文缩写	强度	发气量	主要热解产物	价格
聚苯乙烯	EPS	较大	较小	相对分子质量较大的毒性芳香烃气体较多，单质碳较多	便宜
聚甲基丙烯酸甲酯	PMMA	较小	大	小分子气体较多，单质碳较少	较贵
共聚物	EPS-PMMA	较大	较大	小分子气体较多，单质碳较少	较贵

2. 涂料

泡沫塑料模样及其浇注系统组装成形后应上涂料。涂料在消失模铸造工艺中具有十分重要的控制作用：涂层将金属液与干砂隔离，可防止冲砂、粘砂等缺陷；浇注充型时，涂层将模样的热解产物气体快速导出，可防止浇不足、气孔、夹渣、增碳等缺陷产生；涂层可提高模样的强度和刚度，使模样能经受住填砂、紧实、抽真空等过程中力的作用，避免模样变形。

消失模铸造涂料与普通砂型的组成相似，主要由耐火填料、分散介质、粘结剂、悬浮剂及改善某些特殊性能的附加物组成。但消失模铸件的质量和表面粗糙度在很大程度上依赖于涂料的质量。

为了获得高质量铸件，消失模铸造涂料应具有良好的透气性、较好的涂挂性、足够的强度、较小的发气量以及较快的低温干燥速度。

3. 造型、浇注及型砂处理

(1) 消失模铸造用砂 消失模铸造通常采用无粘结剂的硅砂来充填、紧实模样，砂粒的平均粒度为AFS 25 ~ AFS 45。粒度过细有碍于浇注时塑胶残留物的逸出；粒度过粗则会造成金属液渗入，使得铸件表面粗糙。型砂粒度分布集中较好，以便保证型砂的高透气性。

(2) 雨淋式加砂　在模样放入砂箱内紧实之前，砂箱的底部要填入一定厚度(约100mm)的型砂作为放置模样的砂床。然后放入模样，再边加砂、边振动紧实，直至填满砂箱，紧实完毕。为了避免加砂过程中因砂粒的冲击使模样变形，由砂斗向砂箱内加砂常采用柔性管加砂和雨淋式加砂两种方法。雨淋式加砂是砂粒通过砂箱上方的筛网或多管孔雨淋式加入。这种方法加砂均匀、对模样的冲击较小，是生产中常用的方法。

(3) 砂的振动紧实　消失模铸造中干砂的加入、充填和紧实是得到优质铸件的重要工序。砂子的加入速度必须与砂子紧实过程相匹配。振动紧实应在加砂过程中进行，以便使砂子充入模样空腔，并保证砂子足够紧实而又不发生变形。

(4) 真空下浇注　型砂紧实后的浇注通常在真空状态下进行，消失模铸造中的真空抽气系统如图4-5所示。抽真空是将砂箱内砂粒间的空气抽走，使密封的砂箱内部处于负压状态，因此砂箱内外产生一定的压差。在此压差的作用下，砂箱内松散流动的干砂变成紧实坚硬的铸型，具有抵抗液态金属作用的抗压、抗剪强度。抽真空的另一个作用是，可以强化金属液浇注时泡沫塑料模汽化后气体的排出效果，避免或减少铸件的汽孔、夹渣等缺陷。

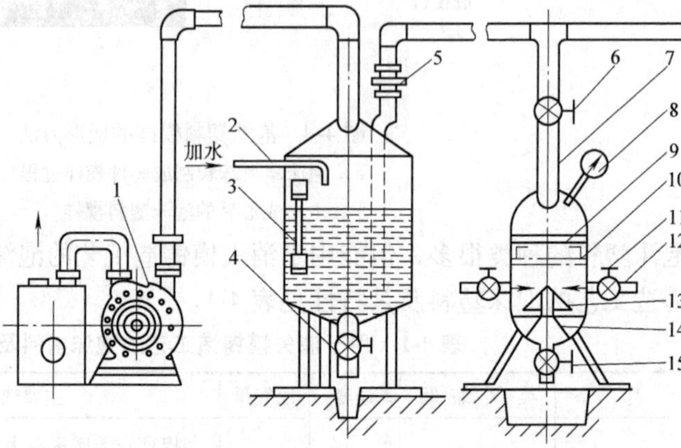

图4-5　消失模铸造中的真空抽气系统

1—真空泵　2—水浴罐　3—水位计　4—排水阀　5—球阀　6—逆流阀　7—3in(1in = 0.0254m)管　8—真空表　9—滤网　10—滤砂与分配罐　11—止阀(若干个)　12—进气管(若干个)　13—挡尘罩　14—支托　15—排尘阀

真空度是消失模铸造重要工艺参数之一，真空大小的选定主要取决于铸件的质量、壁厚及铸造合金和造型材料的类别等。通常真空度的使用范围是 -0.02 ~ -0.08MPa。

(5) 型砂的冷却　消失模铸件落砂后的型砂温度很高，由于是干砂，其冷却速度相对较慢，对于规模较大的流水生产的消失模铸造车间，型砂的冷却是消失模铸造的关键，型砂的冷却设备是消失模铸造车间砂处理系统的主要设备。常用的冷却设备主要有振动沸腾冷却设备、振动提升冷却设备和砂温调节器等。

三、消失模铸造的特征及其铸件的缺陷防止

1. 消失模铸造的浇注系统特征

消失模铸造工艺的本质特征是，与金属液接触时，泡沫塑料模样总是依变形收缩—软化—熔化—汽化—燃烧的过程进行，留在铸型内的模样汽化分解，并与金属液发生置换。其浇注系统的基本特点是“快速浇注、平稳充型”。由于泡沫塑料模样的存在，与普通砂型铸造相比，消失模铸造工艺的浇注系统具有如下特征：

(1) 封闭式浇注系统　其特点是流量控制的最小截面处于浇注系统的末端，浇注时直浇道内的泡沫塑料迅速汽化，并在很短的时间内被液体金属充满，浇注系统内易建立起一定的静压力使金属液呈层流状充填，可以避免充型过程中金属液的搅动与喷溅。浇注系统各单

元截面积比例一般为：

对于黑色金属铸件，$A_{直}$：$A_{横}$：$A_{内}=(2.2\sim1.6):(1.25\sim1.2):1$

对于有色金属铸件，$A_{直}$：$A_{横}$：$A_{内}=(2.7\sim1.8):(1.30\sim1.2):1$

（2）底注式浇注系统　由于底注式浇注系统的金属液流动具有充型平稳、不易氧化、无飞溅、有利于排气浮渣等特点，较符合消失模铸造的工艺特点，故底注式浇注系统在消失铸造中应用较多。

（3）快速浇注　快速浇注是消失模铸造工艺的主要特征之一。消失模铸造的浇注系统尺寸比常规铸造的浇注系统尺寸大，据资料介绍，消失模铸造的浇注系统的截面积比砂型铸造大约1倍，其主要原因是金属液与消失模之间的气隙太大，充型浇注速度太慢，有造成塌箱的危险。

（4）较高的浇注温度　由于汽化泡沫塑料模样需要热量，消失模铸造的浇注温度比普通砂型铸造的浇注温度通常要高20～50℃。不同材质的浇注温度为：灰铸铁件1370～1450℃；铸钢件1590～1650℃；铸铝合金720～790℃；铸镁合金680～750℃。浇注温度过低，夹渣、冷隔等缺陷明显增多。对于黑色金属，提高浇注温度对获得高质量的铸件十分有利；但对铝合金，浇注温度不宜超过790℃，否则铸件易产生针孔缺陷。

2. 常见缺陷及防止措施

消失模铸件常见缺陷有：增碳、皱皮、气孔和夹渣、粘砂、塌箱、冷隔、变形等。其产生原因及防止措施如下：

（1）增碳　消失模铸钢件中，铸件的表面乃至整个断面的含碳量明显高于钢液的含碳量，这种现象称为增碳。浇注过程中泡沫模样受热汽化产生大量的液相聚苯乙烯、气相苯乙烯、苯及小分子气体（CH_4、H_2）等，沉积于涂层界面的固相碳和液相产物是铸件浇注和凝固过程中引起铸件增碳的主要原因。采用增碳程度较轻的泡沫模样材料（如PMMA）、优化铸造工艺因素、开设排气通道、缩短打箱落砂时间等都有利于有效控制铸钢件的增碳缺陷。

（2）皱皮　皱皮是金属中夹进的氧化膜，即有机残余物薄层覆盖着一层较厚的氧化膜。研究表明，在突然变狭窄的断面或浇注期间两股汇合液态金属流相遇处发生皱皮最频繁。透气性低的保温涂料可以减少皱皮，较低的泡沫密度也有助于减少皱皮。

（3）气孔和夹渣　铸件上出现气孔和夹渣缺陷主要来源于浇注过程中泡沫塑料模样受热汽化生成的大量气体和一定残渣物。提高浇注温度和真空度、开设集渣冒口等可消除气孔和夹渣铸造缺陷。

（4）粘砂　粘砂是指铸件表面粘结型砂而不易清理的铸造缺陷，它是铸型与金属界面动压力、静压力、摩擦力及毛细作用力平衡被破坏的结果。提高型砂的紧实度、降低浇注温度和真空度、增加涂料的厚度和均匀性等都有利于防止粘砂缺陷。

（5）塌箱　塌箱是指浇注过程中铸型向下塌陷，金属液不能再从直浇口进入型腔，造成浇注失败。其主要原因是浇注速度太慢，砂箱内的真空度太低，及浇注方案不合理。合理地掌握浇注速度、提高真空度、恰当地设计浇注系统等有利于防止塌箱缺陷。

（6）冷隔　铸件最后被填充的地方，金属不能完全填充铸型时便出现冷隔。其主要原因是浇注温度过低，泡沫模样的密度过高，及浇注系统不合理。提高浇注温度和真空度、降低泡沫模样的密度、合理设计浇注系统等可防止产生冷隔缺陷。

总之，上述缺陷的防止措施是相互矛盾的，应根据具体情况，采取合理的防止措施。

第三节 压力铸造

一、压铸及特点

压力铸造(简称压铸)是将液态金属或半液态金属在高压下快速充填金属型的型腔，并在高压下快速凝固而获得铸件的一种铸造方法。

在压铸中，一般作用于金属上的压力在 20～200MPa，充型的初始速度为 15～70m/s，充型时间仅为0.01～0.2s。因此，高压和高速是压铸成形的重要特征，也是与其他铸造方法的根本区别。压铸是所有铸造方法中生产速度最快的，在汽车、拖拉机、电器仪表、电信器材、医疗器械、日用五金以及航空航天工业等方面都有广泛的应用。

压铸工艺原理见表4-2。

表 4-2 压铸工艺原理

压铸机类型	压铸工艺原理图	压铸过程说明
热室压铸机	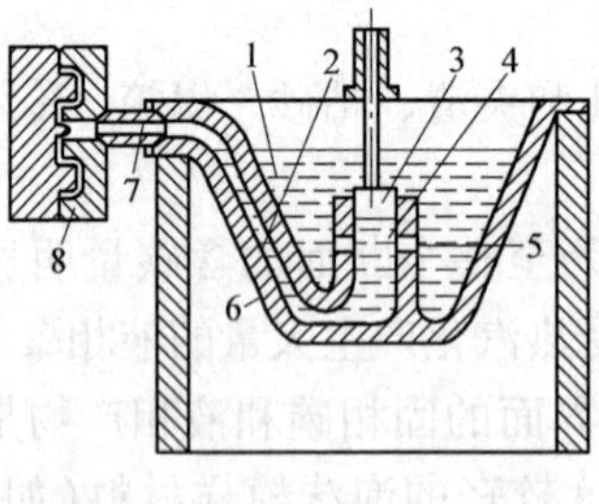	当压射冲头 3 上升时，坩埚 2 内的金属液 1 通过进口 5 进入压室 4 内。合模后压射冲头下压，金属液则沿着通道 6 经喷嘴 7 填充压铸模 8。保压冷却凝固成形，压射冲头回升，随后开模取出铸件，完成一个工作循环
卧式冷室压铸机	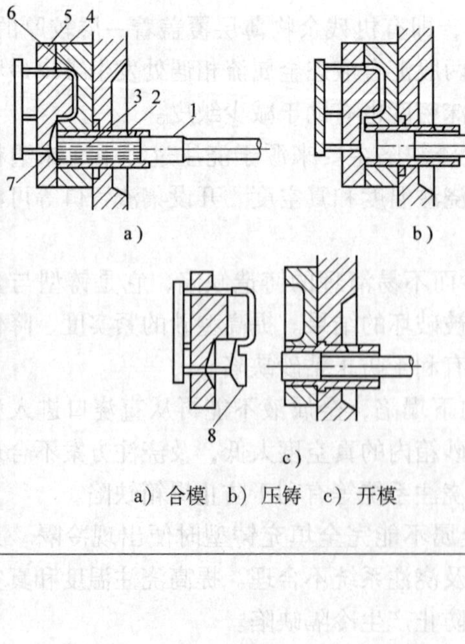 a) 合模 b) 压铸 c) 开模	动模 5 和定模 4 合模后，金属液 3 浇入压室 2，压射冲头 1 向前推进，将金属液经浇道 7 压入型腔 6 冷却凝固成形。开模时，余料 8 借助压射冲头前伸的动作离开压室和铸件一起贴合在动模上，随后顶出取铸件，完成压铸循环

（续）

压铸机类型	压铸工艺原理图	压铸过程说明
立式冷室压铸机	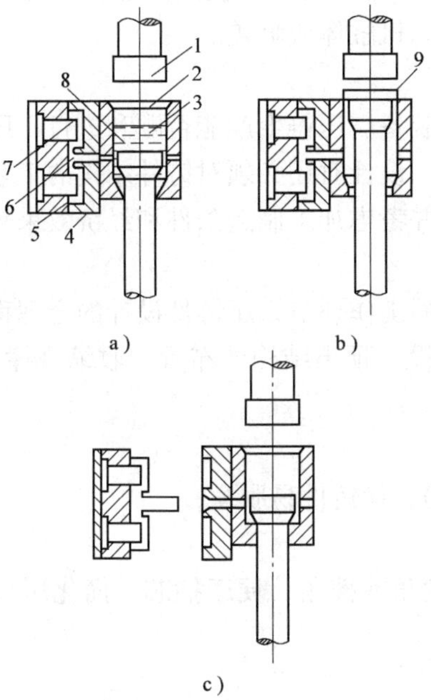 a）合模　b）压铸　c）开模	动模5和定模4合模后，浇入压室2的金属液3被已封住喷嘴6的反料冲头8托住，当压射冲头1向下接触到金属液面时，反料冲头开始下降(下降高度由弹簧或分配阀控制)。当打开喷嘴6时，金属液被压入型腔7。凝固后，压射冲头退回，反料冲头上升，切断余料9并将其顶出压室。开模取出铸件后恢复原位，完成压铸循环

由于压力铸造过程的特殊充型及凝固方式，与其他铸造方法相比具有以下特点：

1）可以制得薄壁、形状复杂且轮廓清晰的铸件。现代超薄铝合金压铸技术可制造0.5mm厚的铸件，如铝合金笔记本电脑外壳。

2）生产效率高。压铸的生产周期短，一次操作的循环时间约为5～180s，且易实现机械化和自动化。这种方法适于大批量的生产，能压铸出从简单到相当复杂的各种铸件。

3）铸件具有较好的力学性能。由于铸件在压铸型中迅速冷却且在压力作用下凝固，所获得的晶粒细小、组织致密，强度较高。另外，由于激冷造成铸件表面硬化，形成约0.3～0.5mm的硬化层，使铸件表现出良好的耐磨性。

4）铸件精度高，尺寸稳定，加工余量少，表面光洁。压铸件的加工余量一般在0.2～0.5mm范围，表面粗糙度在$R_a3.2\mu m$以下。由压铸制备的铸件装配互换性好，只要对零件进行少量加工便可进行装配，有的零件甚至不用机械加工就能直接装配使用。

5）采用镶铸法可省去装配工序并简化制造工艺。镶铸的材料一般为钢、铸铁、铜、绝缘材料等，镶铸体的形状有圆形、管形和薄片等。利用镶铸法可制备出有特殊要求的铸件。

6）铸件表面可进行涂覆处理，压铸出螺纹、线条、文字、图案等。

但是，压铸与其他铸造方法一样，也存在如下缺点：

1）由于液体金属充型速度极快，型腔中的气体很难排除，便以气孔形式存留于铸件中，因此普通压铸法压铸的铸件不能进行热处理或焊接(加热时气体膨胀将导致铸件鼓泡而报废)，也不适于比较深的机加工，以免铸件表面显出气孔。

2）现有模具材料主要适用于低熔点的合金，如锌、铝、镁等合金。生产铜合金、黑色金属等高熔点合金，其模具材料存在着较大的问题。

3）压铸设备投资高，压铸模制造复杂，周期长，费用高，一般不适用于小批量生产。

4）由于充填型腔时金属液的冲击力大，一般压铸不能使用砂芯，因此不能压铸具有复杂内腔结构的铸件，如闭舱结构的铝合金发动机缸体或缸盖。

二、压铸模

在压铸生产中，压铸模是最重要的工艺装备。压铸生产能否顺利进行，压铸件质量有无保障，与压铸模结构的合理性和先进性有关。设计时还必须对铸件结构的工艺性进行分析和设计，了解压铸机的工作特性和技术规格，并考虑加工制造条件和经济效果等。

1. 压铸件设计

压铸件设计是压铸生产技术中十分重要的工作环节，压铸件设计的合理程度和工艺适应性直接影响到分型面的选择、浇注系统的开设、顶出结构的布置、收缩规律、精度的保证、缺陷的部位以及生产效率等。

压铸件结构工艺特定要求如下：

1）消除内部侧凹，便于抽芯，消除深陷，使铸件易脱模。

2）改进壁厚，消除缩孔、气孔。

3）改善结构，消除不易压出的侧凹、尖角或棱角，便于抽芯，简化压铸模制造以及避免型芯交叉等。

4）利用加强肋，防止铸件变形。

2. 压铸模的组成

压铸模由以下部分组成：

- 压铸模
  - 定模
    - 定模座板
    - 定模套板——定模镶块、型芯、导柱、导套
  - 动模
    - 动模座板
    - 动模套板——动模镶块、型芯、导柱、导套
    - 支承板
  - 成形零件
    - 型芯、活动型芯、螺纹型芯
    - 螺纹型环、活动镶件
  - 抽芯零件
    - 斜销、滑块、限位块、楔紧块
    - 弯销、滑块导板
  - 浇注系统、排溢系统 零件
    - 浇口套、分流锥、内浇口
    - 导流块、排气槽、溢流槽
  - 导准零件
    - 导柱——带头、带肩、矩形
    - 导套——直导套、带头导套
    - 导板
  - 导向零件——推板导柱、推板导套
  - 推出复位 零件
    - 推杆、扁推杆、成形推杆、推管、
    - 推件板、推杆固定板、推板、垫块、
    - 限位钉、复位杆

(1) 定模和动模　从结构上看，压铸模主要由定模和动模两大主要部分组成(见图4-6)。定模固定在压铸机的定模安装板上，并与机器压室连接。动模安装在压铸机的动模移动板上，并随动模移动板的移动而与定模合拢或分开。压铸模的动模和定模的接合面称为分型面。分型面通常主要分布在动模和定模的成形零件的接合面上，所以，分型面主要由铸件的具体结构而定。而因分型所造成的在铸件上的痕迹，即为铸件(外表面)的分型线。

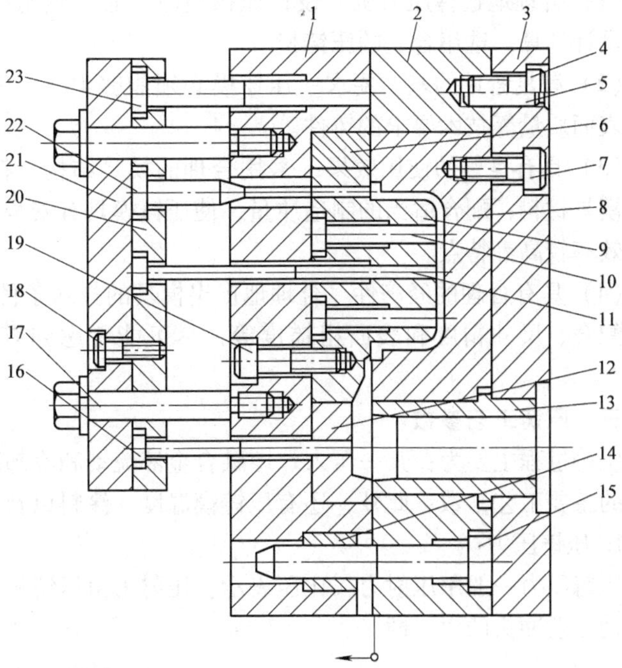

图 4-6　压铸模的结构示意图

1—动模模板　2—定模套板　3—定模座板　4、7、18、19—螺钉　5—销钉　6—镶块　8、9—定模镶块　10—型芯　11、22—推杆　12—浇道镶块　13—浇口套　14—导套　15—导柱　16—浇口推杆　17—导钉　20—推杆固定板　21—挡块　23—复位杆

(2) 成形零件　模具内形成铸件形状的零件称为成形零件，是决定铸件几何形状和尺寸精度的部位。成形零件主要指镶块和型芯。形成铸件外表面的称为型腔，形成铸件内表面的称为型芯。成形零件的结构形式分为整体式和镶拼式。

(3) 模架部分　模架是将压铸模各部分按一定规律和位置加以组合和固定后，使压铸模能安装在压铸机上的构架。

(4) 浇注系统和排溢系统　浇注系统是沟通压铸模型腔和压铸机压室的部分，即金属液进入型腔的通道；排溢系统是排除压室、浇道和型腔中的气体以及前流冷金属和涂料燃烧的残渣的处所。一般包括排气道和溢流槽。

浇注系统和排溢系统是压铸生产中极为重要的组成部分。在压铸生产中，它对减少模具投产前的试模次数、压铸件的质量、压铸操作的效率、模具的寿命、压铸件的清理、压铸合金的重熔率、压铸机能力的利用效率等许多方面有重要的影响。

浇注系统和排溢系统是引导金属液以一定的方式填充型腔的通道，对金属液的流动方向、排气条件、模具的热状态、压力的传递、填充时间的长短以及金属液通过内浇道处的速度等各个方面起着重要的控制作用和调节作用。

(5) 顶出机构　顶出机构是顶动铸件使其从压铸模的成形零件上脱出的机构。

(6) 导向零件　导向零件是引导模具内各滑动(或移动、对插)部分的零件。

(7) 其他　除前述各部分外，压铸模还有抽芯机构、安全装置、冷却系统、加热系统以及螺钉、销钉等紧固零件。

3. 压铸模的设计原则

（1）合理地选择压铸机　设计压铸模时，必须熟悉压铸机的特性和技术规格，通过必要的设计计算，选用合适的压铸机。

（2）满足铸件的基本要求　压铸模必须能够生产出符合几何形状、尺寸精度、力学性能和表面质量等技术要求的铸件。

（3）具有良好的使用效果　采用合理的模具结构，符合压铸生产的工艺要求，选择适宜的模具材料；配合适当的制造质量，使压铸模具有安全可靠、操作方便、使用寿命较长和生产效率较高等特点。

（4）具有合理的经济性　合理地提出模具的技术条件，根据零件的热处理方法及硬度、公差配合、尺寸精度和表面粗糙度等，尽可能考虑到有利于标准化、系列化和通用化的实施。

三、压铸工艺参数

压铸过程主要为：其一压入、熔融合金液流动和冷却凝固。压铸压力和压铸速度是压铸过程的主要工艺参数。此外，还有压铸模温度、涂料以及持压时间和开模时间等。

1. 压铸压力

压铸压力一般用压射力，比压表示。压射力由压铸机的规格决定。它是压铸机的压射机构推动压射冲头的力，即

$$p_r = p_G \frac{\pi D^2}{4} \tag{4-1}$$

式中，p_r 为压射力(N)；p_G 为压射缸内的工作压力，当无增压机构或增压机构未工作时，即为管道中工作液的压力(Pa)；D 为压射缸的直径(m)。

压射比压是压室内液体金属单位面积上所受的压力，其值可用下式计算，即

$$p_b = \frac{p_r}{A} = \frac{4p_r}{\pi d^2} \tag{4-2}$$

式中，p_b 为压射比压(Pa)；A 为压射冲头(或压室)截面积(m^2)；d 为压射冲头(或压室)直径(m)。

在压铸过程中，作用在液体金属上的压力以两种不同的形式出现，其作用也不同。一种是液体金属流动过程中的流体动压力，其作用主要是完成充填及成形过程；另一种是在充型结束后，以流体静压力形式出现的最终压力，其作用是对凝固过程冲的金属进行“压实”。

压铸过程中作用在液体金属上的压力不是一个常数，它是随着压铸过程的不同阶段而变化，液体金属在压室及压型中的运动情况可分为四个阶段。图4-7所示为压铸过程中压力和速度的变化情况。

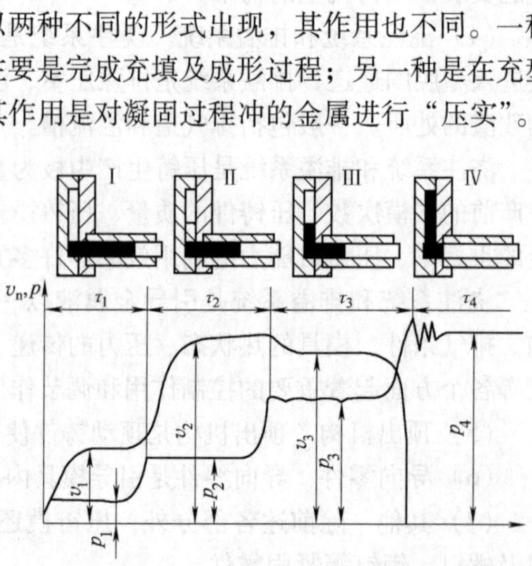

图4-7　压铸过程中压力和速度的变化情况

阶段Ⅰ：慢速封孔阶段。压射冲头以慢速向前移动，液体金属在较低压力 p_1 作用下推向内浇道。低的压射速度是为了防止液体金属在越过压室浇注孔时溅出和有利于压室中气体的排出，减少液体金属卷入气体。此时压力 p_1 只用于克服压射缸内活塞移动和压射冲头

与压室之间的摩擦阻力，液体金属被推至内浇道附近。

阶段Ⅱ：充填阶段。二级压射时，压射活塞开始加速，并由于内浇道处的阻力而出现小的峰压，液体金属在压力 p_2 的作用下，以极高的速度在很短时间内充填型腔。

阶段Ⅲ：增压阶段。充型结束时，液体金属停止流动，由动能转变为冲压力。压力急剧上升，并由于增压器开始工作，使压力 p_3 上升至最高值。这段时间极短，一般为0.02～0.04s，称为增压建压时间。

阶段Ⅳ：保压阶段，也称压实阶段。金属在最终静压力 p_4 作用下进行凝固，以得到组织致密的铸件。由于压铸时铸件的凝固时间很短，因此，为实现上述目的，要求压射机构在充型结束时，能在极短的时间内建立最终压力，使得在铸件凝固之前，压力能顺利地传递到型腔中。所需最终静压力 p_4 的大小取决于铸件的壁厚及复杂程度、合金的性能及对铸件的要求，一般为50～500MPa。

2. 压铸速度

压铸速度有压射速度和充填速度两个不同的概念。压射速度为压铸时压射缸内液压推动压射冲头前进的速度；充填速度为熔融合金在压力作用下通过内浇口导入型腔的线速度。

充填速度的选择主要由合金的性能及铸件的结构确定。充填速度过高，会使铸件粘型或内部孔洞增多；充填速度过低，会造成铸件轮廓不清晰，甚至不能成形。

根据等流量连续流动方程式可得充填速度为

$$v_c = v\frac{A}{A_n} = \frac{\pi D^2 v}{4A_n} \tag{4-3}$$

式中，v 为压射冲头移动速度(m/s)；A 为压射冲头截面积(m^2)；D 为压室内径(m)；v_c 为充填速度(m/s)；A_n 为内浇口截面积(m^2)。

由于压铸的特点是速度快，当充填速度较高时，即使用较低的比压也可以获得表面光洁的铸件。但过高的充填速度会引起许多工艺上的缺点，造成压铸过程的不利条件如下：

1）包住空气而形成气泡。因为高速合金液流跑在空气前面，堵住排气系统，使空气被包在型腔内。

2）合金液流成喷雾状进入型腔并粘附于型壁上，后进入的合金液不能与它熔合，而形成表面缺陷，降低铸件表面质量。

3）产生旋涡，包住空气和最先进入型腔的冷合金，使铸件产生气孔和氧化夹杂的缺陷。

4）冲刷压铸模型壁，使压铸模磨损加速，减少压铸模寿命。

充填速度与压射速度、作用于熔融合金上的压射比压以及合金液本身的密度、压室内径和内浇口截面积等有关。压射速度越大，则充填速度越大，合金液上的压射比压越大，充填速度也越大。调整压射速度和压射比压、改变压室的内径和增大内浇口截面积(厚度)等可改变充填速度。

3. 浇注温度及压铸模温度

浇注温度是指金属液自压室进入型腔时的平均温度。由于压铸中金属液充填型腔主要靠压力和射压速度来保证，所以，合金的浇注温度在保证铸件质量的前提下，可采用较低的温度。大多数情况下，选择略高于液相线的温度，但具体的浇注温度随铸件壁厚和复杂程度而有所变化。

压铸模在浇注前需预热到一定温度，以免金属液压入后过度激冷而不成形，即使成形也容易引起铸件裂纹和表面产生“霜冻”流痕等缺陷。压铸模预热到一定温度还可以避免模具激烈膨胀，减少温度波动，有利于提高模具寿命。同时，压铸模的工作温度也不宜过高，否则会使金属产生粘模和铸件顶出时变形，影响生产效率。因此，在压铸生产过程中，压铸模应保持一定的温度范围，温度过高时就应进行冷却。压铸模的具体温度也与合金种类和模具结构的复杂程度有关。

4. 涂料

压力铸造中使用涂料，涂在型腔的工作表面上和受摩擦的部分，以减少热传导，防止铸件粘附在型壁上；同时也起润滑作用，便于取出铸件。压铸使用的涂料的要求：

1）高温时具有良好的润滑性。

2）挥发点低，100~150℃时稀释剂能良好地挥发。

3）对压铸模和铸件没有腐蚀作用。

4）性能稳定，在空气中不因稀释剂挥发而变稠。

5）高温时不析出或分解出有害气体。

5. 持压时间和开模时间

金属液充满型腔到内浇口完全凝固的过程中，在压力作用下的持续时间称为持压时间。持压时间应根据铸件壁厚及合金的结晶温度范围确定。开模时间即从持压作用完开始，到开型顶出铸件为止的时间。开模时间不宜过长或过短，时间过长，会给抽芯和顶出铸件造成困难，甚至开裂，并降低生产效率；时间过短，易产生变形、热裂及表面起泡，影响到铸件精度。

四、压铸新工艺

压铸件难以避免的缺陷是内部气孔和缩松。近年来，随着轿车轻量化和尾气排放要求(如减少 CO_2 排放)的日趋严格，为充分发挥压铸生产的高效和提高铸件的力学性能，尤其是强度和韧性，以及扩大压铸件在轿车保安件上的应用，人们研发了一些压铸新工艺，如真空压铸、超低速压铸、局部加压压铸等，下面分别简要予以介绍。

1. 真空压铸

普通压铸件不能焊接和热处理，机加工面也不能太深，力学性能相对也比较差，使压铸在结构受力件的应用受到限制。真空压铸是将型腔中的气体抽出，金属液在真空状态下充填成形，以消除或减少压铸件内部的卷气缺陷，提高铸件的力学性能。根据压铸模型腔内真空度的大小，真空压铸可分为普通真空压铸(型腔内气压为 50~80kPa)和高真空压铸(型腔内气压为 5~10kPa)。

真空压铸系统结构如图 4-8 所示。

2. 超低速压铸

超低速压铸属于层流充填压铸法，它与普通压铸的区别在于采用厚大的内浇口和极低的冲头移动速度(0.1mm/s)，以确保金属液平稳地充填型腔而不卷入气体。

3. 局部加压压铸

如图 4-9 所示，对于壁厚差别比较大的压铸件，铸件的厚大部位因补缩困难易形成缩孔(松)缺陷，影响铸件的力学性能。特别是对需要进行水压测试的铸件而言，该位置很容易出现渗漏而报废，或须进行浸渗补漏处理后才能使用。如果在凝固过程中，再在铸件的厚壁处施加一压力强化补缩就可消除缩孔(松)缺陷。因此，此工艺被称为局部加压压铸。

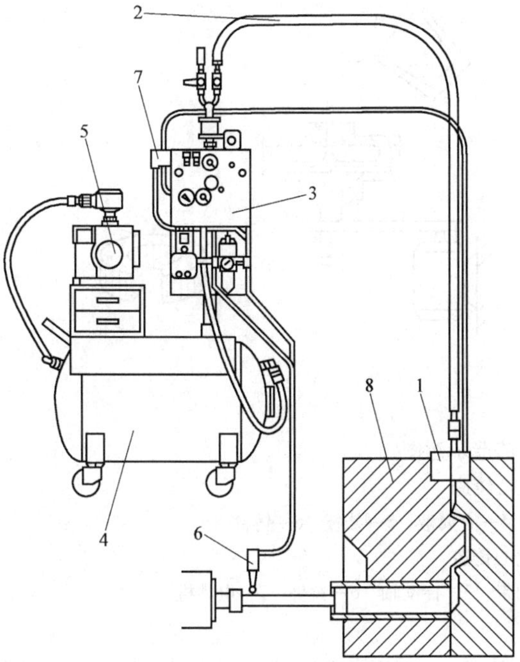

图 4-8 真空压铸系统结构

1—真空阀 2—抽气管 3—控制单元 4—真空罐 5—真空泵
6—抽气起动开关 7—自动吹气清理阀 8—压铸模

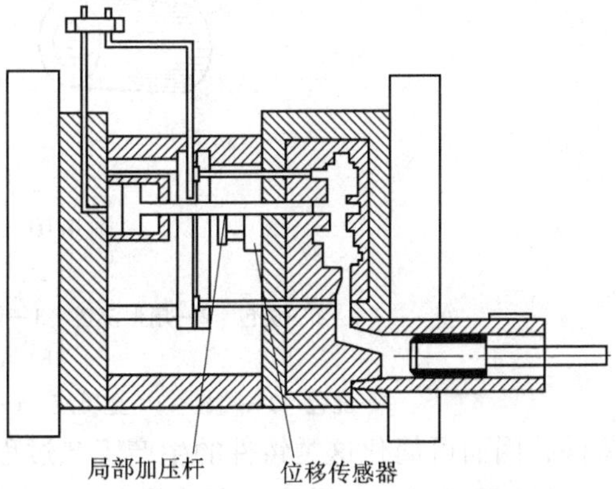

图 4-9 局部加压压铸工艺示意图

局部加压压铸在气密性压铸件(如空调压缩机壳体、ABS 用油泵泵体压铸件)上得到了成功应用。

第四节 离心铸造

一、概述

离心铸造是将金属液浇入旋转的铸型中，使金属液在离心力的作用下完成充填和凝固成形的一种铸造方法。离心铸造必须在专门的设备——离心铸造机(使铸型旋转的机器)上完成。根据铸型旋转轴的空间位置不同，离心铸造机可分为卧式离心铸造机和立式离心铸造机两种。

卧式离心铸造机的铸型是绕水平轴或与水平线成一定夹角(小于 15°)的轴线旋转的，如图 4-10a 所示，它主要用来生产长度大于直径的套筒类或管类铸件，在铸铁管和气缸套的生产中应用极广。立式离心铸造的铸型是绕垂直轴旋转的，如图 4-10b 所示，它主要用于生产高度小于直径的圆环类铸件，如轮圈和合金轧辊等，有时也可在这种离心机上浇注异形铸件。由于在立式铸造机上安装及稳固铸型比较方便，因此，不仅可采用金属型，也可采用砂型、熔模型壳等非金属型。

由于金属液是在旋转状态及离心力作用下完成充填、成形和凝固过程的，所以离心铸造具有如下一些特点：

1）铸型中的金属液能形成中空圆柱形自由表面，不用型芯就可形成中空的套筒和管类

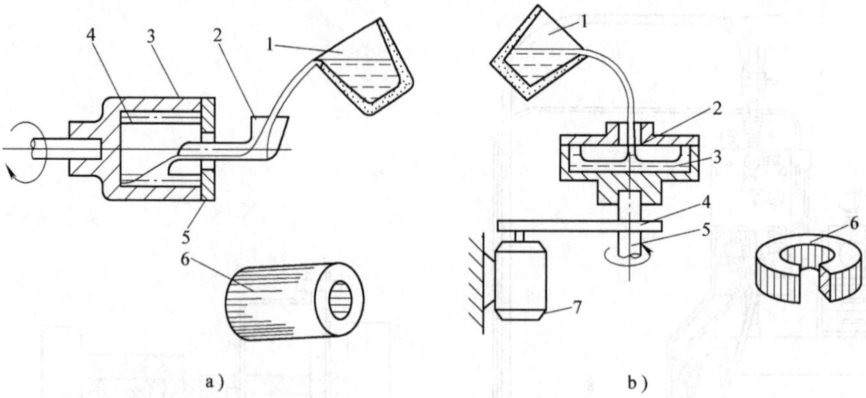

图4-10 离心铸造示意图

a）卧式离心铸造

1—浇包 2—扇形浇道 3—铸型 4—金属液 5—挡板 6—铸件

b）立式离心铸造

1—浇包 2—挡板 3—金属液 4—传动带 5—传动轴 6—铸件 7—电动机

铸件，因而可简化这类铸件的生产工艺过程。

2）显著提高金属液的充填能力，改善充型条件，可用于浇注流动性较差的合金和壁较薄的铸件。

3）有利于铸件内金属液中的气体和夹杂物的排除，并能改善铸件凝固的补缩条件。因此，铸件的组织致密，缩松及夹杂等缺陷较少，铸件的力学性能好。

4）可减少甚至不用冒口系统，降低了金属消耗。

5）对于某些合金(如铅青铜等)容易产生重度偏析。

6）铸件内表面较粗糙，有氧化物和聚渣产生，且内孔尺寸难以准确控制。

7）仅适合于外形简单且具有旋转轴线的铸件，如管、筒、套、辊、轮等的生产。

在离心铸造中，铸造合金的种类几乎不受限制。对于中空铸件，其内径最小为8mm，最大为3000mm；铸件长度最长为8000mm；质量最小为几克(金牙齿)，最大可达十几吨。

二、离心铸造原理

1. 离心力场

离心铸造时，旋转着的金属液占有一定的空间，若在这个空间中取金属液的任一质点M，其质量为m，旋转半径为r，旋转角速度为ω，则在该质点上作用着离心力$m\omega^2 r$。离心力的作用线通过旋转中心O，指向离开中心的方向。它使金属质点作远离旋转中心的径向运动。可借用地心引力场的某些概念来研究离心力场中铸件的成形特点。

在地心引力场中，单位体积(V)物质所受的重力(mg)称为重度，并以$\gamma = mg/V = \rho g$表示；同样，对于离心力场来说，作用于旋转状态单位体积(V)物质上的离心力$\gamma' = m\omega^2 r/V = \rho\omega^2 r$(其中$\rho$为物质的密度)。为了与地心引力场相区别，将$\gamma'$称为“有效重度”。

将离心力场与地心引力场的重度作一比较，并以下式表示

$$G = \gamma'/\gamma = \rho\omega^2 r/\rho g = \omega^2 r/g \tag{4-4}$$

或

$$\gamma' = G\rho g = G\gamma \tag{4-5}$$

式(4-4)及式(4-5)中的比值 G 称为重力系数，它表示旋转状态中物质重度增大的倍数。显然，离心铸造时，在旋转铸型中的金属液的有效重度也将按 G 的倍数增大(通常为几十倍至一百多倍)，在金属液自由表面上的有效重度一般在$(2\sim10)\times10^6\mathrm{N\cdot m^{-3}}$范围内。

2. 铸型的转速

铸型转速是离心铸造工艺的主要内容。铸型转速的选择主要应考虑如下三方面的问题：

1）保证液体金属进入铸型后，能迅速充满成形。

2）保证获得良好的铸件内部质量，避免出现缩孔、缩松、夹杂和气孔等。

3）防止产生偏析、裂纹等缺陷。

在实际生产中，为了获得组织致密的铸件，可根据金属液自由表面(相应为铸件的内表面)上的有效重度 γ' 值或重力系数 G 值来确定铸型的合适转速。因为铸件内表面上的 γ' 值及 G 值为最小，若已能满足质量要求，则在其他部位的质量也能得到保证。

由前述可知，自由表面上的金属质点的有效重度为 $\gamma'=\rho\omega^2 r_0$，则

$$n = 29.9\sqrt{\frac{\gamma'}{r_0\gamma}} \tag{4-6}$$

式中，n 为铸型的转速($\mathrm{r\cdot min^{-1}}$)；γ'、γ 分别为液体金属的有效重度和重度($\mathrm{N\cdot m^{-3}}$)；r_0 为铸件内表面的半径(m)。

因为 $\frac{\gamma}{\gamma'}=G$，故式(4-6)可改写成

$$n = 29.9\sqrt{\frac{G}{r_0}} \tag{4-7}$$

若取式(4-7)中 $29.9G^{1/2}=C$，则可得

$$n = \frac{C}{\sqrt{r_0}} \tag{4-8}$$

上述公式为实际生产和有关文献中常见的铸型转速计算公式。公式中的 γ'、G 和 C 值根据所浇注的合金种类、铸件的形状特征和所采用的离心铸造工艺而定，一般对直径较小的铸件和采用金属型时可取较大值；当合金结晶区间较窄，或采用砂型立式离心铸造时，可取较小值。γ'、G 和 C 值也可查相关的文献。

前苏联康斯坦丁诺夫(константиновп. с.)根据式(4-6)，经试验后提出：不论金属液的种类如何，只要在金属液自由表面上的有效重度 $\gamma'=3.33\times10^6\mathrm{N\cdot m^{-3}}$，就能保证获得组织致密的铸件。据此可推导出铸型转速的计算公式为

$$n = \frac{5520}{\sqrt{\gamma r_0}} \tag{4-9}$$

选择铸型转速时，应以保证液体金属能充满成形和获得组织致密的优质铸件为原则。过高的铸型转速将导致铸件产生纵向裂纹和偏析，在采用砂型离心铸造时，还会出现胀砂、粘砂甚至跑火等缺陷，此外，也不利于安全生产。

三、典型铸件的离心铸造

1. 离心铸造应用范围

离心铸造最早用于生产铸管，随后这种工艺得到快速发展。目前，国内外在冶金、矿

山、交通、排灌机械、航空、国防、汽车等行业中均采用离心铸造工艺，来生产钢、铁及非铁碳合金铸件。其中，尤以离心铸铁管、内燃机缸套和轴套等铸件的生产最为普遍。对一些成形刀具和齿轮类铸件，也可以对熔模型壳采用离心力浇注。这样既能提高铸件的精度，又能提高铸件的力学性能。

用离心铸造法生产产量很大的铸件有：

1）铁管。世界上每年球墨铸铁件总产量的近1/2是用离心铸造法生产的。

2）柴油发动机和汽油发动机的气缸套。

3）各种类型的钢套和钢管。

4）双金属钢背铜套及各种合金的轴瓦。

5）造纸机滚筒。

用离心铸造法生产效益显著的铸件有：

1）双金属铸铁轧辊。

2）加热炉底耐热钢辊道。

3）特殊钢无缝钢管。

4）制动鼓、活塞环毛坯及铜合金蜗轮。

5）异形铸件，如叶轮、金属假牙、金银戒子、小型阀门和铸铝电动机转子。

2. 球墨铸铁管的离心铸造

用离心铸造方法制造球墨铸铁管有三种方法，即涂料法、热模法和水冷金属型法。所谓涂料法和热模法，是在浇注金属液前于金属型的表面分别施涂一层耐火涂料和覆膜砂，以保护和减轻金属液对金属型的热冲击，从而提高金属型的寿命。用涂料法和热模法通常生产铸管公称直径大于1000mm的球铁管，最大直径可达2600mm及以上。水冷金属型法则是在离心铸造过程中，金属型不施涂涂层，仅在金属型的外侧通冷却水，以带走金属液传给金属型的热量，从而达到保护金属型的目的。水冷金属型法通常用于生产直径为1000mm以下的球铁管。

水冷金属型法生产离心铸管的工作过程如图4-11所示。浇注开始前，离心铸造机右移，浇铸槽6伸入金属型内，使浇铸槽液体出口刚好位于承口砂芯2的前端(见图4-11a)。然后，经过定量的铁液倒入扇形浇包7中备浇。浇注开始，扇形浇包匀速旋转，均匀地将铁液注入浇注槽中，铁液经浇铸槽前端流出，首先填充承口处的型腔，待承口型腔充满后，离心铸造机等速左移，浇铸继续进行(见图4-11b)。当扇形浇包中的铁液浇完时，浇注槽的前端出口刚好移至铸型9的前端(见图4-11c)，待铸管冷却凝固后，机器停止转动，拔管机前移卡住管件，离心铸造机右移拔出铸件(见图4-11d)。

3. 铸铁气缸套的离心铸造

气缸套是发动机上的重要零件，它与活塞环组成一对摩擦副。在发动机工作时，它既受到剧烈的机械摩擦和热应力的作用，还受到气缸内部燃烧生成物和周围冷却介质的化学腐蚀。因此要求气缸套具有较高的耐磨性、耐高温腐蚀性，并且组织致密、均匀、无渣孔。其常用材料为低铬、低镍、铬或低铬、铜、硼等合金铸铁。

气缸套结构简单，铸件毛坯基本上是一个圆筒件，因而非常适合于离心铸造。使用量最大的汽车、拖拉机缸套，其毛坯直径一般为90~200mm，属于中小型气缸套。中小型气缸套

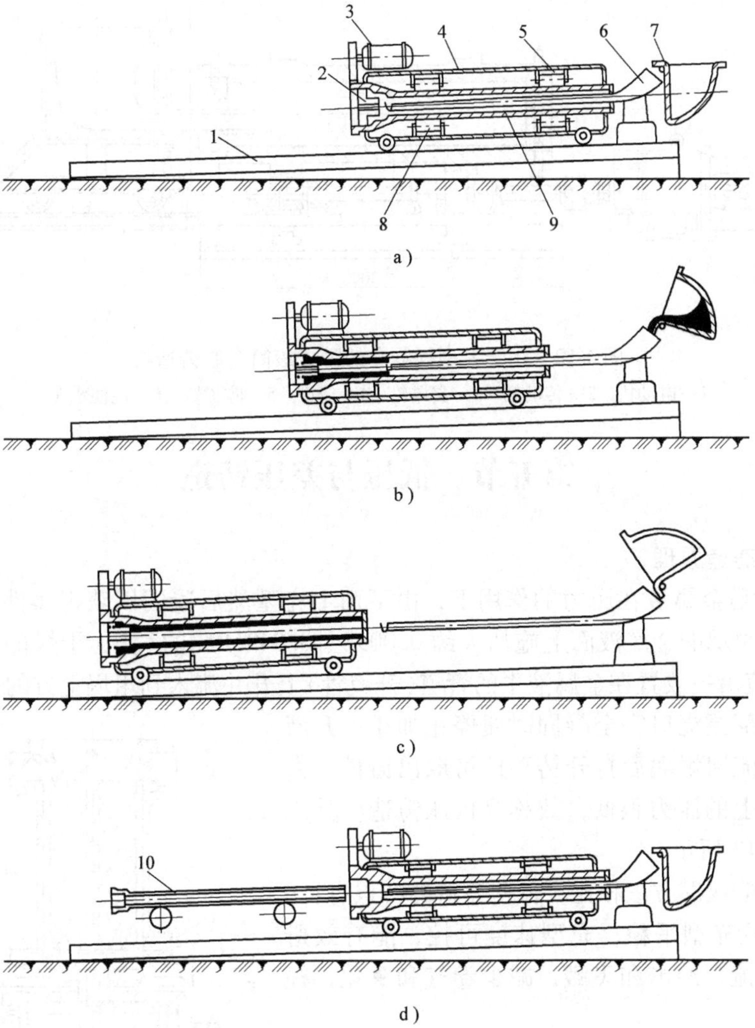

图 4-11 水冷金属型法生产离心铸管的工作过程示意图

a）浇注前 b）浇注中 c）浇注完毕 d）取件复位

1—导轨 2—承口砂芯 3—电动机 4—机罩 5—压轮

6—浇注槽 7—扇形浇包 8—托轮 9—铸型 10—铸管

的离心铸造较普遍采用单头卧式悬臂离心铸造机。采用金属型时，为避免铸件产生白口，可在铸型内表面喷涂 1 ~ 2mm 厚的涂料。铸型转速可按自由表面上有效重度(4 ~ 8) $\times 10^6 N \cdot m^{-3}$ 进行计算。浇注时，金属型的工作温度为 200 ~ 350℃，铁液的浇注温度为 1300 ~ 1360℃。为提高生产效率，同时为保护铸型和延长铸型的使用寿命，浇注后对铸型型壁施以水冷或空冷，一般水冷时间为 60 ~ 150s。

船舶、机车用的气缸套，其内径一般大于 200mm，属于大型铸铁气缸套。离心铸造时可采用如图 4-12 所示的卧式滚筒离心铸造机。铸型内也可内衬砂型，砂衬采用 CO_2 水玻璃砂型或其他干砂型，砂衬的厚度为 7 ~ 30mm。

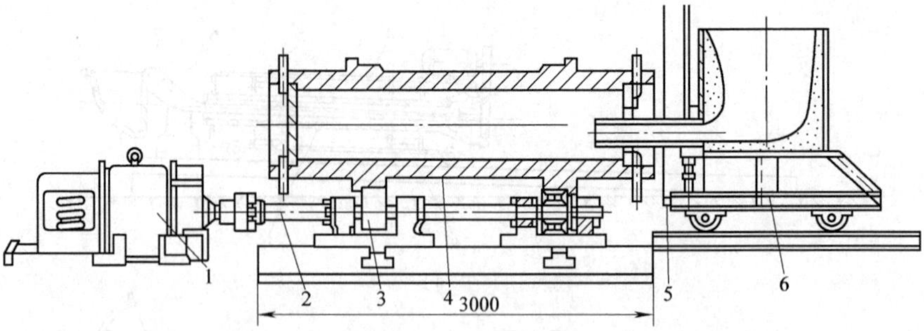

图 4-12 用于大型气缸套的卧式滚筒离心铸造机
1—电动机 2—传动轴 3—支撑轮 4—铸型 5—防护罩 6—浇注小车

第五节 低压与差压铸造

一、低压铸造原理

低压铸造是金属液在压力的作用下，由下而上充型然后凝固以获得铸件的一种铸造方法。即在密闭坩埚的金属液面上施加大约 0.0098 ~0.049MPa 的气压(干燥的空气或惰性气体)，使金属液沿一放置在金属液中的管道(升液管)上升并流入到坩埚上方的铸型中，待金属液从铸型上部至浇口完全凝固时便停止加压；升液管内的金属液流回坩埚后打开铸型即可取出铸件。由于施加在液面上的压力很低，故称为低压铸造。其工艺过程如图 4-13 所示。

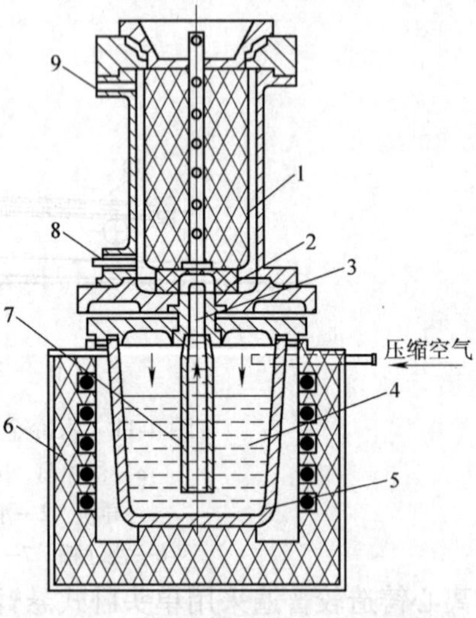

图 4-13 低压铸造的工艺原理示意图
1—铸型 2—内浇口 3—直浇口 4—液体金属
5—坩埚 6—电阻炉 7—升液管
8—下触点 9—上触点

与其他铸造成形方法相比，低压铸造的特点有：

1）金属液充型平稳，充型速度可控，能有效避免金属液的湍流、冲击和飞溅，减少卷气和氧化，提高铸件质量。

2）金属的流动性好，有利于薄壁件形成轮廓清晰、表面光洁的铸件。

3）液体在压力下凝固，补缩效果好，铸件组织致密，力学性能高。

4）低压铸造浇注系统简单，一般无须设置冒口，因此工艺出品率高。如汽车发动机铝合金缸盖，采用低压铸造成形，工艺出品率达 85% 以上，而采用重力金属型仅有 50% 左右。

5）由于充型及凝固过程比较慢，因此低压铸造的单件生产周期比较长，一般在 6 ~10min/件，生产效率低。

二、低压铸造工艺

正确地制定低压铸造工艺是获得合格铸件的先决条件，根据低压铸造时铸件充型(自下而上)和凝固成形(自上而下)过程的基本特点，在制定工艺时，主要是确定压力的大小、加压速度、浇注温度以及采用金属型铸造时铸型的温度和涂料的使用等。

1. 铸件形成过程各个阶段的压力和增压速度的确定

低压铸造时，铸型的充填过程是靠坩埚中金属液表面上气体压力的作用来实现的。所需气体的压力可用下式确定：

$$p = \mu \rho g H \tag{4-10}$$

式中，p 为金属液充满型腔所需的压力(Pa)；H 为金属液上升的高度(m)；ρ 为金属液的密度(g/cm^3)；g 为重力加速度(m/s^2)；μ 为阻力因数，一般取 1.0～1.5。

根据铸件形成过程，低压铸造可分为升液、充型和凝固(结晶)三个阶段，其所需的压力及增压速度也不同，以图 4-14 为例，现分别讨论如下。

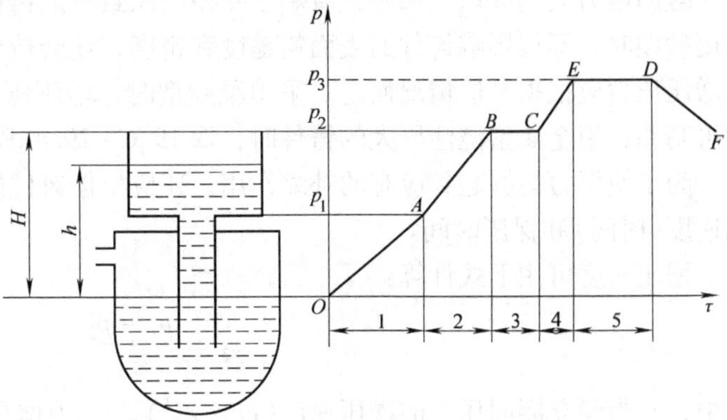

图 4-14　低压铸造成形过程各个阶段示意图

(1) 升液阶段　升液阶段是指自加压开始至液体金属上升到浇口为止的阶段。在升液阶段所需的压力可参照式(4-10)写为

$$p_1 = p = \mu \rho g H_1 \tag{4-11}$$

式中，p_1 为升液阶段所需的压力(Pa)；H_1 为升液高度(m)。

在升液过程中，升液高度 H_1 将随着坩埚中金属液面的下降而增加。因此，所需的压力 p_1 将相应地增大。

在升液阶段时间内，升液压力不是立即达到给定值，而是逐渐建立起来的。随着压力增大，升液管中液面升高。因此，增压速度实际上反映了升液速度。增压速度可用下式计算：

$$v_1 = p_1 / \tau_1 \tag{4-12}$$

式中，v_1 为升液阶段的增压速度($Pa \cdot s^{-1}$)；τ_1 为升液时间(s)，为防止金属液自浇口进入型腔产生喷溅或涡流现象，升液速度一般不超过 $0.15m \cdot s^{-1}$。

(2) 充型阶段　充型阶段是自金属液由浇口进入型腔起至充满为止的阶段，这一阶段所得的压力为

$$p_2 = \mu \rho g H_2 \tag{4-13}$$

式中，p_2 为充型阶段所得的压力(Pa)；H_2 为自坩埚中金属液面至型腔顶部的高度(m)。

所需的充型压力随着坩埚中金属液面的下降而增大。增压速度反映了相应的充型速度，用下式计算得

$$v_2 = \frac{p_2 - p_1}{\tau_2} \tag{4-14}$$

式中，v_2 为充型阶段的增压速度($Pa \cdot s^{-1}$)；τ_2 为充型时间(s)。

充型速度关系到金属液在型腔中的流动状态和温度分布，因而影响铸件的质量。

充型速度慢，液体金属充填平稳，有利于型腔中气体的排除，铸件各处的温差增大。采用砂型和浇注厚壁铸件时，可用慢的充型速度，一般控制在 $0.06 \sim 0.07m \cdot s^{-1}$，增压速度为 $1 \sim 3kPa \cdot s^{-1}$。充型速度太慢，对于形状复杂的薄壁铸件，尤其是采用金属型时，容易产

生冷隔、浇不足等缺陷。

（3）凝固阶段　凝固阶段是自金属液充满铸型至凝固完毕的阶段。铸件在压力作用下凝固。这时的压力称为凝固(结晶)压力，一般应高于充型压力。因此，凝固阶段也有一个增压过程。凝固压力可用下式计算：

$$p_3 = p_2 + \Delta p \tag{4-15}$$

或

$$p_3 = Kp_2 \tag{4-16}$$

式中，p_3 为凝固压力(Pa)；Δp 为增压压力(Pa)；K 为增压系数，一般取 1.3～2.0。

凝固压力大则补增效果好，有利于获得组织致密的铸件。但增大压力有一定限制，例如采用砂型时，不仅影响铸件的表面粗糙度和精度，还会造成粘砂、胀砂甚至跑火等缺陷，所以增压压力应根据具体情况而定。采用湿砂型时，增压压力一般为 3.92～6.86kPa；干砂型则可高些；用金属型浇注厚大的铸件时，取 19.6～29.4kPa。

为了使压力能够起到应有的补缩作用，还应根据铸件的壁厚及铸型的种类合理地确定增压速度(时间)和保压时间。

增压速度可用下式计算：

$$v_3 = \frac{p_3 - p_2}{\tau_3} \tag{4-17}$$

式中，v_3 为建立凝固压力的增压速度($Pa \cdot s^{-1}$)，τ_3 为增压(建压)时间(s)。对于采用金属型铸造取 10$kPa \cdot s^{-1}$左右，对于干砂型浇注厚壁铸件取 5$kPa \cdot s^{-1}$；

保压时间(τ_4)是自增压结束至铸件完全凝固所需的时间。保压时间的长短不仅影响铸件的补缩效果，而且还关系到铸件的成形，因为液体金属的充填、成形过程都是在压力作用下完成的。保压时间与铸件的结构特点、铸型的种类和合金的浇注温度等因素有关，通常通过试验来确定。

2. 浇注温度、铸型温度及涂料的使用

低压铸造时，因液体金属的充填条件得到改善，且保温好并直接自密封坩埚进入铸型，故浇注温度一般比重力浇注低 10～20℃。当采用非金属铸型时，若无特殊要求，一般都为室温。采用金属型铸造铝合金铸件时，铸型的工作温度一般为 200～250℃；铸造复杂的薄壁铸件，可提高到 300～350℃。

涂料的使用，不论金属型或砂型，均与重力浇注相同。此外，保温坩埚也应喷涂涂料。升液管因长期沉浸在液体金属中，容易受到侵蚀。合金过热温度越高，沉浸时间越长，升液管损坏越快，且铝合金熔液中含铁量增加，降低铸件的力学性能，所以在升液管内外表面应涂刷一层较厚的涂料(一般为 1～3mm)。喷刷时先预热至 200℃左右。

三、差压铸造工艺原理

差压铸造又称反压铸造(Counter Gravity Die Casting)，它是在低压铸造工艺的基础上发展起来的，其实质是低压铸造和压力下结晶两种工艺的结合，即充填成形是低压铸造过程，而铸件凝固是在较高压力下的结晶过程。因此，差压铸造具有这两种工艺的特点，可获得无气孔、无夹杂、组织致密的铸件，使其力学性能大大超过一般重力铸造铸件。

差压铸造按工作时压力筒内充气压力的大小不同，可分为三类：低压差压铸造，充气压力为 0.5～0.6MPa；中压差压铸造，充气压力为 5～10MPa；高压差压铸造，充气压力大于 10MPa。

差压铸造按压差产生方式的不同，又可分为增压法和减压法。其工艺原理如图 4-15 所示。

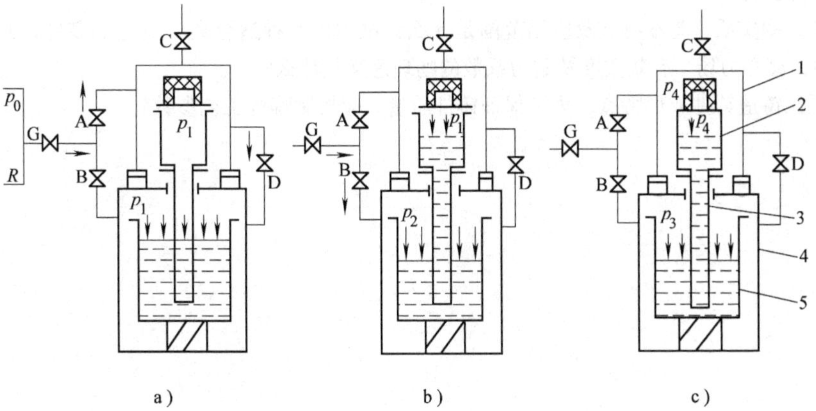

图 4-15 差压铸造工艺原理

1—上压力筒 2—铸型 3—升液管 4—下压力筒 5—坩埚

（1）增压法 先开启总阀 G、分阀 A 和互通阀 D，使压力为 p_0 的干燥压缩空气平稳地进入互通的上下压力筒内。当上下压力筒内的压力均达到额定的结晶压力 p_1 时，先关分阀 A，此时，升液管内外的金属液面上所受的压力处于平衡状态，金属液不会沿升液管上升。此后，关闭互通阀 D，使上下筒隔绝。开启阀 B，压缩空气向下压力筒充气，使其压力由 p_1 增至 p_2，于是，在上下压力筒之间就产生压差 $\Delta p = p_2 - p_1$，在压差 Δp 的作用下，坩埚内的金属液沿升液管经浇注系统平稳进入型腔。充型结束后，继续充气升压，使铸件在较高的压力下结晶凝固。关闭阀 B，并保压一定时间，待铸件全部凝固后，打开互通阀 D，而后打开排气阀 C，使上下压力筒同时排气，升液管内未凝固的金属液依靠重力流回坩埚，吊起上压力筒，开型取出铸件。

（2）减压法 减压法的工艺过程在上下压力筒充气阶段与增压法相同，在充气压力同时达到 p_2，关闭分阀 A 和互通阀 D 后，此时，减压则开启排气阀 C，使上下压力由 p_3 降至 p_4，从而使上下压力筒之间产生压差 $\Delta p' = p_3 - p_4$，坩埚内的金属液在压差 $\Delta p'$的作用下升液、充型。待充型完毕后，关闭排气阀 C，保压一定时间，至铸件全部凝固后，开启互通阀 D，而后打开排气阀 C，使上下压力筒同时排气，完成一次浇注循环。减压法的工艺过程类似于真空吸铸，所不同的是，减压法是在较高的压力下吸铸。

从以上的工艺过程可见，差压铸造虽然和低压铸造（或真空压铸）一样，金属液是在压差作用下沿升液管上升充型的，但差压铸造在充型过程中型腔内始终有较大的反压作用，且铸件的结晶凝固又类似于压力铸造，是在额定的结晶压力下完成的。这使差压铸造既有低压铸造、真空压铸的优点，又有压力铸造的优点。

复习思考题

1. 熔模铸造的实质、基本特点及应用范围是什么？常用的熔模模料有几种？它们的基本组成、性能、特点及应用场合如何？

2. 试述熔模铸造中三种粘结剂型壳的干燥性能及其特点，试述消失模铸造的几种关键技术要点。

3. 试比较熔模铸造和消失模铸造的工艺原理和应用范围。

4. 压力铸造的基本特点及应用范围是什么？试述压铸过程中作用在金属液上压力和速度的变化及其对铸件成形过程的影响。

5. 离心铸造的实质、基本特点及应用范围是什么？试举出5种适合离心铸造的零件，并说明其理由。在离心铸造中，离心力场、有效重度及重力系数的物理意义是什么？

6. 根据低压铸造铸件成形特点，为了保证铸件质量，应控制哪些工艺参数？

第五章　液态金属成形工艺设计

第一节　液态金属成形工艺设计概论

液态金属成形工艺设计就是根据铸造零件的结构特点、技术要求、生产批量和生产条件等，确定铸造方案和工艺参数、绘制铸造工艺图、编制工艺卡等技术文件的过程。液态金属成形工艺设计的有关文件，是生产准备、管理和铸件验收的依据，并用于直接指导生产操作。因此，液态金属成形工艺设计的好坏，对铸件品质、生产率和成本具有重要影响。

一、设计依据

在进行液态金属成形工艺设计前，应掌握生产任务和要求，熟悉工厂和车间的生产条件，这些是液态金属成形工艺设计的基本依据。

1. 生产任务

（1）成形零件图样　提供的图样必须清晰无误，有完整的尺寸和各种标记。设计者应仔细审查图样。注意零件的结构是否符合铸造工艺性，若认为有必要修改图样时，需与原设计单位或订货单位共同研究，取得一致意见后以修改后的图样作为设计依据。

（2）零件的技术要求　金属材质牌号、金相组织、力学性能要求、铸件尺寸及重量公差及其他特殊性能要求，如是否经水压、气压试验，零件在机器上的工作条件等。在铸造工艺设计时应注意满足这些要求。

（3）产品数量及生产期限　产品数量是指批量大小，生产期限是指交货日期的长短。对于批量大的产品，应尽可能采用先进技术。对于应急的单件产品，则应考虑使工艺装备尽可能简单，以便缩短生产周期，并获得较大的经济效益。

2. 生产条件

1）设备能力包括起重运输机的吨位和最大起重高度、熔炉的形式、吨位和生产率、造型和制芯机种类、机械化程度、烘干炉和热处理炉的能力、地坑尺寸、厂房高度和大门尺寸等。

2）车间原材料的应用情况和供应情况。

3）工人技术水平和生产经验。

4）模具等工艺装备制造车间的加工能力和生产经验。

3. 经济性

对各种原材料和炉料等的价格、每吨金属液的成本、各级工种工时费用、设备每小时费用等，均应有所了解，以便考核该项工艺的经济性。不同的工艺，对铸造车间或工厂的金属成本、熔炼金属量、能源消耗、铸件工艺出品率及成品率、工时费用、铸件成本和利润率等，都有显著的影响。

4. 节约能源和环境保护

工艺设计中要注意节约能源。例如，采用湿型铸造法比干型铸造法要节省燃料消耗。使用自硬砂型取代普通干砂型，采用冷芯盒法而不选用普通烘干法或热芯盒法制芯，都可以节约燃料或电力消耗。

为了保护环境和维护工人身体健康，在工艺设计中要避免选用有毒害和高粉尘的工艺方法，或者应采用相应对策，以确保安全和不污染环境。例如，当采用冷芯盒制芯工艺时，对于硬化气体中的二甲基乙胺、三乙胺、SO_2 等应进行严格的控制，经过有效地吸收、净化后，才可以排放入大气。对于浇注、落砂等造成的烟气和高粉尘空气，也应净化后排放。

二、设计内容和程序

液态金属成形工艺设计内容的繁简程度，主要决定于批量的大小、生产要求和生产条件，一般包括铸造工艺图、铸件(毛坯)图、铸型装配图(合箱图)、工艺卡及操作工艺规程。大量生产的定型产品、特殊重要的单件生产的铸件等，其铸造工艺设计一般要制定得细致，内容涉及较多。单件、小批生产的一般性产品，设计内容可以简化。在最简单的情况下，只绘制一张铸造工艺图即可。

液态金属成形工艺设计的内容和应用范围见表 5-1。

表 5-1 液态金属成形工艺设计的内容和应用范围

项目	内容	应用范围
铸造工艺图	在零件图样上用铸造工艺规定的符号及颜色表示出浇注位置、分型面、加工余量、线收缩率、起模斜度、反变形量、分型负数、工艺补正量、浇注系统、冒口、补贴、冷铁、铸肋、砂芯形状、数量、芯头尺寸和砂芯负数等 如果是单件、小批生产，不另绘墨线工艺卡时，则需加上铸件重量、浇注重量和工艺要点	制造模样、模板、芯盒等用，并作生产准备和模样验收依据；适用于各种批量的生产；无铸造工艺卡时，用作单件小批造型、制芯、配型生产的指导性工艺文件及铸件尺寸验收依据
铸件图	绘制按零件图样添加加工余量(含不铸孔)以后的墨线铸件图样	作为验收铸件和机械加工夹具设计的依据，适用于成批、大量生产或长年性生产的定型铸件
铸型装配图	表示出：浇注位置，砂芯数量，固定、排气和下芯顺序，浇注系统、冒口、冷铁等的尺寸和位置，验型尺寸，砂型(箱)结构和尺寸的墨线图样	作为生产准备、合型、检验、工艺调整的依据，适用于成批、大量生产的重要件，单件生产的重型件
铸造工艺卡	附有工艺简图，说明造型、制芯、浇注、开箱、清整、热处理、验收等工序操作要点或要求	作为各生产工序及生产管理的重要依据，根据批量大小或不同的生产工序填写有关内容

第二节 铸造工艺方案的确定

正确的铸造工艺方案，可以提高铸件质量，简化铸造工艺，提高劳动生产率。铸造工艺方案设计的内容主要有：工艺方法的选择、浇注位置及分型面的选择、型芯的设计等。

一、造型、制芯方法的选择

目前铸造方法的种类繁多，各种铸造方法都有其特点和应用范围。究竟应该采用哪一种方法，应根据零件特点、合金种类、批量大小、铸件技术要求的高低以及经济性等进行综合考虑，确定比较合适的铸造工艺方法。

对于砂型铸造而言，其各种造型、制芯方法已在第二章中作了介绍，可参照以下原则选用。

1. 造型、制芯方法应与生产批量相适应

大量生产的工厂应创造条件采用技术先进的造型、制芯方法。传统的震击式或震压式造型机生产线生产率不高，工人劳动强度大，噪声大，不适应大量生产的要求，应逐步加以改造。对于小型铸件，可以采用水平分型或垂直分型的无箱高压造型机生产线、实型造型线，这类生产线生产效率高且占地面积少；对于中型铸件，可选用各种有箱高压造型机生产线、气冲造型线。为适应快速、高精度造型生产线的要求，制芯方法可选用冷芯盒、热芯盒及壳芯等制芯方法。

对于中等批量的大型铸件，可以考虑采用树脂自硬砂造型和制芯、抛砂造型等。

对于单件小批量生产的重型铸件，手工造型仍是重要的方法，手工造型能适应各种复杂的要求，比较灵活且不要求有很多工艺装备，可以应用水玻璃砂型、粘土干型、树脂自硬砂型及水泥砂型等；对于单件生产的重型铸件，采用地坑造型法，具有成本低、投产快的特点。批量生产或长期生产的定型产品采用多箱造型法、劈箱造型法比较适宜。虽然模具、砂箱等初始投资高，但可从节约造型工时、提高产品质量方面得到补偿。

2. 造型、制芯方法应适合工厂条件

如有些工厂生产大型机床床身等铸件，多采用组芯造型法。着重考虑设计、制造芯盒的通用化问题，不制作模样和砂箱，在地坑中组芯；另外一些工厂则采用砂箱造型法制作模样。不同工厂的生产条件、生产习惯及所积累的经验各不相同，如果车间内吊车的吨位小、烘干炉也小，而需要制作大件时，用组芯造型法是行之有效的。所选择的方法应切合现场实际条件。

3. 要兼顾铸件的精度要求和成本

各种造型、制芯方法所获得的铸件精度不同，初始投资和生产率也不一致，最终的经济效益也有差异。因此，要做到“多、快、好、省”，就应当兼顾到各个方面。应对所选用的造型方法进行初步的成本估算，以确定经济效益高又能保证铸件要求的造型、制芯方法。

二、铸件浇注位置的确定

浇注位置是指浇注时铸件在铸型中所处的位置。铸件浇注位置的选择，取决于合金的种类、铸件结构及轮廓尺寸、质量要求以及现有的生产条件，对铸件的质量、尺寸精度及工艺难度有很大影响。选择浇注位置时，以保证铸件质量为前提，同时尽量减化造型工艺和浇注工艺。选择铸件浇注位置的主要原则为：

（1）铸件上质量要求高的部分及重要工作面、重要加工面、加工基准面和大平面应尽量朝下或垂直安放　铸件在浇注时，朝下或垂直安放部位的质量一般都比朝上安放的高。因为下部及侧面出现缺陷的可能性小。当有多个重要加工面时，应将较大面朝下，而对朝上的加工面则采取加大加工余量的办法，以保证朝上的表面在加工后无气孔、夹砂、砂眼等缺陷。例如床身导轨采用朝下的浇注位置方案较合理(见图5-1)。图5-2为卷扬筒的浇注位置，其主要加工面为外圆柱面，选择垂直安放立浇方案较易保证该面的质量；如果采用水平浇注方案，则有部分外圆柱面处于上部，易产生铸造缺陷。

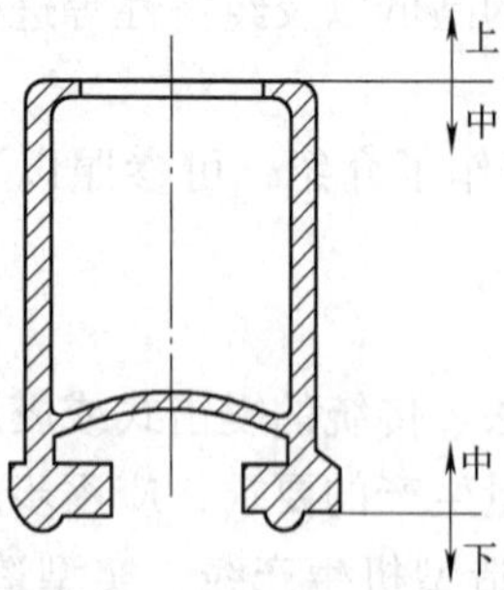

图 5-1　床身铸件正确的浇注位置

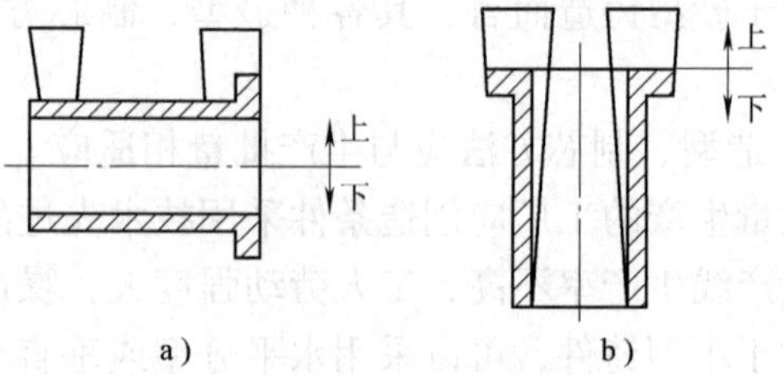

图 5-2　卷扬筒的浇注位置
a）不合理　b）合理

（2）铸件的厚大部位应放在上部，尽量满足铸件自下而上的顺序凝固　铸件厚大处易产生缩孔、缩松缺陷，应尽量将其放在上部或分型面附近，以便在上部设置冒口，促使铸件自下而上地向冒口方向顺序凝固。这一原则对体收缩较大的铸钢件和铝、镁合金铸件尤为重要。

（3）应保证铸件有良好的液态金属导入位置保证铸型充满　决定浇注位置时，应考虑液态金属的导入位置和导入方式。例如铝、镁合金铸件，经常采用底注式或垂直缝隙式浇注系统、内浇道均匀分布在铸件四周和要求液体金属平稳地注入型腔等特点，故应将水平面较大的一面放在下部。对具有薄壁的铸件，应将薄壁部分放在下半部或置于内浇道以下，以免出现浇不足或冷隔等缺陷。

（4）应尽量少用或不用砂芯　若需要使用砂芯时，应保证其安放稳固、通气顺利和检查方便。铸件浇注位置的选择，除了要考虑上述原则外，还应尽量简化造型、制芯、合型和浇冒口的切割等工艺，以减少模具制造工作量和合金液的消耗。

三、分型面的选择

在砂型铸造中，为完成造型、取模、设置浇冒口和安装砂芯等需要，砂型必须由两个或两个以上的部分组合而成，砂型的分割或装配面称为分型面。铸型分型面，主要取决于铸件的结构。通常应根据下列原则选择和确定分型面。

（1）分型面应选在铸件最大截面处，以保证顺利起出模样而不损坏铸型　分型面通常选在铸件最大截面上，以使砂箱不致过高。高砂箱，不仅使造型困难，而且填砂、紧实、起模、下芯都不方便。几乎所有造型机都对砂箱高度有限制。手工造型时，对于大型铸件，一般选用多分型面，即用多箱造型以控制每节砂箱高度，使之不致过高。图 5-3 所示方案 2 为大型铸件托架所选用的分型面。

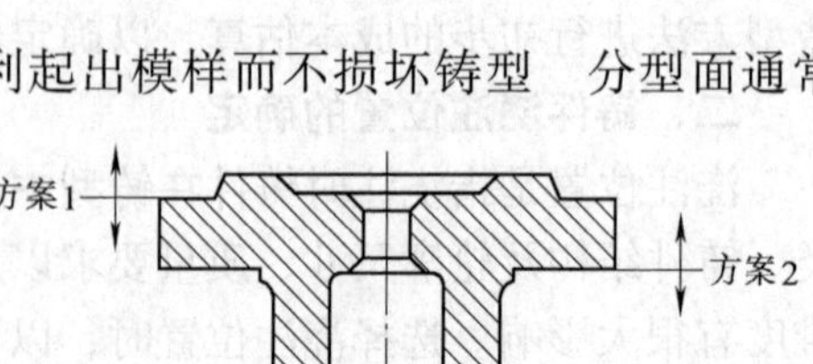

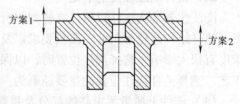

图 5-3　托架铸件分型面的选择

（2）尽量将铸件全部或大部分放在同一个半型内　分型面对铸件的精度会有影响，除了合型会引起偏差外，还会因合型不严而产生披缝，造成垂直于铸件分型方向上尺寸增加。

如果能将铸件全部或大部分置于同一砂箱内，则可减少这类偏差。当不能完全做到这一点时，应尽量将铸件的主要加工面和加工基准面放于同一砂箱内，以便保证其精度。图 5-4 所示为后轮毂铸件的分型方案。该件本可以 ϕ350mm 圆周顶面作分型面，且可不用设 2 号芯。但因加工内孔时以 ϕ350mm 外圆周作为定位基准，因而需设 2 号芯，以便将铸件全部放在下型。这样，可避免错型及 ϕ350mm 圆周处产生披缝。

(3) 尽量减少分型面的数量　分型面少，铸件精度容易保证。机器造型的中小件，一般只许可一个分型面，凡不能出砂的部位均采用砂芯，而不允许用活块或多分型面。

分型面的形状可以是平面、折面、曲面等。最简单的是平面，它加工方便，容易保证精度。但在大批量生产、机器造型的情况下，为减少分型面而往往又采用局部曲折分型时应尽量采用规则曲面。在手工单件生产时，采用多分型面有时也是合理的(见图 5-5)。所以，分型面数目的多少，还应考虑具体的生产条件。

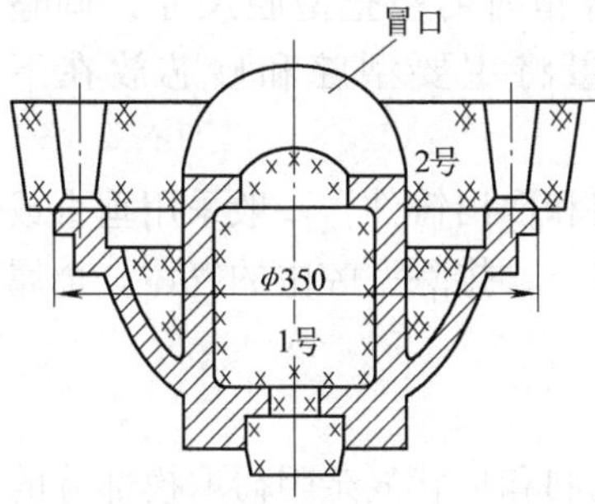

图 5-4　后轮毂铸件的分型方案

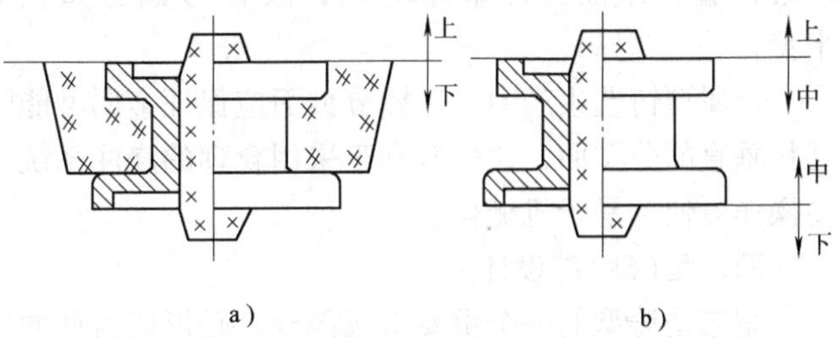

图 5-5　确定分型面数目的实例

a) 用于机器造型　b) 用于手工造型

(4) 分型面应尽量选用平面　平直分型面可简化造型过程和模底板制造，易于保证铸件精度(见图 5-6b)。机器造型中，如铸件形状需采用不平分型面，应尽量选用规则的曲面，如圆柱面(见图 5-7)或折面。这是因为上、下模底板表面曲度必须精确一致，才能合型严密，这会给模底板加工带来困难；而手工造型时，曲面分型面是用手工切挖型砂来实现的，只是增加了切挖程序。常用此法减少砂芯数目。因此，手工造型中有时采用切挖型砂造型形成的不平分型面。

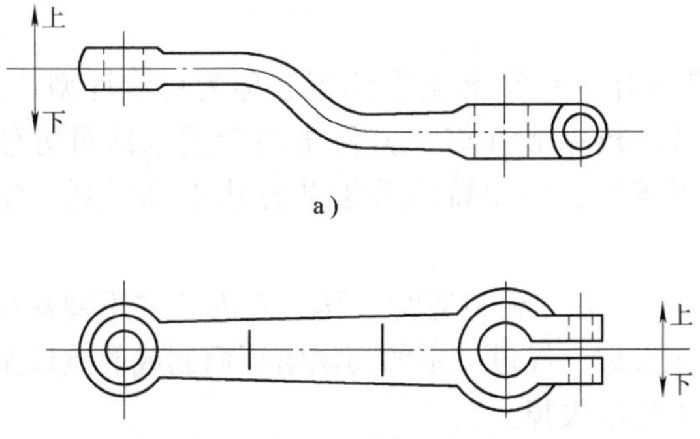

图 5-6　起重臂铸件的分型面

a) 不合理　b) 合理

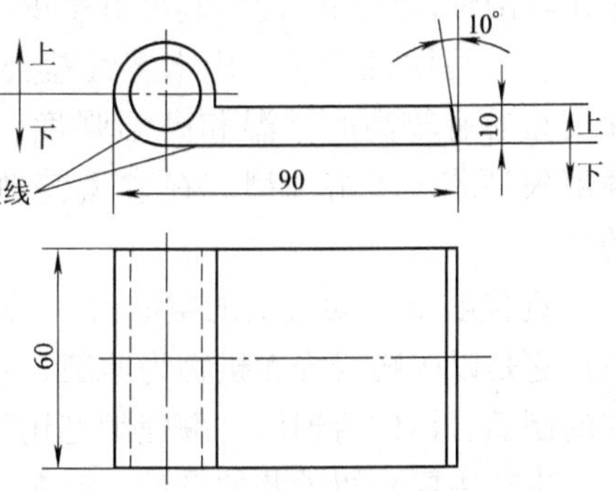

图 5-7　曲面分型实例

（5）便于下芯、合型和检查型腔尺寸　在手工造型中，模样和芯盒尺寸精度不同，在下芯、合型时需要检查型腔尺寸，调整砂芯位置，才能保证壁厚均匀。为此，应尽量把主要砂芯放在下半型中。图5-8为中心距大于700mm的减速器箱盖的手工造型工艺方案，采用两个分型面的目的就是便于合型时检查尺寸。

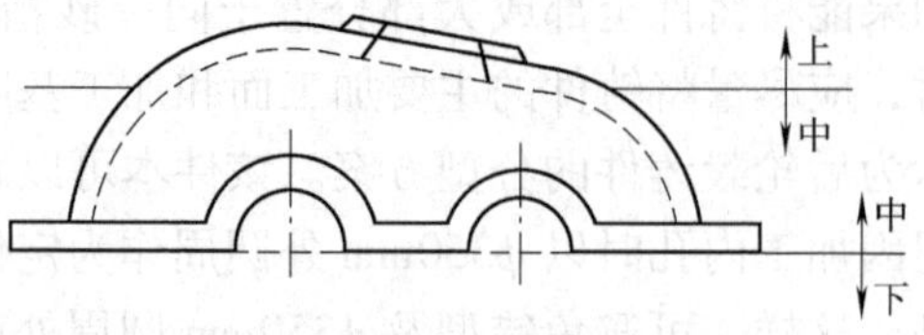

图5-8　减速器箱盖的手工造型工艺方案

（6）考虑工艺特点，尽量使加工及操作工艺简单　在砂型铸造中，分型面一般都应该选择在铸件浇注时的水平位置，避免垂直分型面。因为用垂直分型面时，经水平造型、下芯和合型后，再翻动铸型进行浇注，就可能引起砂芯位置移动，影响铸件尺寸精度。

在手工造型时，因模样和芯盒尺寸精度较低，在下芯合箱时需检查型腔尺寸，调整砂芯位置，保证铸件壁厚均匀，故在考虑分型面时应尽量将主要型腔和砂芯放在下半型。

金属型铸造生产中，选择分型面应保证金属型能顺利开型和取出铸件，一般采用垂直或互相垂直的分型面，这样有利于采用合理的浇注系统、安设冒口、排除型腔中的气体。金属型操作方便，易于机械化。

四、型(砂)芯设计

型芯是铸型的一个重要组成部分，是形成铸件的内腔、孔洞和形状复杂阻碍取模部分的外形以及铸型中有特殊要求的部分(如镁合金的蛇形和片状浇道等)。

1. 型芯的种类及其应用选择

型芯依据制作的材料不同可分为以下几类：

（1）砂芯　用硅砂等制作的型芯，称为砂芯。砂芯制作容易、价格便宜，可以制出各种复杂的形状。砂芯强度和刚度一般能满足使用要求，铸件收缩时阻力小，铸件清理方便，在砂型铸造中得到广泛的应用。在金属型铸造、低压铸造等工艺中，对于形状复杂的内腔也用砂芯来形成。

（2）金属芯　在金属型铸造、压力铸造等工艺中，广泛应用金属材料制作型芯。金属芯强度和刚度好，得到的铸件尺寸精度高；但对铸件收缩的阻力大，对于形状复杂的孔腔抽芯比较困难，选用时应引起足够重视。

（3）可溶性型芯　用水溶性盐类制作型芯或作为粘结剂制作的型芯称为可溶性型芯。此类型芯有较高的常温和高温强度，发气性低，抗粘砂性好，铸件浇注后用水即可方便地溶失型芯。可溶性型芯在砂型铸造、金属型铸造、压力铸造等工艺方法中都得到一定的应用。

近代航空发动机上的空心叶片等铸件用熔模铸造方法制造时，其空心内腔常用陶瓷型芯。它是以矿物岩等无机物为原料，在混合及成形后，经过一定的高温焙烧而制成的质地坚硬的制品。铸件清理后，陶瓷型芯用碱水煮等方法溶失掉。

本节主要介绍砂芯的设计。砂芯设计主要包括：确定砂芯形状、个数和下芯顺序，设计芯头结构和核算芯头大小等，其中还要考虑型芯的通气、制作和材料选择等。

2. 确定砂芯形状(分块)及分盒面选择的基本原则

型芯应满足以下要求：①砂芯的形状、尺寸以及在铸型中的位置应符合铸件结构和铸造工艺要求；②具有足够的强度和刚度；③在铸件形成过程中型芯所产生的气体能及时排出型外；④铸件收缩时阻力小，制芯、烘干、组合装配和铸件清理等工序操作简便；⑤芯盒结构简单和制芯方便。

此外，砂芯形状应适应造型、制芯方法。高速造型线限制下芯时间，对一型多铸的小铸件，常不允许逐一下芯，因此，划分砂芯形状时，常把几个到十几个小砂芯连成一个大砂芯，以便节约下芯、制芯时间，以适应机器造型节拍的要求。对壳芯、热芯和冷芯盒砂芯要从便于射紧砂芯方面来考虑改进砂芯形状。

3. 芯头设计

芯头是指砂芯中伸出铸件以外的不与金属接触的部分。对芯头的要求是：定位和固定砂芯，使砂芯在铸型中有准确的位置，并能承受砂芯重力及浇注时液体金属对砂芯的浮力，使之不致破坏，芯头应能及时排出浇注后砂芯所产生的气体至型外；上下芯头及芯号容易识别，不致下错方向，下芯、合型方便，芯头应有适当的斜度和间隙。间隙量要考虑到砂芯、铸型的制作误差，以减少飞边、毛刺，并使砂芯堆放、搬运方便，重心平稳；避免砂芯上有细小凸出的芯头部分，以免损环。

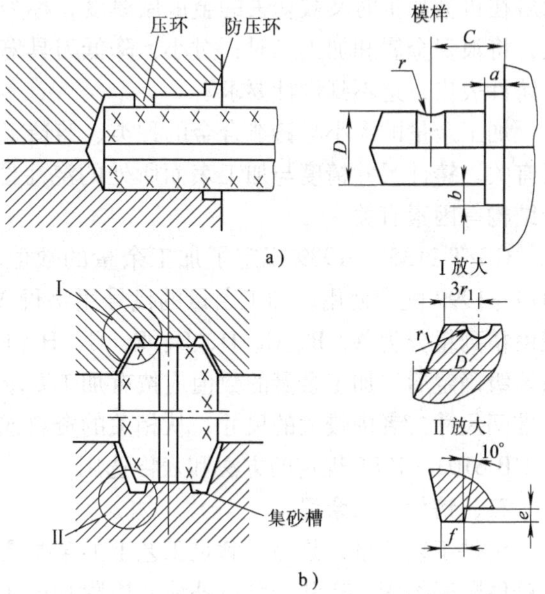

图 5-9　典型的芯头结构

a）水平芯头　b）垂直芯头

芯头可分垂直芯头和水平芯头（包括悬臂式芯头）两大类。典型的芯头结构如图 5-9 所示，它包括芯头长度、斜度、间隙、压环、防压环和积砂槽等结构。芯头具体尺寸可参见国家行业标准 JB/T 5106—1991。它适用于砂型铸造用的金属模、塑料模和木模。

第三节　铸造工艺参数的确定

铸造工艺参数主要包括：铸造收缩率、机械加工余量、工艺余量、工艺补正量、起模斜度、最小铸出孔及槽、铸造圆角等。在某些情况下，还有分型负数、反变形量、砂芯负数等。这些工艺数据一般都与铸件的尺寸精度有密切关系，对简化操作工艺，降低生产成本，提高劳动生产率也有很大影响。下面着重介绍这些工艺参数的概念、应用条件和确定方法。

一、铸件尺寸公差

铸件尺寸公差是指铸件各部分尺寸允许的极限偏差，它取决于铸造工艺方法等多种因素。

我国铸件尺寸公差标准 GB/T 6414—1999 是设计和检验铸件尺寸的依据，具体规定了砂型铸造、金属型铸造、低压铸造、压力铸造、熔模铸造等方法生产的各种铸造金属及合金的铸件尺寸公差，包括铸件基本尺寸公差值和错箱值。所规定的公差是指正常生产条件下通常能达到的公差，由精到粗分为 16 级，命名为 CT1 到 CT16（CT 是 Casting Tolerances 的缩写）。铸件尺寸公差等级比例系数：CT3 ~ CT13，采用$\sqrt{2}$；CT13 ~ CT16，采用$\sqrt[3]{2}$；CT1、CT2 两级空出，为修订和发展标准留有余地。

有些航空航天产品参照国家标准也制定了自己的标准，如 HB 6103—1986 等。

铸件尺寸公差数值可从查相关资料或手册获得。

二、机械加工余量

铸件为保证其加工面尺寸和零件精度，应有加工余量，即在铸件工艺设计时预先增加的而后在机械加工时又被切去的金属层厚度，称为机械加工余量，简称加工余量。加工余量过大，将浪费金属和加工工时；过小，降低刀具寿命，则不能完全去除铸件表面缺陷，甚至留有铸件表皮，达不到设计要求。

加工余量的大小与铸造合金的种类、铸造工艺方法、生产批量、设备及工装的水平等因素有关。铸件尺寸精度与加工表面所处的浇注位置（顶、底、侧面）以及铸件基本尺寸的大小和结构等因素有关。

GB/T 11350—1989 规定了加工余量的数值、确定方法、检验及评定规则，并与 GB/T 6414—1999 配套使用。加工余量的代号用字母 MT（Machining Tolerances）表示。加工余量等级由精到粗分为 A、B、C、D、E、F、G、H 和 J 9 个等级。当铸件尺寸公差等级和加工余量等级确定后，加工余量的数值应按有加工要求的表面上最大基本尺寸和该表面距它的加工基准间尺寸二者中较大的尺寸，从相关的资料或手册的表格中选取（如按 GB/T 11350—1989 或 HB 6103—1986 规定的方法和表格选用）。

三、铸件工艺余量

铸件工艺余量，是为了满足工艺上的某些要求而附加的金属层。如图 5-10a 所示，为保证铸件顺序凝固，有利于冒口补缩，应附加的工艺余量即补贴。一般情况下，工艺补贴余量应尽量附加在加工表面；若附加在非加工表面，就需要另行安排机械加工。工艺余量一般都在机械加工时被切除，所以应在铸件图上标注清楚。

此外，为保证铸件机械加工精度和简化铸造工艺、模具结构，对一些需要进行加工、尺寸精度要求较高的小孔、凸缘、台阶以及难以铸造的狭窄沟槽等均应附加工艺余量，最后通过机械加工去掉，如图 5-10b 所示。

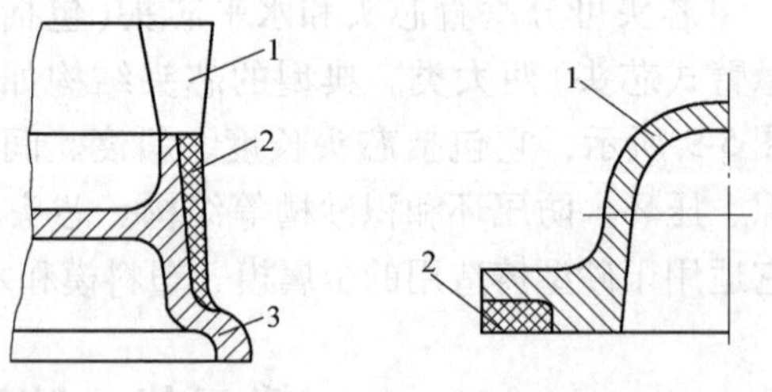

图 5-10 铸件工艺余量

a）补贴

1—冒口 2—工艺余量 3—铸件

b）台阶

1—铸件 2—工艺余量

除上述两种主要形式外，有的还将机械加工所需的工艺凸台（辅助基准）、为防止铸件变形或热裂而增设的工艺筋、为改善合金液充填条件而在铸件薄壁处增大的厚度，以及为防止铸件由于变形造成加工余量不足或达不到加工精度要求而增大的加工余量等，都当作铸造工艺余量处理，并在铸件图上标注。

四、铸件工艺补正量

在单件、小批生产中，由于选用的收缩率与铸件的实际收缩率不符等原因，使得加工后的铸件某些部分的厚度小于图样要求。为了防止零件因局部尺寸超差而报废，需要把铸件上这种局部尺寸加以放大，铸件被放大的这部分尺寸，称为铸件工艺补正量。它与工艺余量最显著的区别在于铸件上被放大的部分不必最后加工掉，而保留在铸件上。因此，工艺补正量一般都会使铸件局部尺寸超出公差范围。所以在铸件上加放工艺补正量，应取得设计、使用单位同意。如果有些部位不允许有超差现象，则应由机械加工去除。工艺补正量的具体数据可参考有关图表选取。

五、起模斜度(铸造斜度)

为了方便起模，在模样、芯盒的出模方向留有一定斜度，以免损坏砂型或砂芯。这个斜度称为起模斜度。起模斜度应在铸件上没有结构斜度的、垂直于分型面(分盒面)的表面上应用。其大小应依模样的起模高度、表面粗糙度以及造型(芯)方法而定。起模斜度大小的具体数值详见有关铸造标准中的规定。

六、铸造收缩率

铸件在凝固和冷却过程中会发生线收缩而造成各部分尺寸缩小。在制造模具时，必须将模样尺寸放大，这个放大值称为铸件收缩余量。收缩余量，由铸件图所示的尺寸乘上铸造线收缩率求出。铸造线收缩率简称铸造收缩率，其表达式为

$$K=\frac{L_{模}-L_{件}}{L_{件}}\times 100\% \tag{5-1}$$

式中，K 为铸造线收缩率(%)；$L_{模}$ 为模样(或芯盒)工作面尺寸；$L_{件}$ 为铸件图所示尺寸。

影响铸造收缩率的因素有：合金种类、铸件结构、铸型种类、型与芯材料的退让性以及浇冒口系统的布置和结构形式等。要精确地确定其数值有一定的难度，一般是根据生产中积累的经验或查相关资料来选取。

通常简单的厚实铸件可视为自由收缩，其余均视为受阻收缩。同时视其受阻程度，选用适宜的铸造收缩率。同一铸件由于结构上的原因，其局部与整体、长、宽、高三个方向的收缩率可能不一致，对重要铸件应给予不同的铸造收缩率。铸型的种类和紧实度对球墨铸铁的收缩率有很大影响；湿型、水玻璃砂型的铸件，其铸造收缩率应比干砂型大。

七、最小铸出孔及槽

零件上的孔、销、台阶等，究竟是选择铸加工还是选择机械加工，应从铸件品质及经济角度等方面全面考虑。一般说来，较大的孔、槽等应铸出来，以便节约金属及加工工时，同时还可以避免铸件局部过厚所造成的热节，提高铸件质量；较小的孔、槽，或者铸件壁很厚，则不宜铸出，直接依靠机械加工反而更方便；有些特殊要求的孔，如弯曲孔，无法进行机械加工，则一定要铸出；可用钻头加工的受制孔(有中心线位置精度要求)最好不铸，铸出后很难保证铸孔中心位置准确，再用钻头扩孔也无法纠正中心位置。

八、反变形量

铸造较大的平板类、床身等类铸件时，由于冷却速度的不均匀性，铸件冷却后常出现变形。为了解决挠曲变形问题，在制造模样时，按铸件可能产生变形的相反方向做出反变形模样，使铸件冷却后变形的结果正好将反变形抵消，从而得到符合设计要求的铸件。这种在模样上做出的预变形量称为反变形量(又称反挠度、反弯势、假曲率)。

影响铸件变形的因素很多，例如合金性能、铸件结构和尺寸大小、浇冒口系统的布局、浇注温度和速度、打箱清理温度、造型方法和砂型刚度等。但可归纳为两点：一是铸件冷却

时的温度场的变化；二是导致铸件变形的残余应力的分布。因此，应判明铸件的变形方向：铸件冷却缓慢的一侧必定受拉应力而产生内凹变形；冷却较快的一侧必定受压应力而产生外凸变形。例如，各种床身导轨处都较厚大，因此轨面总是产生下凹变形。如图 5-11 所示，箱体壁厚虽均匀，但内部冷却慢，外部冷却快，因此壁发生向外凸出变形，模样反变形量应从内侧凸起。

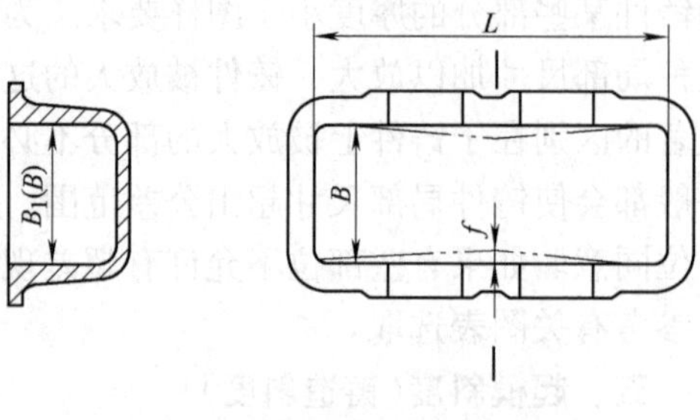

图 5-11 箱体反变形量方向

第四节 液态金属成形工艺设计实例

一、铸造工艺图的绘制

1. 铸造工艺符号及其表示方法

在铸造工艺设计中，在进行零件结构的铸造工艺性分析和选择合适的铸造方法及铸造工艺方案后，很重要的工作是绘制铸造工艺图，即将所选择的铸造工艺方案（如浇注位置、分型面等）、砂芯设计以及所选择的各种工艺参数用规定的符号绘制在零件图上。铸造工艺图有两种，一种是在零件图上用红、蓝两色绘制，常称彩色铸造工艺图；另一种是用墨线绘制。两者所用工艺符号都是按 JB/T 2435—1978 规定的铸造工艺符号，它们是：分型线，分模线，分型分模线，分型负数，不铸出的孔和槽，工艺补正量，冒口，冒口切割余量，补贴，出气孔，冷铁，模样活块，附铸试块，工艺夹头，拉筋、收缩筋，反变形量，样板，砂芯编号、边界符号及芯头边界，芯头斜度及间隙，砂芯增减量与砂芯间的间隙，砂芯舂砂、出气及紧固方向，芯撑，浇注系统，机械加工余量等，共有 24 种，可通过查相关手册或资料。

2. 铸造工艺图

图 5-12 为球墨铸铁涡轮铸造工艺简图。其铸造工艺说明如下：

（1） 材质 选用 QT 450—10。

（2） 基本结构参数及技术要求

1） 壁厚：薄壁处为 15mm，厚壁处为 65mm。

2） 结构：铸件为轮盘类结构，毛坯轮廓尺寸为 ϕ835mm×140mm。

3） 质量：铸件质量为 240kg，浇注总质量为 340kg。

4） 金相要求：球化级别不得大于 4 级，渗碳体含量不得大于 2%（附铸试块）。

5） 硬度：160～210HBW。

6） 轮缘齿面及轴孔内不能存在任何铸造缺陷。

7） 铸件须经高温石墨化退火处理。

（3） 生产方式及条件 采用单件小批量生产；自硬树脂砂，手工造型和制芯；冲天炉熔炼，冲入法球化处理。

（4） 铸造工艺方案

1） 浇注位置和分型面：分型面设于轮缘一端的倒角处，采用两箱造型、平做平浇方案。

2） 每箱铸件数量：每箱一件。

3） 确定工艺参数

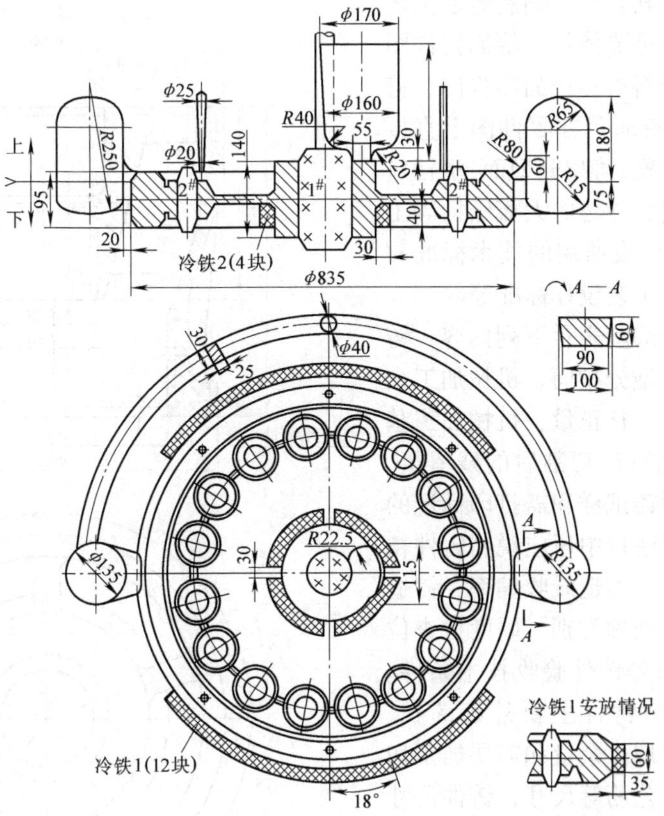

图 5-12　球墨铸铁涡轮铸造工艺简图

① 加工余量：铸件顶面为 12mm，外圆为 8mm，内孔和底面为 8mm。

② 缩尺：各向缩尺取 0.8%。

③ 浇注温度：1320～1350℃。

4）浇注系统设计：根据铸件壁厚差较大的结构特点和球墨铸铁的糊状凝固特性，浇注系统采用定向凝固方案。铁液从直浇道、横浇道进入两个对称分布的暗边冒口(其直径为热节圆直径的 1.5 倍)，再从铸件轮缘处进入型腔。由于铸件轮缘周长尺寸较大，两个边冒口的补缩距离不够(冒口单侧有效补缩距离按 3 倍的热节圆直径计)，尚需在其补缩距离之外再设置 12 块外冷铁，以加速这些部位的冷却，防止产生缩孔、缩松。另外，在轮毂顶端设一个明冒口补缩(该冒口在铸件浇注末期要补缩高温铁液)，明冒口直径为该处热节圆直径的 2.6 倍。为保证轮毂与辐板连接处热节处的铸造质量，在下型的轮毂与辐板交接处再设置 4 块外冷铁。由于当作内浇道的两个冒口颈截面尺寸较大，浇注系统呈开放式，故要求在直浇道或横浇道上设置过滤网挡渣。

铸型在浇注时通过设在轮缘上的 6 个 ϕ20mm 的出气孔和中部 ϕ160mm 的冒口进行排气。

二、铸件图的绘制

在铸造工艺设计中，均需绘制铸件图和铸型图，它们是指导铸造生产的主要工艺技术文件。

铸件图是铸造工艺设计过程中，在初步确定铸造工艺方案后首先要完成的工作蓝图。它是设计铸型工艺及其装备、编制铸造工艺规程和铸件验收的重要依据。绘制铸件图时，需要参考的资料有：产品零件图、铸造工艺方案草图（有时可在零件图上直接描画出铸件浇注位置、铸型分型面、浇冒口系统形式及其位置和砂芯的大概结构等工艺方案）、铸件专用或通用的技术标准和由各厂自定的铸造工艺设计标准等。

在铸件图上一般应表示下列内容：铸件的浇注位置、铸型分型面、机械加工余量、工艺余量和工艺补正量、机械加工基准和划线基准、浇冒口切割后的残留量、铸件力学性能的附铸试样和需打印标记的部位等；同时在附注栏中还应说明铸件精度等级、起模斜度、铸造线收缩率、铸造圆弧半径、铸件热处理类别、硬度检查位置和某些特殊要求等铸件验收技术条件。铸件图上只需注出铸件主要外廓的长、宽、高度尺寸以及加工余量和需要加工切除的工艺余量、工艺筋等尺寸；铸件尺寸公差除有特殊要求必须标注外，其余一般公差不必在每个尺寸上标注。但也有些工厂习惯于将铸件的全部尺寸都标注在铸件图上，以便于铸型设计、画线检验及机械加工。铸件图实例如图 5-13 所示。在图中，还应标注表 5-2 中的内容。

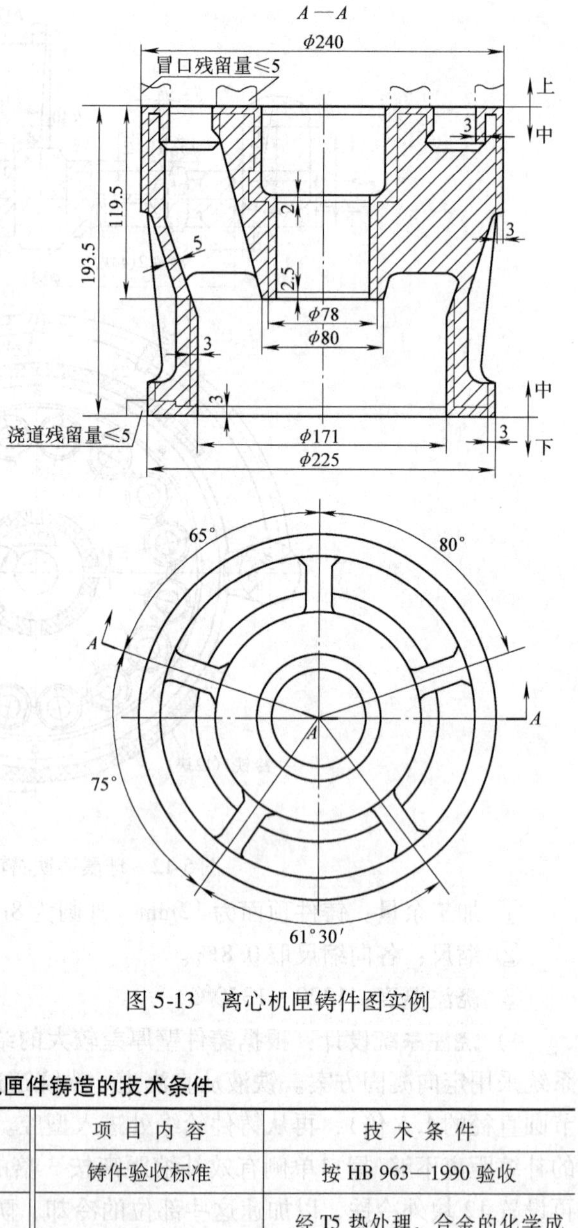

图 5-13　离心机匣铸件图实例

表 5-2　离心机匣件铸造的技术条件

项 目 内 容	技 术 条 件	项 目 内 容	技 术 条 件
铸型（芯）种类	砂型铸造	铸件验收标准	按 HB 963—1990 验收
铸件收缩余量	1.2%	铸件热处理方式及验收	经 T5 热处理，合金的化学成分及力学性能按 HB 962—1986 验收
起模斜度	外表面 1°30′，内表面 2°		
铸件尺寸公差	按 HB 6103—1986 为 CT10		
未注铸造圆角	*R*5	特种检验项目	X 光、液压试验

三、铸型装配图的绘制

铸型装配图是铸造工艺设计需要完成的最复杂而又重要的技术文件，它反映了铸造工艺方案的全貌，是设计铸造工艺装备和编制铸造工艺规程的主要依据之一。绘制铸型装配图的依据是：零件图、铸件图、铸造工艺方案草图和铸型工艺设计有关的标准、手册或资料。在铸型装配图上除铸件型腔外，一般还应表示出：

1）铸型分型面。

2）浇注系统和冒口的结构及其全部尺寸、过滤网的规格、安放位置和面积大小。

3）砂芯的形状、相互位置、装配间隙、芯头的大小和定位、排气方法，各个砂芯应按下芯顺序编号。

4）冷铁的位置、数量、大小及编号。

5）铸型的加强措施（如插钉子和挂吊钩等）和通气方法。

6）铸型装配时需要检查的部位及尺寸。

7）铸件附铸试验块的位置及尺寸。

8）砂箱内框的尺寸。

9）若是用专用砂箱，还需画出砂箱的结构及导向、定位、锁紧装置等。

铸型装置图的主剖视图应尽可能选用自然的铸件浇注位置；画俯视图时一般应将上箱揭开，如果型腔结构简单、砂芯少，为了表示冒口布置情况也可不揭开或揭1/2；为了保持图面清晰，除主要轮廓线外尽可能不用或少用虚线线条。离心机匣铸型装配图实例如图5-14所示。

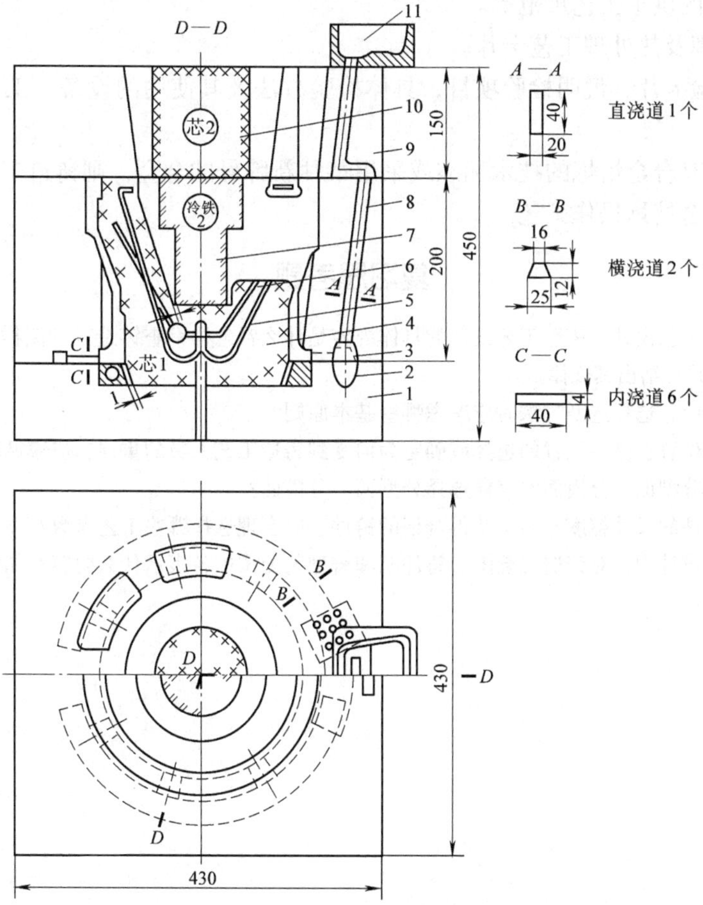

图5-14　离心机匣铸型装配图

1—下型　2—缓冲槽　3、7—冷铁　4、10—砂芯　5—芯骨

6—通气孔　8—中型　9—上型　11—浇口杯

四、铸造工艺规程和工艺卡片的编制

在铸件图、铸型装配图、铸造工艺装备图绘制之后，有些工厂还需要编制铸造工艺规程和工艺卡片。铸造工艺规程和工艺卡片是铸件生产的依据之一，它对铸件生产的每个工序或对某些工序的主要操作进行扼要的说明，并附有必要的简图。工艺规程和工艺卡片的内容及格式，取决于生产类型、铸件的复杂程度和对铸件质量的要求。大量、成批生产的工艺规程内容比较多，单件生产的工艺规程内容比较简单。铸造工艺规程的内容一般应包括：

1）型砂和芯砂的成分、制备工艺及其性能要求。一般情况下，各厂都有自己的型砂和芯砂的技术标准，如无特殊要求时，在工艺规程中只需填写所选定的型砂或芯砂的编号（如1号型砂或4号芯砂等），其余均按技术标准的规定，不必具体说明。

2）造型、制芯过程所需要的模具、设备及性能要求。

3）造型、合型与浇注工艺卡片，并画出工艺简图，表示有关的形状、尺寸、装配检查部位及检验测具和样板等。

4）砂芯制造工艺卡片，说明砂芯制造中的工艺问题，画出砂芯草图，表示砂芯的形状和主要尺寸，芯骨和冷铁的位置、形状与数量，通气孔的形状及位置，样板的形状及其检查部位，以及砂芯的烘干工艺规范等。

5）铸件清理及热处理工艺卡片。

6）铸件检验卡片，说明检验项目，具体检验方法及其使用的设备、工具均按铸件检验技术标准的规定。

如果工厂没有合金熔炼的技术标准或采用某种新牌号的合金，则铸造工艺规程和工艺卡片中还应包括合金熔炼操作工艺。

复习思考题

1. 什么是铸造工艺设计？铸造工艺设计的具体内容是什么？怎样审查铸造零件图样？请对典型铸造工艺方案进行分析，并总结出其规律。
2. 在铸造生产中，选择造型方法时应考虑哪些基本原则？
3. 什么叫浇注位置？浇注位置的选择或确定为何受到铸造工艺人员的重视？应遵循哪些原则？
4. 为什么要设分型面、分模面？怎样选择分型面、分模面？
5. 如何提高铸件的尺寸精度？为了获得合格的铸件，应合理选择哪些工艺参数？
6. 在铸造工艺设计中，对铸造工艺图、铸件图和铸型装配图中各表示什么内容？如何表示？

第三篇

固态金属塑性成形工艺

3

第六章　模锻工艺及锻模设计

第一节　毛坯加热与锻件冷却

一、毛坯加热的方法

在锻造生产中金属毛坯锻前加热的目的是提高金属塑性，降低变形抗力，使金属易于流动成形，是锻造生产过程中的一个极其重要的环节，其主要加热方法如下：

1. 燃料(火焰)加热

燃料加热是利用固体(煤、焦炭等)、液体(重油、柴油等)或气体(煤气、天燃气等)，在加热炉内燃烧产生高温炉气，通过炉气对流、炉围辐射和炉底热传导等方式对毛坯进行加热。在炉温低于650℃时，金属主要依靠对流传热；在炉温为650～1000℃或更高时，金属加热则以辐射方式为主。在普通高温锻造炉中辐射传热量可占到总传热量的90%以上。燃料加热的缺点是劳动条件差，炉内气氛、炉温及加热质量较难控制，容易造成环境污染。对大型毛坯或钢锭，则常采用以油、煤气和天燃气作为燃料的车底式炉。

2. 电加热

电加热是将电能转换为热能而对金属毛坯进行加热。电加热具有加热速度快、炉温控制准确、加热质量好、工件氧化少、劳动条件好、易于实现自动化操作等优点。按电能转换为热能的方式可分为电阻加热和感应加热。

感应加热是主要的电加热方式，即在感应器通入交变电流产生的交变磁场作用下，置于交变磁场中的金属毛坯内部产生交变涡流，由于金属电阻引起的涡流发热和磁滞损失发热，使毛坯得到加热(见图6-1)。由于感应加热时的集肤效应，金属毛坯表层的电流密度大，中心电流密度小。电流密度大的表层厚度，即电流透入的深度δ为：

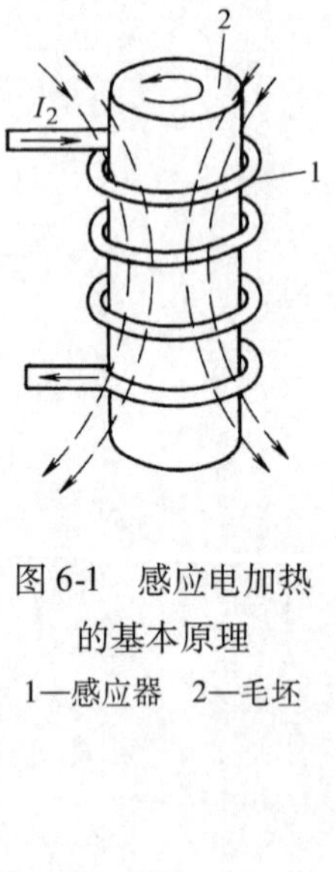

图6-1　感应电加热的基本原理

1—感应器　2—毛坯

$$\delta = 5030\sqrt{\frac{\rho}{\mu f}}$$

式中，δ是电流透入毛坯的深度(cm)；f是电流频率(Hz)；μ是相对磁导率，各类钢在760℃(居里点)以上时$\mu = 1$；ρ是电阻率($\Omega \cdot$cm)。

由于集肤效应，感应加热时热量主要产生于毛坯表层，并向毛坯心部传导。为了提高大直径毛坯的加热速度，应选用较低的电流频率，以增大电流透入深度。而小直径毛坯，因截面尺寸较小，可用较高的电流频率，以提高加热效率。

按采用电流频率范围，感应加热被分为：工频($f = 50$Hz)加热；中频($f = 500 \sim 10000$Hz)加热和高频($f > 1000$Hz)加热。生产中多采用中频加热。

感应加热速度非常快，烧损率一般小于0.5%，因此不用保护气氛就可实现少无氧化加热。而且加热规范稳定，便于实现机械自动化操作，特别适合在生产批量大的流水线上使用。因此，感应电加热已成为目前主要的加热方法。其缺点是：设备一次性投资较大，耗电量也较大，一种规格的感应加热器能加热的毛坯尺寸有限。

3. 少无氧化加热

精密模锻时，毛坯必须采用少无氧化加热，可减少钢材的氧化和脱碳，有利于提高模具寿命。实现少无氧化加热的方法有多种，简单而效果较好的是带保护气氛的感应加热。

如前所述，在感应加热中钢材的氧化和脱碳较少，脱碳层约为0.1～0.4mm。但当温度从1050℃增加到1200℃时，烧损几乎增加0.5倍，氧化层厚度已超出精锻允许的范围。随着温度和在高温下停留时间的增加，脱碳层也明显增厚。因此，为了实现少、无氧化加热，常采用带有工业惰性气体和还原性气体等保护性气体的感应加热。其具体做法是，在感应器炉膛内充满惰性气体或还原性气体，为了将气体保持在炉膛内，感应器进口及出口均装上活门。

二、锻件的冷却方法

根据锻件材料性质，按照冷却速度的不同，锻件的冷却方法有在空气中冷却、在灰砂中冷却和在炉内冷却三种。

1. 在空气中冷却

在空气中冷却的速度较快，适合合金化程度低、导热性及塑性好的材料的中小锻件的锻后冷却。锻后一般是以单件直接散放或成堆摆放在地面上，但不能放在潮湿地面上或金属板上，也不要摆放在有穿堂风的地方，以免冷却不均匀或局部急冷引起翘曲变形或开裂。

2. 在干燥的灰砂中冷却

在干燥的灰、砂坑（箱）内冷却的速度较慢，适合合金化程度较高、导热性及塑性较差的合金材料锻后冷却。一般来说，锻件入砂温度不应低于500℃，周围灰、砂厚度不少于80mm。

3. 在炉内冷却

在炉内冷却的速度最慢，适合合金化程度高、导热性及塑性差的高合金钢、特殊合金钢或大型锻件的锻后冷却。对白点敏感的钢（如铬镍钢34CrNiMo、34CrNi4Mo等）也需要在炉内慢冷，以便让氢有时间充分析出。锻件入炉温度不应低于600℃，炉温与入炉锻件温度相当。由于炉冷可通过炉温调节来控制锻件的冷却速度，可获得质量优良的锻件。

第二节　锻件分类及锻件图设计

开式模锻是沿锻件分型面周围形成横向飞边的模锻（图6-2中5终锻），是目前广泛应用的一种模锻工艺。模锻时，毛坯按照锻件的复杂程度和具体生产条件，在锻模的一系列模膛中逐步变形为锻件。在每一模膛中的变形过程称为模锻工步，而工步的名称与所用模膛的名称是一致的。图6-2就是一个经过五道模锻工步的拉臂锻件模锻工艺以及锻模的实例。下面讲述开式模锻工艺的主要内容。

一、锻件的分类

形状相似的锻件，模锻工艺流程、锻模结构基本相同。为了便于拟订工艺规程和锻模设计，应将各种形状的锻件进行分类。目前比较一致的分类方法是，按照锻件的外形和模锻时

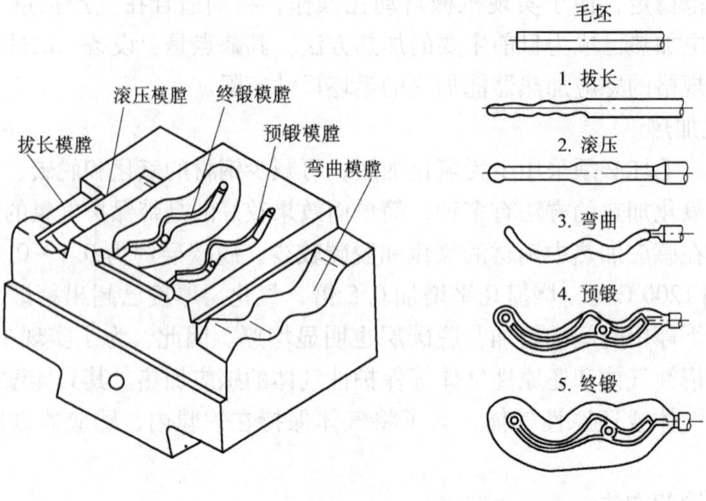

图 6-2　拉臂锻件模锻工艺以及锻模的实例

毛坯的轴线方向，把锻件分为短轴线类(圆饼类)和长轴线类，见表 6-1。

表 6-1　锻件的分类

类　别	组　别	锻 件 简 图
短轴线类	简单形状	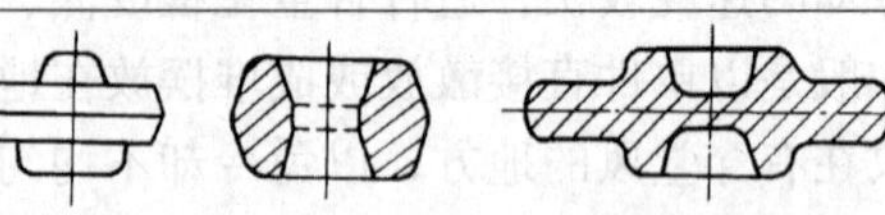
	较复杂形状	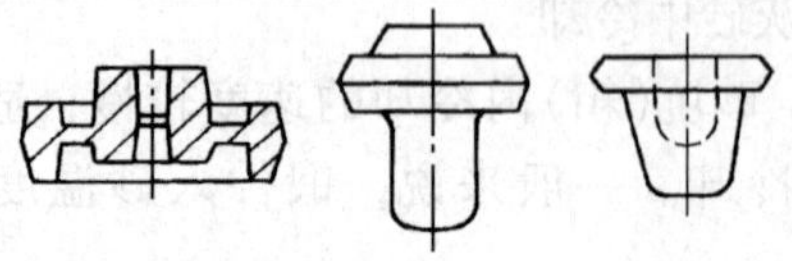
	复杂形状	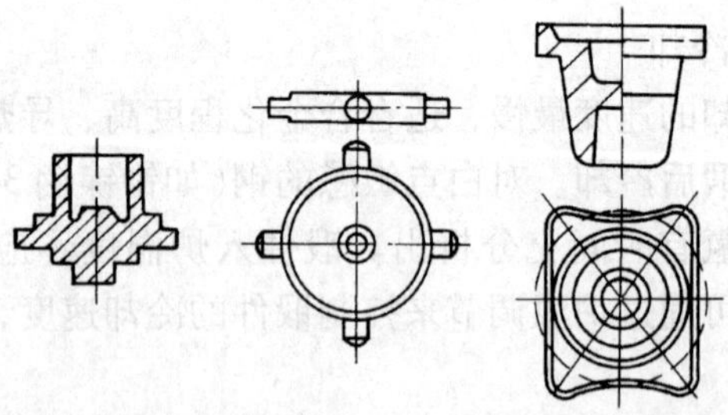
长轴线类	直长轴线类	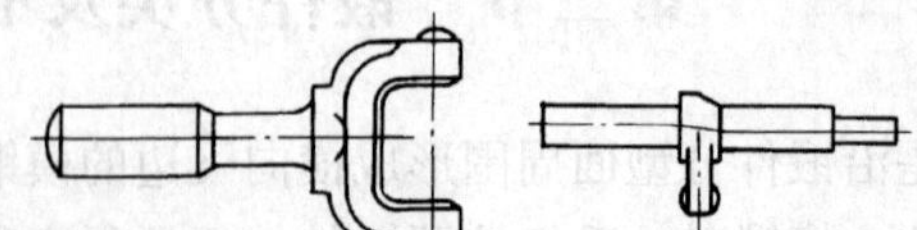
	弯曲轴线类	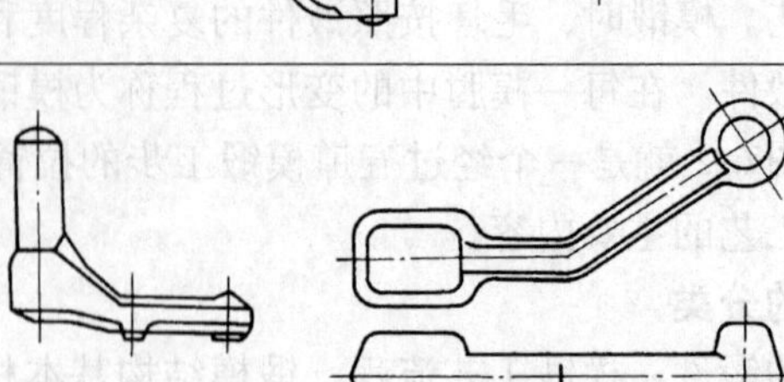

（续）

类　别	组　　别	锻 件 简 图
长轴线类	枝叉类	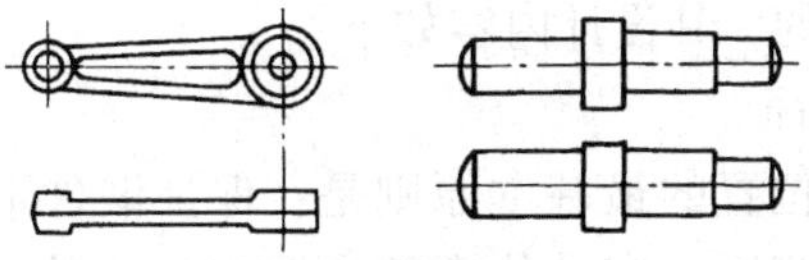

(1) 短轴线类锻件　其特点是锻件高度方向的尺寸通常比其平面图中的长、宽尺寸小，锻件平面图呈圆形、方形或近似圆形和方形。这类锻件模锻时，毛坯的轴线与打击方向相同。可以近似认为，在模锻过程中，金属只在它所在径向平面(称为流动平面)内沿高度和径向同时流动。终锻前常采用镦粗或压扁制坯，以保证锻件成形质量。

(2) 长轴线类锻件　其特点是锻件的长度与宽度或高度的尺寸比例较大。按锻件外形、主轴线、分模特征，可分成直长轴线、弯曲轴线和枝叉类锻件。这类锻件在模锻时，毛坯的轴线与打击方向垂直。可以近似认为，金属基本上只在它所在的垂直于轴线的平面(流动平面)内沿高度和宽度方向流动，而沿轴线方向的流动很小，这是由于金属在流动平面内的流动阻力比沿轴线方向的流动阻力小。

二、表示锻件复杂程度的参数

锻件形状对模锻时金属流动和变形力的影响很大，因此，必须找出表示锻件形状复杂程度的参数。一般是用锻件的体积与其外廓包容体的体积之比来表示锻件复杂性的，而且比较准确地估计到偏离主轴的那部分所带来的影响，即

$$S = \frac{V}{V_b} \tag{6-1}$$

式中，S 是形状复杂系数；V 是锻件的体积；V_b 是锻件外廓包容体的体积。

当 $S = 1 \sim 0.63$ 之间时，形状复杂程度为较低的Ⅰ级，锻件形状简单；$S = 0.63 \sim 0.32$ 时，形状复杂程度为Ⅱ级，为普通形状锻件；$S = 0.32 \sim 0.16$ 时，形状复杂程度为Ⅲ级，锻件形状较复杂；$S \leqslant 0.16$ 时，形状复杂程度为Ⅳ级，锻件形状复杂。

提特斯(Teteies)提出的轴对称锻件的形状复杂系数为：

$$S = \alpha\beta$$

式中，α、β 分别是纵、横截面形状系数。

纵截面形状系数：

$$\alpha = \frac{x_f}{x_c}\left(x_f = \frac{L^2}{A}, x_c = \frac{L_c^2}{A_c}\right) \tag{6-2}$$

式中，L 是锻件纵截面的周界长度；A 是锻件纵截面的面积；L_c 是锻件外接圆柱体的纵截面周界长度；A_c 是锻件外接圆柱体的纵截面面积。

横截面形状系数：

$$\beta = \frac{2R_g}{R_c} \tag{6-3}$$

式中，R_g 是从对称轴至半个纵截面重心的径向距离；R_c 是锻件外接圆柱体的半径。

三、锻件图的设计

在工艺规程制订、锻模设计与加工、模锻生产过程及锻件检验中，都离不开锻件图。锻

件图分为冷锻件图和热锻件图，冷锻件图用于最终锻件检验和热锻件图设计；热锻件图用于锻模设计与加工制造。冷锻件图通常称为锻件图，它是根据零件图设计的，其设计内容如下。

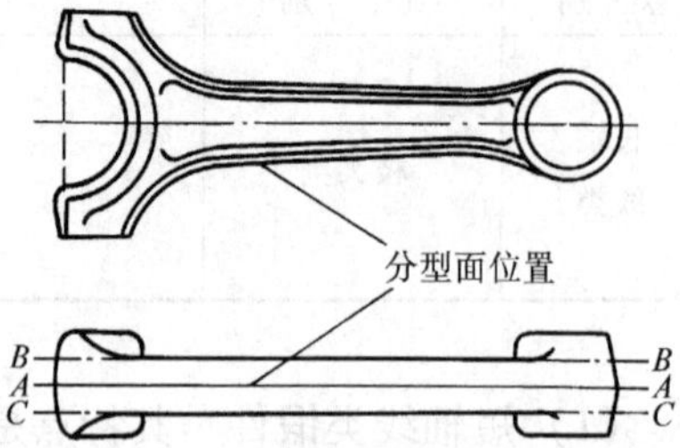

图6-3　直线类锻件分模面位置

1. 确定分型面

确定分型面位置的最基本原则是：保证锻件形状尽可能与零件形状相同，容易从模膛中取出；此外，应争取获得镦粗成形。故此，锻件分型面位置应选在具有最大水平投影尺寸的位置上，如图6-3所示。

为了提高锻件质量和生产过程的稳定性，除满足上述分模原则外，确定开式锻件的分型位置还应考虑下列要求：

1）易于发现上下模膛的相对错移(见图6-4a)。

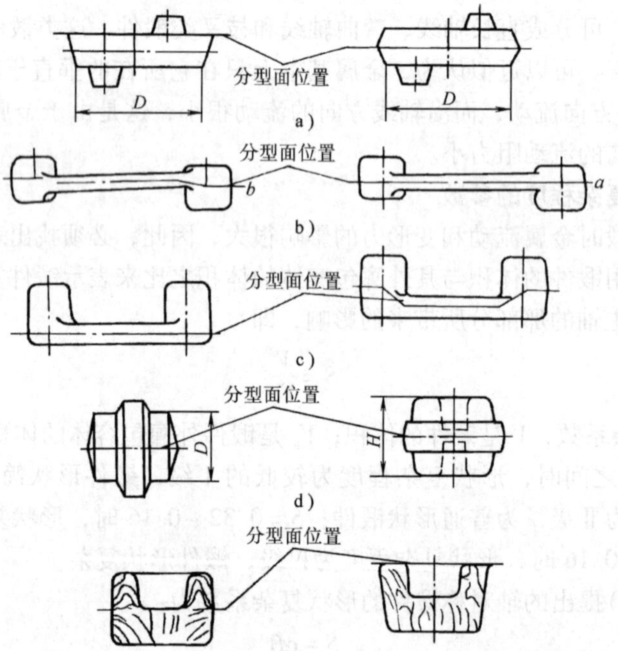

图6-4　分型面位置选择

2）尽可能选用直线分型，使锻模加工简单(见图6-4b)。但对头部尺寸较大、且上下不对称的锻件，则宜用折线分型，以利充满成形(见图6-4c)。

3）对圆饼类锻件，当$H \leqslant D$时，宜取径向分型，而不取轴向分型(见图6-4d)。

4）应保证锻件有合理的金属流线分布(见图6-4e)。

2. 确定机械加工余量和公差

普通模锻件均经机械加工成为零件。在模锻过程中，由于以下原因：①毛坯在高温下产生氧化和脱碳；②毛坯体积变化及终锻温度波动；③由于锻件出模的需要，模膛壁带有斜度，锻件侧壁需添加敷料；④模膛磨损和上下模难免的错移现象；⑤锻件形状复杂，需作适当简化，保证模锻成形。锻件尺寸不仅要加上机械加工余量，还要规定适当的尺寸公差。简单地说，锻件上凡是要机械加工的部位，都应加上加工余量。确定锻件加工余量和公差时，既可用部颁标准，也可采用厂标。

3. 模锻斜度

在锻件上与分型面垂直的平面或曲面所附加的（见图6-5a）或固有的（见图6-5b）斜度，称为模锻斜度。其作用是使锻件能顺利地从模膛中取出。但加上模锻斜度后，增加了金属损耗和机械加工工时，因此应尽量取最小的斜度。锻件在冷却收缩过程中，趋向于离开模壁的部分称为外模锻斜度 α；反之，将模膛中突起部分夹得更紧的部分称为内模锻斜度 β，如图6-5a所示。为了制造模具时采用标准刀具，模锻斜度应按以下数值选用：0°15′、0°30′、1°、1°30′、3°、5°、7°、10°、12°、15°。

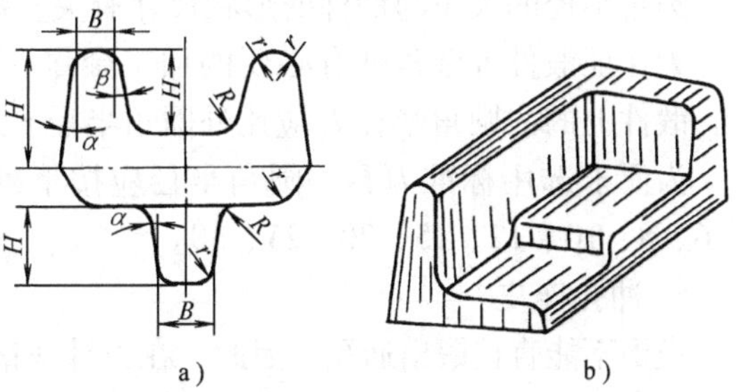

图6-5　锻件的内、外模锻斜度

4. 圆角半径

为了使金属易于流动和充满模膛，提高锻件的成形质量并延长锻模的使用寿命，锻件上所有的转接处都要用圆弧连接，使尖角、棱边呈圆弧过渡，此过渡处称为锻件的圆角。

锻件上的凸圆角半径称为外圆角半径 r；凹圆角半径称为内圆角半径 R。锻件上的外圆角对应模膛的内圆角，其作用是避免锻模在热处理和模锻过程中因应力集中而导致模具开裂，并保证金属能充满此处。若外圆角半径 r 过小，金属充填模膛相应处十分困难，而且易在此处引起应力集中使模具过早开裂；若外圆角半径过大，会使锻件凸圆处余量减少。锻件上内圆角对应模膛上的外圆角，其作用是使金属易于流动充填深腔，防止腹板薄、肋既窄又高这类锻件在肋部出现折叠的锻件，同时也防止模膛中较窄的凸出部分被压塌（见图6-6）。如锻件内圆角过小，则金属流动时形成的纤维容易被割断，导致力学性能下降，或是产生回流形成折叠，使锻件报废（见图6-7），或使模具中凸出部分被压塌而影响锻件出模；若内圆角半径过大，将增加机械加工余量和金属损耗，对于某些复杂锻件，内圆角半径过大，会使金属过早流失，造成局部充不满。

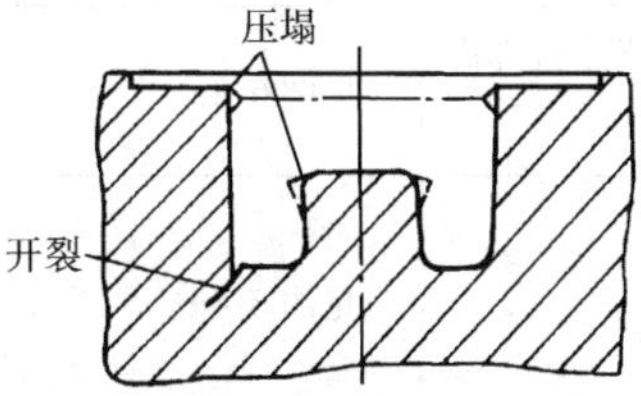

图6-6　圆角半径过小对模具的影响

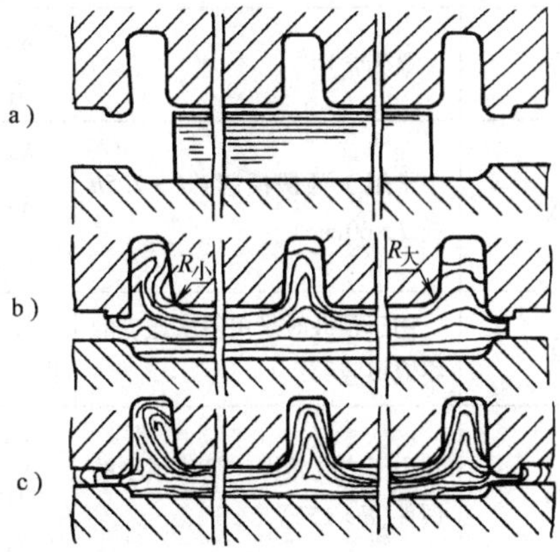

图6-7　圆角半径与折叠的关系

a）初始态　b）开始形成飞边　c）终止态

圆角半径的大小与锻件的形状尺寸有关，锻件高度尺寸大，圆角半径应加大。

为保证锻件外圆角处有必要的加工余量，可按 r = 余量 + 零件相应处半径（或倒角）确定。锻件上的内圆角半径 R 应比外圆角半径 r 大，一般取 $R=(2\sim3)r$。

为便于选用标准刀具，圆角半径应按下列标准选定（单位为 mm）：1、1.5、2、3、4、5、6、8、10、12、15、20、25、30。

5. 冲孔连皮

模锻不能直接锻出通孔，因此，在设计热锻件图时必须在孔内保留一层连皮（见图 6-8），然后在切边压力机上冲除掉。一般情况下，当锻件内孔直径大于 30mm 时要考虑设冲孔连皮。连皮厚度 δ 应适当，若过薄，锻件容易发生锻不足并要求较大的打击力，从而导致模具凸出部分加速模损或打塌；若连皮太厚，虽然有助于克服上述现象，但是冲除连皮困难，容易使锻件形状走样，而且浪费金属。所以在设计有内孔的锻件时，必须正确选择连皮形式及其尺寸。常用的冲孔连皮形式及尺寸见图 6-8 和表 6-2。

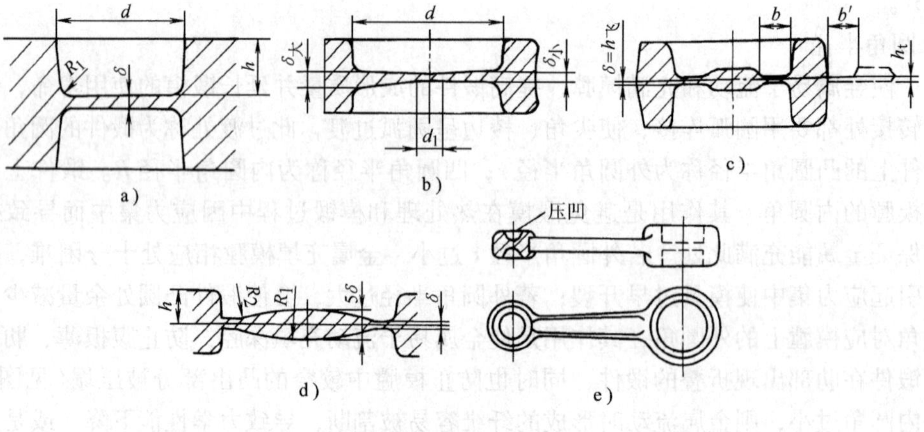

图 6-8 冲孔连皮的形式

a) 平底 b) 斜底 c) 带仓 d) 拱底 e) 压凹

表 6-2 冲孔连皮及其尺寸

连皮形式	使用范围	连皮尺寸/mm	符号说明
平底	最为常用	$\delta=0.45\sqrt{d-0.25h-5}+0.6\sqrt{h}$ $R_1=R+0.1h+2$	R——内圆角半径，其余见图 6-8a
斜底	常用于预锻模膛（$d>2.5h$ 或 $d>60$mm）	$\delta_{大}=1.35$ $\delta_{小}=0.65$ $d_1=(0.25\sim0.30)d$	δ——平底连皮的计算值，其余见图 6-8b
带仓	用于预锻时采用斜底连皮的终锻模膛	厚度 δ 和宽度 b 分别与飞边桥部高度 $h_{飞}$ 和桥部宽度 b' 相同	见图 6-8c
拱底	用于内孔很大、高度很小的锻件（$d>15h$）	$\delta=0.4\sqrt{d}$ R_1——作图决定 $R_2=5h$	见图 6-8d
压凹	内孔小于 25mm 的锻件		见图 6-8e

6. 技术条件

上述各参数确定后，便可绘制锻件图。带连皮的锻件，不需绘出连皮的形状和尺寸，因为在检验用的锻件图上连皮已经切除。零件图的主要轮廓线应用点画线在锻件图上表示出来，便于了解各部分的加工余量是否满足要求。凡在锻件图上无法表示的有关锻件质量及其他检验要求，均列于技术条件的说明中。

图6-9是齿轮的锻件图(冷锻件图)，括号内的数字是零件尺寸，双点画线是零件外形。

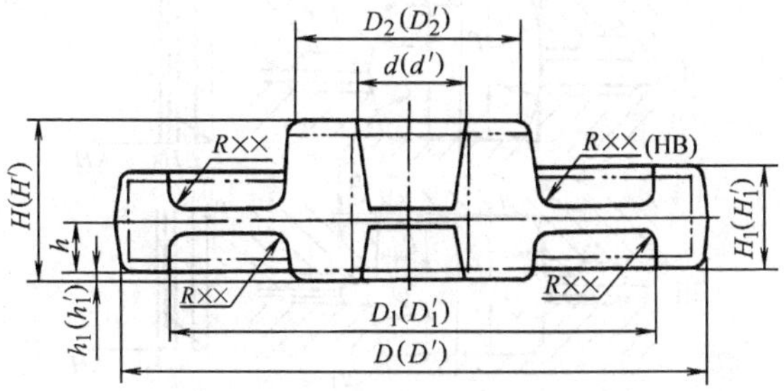

图6-9　齿轮锻件图

一般技术条件包含如下内容：

1）未注明的模锻斜度和圆角半径。

2）允许的错移量和残余飞边的宽度。

3）允许的表面缺陷深度。

4）表面清理方法。

5）锻后热处理方法及硬度要求。

6）需要取样进行金相组织检验和力学性能检测时，应在锻件上注明取样位置。

第三节　开式模锻的变形特征及终锻与预锻模膛设计

一、开式模锻的变形特征

开式模锻时变形金属的流动不完全受模膛限制，多余金属会沿垂直于作用力方向流动形成飞边。随着作用力的增大，飞边减薄，温度降低，金属由飞边向外流动受阻，最终迫使金属充满型槽。

1. 开式模锻的变形过程分析

为分析开式模锻变形过程，可将整个变形过程分为四个阶段(见图6-10a)。

第Ⅰ阶段(镦粗变形)　毛坯在模膛中发生镦粗变形，对于某些形状的锻件可能伴有局部压入变形。当被镦粗的毛坯与模膛侧壁接触时，此阶段结束。这时变形金属处于较弱的三向压应力状态，变形抗力也较小。

第Ⅱ阶段(形成飞边)　第Ⅰ阶段后期金属流动受到模膛壁的阻碍，毛坯在垂直于作用力方向的自由流动受到限制，继续压缩时，金属沿着平行于受力方向流向模膛深处，又继续沿垂直于作用力方向流向飞边槽，形成少许飞边。此时变形抗力明显增大，模膛内的金属处于较强的三向压应力状态。

第Ⅲ阶段(充满模膛)　飞边形成后，随着变形的继续进行，飞边逐渐减薄，形成阻力圈，使得金属流向飞边槽的阻力急剧增大。当阻力大于金属流向模膛深处和圆角处的阻力时，迫使金属继续向模膛深处和圆角处流动，直到整个模膛完全充满为止。此阶段变形金属处于更强的三向压应力状态，变形抗力急剧增大。

第Ⅳ阶段(打靠)　通常毛坯体积略大于模膛容积，因此，当模膛完全充满后，尚须继续压缩至上下模接触，即打靠。多余金属全部排入飞边槽，以保证高度尺寸符合要求。这一阶段变形仅发生在分型面附近的区域内。此阶段由于飞边厚度进一步减薄和冷却，多余金属由飞边槽桥口流出的阻力很大，这时变形区处于最强的三向压应力状态，变形抗力也最大。

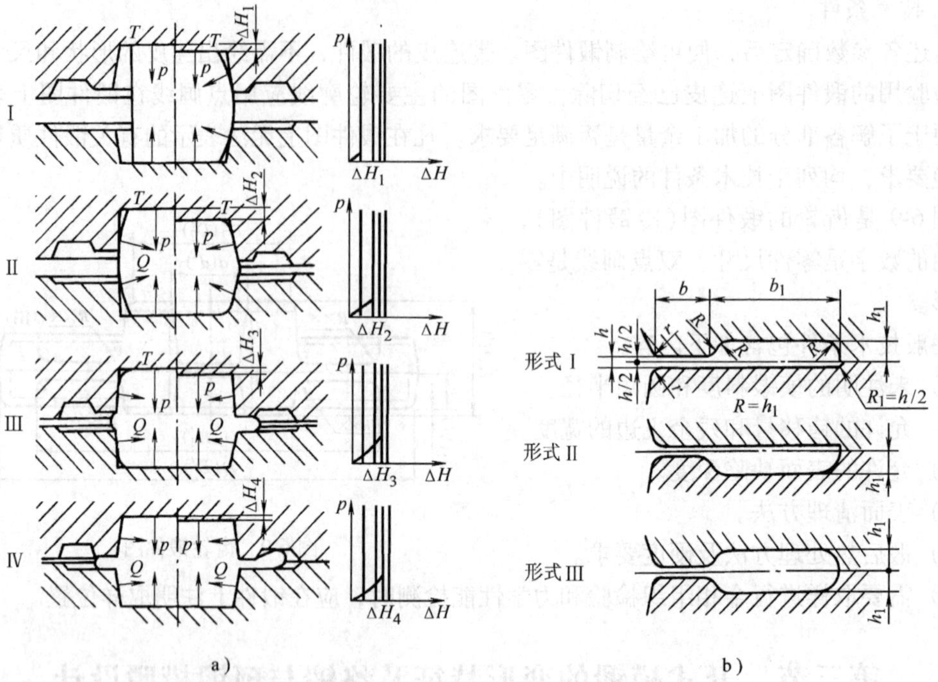

图 6-10 开式模锻中金属变形过程及飞边槽的形式

a）开式模锻变形过程 b）飞边槽形式

有研究表明，此阶段的压下量虽小于 2mm，它消耗的能量却占总能量的 30%~50%。

2. 飞边槽的作用

由以上分析可知，飞边槽起着如下重要的工艺作用：

1）造成足够大的横向阻力，迫使金属充满模膛。

2）容纳毛坯上的多余金属，起补偿与调节作用。

3）对于锤类设备上模锻，可缓冲模具撞击，提高锻模寿命。

二、终锻模膛设计

终锻模膛用于锻件最终成形。它由按热锻件图加工制造的模膛和模膛周围的飞边槽所组成。为便于操作，一般还设有钳口。

1. 热锻件图设计

热锻件图设计是以冷锻件图为依据的，考虑到金属有冷缩现象，热锻件图上所有尺寸应计入收缩率，即按下式计算热锻件图尺寸：

$$L = l(1 + \delta) \tag{6-4}$$

式中，l 是冷锻件图尺寸；δ 是终锻温度下金属的收缩率，钢为 0.8%~1.5%，不锈钢为 1.0%~1.8%，钛合金为 0.5%~0.9%，铝合金为 0.6%~1.0%，铜合金为 0.6%~1.3%，镁合金为 0.7%~0.8%，镍基高温合金为 1.3%~1.8%。

对薄而宽或细而长的锻件，在模具中冷却快，或打击次数多而使终锻温度较低，其收缩率应适当减小；当需要计入模具收缩率（如用高温合金做模具等温模锻钛合金）时，可按下式计算锻件收缩率：

$$\delta = (\alpha_1 t_1 - \alpha_2 t_2) \times 100\% \tag{6-5}$$

式中，α_1 是终锻温度下锻件材料的平均线膨胀系数；α_2 是模具材料在模具加热温度下的线膨胀系数；t_1 是锻件从模具中取出时的温度；t_2 是模锻过程中模具保持的温度。

热锻件图形状与冷锻件图一般相同，有时为保证锻件成形质量，允许热锻件图上个别部位与冷锻件图有所差异，这时应按具体情况进行具体处理。

热锻件图在高度方向的尺寸标注是以分模面为基准，以便于锻模机械加工和准备样板。

2. 飞边槽设计

（1）飞边槽的结构形式　飞边槽由桥部和仓部组成，常见的飞边槽形式有下列三种(见图6-10b)：

形式Ⅰ是使用最广泛的一种，其优点是桥部设在上模，与毛坯接触时间短，吸收热量少，因而温升少，能减轻桥部磨损或避免压塌。

形式Ⅱ适用于在高度方向形状不对称的锻件。因而复杂部分设在上模，为简化切边冲头形状，通常将锻件翻转180°，故桥部设在下模，切边时锻件也易放平稳。

形式Ⅲ适用于形状复杂，毛坯体积不易计算准确而往往偏多的锻件，由于增大仓部容积，不至于发生上下模压不靠。

飞边槽的主要尺寸是桥部高度 h、宽度 b 及入口圆角半径 r。当 h 减小，b 增大时，则水平方向流动阻力增大，有利于充满模膛。但如果 b 过度增大，将导致锻造不足，并使锻模加速磨损。若 h 太大，b 过小，会造成金属向外流动的阻力太小，不利于充填模膛，并产生厚大飞边。入口圆角半径 r 太小，容易产生压塌内陷，影响锻件出模；若 r 太大，又影响切边质量。

（2）飞边槽尺寸的确定

1）吨位法。飞边槽具体尺寸根据锻锤吨位大小来选定(可查有关手册)，吨位法是从实际生产中总结出来的，应用简便，但未考虑锻件形状复杂程度，因而准确性差。

2）计算法。计算法是采用经验公式计算飞边槽桥部高度，即

$$h=0.015\sqrt{A_{件}}\text{或}\ h=-0.09+2\sqrt[3]{Q}-0.01Q \tag{6-6}$$

式中，h 是飞边桥部高度(mm)；$A_{件}$是锻件在分模面上的投影面积(mm^2)；Q 是锻件质量(kg)。然后根据计算得到的 h 值查相关手册确定飞边槽其他尺寸。

3. 钳口设计

终锻模膛和预锻模膛前端留下的凹腔称为钳口。钳口主要用来容纳夹持毛坯的夹钳和便于从型槽中取出锻件；另一作用是作为浇注检验时用的铅或金属盐样件的浇道。钳口与模膛间的沟槽叫钳口颈，其作用主要是增加锻件与夹钳头连接的刚度，便于锻件出模；同时也是浇铅水或金属盐溶液的浇道。

三、预锻模膛设计

预锻的主要目的是在终锻前进一步分配金属。分配金属是为了：确保金属无缺陷流动，易于充填模膛；减少材料流向飞边槽的损失；减小终锻模膛磨损；取得所希望的金属流线和便于控制锻件的力学性能。

但采用预锻模膛也会带来不利影响，容易造成偏心打击，影响锤杆的寿命，容易使上下模错移，增大模块尺寸，降低生产率。

预锻模膛是以终锻模膛或热锻件图为基础进行设计的。设计的原则是经预锻模膛成形的毛坯，在终锻模膛中成形时金属变形均匀，充填性好，产生的毛边最小。为此，设计时须具

体考虑如下问题：

（1）预锻模膛的宽与高　当预锻后的毛坯在终锻模膛中以镦粗方式成形时，预锻模膛的高度尺寸应比终锻模膛大 2～5mm，宽度则比终锻模膛小 1～2mm，预锻模膛的横截面积 $A_{预}$ 应比终锻模膛相应处截面积 $A_{终}$ 大1%～3%，或按下式计算：

$$A_{预}=A_{终}+(0.2\sim1)A_{飞} \tag{6-7}$$

式中，$A_{飞}$ 是飞边槽横截面积。

若经预锻的毛坯在终锻模膛中是以压入方式成形，则预锻模膛的高度尺寸应略小于终锻模膛高度尺寸，即 $h'=(0.8\sim0.9)h$。若高宽比 h/b 较大，取小的系数；反之，取大的系数。顶部宽度相同，即 $a'=a$（图 6-11）。由此可见，当预锻模膛与终锻模膛的肋顶相等而模锻斜度又相同时，则肋的根部宽度 $c'<c$。经预锻的毛坯在肋部的横截面积小于终锻模膛相应处的截面积，为使终锻时肋部顺利成形，应适当加大底部圆角半径 R'。

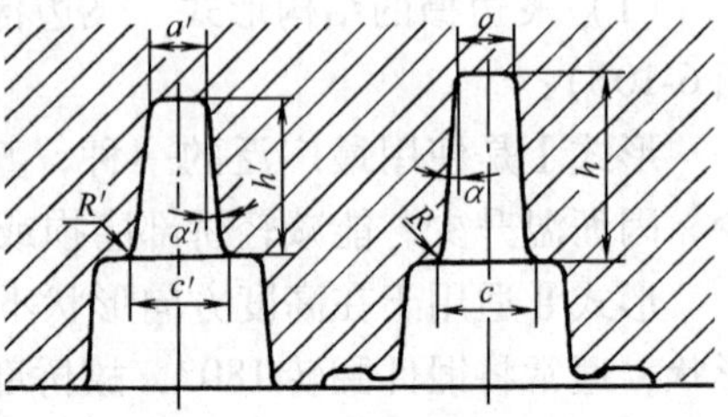

图 6-11　预锻与终锻的尺寸关系

（2）预锻模膛的斜度、圆角半径及出模斜度　一般与终锻模膛相同。

预锻模膛周边不设飞边槽，而是在模膛分型面转角处用较大的圆弧；模膛内的圆角半径比终锻模膛对应处稍大。增大肋根部圆角半径的目的是减小金属流动阻力，促进预锻件成形，同时也能补偿终锻时金属的不足，还可防止产生折叠。此凸圆角半径 R'可按 $R'=R+C$ 计算（R 为终锻模膛相应处的圆角半径，C 为修正量，按表 6-3 确定）。

表 6-3　修正量 C 与 R 处肋深的关系

相应 R 处的肋深 h/mm	<10	11～20	21～40	41～60
C/mm	2	3～4	4～6	6～8

横截面积发生突然变化的锻件，预锻模膛在水平面上拐角处的圆角半径应适当加大，使毛坯变形逐渐过渡，以避免预锻和终锻时产生折叠。

（3）带枝芽的锻件　为便于金属流入枝芽处，预锻模膛的枝芽形状可简化，与枝芽连接处的圆角半径适当增大，必要时在分型面上增设阻尼沟，以增大金属流向飞边的阻力，如图 6-12 所示。

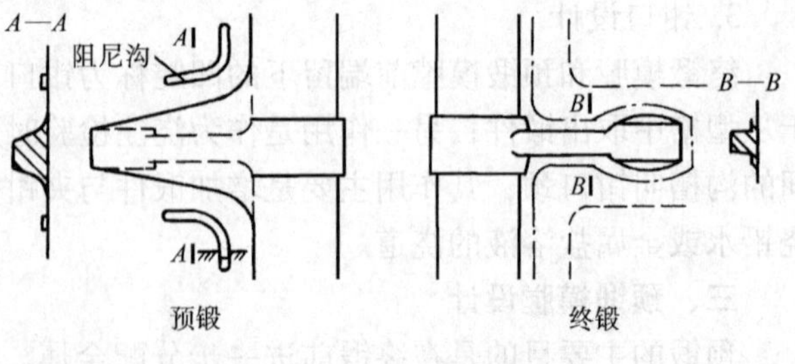

图 6-12　带枝芽锻件的预锻模膛

（4）叉形锻件的预锻模膛设计　锻件叉间距离不大时，必须在预锻模膛中使用劈料台。预锻时依靠劈料台把金属挤向两侧，流入叉部模膛内。一般情况下采用图 6-13 中 a 型；当 $\alpha>45°$，叉部较窄时，可使用 b 型，有关尺寸如下：

$$A=0.25B;\ 8\text{mm}<A<30\text{mm};\ h=(0.4\sim0.7)H;\ \alpha=10°\sim45°。$$

（5）H 型截面锻件的预锻模膛设计　设计带 H 形截面的锻件如连杆的预锻模膛，应按下述情况考虑：

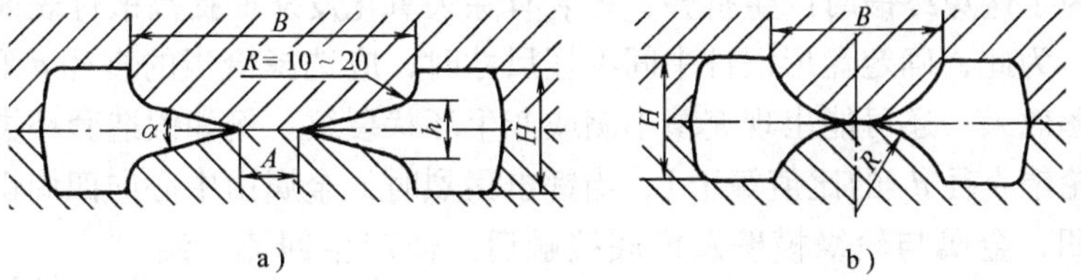

图 6-13　劈料台

1）当 $h \leqslant 2b$ 时，如图 6-14a 所示，预锻模膛设计成梯形，其宽度 $B'=B-(2\sim6)$mm，高度 h' 根据预锻模膛的横截面积等于终锻模膛横截面积与飞边截面积之和来计算，即 $A_{预}+A_{欠}=A_{终}+2A_{飞}$。

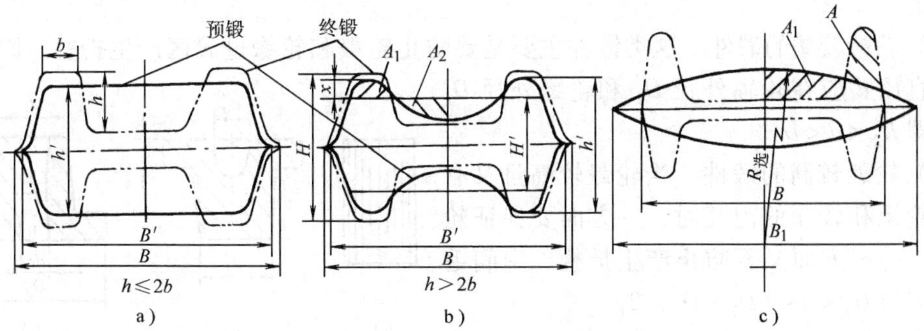

图 6-14　H 形截面的预锻模膛

则
$$B'h'+B'h_{欠}=A_{终}+2A_{飞}$$
$$h'=\frac{A_{终}+2A_{飞}}{B'}-h_{欠} \tag{6-8}$$

式中，$A_{欠}$ 是由于欠压而造成预锻件截面积减小部分；$h_{欠}$ 是欠压量，决定于锻锤吨位，通常 $h_{欠}=1\sim5$mm；$A_{飞}$ 是飞边单边截面积。

2）当 $h>2b$ 时，见图 6-14b。$B'=B-(1\sim2)$mm，高度 h' 的确定方法是：先假设预锻模膛为梯形截面求出 H'，然后按 $x=\frac{H-H'}{4}$ 求解，则 $h'=H'+2x$。通过 x 作圆弧并令截面积 $A_1=A_2$，得到预锻模膛形状。

3）预锻模膛采用舌形截面，用来防止产生涡流或穿流缺陷。图 6-14c 是舌形截面是预锻模膛，横截面宽度设计时取 $B_1=B+(10\sim20)$mm。

增大 B_1 的目的是使终锻时预锻件金属首先在增宽部分形成飞边，以防止金属外流，防止在锻件肋根部产生穿流并迫使金属充填终锻模膛的整个空间。舌形截面的厚度 H 是通过宽度 B_1 的两端点作圆弧 R，使截面积 $A_1=(1.0\sim1.1)A_2$ 来确定。

第四节　制坯工步的选择及模膛设计

一、圆饼类锻件制坯工步选择

圆饼类（$l\approx b\approx h$ 或 $l\approx b>h$）锻件一般使用镦粗制坯，形状复杂的宜用成形镦粗制坯。

制坯的目的是为了避免终锻时产生折叠，还兼有除去氧化皮从而提高锻件表面质量和提高锻模寿命的作用。为此，确定盘形锻件中间毛坯尺寸时，应选择恰当的直径 d 和高度 h，否则会影响锻件成形效果，还可能出现充填不满或产生环状裂纹。例如锻造套环类锻件，若制坯直径 d 与锻件轮辐直径 d_2 的比值等于1，当锤击猛烈时，金属由中心向四周迅速外流，在冲头附近形成内凹，金属与轮缘模壁及模底接触后，便产生回流，结果在轮缘内侧转角处形成环状折纹。当 R_2 减小或 d_2/d_3 减小，更能促使环状折纹的形成。所以，对套环类锻件(见图 6-15)，中间毛坯直径应为 $d=\dfrac{d_2+d_3}{2}$，即 $d_2<d<d_3$。

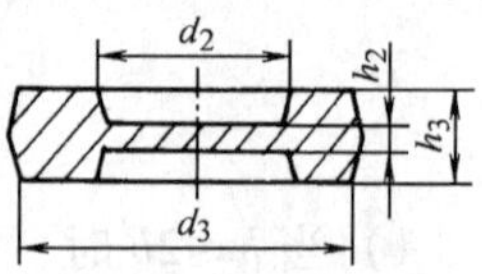

图 6-15　套环锻件图

对于齿轮类锻件，中间毛坯尺寸应视轮毂高度尺寸大小分两种情况确定：

（1）轮毂较矮的锻件　这类锻件主要是要防止轮毂和轮缘过渡区产生折叠。因此，中间毛坯直径 d 应在轮辐外径 D_2 和轮缘外径 D_1 之间，即 $D_2<d<D_1$。

（2）轮毂较高的锻件　当轮毂较高且又有较宽的轮缘和较深的内孔时，一方面要保证轮毂成形，另一方面又要防止产生折叠，中间毛坯直径应为 $D_2<d<(D_2+D_1)/2$。

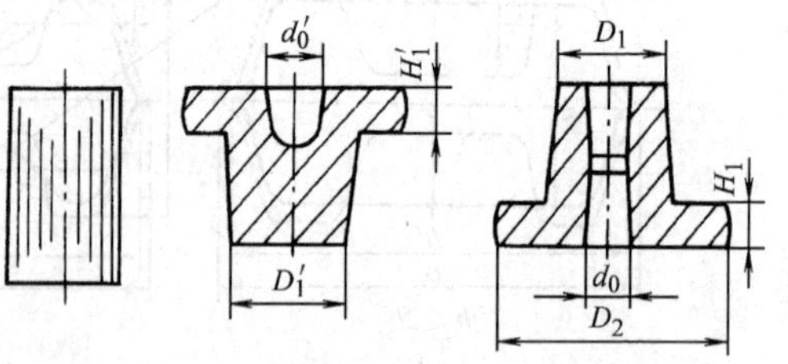

图 6-16　带孔的高轮毂锻件成形过程
a）毛坯　b）成形镦粗后　c）锻件

对于轮毂高且有内孔的锻件(图 6-16)，为保证锻件充填饱满，并便于毛坯在终锻型槽中放平稳，宜用成形镦粗，中间毛坯尺寸应符合下列条件：

$$H'_1>H_1;\ D'_1\leqslant D_1;\ d'_0\leqslant d_0。$$

二、长轴类锻件制坯工步选择

1. 长轴类锻件的制坯工步

长轴类($l>b\geqslant h$)锻件成形一般要采用拔长、滚挤、弯曲、卡压、成形等制坯工步，以及预锻、终锻和切断工步。

（1）直长轴线锻件　通常采用拔长、滚挤、卡压、成形等制坯工步。

（2）轴线弯曲类锻件　制坯工步与直长轴线类锻件相同，但需增加一道弯曲工步(见图 6-17a)。

（3）带枝芽的长轴类锻件　这类锻件所用制坯工步大致与前两类锻件相同，但须增加一道成形制坯工步(见图 6-17b)。

（4）叉形类锻件　制坯工步除具有前三类锻件特点外，还需增加预锻工步劈开叉形部位达到成形目的(见图 6-17c)。

长轴类锻件制坯工步是根据锻件轴向横截面积变化的特点，使毛坯在终锻前金属体积分布与锻件要求相一致来确定的。其中，拔长、滚挤、卡压三种制坯工步可用经验计算法即计算毛坯为基础，参照经验图表资料及具体生产情况定量地加以确定。

2. 计算毛坯

长轴类锻件终锻前，最好将原毛坯沿轴向预制成各截面面积等于带飞边锻件的相应截面

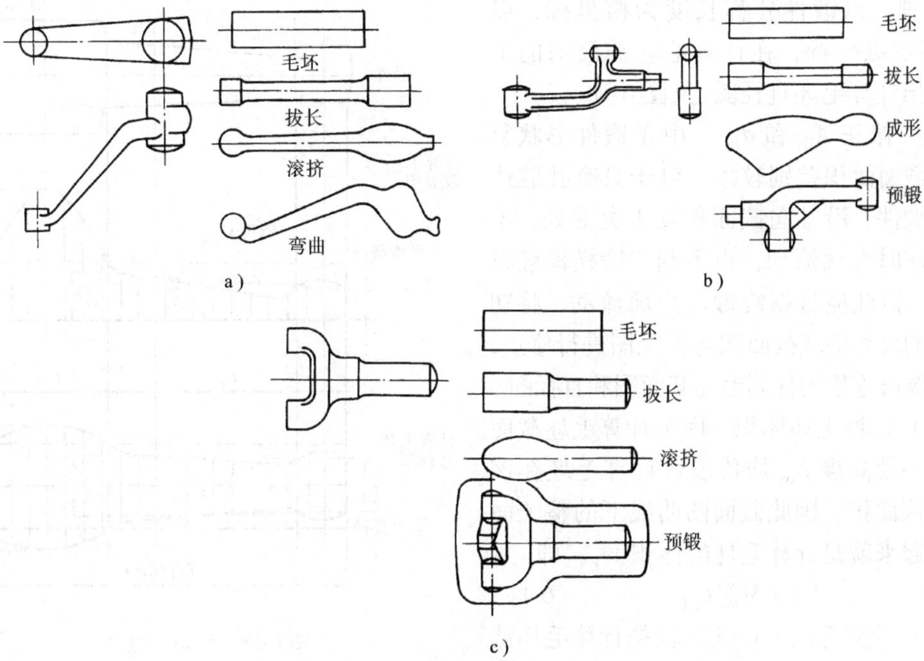

图6-17　几种长轴类锻件的制坯工步

a）轴线弯曲类锻件　b）带枝芽的长轴类锻件　c）叉形类锻件

积的中间毛坯，以保证终锻时锻件各处充填饱满，且飞边均匀，从而节约金属，减轻锻模模膛磨损。按上述要求计算的毛坯称为计算毛坯。计算毛坯包含锻件的主视图、计算毛坯截面图和直径图。

作为计算毛坯的依据是，假定轴类锻件在模锻时属平面应变状态，因而计算毛坯的长度与锻件的长度相等，而轴向各截面面积应与锻件上相应截面面积与飞边截面面积之和相等，即

$$A_{计} = A_{i锻} + 2\eta A_{i飞} \tag{6-9}$$

式中，$A_{计}$是第 i 个截面的计算毛坯截面积(mm^2)；$A_{i锻}$是锻件上第 i 个截面的面积(mm^2)；$A_{i飞}$是相应锻件上第 i 个截面处毛边的截面积(mm^2)；η 是充满系数，形状简单的锻件取0.3～0.5，形状复杂的取0.5～0.8，常取0.7；$i=1,2,3\cdots$。

计算毛坯的截面图和直径图的具体作法步骤如下：

（1）按名义尺寸绘制冷锻件图　一般只绘出最具代表性的一个主视图即可。

（2）计算锻件上的各个截面积　首先在冷锻件图上选取具有代表性的点(截面积发生突变的点)，按上式计算出各截面的 $A_{计}$。

（3）选择适当的缩尺比 M　求出代表各截面面积 $A_{计}$ 的高度 $h_{计}$，即

$$h_{计} = \frac{A_{计}}{M}$$

缩尺比 M 通常取为 $20\sim50mm^2/mm$。

将计算出来的 $h_{计}$ 绘制到坐标纸上。以冷锻件图上锻件公称长度为横坐标，以 $h_{计}$ 为各点纵坐标，连接 $h_{计}$ 端点成光滑曲线，即得计算毛坯截面图，如图6-18 所示。

（4）确定计算毛坯直径 $d_{计}$　计算毛坯图上任一截面的直径 $d_{计}$ 可由下式计算：

$$d_{计} = 1.13\sqrt{A_{计}} \tag{6-10}$$

同理，以锻件公称长度为横坐标，以 $d_{计}$ 为各点纵坐标，在计算毛坯截面图的下方绘制出计算毛坯直径图（见图6-18）。

（5）修正 $A_{计}$ 和 $d_{计}$　由于锻件形状复杂，各截面面积差别较大，对于具有孔腔或凹部的锻件，沿轴向截面积发生突变处，不利于制坯时金属流动，也不利于锻模模膛机械加工，因此应根据终锻时金属流动，将初算得到的计算毛坯截面图与直径图进行修正，以得到圆滑连接的计算毛坯截面图和直径图。

（6）计算毛坯体积　因为计算毛坯截面图的任一处高度 $h_{计}$ 均代表着计算毛坯在该点处的截面积，因此截面图曲线下的整个面积积分起来就是计算毛坯的体积 $V_{计}$。即

$$V_{计}=M\sum h_{计} \tag{6-11}$$

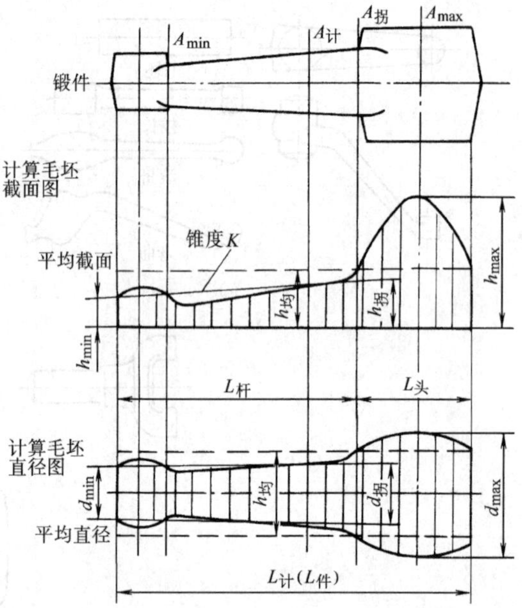

图6-18　计算毛坯图

（7）计算毛坯的简化　根据计算毛坯截面图和上式可计算出平均截面积 $A_{均}$ 和平均直径 $d_{均}$，即

$$A_{均}=\frac{V_{计}}{L_{计}}=\frac{V_{锻}+V_{毛}}{L_{计}} \qquad h_{均}=\frac{A_{均}}{M}$$

$$d_{均}=1.13\sqrt{A_{均}} \tag{6-12}$$

式中，$L_{计}$ 是计算毛坯长度，$L_{计}=L_{锻}$（mm）。

通常将平均截面积 $A_{均}$（$h_{均}$）和平均直径 $d_{均}$ 分别在计算毛坯截面图和直径图上用虚线表示出来。在计算毛坯直径图上，$d_{计}>d_{均}$ 处，称为头部；$d_{计}<d_{均}$ 处，称为杆部。也可从截面图上判断，凡是大于虚线（$h_{均}$）部分的称为头部，小于虚线部分的称为杆部。

弯曲轴线类锻件，应先将轴线展开成直线，然后作计算毛坯图。对曲率半径较大的自由弯曲件，应从锻件图上厚度内侧1/3处作中性线使之展直。

3. 计算繁重系数

长轴类锻件终锻前，需要将等截面的原材料预制成计算毛坯的形状，因而要采用合适的制坯工步，如拔长、滚挤、卡压等，以便将杆部多余金属转移到头部，转移金属量的多少与下列繁重系数有关。

$$\alpha=\frac{d_{max}}{d_{均}};\ \beta=\frac{L_{计}}{d_{均}};\ K=\frac{d_{拐}-d_{min}}{L_{杆}} \tag{6-13}$$

式中，α 是金属流向头部的繁重系数；β 是金属沿轴向流动的繁重系数；K 是计算毛坯的杆部锥度；d_{max} 是计算毛坯的最大直径（mm）；$L_{杆}$ 是锻件杆部长度；d_{min} 是计算毛坯的最小直径（mm）；$d_{拐}$ 是计算毛坯杆部与头部转接处的直径，又称为拐点处直径（mm）。

拐点处直径可直接由计算毛坯截面图求出近似值：

$$d_{拐}=1.13\sqrt{h_{拐}M}$$

繁重系数 α 值越大，表明须转移到头部的金属越多；β 值越大，表明金属沿轴向流动的距离越长；K 值越大，表明杆部锥度大，小头一端金属越过剩；锻件质量 G 越大，制坯越困

难。因此，繁重系数代表了制坯时需转移金属量的多少、金属转移的难易程度，可作为选择制坯工步的依据。必须强调指出，按上述方法选择的制坯方案，还应针对具体锻件和生产条件作相应修改。

【例 6-1】 有一质量为 0.8kg 的锤上模锻长轴类模锻件，作出计算毛坯图后，计算出工艺繁重系数 $\alpha=1.37$，$\beta=3.2$，$K=0.05$。试选择其制坯工步。

从图 6-19 中查得，可采用闭式滚挤工步制坯，然后终锻成形。

图 6-19 是根据锤上模锻生产经验总结而绘成的图表，只用于拔长、滚挤、卡压等工步。其他模锻设备模锻长轴类锻件时也可参考应用。

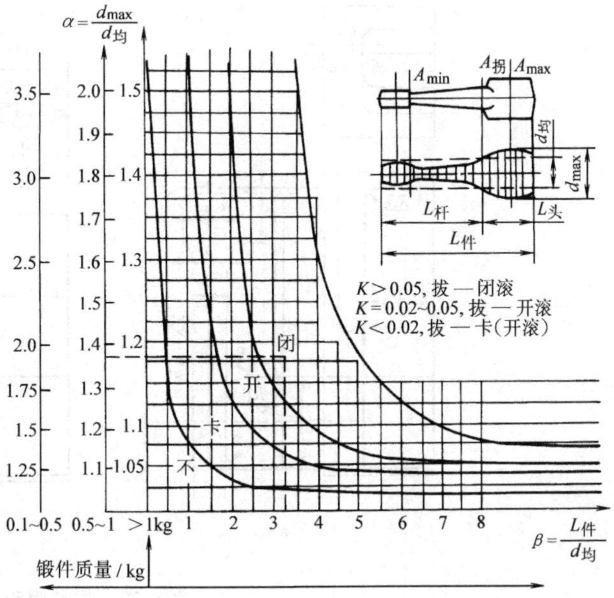

图 6-19 长轴类锻件制坯工步选用图表

图中文字含义：不——不需要制坯工步，可直接模锻成形；卡——需卡压制坯；开——需开式滚挤制坯；闭——需闭式滚挤制坯；拔——需拔长制坯；拔—闭滚——需拔长加闭式滚挤联合制坯；余类推。

三、制坯模膛的设计

各种制坯工步都要通过相应的模膛完成，因此，在确定了模锻工序的工步方案后，另一个重要任务就是设计制坯模膛。

1. 拔长模膛

（1）拔长模膛的结构 拔长模膛的主要作用是使毛坯局部截面积减小，长度增加，若是第一道变形工步，还兼有清除氧化皮的作用。拔长模膛位置设置在模块边缘，由坎部、仓部和钳口三部分组成。拔长模膛有开式和闭式两种。按在模块上的排列方式可分为直排与斜排式两种。

1）开式拔长模膛。其拔长平台截面呈矩形，边缘敞开，如图 6-20a 所示。这种形式结构简单，加工制造方便，但拔长效率低。

2）闭式拔长模膛。拔长平台呈椭圆形，边缘封闭，如图 6-20b 所示。闭式拔长效率高，而且拔长后的毛坯光滑，一般用于$(L_{拔}/a)>15$ 的细长锻件。$L_{拔}$ 指拔长部分的长度(包含小头)，a 指拔长部分的厚度(或直径)。

（2）拔长模膛尺寸计算 拔长模膛是以计算毛坯为依据进行设计的，主要是确定拔长坎高度 a、宽度 B、拔长坎长度 c 等尺寸。

1）坎高 a。若杆部截面积变化不大，仅用拔长制坯工步时，坎高 a 可按 $a=k_1d_{min}$ 确定(d_{min}是计算毛坯上杆部的最小直径)；若杆部截面积变化较大，拔长后还要滚挤制坯，坎高 a 应按 $a=k_2\sqrt{\frac{V_{杆}}{L_{杆}}}$计算确定。$k_1$、$k_2$ 是系数，与计算毛坯的长度有关，可查相关手册。

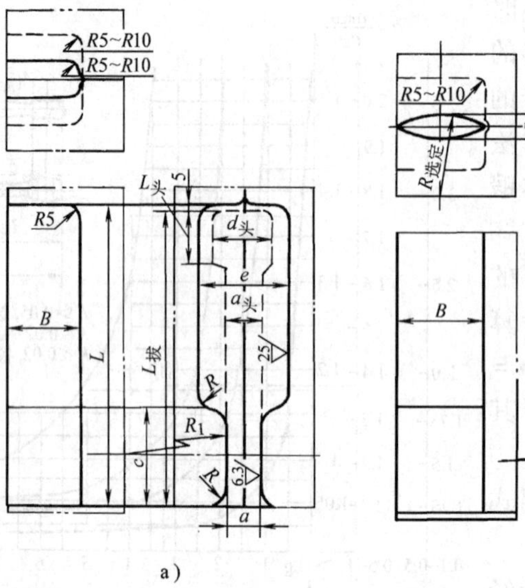

图 6-20 拔长模膛

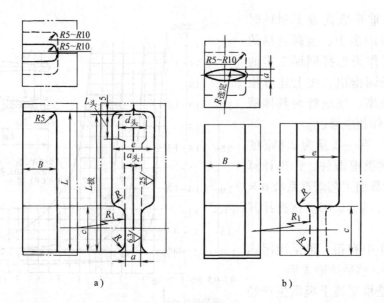

2）坎长 c。拔长平台应有适当的长度 c，太短会影响毛坯表面质量、不光滑；太长又会影响拔长效率。根据生产经验，按 $c=k_3d_{坯}$ 确定。式中，$d_{坯}$ 是毛坯直径(mm)；k_3 是系数，与待拔长部分长度与毛坯直径之比有关，可查相关手册。

3）拔长模膛宽度 B。为便于操作，拔长模膛宽度宜大一些，按下式确定：

直排时 $$B=k_4d_{坯}+(10\sim20)$$

斜排时 $$B=(k_4-0.4\tan\alpha)d_{坯}+(10\sim20)$$

系数 k_4 可查相关手册选取。

(3) 其他尺寸 $R=0.25c$；$R_1=2.5c$；e(仓部深)$=1.2d_{小头}$，无小头时 $e=2a$；$L=L_{拔}+5$(mm)

2. 滚挤模膛

滚挤模膛用来减小毛坯局部横截面积，增大另一部分的横截面积，使毛坯沿轴向体积分配符合计算毛坯要求。它对毛坯有少量的拔长作用，兼有滚光和去除氧化皮的功能。

(1) 滚挤模膛的结构形式 滚挤模膛主要分开式和闭式两种结构形式。闭式滚挤模膛横截面积呈椭圆形，整个侧面封闭(见图 6-21a)。滚挤时金属的横向流动受到封闭侧壁的限制，而迫使金属沿轴向强烈流动，聚料效率高(见图 6-21c)。开式滚挤模膛截面为矩形，边缘分型线开通

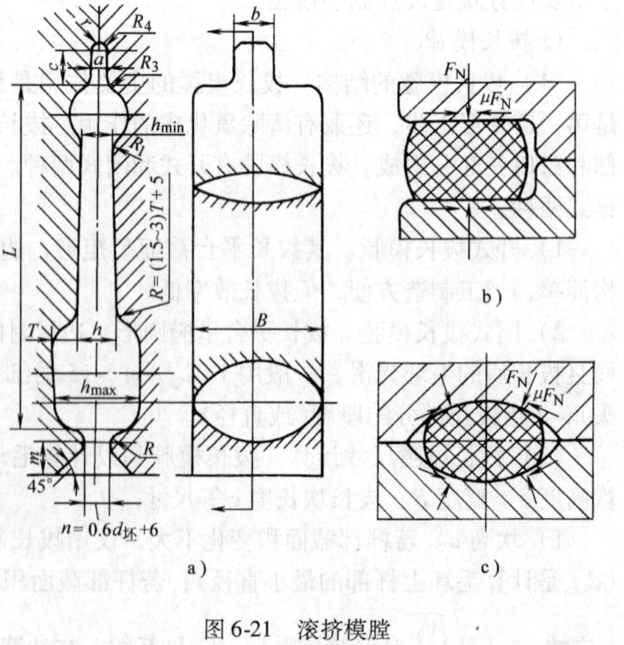

图 6-21 滚挤模膛

a) 闭式模膛结构 b) 开式滚挤模膛 c) 闭式滚挤时受力情况

（见图 6-21b）。滚挤时金属横向展宽较大，故聚料效率低。

（2）滚挤模膛尺寸计算　滚挤模膛可认为是由钳口、本体和飞边槽三部分组成。钳口用来容纳夹钳并卡细毛坯，防止滚挤过程中金属由钳口流出；飞边槽用来容纳滚挤时产生的飞边；本体使毛坯成形为计算毛坯形状。同拔长模膛一样，滚挤模膛也是以计算毛坯为依据进行设计的，主要是确定模膛高度 h、宽度 B 及其他一些相关尺寸。

1）滚挤模膛高度 h。滚挤方式不同，模膛高度稍有差别。闭式滚挤时，毛坯杆部被滚成椭圆形截面，模膛高度应比计算毛坯相应部分的直径小一些，这样每次压下量可以大一些，由杆部转移到头部的金属就会多一些。在计算闭式滚挤模膛杆部高度 $h_{杆}$ 时，按滚挤后毛坯的截面积等于计算毛坯图相应部分的截面积确定，即

$$\frac{\pi}{4}Bh_{杆}=\frac{\pi}{4}d_{计}^2$$

为避免横向展宽过大，不利于翻转 90°后的操作，毛坯椭圆截面长轴与短轴之比为 3∶2，因而上式可改写成：

$$\frac{3}{2}h_{杆}\,h_{杆}=d_{计}^2 \quad h_{杆}=0.8d_{计}$$

由于滚挤时上下模不一定打靠，实际采用的模膛高度应比计算值小一些，建议按不同的滚挤方式计算。

闭式滚挤：$h_{杆}=(0.8\sim0.7)d_{计}$；开式滚挤：$h_{杆}=(0.75\sim0.65)d_{计}$

滚挤头部时，要求充分聚料，要尽量减小金属流入的阻力。头部模膛高度 $h_{头}$ 应比计算毛坯相应处直径大，一般按下式确定：

$$h_{头}=(1.05\sim1.15)d_{计}$$

滚挤模膛的头部与杆部转折处称为拐点，拐点处毛坯变形前后截面积变化很小，其模膛高度 $h_{拐}$ 可与计算毛坯直径近似相等，即

$$h_{拐}=(0.9\sim1.0)d_{计}$$

2）滚挤模膛宽度 B。滚挤模膛宽度 B 应根据所选模膛形式和毛坯状态（原始棒材或已经过拔长的毛坯）来确定。模膛宽度 B 过大会减小聚料效率，并增大模块尺寸；B 过小，在滚挤过程中金属流进分型面会形成飞边，当翻转 90°再滚挤时，就会形成折叠。模膛宽度 B 可按表 6-4 中公式计算。

表 6-4　滚挤模膛宽度 B 的计算公式

毛坯形态 \ 模膛形式	闭式模膛宽度		开式模膛宽度	
	杆　部	头　部	杆　部	头　部
滚挤原材	$B\leqslant\sqrt{2.8\times1.15A_0}$ 或 $B\leqslant1.6d_0(a_0)$	$B\geqslant1.1d_{max}$	$B=\frac{A_0}{h_{min}}+10(mm)$ 或 $B\leqslant1.5d_0(1.7a_0)$	$B\geqslant d_{max}+10(mm)$
经过拔长的毛坯	$B_{杆}\leqslant(1.4\sim1.6)d_0$	$B\geqslant1.1d_{max}$	$B\leqslant(1.4\sim1.6)$ $d_0+10(mm)$	$B\geqslant d_{max}+10(mm)$

注：A_0—原始棒材的横截面积；d_0—原始棒材直径；a_0—方坯的边长；d_{max}—计算毛坯头部的最大直径；h_{min}—计算毛坯杆部最小高度。

3）滚挤模膛长度 L。滚挤模膛长度 L 应根据热锻件图尺寸确定。对于滚挤后还须进

行弯曲工步制坯的锻件，滚挤模膛长度应根据滚挤后是一般弯曲还是多拐弯曲作适当的修正。

4）滚挤模膛钳口与飞边槽尺寸。钳口与飞边槽尺寸查有关手册。

（3）闭式滚挤模膛截面形状　闭式滚挤模膛的截面形状有两种，当毛坯直径小于80mm时，杆部宜用圆弧形截面模膛；当毛坯直径大于80mm时，可采用棱形截面模膛，以增强滚挤效果，但滚挤后毛坯表面质量不如采用圆弧形截面模膛，至于头部，均应采用圆弧形截面模膛。

3. 镦粗台与压扁台设计

压扁台适用于锻件平面图近似矩形的情况，镦粗台适用于圆饼类锻件(见图6-22)。这类平台的作用是使毛坯的高度尺寸减小，水平尺寸增大，并根据锻件形状要求，在镦粗或压扁的同时，也可以在毛坯上压出凹坑，以利于充满模膛，防止产生折叠，兼有成形镦粗和去除氧化皮的作用。

镦粗台和压扁台通常设置在模块边角上，所占面积稍大于毛坯镦粗后所占水平面尺寸，为节省锻模材料，可占用部分飞边仓部，但应使平台与飞边槽平滑过渡连接。为避免镦粗时产生过大的偏击，应使图6-22中的尺寸满足下式：

$$\frac{B-B_1}{B_1}<1.4 \quad \frac{A_1}{A-A_1}<1.4$$

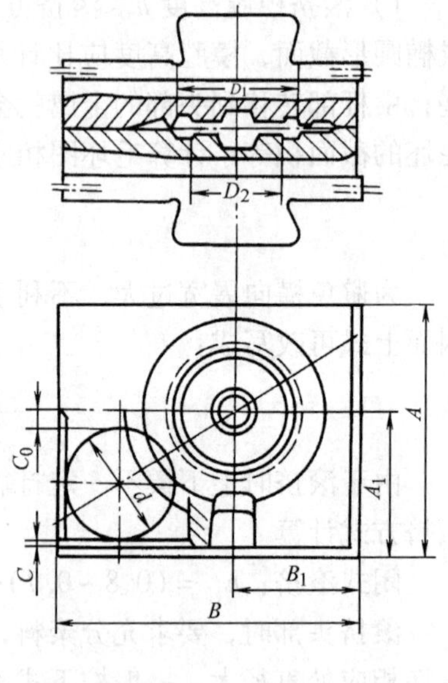

图6-22　镦粗台

第五节　锻模结构的设计

不同的模锻设备，其结构与工作特性各不相同，因而相应的锻模结构也有差别。下面着重介绍模锻锤、热模锻压力机和螺旋压力机三种常用模锻设备的锻模结构设计。

锻模结构设计任务主要是要解决生产一种锻件所采用的各工步模膛在模块上的合理布排，模膛之间和模膛至模块边缘的壁厚，模块的尺寸、质量、纤维方向要求，以及平衡错移力的锁扣形式。

一、锤锻模结构设计

锤锻模主要是整体结构，图6-23所示汽车连杆锻模为常用的锤锻模结构。上下模块分别通过楔铁和键块与模锻锤的锤头和下模座配合燕尾紧固。

1. 模膛布置

锻模分型面上的模膛布置要根据模膛数、各模膛的作用以及操作是否方便来确定，原则上应使模膛中心(模膛承受反作用力的合力点)与理论上的打击中心(燕尾中心线与键槽中心线的交点)重合，以使锤击力与锻件的反作用力处于同一垂直线上，从而减小锤杆承受的偏心力矩，有利于延长锤杆使用寿命，减小导轨的磨损和模块燕尾的偏心载荷，在保证应有的打击能量和锻模有足够强度的前提下，应尽量减少模块尺寸，这样，模块寿命长，锻件精度高。其布置原则及方法如下：

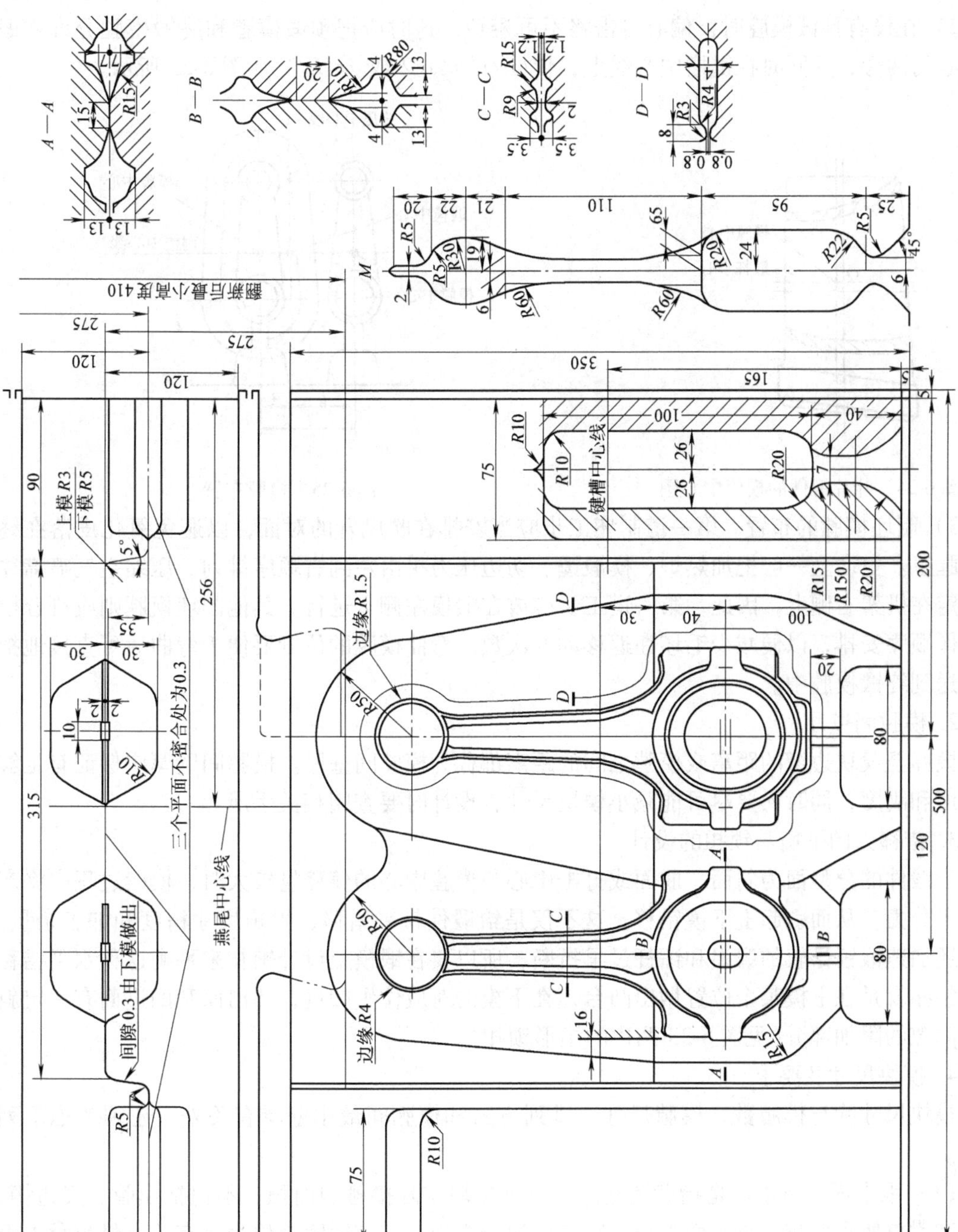

图 6-23　汽车连杆锤锻模

1）锻模上无预锻模膛时，终锻模膛中心应与锻模中心重合。对变形抗力分布不均匀的锻件，例如厚薄不等的叶片类锻件(见图6-24)，较薄的一侧温度下降快，变形抗力急剧上升，而且三向压应力状态较强，这时模膛中心应由锻件的形心向变形抗力较大的薄边移动。

2）在设有预锻模膛时，偏心打击将不可避免，这时应把预锻模膛和终锻模膛分设在锻模中心的两旁，并同时在键槽中心线上，使$(a/b)\leqslant 1/2$或$a\leqslant L/3$,如图6-25所示。

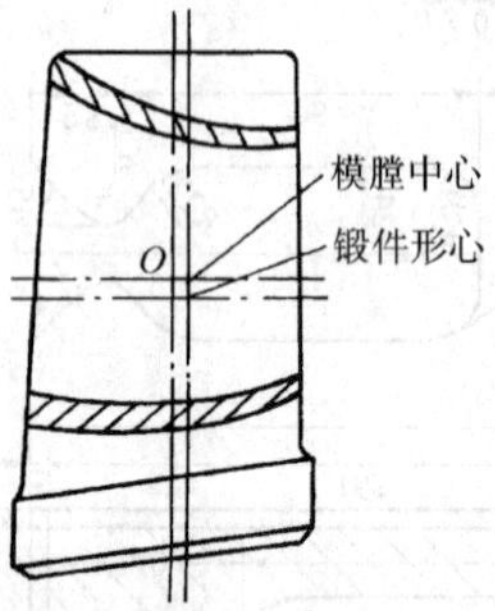

图6-24 叶片锻件的模膛中心图

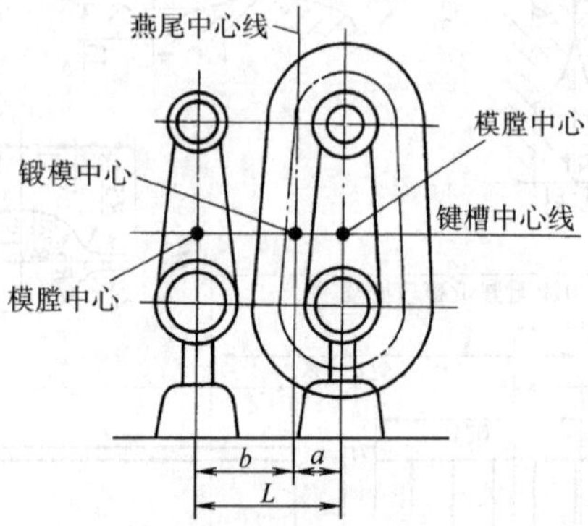

图6-25 模膛布置

3）制坯模膛的布置。第一道制坯工步应当安排在吹风管的对面，以避免氧化皮落在终锻模膛里。生产上一般把加热炉、模锻锤、切边压力机由左到右顺序排列，压缩空气喷嘴往往固定在机架右侧上，因此，第一道工步应放在锻模左侧上进行。其他制坯模膛则应符合模锻操作顺序安排，以便减少毛坯往返移动的次数。弯曲模膛的位置要便于弯曲后可直接地把毛坯送到终锻模膛中。

2. 模膛间壁厚

模膛至模块边缘的距离或模膛之间的距离都称为模膛间壁厚。模膛间壁厚应保证有足够的强度和刚度，同时又要尽可能减小模块尺寸，设计时要查阅相关手册。

3. 错移力的平衡与锁扣的设计

当锻件的分型面为斜面、曲面或打击中心与模膛中心的偏移量较大时，模锻过程中将产生水平分力，从而引起上下模错移。这不仅是给锻件带来错移、影响尺寸精度和加工余量，而且还加速锻锤导轨的磨损和锤杆过早折断，所以要在锻模上设计锁扣来平衡这种水平错移力。锁扣就是在上模某个位置做出凸台，在下模的对应位置凹进，凸出面和凹进面有一定斜度和间隙的附加部分(见图6-23两边的矩形锁扣)。

4. 模块尺寸及要求

模块尺寸除与模膛数、模膛尺寸、排列方式和模膛间最小壁厚有关外，还须考虑下列问题。

(1) 承击面　承击面是指锻锤空击时上下模块实际接触的面积。不包括模膛、飞边槽、锁扣和钳口所占面积。承击面太小，容易压塌分模面，它与锻锤吨位大小有关。最小承击面积与锻锤吨位的关系可查相关手册。

(2) 锻模高度　锻模高度根据模膛最大深度和锻锤的最小闭合高度确定。考虑到锻模翻修的需要，通常锻模总高度$H_{模}$是锻锤最小闭合高度的1.35～1.45倍。若$H_{模}$太小，上下模合不拢，锻件打不靠，甚至可能撞掉锻锤汽缸底；若$H_{模}$太大，将缩短锤头行程，降低打击能量。

（3）模块的锻造要求　用来加工制造锻模的模块，要求锻造比达到3以上，应打碎铸造组织、碳化物及夹杂，锻合空洞，增加致密度。锻模纤维方向的正确安排应该是：对于长轴类锻件，模块的纤维方向与燕尾方向一致；对于圆饼类锻件，应与键槽方向一致。

二、热模锻压力机锻模结构设计特点

同模锻锤相比，热模锻压力机滑块行程固定，且模锻变形速度较低，因此，其模锻工艺及相应的锻模设计具有如下特点。

1. 工步图及工步设计

工步图用来表示毛坯在制坯和模锻过程中应具有的形状和尺寸。确定这些工步图的过程称为工步设计。制坯模膛和模锻模膛应根据工步图来设计制造。

热模锻压力机上最常用的变形工步是镦粗、压挤、弯曲、挤压、预锻及终锻。在这些工步中，以预锻工步的设计最为重要，因为在热模锻压力机上预锻工步用得较多，预锻模膛的形状和尺寸与终锻模膛的差别较大，设计是否正确对锻件质量有很大影响。本节着重介绍终锻、预锻、镦粗工步的设计原则。压挤、弯曲工步的设计分别与锤锻模的滚挤和弯曲相同，挤压工步的设计可参阅有关挤压技术的教材和专著。

（1）终锻工步设计　主要是设计热锻件图和确定飞边槽形式及尺寸。热锻件图及飞边槽的设计原则与锤上模锻基本相同。但在热模锻压力机上模锻由于采用了较完备的制坯工步，金属在终锻模膛内的变形主要以镦粗方式进行，飞边的阻力作用不像锤上模锻显得那么重要，而较多地起着排出和容纳多余金属的作用。据此，飞边槽桥部及仓部高度均比锤上的相应大一些，其结构形式如图6-26所示，其尺寸可查相关手册。

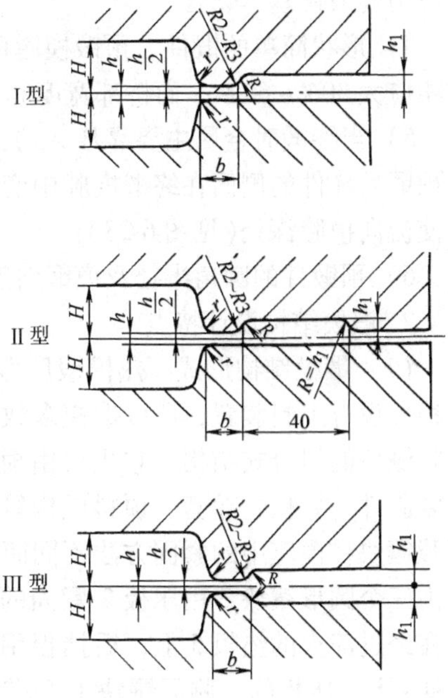

图6-26　飞边槽结构形式

在热模锻压力机上模锻时，锻件的高度由压力机的行程来保证，不靠上下分模面的闭合，因而滑块在下止点时上下分模面之间要有一定的间隙，用以调整模具闭合高度，并可抵消压力机的一部分弹性变形，保证锻件高度方向的尺寸精度。上、下分型面之间留有间隙，还可防止热模锻压力机发生闷车。间隙的大小根据飞边槽尺寸高度而定。当飞边槽仓部至模块边缘的距离小于20~25mm时，可将仓部直接开通至模块边缘(见图6-26Ⅰ、Ⅲ型)。

由于上、下模闭合后存在间隙，不发生碰撞，模块只承受金属塑性变形的抗力，所以可采用尺寸较小而硬度较高的镶块锻模来代替整体锻模。

（2）预锻工步设计　预锻工步图根据终锻工步图设计，它的形状、尺寸与终锻工步图可能接近或有较大的差别。预锻工步设计总的原则是：使预锻后的坯件在终锻模膛里尽可能以镦粗方式成形。具体说来，要考虑以下几点：

1）预锻工步图的高度尺寸比终锻工步图相应大2~5mm，而宽度尺寸适当减小，并使预锻件的横截面积稍大于终锻件相应的横截面积；若终锻件的横截面呈圆形，则相应的预锻件横截面应为椭圆形，横截面的圆度为终锻件相应截面直径的4%~5%。

2）应严格控制预锻件各部分的体积，使终锻时多余金属能合理地流动，避免产生金属回流、折叠等缺陷。例如对于齿轮的轮毂部分，预锻工步的金属体积可比终锻工步大1%~6%。对于需要冲孔的锻件，当孔径不大时，预锻件的孔深与终锻件相应孔深之差不大于5mm，否则，终锻时将有较多的金属沿径向流动，形成折叠。当孔径较大时，还必须将终锻模膛连皮设计成图6-27所示的结构，以容纳连皮处多余的金属。

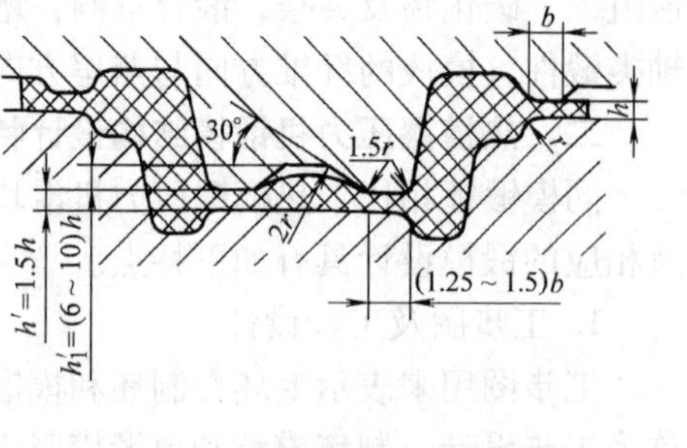

图6-27 终锻模膛连皮结构

3）应考虑预锻件在终锻模膛中的定位问题。为此，预锻工步图中某些部位的形状和尺寸应与终锻件基本吻合。

4）形状简单的锻件，预锻模膛可以不设飞边槽。若设置飞边槽，桥部高度应比终锻模膛相应大30%~60%，而桥部宽度和仓部高度可适当减小。

5）当终锻时金属主要靠压入方式充填模膛时，预锻件的形状与终锻件应有显著差别，使预锻后坯件的侧面在终锻模膛中变形一开始就与模壁接触，以限制金属径向剧烈流动，而迫使流向模膛深处(见图6-28)。

6）预锻件的圆角半径及模锻斜度设计，原则上与锤上模锻相同。

2. 锻模结构设计特点

（1）锻模结构形式 热模锻压力机由于工作速度低、工作平稳、设有上料装置，所以锻模多数是采用在通用模座内设置模膛镶块的组合式结构。它主要由模座、垫板、模膛镶块、镶块紧固件、导柱、导套、顶料机构等零件组成。锻模结构按照模膛镶块在模座中的紧固方法不同而异，其主要有图6-29所示的由三个圆形镶块3用压板2紧固的锻模结构。上、下镶块安放在经过淬火的垫板5上，后挡板用螺钉6固定在上、下模座1和4上。压板的一侧同镶块上开有圆柱面的凹模相匹配。当压板被螺钉压紧时，镶块即被紧固。导柱7和导套8设在模座的一侧。

（2）模具的闭合高度 模具在闭合状态时，上模座上底面与下模座下底面间的距离即为闭合高度，应等于热模锻压力机的最小闭合高度与工作台调节量的一半之和。此外，要考虑到滑块在最上位置时，上、下镶块之间的开口高度应大于毛坯放入模膛以及从模膛中顺利取出锻件(或中间毛坯)所需的操作空间高度，但导柱不应与模座脱开，上、下模闭合时，导柱不应伸出模座。

（3）排气孔的设置 镶块的终锻模膛中如有较深的腔，应在深腔中金属最后充满处开设排气孔。

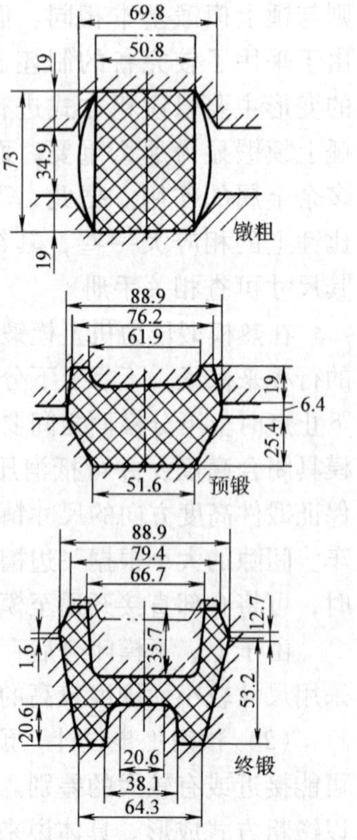

图6-28 预锻件在终锻模膛中压入成形

（4）顶料装置 锻模镶块中一般都有顶出器，用于顶出模膛中的锻件。顶出器的配置应视锻件的形状和尺寸而定。图 6-30 所示为三种不同形状锻件的顶出器的位置。

(5) 导向装置　热模锻压力机锻模的导向装置由导柱、导套等零件组成(见图 6-29)。大多数锻模上采用双导柱，设在模座后面，个别采用四导柱。导柱、导套分别与上、下模座紧配合。导柱与导套之间保证 0.25 ~ 0.5mm 的间隙，并设有润滑装置。导套上端有封盖，下端有油封圈，以防氧化皮入内及润滑油漏出。

模壁厚度、凸(凹)模镶块尺寸，可查相关手册确定。

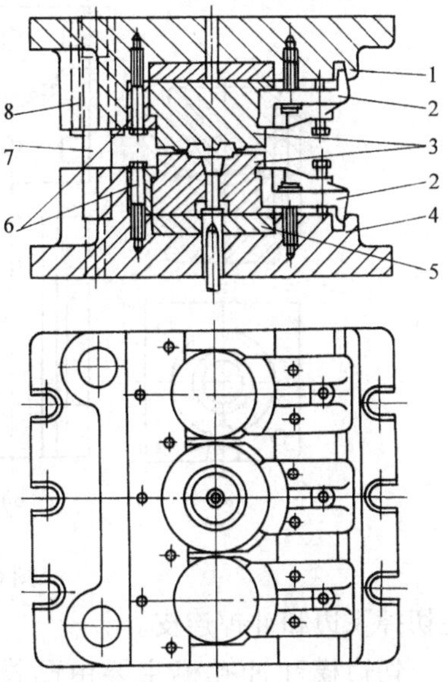

图 6-29　压板紧固式锻模结构

1—上模座　2—压板　3—镶块　4—下模座　5—淬火垫板　6—螺钉　7—导柱　8—导套

三、螺旋压力机上模锻锻模设计特点

螺旋压力机的结构性能介于模锻锤和热模锻压力机之间，工艺应用面宽，锻模结构也介于两者之间，其设计原则与方法与前两者基本相同，其不同之处即特点如下。

(1) 锻模结构形式的选择　螺旋压力机上模锻，其模具结构既可采用整体式，如图 6-31a、b 所示；也可采用组合式，如图 6-31c、d 所示。因组合式(包括镶块式)锻模节省模具钢，便于模具零件标准化，缩短生产周期，降低成本，所以中小型锻件的批量生产多用组合式结构。大吨位螺旋压力机多用整体式结构。

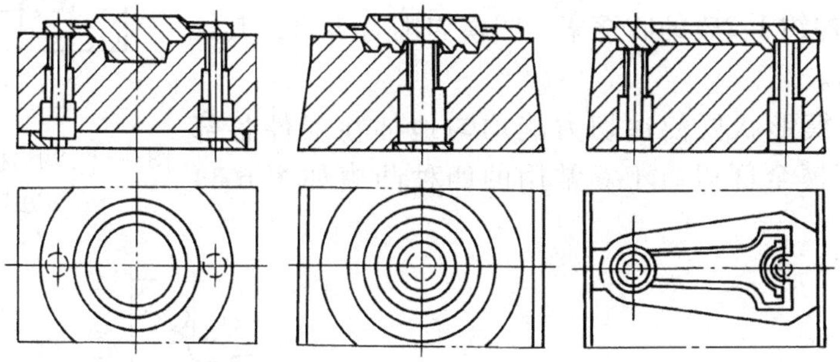

a)　b)　c)

图 6-30　顶出器的位置

a) 圆形锻件双顶杆位置　b) 圆形锻件单顶杆位置　c) 长轴锻件双顶杆位置

(2) 模膛布置　因螺旋压力机承受偏心载荷的能力差，为保证螺杆正常工作，要求模膛中心、模块中心和螺杆中心重合；当同时采用预锻和终锻两个模膛时，则要求两模膛的中心距不超过螺杆节圆半径。

(3) 承击面小　因摩擦压力机行程速度较锤锻时慢，模具受力条件较好，因而承击面一般为锤锻模的 1/3。

四、切边与冲孔模的设计

如上所述，开式模锻件沿分型面周围有一圈飞边，内孔有连皮，锻后通常在切边压力机

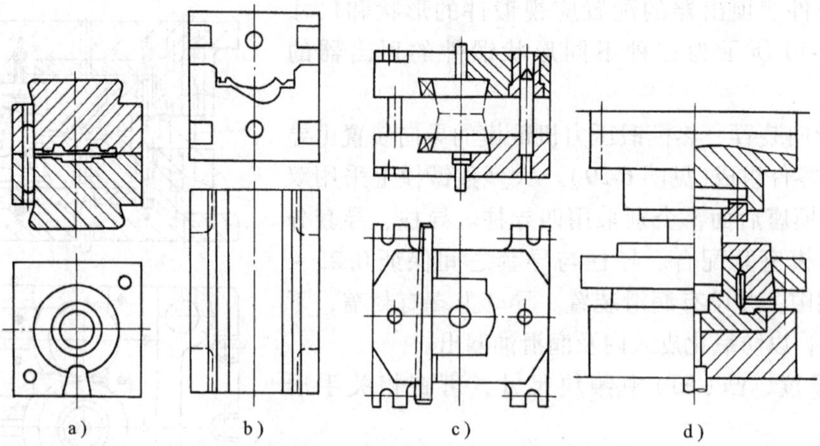

图 6-31 螺旋压力机常用锻模结构

上切掉飞边和冲掉连皮。

切边模和冲孔模主要由凸模（冲头）和凹模组成。切边时，锻件放在凹模刃口上，在凸模的的推压下，锻件的飞边被凹模刃口剪切而与锻件分离（见图 6-32）。由于凸凹模之间存在间隙，因此在剪切过程中伴有弯曲和拉伸的现象。通常切边凸模只起传递压力的作用，推压锻件；而凹模的刃口起剪切作用。冲连皮时，凹模起支承锻件作用，而凸模起剪切作用。

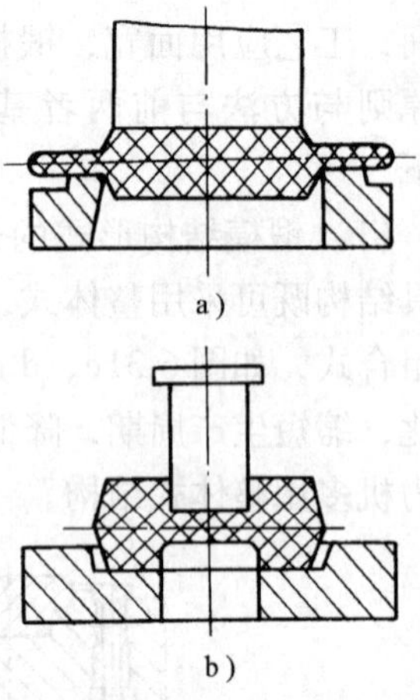

图 6-32 切边模和冲孔模示意图
a）切边模 b）冲孔模

切边凹模周边形状应按锻件分模面周围的形状制造。热切边时按锻件尺寸加约 1.2% 的收缩率。凹模周围有刃口，其结构如图 6-33 所示。

切边模的凸模形状要使冲切力能均匀地加在锻件各部分，并作用在凹模全部刃口上。常用的四种凸模如图 6-34 所示。

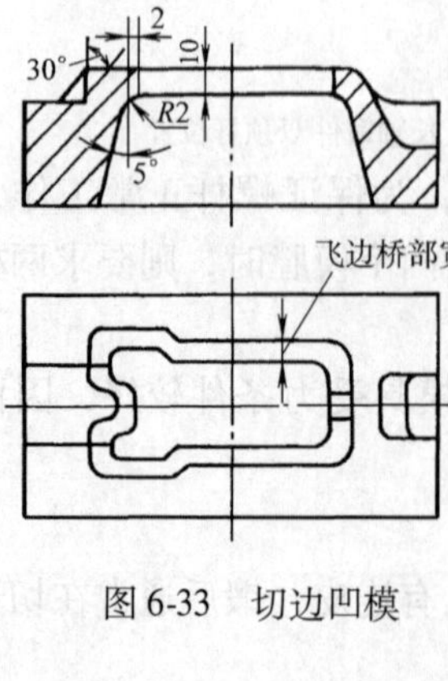

图 6-33 切边凹模

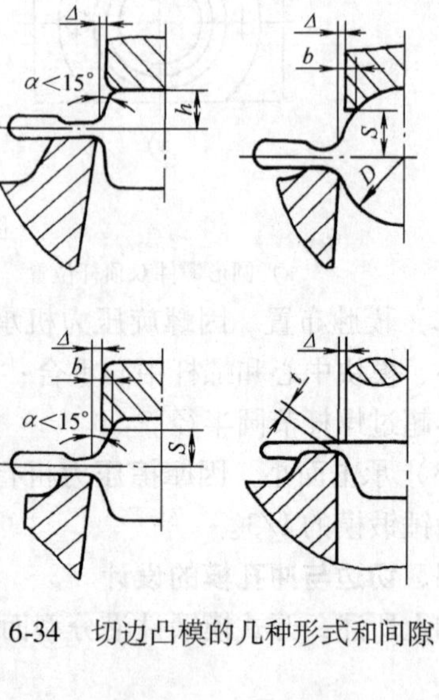

图 6-34 切边凸模的几种形式和间隙

凸、凹模之间要有间隙，间隙 Δ 的大小要根据锻件的形状和大小确定，具体尺寸查相关手册。

冲切连皮的凸模刃口设在凸模端部，凸模直径按锻件孔径的基本尺寸设计。

当一个锻件同时要切边和冲孔时，可以采用切边、冲孔复合模。

第六节　闭式模锻工艺及模具设计特点

一、闭式模锻工艺的特点

开式模锻(见图 6-35a)时锻件沿分型面周围形成横向小飞边，闭式模锻(见图 6-35b)时不形成横向飞边而仅形成极小的纵向飞边。

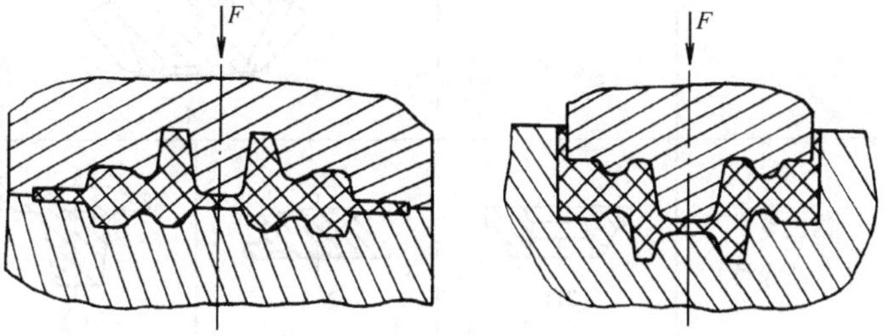

图 6-35　开式模锻与闭式模锻简图

a）开式模锻　b）闭式模锻

闭式模锻比开式模锻具有更多的优点：锻件几乎不产生飞边，模锻斜度更小甚至为零，若用可分凹模闭式模锻还可锻出垂直于锻击方向的孔或凹坑，材料利用率平均提高 20% 左右；毛坯在封闭的模膛内成形，变形金属处于更加强大的三向压力状态，有利于提高金属材料的塑性和产品的力学性能；可分凹模闭式模锻常常可减少甚至取消制坯工步，省去切边和辅助工序，生产率平均可提高 25%~50%。闭式模锻的主要问题是，对于一些大中型锻件模具寿命低，需采取多种措施逐步解决。国内外总的趋势是，闭式模锻发展快，应用广。

闭式模锻分为整体凹模和可分凹模模锻。当前，可分凹模模锻主要沿两条技术路线发展：一是由通用模架和可更换的凸、凹模镶块构成可分凹模组合结构，安装在通用锻压设备如热模锻压力机或普通曲柄压力机、液压机和螺旋压力机上使用，实现一些小型锻件的可分凹模模锻；二是采用专用设备，如机械式、液压式或机械-液压联合式的多向模锻压力机，实现各种复杂锻件的多向闭式模锻。

二、常见闭式模锻锻件及成形工步选择

常见的闭式模锻件，按照锻件形状且参考精密模锻时毛坯的轴线方向进行分类，见表 6-5。

表 6-5　常见闭式模锻件及其分类

分类及编号	1	2	3	4	5
第一类（饼盘类）	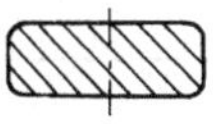 111	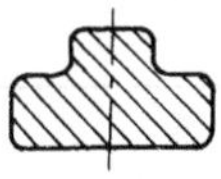 112	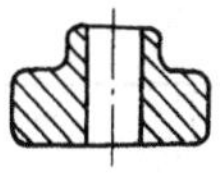 113	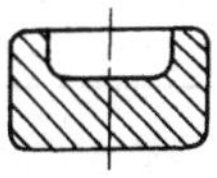 114	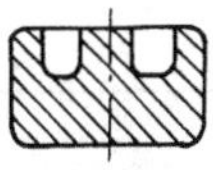 115
		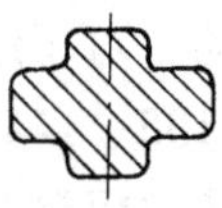 112	 123	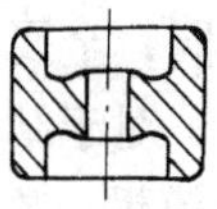 124	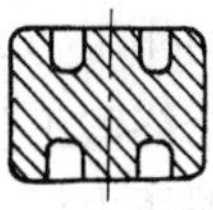 125

（续）

分类及编号	1	2	3	4	5
		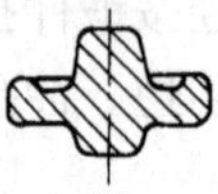 132	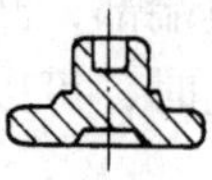 133	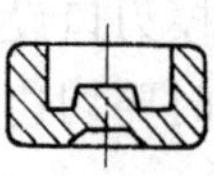 134	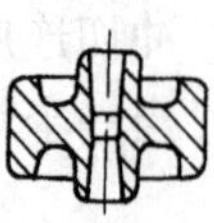 135
第一类（饼盘类）			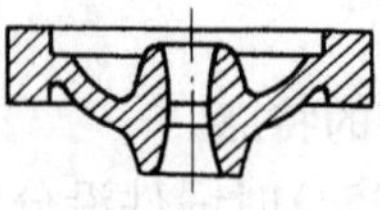 144		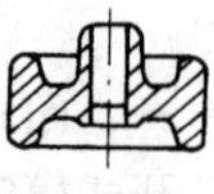 145
		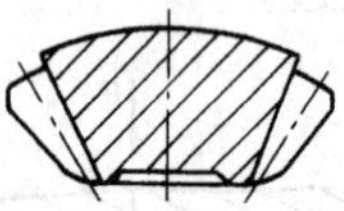 154		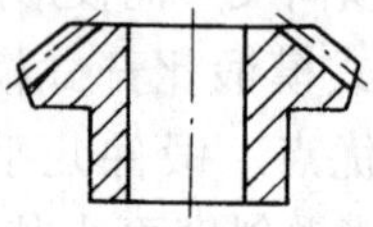 155	
第二类（法兰凸缘类）	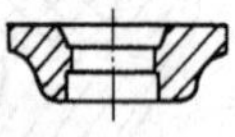 211	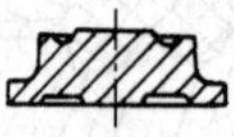 212	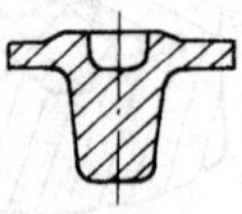 213	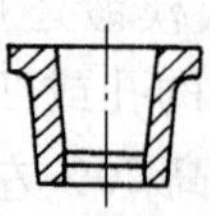 214	 215
第三类（轴杆类）	 311	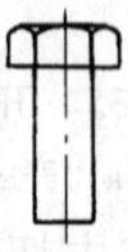 312	 313	 314	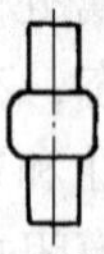 315
第四类（杯筒类）	 411	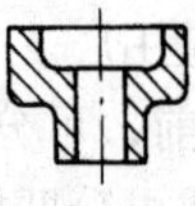 412	 413	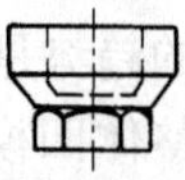 414	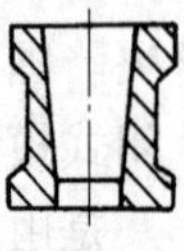 415
第五类（枝芽类）	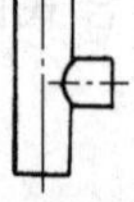 511	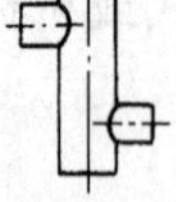 512	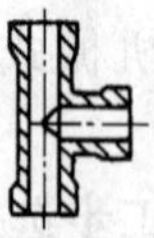 513	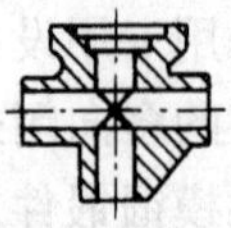 514	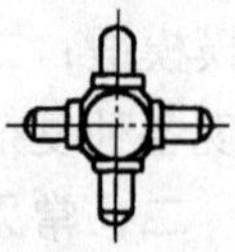 515
第六类（叉形类）	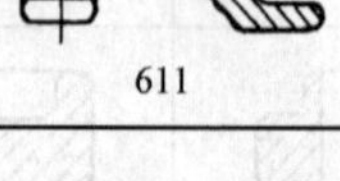 611		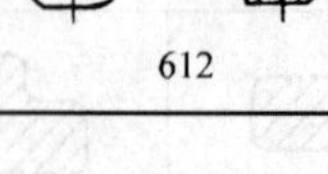 612		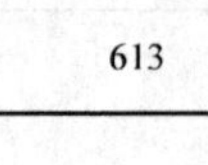 613

第一类（饼盘类）锻件，其外形为圆形而高度较小。闭式模锻时毛坯轴线方向与模锻设备的作用力方向相同，金属沿高度和径向同时流动。对于结构简单的饼盘类锻件，一般只需一个终锻工步即可；对于结构复杂的，如编号为 135、144 和 145 所示齿轮坯锻件，若在热模锻压力机上闭式模锻，在终锻工步前通常还需镦粗制坯和预锻工步；对于编号为 154、

155 所示圆锥齿轮锻件，无论采用开式模锻或闭式模锻，均能直接终锻出齿形。

第二类(法兰凸缘类)锻件，其外形为回转体，带有圆形或长宽尺寸相差不大的法兰或凸缘。闭式模锻时，一般只需一个终锻工步。

第三类(轴杆类)锻件，其杆部为圆形，带有圆形或非圆形头部，或中间局部粗大的直长杆类。在这类锻件中，对于编号为 313 所示的杯杆形阶梯轴可采用闭式镦粗与反挤复合成形工艺；其余的轴杆类锻件一般都采用闭式局部镦粗成形。

第四类(杯筒类)锻件，多采用闭式反挤、正反复合挤压或镦粗冲孔复合成形。

第五类(枝芽类)锻件，包括单枝芽、多枝芽的实心和空心类锻件。这类锻件多采用可分凹模闭式模锻或多向闭式模锻。

第六类(叉形类)锻件，包括带有空心或实心杆部、带有圆形或非圆形法兰等多种结构形式。这类锻件常常需要两个工步以上的可分凹模模锻，即预成形和终锻。

从表 6-5 所示六种类型锻件的外形特点可以看出，前四类，即饼盘类、法兰凸缘类、轴杆类和杯筒类属于旋转体；后两类，即枝芽类和叉形类属于非旋转体。

三、闭式模锻变形过程及模锻力的计算

1. 闭式模锻的变形过程

闭式模锻按变形金属充满模膛的方式可分为镦粗式和镦粗压入式两类。

镦粗式闭式模锻，其变形过程可以分为三个阶段(见图 6-36)：

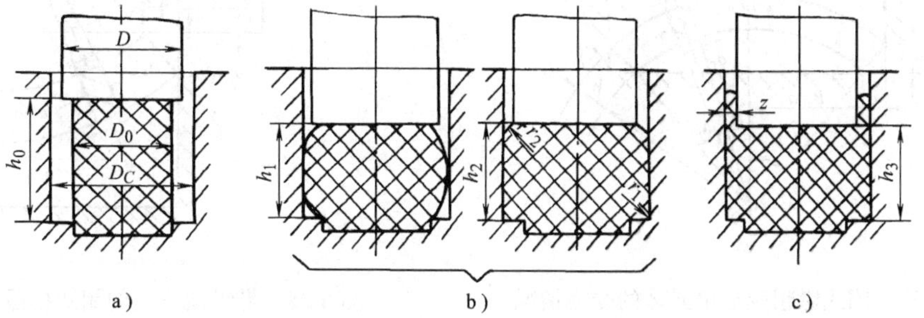

图 6-36　闭式镦粗时充满模膛的三个阶段

1）镦粗阶段(见图 6-36a)，从毛坯与冲头表面接触开始到毛坯金属与凹模模膛最宽处的侧壁接触为止。与开式镦粗一样，闭式镦粗也分整体闭式镦粗和局部闭式镦粗两类。前者都是以毛坯外径定位，而后者都是以毛坯的不变形部分定位。

2）充满角隙阶段(见图 6-36b)，即从毛坯的鼓形侧面与凹模侧壁接触开始，到整个侧表面与模壁贴合且模膛角隙完全充满为止。在这一阶段中，变形金属的流动受到模壁的阻碍，变形金属各部分处于不同的三向压应力状态。随着毛坯变形程度的增加，模壁承受的侧向压力逐渐增大，直到模膛完全充满为止。

3）挤出端部飞边阶段(见图 6-36c)，即充满模膛后的多余金属在继续增大的压力作用下被挤入凸、凹模之间的间隙中，形成环形纵向飞边。

2. 闭式模锻力的计算

闭式镦粗成形是闭式模锻的基本工序，因此，着重讲述回转体闭式镦粗模锻力的计算方法，为学习和推导其他变形方式的闭式模锻力的计算打下基础。

(1) 端部不出现飞边时的单位压力　设模膛下角隙最后充满，则变形区可简化为图

6-37 所示的半径为 ρ、厚度为 h 的球面与倾斜自由表面围成的球面体。当从变形区内切取一个单元体(图中阴影部分)时，则作用于其上的均布应力为 σ_r、σ_θ、$\sigma_\theta+\mathrm{d}\sigma_\theta$ 及 τ。将作用于单元体上的力在 θ 方向列平衡微分方程，利用塑性条件和边界条件，积分并整理得闭式镦粗至端部尚未出现飞边时的单位压力的简化表达式：

$$p=\sigma_s\left[1+\frac{\alpha_1 D}{9a}\left(\frac{D}{D-a}-\frac{2\alpha}{D}\right)\right] \tag{6-14}$$

式中，σ_s 为闭式镦粗变形条件下的流动应力；α_1 为变形区自由表面与凹模壁的夹角；D 为凹模工作筒直径；a 为角部径向未充满值；α 为所取单元体左侧面与轴线的夹角。

（2）端部出现纵向飞边时的单位压力　对于端部出现纵向飞边的闭式模锻，其变形过程与反挤相同，计算模锻力时需要考虑飞边的影响。若在飞边内取一单元体，如图 6-38 所示，则由平衡方程、塑性条件和边界条件求出 z 向和 x 向的正应力，然后可导出端部出现纵向飞边时的单位模锻力的简化表达式：

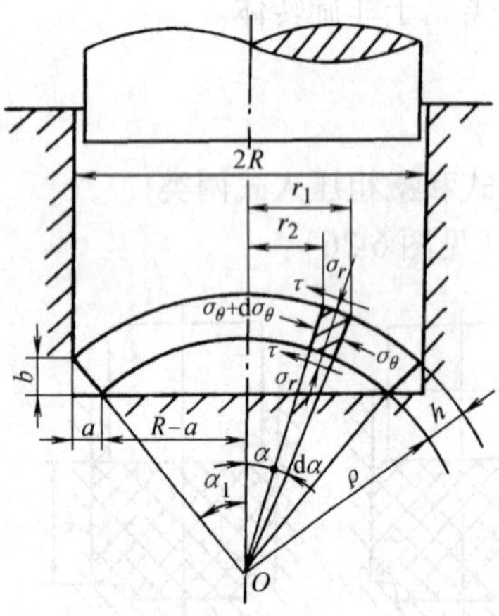

图 6-37　闭式镦粗变形单元体的受力情况

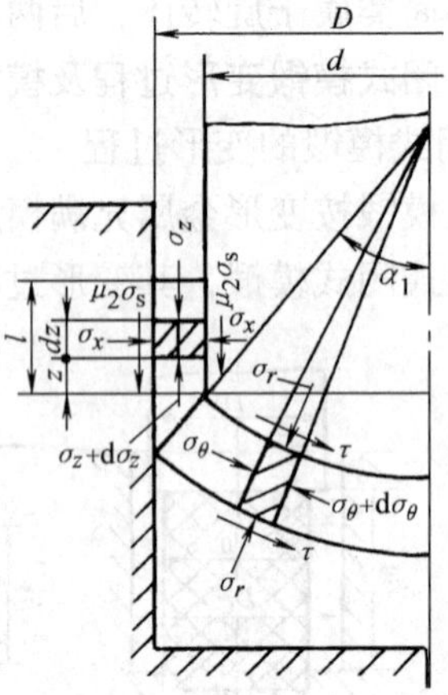

图 6-38　带纵向飞边的闭式模锻受力情况

$$\sigma_z=\frac{4\mu_2\sigma_s}{D-d}(z-l)$$

$$\sigma_x=\frac{4\mu_2\sigma_s}{D-d}(z-l)-\sigma_z$$

$$p=\sigma_s\left[1.7+\frac{2.7\mu_2\lambda}{D-d}+\frac{\alpha_1 D}{4.5(D-d)}\right] \tag{6-15}$$

式中，μ_2 为变形金属与凸模接触面上的摩擦因数；D 为凹模直径；d 为凸模直径；l 为纵向飞边高度。

四、闭式模锻模具的设计特点

设计闭式模锻模具时，应根据锻件图、工艺参数、金属流动分析、变形力和功的计算、设备参数和模具受力等情况，确定如下内容：

1）模具工作零件的结构、材料、硬度并核算其强度。

2）从模膛中迅速取出锻件的方法。

3）多余金属分流降压腔的位置、形状和尺寸。

4）模具整体结构设计和零件设计。

1. 模具的类型

闭式模锻模具的类型通常按模锻设备和按凹模结构两种分类方法。

（1）按模锻设备分类　可分为锤用锻模、螺旋压力机用锻模、机械压力机（包括热模锻压力机、曲柄压力机等）用锻模、液压机用锻模和高速锤用锻模。

（2）按凹模结构分类　可分为整体凹模和可分凹模。可分凹模按分模面的基本形式又可分为水平分模、垂直分模和混合分模三种，如图6-39所示。对用于一些中空或多孔零件的多向闭式锻模，其凹模的分块和冲头的个数常在两个和一个以上，即多向闭式锻模。

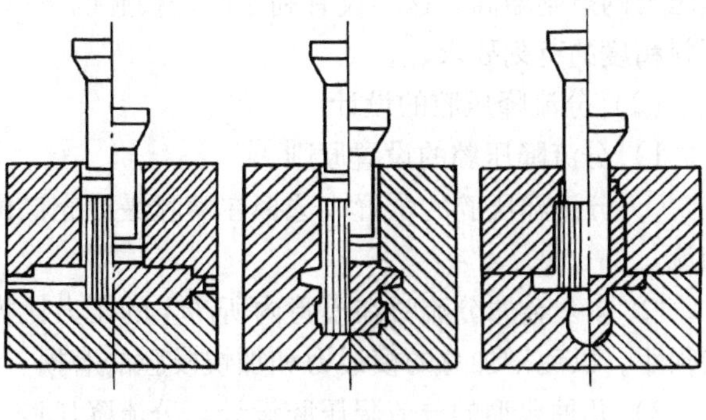

图6-39　可分凹模的基本形式

a）水平分模　b）垂直分模　c）混合分模

2. 减少模膛工作压力的设想和分流降压腔的设计

（1）减少模膛工作压力的设想　通常，模锻时的工作压力主要包括材料的理想变形抗力和摩擦阻力。理想变形抗力可用下式表示：

$$p_i = y_m \ln\left(\frac{R}{1-R}\right) \tag{6-16}$$

式中，y_m 为锻件材料的名义流动应力；R 为相对面积缩减率。

由图6-40所示曲线可以看出，工作压力 p_m 随相对面积缩减率 R 的增加而增加（图中 K 为材料的抗剪屈服强度），当 $R=1$ 时，p_m 增至无限大。R 由图6-41确定，挤压时 R 值为常数。开式模锻时，由于工件自由表面的减小而使 R 值增大，因此，如果能控制 R 值的增加就可减小工作压力。

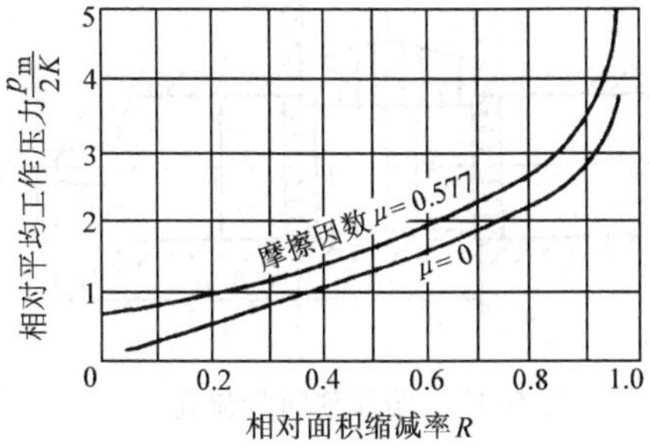

图6-40　相对面积缩减率 R 对工作压力 p_m 的影响

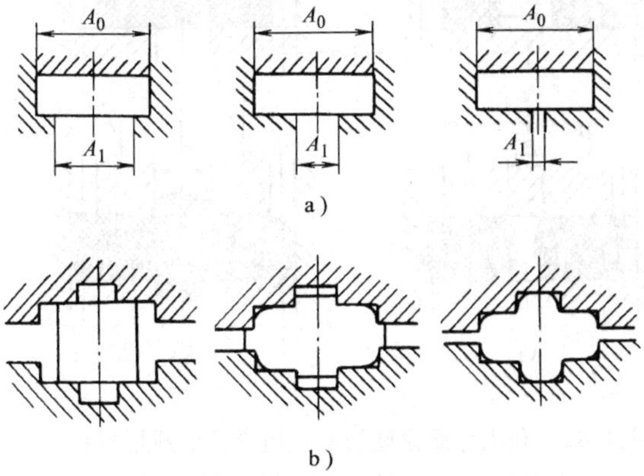

图6-41　相对面积缩减率 R 的概念

a）挤压（相对面积缩减率：$R=(A_0-A_1)/A_0$，A_0 为试样截面积；A_1 为产品的截面积）

b）模锻（相对面积缩减率：$R=(A-S)/A$，S 为自由表面积；$(A-S)$ 为与模具接触的面积；A 为总的表面积）

在闭式模锻行程末了，其 $R=1$，当工作压力无限增加时，变形金属也不可能完全充满模膛。如果在与锻件非重要部位对应的模膛设置一溢流口，当模膛完全充满时，就可避免工作压力的急剧增高。这不仅有利于减轻模膛的负荷，提高模具使用寿命，而且还有利于降低下料精度的苛刻要求。

（2）分流降压腔的设计

1）分流降压腔的设置原则

① 分流降压腔的位置应选择在模膛最后充满的部位，确保模膛完全充满后多余金属才分流。

② 多余金属分流时在模膛内所产生的压力比模膛刚充满时所产生的压力没有增加或增加很小，以免增加总的模锻力和加快模膛的磨损。

2）几种典型的分流降压腔设计。分流降压腔，首先根据上述两条设计原则，然后根据锻件的形状、尺寸和毛坯的下料精度来设计其结构及尺寸。

① 在毛坯上预留分流孔或形成减压轴。图6-42为直齿圆柱齿轮利用分流原理的闭式精密模锻成形过程。图6-42a为分流孔流动原理，即在毛坯中心钻出一直径为 D_0 的孔，当毛坯在凸模施加压力 F 的作用下，分流面（图中左、右箭头之间的圆柱面）以外的金属向外流动充满凹模齿廓，分流面以内的金属向内流动，通过分流孔的收缩而实现分流。图6-42b则是在凸、凹模的中心孔中形成小圆柱（减压轴）而实现分流。

② 端部轴向分流孔。对于带枝芽类的锻件，可在枝芽模膛的端部开一轴向分流孔。图6-43所示为十字轴和T形接头闭式侧向挤压成形式工艺。当模膛充满之后，毛坯上多余金属从4个（T形接头只需2个）端部的分流孔中挤出，形成小的圆柱形枝芽，模锻结束后，将小枝芽去掉。

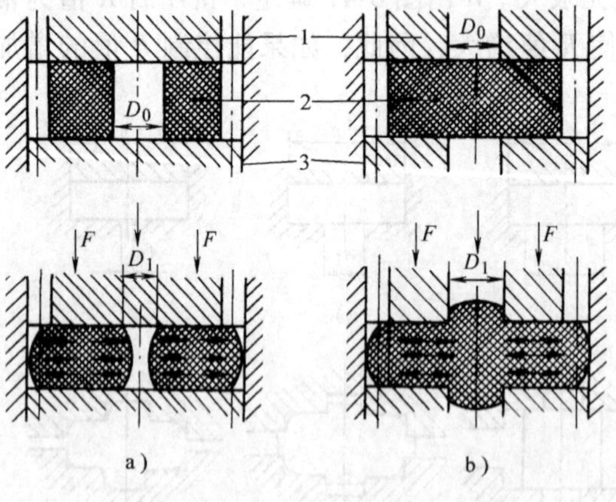

图6-42 利用分流原理的密式精密模锻成形过程

a）分流孔流动原理 b）减压轴流动原理

1—冲头 2—毛坯 3—挤压筒

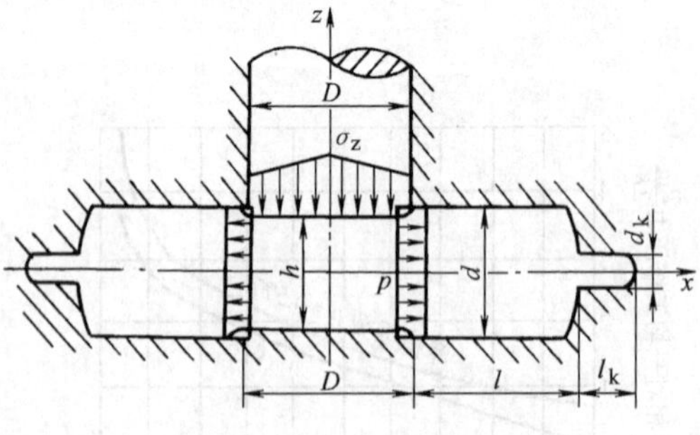

图6-43 端部轴向分流孔

经实验研究表明，合适的分流孔尺寸（即满足第二条原则）取决于枝芽模膛的结构特征，通常取：

$$\frac{d_k}{d}=0.35\sim0.4$$

式中，d_k 为分流孔直径；d 为锻件枝芽部分或枝芽模膛直径。

3. 模具设计特点

闭式模锻模具包括整体凹模和可分凹模，除了与普通锻模设计的共性外，还需注意如下特点。

(1) 在凹模上必须设置分流降压腔　在机械压力机上进行闭式模锻时，因压力机滑块工作行程固定，必须在模具上主要是在凹模上设置分流降压腔。即使在行程不固定的螺旋压力机或液压机上进行闭式模锻，为了保证锻件高度尺寸的精度，必须对滑块工作行程加以严格限位，也应在凹模上设置分流降压腔，以便起到调节作用。

(2) 有深凹穴且形状复杂的模膛的布置　对于水平可分凹模，有深的凹穴和形状复杂的模膛，最好布置在上模，这样不仅有利于金属更好地充满模膛，而且也便于清除氧化皮和润滑剂残渣。因为上模与热锻件接触时间较短，温度较低，模具寿命较长。在模膛深穴处应有通气孔，以便排出空气，保证模膛充满。通气孔直径一般为 1～1.5mm。

(3) 应有足够的凹模夹紧力　当凹模为可分凹模时，其可分凹模的夹紧力必须大于或等于模锻时变形金属在分型面上产生的张模力，防止变形金属流入分型面而形成飞边。

(4) 有可靠的顶出装置　精密模锻，尤其是闭式精密模锻，为了能迅速地从模膛中顶出锻件和使模具可靠地工作，在模具设计和制造中，对顶出装置应给予足够的重视。在机械压力机、螺旋压力机和液压机等设备上精密模锻时，可利用设备上的顶出装置迅速将锻件从模膛中顶出。

(5) 模具上应设置导向装置　为了确保锻件水平方向的尺寸精度，在模具上通常应设置导柱、导套作为导向装置；对于一些小型圆盘类或短的圆柱体精密锻件，也可采用间隙较小的凸凹模导向。

第七节　精密模锻的特点及应用

一、精密模锻工艺的特点

与普通模锻相比，精密模锻的主要优点是：机械加工余量少甚至为零；尺寸精度较高，其尺寸公差一般仅为普通模锻件公差的一半，甚至更小；表面质量好，其表面粗糙度值较低，表面凹坑等缺陷和切边后留下的残余飞边宽度限制更严格。

与切削加工相比，精密模锻的主要优点是：锻件毛坯的形状和尺寸与成品零件接近甚至完全一致，材料利用率高；金属纤维的分布与零件形状一致，零件的力学性能有较大的提高。

二、精密模锻的应用

目前，精密模锻主要应用在两个方面：一是精化毛坯，即利用精锻工艺取代粗切削加工工序，将精密模锻件直接进行精加工而得到成品零件，如齿轮坯、叶片、小型连杆、管接头、中小型阀体、中小型万向节叉、十字轴、轿车等速万向节零件等均属于这一类，是目前的主要应用方面；二是复杂零件精密模锻净成形，即通过精密模锻直接获得成品零件的要求，而其余部分仅留少量的加工余量，然后通过切削加工达到最终要求。如齿轮的齿形部分、叶片的叶身等直接精锻成形或仅留抛光余量，而花键槽、叶根等仍采用切削加工，达到产品要求。这种精密模锻与切削加工相结合的方法，其应用越来越广泛。精密模锻工艺的发展趋势是，由接近形向净形发展。

图 6-44 为在螺旋压力机上使用的行星齿轮开式精段模具，它采用的是凸、凹模导向。图 6-45 为在热模锻压力机上使用的锥齿轮闭式精锻模具，模锻时将其安装在带有导柱、

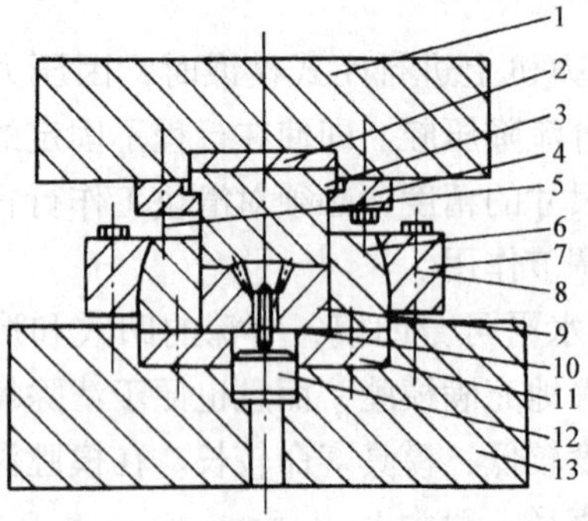

图 6-44 行星齿轮开式精锻模具

1—上模板 2—上模垫板 3—凸模 4—压板 5、8—螺栓 6—预应力圈 7—凹模压圈 9—凹模 10—推杆 11—F 模垫板 12—垫板 13—下模板

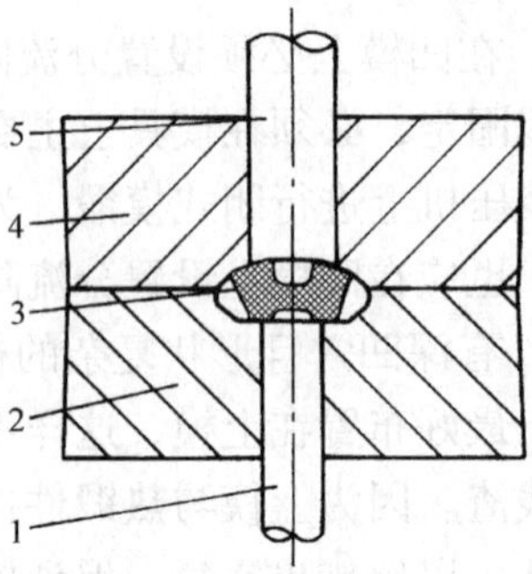

图 6-45 锥齿轮闭式精锻模具

1—下冲头 2—下凹模 3—锻件 4—上凹模 5—上冲头

导套的通用模架上使用。图 6-46 为精锻压力机上实现的轿车直锥齿轮闭式冷精锻工艺，上面的圆柱体为坯料，左面为精密锻件，右面为零件。

图 6-46 轿车直锥齿轮闭式冷精锻工艺

目前，热精锻行星齿轮(直锥齿轮)其齿形部分的尺寸精度可达到 9 ~ 10 级，冷精锻直锥齿轮齿形部分的尺寸精度可达到 7 级，齿面粗糙度可达 $R_a 0.8 \sim 0.2\mu m$，前者可直接用于一般机械装机使用，后者可直接用于轿车装车使用。对于轿车直锥齿轮，采用闭式冷精锻工艺生产同采用刨齿加工等切削加工工艺生产相比：材料利用率由 60% 提高到 90%，齿轮强度提高 20% 以上，齿轮抗弯强度提高 40%，生产效率提高 8 ~ 10 倍，生产场地无油污和切屑污染，经济效益显著。近年来，日本和欧洲已将该工艺完全取代切削加工工艺，我国也部分取代。

复习思考题

1. 金属毛坯加热的目的是什么？主要加热方法有哪些？电感应加热的原理及优点有哪些？
2. 说明锻件分类的作用与锻件复杂程度参数的作用。
3. 冷、热锻件图的作用及两者间的关系是什么？锻件图设计包含哪些内容？确定分型面的基本原则及具体原则是什么？
4. 试分析开式模锻的变形过程、飞边槽的作用及尺寸的变化对飞边槽作用的影响。
5. 预锻模膛的作用及选用条件是什么？预锻模膛的设计要点有哪些？
6. 简述计算毛坯的依据、作法及作用。写出计算毛坯繁重系数的表达式并说明所表达的物理意义。长轴类锻件的制坯工步有哪些？各自的作用是什么？

7. 说明模锻模膛与制坯模膛的布置原则。

8. 同开式模锻相比，闭式模锻有哪些优点？适用范围是什么？

9. 简要说明回转体锻件闭式模锻时端部不出现飞边及出现飞边时，求解单位压力的计算公式的推导思路。

10. 试说明分流降压腔的作用及设置原则。解释轴向分流减压孔(轴)减少模膛工作压力的依据。

11. 精密模锻工艺的特点、应用情况及发展趋势如何？

第七章　其他体积金属塑性成形工艺

第一节　挤压成形工艺

一、挤压的基本方法、特点及应用范围

挤压是在挤压冲头的强大压力和一定的速度条件作用下，迫使毛坯金属从凹模型腔中挤出，从而获得所需的挤压件。

按毛坯的温度不同可分为：冷挤压，即在室温下对毛坯进行挤压；温挤压，即将毛坯加热到金属再结晶温度下某个适合的温度范围内进行挤压；热挤压，即将毛坯加热到一般的热锻温度范围内进行挤压。

按毛坯材料种类的不同可以分为：有色金属及其合金挤压；黑色金属及其合金挤压。

1. 挤压的基本方法

根据挤压时金属流动方向与凸模运动方向之间的关系，最基本的挤压方法分为正挤压和反挤压。

（1）正挤压　挤压时，金属的流动方向与凸模的运动方向一致（见图 7-1a）。挤压件的断面形状可以是圆形、椭圆形、扇形、矩形或棱柱形，也可以是非对称的等断面挤压件和型材。

（2）反挤压　挤压时，金属的流动方向与凸模的运动方向相反（见图 7-1b）。反挤压法适用于制造断面为圆形、方形、长方形，“山”形、多层圆和多格盒形的空心件。

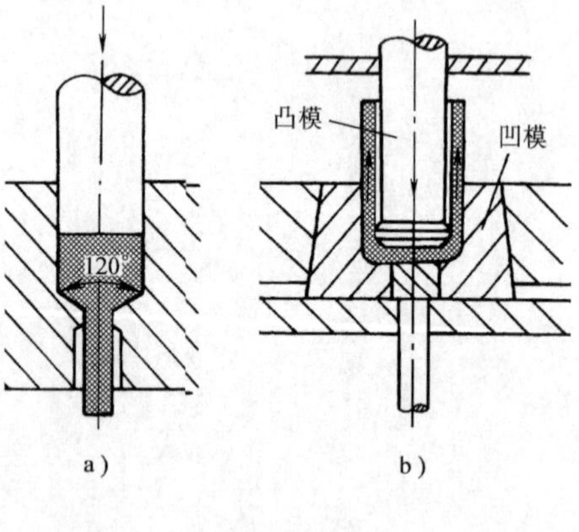

图 7-1　挤压

a）正挤压　b）反挤压

2. 挤压特点及应用范围

（1）冷挤压特点及应用范围　采用冷挤压加工可以降低原材料消耗，材料利用率高达 70%~80%。在冷挤压中，毛坯金属处于三向压应力状态，有利于提高金属材料的塑性，经挤压后金属材料的晶粒组织更加细小而密实；金属流线不被切断加上所产生的加工硬化特性，可使冷挤压件的强度大为提高；可以获得高的尺寸精度和较低的表面粗糙度。

目前，冷挤压主要用于低碳钢、低合金钢及有色金属零件的生产。

（2）温挤压特点及应用范围　温挤压与冷挤压相比，挤压力大为减少；与热挤压相比，加热时的氧化、脱碳都比较少，产品的尺寸精度高，且力学性能基本上接近冷挤压件。可见，温挤压综合体现了冷、热挤压的优点，避免了它们的缺点，因此得到迅速发展，主要用于中碳钢、中合金钢零件的生产。

（3）热挤压特点及应用范围　热挤压时，由于毛坯加热至一般热模锻的始锻温度，材

料的变形抗力大为降低。因此，它不仅适用于有色金属及其合金、低碳钢、中碳钢，而且也可以成形高碳钢、高合金结构钢、不锈钢、工模具钢、耐热钢等。但由于加热时产生氧化、脱碳和热胀冷缩大等缺陷，必然降低产品的尺寸精度和表面质量。所以，它一般用于锻造毛坯精化和预成形。

当然，冷、热挤压也均有一些缺点。冷挤压单位压力大；热挤压单位压力较小，但因毛坯表面的氧化皮增大了接触面上的摩擦阻力，导致模具使用寿命不高。但随着模具材料、设计方法及润滑等配套技术的进步，挤压工艺的优越性必将得到充分发挥。下面着重讲述冷挤压。

二、冷挤压时的金属流动规律及挤压力的计算

1. 冷挤压时的金属流动情况

（1）正挤实心件的金属流动情况　为了了解正挤压实心件的金属流动情况，可将圆柱体毛坯切成两块，在其中的一块剖面上刻上正方形网格，将拼合面涂上润滑油，再与另一块拼合在一起放入挤压凹模模腔内进行正挤压。当挤压至某一时刻时停止，取出试件，将试件沿拼合面分开，此时可以观察到坐标网格的变化情况，如图 7-2 所示。由图中坐标网格的变化情况，可以对金属流动情况作如下分析：

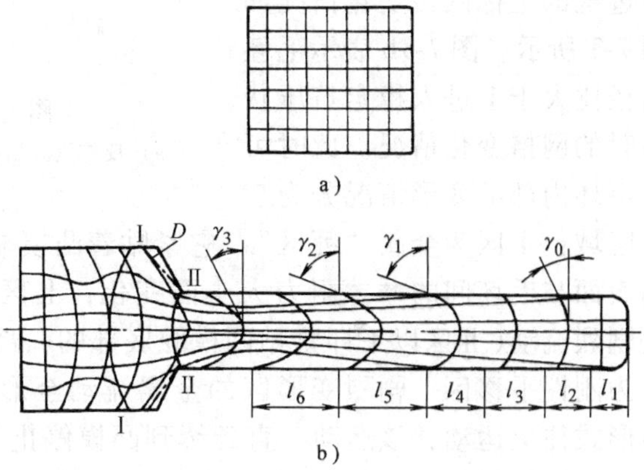

图 7-2　正挤压实心件金属流动

a）正挤压毛坯网格　b）挤压时网格变化情况

1）横向坐标线在出口处发生了较大的弯曲，且中间部分弯曲更剧烈，这是由于凹模与被挤压毛坯表面之间存在着接触摩擦，使金属在流动时外层滞后于中层的缘故。被挤毛坯的端部横向坐标线弯曲不大，这是由于该部分金属原来就处在凹模出口附近，挤压时迅速向外挤出，受摩擦影响较小。横向坐标线的间距从挤出部分端部开始逐渐增加，即 $l_3>l_2>l_1$，这说明挤出金属的纵向拉伸变形越来越大；而当达到某定值 l_5 时，间距 l_5 不再变化，说明此时的变形已处于稳定状态。

2）纵向坐标线挤压后也发生了较大的弯曲。如果把开始向内倾斜的点连成Ⅰ—Ⅰ线，把开始向外倾斜的点连成Ⅱ—Ⅱ线。Ⅰ—Ⅰ线与Ⅱ—Ⅱ线之间所构成的区域为剧烈变形区。Ⅰ—Ⅰ线以左或Ⅱ—Ⅱ线以右坐标线基本上不变化，说明在这些区域内金属不发生塑性变形，只作刚性平移。

3）正方形网格经过凹模出口以后变成了平行四边形，这说明金属除发生拉伸变形以外，还有剪切变形。越接近外层，剪切角越大，即 $\gamma_2>\gamma_0$、$\gamma_1>\gamma_0$，这是由于外层金属受到摩擦阻力的影响较大，使得内外层的金属流动存在着较大差异的缘故。刚开始挤出端部剪切角 γ_0 较小，以后逐渐增大，即 $\gamma_2>\gamma_1$，这是由于刚开始挤压时受摩擦影响较小的缘故；当进入稳定变形状态以后，相应处的剪切角保持不变。

4）凹模出口转角 D 处，在挤压过程中形成不流动的“死区”。“死区”的大小受摩擦阻力、凹模形状与尺寸等因素的影响。当摩擦阻力越大、凹模锥角越大时，则“死区”也越大。

从上述分析可以看出，正挤压实心件的变形特点是：金属进入Ⅰ—Ⅰ线至Ⅱ—Ⅱ线之间的区域时才发生变形，此区称为剧烈变形区。进入此区以前或离开此区以后，金属几乎不变形，仅作刚性平移。在变形区内，金属的流动是不均匀的，中心层流动快，外层流动慢；而当进入稳定变形阶段以后，不均匀变形的程度是相同的。另外，在凹模出口转角处会产生程度不同的金属“死区”。

（2）反挤压杯形件的金属流动情况　实心毛坯反挤压变形过程的坐标网格变化情况如图7-3所示。图7-3b表示毛坯高径比大于1进入稳定挤压状态时的网格变化情况。此时可将毛坯内部的变形情况分为三个区域：Ⅰ区为金属“死区”，它紧贴着凸模端部表面，呈倒锥形，该锥形大小随凸模端表面与毛坯间的摩擦阻力大小而变化；Ⅱ区为剧烈变形区，毛坯金属在此区域内产生剧烈流动（Ⅱ区以下即紧贴凹模腔底部的一部分金属保持原状，不产生塑性变形）；Ⅲ区为刚性平移区，剧烈变形区的金属流动至形成杯壁后就不再变形，而是以刚性平移的形式往上运动，该运动一直延续到凸模停止工作时为止。

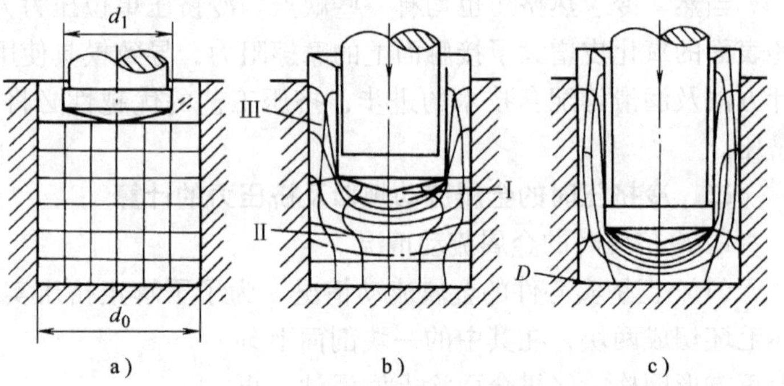

图7-3　反挤压杯形件的金属流动情况

a）反挤压开始状态　b）进入稳定挤压状态　c）反挤终了状态

D—金属“死区”

2. 冷挤压应力与应变状态分析

挤压变形时，变形区内任一点的应力与应变状态可用主应力简图和主应变简图来表示。众所周知，挤压变形区内的基本应力状态是三向受压，即径向应力σ_r、切向应力σ_θ以及轴向应力σ_z都是压应力，但是在不同区域中主应力和主应变的顺序是不同的。图7-4为正反挤压时的应力与应变状态。

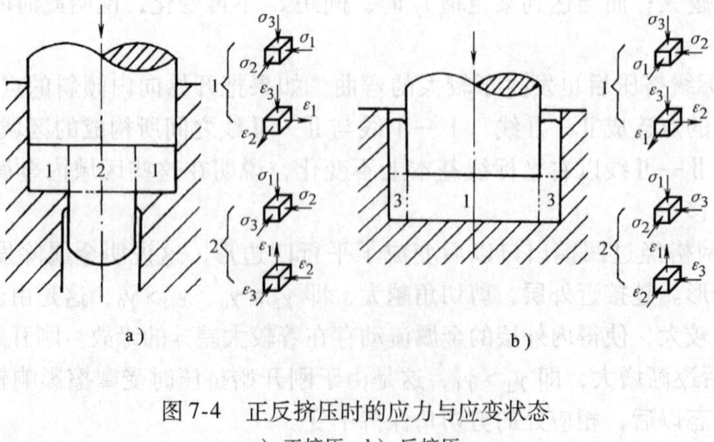

图7-4　正反挤压时的应力与应变状态

a）正挤压　b）反挤压

3. 冷挤压变形力的计算

（1）挤压变形程度的表示方法　在挤压工艺中，表示变形程度的方法有如下三种。

1）断面减缩率 ε_A

$$\varepsilon_A = \frac{A_0 - A_1}{A_0} \times 100\% \tag{7-1}$$

式中，A_0 为挤压变形前毛坯的横断面积；A_1 为挤压变形后工件的横断面积。

2）挤压比 G

$$G = \frac{A_0}{A_1} \tag{7-2}$$

3）对数变形程度 ε_e

$$\varepsilon_e = \ln \frac{A_0}{A_1} \tag{7-3}$$

三者之间存在着如下关系：

$$\varepsilon_A = \left(1 - \frac{1}{G}\right) \times 100\%,\ \varepsilon_e = \ln G,\ \varepsilon_e = \ln \frac{1}{1 - \varepsilon_A} \tag{7-4}$$

（2）冷挤压力的计算　挤压力是拟定挤压变形工序、设计模具、选择挤压设备的重要依据。挤压力或所选设备吨位 F 可按下式计算

$$F = CpA \tag{7-5}$$

式中，p 为单位挤压力(MPa)；A 为凸模工作部分的投影面积(mm^2)；C 为安全系数，一般取 1.3。

单位压力 p 可以采用理论计算法，如主应力法和变形功法等，也可采用经验公式计算，还可采用图表算法。

三、冷挤压工序设计及工艺参数的确定

1. 冷挤压成形对零件形状的要求

最基本的要求是零件形状要有利于毛坯金属流动充满挤压模具型腔。其具体要求是被挤零件断面形状应对称，若不对称在挤压时易产生偏心力而降低产品精度，或易使凸模折断。因此，在设计挤压件时，可以设计成对称形状，挤压之后将多余的部分(如凸肋等)切除掉；断面面积差应较小，若相邻面面积之差过大时，会使不均匀变形程度加剧，影响产品质量，甚至引起模具过载而招致失效。当断面积差较大时，应当改变挤压方法或增加变形工序；或将断面过渡处改为平滑的圆弧连接。

根据这些要求，适合挤压的最佳形状有：底部带孔的杯形件(见图 7-5a)，带有深孔的双杯形件(见图 7-5b)，带有较大法兰的轴类件(见图 7-5c)，多台阶的阶梯轴(见图 7-5d)，小型花键轴和齿轮轴(见图 7-5e)等。

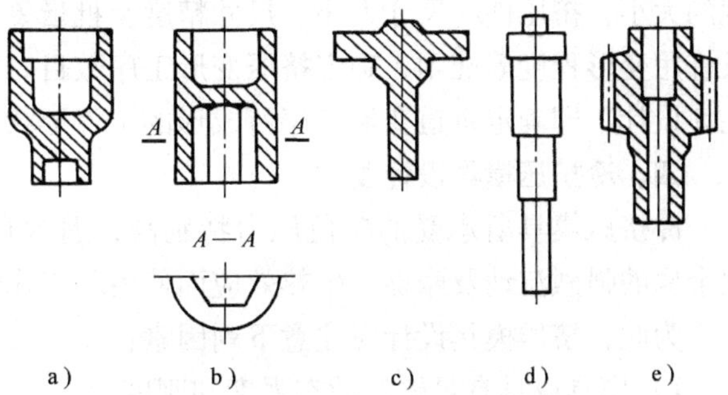

图 7-5　适宜于冷挤压的最佳形状

2. 冷挤压的许用变形程度

每道冷挤压变形工序所允许的变形程度称为许用变形程度。许用变形程度越大，工序就越少，则生产率就越高。但随着许用变形程度的增大，单位挤压力也会随之增大，这就有可能超出模具

的许用单位压力，导致模具的损坏。因此，许用变形程度的大小应严格控制。不同材料的冷挤压许用变形程度可以查找有关手册或资料。其中黑色金属正、反挤压的许用变形程度如图7-6、图7-7所示。

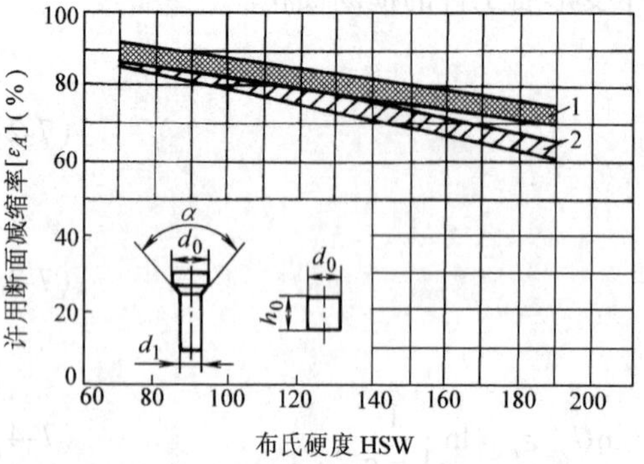

图7-6　黑色金属正挤压的许用变形程度

1—模具的许用单位压力为2500MPa

2—模具的许用单位压力为2000MPa

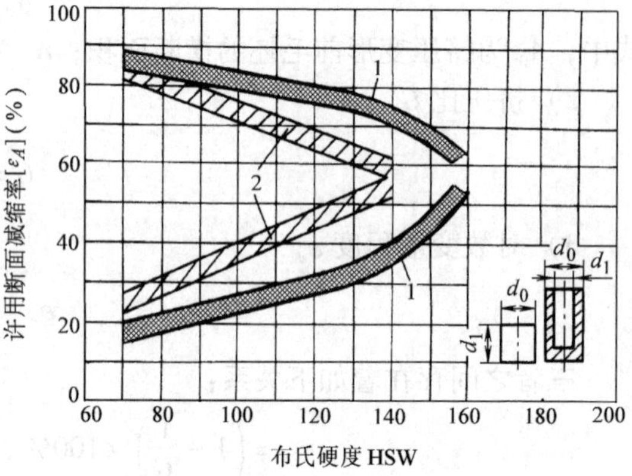

图7-7　黑色金属反挤压的许用变形程度

1—模具的许用单位压力为2500MPa

2—模具的许用单位压力为2000MPa

3. 主要冷挤压生产工序的确定

下面按冷挤压生产时的流程简要介绍主要的工序。

（1）毛坯的制备　包括：①毛坯形状和尺寸的确定及下料，毛坯体积按体积不变条件计算，对于圆柱体棒料毛坯，其外径应比挤压凹模腔直径小0.1～0.2mm，毛坯端面应平整且与轴线的垂直度应严格控制在允许的范围内；②毛坯的软化处理，通常采用退火的方式来降低变形抗力，提高塑性；③毛坯的表面处理和润滑，对于碳钢和合金结构钢一般采用磷化和皂化处理，在毛坯表面形成一层粘附力极强的多孔结构的磷酸盐，这不仅因磷酸盐层具有一定塑性，而且其结构孔隙中还可储存润滑油，在挤压时起润滑作用。

（2）冷挤压件图的制订　冷挤压件图是根据零件图制订的，其内容包括：确定冷挤压和进一步加工的工艺基准；确定机械加工余和公差；挤压后余料的切除方式；挤压件的表面粗糙度和形位工差等。

（3）冷挤压变形工序设计　一是根据冷挤压件的复杂程度，材料的成形性能，变形程度的大小，挤压件的尺寸大小、尺寸精度及批量等，二是根据前面所提的对零件形状的要求及许用变形程度等准则，确定挤压变形工序数目。如需要两道以上的工序，则还需进行中间毛坯设计，即确定每道变形工序所成形的工件形状及尺寸。

四、冷挤压模具设计要求

冷挤压模具所承受的单位压力特别高，通常在1500MPa以上，甚至高达2500MPa。其次金属的强烈流动及摩擦产生热效应而使模具工作部分的温度可能达到200～350℃。

为此，挤压模具设计应注意下列因素：

1）模具应具有足够的动态强度和刚度。

2）合理地设计工作部分的几何形状及其参数，选择合适材料。

3）模具的易损件更换方便。

4）有利于机械化、自动化及安全生产。

5）制造容易，成本低。

设计时，必须根据具体零件的实际生产条件，在满足零件质量要求的前提下综合考虑其经济效益。

冷挤压模具一般由工作部分、传力部分、顶卸件部分、导向部分和紧固部分所组成。图7-8为轮胎螺母冷挤压模结构。

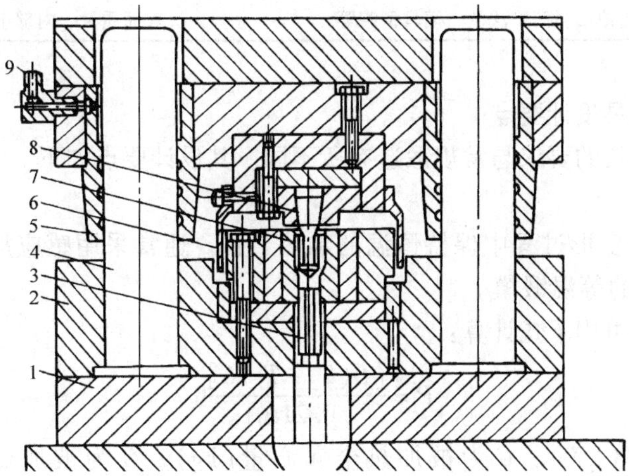

图7-8 轮胎螺母冷挤压模结构

1—下底板 2—下模板 3—顶杆 4—导柱 5—导套 6—防护罩 7—凹模 8—冲头 9—注油器

第二节 等温锻造工艺

一、等温锻造工艺特点及应用

在常规锻造条件下，一些难成形金属材料，如钛合金、铝合金、镁合金、镍合金、合金钢等，锻造温度范围比较狭窄。尤其是在锻造具有薄的腹板、高筋和薄壁的零件时，毛坯的温度很快地向模具散失，变形抗力迅速增加，塑性急剧降低，不仅需要大幅度提高设备的吨位，也易造成锻件开裂。因此，不得不增加锻件厚度而导致成本提高。自20世纪70年代以来得到迅速发展的等温锻造为解决上述问题提供了一种强有力的手段。

与常规锻造方法不同之处：第一，为防止毛坯的温度散失，等温锻造时模具和毛坯要保持在相同的恒定温度下，这一温度是介于冷锻温度与热锻温度之间的一个中间温度，或对某些材料而言，等于热锻温度；第二，考虑到材料在等温锻造时具有一定的粘性，即对应变速率的敏感性，等温锻造的变形速度很低。在上述两个条件下，叶片和翼板类零件可以容易地成形，尤其是航空航天工业中应用的钛合金、铝合金零件，很适合这种工艺。但是，钛合金在等温锻造温度下，所用模具材料为镍基高温合金，有蠕变特性强和高温抗拉强度陡降的特点，因而，又出现了模具温度稍低于毛坯温度的热模具锻造工艺。等温锻造的分类与应用见表7-1。

表 7-1　等温锻造的分类与应用

分类			应用	工艺特点
等温锻造	等温模锻	开式模锻	形状复杂零件，薄壁件，难变形材料零件，如钛合金叶片等	余量小，弹性恢复小，可一次成形
等温锻造	等温模锻	闭式模锻	机加工复杂、力学性能要求高的和无斜度的锻件	无飞边、无斜度、需顶出、模具成本高。锻件性能、精度高，余量小
等温锻造	等温挤压	正挤压	难变形材料的各种型材成形、制坯，如叶片毛坯	光滑、无擦伤，组织性能好，可实现无残料挤压
等温锻造	等温挤压	反挤压	成形衬筒、法兰、模具型腔等	表面质量、内部组织均优，变形力小

二、等温锻造模具设计要点

等温锻造对于模具的要求与常规锻造有所不同。其设计要点如下。

1. 加热装置

等温锻造需要在变形过程中保持恒温的加热装置。通常采用感应加热与电阻加热，图 7-9 为采用感应加热的等温锻模。

加热装置的功率可用下式计算：

$$P=\frac{[G(T_2-T_1)C]}{0.21t\eta} \tag{7-6}$$

式中，P 为加热功率(kW)；G 为被加热金属质量(kg)；C 为被加热金属的比热容[J/(kg·K)]；T_1 为加热前温度(℃)；T_2 为所需加热温度(℃)；t 为加热时间(h)；η 为效率，$\eta=0.35\sim0.40$。钢的比热容，$C=481.5\text{J/(kg·K)}$。

2. 锻模结构

等温锻造精度较高，在锻件设计上与普通锻造有所区别，模具设计也应与此相适应。等温锻造分为开式锻造和闭式锻造，开式与闭式锻造锻模设计方面，有同有异：

闭式模锻用模具多采用如图 7-9 所示镶块组合式结构，便于模具加工与锻件顶出。闭式锻模多用模口导向，间隙研配为 0.10～0.12mm。开式模锻可用导柱导向，导柱高径比不小于 1.5，导柱与导向孔的双面间隙，依导柱直径不同，取 0.08～0.25mm。

开式锻造多用整体结构，锻模带有飞边槽。在等温状态下，不存在飞边冷却问题，在飞边槽尺寸相同时，桥部阻力小于常规模锻。等温锻造飞边的桥部高度、宽度、仓部高度、宽度比开式锻造的小。采用小飞边槽的目的是弥补等温条件带来的飞边阻力下降。

在等温状态下，锻件收缩值取决于模具材料与锻件材料线膨胀系数的差异，收缩值 Δ(单位为 mm)可用下式计算后加到模具线尺寸上：

$$\Delta=(t_2-t_1)(\alpha_1-\alpha_2)L \tag{7-7}$$

式中，t_1、t_2 分别室温与模锻温度(℃)；α_1 和 α_2 分别为毛坯与模具的线膨胀系数($℃^{-1}$)；L 为模具尺寸(mm)。

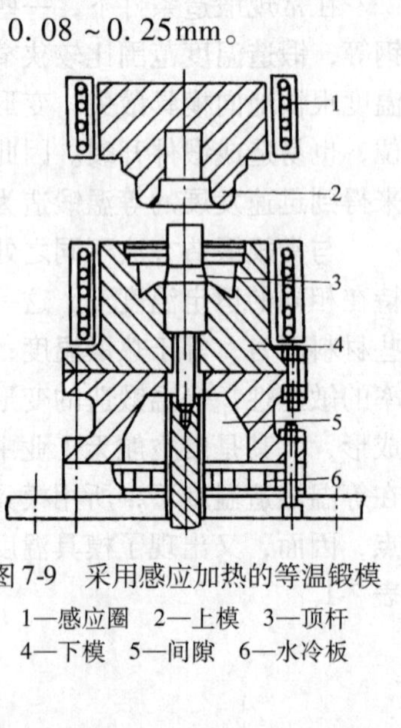

图 7-9　采用感应加热的等温锻模

1—感应圈　2—上模　3—顶杆　4—下模　5—间隙　6—水冷板

3. 模具材料

铝合金与镁合金锻模可采用热模具钢。钛合金和钢锻模用高温合金制造，国内常用 GH 类材料如 K3、K5 合金(国外牌号)。但是，镍基高温合金在钛合金锻造范围内有抗蠕变性能差和强度陡降的特点，因此，国外又发展了热模具锻造工艺，即模温为 750 ~ 850℃，钛合金坯温度仍为 910 ~ 950℃，且适当提高锻造速度。图 7-10 表示出了常规锻造、热模具锻造、等温锻造、超塑性锻造方法的模温与锻造时间的比较。

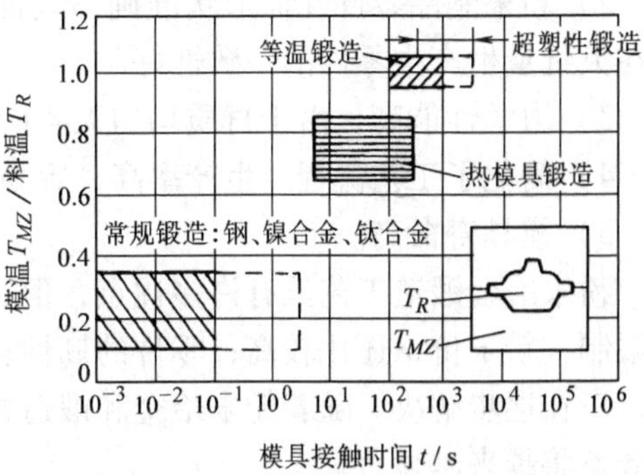

图 7-10　各种锻造方法的模温与锻造时间的比较

闭式模锻在等温锻造中获得了远比在常规锻造中广泛的应用。常规锻造中的闭式模锻主要用于轴对称锻件，而等温闭式模锻可用于长轴类锻件与异形锻件，如叶片。

闭式模锻也可分为精模锻与粗模锻。精模锻锻件一般不需后续机械加工或仅需少量机械加工；但对某些薄腹件，考虑成形的需要和避免在顶出时发生翘曲，宜增加机械加工余量，采用粗模锻。

第三节　粉末冶金锻造

一、粉末冶金锻造的特点及应用

粉末冶金锻造是在粉末冶金的基础上发展起来的一种精密塑性成形加工方法。而粉末冶金是一门制造金属粉末和以金属粉末为原料，用压制成形与烧结制造材料或制品的技术。

1. 粉末冶金锻造的特点

粉末冶金锻造的工艺过程是首先将粉末金属压制成预成形坯件，然后将预成形的坯件加热至锻造温度后放在锻压设备上的模具中进行闭式模锻或挤压，其工序如图 7-11 所示。

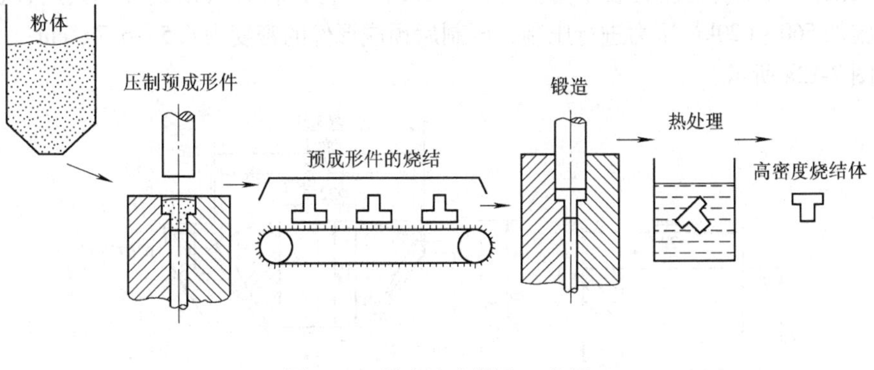

图 7-11　粉末冶金锻造工序图

一般粉末冶金的制件，其密度通常在 6.2 ~ 6.8g/cm^3，经过加热锻造后可以提高到金属理论密度的 95%~100% 左右。

与普通钢坯锻造相比，粉末冶金锻造具有下列优点：

1）粉末冶金锻造属于无飞边闭式精密成形，材料利用率高，可达 90% 以上，显著减少后续加工工作量。

2）粉末制品零件几何形状准确，表面光洁，尺寸精度高，容易得到形状复杂的锻件，且在大批量生产中零件的一致性好。

3）力学性能高，由于材质均匀无各向异性，使锻件的力学性能显著提高。

4）简化了工艺流程，生产率高，容易实现自动化。

5）模具寿命高。

粉末冶金锻造工艺虽有许多优点，但也有一些不足之处，如零件的大小和形状还受到一些限制；粉末价格还比较高；零件的韧性较差等。但这些问题随着粉末冶金和锻造技术的发展，正在逐步解决。随着粉末冶金和锻造技术的发展，其应用范围正在不断扩大，其技术经济效益将越来越显著。

2. 粉末冶金锻造的应用

粉末冶金锻造在许多领域中得到应用，主要用来制造高性能的粉末制品，尤其是在汽车制造工业中应用更突出。表7-2列出了适用于粉末冶金锻造工艺的部分典型汽车零件。其中齿轮和连杆是最能发挥粉末冶金锻造优点的两大类零件。这两类零件均要求有良好的动平衡性能，要求具有均匀的材质分布，这正是粉末冶金锻件特有的优点。

表7-2 适用于粉末冶金锻造工艺的部分典型汽车零件

发动机	连杆、齿轮、气门挺杆、交流电动机转子、阀门、起动机齿轮、环形齿轮	自动变速箱	内座圈、压板、外座圈、停车自动齿轮、离合器、凸轮、差动齿轮
手动变速箱	毂套、倒车空套齿轮、离合器、轴承座圈、同步器中各种齿轮	底盘	后轴承端盖、扇形齿轮、万向节、侧齿轮、轮毂、锥齿轮、环形齿轮

二、行星齿轮预制坯与锻造

1. 工艺过程

铁-钼共还原粉→湿干氢退火→粉碎→混料→压制→烧结→加热→锻造→切边→去毛刺→渗碳→热处理→磨内孔、球面→检验。

（1）压制　行星齿轮预成形件质量为(262±2)g。将粉料装入预成形模具后，在1000kN液压机上施加560~620kN压力进行压制，压制后预成形件的密度为6.5~6.7g/cm^3。预成形件的形状如图7-12a所示。

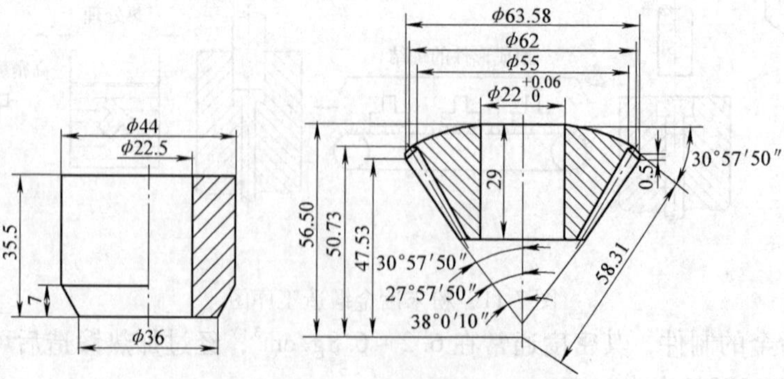

图7-12　汽车行星齿轮预制坯与锻件图

a）制坯　b）锻件

（2）烧结　烧结是在通分解氨的钼丝炉中进行，烧结温度为1120～1180℃，保温时间为1.5～2.0h。保护气体分解氨的流量为1.5～2.0m^3/h。烧结后剥层分析心部（离表层3～3.5mm）含碳量为（0.28±0.07）%视为合格品。

（3）加热、锻造　预成形件在中频感应加热装置中加热，温度为850～950℃，在3000kN摩擦压力机上进行精锻。模具预热温度为250℃。锻造过程中用压缩空气、胶体石墨来冷却和润滑模具。锻造后齿轮密度为7.75g/cm^3以上。齿轮锻件如图7-12b所示，锻造模具结构如图7-13所示。

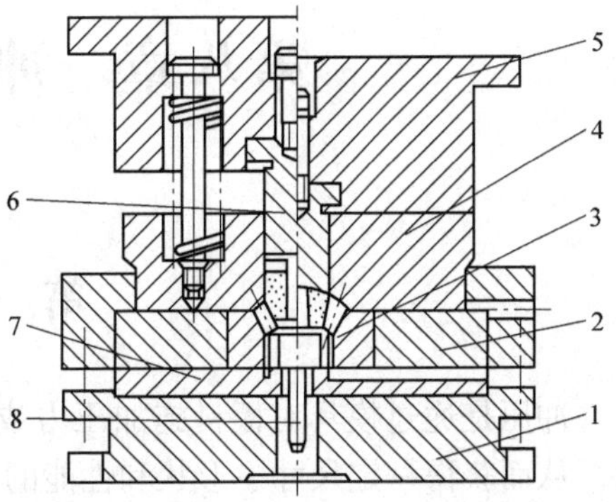

图7-13　行星齿轮粉末冶金锻造模具结构

1—下模座　2—预应力圈　3—凹模　4—导向模块　5—上模座　6—凸模　7—垫块　8—顶杆

（4）切边、去毛刺　切边工序在800kN冲床上进行。在专用设备上车去平面、后锥面毛刺。

（5）锻后热处理　锻件在井式炉中进行气体渗碳，渗碳温度为930℃，保温2.5h，880℃出炉直接油淬。然后在盐浴炉中加热至860℃进行二次油淬，再加热到180℃回火1.5h。渗碳层应控制在0.75～1.00mm，表面层碳的质量分数应为0.75%～0.9%，表面硬度＞50HRC，心部硬度＞30HRC。

2. 齿轮的力学性能和精度

（1）力学性能　锻后齿轮经渗碳热处理后性能列于表7-3。

表7-3　锻后齿轮经渗碳热处理后性能

材　料	热处理状态	力学性能					
		σ_b/（N/mm^2）	$\sigma_{0.2}$/（N/mm^2）	δ（%）	ψ（%）	δ_{bb}/（N/mm^2）	a_k/（J/cm^2）
18CrMnTi	渗碳、淬火、回火	1660	1590	0.5	1.0	2550	34
Fe-0.4%Mo-0.25%C-2.0%Cu	渗碳、淬火、回火	1670	1360	0.5	1.0	2300	30

（2）齿轮精度　齿轮成品达到部颁规定项目；

1）齿轮表面粗糙度为R_a3.2μm。

2）在综合检查仪上转动一周跳动量小于0.15mm。

3）接触精度沿齿高方向大于40%，沿齿长方向大于50%。

复习思考题

1. 简述挤压的基本方法、特点及应用范围；正、反挤压时金属的流动变形规律。
2. 挤压变形程度的表示方法、冷挤压成形对零件形状的要求、许用变形程度的定义及作用如何？
3. 简述主要冷挤压生产工序及其基本内容，以及冷挤压模具设计要求。
4. 试述等温锻造的成形原理、基本特点及应用范围。
5. 试述粉末金属锻造的特点及应用，以及行星齿轮粉末锻造工艺过程。

第八章　冲压工艺及冲模设计

第一节　概　述

冲压是通过模具对板料施加压力或拉力使其塑性成形，或对板料施加剪切力使板料分离，从而获得一定尺寸、形状和性能的一种零件加工方法。由于冲压加工经常是在材料冷态下进行的，所用原材料一般为板材或带材，因此也称冷冲压或板料冲压。冲压模具为实施冲压工艺的专用工装。

一、冲压加工的特点及其应用

冲压加工与其他加工方法相比，在技术和经济方面有如下特点：

1）冲压件的尺寸精度由模具来保证，所以制品质量稳定，互换性好，在一般情况下可以直接满足装配和使用要求。此外，在冲压加工过程中由于材料经过塑性变形，金属内部组织得到改善，机械强度有所提高，所以，冲压件具有质量轻、刚度好、精度高和外表光滑、美观等特点。

2）由于利用模具加工，所以可获得其他加工方法所不能或难以制造的壁薄、质量轻、刚性好、表面质量高、形状复杂的零件。

3）冲压加工一般不需要加热毛坯，也不像切削加工那样大量切削金属，所以它不但节能，而且节约金属。冲压加工的材料利用率一般可达70%~85%，所以冲压件呈批量生产时其成本比较低，经济效益较高。

4）对于普通压力机每分钟可生产几十件制品，而高速压力机每分钟可生产几百上千件，所以它是一种高效率的加工方法。如汽车车身等大型零件每分钟可生产几件，而小零件的高速冲压则每分钟可生产千件以上。由于冲压加工的毛坯是板材或卷材，一般又在冷状态下加工，因此较易实现机械化和自动化，比较适宜配置机器人来实现无人化生产。

冲压加工作为一个行业，在国民经济的加工工业中占有重要的地位。根据统计，冲压件在各个行业中均占相当大的比例，尤其在汽车、电机、仪表、军工、家用电器等方面所占比例更大。冲压加工的应用范围极广，从精细的电子元件、仪表指针，到重型汽车的覆盖件和大梁、高压容器封头以及航空航天器的蒙皮、机身等均需冲压加工。

冲压加工也存在一些缺点，主要表现在加工时的噪声、振动两种公害。这些问题并不完全是由冲压工艺及模具本身带来的，而主要是由于传统的冲压设备落后所造成的。随着科学技术的进步，这两种公害一定会得到解决。

二、冲压工艺的分类

生产中为满足冲压零件的形状、尺寸、精度、批量大小、原材料性能的要求，冲压加工的方法也是多种多样的。但是，概括起来可以分为分离工序与成形工序两大类。分离工序又可分为落料、冲孔和剪切等，目的是在冲压过程中使冲压件与板料沿一定的轮廓线相互分离；成形工序可分为弯曲、拉深、翻孔、翻边、胀形、缩口等，目的是使冲压毛坯在不破坏的条件下发生塑性变形，并转化成所要求的制件形状。本章重点讲述冲裁（指落料与冲孔）、弯曲和拉深三种工艺，见表 8-1。

表 8-1 冲压工艺的分类

工序名称	简图	特点及应用范围
落料	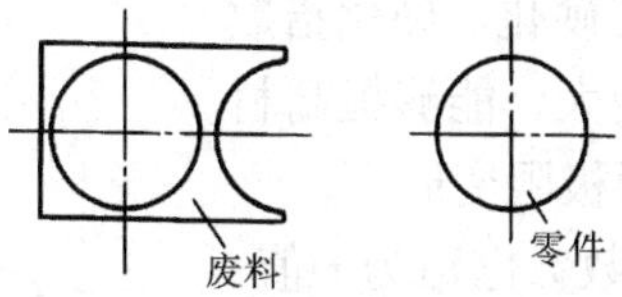	用冲模沿封闭轮廓曲线冲切，冲下部分是零件，用于各种形状的平板零件
冲孔	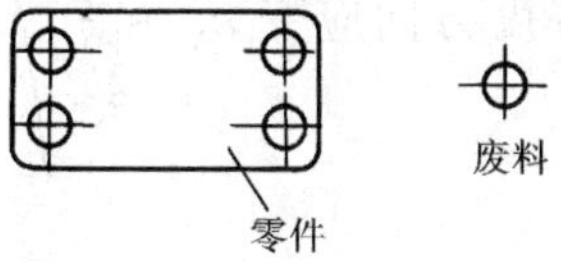	用冲模按封闭轮廓曲线冲切，冲下部分是废料
弯曲	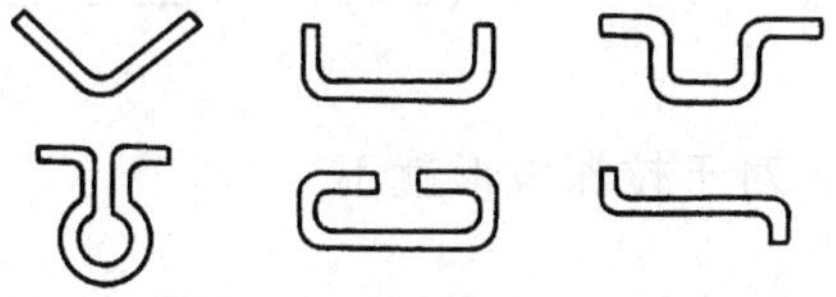	把板料沿直线弯成各种形状，可以加工形状极为复杂的零件
拉深	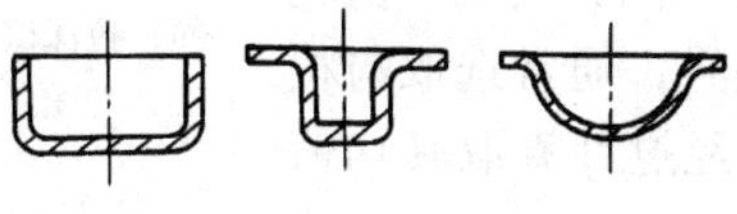	把板料毛坯成形制成各种开口空心的零件
变薄拉深	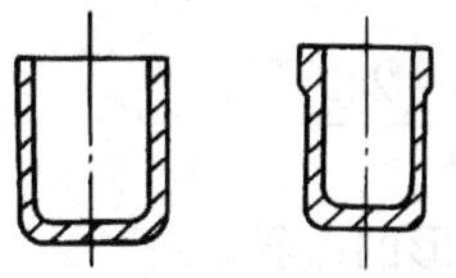	把拉深加工后的开口空心半成品进一步加工成为底部厚度大于侧壁厚度的零件

三、板料冲压性能的试验方法

板料的冲压性能是指板料对冲压的适应能力、可成形能力。对板料冲压性能的试验研究方法可以分为间接试验和直接试验两类方法。下面仅介绍间接试验方法。

所谓间接试验，是指试验条件、受力和变形特征与冲压成形的某些性能，可以通过分析找到其相关关系。间接试验主要有拉深试验、剪切试验、硬度测试、金相检测等，其中拉深试验是一种重要的方法。

板料的拉深试验如图 8-1 所示，采用标准拉深试样，通过试验获得材料拉深应力—应变曲线。从拉深曲线中所得到的有关材料的力学性能指标，可以反映出材料的某些冲压性能。现简要分析如下：

（1）δ_j 与 δ　均匀伸长率 δ_j 是指试样拉深变形开始产生缩颈时的伸长率；δ 是拉深试验中试样破坏时的总伸长率。δ_j 表示材料产生均匀稳定的塑性变形能力，由于冲压成形是在稳定而均匀的变形之中进行的，因此，材料的 δ_j 可以间接地表示伸长变形程度。δ_j 越大，则成形极限越大。

（2）屈强比 δ_s/δ_b　屈强比对于材料冲压性能是一个极为重要的参数。塑性成形就是利用材料屈服点与抗拉强度之间的这一段可塑性能而实现的。屈强比越小，说明 δ_s 与 δ_b 之间的距离越宽，材料塑性变形的能力越强。对压缩类成形，材料不易起皱；对弯曲成形，回弹变形小；对伸长类成形，零件形状尺寸冻结性好，工艺稳定性高，对冲压成形很有利。

（3）硬化指数 n　随着塑性变形程度的增加，材料的塑性指标降低，强度指标上升，这种现象称为加工硬化。硬化指数 n 就是评价材料加工硬化性能的参数，n 值增大，能够提高材料的局部应变能力，使变形均匀化，增大材料极限变形。

（4）板厚方向性系数 r　板厚方向性系数 r 也称为 r 值，是指板料试样拉深时，宽度方向应变 ε_b 与厚度方向应变 ε_t 之比，所以也称为塑性应变比。其表达式为

$$r=\frac{\varepsilon_b}{\varepsilon_t}=\frac{\ln\dfrac{b}{b_0}}{\ln\dfrac{t}{t_0}} \tag{8-1}$$

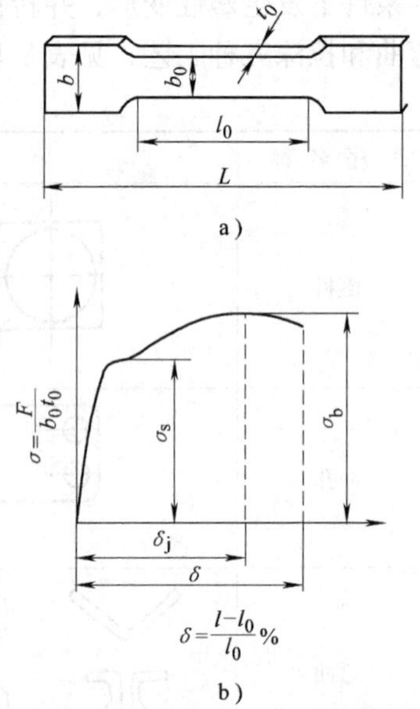

图 8-1　板料的拉深试验
a）拉深试验用的试样　b）拉深应力—应变曲线

r 值越大，厚度方向上不容易变形，对于拉深成形就不易出现起皱。

由于板料是经过轧制生产的，沿板料不同方向的 r 值也不一样，为了充分考虑板料的厚向性能差异，通常选取与板料轧制方向呈 0°、45°、90°方向的 r 值，经过计算取其均值 $\bar{r}$，作为板料冲压成形性能的一项重要参数。

$$\bar{r}=\frac{r_0+r_{90}+2r_{45}}{4} \tag{8-2}$$

$\bar{r}$ 值的大小反映出材料厚向与板平面塑性变形的差异。

（5）板平面方向性(凸耳参数)　板料由于冶炼、轧制的原因，在板平面不同方向上的材料性能有差别，板料的这种特性称为板平面方向性。在圆筒形零件拉深中，板料的板平面方向性导致拉深件口部形成凸起的耳朵现象，因而板平面方向性也称作为凸耳参数。

板平面方向性用符号 Δr 表示，Δr 由板厚方向性系数 r 在几个方向上的差值来确定。其计算公式为

$$\Delta r=\frac{r_0+r_{90}-2r_{45}}{2} \tag{8-3}$$

由分析可知，Δr 越小，说明板料的各向性能更均匀；Δr 越大，则板料的各向异性严重。所以，在冲压生产中应尽量用低 Δr 值的板料，以保证冲压成形的顺利实施，提高冲压产品质量。

四、板料的成形极限

板料在发生失稳之前可以达到的最大变形程度称为成形极限。成形极限分为总体成形极限(如极限拉深系数、最小相对弯曲半径等)和局部成形极限(局部尺寸可以达到的最大变化程度)。直接试验法所获得的结果主要是反映相关成形的总体成形极限。而板料的局部成形极限则需要进行特别的试验，建立板料的成形极限图。板料的成形极限图可以用来确定冲压件所允许的最大变形值。

成形极限图 FLD(Forming Limit Diagrams)是板料在不同应变路径下的局部失稳极限应变

e_1 和 e_2（工程应变）或 ε_1 和 ε_2（真实应变）构成的条带形区域或曲线。它全面反映了板料在单向和双向拉应力作用下的局部成形限极。FLD 为分析研究板料的局部成形性能提供了很好的条件。

建立成形极限图的方法如下：首先在板料试样表面复制直径为 d_0 的网格圆图案，在胀形模上采用球形凸模或液压进行胀形，使板料在双向拉应力作用下变形，直至出现裂纹为止；然后测量破裂部位或附近网格圆的长、短轴尺寸 d_1 和 d_2，按照下列公式计算塑性失稳极限应变：

工程应变

$$e_1 = \frac{d_1 - d_0}{d_0} \times 100\% \tag{8-4}$$

$$e_2 = \frac{d_2 - d_0}{d_0} \times 100\% \tag{8-5}$$

真实应变

$$\varepsilon_1 = \ln \frac{d_1}{d_0} = \ln(1 + e_1) \tag{8-6}$$

$$\varepsilon_2 = \ln \frac{d_2}{d_0} = \ln(1 + e_2) \tag{8-7}$$

将测量计算后所获得的不同应变路径下极限尖变值标绘在主应变的平面坐标上，并根据分布特征连成曲线或条带形区域，便完成了该材料的成形极限图（见图 8-2）。根据成形极限图可以确定材料变形极限，分析原材料，帮助制定合理的冲压工艺规程。

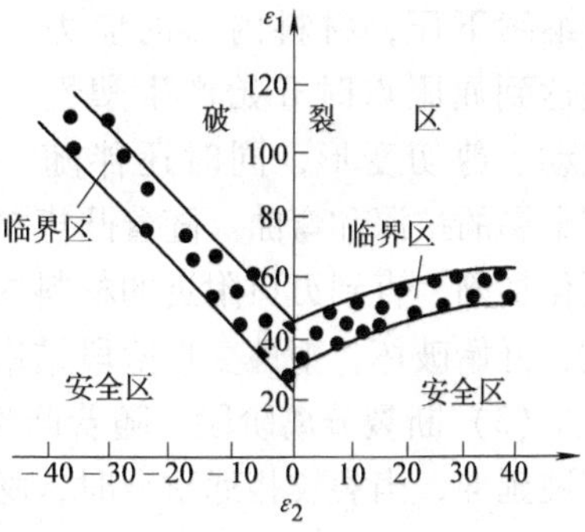

图 8-2　板料的成形极限图

五、冲压加工自动化与柔性化

为了适应大批量、高效生产的需要，在冲压模具和设备上广泛应用了各种自动化的进、出料机构。对于大型冲压件，例如汽车覆盖件，专门配置了机械手或机器人，这不仅大大提高了冲压件的生产品质和生产率，而且也增加了冲压工作和冲压工人的安全性。在中小件的大批量生产方面，现已广泛应用多工位级进模、多工位压力机及高速压力机。在小批量多品种生产方面，正在发展柔性制造系统（FMS）。为了适应多品种生产时不断更换模具的需要，已成功地发展了一种快速换模系统，现在换一副大型冲压模具，仅需 6 ~ 8min 即可完成。此外，近年来，集成制造系统（CIMS）也正被引入冲压加工系统，出现了冲压加工中心，并且使设计、冲压生产、零件运输、仓储、品质检验以及生产管理等全面实现自动化。

此外，板料冲压成形过程的数值模拟（CAE）和冲压模具计算机辅助设计与辅助制造（CAD/CAM）技术的开发与应用，是国内外冲压技术的重要发展方向之一。

第二节　冲　　裁

冲裁是利用模具使材料分离的一种冲压工序，它主要是指落料和冲孔工序。冲裁既可以加工出成品零件，又可以为其他成形工序制备毛坯。

冲裁加工之后，材料分成两个部分，即冲孔和落料。冲孔是指在板料或者工件上冲出所需形状的孔，冲去的为废料；而落料是指从板料上冲下所需形状的零件或者毛坯。图 8-3 所示垫圈零件，制取外形 ϕ22mm 的冲裁工序称为落料，制取内孔 ϕ10.5mm 的冲裁工序称为冲孔。根据分离机理不同，冲裁可以分为普通冲裁和精密冲裁。

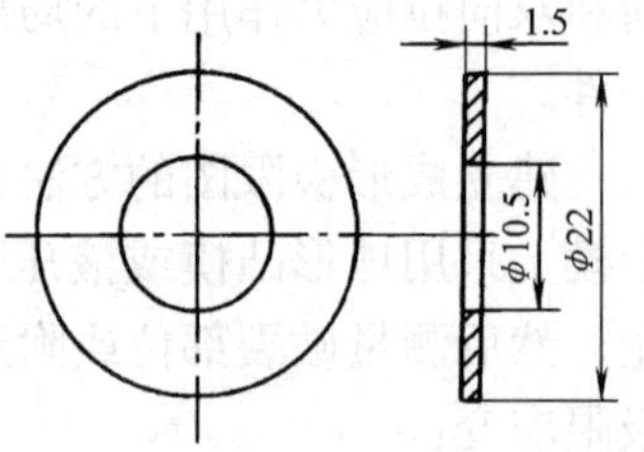

图 8-3 垫圈

一、普通冲裁

1. 冲裁过程的分析

普通冲裁过程大致可以分成三个阶段，如图 8-4 所示。

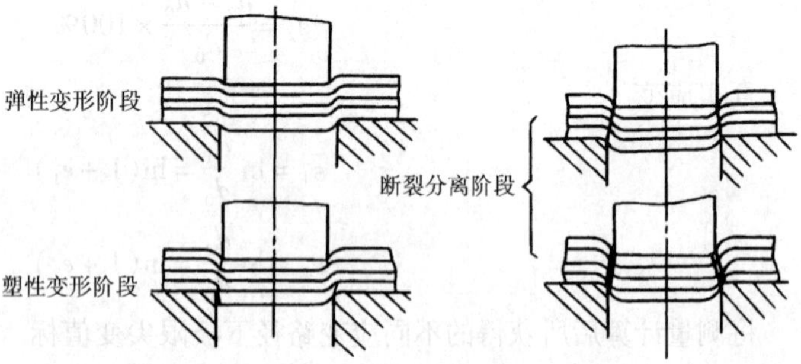

图 8-4 冲裁过程

（1）弹性变形阶段 凸模与材料接触后，使材料压缩并产生拉深和弯曲弹性变形，此时，材料内应力没有超过材料的弹性极限。若卸去载荷，材料则恢复原状。

（2）塑性变形阶段 当凸模继续下压，材料内部的应力值达到屈服点时开始产生塑性流动、剪切变形，同时还伴随有金属的拉深和弯曲。随着凸模挤入材料的深度增大，塑性变形程度逐渐增大，变形区材料硬化加剧，直到刃口附近的材料内应力达到材料强度极限，冲裁力达到最大值，材料出现裂纹，开始破坏，塑性变形阶段结束。

（3）断裂分离阶段 随着凸模继续压入材料，已经出现的上、下裂纹逐渐向金属内层扩展延伸，当裂纹相遇重合时，材料即被剪断完成分离过程。

图 8-5 为冲裁时剪切区受力状态。图中 F_1、F_2 分别是凸、凹模对板料的垂直作用力；F_3、F_4 分别是凸、凹模对板料的侧压力；μF_1、μF_2 为凸、凹模端面作用于板料的摩擦力；μF_3、μF_4 为凸、凹模侧面作用于板料的摩擦力。其中摩擦力 μF_1 和 μF_2，随凸、凹模间隙值大小的不同而方向发生改变。

从受力情况分析，侧向压力 F_3、F_4 一定小于垂直压力 F_1、F_2；而在压力小的地方裂纹更容易产生和扩展。因此，冲裁分离时的初始裂纹是从模具刃口侧面产生的，随之上、下微裂纹迅速扩展延伸并相遇而完成分离。

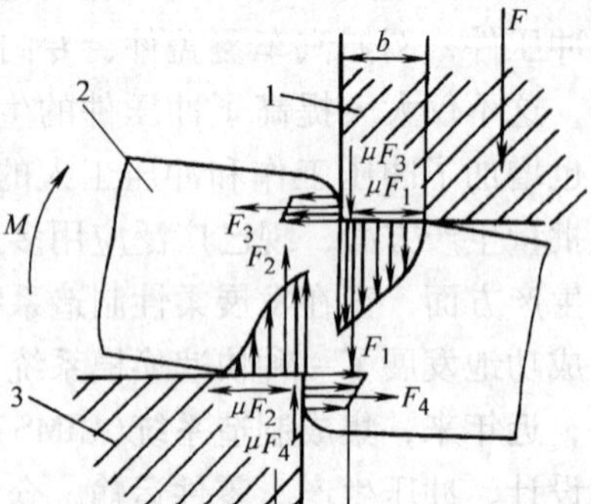

图 8-5 冲裁时剪切区受力状态

1—凸模 2—板料 3—凹模

2. 冲裁件质量

冲裁件质量主要是指切断面质量、表面质量、形状误差和尺寸精度。对于冲裁工序而言，冲裁件切断面质量往往是关系到工序成功与否的重要因素。从图 8-6 中能够看到，冲裁件切断面可以明显地区分为四个部分：①光亮带；②断裂带；③圆角；④毛刺。

1）光亮带的形成，是在冲裁过程中模具刃口切入材料后，材料与模具刃口侧面挤压而产生塑性变形的结果。光亮带部分由于具有挤压特征，表面光洁垂直，是冲裁件切断面上精度最高、质量最好的部分。光亮带所占比例通常是冲裁件断面厚度的1/2～1/3。

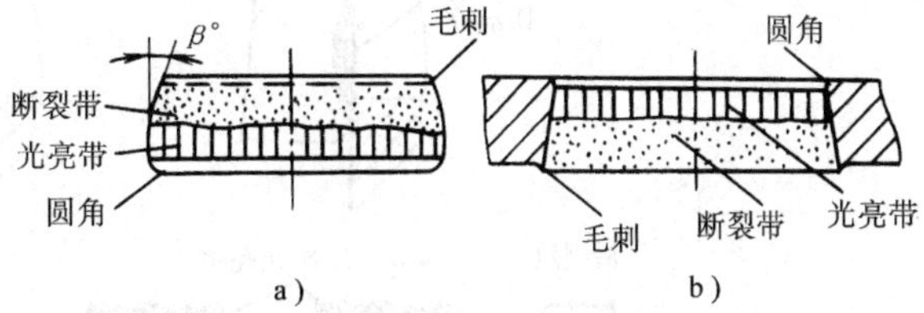

图 8-6　冲裁件切断面特征
a）落料件　b）冲孔件

2）断裂带是在冲裁过程的最后阶段，材料剪断分离时形成的区域，是模具刃口附近裂纹在拉应力作用下不断扩展而形成的撕裂面。断裂带表面粗糙并略带斜角，不与板平面垂直。

3）圆角形成的原因，是当模具压入材料时刃口附近的材料被牵连变形的结果，材料塑性越好，则圆角带越大。

4）毛刺是在冲裁过程中出现微裂纹时形成的，随后已形成的毛刺被拉长，并残留在冲裁件上。

影响冲裁件切断面质量的因素很多，切断面上的光亮带、断裂带、圆角、毛刺等四个部分，各自所占断面厚度的比例也是随着制件材料、模具和设备等各种冲裁条件不同而变化的。

影响冲件表面质量的主要因素如图 8-7 所示。影响冲件尺寸精度的主要因素如图 8-8 所示。通过实际的研究分析表明，凸凹模刃口之间的间隙值是最主要的影响因素。提高冲裁件质量，重要的是必须清楚凸凹模间隙的影响规律，并寻求获得合理间隙的确定方法。

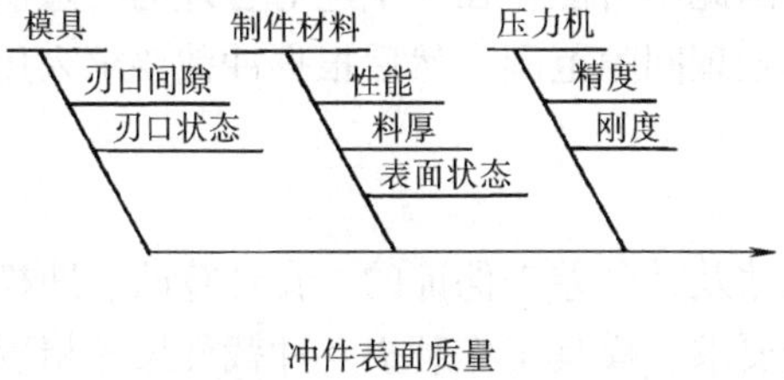

图 8-7　影响冲件表面质量的主要因素

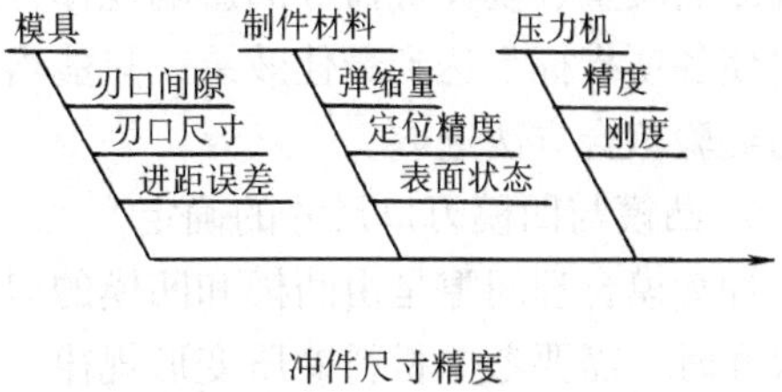

图 8-8　影响冲件尺寸精度的主要因素

3. 冲裁模间隙

冲裁模具的凸、凹模间隙对冲裁件断面质量有很大的影响。从图 8-9 中可看到，间隙适中时，上、下裂纹互相重合，冲裁件断面虽有一定斜度，但比较平直、光洁且毛刺很小。当间隙过小时，由于分离面上、下裂纹向材料中间扩展时不能互相重合，将被第二次剪切才完成分离，因此出现二次挤压而形成二次光亮带，毛刺也有所增长，但冲裁件容易清洗，穹弯小，断面比较垂直。间隙过大时，材料受到很大的拉深和弯曲应力作用，冲裁件光亮带小，圆角和斜度加大，毛刺大而厚，难以去除。表 8-2 和表 8-3 是对冲裁件断面质量要求。

表 8-2　普通冲裁断面的近似粗糙度值

板料厚度 δ/mm	≤1	>1～2	>2～3	>3～4	>4～5
表面粗糙度 R_a/μm	3.2	6.3	12.5	25	50

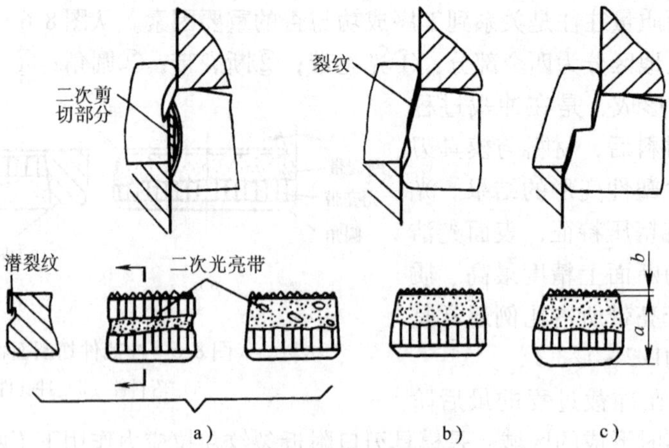

图 8-9　间隙对冲裁件断面质量的影响
a）间隙过小　b）间隙适中　c）间隙过大

表 8-3　普通冲裁断面允许的毛刺高度　（单位：mm）

板料厚度 δ	≤0.3	>0.3～0.5	>0.5～1.0	>1.0～1.5	>1.5～2.0
新模试冲时	≤0.01	≤0.02	≤0.03	≤0.04	≤0.05
正常生产时	≤0.05	≤0.08	≤0.10	≤0.13	≤0.15

因此，对于冲制出合乎质量要求的冲裁件，确定冲裁模具凸、凹模之间的合理间隙值是冲裁工艺与模具设计中的一个关键性问题。一般来说，合理间隙是指能够使断面质量、尺寸精度、模具寿命和冲裁力等方面得到最佳效果的间隙。但在实际冲裁中，由于间隙大小对冲裁件断面质量、模具寿命等的影响规律并不相同，因此不可能存在一个绝对合理的间隙值能同时使各项指标都达到最佳效果，只能给出一定的合理间隙范围，然后根据冲裁要求采用理论与经验综合方法选取。

4. 凸模与凹模刃口尺寸的确定

冲裁模合理间隙是由凸模和凹模的刃口工作尺寸及其公差来保证的。在计算凸、凹模刃口尺寸时，需要考虑材料冲压变形规律、模具制造要求、模具工作磨损及冲裁件尺寸精度等方面因素。在实际冲裁中，应注意如下一些现象：①落料件和冲孔件的切断面都带有斜度，即在同一切断面有大端尺寸和小端尺寸；②落料件的大端尺寸与凹模尺寸接近，冲孔件小端尺寸与凸模尺寸接近，在测量和使用冲裁件时，落料件以大端为基准，冲孔件以小端为基准；③在冲裁生产过程中，凸、凹模磨损的结果是使间隙增大。

（1）决定模具刃口尺寸及制造公差　需要遵循以下几项原则：

1）设计落料模时，以凹模为基准，按落料件先确定凹模刃口尺寸，然后根据选取间隙值再确定凸模刃口尺寸。

2）设计冲孔模时，以凸模为基准，按冲孔件先确定凸模刃口尺寸，然后根据选取间隙值再确定凹模刃口尺寸。

3）由于冲模在使用过程中有磨损，磨损的结果使落料件尺寸增大，冲孔尺寸减小。为了保证模具的使用寿命，落料凹模刃口尺寸应靠近落料件公差范围内的最小尺寸；冲孔凸模刃口尺寸应靠近孔的公差范围内最大尺寸。

4）考虑到磨损，凸、凹模间隙均应采用最小合理间隙。

同时，在确定冲模刃口制造公差时，应考虑制件的公差要求，从冲模的制造成本、制造难易程度、制造周期等方面综合分析。

（2）冲模的加工方式　有凸、凹模分别加工和配合加工两种，其刃口尺寸计算和模具制造公差的标注也不相同。凸模与凹模分别加工的方式主要适用于冲裁圆形或简单形状零件。

（3）计算和确定落料模和冲孔模刃口尺寸及其公差　以图 8-10 所示冲模刃口尺寸为例。

1）冲孔

设需冲孔孔径尺寸为 $d^{+\Delta}$时，有：

$$d_p=(d_{min}+x\Delta)_{-\delta_p}$$

$$d_d=(d_p+Z_{min})^{+\delta_d}$$

2）落料

设所需落料件尺寸为 $D_{-\Delta}$时，有：

$$D_d=(D_{max}-x\Delta)^{+\delta_d}$$

$$D_p=(D_d-Z_{min})_{-\delta_p}$$

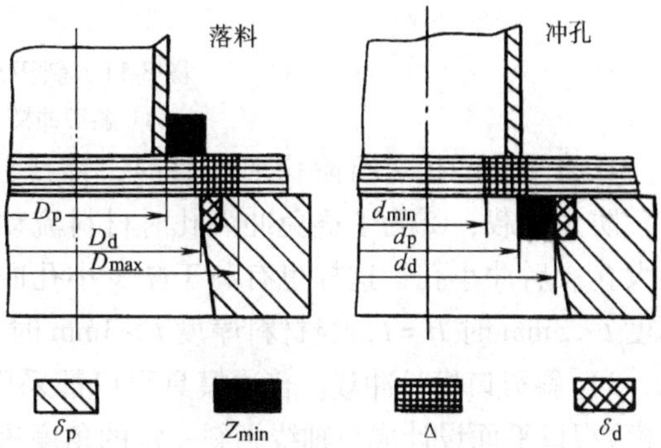

图 8-10　冲模刃口尺寸关系

式中，d_p 为冲孔凸模刃口的基本尺寸；d_d 为冲孔凹模刃口的基本尺寸；D_d 为落料凹模刃口的基本尺寸；D_p 为落料凸模刃口的基本尺寸；D_{max}为落料件的最大极限尺寸；d_{min}为冲孔的最小极限尺寸；Δ 为冲裁件公差；Z_{min}为最小双边合理间隙值；x 为系数，可取 0.5～1.0，选取时尽可能避免冲裁件尺寸等于极限尺寸；δ_d、δ_p 分别为凹模与凸模的制造公差，为保证间隙值，应满足下列关系式：

$\delta_d+\delta_p \leqslant Z_{max}-Z_{min}$或取：$\delta_d=0.6(Z_{max}-Z_{min})$，$\delta_p=0.4(Z_{max}-Z_{min})$。

对于形状复杂、曲线轮廓和比较薄的零件，特别是工件精度要求高、间值范围很小时，为保证模具间隙的均匀性，通常采用配合加工方法(配作法)制造模具。

5. 冲裁力的计算及降低冲裁力的方法。

（1）冲裁力的计算　计算冲裁力的目的是为了合理地选择冲压设备和设计模具。平刃冲模的冲裁力可按下式计算。

$$F=KLt\tau_b=KA\tau_b \tag{8-8}$$

式中，F 为冲裁力；L 为冲裁周边轮廓长度；t 为材料厚度；K 为系数；τ_b 为材料抗剪强度；A 为冲裁周边轮廓面的面积。

可取　$K=1.3$，$\tau_b=0.8\sigma_b$，则上式可写成

$$F\approx Lt\sigma_b=A\sigma_b \tag{8-9}$$

（2）降低冲裁力的方法　冲压生产中，由于设备条件以及减少振动、噪声的需要，可以采用以下几种常用方法来降低冲裁力。

1）材料加热冲裁(红冲)。通过对毛坯加热之后进行冲裁，降低材料的抗剪强度 τ_b 值或抗拉强度 σ_b 值，从而降低冲裁力。这种方法会直接影响零件表面质量和尺寸精度，只适于厚板或精度要求不高的零件。

2）多凸模阶梯布置冲裁。当冲裁模有多个凸模时，可将凸模刃口底平面呈阶梯形布置，如图 8-11b 所示。多凸模冲裁时，总冲裁力是每个凸模冲裁力的叠加，而将凸模作阶梯形布置后，可以避免各个凸模冲裁力的最大值同时出现。

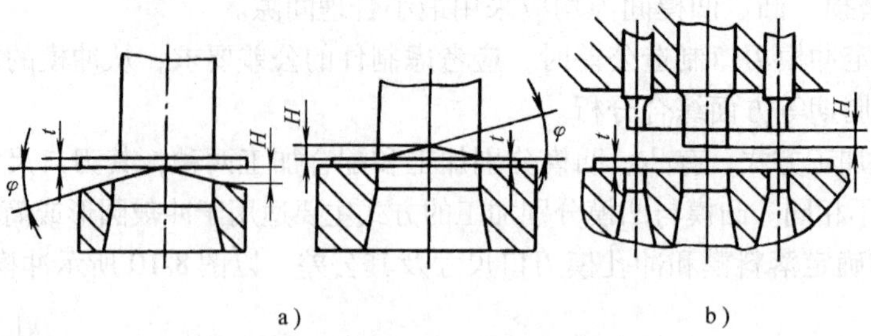

图 8-11 斜刃冲模与阶梯凸模

a) 斜刃冲模 b) 阶梯凸模

在将多个凸模进行阶梯形布置时，需要注意以下几方面要求：①阶梯形布置要对称分布，防止偏载；②为了避免冲大孔时材料流动的挤压力对小孔冲头的影响，阶梯形应安排先冲大孔、后冲小孔，这样也有利于减少小孔冲头的长度；③多凸模之间的高度差 H，当材料厚度 $t<3\text{mm}$ 时 $H=t$，当材料厚度 $t>3\text{mm}$ 时 $H=0.5t$。

3）斜刃口模具冲裁。普通模具刃口都采用与模具轴线相垂直的平面形式，而将凸模(或凹模)刃口平面设计成与轴线倾斜一定的角度进行冲裁时，刃口可逐步冲切材料(见图 8-11a)，减少了每一瞬时的剪切面积 A，从而降低了冲裁力。与平刃冲裁相比，冲裁力可以降低 50%~75%。斜刃冲模的减力程度由斜刃峰波高度 H 和角度 φ 决定，H 和 φ 可参考下列数值选取：$t<3\text{mm}$，$H=2t$，$\varphi<5°$；$t=3\sim10\text{mm}$，$H=t$，$\varphi<8°$；一般情况下 φ 角不大于 12°。

在降低噪声方面，斜刃冲裁也有明显的效果。据文献介绍，由于斜刃冲裁将平刃的冲击性冲裁转变为逐步切入式冲裁，刃口每倾斜 25′，可降低噪声 10dB。

在设计斜刃冲裁模具时，应注意以下问题：①为了制取平整的零件，冲孔时将凸模设计为斜刃，落料时将凹模设计为斜刃；②斜刃一般设计成波浪形，或考虑其对称设置，以免承受偏载；③斜刃冲模的制造、维修都很困难，刃口也容易磨损，所以尽量不采用，一般只是用于大型工件及厚板冲裁。

6. 材料利用率

在大批量冲压件的生产成本中，材料费约占 60% 以上，材料利用率是关系到冲压技术发展的一个重要问题。而材料利用率主要涉及到工件的排样。

排样是指冲裁件在条料或板料上的布置方法。冲裁时其材料利用率可用下式来表示：

$$\eta=\frac{A}{A_0}\times100\% \tag{8-10}$$

式中，η 为材料利用率；A_0 为冲裁此工件所用材料总面积，包括工件面积和废料面积；A 为工件的实际面积。

从上式中可以看到，减少废料面积可以提高材料利用率。冲裁废料一般由工艺废料和结构废料组成。结构废料是由工件形状决定的；工艺废料是由排样形式及冲压方式决定的(见图 8-12)。

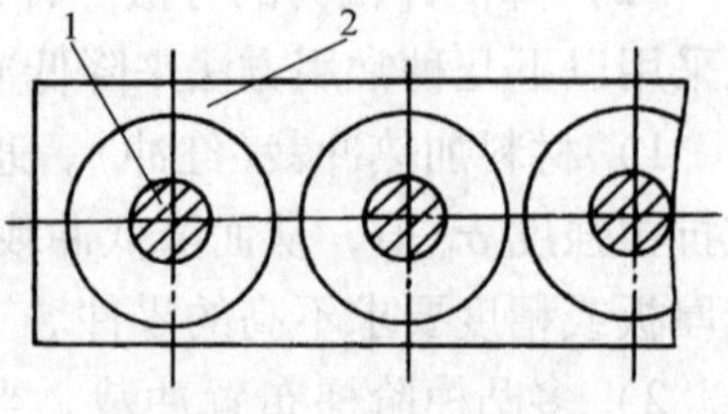

图 8-12 冲裁废料类型

1—结构废料 2—工艺废料

在排样时，工件之间、工件与条料侧边之间留下的余料称为搭边。其作用是补偿定位误差及材料尺寸误差，还可以使条料保持一定的刚度，有利于冲裁时操作送进。

选取搭边值大小时，应主要考虑材料力学性能、工件形状与尺寸、材料厚度、送料及挡料方式等方面因素。搭边值一般由经验确定，也可以查有关资料和手册。

二、精密冲裁

普通冲裁获得的工件尺寸精度在IT11以下，表面粗糙度一般为R_a25～12.5μm，光亮带所占断面比例不大，断面具有斜度，只能满足一般产品的普通要求。当对冲裁件的断面质量、尺寸精度及断面垂直度要求很高时，普通冲裁无法满足，通常是采用整修、光洁冲裁、齿圈压板冲裁(精冲)等方法来提高零件精度和表面质量。

1. 整修

利用整修模沿冲裁件外形或内形边缘修切一层薄屑，或采用挤光等方法除去普通冲裁时在冲件断面留下的圆角、断裂带、毛刺等，从而提高冲裁件精度和表面质量。

整修后的零件精度可以达到IT6～IT7级，表面粗糙度为R_a1.6～0.8μm。生产中经常应用的整修方法有以下几种(见图8-13)：

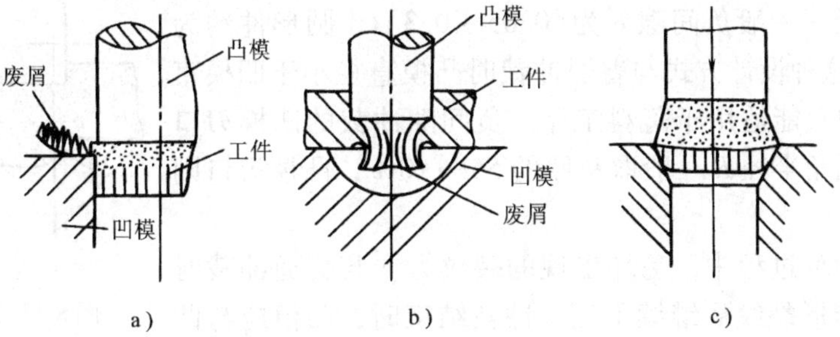

图8-13　整修工艺

a)、b) 切掉余量整修　c) 挤光整修

(1) 切掉余量整修法　切掉余量整修法与切削加工相似，整修质量受整修次数、整修余量以及整修模具结构等因素的影响。厚度小于3mm的外形简单工件，一般只需一次整修，一次单边整修量可以为料厚的10%；厚度大于3mm或工件有尖角时，需进行多次整修。

(2) 挤光整修法　对于塑性较好、材料厚度较大的工件，可以采用挤光原理进行整修。这种方法是利用表面塑性变形的办法来提高零件精度和表面质量的。挤光整修的余量较小，一般不超过0.06mm，整修效果低于切掉余量法整修。

2. 光洁冲裁

整修工艺所整修的毛坯是冲裁件，还需要增加设备和模具以及大量加工工时，从经济性和生产效率来说都适应不了大量生产的要求。光洁冲裁就是在这种生产需求条件下经常采用的半精冲工艺，它主要有小间隙圆角刃口冲裁和负间隙冲裁等方法。

(1) 小间隙圆角刃口冲裁　如图8-14所示，设计模具时，将冲裁凸、凹模间隙采用小间隙，落料的凹模和冲孔的凸模带椭圆角或小圆角刃口。使用这样的模具进行冲裁时，材料分离区的静水压值增强，抑制了裂纹的发展，冲裁件断面质量得到明显的提高。

模具的凸、凹模双边间隙可取0.01～0.02mm，小圆角半径r可以参考表8-4选用。

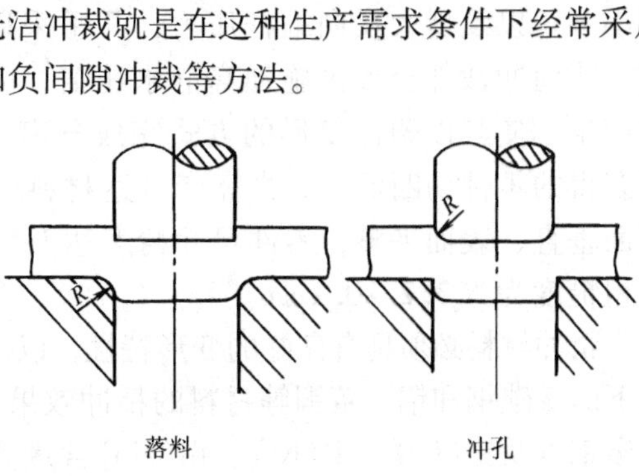

图8-14　小间隙圆角刃口冲裁

表 8-4 模具圆角半径 （单位：mm）

材料＼料厚	1	2	3	5
铝	0.25	—	0.25	0.50
铜(T2)	0.25	—	0.50	(1.00)
软钢	0.25	0.05	(1.00)	—
黄铜(H70)	(0.25)①	—	(1.00)	—
不锈钢(0Cr18Ni9)	(0.25)	(0.05)	(1.00)	—

①（ ）内为参考值。

这种方法适用于塑性较好的材料，尺寸精度可达 IT9～IT11 级，粗糙度为 R_a3.2～0.8μm，冲裁力比普通冲裁增大 50% 左右。小间隙圆角刃口冲裁不需要特殊设备，应用比较简单。

（2）负间隙冲裁　如图 8-15 所示，负间隙是指落料凸模直径大于凹模直径，一般负间隙 c 为（0.05～0.3）t，圆形件约为（0.1～0.2）t。这种设计方式与普通冲裁时凸模直径小于凹模直径正好相反，也只能适用于落料工序。负间隙冲裁的凹模刃口设计成圆角，圆角半径 R 一般取料厚的 5%～10%，凸模刃口则越锋利越好。

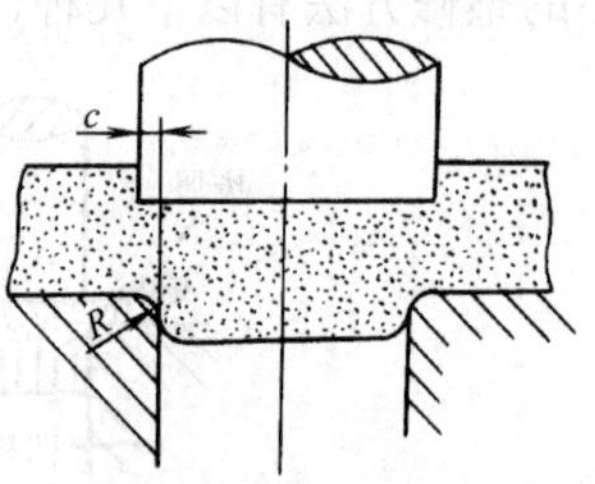

图 8-15　负间隙冲裁

在负间隙冲裁过程中，毛坯出现的裂纹方向与普通冲裁时相反，形成倒锥形裂纹后继续下压，冲裁结束时，凸模应与凹模表面保持 0.1～0.2mm 距离，待冲裁下一次时，再将前一工件完全挤入模腔。所获得的落料件具有挤压特征，断面质量好，零件精度可达 IT9～IT11 级，表面粗糙度为 R_a1.6～0.8μm。负间隙冲裁力比普通冲裁时增大 1.3～3 倍，凹模承受的压力较大，容易引起开裂，所以这种方法只适用于软钢、软铝、铜等塑性好的材料。

3. 齿圈压板冲裁（俗称精冲法）

从冲裁件断面质量分析中已经得知，光亮带是断面中比较理想的部分，断裂带所占的比例越大，冲裁件质量越差。光亮带形成的原因是由于出现挤压效应产生塑性流动的结果。图 8-16 所示是 V 形环齿圈压板精密冲裁的方法，该法将凸、凹模选用极小的间隙，凹模刃口带有小圆角以及增大反向推杆压力，几乎采用了一切可能的方式向冲裁件分离区施加高静水压值，防止材料的裂纹产生，使其以塑性变形的方式完成分离。因此，该法所获得的零件切断面，其光亮带可达材料厚度的 100%，断面垂直、表面平整，零件尺寸精度达 IT6～IT9 级，表面粗糙度为 R_a3.2～0.2μm。

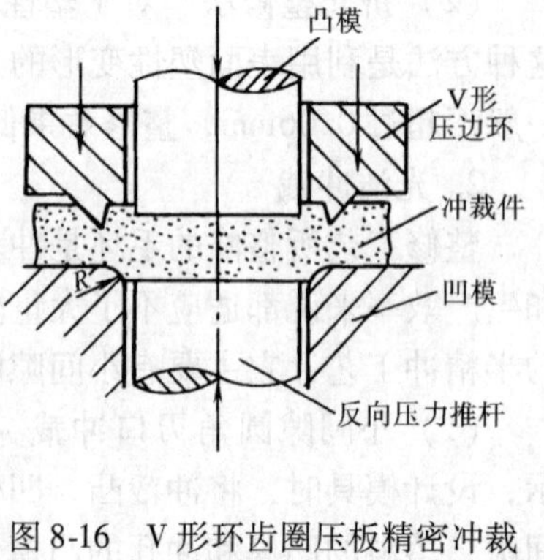

图 8-16　V 形环齿圈压板精密冲裁

精冲材料必须具有良好的变形特性，以碳的质量分数小于 0.35%、σ_b =（400～500）MPa 以下的低碳钢和铝、黄铜等材料的精冲效果为最好。碳的质量分数在 0.35%～0.7% 或更高的碳钢以及铬（Cr）、镍（Ni）、钼（Mo）含量低的合金钢，经退火处理后仍可获得良好的精冲效果。金属的组织对材料的塑性影响很大，精冲材料最理想的组织是球化退火后均布的细粒碳化物（球状渗碳体），少量片状珠光体会严重影响冲件质量。

精冲力的计算方法如下：

冲裁力　$F_1 = 0.9\sigma_b Lt$

齿圈压力　$F_2 = (0.3 \sim 0.6)F_1$

推杆反向压力　$F_3 = (0.10 \sim 0.15)F_1$

精冲压力　$F_{总} = F_1 + F_2 - F_3$　(8-11)

式中，σ_b 为材料抗拉强度（MPa）；L 为内外冲裁周边长度的总和（mm）；t 为材料厚度（mm）。

选择精冲设备时，专用设备以 F_1 为依据；普通压力机以 $F_{总}$ 为依据。

第三节　弯　　曲

将各种金属毛坯弯成具有一定角度、曲率和形状的加工方法称为弯曲。弯曲是成形工序之一，应用相当广泛，在冲压生产中占有很大的比例。图8-17是各种典型弯曲零件。在冲压生产中弯曲成形方法很多，使用的设备和工具也是多种多样的，其中主要有在普通压床上成形的压弯、折弯机上的折弯、滚弯机上的滚弯和拉弯设备上的拉弯。同时，弯曲变形还存在于很多成形工序之中，掌握弯曲成形特点和弯曲变形规律有着十分重要的意义。

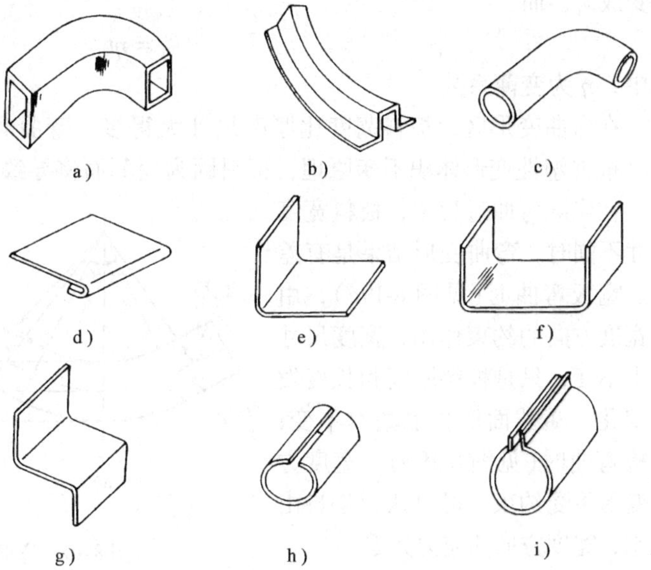

图 8-17　各种典型弯曲零件举例

一、弯曲变形分析与工艺计算

1. 板料弯曲变形分析

平板毛坯在外弯曲力矩的作用下曲率发生变化，毛坯内层金属在切向压应力作用下产生压缩变形，外层金属在切向拉应力作用下产生伸长变形。如图 8-18 所示，弯曲变形区是在 $ABCD$ 部分。毛坯弯曲的初始阶段，外弯曲力矩的数值不大，毛坯内外表面的应力小于材料的屈服点 σ_s，使毛坯变形区产生弹性弯曲变形，这一阶段称为弹性弯曲阶段；当外弯曲力矩继续增加，毛坯内外表面应力值首先达到材料屈服点 σ_s 而产生塑性变形，随后塑性变形向中间扩展，直到整个毛坯内

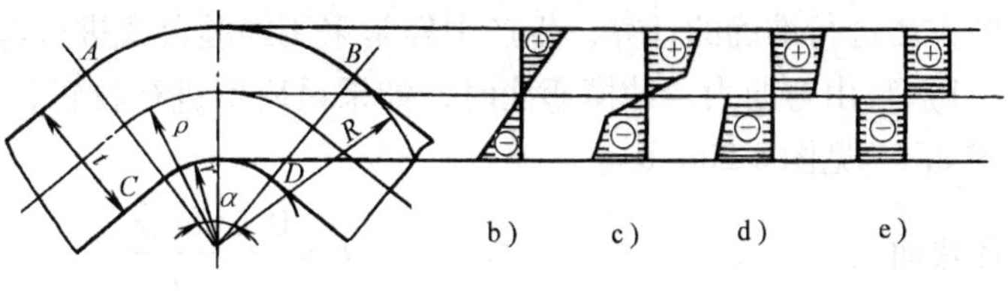

图 8-18　弯曲变形区切向力分布

a）平板毛坯的弯曲变形　b）弹性弯曲　c）弹-塑性弯曲　d）纯塑性弯曲　e）无硬化纯塑性弯曲

部应力都达到或超过屈服点，这个过程是弹-塑性弯曲阶段和纯塑性弯曲阶段。

在图中可以看到弯曲各阶段毛坯内部切向应力的分布，从毛坯外层的切向拉应力过渡到内层的压应力，中间有一层金属其切向应力为零或应力不连续，通常将这一中间层称为应力中性层，曲率半径用 ρ_σ 表示。同样，在弯曲变形时，毛坯外层受切向拉应力作用产生伸长变形，内层受压应力作用产生压缩变形，而中间必然有一层金属长度不变，这层金属称为应变中性层，其曲率半径用 ρ_ε 表示。

在弯曲变形开始之后，毛坯产生弹性弯曲，当弯曲变形程度较小时，应力中性层和应变中性层相重合，位于板料厚度的中间，即 $\rho_\sigma = \rho_\varepsilon = r + t/2$；当弯曲变形程度增大，弯曲圆角半径 r 减小时，应力中性层和应变中性层都从板厚的中间向内层移动，而应力中性层的位移大于应变中性层的位移，即 $\rho_\sigma < \rho_\varepsilon$。

毛坯在弯曲变形时，由于中性层内移，其外层拉深变薄范围增加，内层压缩变厚区域逐渐减少，因此，外层变薄量大于内层增厚量，板料毛坯出现厚度变薄的现象。即板料厚度由 t_0 变成 t_1，而：

$$t_1 = \eta t_0 \tag{8-12}$$

式中，η 为变薄系数。

在弯曲变形区，板料宽度比厚度尺寸大得多，弯曲时在宽度方向可近似认为不产生变形，根据塑性变形体积不变原理，板料因为变薄而将导致长度增加。

在实际弯曲过程中，板料宽度尺寸不同时，弯曲变形结果是有差别。宽板弯曲时(见图 8-19c)，由于宽度方向的约束作用，宽度尺寸基本不变，只是板料厚度和长度发生变化，横截面形状也基本不变；窄板弯曲时(见图 8-19b)，宽度方向变形不受约束，可以认为是自由状态，宽度方向的应力为零。

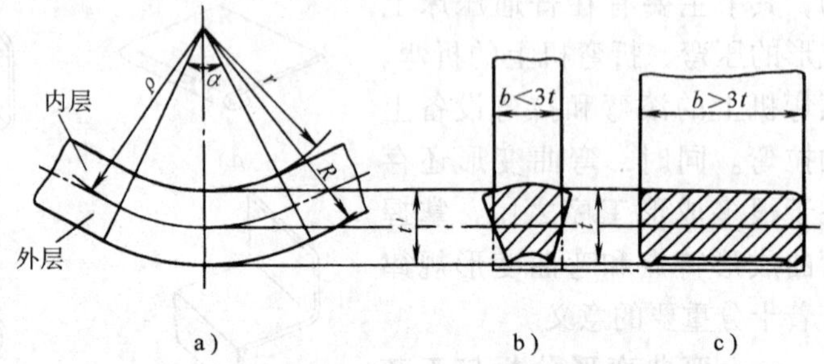

图 8-19 弯曲时毛坯横截面形状的变化

a) 弯曲变形 b) 窄板$\left(\frac{b}{t}<3\right)$ c) 宽板$\left(\frac{b}{t}>3\right)$

2. 弯曲工艺计算及弯曲件质量分析

(1) 弯曲力的计算 弯曲力是弯曲工艺设计和选择设备、设计模具的重要依据。由于弯曲力受材料性能、零件形状、弯曲方法和模具结构等多种因素的影响，所以很难用理论分析的方法进行准确的计算，生产中经常采用经验公式进行弯曲力的计算。

1) 自由弯曲力。冲模弯曲时，如果最后不进行校正，则为自由弯曲，自由弯曲力计算公式如下(见图 8-20a、b)：

V 形弯曲
$$F = \frac{0.6Cbt^2\sigma_b}{r+t} \tag{8-13}$$

U 形弯曲
$$F = \frac{0.7Cbt^2\sigma_b}{r+t} \tag{8-14}$$

式中，F 为自由弯曲力(N)；b 为弯曲件的宽度(mm)；r 为弯曲半径(mm)；σ_b 为材料抗拉

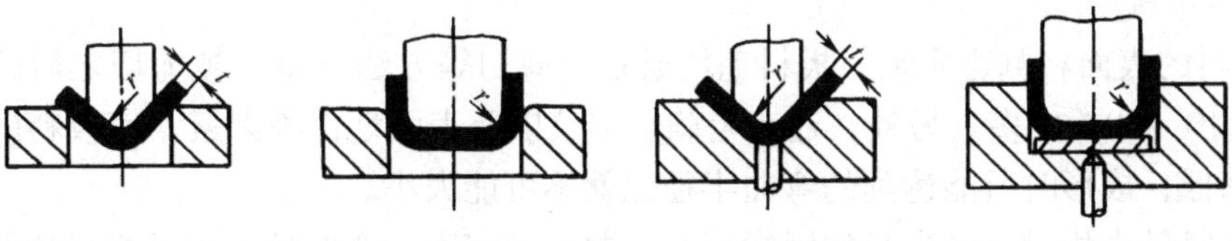

图 8-20 弯曲示意图

a)、b) 自由弯曲 c)、d) 校正弯曲

强度(MPa)；C 为系数，一般取 $C=1\sim1.3$。

2）校正弯曲力。冲模弯曲时，若在弯曲变形的最后阶段对弯曲件进行校正，则为校正弯曲。校正弯曲力计算公式如下(见图 8-20c、d)：

$$F=Aq \tag{8-15}$$

式中，F 为校正弯曲力(N)；A 为校正部分投影面积(mm^2)；q 为单位面积上的校正力，可查手册或有关资料。

(2) 弯曲件毛坯长度的确定 弯曲毛坯尺寸通常按应变中性层的长度计算。对于弯曲半径 $r>0.5t$ 的弯曲件，如图 8-21 所示的单角弯曲件时，毛坯长度按以下方法计算：

$$L=L_1+L_2+\frac{\pi\alpha}{180^\circ}\rho_\varepsilon=L_1+L_2+\frac{\pi\alpha}{180^\circ}(r+Kt) \tag{8-16}$$

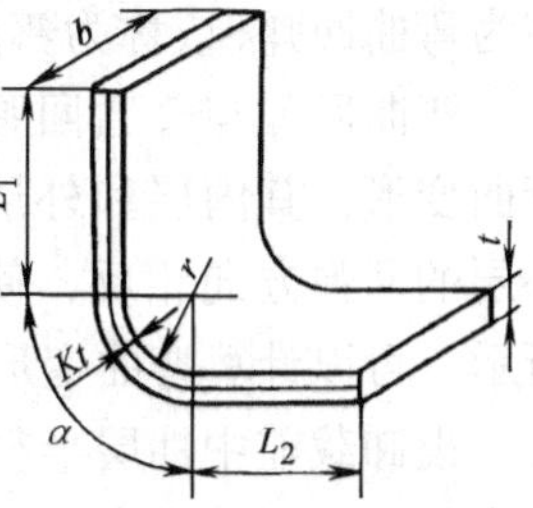

图 8-21 单角弯曲件

当弯曲中心角 α 为 90°时，弯曲毛坯长度为：

$$L=L_1+L_2+\frac{\pi}{2}(r+Kt)=L_1+L_2+1.57(r+Kt) \tag{8-17}$$

式中，K 为中性层内移系数，可查手册或有关资料。

对于弯曲半径小、弯曲变形程度大的弯曲件毛坯计算，需要考虑在毛坯的圆角变形区产生变薄以及与其相邻的直边部分也会产生变薄的情况。而形状复杂、精度要求高的零件，在进行初步计算毛坯尺寸之后，还需要进行反复试弯，不断进行修正。

(3) 最小相对弯曲半径 在保证弯曲毛坯外层纤维不发生破坏的条件下，弯曲件内表面所能达到的最小圆角半径称为最小弯曲半径 r_{min}；最小弯曲半径与毛坯厚度之比，称为最小相对弯曲半径 r_{min}/t。生产中采用 r_{min}/t 来表示弯曲变形时的成形极限。

当弯曲件最外层纤维切向应变 ε_θ 达到最大值时，得到最小相对弯曲半径为

$$\frac{r_{min}}{t}=\frac{1}{2\psi_{max}}-1 \tag{8-18}$$

从式中的参数关系可以对最小相对弯曲半径的影响因素进行分析：

1）材料的力学性能指标。许用延伸率、断面收缩率越大，材料塑性好，则可以成形的 r_{min}/t 值也就越小；如果需要的话，对于相同的材料，可以采用热处理方法提高材料的塑性变形能力。

2）板料的方向性。冲压所用的板材由于是经过轧制而成的，因而在平面内不同方向上的力学性能有较大的差别；板材沿轧制方向上的塑性指标比其他方向的塑性指标要好。因此，弯曲变形时若板料切向变形方向与板材轧制纤维方向重合，可得到的相对弯曲半径值最小。当零件弯曲半径小，则需要考虑板材方向性；当弯曲半径大时，则主要考虑材料利

用率。

3）板料的表面和侧边质量。板料毛坯通常由剪切等方法获得，被剪切之后的材料硬度往往增加20%~30%之多。另外，还有毛刺、裂纹以及表面划伤等因素，使板料的许用塑性变形程度降低，成形时所能达到的弯曲半径也就不可能太小。

影响板料最小相对弯曲半径的因素还有弯曲件的宽度、弯曲角度以及板材的厚度等，其综合影响程度很复杂，所以，在实际生产中主要利用经验数据来确定材料的许可最小相对弯曲半径值。

二、弯曲变形的回弹

1. 弯曲件回弹量的分析与计算

从弯曲变形过程分析中可以看到，材料塑性变形必然伴随有弹性变形，当弯曲工件所受外力卸载后，塑性变形保留下来，弹性变形部分恢复，结果是弯曲件的弯曲角、弯曲半径与模具尺寸不一致，这种现象称为弯曲回弹(或称为弯曲弹复)。

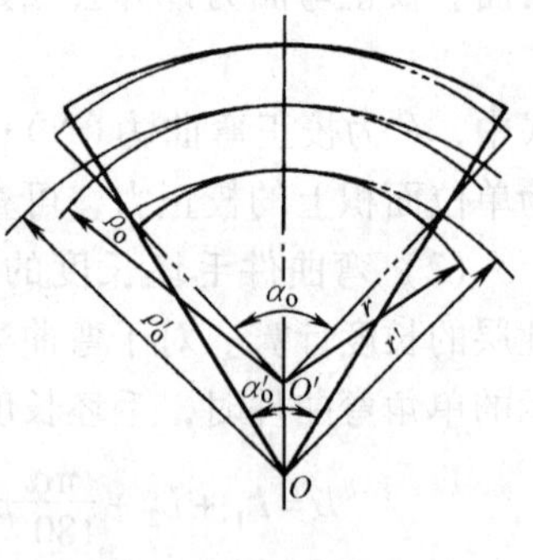

图 8-22 弯曲变形的回弹

弯曲回弹与普通回弹不同。由于板料在加载过程中产生弯曲变形，其内层和外层的应力与应变相反，导致卸载时内外层的回弹方向相反，使弯曲件的回弹量增加。根据图 8-22所示，可以计算弯曲变形回弹时曲率和弯曲角的变化量。

设卸载前中性层半径为ρ_o，弯曲角为α_o，回弹后的中性层半径为ρ'_o，弯曲角为α'_o，则：

曲率变化量为

$$\Delta K = \frac{1}{\rho_o} - \frac{1}{\rho'_o}$$

角度变化量为

$$\Delta\alpha = \alpha_o - \alpha'_o$$

弯曲件回弹后的曲率半径为

$$\rho'_o = \frac{\rho_o}{1 - 3\dfrac{\sigma_s\ \rho_o}{Et}} \tag{8-19a}$$

进而获得弯曲角回弹量的计算公式为

$$\Delta\alpha = \rho_o \alpha_o \Delta K \tag{8-19b}$$

由前述公式可以计算弯曲变形区在卸载过程中曲率和弯曲角的变化量。但在实际弯曲成形时，影响弯曲件回弹的因素比较多，理论计算结果往往不能直接用来作为修正模具的依据，还需要通过综合性分析，进而掌握回弹的规律。

影响弯曲件回弹值的主要因素有:

（1）材料的力学性能　从前述公式可以看到，弯曲件回弹角与材料屈服点成正比，与材料弹性模量成反比。材料的屈服点σ_s越高，弹性模数E越小，则加工硬化越严重，弯曲的回弹也越大。

（2）相对弯曲半径r/t　当r/t越大时，弯曲毛坯的塑性变形程度不大，而弹性变形相对比较大，则弯曲件的回弹量增大；当r/t越小时，弯曲毛坯外层的切向应变ε_θ越大，此时的塑性变形程度和弹性变形也同时增加，但由于弯曲毛坯塑性变形量很大，弹性变形占总变形量的比例相应地很小，所以弯曲件的回弹量也很小。

（3）弯曲角　弯曲角 α 越大，弯曲变形区越长，即 $r\alpha$ 越大，弯曲件回弹的值越大，使弯曲件回弹角 $\Delta\alpha$ 增大；但对曲率半径的回弹没有影响。

（4）弯曲方式　自由弯曲时，弯曲件的约束小，回弹量大；当采用校正弯曲时，由于塑性变形程度大，形状冻结性好，弯曲回弹量减小。

（5）弯曲件形状　弯曲件形状复杂时，弯曲变形状态不一样，回弹方向也不一致，由于材料内部相互牵制，使弹性变形很难恢复，从而减小弯曲件回弹量。如 U 形弯曲件由于两边受模具限制，其回弹角小于 V 形弯曲件。

2. 提高弯曲件精度的方法

从前面的分析可以看到，影响弯曲件精度的主要因素就是回弹。因此，减少弯曲件回弹量是提高弯曲件精度的关键。

在弯曲成形过程中，由于塑性变形总是伴随着弹性变形，实际生产中完全消除弯曲回弹是不可能的。以下几种方法经常用来减少弯曲回弹量：

（1）改进弯曲件局部结构和选用合适材料　利用弯曲毛坯不同形状回弹方向互相牵制、抵消的特点，对弯曲零件增加加强肋或改进局部结构，提高制件的刚性是减少弯曲回弹的有效措施（图 8-23）。因此，在选择弯曲材料时，多采用弹性模量大、屈服点低，且力学性能比较稳定的材料。当 r/t 为 1～2 时，回弹角较小，所以应尽可能增加工件塑性变形程度。

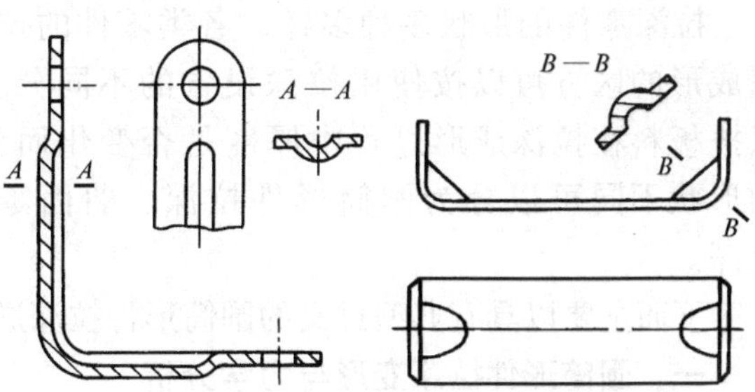

图 8-23　改进弯曲件局部结构

（2）补偿法　在分析计算弯曲件回弹值之后，可以对弯曲模具工作部分的形状进行修正。如图 8-24 所示，对于双角和单角弯曲，可将凸模圆角半径和顶角 α 预先减小一点，用以补偿。对于 r/t 比较小的 U 形件弯曲，还可以采用施加背压的方法，通过先制造负回弹进

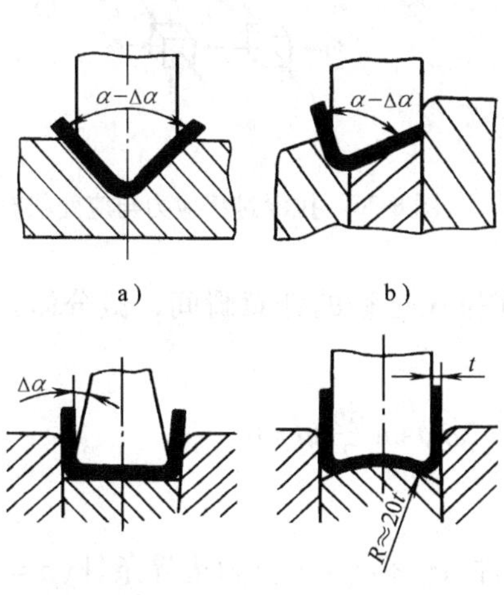

图 8-24　补偿法

a）中心单角补偿　b）侧面单角补偿　c）、d）双角补偿

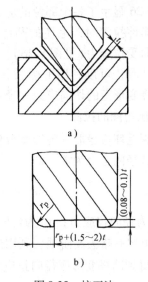

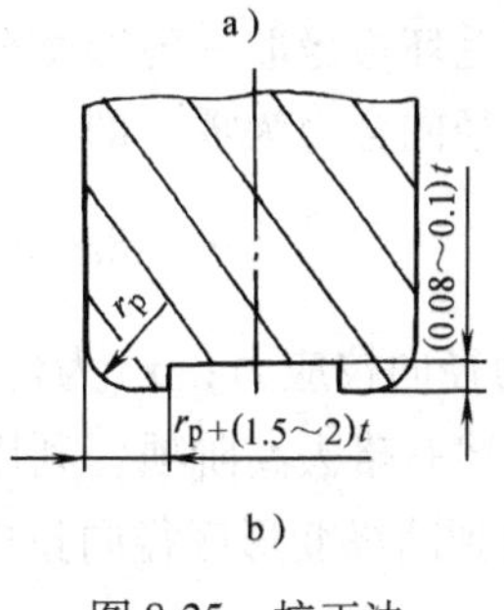

图 8-25　校正法

a）中部凸起校正　b）两边凸起校正

行补偿来改变回弹量。

（3）校正法　在生产中将弯曲凸模做成局部突起的形状，使弯曲变形力集中作用在材料弯曲变形区，同时采用有底凹模，这样，使板厚方向承受很大的压力，改变弯曲变形区内、外层应力状态，成为三向受压，对变形区进行整形，使弯曲件校正，迫使其达到形状冻结效果(图 8-25)。

第四节　拉　　深

将毛坯通过模具制成开口空心零件的冲压工艺方法称为拉深，也可以称为拉延。拉深工序可以制成圆筒形、盒形、锥形、球形、阶梯形以及形状复杂的覆盖零件。拉深工序加工的零件尺寸范围大，应用也非常广泛。

拉深零件的形状多种多样，各类零件的拉深特点和变形规律也是各不相同。对于拉深成形的区分可以按使用拉深设备的不同分为单动拉深、双动拉深和三动拉深；也可以按板料在拉深成形过程中厚度是否变化而分为变薄拉深和不变薄拉深；或者按零件的形状不同可以分为圆筒形件拉深、曲面零件拉深、盒形件拉深以及复杂形状零件拉深。

下面主要以具有典型意义的圆筒形件拉深进行变形分析和工艺计算。

一、圆筒形件拉深变形与力学分析

在拉深过程中，根据拉深毛坯不同的部位状态可以分为三大部分：凸缘部分是变形区；直壁部分是传力区(或称已变形区)；筒底部分是不变形区(图 8-26)。通过对毛坯三大部分进行应力应变分析，又可以进一步分为：凸缘变形区 1、凹模圆角变形区 2、直壁传力区 3、凸模圆角传力区 4 和筒底不变形区 5。图 8-26 显示了各个部位的应力应变状态。

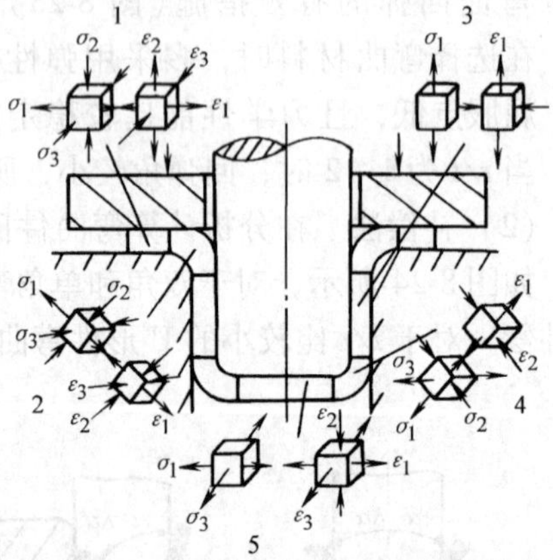

图 8-26　拉深过程应力与应变状态

圆筒形件拉深时，毛坯的凸缘变形区切向受压应力，径向受拉应力(见图 8-26)。当厚度方向的应力忽略不计时，可以利用平衡微分方程和塑性方程求解出凸缘变形区的切向应力和径向应力。

1. 无压边圈的拉深

在拉深毛坯边缘取一扇形微分体(见图 8-26)，在拉深过程的任意瞬间，微分体处于平衡状态，其径向合力为零，即

$$(\sigma_\rho + \mathrm{d}\sigma_\rho)(\rho + \mathrm{d}\rho)t\mathrm{d}\theta - \sigma_\rho \rho t\mathrm{d}\theta + 2\sigma_\theta t\sin\frac{\mathrm{d}\theta}{2}\mathrm{d}\rho = 0$$

式中，σ_ρ 为径向拉应力；σ_θ 为切向压应力。

简化上述并略去高阶项，利用最大切应力塑性条件($\sigma_\rho + \sigma_\theta = \sigma_s$)和边界条件($\rho = R$ 时，$\sigma_\rho = 0$)，得到凸缘变形区径向拉应力和切向应力为

$$\sigma_\rho = \sigma_s \ln\frac{R}{\rho},\ \sigma_\theta = \sigma_s\left(1 - \ln\frac{R}{\rho}\right) \tag{8-20}$$

根据此式获得凸缘变形区应力分布规律，如图 8-27 所示。从图中的径向拉应力 σ_ρ 与切向压应力 σ_θ 的分布曲线可以看到，在变形区内的大部分区域，切向压应力 σ_θ 的绝对值都大于径向拉应力 σ_ρ，即变形区的主要变形方式是压缩变形。这说明圆筒形件拉深时的主要变形区为压缩类成形。切向压应力 σ_θ 在毛坯变形区外边缘达到最大值，即

$$\sigma_{\theta\max}=\sigma_s$$

径向拉应力 σ_ρ 在毛坯变形区内边缘处达到最大值：

$$\sigma_{\rho\max}=\sigma_s\ln\frac{R}{r} \tag{8-21}$$

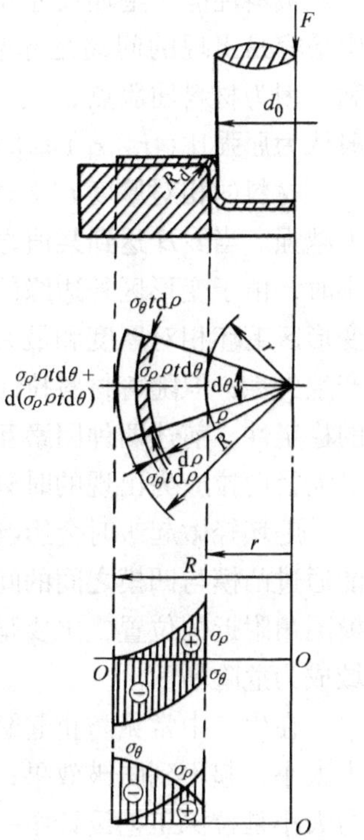

图 8-27 凸缘变形区应力分布

从图 8-27 中应力分布曲线可以看到，当切向压应力 σ_θ 和径向拉应力 σ_ρ 的绝对值相等时，即令 $|\sigma_\rho|=|\sigma_\theta|$ 时，则可以求"等应力圆"的半径位置，即

$$\rho=0.61R$$

当 $\rho<0.61R$ 时，$|\sigma_\rho|>|\sigma_\theta|$。

当 $\rho>0.61R$ 时，$|\sigma_\rho|<|\sigma_\theta|$。

从以上分析也可以得出初步的结论：圆筒形件拉深时，靠近凹模圆角处的毛坯，其主应变为径向受拉应变，板料有变薄现象，而靠近毛坯外边缘部分的最大应变为压缩应变，板料略有增厚。

2. 有压边圈的拉深

当使用压边圈进行拉深时，圆筒直壁传力区所受拉应力除了凸缘变形所需的应力 $\sigma_{\rho\max}$ 之外，还包括由压边力 F_Q 在凸缘变形区表面产生的摩擦阻力 σ_m、毛坯通过凹模圆角时产生弯曲、校直变形的应力 σ_{WZ} 和摩擦阻力。

当包角 $\alpha=\pi/2$，$\rho=r$ 时，得到圆筒直壁传力区承受的最大总压力为 $\sigma_{\max}$，拉深力的理论计算公式为

$$F=\pi dt\sigma_{\max}=\pi dt\sigma_s\left(\ln\frac{R}{r}+\frac{2\mu F_Q}{\pi dt\sigma_s}+\frac{t}{2r_d+t}\right)(1+1.6\mu) \tag{8-22}$$

式中，d 为圆筒形件直径；t 为毛坯厚度；μ 为摩擦因数；r_d 为凹模圆角半径。

拉深力的大小主要与材料性能、零件和毛坯尺寸、凹模圆角半径以及润滑条件等有关。上述关于拉深力的理论推导给拉深成形分析、工艺计算提供了很好的方法和理论依据。但是对于实际应用，理论公式计算起来并不方便，拉深力通常采用以下经验公式进行计算：

第一次拉深力
$$F_1=\pi d_1 t\sigma_b K_1 \tag{8-23}$$

第二次及以后各次拉深力

$$F_i=\pi d_i t\sigma_b K_2\quad(i=2,3,\cdots,n) \tag{8-24}$$

式中，d_1 为第一次拉深后零件直径；d_i 为第 i 次拉深后零件直径；F_i 为第 i 次拉深力；σ_b 为材料抗拉强度；K_1、K_2 为系数，可查手册或有关资料。

二、圆筒形件拉深工艺

1. 圆筒形件质量分析

板料性能、毛坯尺寸和变形区应力状态对拉深工艺和产品质量有很大的影响。拉深成形中最容易出现的问题是起皱和拉裂。对于板料性能，如屈强比(σ_s/σ_b)越小，拉深就越有利，因为材料屈服点 σ_s 小，有利于塑性流动，材料抗拉强度 σ_b 越大，则不易拉断破裂。一般认为屈强比(σ_s/σ_b)$\leqslant 0.65$，伸长率 $\delta \geqslant 28\%$ 的材料有较好的拉深性能。

材料的相对厚度 t/D 对拉深过程的影响主要反映在抗失稳性能上，t/D 越大，抗失稳能力越强。当 t/D 达到某值之后，则可以不需要或少需压边力，拉深力也随之降低。当 t/D 较小时，由于变形区外边缘的切向压应力很大，往往会产生失稳而出现起皱。在拉深过程中，变形区毛坯相对厚度和最大切向压应力都在变化，最大切向压应力不断增加，使变形区容易产生失稳；但随着材料拉深向凹模流动，使毛坯的相对厚度也增加，这又加强了凸缘变形区的稳定性，前述两种因素互相消长。实验表明：失稳起皱可能性最大的时刻，基本上也就是最大径向拉应力出现的时刻。

毛坯轻微起皱时会影响拉深件表面质量；起皱严重时，由于在拉深过程中起皱部分不可能通过凸模与凹模之间的间隙而造成拉应力过大而导致拉裂。材料拉裂的部位经常发生在凸模圆角附近的位置，主要是因为材料在凸模圆角区产生弯曲变形，厚度有所减薄，使这一区域成为危险断面。

在生产中常见防止起皱的措施是采用压边圈，向毛坯变形施加适当大小的压边力。压边力太小，起不到防皱效果；压边力过大，又会使径向拉应力增大而产拉裂。确定合适的压边力大小是拉深工艺设计中一项重要的内容。通常取防皱压边力 F_Q 应稍大于防皱作用所需的最低值，其大小可用下式计算：

$$F_Q = Aq \tag{8-25}$$

式中，A 为开始拉深时压边圈与毛坯的实际接触面积；q 为单位压边力，可查手册或有关资料。

拉深模具的凸、凹模圆角半径，以及凸、凹模之间的间隙大小均对拉深过程的影响很大。拉深毛坯由平面的凸缘在径向应力作用下进入凹模圆角，产生弯曲变形，继续沿凹模圆角滑动，直到从凹模圆角出来时又反向弯曲而被拉直。当毛坯边缘部分进入凹模圆角时，径向拉应力已经很小，因此这部分材料不可能被很好地贴模弯曲；材料离开凹模圆角时，也不能被完全拉直，拉深件的口部边缘往往会出现畸形，影响拉深零件的质量。同时，拉深模具的凸、凹模圆角半径大小，往往会对拉深过程的成功与否起着决定性的作用。假设将凸、凹模圆角半径取为零，那么，模具就不是拉深模，而变成了冲裁模，拉深工序也就变成了冲裁工序了。因此，在模具设计中，合理选取模具圆角半径和间隙，是避免导致产品质量缺陷和拉深工艺失败的关键性环节。

在拉深工艺中，拉深件质量经常出现的问题还有凸耳以及残余应力。冲压用板材是经过轧制而成的。板材沿轧制方向与其他方向的力学性能不一样，因此，在拉深过程中，不同方向上材料的厚度变形和径向变形量不相同，导致筒形件口部局部凸起，形成高低不平的所谓凸耳现象。这种筒口部的凸耳一般需增加修边工序去除。

残余应力是拉深后残留在筒形件中的，外表面为拉应力，内表面为压应力。毛坯在经过模具圆角时弯曲和拉直使圆筒口部残余应力达到最大，严重时就会使筒壁开裂。解决这一问题的方法是，在拉深时通过板料变薄，整个断面产生屈服，可以大大减少残余应力所带来的影响。

2. 拉深系数和拉深次数

每次拉深后圆筒形件的直径与拉深前毛坯直径之比称为拉深系数 m，通常用下式表示：

$$m = \frac{d}{D} \tag{8-26}$$

式中，d 为拉深后的圆筒件直径；D 为毛坯直径。

拉深系数可以用来反映圆筒形件拉深的变形程度。从上式中可以看出，拉深系数越小，其拉深变形程度大。在生产中也用拉深系数的倒数，即拉深比来表示拉深变形程度，即

$$K = \frac{1}{m} = \frac{D}{d} \tag{8-27}$$

对于每一种材料，其塑性变形程度都会有一定的极限，因而每一种材料的拉深系数也必然会有一个最小界限值。这个拉深系数的最小界限值在拉深工艺中称为极限拉深系数。当成形零件的拉深系数小于材料许用的第一次极限拉深系数时，就需要进行多次拉深才能完成零件成形。对于需要多次拉深的零件，其每次的拉深系数为：

第一次拉深时

$$m_1 = \frac{d_1}{D} \qquad d_1 = m_1 D$$

以后各次拉深时

$$m_2 = \frac{d_2}{d_1} \qquad d_2 = m_2 d_1 = m_1 m_2 D$$

$$m_3 = \frac{d_3}{d_2} \qquad d_3 = m_3 d_2 = m_1 m_2 m_3 D$$

$$\vdots$$

$$m_n = \frac{d_n}{d_{n-1}} \qquad d_n = m_n d_{n-1} = m_1 m_2 m_3 \cdots m_n D$$

式中，D 为毛坯直径；d_n 为零件直径；$d_1, d_2, d_3, \cdots, d_{n-1}$ 为各次成品直径。

因为零件的拉深系数为

$$m_{零件} = \frac{d_n}{D}$$

所以零件拉深系数与每次拉深系数的关系为

$$m_{零件} = \frac{d_n}{D} = m_1 m_2 m_3 \cdots m_n \tag{8-28}$$

材料的许用极限拉深系数 $m_1, m_2, m_3, \cdots, m_n$ 可以查手册或有关资料，通过上式可以推算出该零件所需要的拉深次数和中间拉深毛坯的尺寸。

影响材料的许用极限拉深系数的因素很多，在进行拉深工艺设计和实际冲压生产中，充分利用各种有利因素，采取有效措施提高拉深毛坯传力区强度和承载能力，降低变形区变形所需的变形力，使变形区成为容易产生塑性变形的区域，是降低每次极限拉深系数、减小拉深次数、保证成功实现拉深成形的关键。

3. 拉深件毛坯尺寸的确定

圆筒形拉深件采用圆形毛坯进行拉深。为了简化毛坯计算，可以忽略拉深过程中板料厚度的变化。根据金属塑性变形体积不变条件，拉深毛坯尺寸直接按拉深前后毛坯和拉深零件面积相等的原则进行计算。

按照上述原则，先将拉深零件分为若干个简单几何体(图 8-28)，再将几何体面积计算后相加，可以得出拉深零件的总面积，然后计算毛坯尺寸：

$$A = \frac{\pi D^2}{4} = A_1 + A_2 + A_3 = \sum Ai$$

即

$$D = \sqrt{\frac{4}{\pi}\sum Ai}$$

分别计算图 8-28 所示零件面积：

$$A_1 = \pi d(H - r)$$

$$A_2 = \frac{\pi}{4}[2\pi r(d - 2r) + 8r^2]$$

$$A_3 = \frac{\pi}{4}(d - 2r)^2$$

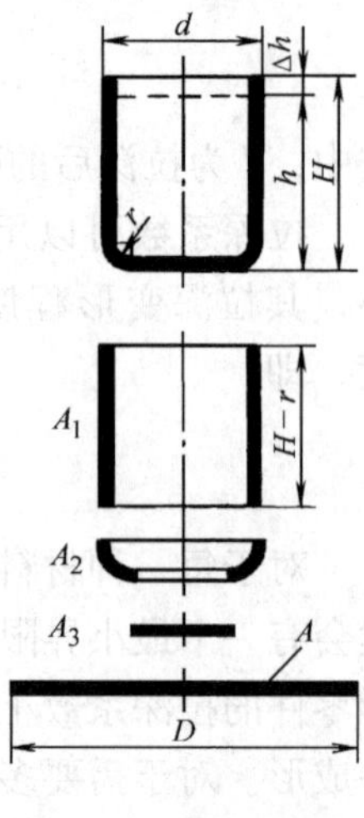

图 8-28　圆筒形件拉深毛坯计算

将三部分面积代入前式，得

$$D = \sqrt{(d - 2r)^2 + 2\pi r(d - 2r) + 8r^2 + 4d(H - r)} \qquad (8\text{-}29)$$

式中，d 为圆筒件外径；r 为圆筒件底部内面圆角半径；H 为直壁高度，实际计算时要增加修边余量 Δh，Δh 可查手册或资料。

上述毛坯计算方法是非常近似的，当拉深零件相对高度 H/d 很小时，可以不用切边，因此也不必增加修边余量；并且在实际应用时，还需要对毛坯计算结果根据具体情况进行修正。

第五节　冲压模具设计

在冲压过程中，冲模的作用除了决定产品形状、尺寸之外，还要传递和承受成形力，因此，对冲模的研究主要集中在模具的结构、精度、刚度、强度和模具寿命，以及模具效率、成本等几个方面。使冲模具有高效率、高精度和高寿命始终是模具技术的重点。

一、冲模的基本形式

冲模的种类和结构形式多种多样，通常可以按照不同的特征进行分类：①按工艺性质分为冲裁模、弯曲模、拉深模、胀形模、翻边模等；②按工序的复合程度分为单一工序的简单模、多工序的连续模和复合模；③按自动化程度分为手动模、半自动模、自动模；④按导向方式分为无导向开式模、导板模、导柱模、导筒模；⑤按卸料装置分为刚性卸料模、弹性卸料模；⑥按节制进料的方法分为定位销式、挡料销式、侧刃式。

其中，按工序的复合程度对模具进行分类，使模具结构类型清晰、特征明显，规律性比较统一，适合于对模具结构和模具设计、制造、应用为目的的研究。

(1) 简单模　模具在一次冲程中，只完成一道工序，称为简单模或单工序模。

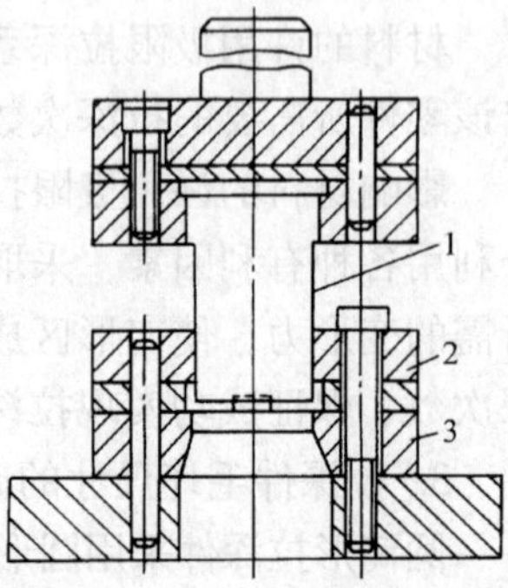

图 8-29　导板式简单冲裁模
1—凸模　2—导板　3—凹模

图 8-29 是导板式简单冲裁模，凸模 1 和凹模 3 在冲裁过程

中依靠导板2进行滑动导向，导板2兼卸料板。工作时，凸模始终不脱离导板，以保证模具导向精度。导板式简单模比无导向模的导向精度高，模具寿命长，但制造比较复杂，一般适用于形状简单、尺寸不大的冲裁件。

图8-30是导柱式简单冲裁模。模具上下两部分利用导柱1和导套2进行滑动导向。这种模具轮廓尺寸大，制造工艺复杂，但导向可靠、导向精度高，模具寿命长，适合于大量和成批的冲件生产。

图8-31是一般U形件弯曲模，这种弯曲模在凸模的一次行程中能将两个角同时弯曲。冲压时，毛坯被压在凸模1和压料板4之间逐渐下降，两端未被压住的材料沿凹模圆角滑动并弯曲，进入凸模与凹模间的间隙。凸模回升时，压料板将工件顶出。由于材料的弹性，工件一般包在凸模上。

图8-32为压边圈装在上模部分的正装拉深模。由于弹性元件装在上模。因此凸模比较长，适宜于拉深深度不大的工件。

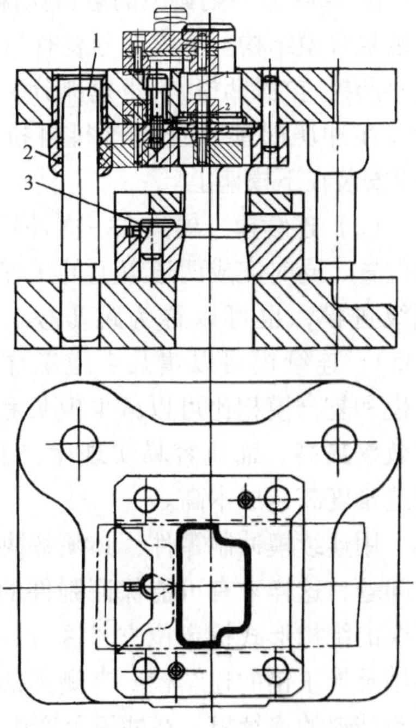

图8-30　导柱式简单冲裁模
1—导柱　2—导套　3—挡料销

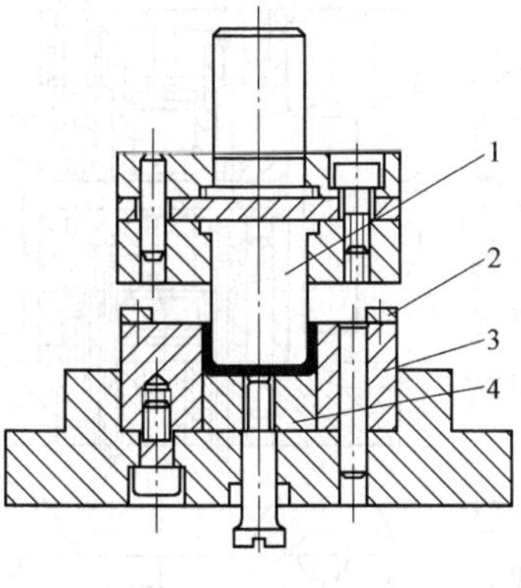

图8-31　一般U形件弯曲模
1—凸模　2—定位板
3—凹模　4—压料板

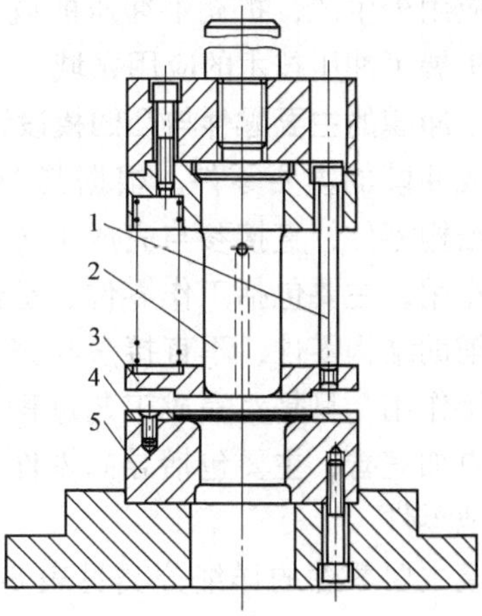

图8-32　压边圈装在上模部分的正装拉深模
1—压边螺钉　2—拉深凸模　3—压边圈
4—定位板　5—拉深凹模

（2）复合模　模具在一次冲程中，在模具同一位置上同时完成两道以上的工序，称为复合模。图8-33是冲制垫圈零件的复合模，垫圈零件的冲孔、落料两道工序在模具的同一位置一次即可完成，如果采用简单模进行冲裁，则需要两套模具。复合模的结构特点是有凸凹模零件15。在冲压过程中，凸凹模在两道工序中分别起到凸模和凹模的作用。复合模结构复杂，制造成本高；但是，冲裁件的精度好，生产效率高，适合于大批量冲压生产。

图 8-34 为一副典型的落料拉深复合模，采用正装复合模结构。上模部分装有凸凹模 3（略低于落料凸模、拉深凹模），下模部分装有落料凹模 7，所以在冲压时能保证先落料再拉深，弹性压边圈 2安装在下模座上。

（3）连续模　模具在一次冲程中，在模具不同位置，同时完成两道以上的工序，称为连续模或级进模，也可以称为跳步模、步进模（见图 8-35）。连续模可以集几十道工序于一体，与简单模和复合模相比可以减少模具和设备数量，生产效率最高，而且容易实现生产自动化。但是，制造难度高，成本高。

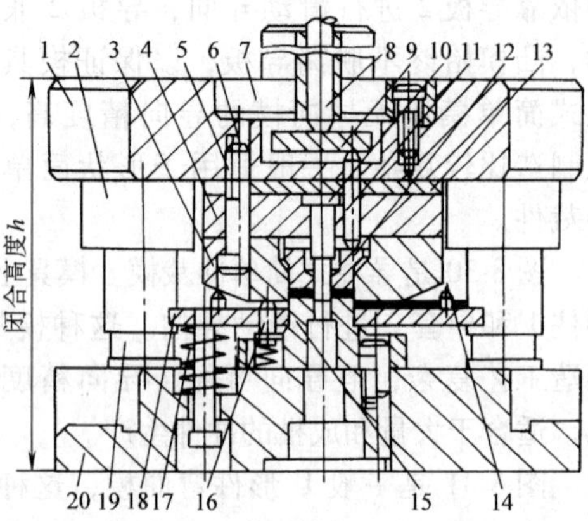

图 8-33　复合模

1—上模座　2—导套　3—凹模　4—凸模固定板　5—螺栓　6—销钉　7—模柄　8—打杆　9—打板　10—冲头　11—打件杆　12—打件块　13—垫板　14—导料销　15—凸凹模　16—挡料销　17—拉杆弹簧　18—托板　19—导柱　20—下模座

用连续模冲制零件，必须解决条料的准确定位问题，这样才有可能保证制件的质量。典型连续模的结构形式按定位方式区分，主要有固定挡料销及导正销的连续模、有侧刃的连续模以及有自动挡料的连续模。在冲压生产中，连续模的结构设计是相当广泛的，并且连续模的结构设计和制造技术的发展也相当迅速。如将装配工序引入连续模之中，使冲压工序与装配工序合于一模，通过连续模去直接完成冲压与装配。这种类型的模具被应用于生产，扩充了冲压的概念，扩大了冲模的功能，也扩展了冲压技术的应用领域。

二、冲模的主要零件与凸凹模设计

组成冲模的主要零件，根据其功用可以分为两大类：①工艺结构零件，直接参与完成工艺过程，并且与毛坯直接发生作用，主要包括工作零件、定位零件和卸料推件零件；②辅助结构零件，不直接参与完成工艺过程，也不与毛坯直接作用，只是对完成工艺过程起辅助作用，使模具的功能更加完善，主要包括导向零件、联接固定零件和紧固及其他零件。

冲模主要零件的详细分类见表 8-5。冲裁模具零件已经颁布国家标准，冲模零件设计也逐步规范。下面分别介绍冲裁、弯曲、拉深模具工作零件及尺寸确定方法。

1. 冲裁模的凸凹模设计

冲裁模凸模和凹模的作用是直接将冲压力传递并作用于板料上。在设计时，除了要考虑其结构形状、尺寸精度之外，还需要保证模具有足够的强度、刚度、韧性以及耐磨性能等。

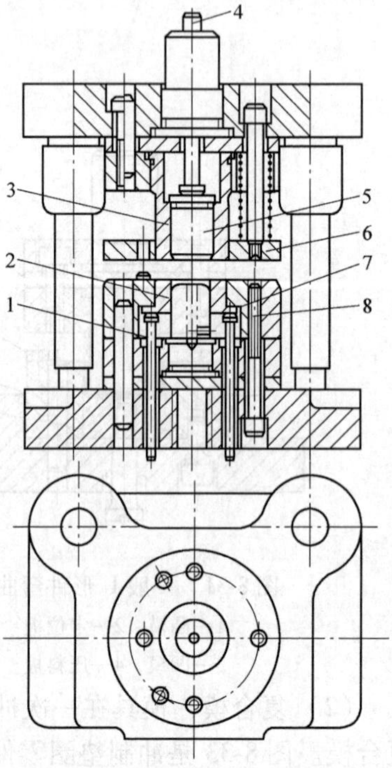

图 8-34　落料拉深复合模

1—顶杆　2—压边圈　3—凸凹模　4—推杆　5—推件板　6—卸料板　7—落料凹模　8—拉深凸模

常见的冲裁凸模的主要结构形式如图 8-36 所示。图 8-36a 型凸模是圆形断面的标准形式，采用圆角过渡的阶

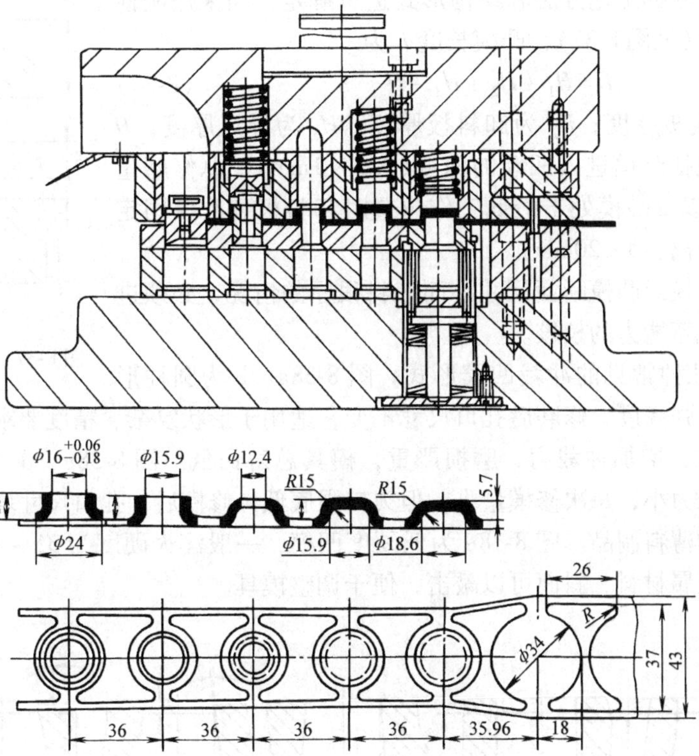

图 8-35　连续模

梯形状以保证有足够的强度和刚度。图 8-36b 型适用于长径比较小的凸模。细长形凸模可以按图 8-36c 型凸模再增加过渡台阶或者按图 8-36d 型凸模采用护套结构，提高凸模的承载能力。冲裁大件时常用图 8-36e 型结构凸模。

表 8-5　冲模主要零件的详细分类

工艺结构部分			辅助结构部分		
工作零件	定位零件	压料、卸料及出件零件	导向零件	固定零件	紧固及其他零件
凸模 凹模 凸凹模	挡料销和导正销 导料板 定位销、定位板 侧压板 侧刃	卸料板 压边圈 顶件器 推件器	导柱 导套 导板 导筒	上、下模座 模柄 凸、凹模固定板 垫板 限制器	螺钉 销钉 键 其他

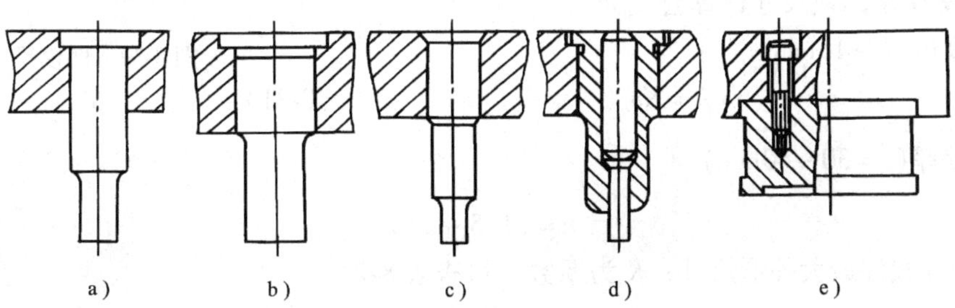

图 8-36　冲裁凸模的主要结构形式

凸模的长度根据工艺方法和结构形式进行确定，当采用刚性卸料板和导尺时(见图 8-37)，凸模长度 L 为

$$L = H_1 + H_2 + H_3 + H \tag{8-30}$$

式中，H_1 为固定板厚度；H_2 为卸料板厚度；H_3 为导尺厚度；H 为附加长度，包括凸模进入凹模的深度(0.5～1mm)、总修磨量(10～15mm)，以及凸模处于最低工作位置时卸料板到凸模固定板之间的安全距离(15～20mm)。

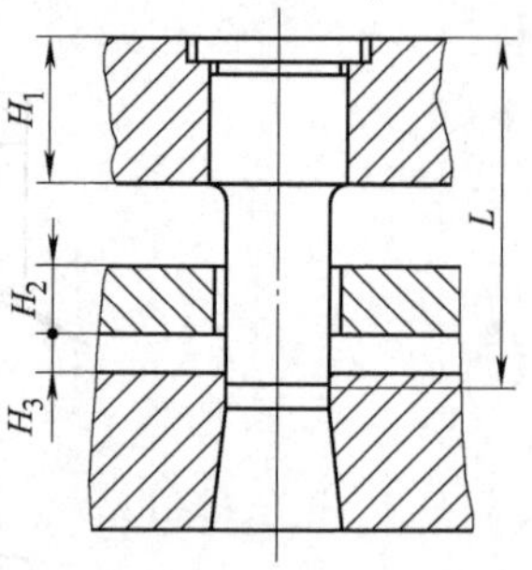

图 8-37 凸模长度的确定

对于细长凸模或凸模断面尺寸小而坯料很厚的情况，必须进行承压能力和抗弯能力的校核。

图 8-38 是几种常见的冲裁凹模形式。图 8-38a、b 为圆柱形孔口凹模，刃口强高度，修磨后孔口尺寸不变，适用于形状复杂、精度要求高的工件；缺点是孔内积存工件，增加冲裁力，磨损严重，模具总寿命低。图 8-38c、d 为锥形孔口凹模，孔内不积料，胀力小，每次修模量小，但刃口强底低，修模后，孔口尺寸增加，用于精度不高、形状简单的薄料制品。图 8-38e 为低硬度凹模，一般淬火硬度为 35～40HRC，用于薄、软的金属和非金属材料，斜面可以敲击，便于调整模具。

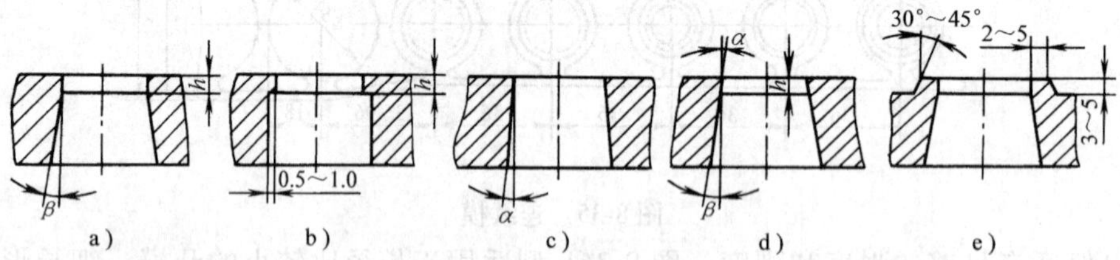

图 8-38 冲裁凹模形式

模具材料采用 T10A、9Mn2V、Cr6WV、Cr12、CrWMn 等，热处理硬度为 58～62HRC。冲裁件形状简单时，凹模壁厚系数取偏小值，形状复杂时取偏大值。凹模高度随着冲裁件生产批量的加大而增加总修磨量。

图 8-39 所示凹模孔口参数可按表 8-6 进行选取。

冲裁时凹模承力状态比较复杂，有关凹模尺寸采用理论计算比较困难且不实用，生产中常采用经验公式对凹模高度和凹模壁厚进行设计计算。

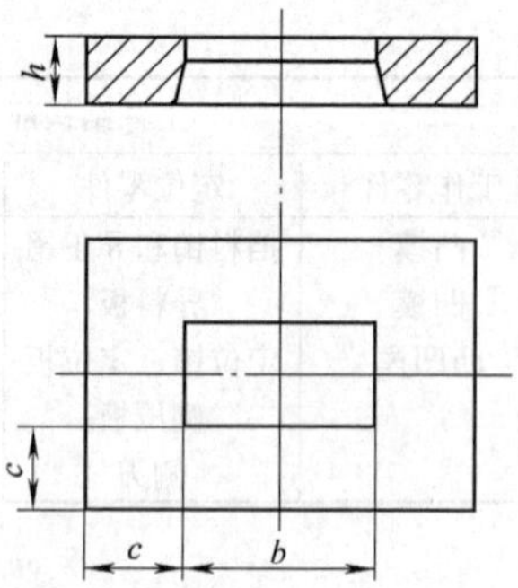

图 8-39 凹模尺寸的确定

图 8-39 所示凹模尺寸计算公式为

凹模高度($h \geqslant 15$mm)

$$h = Kb \tag{8-31}$$

凹模壁厚($c = 30 \sim 40$mm)

$$c = (1.5 \sim 2)h \tag{8-32}$$

式中，b 为冲裁件最大外形尺寸；K 为系数，可查表 8-7。

表 8-6　凹模孔口参数

板料厚度 t/mm	主要参数			备注
	h/mm	α	β	
<0.5	≥4	15′	2°	表中 α、β 值仅适用于机械加工后经钳工精修，一般电火花加工取 $\alpha=4'\sim20'$（复合模取小值），$\beta=30'\sim50'$，带斜度装置的线切割取 $\beta=1°\sim1.5°$
0.5～1.0	≥5			
1.0～2.5	≥6			
2.5～6.0	≥8	30′	3°	
>6.0				

表 8-7　系数 K 值　（单位：mm）

b \ 板料厚度 t	0.5	1	2	3	>3
<50	0.30	0.35	0.42	0.50	0.60
50～100	0.20	0.22	0.28	0.35	0.42
100～200	0.15	0.18	0.20	0.24	0.30
>200	0.10	0.12	0.15	0.18	0.22

2. 弯曲模的凸凹模设计

弯曲模工作部分的结构尺寸如图 8-40 所示。

（1）凸模圆角半径　弯曲件的弯曲半径不小于 r_{min} 时，凸模的圆角半径一般取弯曲件的圆角半径。如因弯曲件结构需要，出现弯曲件圆角半径小于最小弯曲半径（$r<r_{min}$）时，则首次弯曲时凸模圆角半径大于最小上弯曲半径，即 $r_{凸}>r_{min}$，然后经整形工序达到所需的弯曲半径。当弯曲件的弯曲半径较大、精度要求又较高时，还应考虑工件的回弹，凸模的圆角半径应作相应的修正。

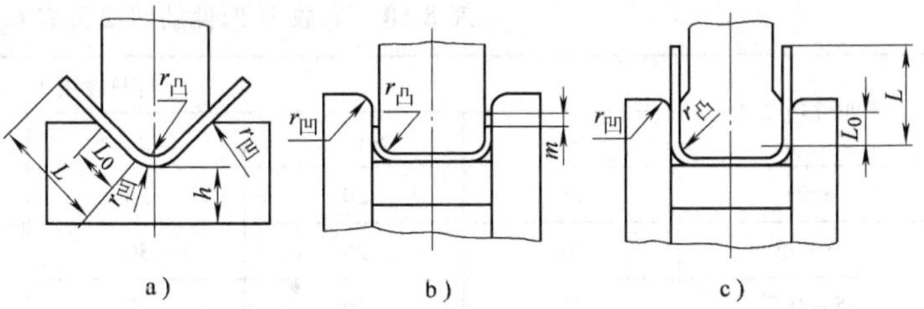

图 8-40　弯曲模结构尺寸

a）V 形弯曲　b）U 形弯曲（边长小）　c）U 形弯曲（边长大）

（2）凹模圆角半径　凹模圆角半径的大小对弯曲力和工件质量均有影响。凹模圆角半径过小，坯料弯曲时进入凹模的阻力增大，工件表面产生擦伤甚至压痕。凹模圆角半径过大，影响坯料定位的准确性。凹模两边的圆角半径应一致，以免弯曲时工件产生偏移。在生产中，凹模圆角半径一般取决于弯曲件材料的厚度：

当 $t\leqslant 2$mm 时，$r_{凹}=(3\sim6)t$；

当 $t=2\sim4$mm 时，$r_{凹}=(2\sim3)t$；

当 $t>4$mm 时，$r_{凹}=2t$。

对于弯曲 V 形件的凹模，其底部可开退刀槽或取圆角半径，圆角半径 $r_{底}=(0.6\sim0.8)(r_{凹}+t)$。

（3）凹模工作部分深度　凹模工作部分深度要适当，若深度过小，则工作弯曲成形后回弹大，而且直边不平直；若深度过大，则模具材料消耗大，而且压力机需要较大的行程。

弯曲 V 形件时，凹模深度 L_0 及底部最小厚度 h 可查表 8-8。

表 8-8　弯曲 V 形件的凹模深度 L_0 及底部最小厚度 h　　（单位：mm）

弯曲件边长 L	材料厚度 t					
	<2		2～4		>4	
	h	L_0	h	L_0	h	L_0
>10～25	20	10～15	22	15		
25～50	22	15～20	27	25	32	30
50～75	27	20～25	32	30	37	35
75～100	32	25～30	37	35	42	40
100～150	37	30～35	42	40	47	50

弯曲 U 形件时，若弯曲高度不大或要求两边平直，则凹模深度应大于零件高度，如图 8-40b 所示，图中 m 值可查表 8-9。如果弯曲件边长较长，而对平直度要求不高时，可采用图 8-40c 所示的凹模结构形式。弯曲 U 形件的凹模工作部分深度 L_0 值见表 8-10。

表 8-9　弯曲 U 形件凹模的 m 值　　（单位：mm）

材料厚度 t	≤1	>1～2	>2～3	>3～4	>4～5	>5～6	>6～7	>7～8	>8～10
m	3	4	5	6	8	10	15	20	25

表 8-10　弯曲 U 形件的凹模深度 L_0　　（单位：mm）

弯曲件边长 L	材料厚度 t				
	≤1	>1～2	>2～4	>4～6	>6～10
<50	15	20	25	30	35
50～75	20	25	30	35	40
75～100	25	30	35	40	40
100～150	30	35	40	50	50
150～200	40	45	55	65	65

（4）凸模与凹模之间的间隙　V 形件弯曲模中的凸、凹模之间的间隙靠调节压力机的闭合高度来控制，不需要在设计和制造模具时考虑。

U 形件弯曲模中的凸、凹模之间必须选择适当的间隙。凸、凹模之间的间隙值对弯曲件的质量和弯曲力有很大的影响。间隙值过小，弯曲力增大，同时零件直边的料厚减薄和出现划痕，降低凹模使用寿命；间隙值过大，则弯曲件回弹增加，降低零件的制造精度。

生产中，弯曲凸模和凹模之间的间隙值可由下式来决定：

$$Z = t_{\min} + nt \quad （有色金属）$$

$$Z = t_{\max} + nt \quad （黑色金属）$$

式中，Z 为弯曲凸模与凹模的单面间隙（mm）；$t_{\min}$、$t_{\max}$ 为材料厚度的最大尺寸和最小尺寸（mm）；n 为间隙系数，见表 8-11。

表 8-11　U 形件弯曲的间隙系数 n 值　（单位：mm）

弯曲件高度 H	材料厚度 t								
	$b/H \leqslant 2$				$b/H>2$				
	<0.5	0.6~2	2.1~4	4.1~5	<0.5	0.6~2	2.1~4	4.1~5	7.6~12
10	0.05	0.05	0.04		0.10	0.10	0.08		
20	0.05	0.05	0.04	0.03	1.10	0.10	0.08	0.06	0.06
35	0.07	0.05	0.04	0.03	0.15	0.10	0.08	0.06	0.06
50	0.10	0.07	0.05	0.04	0.20	0.15	0.10	0.06	0.06
70	0.10	0.07	0.05	0.05	0.20	0.15	0.10	0.10	0.08
100		0.07	0.05	0.05		0.15	0.10	0.10	0.08
150		0.10	0.07	0.05		0.20	0.15	0.10	0.10
200		0.10	0.07	0.07		0.20	0.15	0.15	0.10

3. 拉深模的凸凹模设计

（1）凹模圆角半径 r_d　r_d 与毛坯厚度、零件的形状尺寸及拉深方法等因素有关，首次拉深 r_{d1} 可按经验公式计算：

$$r_{d1}=0.8\sqrt{(D_0-d_d)t} \tag{8-33}$$

式中，r_{d1} 为凹模圆角半径；D_0 为毛坯直径；d_d 为凹模内径；t 为板料厚度。

式(8-33)适用于 $D_0-d_d \leqslant 30$。当 $D_0-d_d>30$ 时，应取较大的凹模角半径。

当工件直径 $d>20$mm，r_d 可按下式计算：

$$r_{d\min}=0.039d+2 \tag{8-34}$$

第一次拉深的 r_{d1} 也可按表 8-12 选取。

表 8-12　第一次拉深凹模圆角半径 r_{d1}　（单位：mm）

r_{d1}	t				
	2.0~1.5	1.5~1.0	1.0~0.6	0.6~0.3	0.3~0.1
无凸缘拉深	$(4\sim7)t$	$(5\sim8)t$	$(6\sim9)t$	$(7\sim10)t$	$(8\sim13)t$
有凸缘拉深	$(6\sim10)t$	$(8\sim13)t$	$(10\sim16)t$	$(12\sim18)t$	$(15\sim22)t$

注：材料拉深性能好，且使用适当润滑剂时，可取小值。

以后各次拉深，r_d 可由下式决定：

$$r_{d2}=(0.6\sim0.8)r_{d1} \tag{8-35}$$

$$r_n=(0.7\sim0.9)r_{dn}-1 \tag{8-36}$$

式中，r_{d2} 为第二次拉深凹模圆角半径；r_{dn} 为第 n 次拉深凹模圆角半径。

凹模圆角半径 r_d 过小，增加了毛坯进入凹模的阻力，加大了拉深力，严重时出现拉裂，对模具寿命也有一定的影响；r_d 过大则会减少压边面积，使总的压边力减少。在拉深后期，毛坯外缘会过早地离开压边圈，容易使毛坯外缘起皱。当起皱严重时，增加了进入模具间隙的阻力，可能出现拉破。

（2）凸模圆角半径　在一般情况下，凸模圆角半径可与凹模圆角半径取得相等或略小，即 $r_p=(0.7\sim1.0)r_d$。各道拉深凸模圆角半径 r_p 应逐次缩小。只有当最后一道拉深时，r_p 与圆筒形零件的圆角半径相同。

如果零件的圆角半径小于板厚 t，最后一道拉深的凸模圆角半径一般取为 t，通过增加一道整形来获得零件要求的圆角。

图 8-41 为无压边圈的多次拉深模结构。图 8-42 为有压边圈的多次拉深模结构。图 8-42a 所示结构多用于拉深件直径 $d \leqslant 100\text{mm}$ 的零件；图 8-42b 所示结构为带有斜角的凸、凹模，多用于 $d > 100\text{mm}$ 的零件。其特点在于：工序件在下一次拉深时容易定位，可减轻板料的反复弯曲变形程度，减少了零件的变薄量，提高了零件侧壁的质量。

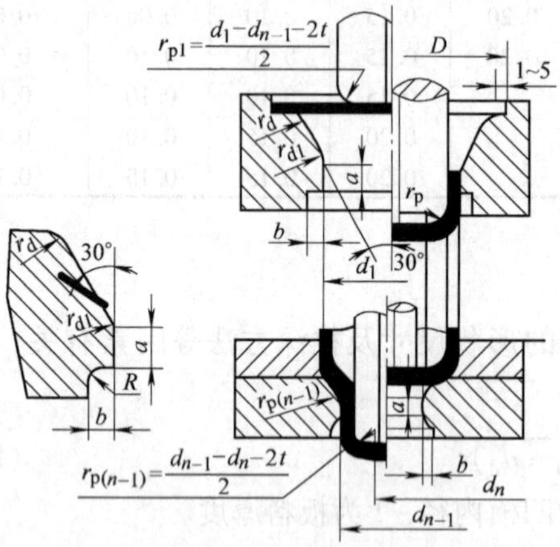

图 8-41　无压边圈的多次拉深模结构

（$a=5\sim10\text{mm}, b=2\sim5\text{mm}$）

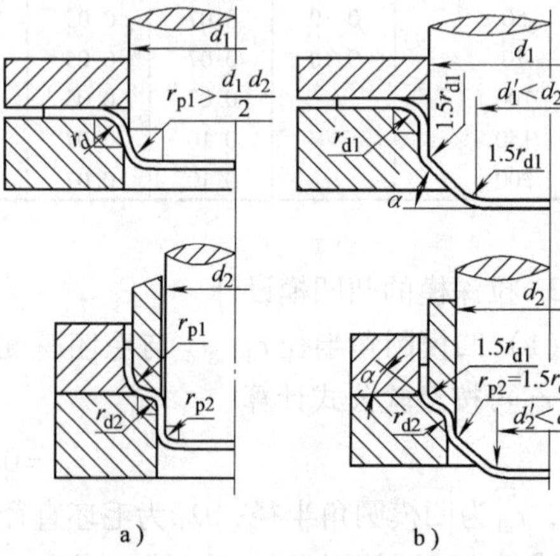

图 8-42　有压边圈的多次拉深模结构

a）圆角的结构形式　b）斜角的结构形式

（3）凸模和凹模单边间隙 Z　决定凸模和凹模单边间隙 Z 时，不仅要考虑材质和板厚，还要注意工件的尺寸精度和表面质量，尺寸精度高、表面粗糙度数值低时，模具有间隙应取得小一些，间隙值应与板料厚度相当。不用压边圈拉深时，则

$$Z=(1\sim1.1)t_{max} \tag{8-37}$$

用压边圈时，有

$$Z=t_{max}+kt \tag{8-38}$$

式中，t_{max} 为材料最大厚度；Z 为凸、凹模单面间隙；k 为间隙系数，见表 8-13。

最后一道拉深工序的间隙应根据零件的尺寸精度和表面质量要求来取，当精度为 IT11 ~ IT13 级时，则

拉深黑色金属：$Z=t$

拉深有色金属：$Z=0.95t$

表 8-13　间隙系数 k　　（单位：mm）

拉深工序数		材料厚度 t		
		0.5 ~ 2	2 ~ 4	4 ~ 6
1	第一次	0.2(0)	0.1(0)	0.1(0)
2	第一次	0.3	0.25	0.2
	第二次	0.1(0)	0.1(0)	0.1(0)
3	第一次	0.5	0.4	0.35
	第二次	0.3	0.25	0.2
	第三次	0.1(0)	0.1(0)	0.1(0)

（续）

拉深工序数		材料厚度 t		
		0.5～2	2～4	4～6
4	第一、二次	0.5	0.4	0.35
	第三次	0.3	0.25	0.2
	第四次	0.1(0)	0.1(0)	0.1(0)
5	第一、二、三次	0.5	0.4	0.35
	第四次	0.3	0.25	0.2
	第五次	0.1(0)	0.1(0)	0.1(0)

注：1. 表中数值适用于一般精度（未注公差尺寸的极限偏差）工件的拉深。

2. 末道工序弧内的数字适用于较精密拉深件（IT11～IT13 级）。

确定凸模和凹模工作部分尺寸时，应考虑模具的磨损和拉深件的回弹，只在最后一道工序标注公差。

当拉深件尺寸标注在外形时，如图 8-43a 所示，则

$$D_d = (D_{min} - 0.75\Delta)^{+\delta_d}_{0} \tag{8-39}$$

$$d_p = (D_{min} - 0.75 - 2Z)^{0}_{-\delta_p} \tag{8-40}$$

当拉深件尺寸标注在内形时，如图 8-43b 所示，则

$$d_p = (d_{min} + 0.4\Delta) - \delta_p \tag{8-41}$$

$$D_d = (d_{min} + 0.4\Delta + Z) + \delta_d \tag{8-42}$$

式中，D_d 为凹模的基本尺寸；d_p 为凸模的基本尺寸；D_{min} 为拉深件外径最小极限尺寸；d_{min} 为拉深件内径最小极限尺寸；Δ 为拉深件公差；δ_d、δ_p 为凹模和凸模的制造公差，见表 8-14；Z 为拉深模的间隙。

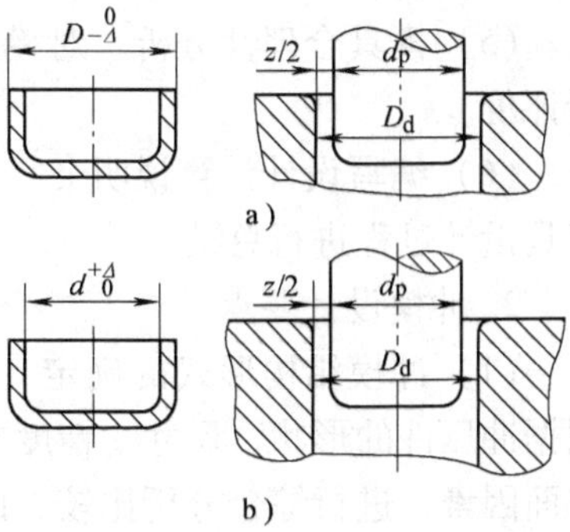

图 8-43　凸模和凹模尺寸的确定

表 8-14　凸模和凹模和制造公差　　（单位：mm）

材 料 厚 度	拉深件直径					
	≤20		20～100		>100	
	δ_d	δ_p	δ_d	δ_p	δ_d	δ_p
≤0.5	0.02	0.01	0.03	0.02	—	—
>0.5～1.5	0.04	0.02	0.05	0.03	0.08	0.05
>1.5	0.06	0.04	0.08	0.05	0.10	0.06

注：凸模的制造公差在必要时可提高到 IT6～IT8 级（GB 1800.1—1997），若零件公差在 IT13 级以下，则制造公差可采用 IT10 级。

三、冲模的设计步骤与设计要点

1. 冲模的设计步骤

（1）冲压件的工艺分析　根据对冲压件的要求，对其进行技术分析和经济分析；分析冲压件的形状特点、尺寸大小、精度要求及材料是否符合冲压工艺要求。根据冲压件生产批量，分析产品成本和经济上的合理性。

（2）制订冲压件工艺方案　对冲压件可能采用的不同冲压工艺方案从产品质量、生产

效率、设备条件、模具制造和使用、冲压操作的安全程度等方面进行综合分析、比较，制订适合于具体生产条件、经济合理的最佳方案。

（3）工艺计算

1）计算毛坯尺寸。

2）确定排样方法，计算材料利用率，进行材料经济利用分析。

3）确定工序性质和数量，计算相关工艺参数（如拉深系数、拉深次数、半成品尺寸等）。

4）计算冲压力并选择设备。

5）计算确定模具的压力中心。

6）确定凸、凹模的形状、间隙，计算凸、凹模工作部分尺寸。

7）计算并选用弹性元件。

8）计算模具中各主要零件的尺寸，必要时应进行强度校核。

（4）设计绘制模具总装配图和非标准零件图。

（5）模具合理性分析　对模具从结构、制造、使用、维护等方面的合理性进行总体分析评价。

（6）编写设计计算说明书　按照上述设计计算步骤编写说明书，列出参考文献，并对模具设计过程进行总结。

2. 冲模设计要点

（1）冲模结构形式的确定　模具结构形式的选定，应以合理的冲压工艺规程为基础，根据冲压件的形状、尺寸、精度要求、材料性能、生产批量、冲压设备和模具加工条件等多方面因素，进行综合分析比较，以最低的成本来达到最好的经济效果，保证冲压件质量。在确定模具结构形式时，必须进行以下几方面设计：

1）模具类型：简单模、连续模、复合模等。

2）操作方式：手工操作，自动化操作，半自动化操作。

3）进出料方式和原材料的定位方式。

4）压料与卸料方式：压料或不压料，弹性或刚性卸料等。

5）模具精度：模具加工精度、合理的导向方式和模具固定方法等。

除对生产批量、生产成本、冲压件的质量要求外，在设计模具时还必须对其维修性能、操作性、安全性等方面予以充分的考虑。

（2）冲模压力中心与封闭高度的确定

1）冲模的压力中心。冲压复合力的作用点称为模具的压力中心。模具压力中心通常应在模柄轴线上，并与滑块中心一致。对于封闭轮廓有两个对称轴的平面图形，其压力中心就是其几何中心，有一个对称轴的图形，其压力中心位于对称轴上。任意复杂形状的冲压件和多组图形的零件，可分别求出各自的压力中心后，再利用求平行力系合力作用点的方法确定模具的压力中心。

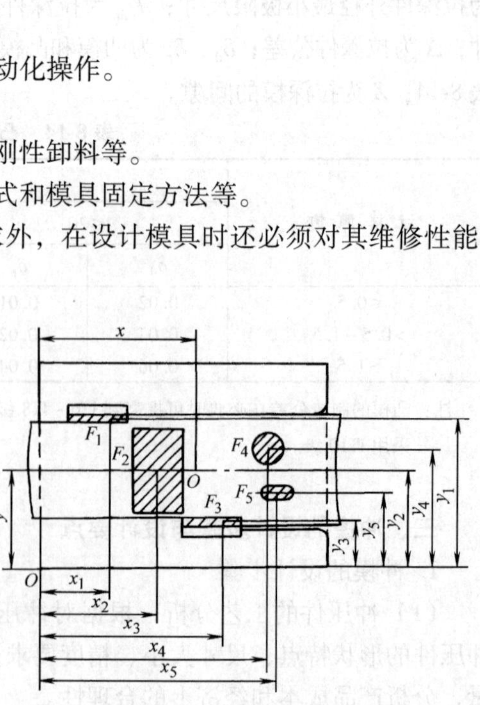

图 8-44　冲模压力中心的确定

如图 8-44 所示的连续冲裁模，设模具压力

中心为 O 点，其坐标值为 x、y，连续模上作用的冲裁力 F_1、F_2、F_3、F_4、F_5 是垂直于图面方向的平行力系。根据力学定理：诸分力对某轴力矩之和等于其合力对同轴之矩。则有

$$x=\frac{F_1x_1+F_2x_2+\cdots+F_nx_n}{F_1+F_2+\cdots+F_n}$$

$$=\frac{\sum_{i=1}^{n}F_ix_i}{\sum_{i=1}^{n}F_i}$$

$$y=\frac{F_1y_1+F_2y_2+\cdots+F_ny_n}{F_1+F_2+\cdots+F_n}=\frac{\sum_{i=1}^{n}F_iy_i}{\sum_{i=1}^{n}F_i}$$

对于冲裁力有

$$F_1=L_1t\tau_b$$
$$F_2=L_2t\tau_b$$
$$\vdots$$
$$F_n=L_nt\tau_b$$

式中，$F_1,F_2,\cdots,F_n$ 为各图形的冲裁力；$x_1,x_2,\cdots,x_n$ 为各图形冲裁力的 x 轴坐标；$y_1,y_2,\cdots,y_n$ 为各图形冲裁力的 y 轴坐标；$L_1,L_2,\cdots,L_n$ 为各图形冲裁周边长度；t 为毛坯厚度；τ_b 为材料抗剪强度。

将各图形冲裁力 $F_1,F_2,\cdots,F_n$ 之值代入上两式可得冲模压力中心的坐标 x 与 y 之值为

$$x=\frac{L_1x_1+L_2x_2+\cdots+L_nx_n}{L_1+L_2+\cdots+L_n}=\frac{\sum_{i=1}^{n}L_ix_i}{\sum_{i=1}^{n}L_i} \tag{8-43}$$

$$y=\frac{L_1y_1+L_2y_2+\cdots+L_ny_n}{L_1+L_2+\cdots+L_n}=\frac{\sum_{i=1}^{n}L_iy_i}{\sum_{i=1}^{n}L_i} \tag{8-44}$$

除上述的解析法外，设计中也常用作图法求压力中心。在实际生产中，由于冲模压力中心在加工过程中可能发生变化，或者由于零件的形状特殊不能保证压力中心与模柄中心线相重合，这时应注意压力中心的偏离量不要超出所选压力机允许的范围。

2）冲模的封闭高度。冲模的总体结构尺寸必须与所用设备相适应，即模具总体结构平面尺寸应该适应于设备工作台面尺寸，而模具的封闭高度必须与设备的封闭高度相适应，否则，就不能保证正常的安装和工作。冲模的封闭高度是指模具在最低工作位置时，下模座的下平面至上模座的上平面之间的距离。

模具的封闭高度 H 应该介于压力机的最大封闭高度 H_{max} 及最小封闭高度 H_{min} 之间。即

$$H_{max}-5\text{mm}\geqslant H\geqslant H_{min}+10\text{mm} \tag{8-45}$$

当模具封闭高度 H 大于设备最大封闭高度 H_{max} 时，则不能在该设备上使用；当模具封闭

高度 H 小于设备最小封闭高度 H_{min} 时，则可以附加垫板以满足上式条件后在该设备上使用。

第六节　冲压工艺及模具设计实例

以圆筒形工件为例，介绍其工艺参数计算并分析模具结构，通过该实例的学习，进一步了解和掌握冲压工艺和模具结构的设计内容及方法。

1. 无凸缘圆筒形工件的首次拉深模

工件图如图 8-45 所示；生产批量为大量；材料为 10 钢板；料厚为 10mm。

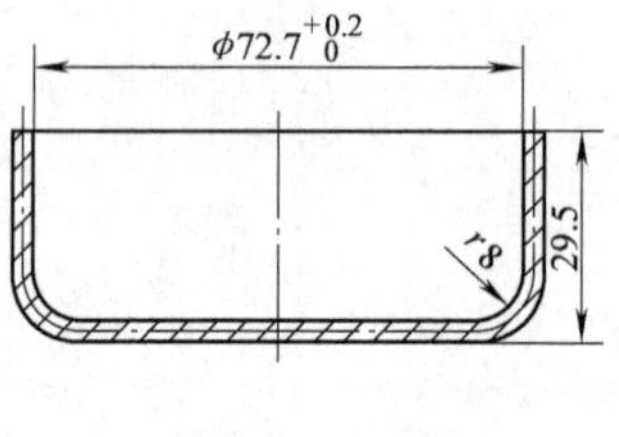

图 8-45　无凸缘圆筒形工件图

（1）工艺分析　此工件为无凸缘圆筒形工件，要求按内形尺寸加工，没有厚度不变的要求。此工件的形状满足拉深的工艺要求，可用拉深工序加工。

工件底部圆角半径 $r = 8$mm，大于拉深凸模圆角半径 $r_凸 = 4 \sim 6$mm（见表 8-12，首次拉深凹模的圆角半径 $r_凹 = 6t = 6$mm，而 $r_凸 = (0.6 \sim 1) r_凹 = 4 \sim 6$mm，$r_凹 > r_凸$），满足首次拉深对圆角半径的要求。尺寸 $\phi72.7^{+0.7}_{0}$mm，按公差表查得为 IT14 级，满足拉深工件公差等级的要求。且 10 钢的拉深性能较好。

该工件的拉深工艺性能较好，需进行如下的工序计算，来判断拉深次数。

1）计算毛坯直径 D。如图 8-45 所示，$h = (29.5 - 0.5)$mm $= 29$mm，$d = (72.7 + 0.35 + 1)$mm ≈ 74mm。工件的相对高度 $h/d = 29\text{mm}/74\text{mm} \approx 0.4$。根据相对高度从相关手册中查得修边余量 $\Delta h = 2$mm。

无凸缘圆筒形工件的毛坯尺寸计算公式为

$$D = \sqrt{d^2 + 4dH - 1.72rd - 0.56r^2}$$

将 $d = 74$mm，$H = h + \Delta h = (29 + 2)$mm $= 31$mm，$r = (8 + 0.5)$mm $= 8.5$mm 代入上式，即得毛坯的直径为

$$D = \sqrt{74^2 + 4 \times 74 \times 31 - 1.72 \times 8.5 \times 74 - 0.56 \times 8.5^2}\text{mm} = 116\text{mm}$$

2）判断拉深次数。工件总的拉深因数 $m_总 = d/D = 74\text{mm}/116\text{mm} = 0.64$。毛坯的相对厚度 $t/D = 1\text{mm}/116\text{mm} = 0.0086$。

判断拉深时是否需要压边，因 $0.045(1 - m) = 0.045 \times (1 - 0.64) = 0.0162$，而 $t/D = 0.086 < 0.045(1 - m) = 0.0162$，故需要加压边圈。

由相对厚度可以从圆筒形工件的修边余量表中查得首次拉深的极限拉深因数 $m_1 = 0.54$，因 $m_总 > m_1$，故工件只需一次拉深。

（2）确定工艺方案　本工件首先需要落料，制成直径 $D = 116$mm 的圆片毛坯，然后进行拉深，拉深内径为 $\phi72.7^{+0.7}_{0}$mm、内圆角 r 为 8mm 的无凸缘圆筒，最后按 $h = 29.5$mm 进行修边。

（3）进行必要的计算

1）计算压边力、拉深力

① 由压边力的计算公式得

$$F_Q = \frac{\pi}{4}[D^2 - (d_1 + 2r_凹)^2]q$$

式中，$r_凹 = r_凸 = 8\text{mm}$，$D = 116\text{mm}$，$d_1 = 74\text{mm}$，由表 8-12 查得 $p = 2.7\text{MPa}$。

把各已知数据代入上式，得压边力为

$$F_Q = \frac{\pi}{4}[116^2 - (74 + 2 \times 8)^2]\text{mm}^2 \times 2.7\text{MPa} = 11350\text{N}$$

② 采用下式计算拉深力

$$F = K\pi dt\sigma_b$$

已知 $m = 0.64$，根据圆筒形件的许用极限拉深系数表查得 $K = 0.75$，10 钢的强度极限 $\sigma_b = 440\text{MPa}$，将 $K = 0.75$，$d = 74\text{mm}$，$t = 1\text{mm}$，$\sigma_b = 440\text{MPa}$ 代入上式，即

$$F = (0.75 \times 3.14 \times 74 \times 1 \times 440)\text{N} = 76700\text{N}$$

③ 压力机的公称压力为

$$F_压 \geqslant 1.4(F + F_Q) = 1.4 \times (76700 + 12600)\text{N} = 125020\text{N}$$

故压力机的公称压力要大于 125kN。

2）模具工作部分尺寸的计算

① 拉深模的间隙。拉深模的单边间隙为 $Z/2 = 1.1t = 1.1\text{mm}$，则拉深模的间隙 $Z = 2 \times 1.1\text{mm} = 2.2\text{mm}$。

② 拉深模的圆角半径。凹模的圆角半径 $r_凹$ 按表 8-12 选取，$r_凹 = 8t = 8\text{mm}$。凸模的圆角半径 $r_凹$ 等于工件的内圆角半径，即 $r_凹 = r = 8\text{mm}$。

③ 凸、凹模工作部分的尺寸和公差。由于工件要求内形尺寸，则以凸模为设计基准。凸模尺寸的计算见式(8-41)。

$$d_p = (d_{min} + 0.4\Delta) - \delta_p$$

将模具公差按 IT10 级选取，则 $\delta_p = 0.12\text{mm}$。

把 $d_{min} = 72.7\text{mm}$，$\Delta = 0.7\text{mm}$，$\delta_p = 0.12\text{mm}$ 代入上式，则凸模尺寸为

$$d_p = [(72.7 + 0.4 \times 0.7) - 0.12]\text{mm} = 72.86\text{mm}$$

3）凸模的通气孔直径为 6.5mm。

4）模具的总体设计。模具的总装图如图 8-46 所示。

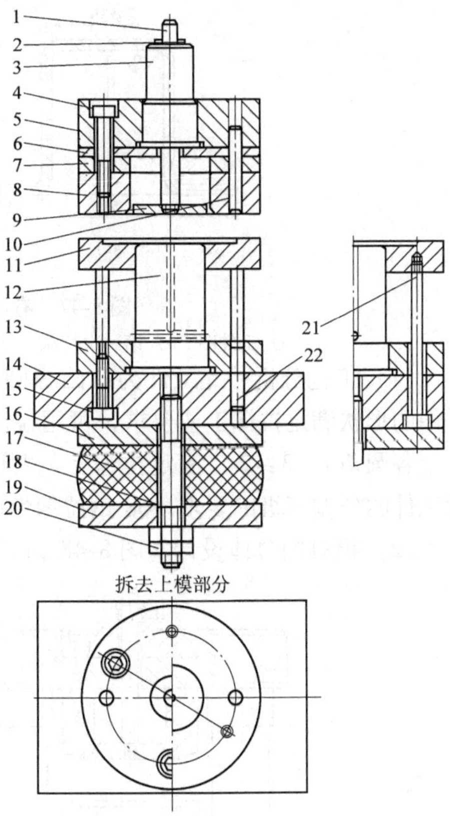

图 8-46　无凸缘的圆筒形件的首次拉深模
1—打杆　2—挡环　3—模柄　4、15—螺钉　5—上模板　6—垫板　7—中垫板　8—凹模　9—打板　10、21—销钉　11—压边圈　12—凸模　13—凸模固定板　14—下模板　16、19—托板　17—橡胶板　18—螺柱　20—螺母　22—卸料螺钉

该拉深模具在单动压力机上拉深，压边圈采用平面式的，坯料用压边圈的凹槽定位，凹槽深度小于 1mm，以便压料，压边力用弹性元件控制，模具采用倒装结构，出件时卸料螺钉顶出。

由于此拉深模为非标准形式，需计算模具闭合高度。其中各项模板的尺寸需取国标。模具的闭合高度的计算公式为

$$H_模 = H_{上模} + H_压 + H_固 + H_{下模座} + 25\text{mm}$$

式中，25mm 是模具闭合时，压边圈固定板之间的

距离。取 $H_{上模}=(30+8+14+30)\text{mm}=82\text{mm}$，取 $H_{压}=20\text{mm}$，$H_{固}=20\text{mm}$，$H_{下模座}=40\text{mm}$，则模具的闭合高度为

$$H_{模}=(82+20+20+40+25)\text{mm}=187\text{mm}$$

2. 有凸缘圆筒形的多次拉深模

工件图如图 8-47 所示；生产批量为大量；材料为 08 钢；料厚为 1.5mm。

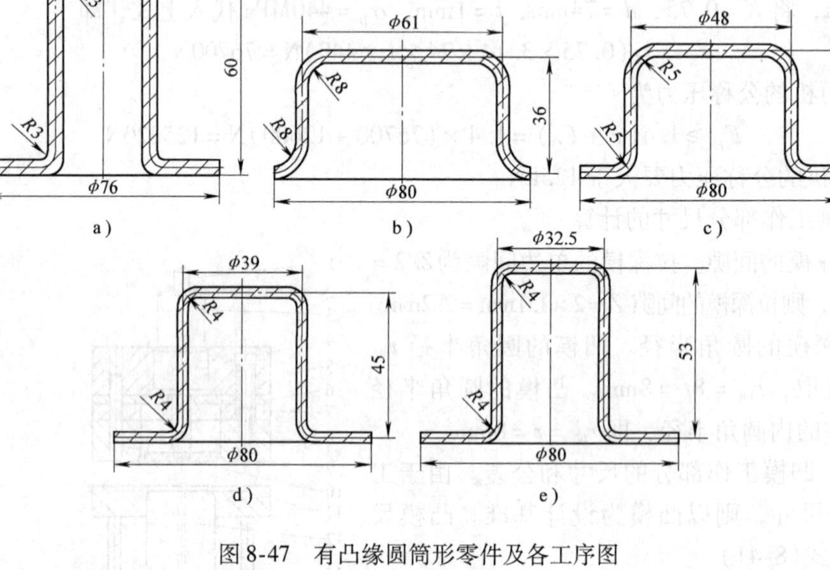

图 8-47 有凸缘圆筒形零件及各工序图

a）工件图 b）第一次拉深 c）第二次拉深 d）第三次拉深 e）第四次拉深

（1）工艺分析 此工件为有凸缘圆筒形件，要求外形尺寸，没有厚度不变的要求。此工件的形状满足拉深工艺要求，可用拉深工艺加工。

各圆角 $r=3\geqslant 2t$，满足拉深工艺对圆角半径的要求。$\phi 30_{-0.3}^{\ 0}$ 为 IT13 级，满足拉深工艺对工件的公差等级的要求。08 钢拉深性能良好。

（2）模具的总体设计 图 8-48 为有凸缘的圆筒形工件的首次拉深模。五次拉深模具都

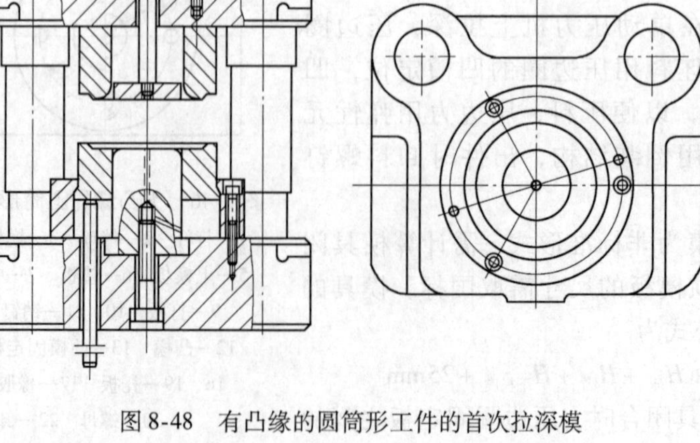

图 8-48 有凸缘的圆筒形工件的首次拉深模

是在单动压力机上拉深，采用标准后座模架，压边圈是通过顶件杆由气垫来压边的，气垫提供的压边力恒定，是较为理想的弹性压边装置。由限位圈来防止压边圈被顶出，尽量减小压边面积，以增大单位压边力。模具仍为倒装结构，由打杆顶出工件。

复习思考题

1. 简述冲压工艺的原理、特点及应用范围，以及板料冲压性能5个参数的物理意义。板料成形极限的含义及作用如何？

2. 试述普通冲裁过程可以分为哪几个阶段？在不同的阶段材料内部的应力、应变状态如何？

3. 试分析：当冲裁模凸、凹模之间的间隙分别为正常、过大和过小时对冲裁件剪切断面质量的影响。提高冲裁件断面质量有哪些方法？

4. 试分析窄板和宽板弯曲时的应力与应变状态，影响弯曲件回弹的主要因素，以及减少回弹的措施。

5. 圆筒件拉深过程中拉深毛坯可以分为哪几部分？试分析各个部分的应力与应变状态如何？拉深成形中最容易出现什么问题？试分析产生的原因及防止的措施。如何确定零件的拉深系数和拉深次数？

6. 试述简单模、复合模和连续模的特点。通常一副完整的冲模大致包括哪些零件？冲模的设计步骤与要点是什么？

第九章　板管成形新工艺

第一节　板料的旋压成形

一、旋压成形特点及应用范围

旋压是将板料或空心毛坯夹紧在模芯上，由旋压机带动模芯和毛坯一起高速旋转，同时利用旋轮的压力和进给运动，使毛坯产生局塑性变形并使之逐步扩展，最后获得轴对称的壳体零件，其成形原理及示例如图9-1所示。

在旋压过程中，板料产生切向收缩和径向延伸，从而改变毛坯形状，直径增大或减小，而其厚度不变或有少许变化者称为不变薄旋压（或称普通旋压）。在旋压中不仅改变毛坯的形状而且壁厚有明显变薄者，称为变薄旋压，又称强力旋压。

由图9-1可以看出，旋压成形的特点是：可以完成深拉深、缩口，扩径、翻边及波纹成形等一般冲压难以完成的工序（见图9-2）；所需工模具比较简单；所需成形力小，设备吨位小。

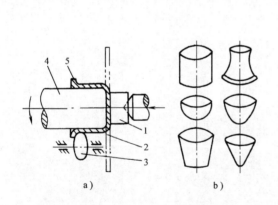

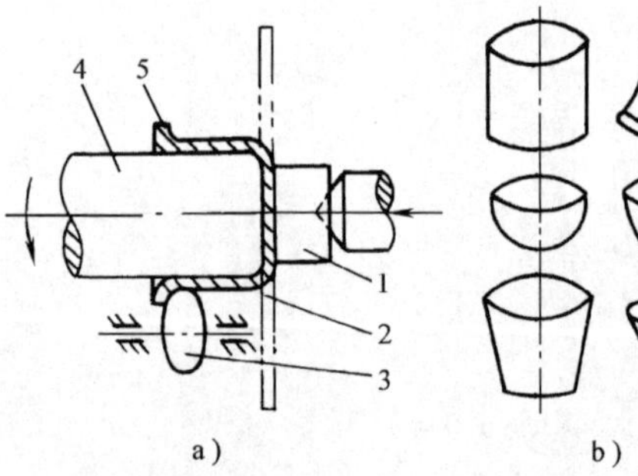

图9-1　旋压成形原理及旋压件举例

a）旋压原理　b）旋压件举例

1—顶板　2—毛坯　3—旋轮　4—模芯

5—加工中的毛坯

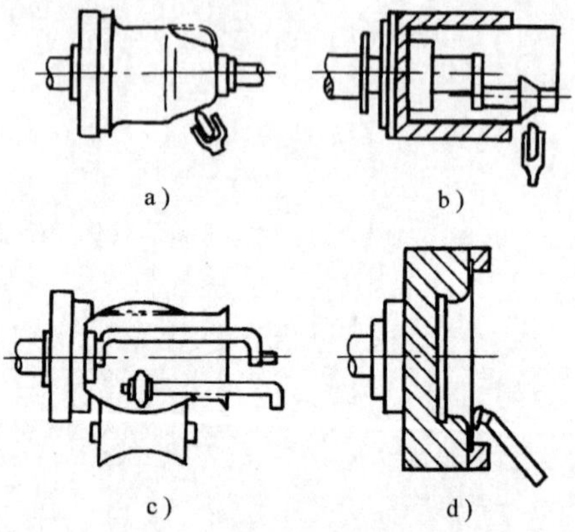

图9-2　各种旋压成形方法

a）拉深　b）缩口　c）扩径　d）翻边

旋压成形主要应用于铝、镁、钛、铜等有色金属及其合金与不锈钢的复杂中空回转体零件或产品的生产，如水壶、杯子、厨具与餐具、容器、灯罩、导弹外壳等，如图9-1b所示。

二、不变薄旋压与变薄旋压

1. 不变薄旋压

不变薄旋压即普通薄旋压有三种基本方式：拉深旋压（见图9-2a）、缩口旋压（见图9-2b）和扩径旋压（见图9-2c）。

拉深旋压是指用旋压生产拉深件的方法，是不变薄旋压中最主要的、应用广泛的旋压方法，旋压时合理选择芯模的转速是很重要的。转速过低，工件边缘易起皱，增加成形阻力，甚至导致工件的破裂；转速过高，材料变薄严重。表 9-1 所列为铝合金旋压时主轴转速。

表 9-1　铝合金旋压时主轴转速(铝合金)

料厚/mm	毛坯外径/mm	加工温度/℃	转速/r·min^{-1}
1.0~1.5	<300	室温	600~1200
1.5~3.0	300~600	室温	400~750
3.0~5.0	600~900	室温	250~600
5.0~10.0	900~1800	200	50~250

旋压时主轴转速与零件尺寸、材料厚度与其力学性能等有关，对于软钢可取 400~600r/min；铜 600~800r/min；黄铜 800~1100r/min。

旋压锥形件可能成形的极限比值为

$$\frac{d_{\min}}{D}=0.2\sim0.3$$

式中，$d_{\min}$为圆锥体的最小直径(mm)；D 为毛坯直径(mm)。

旋压筒形件的极限比值，根据毛坯的相对厚度一般为

$$\frac{d}{D}=0.6\sim0.8$$

式中，d 为圆筒直径(mm)。

2. 变薄旋压

根据旋压件的类型和变形机理的差异，变薄旋压可分为锥形件变薄旋压(剪切旋压)、筒形件的变薄旋压(挤出旋压)两种。前者用于加工锥形、抛物线形和半球形等异形件，后者用于筒形件和管形件的加工。

异形件变薄旋压的理想变形是纯剪切变形，只有这种变形状态才能获得最佳的金属流动。此时，毛坯在旋压过程中只有轴向的剪切滑移而无其他任何变形。旋压前后工件的直径和轴向厚度不变。

(1) 具有一定锥角和壁厚的锥形件进行变薄旋压　根据纯剪切变形原理，可求出旋压时的最佳减薄率和合理的毛坯厚度。图 9-3 说明了旋压前后毛坯厚度(t_0,t)的关系，即

$$t=t_0\sin\alpha \tag{9-1}$$

$$t_0=\frac{t}{\sin\alpha} \tag{9-2}$$

这一关系称为变薄旋压时异形件壁厚变化的正弦律。它虽由锥形件所推出，但对其他异形件基本上都适用。

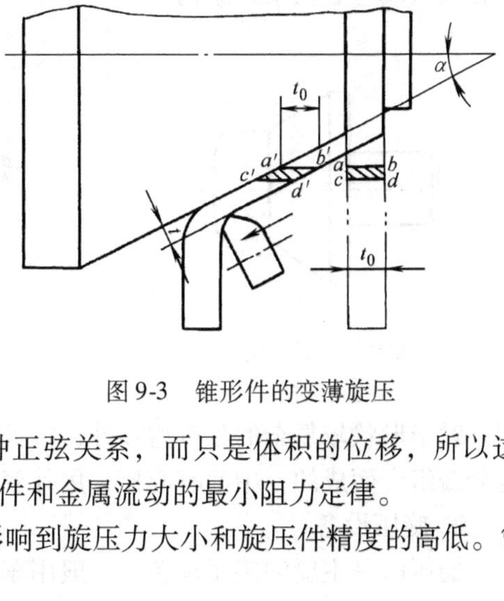

图 9-3　锥形件的变薄旋压

(2) 筒形件的变薄旋压　不存在锥形件的那种正弦关系，而只是体积的位移，所以这种旋压也称挤出旋压。它遵循塑性变形体积不变条件和金属流动的最小阻力定律。

减薄率 Ψ 是变薄旋压时的重要工艺参数，它影响到旋压力大小和旋压件精度的高低。Ψ 可写成

$$\Psi=\frac{t_0-t}{t_0} \tag{9-3}$$

式中，t_0 为毛坯厚度(mm)；t 为零件厚度(mm)。

旋压时各种金属的最大总减薄率 Ψ 见表9-2。

表9-2 旋压最大总减薄率 Ψ(无中间退火) (%)

材料	圆锥形	半球形	圆筒形
不锈钢	60~75	45~50	65~75
高合金钢	65~75	50	75~82
铝合金	50~75	35~50	70~75
钛合金①	30~55	—	30~35

① 钛合金为加热旋压。

许多材料一次旋压常取减薄率为30%~40%，这样可保证零件达到较高的尺寸精度。

影响变薄旋压件质量的因素还有旋轮送给量、转速、旋轮直径和圆角半径、旋轮与模具间隙的调整等。送给量一般在0.25~0.75mm/r的范围内；转速一般为200~700r/min；滚轮圆角半径不小于毛坯原始厚度；旋轮与模具之间的间隙最好符合正弦律的规定。

三、旋压模具与设备

1. 旋压模具

旋压模具的结构和材料取决于零件的形状、尺寸大小、材料及生产数量。旋压模的外形应符合零件内表面的形状。模具表面要求光滑、硬度高、质量均匀、质量轻。对于大型模具要注意动平衡，转动时模具不能偏摆，因此质量不能偏心，必须以中心对称。小型模具本身带有尾柄，如图9-4所示，旋压时用尾柄直接在旋压床上的主轴卡盘上夹紧固定。

大型模具的结构及固定形式如图9-5所示，除了用主轴螺纹固定外，又从主轴箱穿入一个拉杆，拉杆一端用螺母固定在主轴尾部，另一端用螺母旋紧模胎，旋压时并用尾顶针顶住。大模胎不能做成实心，否则过重，转动后惯性太大，会引起机床振动，生产不安全，所以必须做成空心构架式结构。

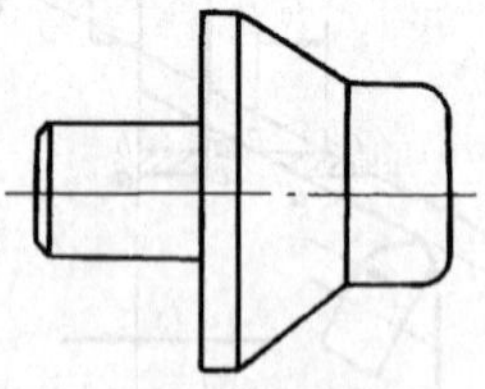

图9-4 带尾柄的旋压模

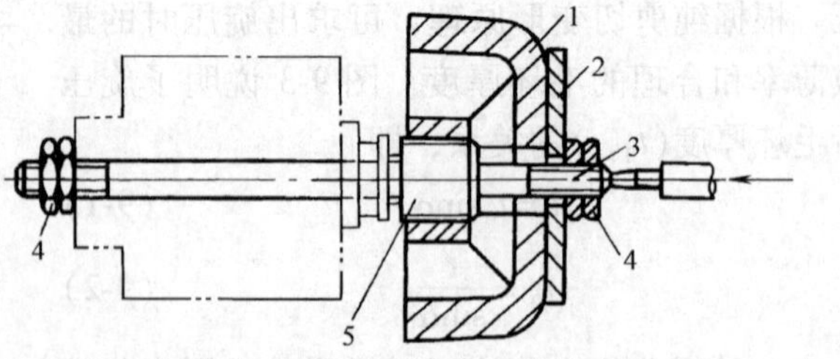

图9-5 大型模具的结构及固定形式

1—模胎 2—压板 3—拉杆 4—螺母 5—主轴

对于形状较复杂的收口型零件，模具可采用分瓣组合式模胎，如图9-6所示。模胎本体是分瓣组合而成的，中间有心棒，用外套上的内螺纹固定。

2. 旋压设备

旋压床是主要的旋压设备，一般用车床改制而成。利用车床主轴带动旋压模和毛坯一起旋转，操纵旋轮进行旋压成形。

图 9-7 是液压半自动旋压床。主轴 3 通过调速手柄 2 可以调到所需转速，尾座 6 上的尾顶针在液压缸的带动下可以左右移动，支架 5 上安装有旋压滚轮，它的纵横向运动是由纵横向液压动作缸来带动，横向动作缸在靠模板控制下可以自动旋压。如图 9-8 所示，横向进给动作缸 2 的壳体和托板 3 及随动阀 4 三者连在一起，并在纵向进给动作缸 1 的壳体带动下作纵向移动。随动阀 4 的阀心与靠模板 5 接触，并沿着靠模板表面滑动，阀心的移动就可控制横向进给动作缸活塞两边的压力，使托板上的滚轮与模胎保持一定间隙，靠模板的外形与零件的外形一样，这样托板上的滚轮在纵、横向进给动作缸和随动系统的作用下，保持与模胎一定间隙运动，因而完成自动旋压工作。

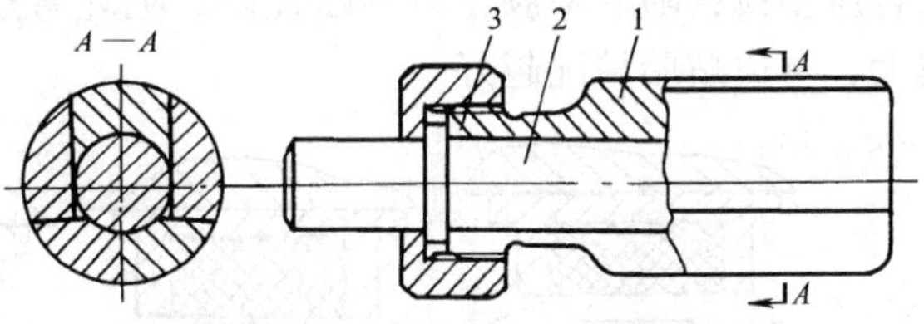

图 9-6　分瓣组合式模胎

1—模胎　2—心棒　3—外套

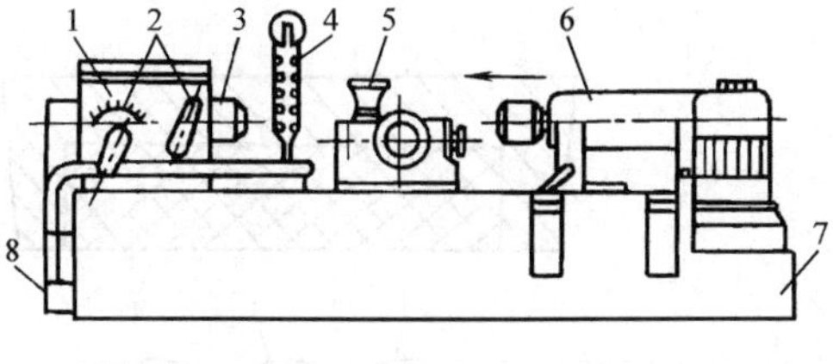

图 9-7　液压半自动旋压床

1—主轴箱　2—手柄　3—主轴　4—操纵盒　5—支架　6—尾座　7—床身　8—液压泵

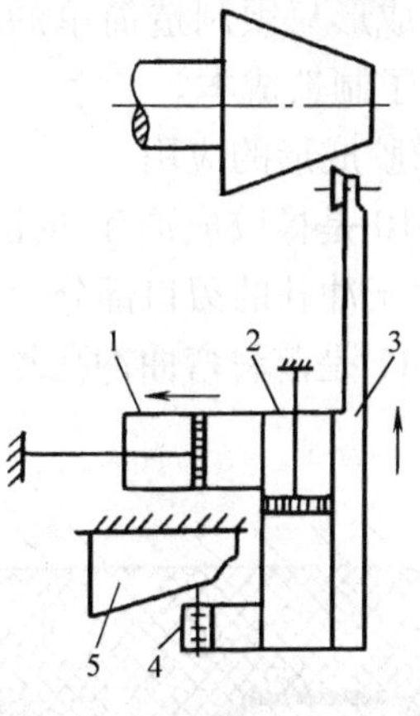

图 9-8　靠模工作原理

1—纵向进给动作缸　2—横向进给动作缸　3—托板　4—随动阀　5—靠模板

第二节　板料的介质成形

以橡胶或聚氨酯、液体（油或水）、粘性介质等为传力介质，代替传统刚性冲压模具中的凸模或凹模，实现板料金属的塑性成形。这种板料成形工艺有着许多优点，下面选择发展快、应用前景比较广泛的几种工艺方法进行讲述。

一、橡胶成形[㊀]

1. 基本原理

橡胶成形的基本原理及成形过程如图 9-9 所示。毛坯 3 用销钉固定在压型模 5 上，压型模置于垫板 4 上，在容框 1 内装有橡胶 2。当容框下行时，橡胶同毛坯、压型模刚一接触，橡胶就紧紧压住毛坯，毛坯因有销钉定位而不会移动（见图 9-9b）。随着容框继续下行，橡胶将毛坯的悬空部分沿压型模压弯，形成弯边图（见图 9-9c），但这时弯边还没有完全

㊀ 在有关标准上是“橡皮成形”，认为不妥——作者。

贴合压型模；随着橡胶压力不断提高，毛坯弯边也就逐渐被压贴合(图 9-9d)。橡胶压力越大，弯边贴胎情况越好。

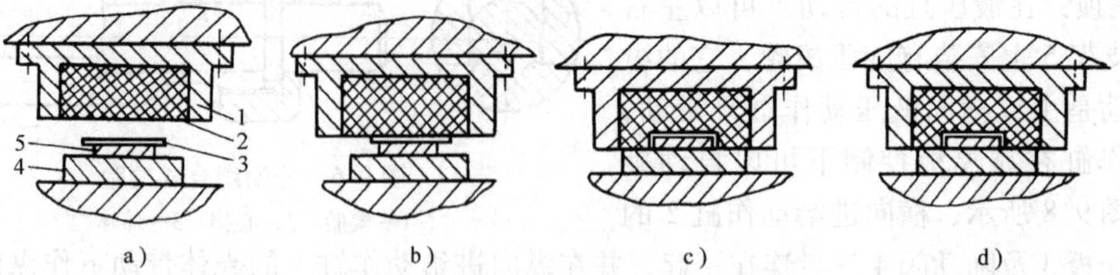

图 9-9　橡胶成形的基本原理及成形过程

a）原始位置　b）压紧　c）压弯　d）贴合成形

1—容框　2—橡胶　3—毛坯　4—垫板　5—压型模

橡胶成形的特点：生产效率高；加工时零件表面没有机械损伤，橡胶代替了凹模的作用，零件成形只须制造简单的凸模(即压型模)，从而简化了模具结构，缩短了生产周期，并且降低了制造成本。

2. 橡胶成形的应用

图 9-10 是橡胶成形和冲孔，上模为通用的橡胶容框，下模为低熔点合金模(模体为锌基合金 1,用于冲孔的刃口部分为钢环 2)。

图 9-11 是落料弯曲冲孔复合模。

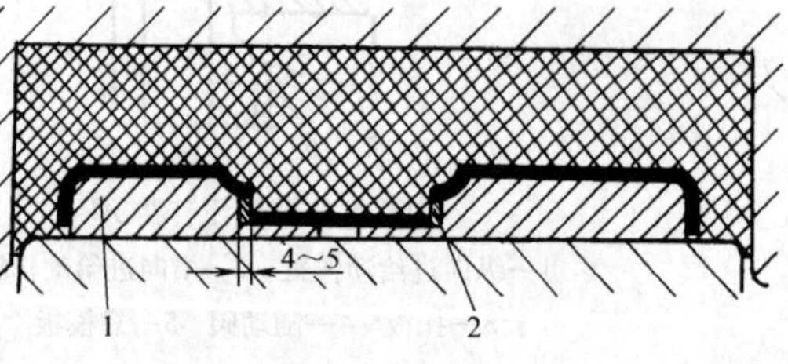

图 9-10　橡胶成形与冲孔

1—锌基合金　2—钢环

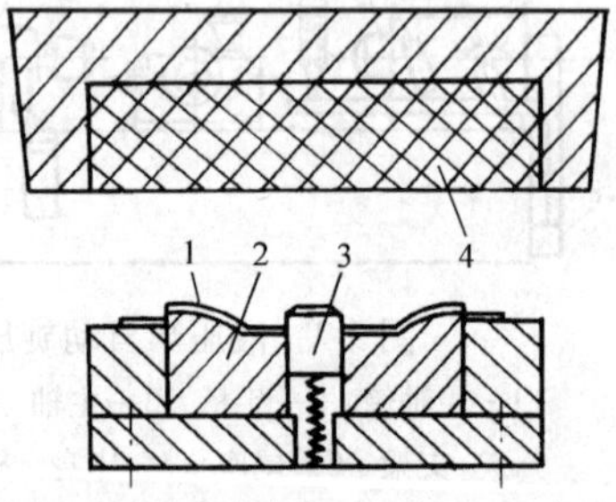

图 9-11　落料弯曲冲孔复合模

1—工件　2—废料　3—凸模　4—橡胶

二、液压成形

板料的液压成形，有液压胀形、反向液压成形和粘性介质压力成形等方法，下面就其成形原理、成形装置、特点及应用范围分别进行简要论述。

1. 液压胀形

图 9-12 所示为最简单的液压胀形装置及胀形原理，5 为平板下模，其上开有进油与排油通道；2 为上模(凹模)，其型腔的形状与尺寸按所成形的零件的要求来设计与制造。该装置安装在普通油压机上使用，上、下模分别固定在油压机的滑块与工作台上。工作时，首先将平板毛坯置于下模的上表面，滑块带动上模下行将平板毛坯压紧在下模上，然后将高压油通入板坯

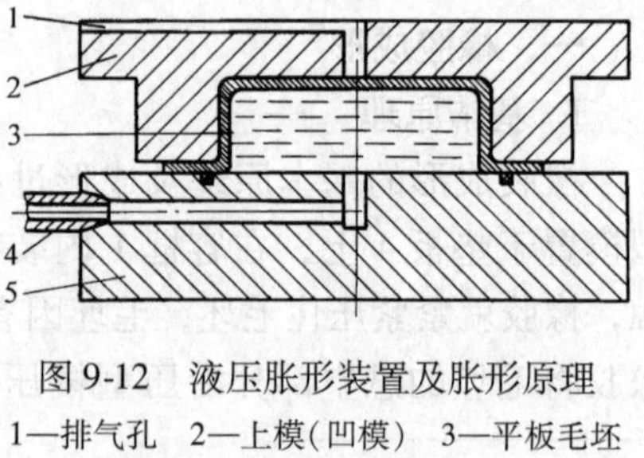

图 9-12　液压胀形装置及胀形原理

1—排气孔　2—上模(凹模)　3—平板毛坯

4—高压油道　5—下模

与下模之间迫使板坯产生塑性变形，当板坯变形至紧贴上模型腔表面时卸掉压力油，后通过滑块将上模回程，便可获得所需制件了。

液压胀形时，其单位胀形力的大小主要取决于以下因素：板坯金属的屈服点 σ_s；制件形状的复杂程度；板坯的厚度等。板坯的 σ_s 越大，形状越复杂。尤其是制件上具有小圆角半径的复杂曲面或深腔、板坯厚度越大，则单位胀形力也越大。胀形前，对板坯进行软件处理，可有效地降低单位胀形压力。

与刚性凸、凹模成形比较，液压胀形的特点为：变形均匀且不会产生机械损伤，制件内在与表面质量好；平面凸模与液压系统为通用，仅需更换凹模，便可生产不同的零件，简化了模具制造，降低了模具成本；但其生产率比刚性模具的低。液压胀形适合于形状较为复杂的、多品种中小批量的薄板零件的生产。

对于形状复杂而材料的屈服点 σ_s 又比较高的制件，为了降低其单位胀形压力，同时又便于解决板坯周边同平板凸模间的密封问题，近年来又出现了液压胀形与刚性模具的复合成形，如图 9-13 所示。

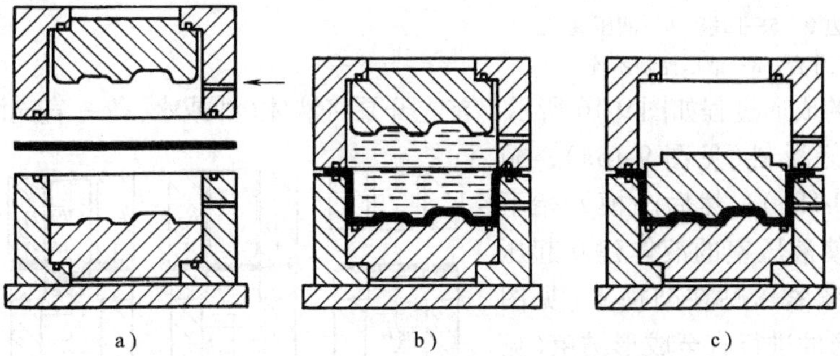

图 9-13　液压胀形与刚性模具复合成形

a）初始状态　b）液压胀形(预成形)　c）刚性模具成形(终成形)

这种复合成形工艺，将液压胀形与刚性模具成形两者的优点相结合，1 道工序可以完成采用刚性模具需要 2 道甚至 2 道以上的工序才能完成的变形过程，既减少了模具数量，又提高了生产率。

2. 充液拉深

充液拉深是液压成形(又称液力成形)的主要方法之一，是利用液体(油或水等)代替刚性的凸模(或凹模)直接作用于板坯进行成形的方法，属软模(半模)成形，具有柔性成形的特点。与刚性模成形相比，其压力作用均匀、易控制，可成形更复杂的零件，成形质量显著得高。

目前，充液拉深方法主要是利用软凹模的拉深方法。

(1) 成形原理　充液拉深是将板料置于充满液体的凹模兼液压室上，在刚性凸模将板料压入凹模的同时产生反向压力，使板料按凸模形状拉深成形，成形时液体可进入板料和凹模之间起润滑作用，有时还可利用液体向板料周边施加推力，称为带径向液压的充液拉深。

图 9-14 是充液拉深工艺装置。与普通拉深成形装置所不同的是，该装置增加了液压室及调节、控制液压室内液体压力的液压控制系统。液压室液体的压力变化因零件形状、材料性能、成形条件及变形特点等的不同而差异很大。一般来说，对于铝及铝合金板料

成形，液压室液体压力大约为10～30MPa，低碳钢板为40～60MPa，不锈钢甚至达到70～100MPa。

根据法兰部位(压边圈与凹模之间)是否使用密封，可将充液拉深分为不使用密封的成形方式和使用密封的成形方式，如图9-15所示。

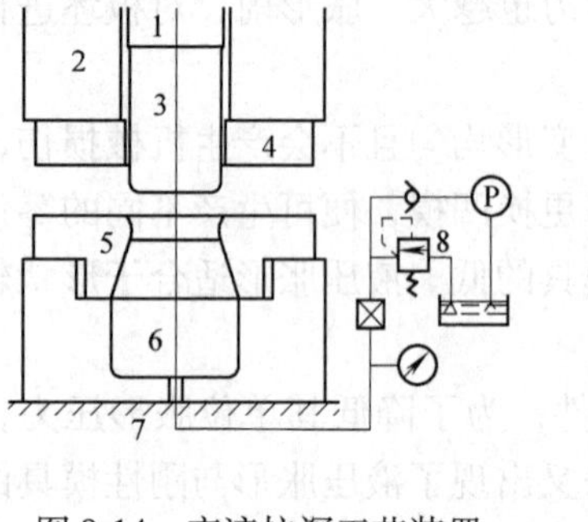

图9-14 充液拉深工艺装置

1—内滑块 2—外滑块 3—凸模
4—压边圈 5—凹模 6—液压室
7—工作台 8—液压控制系统

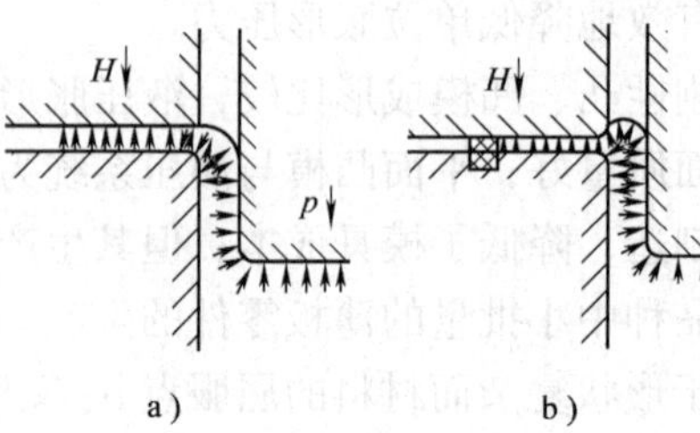

图9-15 充液拉深成形原理

a) 不使用密封 b) 使用密封

充液拉深的成形过程如图9-16所示，首先开泵将液体(油或水)等一直充满凹模后停泵，在凹模面上放好板料(见图9-16a)，施加压力(见图9-16b)；然后凸模开始下行进入凹模，使液压室的液体建立起压力，并将板料紧紧压贴在凸模上(见图9-16c)随着成形的进行直至成形结束(见图9-16d)。

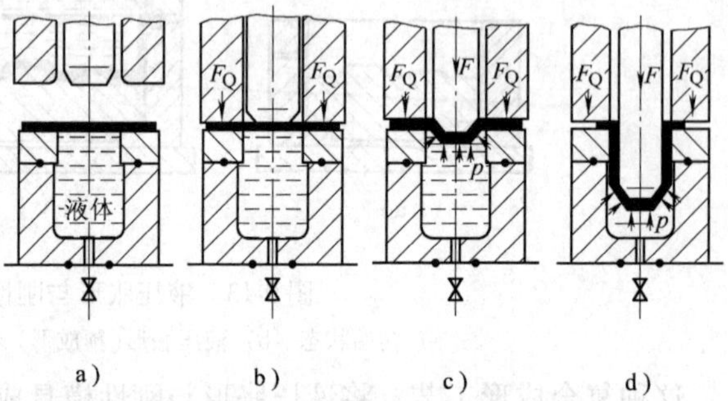

图9-16 充液拉深成形过程

(2) 工艺特点

1) 充液拉深成形工艺特性

① 摩擦保持效果。充液拉深成形时，在液压室内产生液体压力，毛坯受液体压力作用紧紧地贴向凸模，并在毛坯与凸模之间产生很大的摩擦力，从而缓和了板料在凸模圆角附近(危险断面)的径向拉应力，提高了传力的承载能力。

② 流体润滑效果。如果法兰部位不采取密封，液压室内的高压液体从法兰处流出，毛坯在凹模圆角和法兰部位处于一种流体润滑状态，从而减少法兰及凹模口附近的摩擦，使法兰(变形区)的径向拉应力减小，有利于提高成形极限。

③ 初始预胀形效果。完全依靠凸模进入凹模的自然增压方式往往造成成形初期的液压不足，此时可采用强制增压方法，就是将凸模固定在毛坯上方一定距离(数毫米或数厘米)后进行压边，启动高压泵向液压室注入液体增压，使毛坯反向胀形，然后凸模进入凹模开始拉深(见图9-17)。由于初始胀形的部分在径向受到压缩，可部分地增加凸模圆角附近的料厚，凸模圆角又使成形极限进一步得到提高。

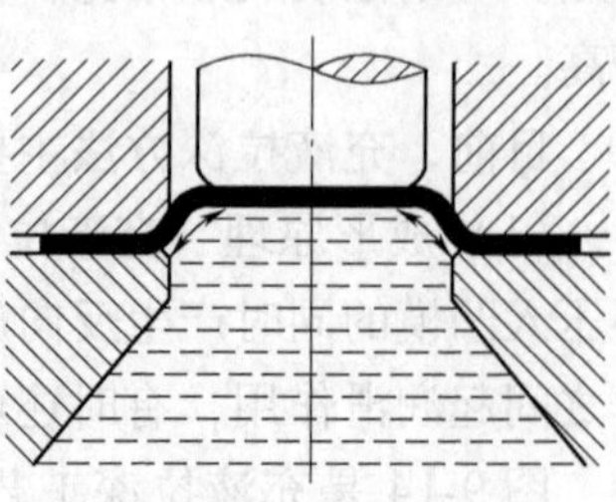

图9-17 初始预胀形效果

2）充液拉深成形的优点

① 大大提高成形极限，减少拉深次数。充液拉深的成形特点，使得凸模圆角附近板料的局部变薄大大缓和，成形极限显著提高。对于圆筒形件，极限拉深比提高1.3～1.4倍；对于盒形件，极限拉深比提高1.2～1.3倍。采用充液拉深方法可以一次实现普通拉深需要2～4道工序才能完成的成形量。

② 抑制内皱的产生。增加了径向拉应力值，使切向压应力相应减小，起皱趋势大大降低。另外，被贴向凸模的部位因“摩擦保持效果”而使凸模圆角处抗破裂能力得到提高，从而可以通过增加压边力或毛坯的直径来消除内皱。

③ 提高零件的形状和尺寸精度。充液拉深成形时，坯料易沿反向胀形，径向拉应力提高。因此，径向拉应力越高，尺寸、形状精度以及定形性越好。

④ 提高内、外表面精度。由于反向液压的作用，板料紧紧贴压在凸模上，充液拉深件内表面精度提高；另外，因反向液压形成的反向胀形，成形零件外表面在凹模圆角处不与模具接触，避免划伤、划痕等缺陷，可以获得很好的零件外表面精度。

⑤ 板厚分布均匀。由于“摩擦保持效果”，使得变形容易分散，尤其是凸模圆角处的变形集中得到缓和，板料的局部变薄得以控制，厚度分布均匀。

⑥ 简化模具结构，降低模具成本，缩短模具制造周期。充液拉深成形中，板料是由液压紧紧地贴向凸模的外表面。因此，即使形状比较复杂的零件，也无需采用带底凹模，甚至采用圆形凹模或压边圈也可成形出多角形横断面形状的零件，模具结构大大简化。同时，由于成形极限的提高，拉深次数和模具数量减少，模具成本降低。拉深间的“摩擦保持效果”和法兰部位的“流体润滑效果”的作用，使得因板料移动引起的模具表面的磨损、划伤等问题得到解决，模具材料等级可大大降低。

三、粘性介质压力成形

粘性介质压力成形（VPF，Viscous Pressure Forming）是20世纪90年代中期发展起来的一种板料柔性加工技术。VPF工艺原理如图9-18所示。通过粘性介质的注入与排放，实时控制板坯成形过程中压力的施加与卸载，同时实时控制板坯的压边力的大小，以实现成形力与压边力的最佳匹配和沿板坯表面各部分成形压力的合理分布，进而通过不断调节压力分布有效地控制板坯金属的合理流动，以实现对板坯变形程度的控制，从而提高板料的成形性能，尤其可有效地控制板坯厚度的变化和避免出现局部过分变薄的现象。

与上述橡胶成形和液压成形的根本区别在于，粘性介质压力成形可选用半固态、可流动并具有一定粘度和速度敏感性的高分子材料介质；粘性介质同时作用在板坯的上、下两面，通过调节压边力，可同时实时控制作用于板坯上面的正向压力和下面的反向压力，可使板坯按制件各部分形状的复杂程度实现顺序成形，如图9-18b所示，使对应于下模（凹模）最深部分的板坯先产生变形，对应于凹模浅的部分的板坯后产生变形，而达到同时最终成形（见图9-18c）。这样得到的零件成形具有贴模性好、厚度减薄小且分布均匀、尺寸精度高、表面质量好的特点。

不难看出，粘性介质压力成形新工艺，尤其适合于汽车、航空、航天等领域个性化及产品更新换代快的生产特点，易于冲压成形塑性差、变形流动阻力大且表面质量难于保证的铝、镁、钛、高温合金和高强度钢板等材料的板金件。

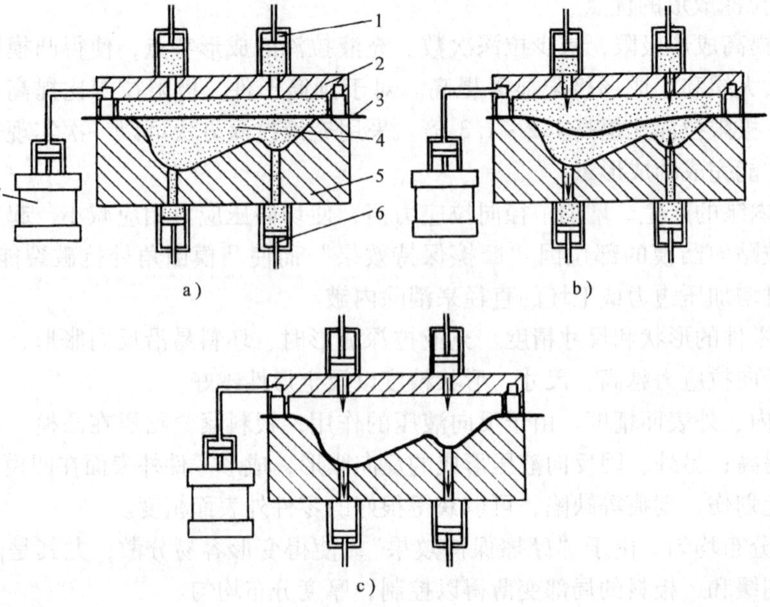

图 9-18 VPF 工艺原理

a）初始状态 b）按顺序成形 c）终成形

1—介质注入缸 2—上模 3—板坯 4—粘性介质 5—下模 6—反向介质压力缸 7—压边缸

第三节 板料的超塑性与电磁成形

一、超塑性成形

1. 概述

金属的超塑性，是指金属材料在特定的条件下呈现的异常高的伸长率。所谓特定条件，一是指金属的内在条件，如金属的成分、组织及转变能力(相变、再结晶及固溶变化等)；二是指外界条件，如变形温度与变形速度等。

超塑性通常可以用伸长率来表示。如伸长率超过 100%(也有人认为超过 300%)不产生缩颈和断裂，即称该金属呈现超塑性。一般黑色金属在室温下的伸长率为 30%~40%，铝、铜及其合金为 50%~60%，即使在高温下，上述材料的伸长率也难超过 100%。超塑性成形，就是利用金属的超塑性，对板材加工出各种零部件的成形方法。超塑性成形的宏观特征是大变形，无缩颈、小应力。因此，超塑性成形具有以下优点：可一次成形出形状复杂的零件；可仅用半模成形和采用小吨位的设备；成形后零件基本上没有残余应力。这些为制造出质量轻的高效率的结构件提供了条件。

根据变形特性，超塑性可分为微细粒超塑性(又称恒超塑性、结构超塑性)和相变超塑性。前者研究得较多，超塑性一般即指此类。几种超塑性金属和合金及其特性见表 9-3。

影响超塑性成形的主要因素有：

(1) 温度 变形一般在 0.5~0.7T_m 温度下进行(T_m 为以热力学温度表示的熔化温度)。

(2) 稳定而细小晶粒 一般要求晶粒直径为 0.5~5μm，不大于 10μm。而且在高温下，细小晶粒具有一定的稳定性。

表 9-3　几种超塑性金属和合金及其特性

名　称		伸长率(%)	超塑性温度/℃
铝合金	Al-33Cu	500	445~530
	Al-5.9Mg	460	430~530
镁合金	Mg-33.5Al	2000	350~400
	Mg-30.7Cu	250	450
	Mg-6Zn-0.5Zr	1000	270~320
钛合金	Ti-6Al-4V	1000	900~980
	Ti-5Al-2.5Sn	500	1000
	Ti-11Sn-2.25Al-1Mo-50Zr-0.25Si	600	800
	Ti-6Al-5Zr-4Mo-1Cu-0.25Si	600	800
钢	低碳钢	350	725~900
	不锈钢	500~1000	980

（3）应变速度　比普通成形时低得多，成形时间为数分钟至数十分钟不等。

（4）成形压力　一般为十分之几兆帕至几兆帕。

另外，应变硬化指数、晶粒形状、材料内应力等亦有一定的影响。

2. 成形方法

超塑性成形的基本方法有气压成形法、真空成形法和模压成形法。

（1）气压成形法　又称吹塑成形法，犹如玻璃瓶的制作。此法较之传统的胀形工艺，有低能、低压即可成形出大变形量复杂零件的优点。图 9-19 分别为凸模气压成形和凹模气压成形示意图。

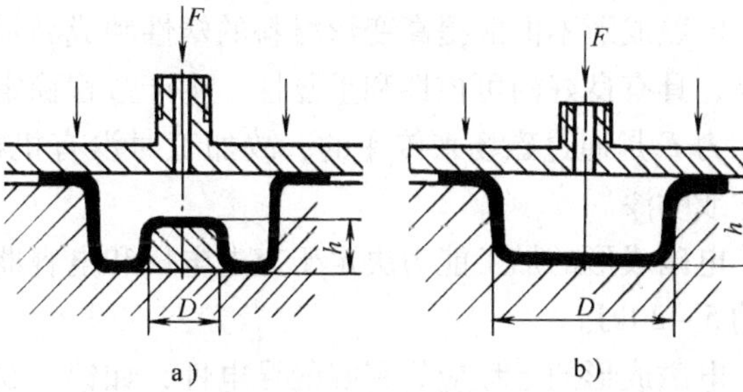

图 9-19　气压成形法

a）凸模气压成形　b）凹模气压成形

（2）真空成形法　它是在模具的成形腔内抽真空，使处于超塑性状态下的毛坯成形。该法又分为凸模真空成形法和凹模真空成形法。凸模真空成形，是将模具(凸模)成形内腔抽真空，被加热到超塑性成形温度的毛坯即被吸附在具有零件内形的凸模上，主要用来成形要求内侧尺寸准确、形状简单的零件；凹模真空成形主要用来成形要求外形尺寸准确、形状简单的零件。真空成形法由于压力小于 0.1MPa，所以不宜成形厚板和形状复杂的零件。

（3）模压成形法　又称偶合模成形法、对模成形法。用此法成形出的零件尺寸精度较高，但模具结构特殊，加工困难，目前实际应用较少。

超塑性成形时，工件的壁厚不均是首要问题。由于超塑性加工伸长率可达 1000%，以致在破坏前的过度变薄，即成为其加工的成形极限。故在成形中应当尽量不使毛坯局部过度变薄。控制壁厚变薄不均的主要途径有：控制变形速度分布、控制温度分布与控制摩擦力等。

二、电磁成形

电磁成形是利用脉冲磁场对金属毛坯进行高能量成形的一种加工方法。图 9-20 是管材和板材的成形原理图。从图 9-20a 可以看出，成形线圈放在管坯内部，成形线圈相当于变压器的一次侧，管坯相当于变压器的二次侧。放电时，管坯内表面的感应电流 i' 与线圈内的放电电流 i 方向相反，这两种电流产生的磁场磁力线在线圈内部空间因方向相反而抵消，在线圈与管坯之间因方向相同而加强，其结果是在管坯内表面受到强大的磁场压力使管坯胀形而成形。图 9-20b 是板材毛坯电磁成形的原理图，由于磁压力 F 的作用使板坯贴模而成形。

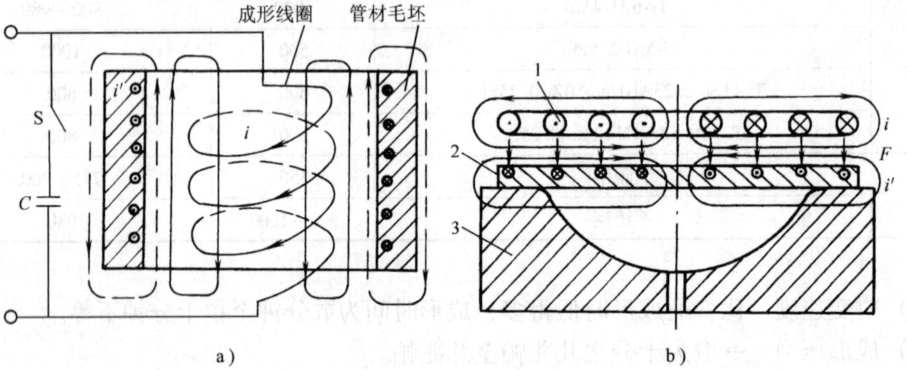

图 9-20　电磁成形原理图
a）管材胀形成形　b）板材成形
1—成形线圈　2—平板毛坯　3—凹模

电磁成形不但能提高变形材料的塑性和成品零件的成形精度，而且模具结构简单，生产率高，具有良好的可控性和重复性，生产过程稳定，零件中的成形残余应力低。此外，由于加工力 F 是通过磁场来传递的，故加工时没有机械摩擦，板坯可以在加工前预先电镀、阳极化或喷漆。

电磁成形的加工能力决定于充电电压和电容器容量，常用充电电压为 5 ~ 10kV，充电能量约 5 ~ 20kJ。

电磁成形的毛坯应具有好的导电性，如铝、铜、不锈钢、低碳钢等；对导电性能差的材料，在工件表面涂敷一层导电性能优良的材料即可。用这种方法甚至可以将电磁成形方法扩展到对非导电材料进行成形。

第四节　管料的塑性成形

一、管料的胀形

1. 胀形原理

以原始管料为毛坯，通过胀形使其成形为所需零件（管件）的方法称为胀形工艺。胀形工艺使用比较广泛，其工艺方法也比较多，下面着重介绍自然胀形和压缩胀形。

（1）自然胀形　即在胀形过程中，零件的成形主要靠毛坯壁厚的变薄和轴向自然收缩（缩短）而成形。

自然胀形时，管坯的壁部主要承受双向拉应力的平面应力状态和两向伸长、轴向收缩的变形状态，如图 9-21 所示。自然胀形的变形情况较为复杂，随着胀形零件的形状和胀形部位的不同，能够胀形的程度差别很大，这是因为在胀形过程中与轴向有无自然收缩和收缩量的大小有关。当成形部分完全靠毛坯壁部的变薄而成形时，其成形极限与材料的伸长率有关，也与毛坯的壁厚有关。

另一种自然胀形的例子，是在胀形部分局部变薄的同时还伴随着轴向的缩短。由于轴向缩短部分的材料补充到成形部分，因此，其成形极限要比上述完全靠变薄的局部胀形情况好得多，如图 9-22 所示。

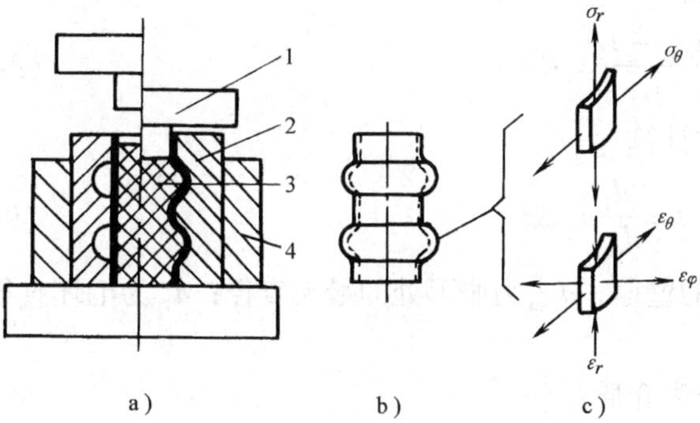

图 9-21 自然胀形其应力状态

a) 胀形过程 b) 零件 c) 应力应变状态

1—压力头 2—组合凹模 3—聚氨酯橡胶棒 4—凹模座

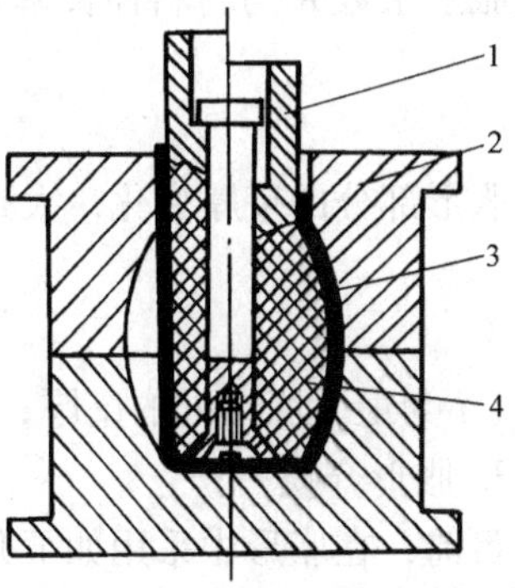

图 9-22 双动冲床上筒形件的胀形

1—内滑块压力头 2—组合凹模 3—零件 4—聚氨酯橡胶棒

（2）压缩胀形 在生产实践中，为了提高胀形系数，通常采用在胀形的同时将毛坯沿轴向进行压缩。采用轴向压缩的结果，使胀形区的应力、应变状态得到了改善，有利于塑性变形，如图 9-23 所示。譬如，在轴向压力足够大时，变形区的轴向拉应力变为压应力，即变为一拉一压的应力状态，而应变状态也可能由图 9-21 所示的厚度变薄、径向及轴向伸长变为轴向压缩、径向伸长，而厚度可能不变薄或变薄很少，这就可以显著地提高胀形系数的极限值。但是，要实现对毛坯的轴向压缩，只有在毛坯的厚度较大时才易于实现。

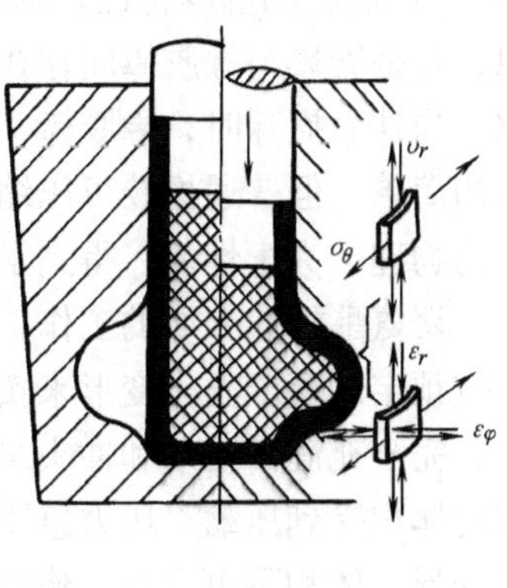

图 9-23 轴向压缩胀形时的应力、应变状态

生产实际中，对毛坯所施加的轴向压缩力和对聚氨酯橡胶凸模所施加的胀形力可同时进行，也可分别单独进行。由于聚氨酯橡胶的体积不可压缩（而采用橡皮时，其体积随压力的变化而稍有变化，其变化量一般可取 2% 左右），对毛坯和聚氨酯橡胶的压缩胀形可同时进行，这对模具的设计和制造带来很大的方便。但有时为了提高胀形系数，使作用在毛坯上的压力达到材料的屈服点（流动极限）σ_s 值，而聚氨酯橡胶的胀形力只起毛坯材料成形的导向作用和防皱作用，此时，极限胀形系数可以很大。

2. 变形程度的表示

管料或拉深圆筒的胀形变形程度通常用胀形系数 K 表示：

$$K = \frac{d_{max}}{d} \tag{9-4}$$

式中，d_{max}为胀形后零件的最大直径；d为胀形前管坯直径。

零件胀形部分周长的最大应变ε为

$$\varepsilon = \frac{L_1 - L_0}{L_0} \leqslant 0.75\delta \tag{9-5}$$

式中，L_0为胀形前胀形部分的毛坯周长；L_1为胀形后胀形部分的最大周长；δ为材料的伸长率。

胀形系数K与材料伸长率δ的关系为

$$\delta = \frac{d_{max} - d_1}{d_1} = K - 1 \tag{9-6}$$

胀形部分的壁厚变化，大致可按下式计算

$$t = \frac{d_1}{d_{max}} t_1 \tag{9-7}$$

式中，t为最大胀形处的壁厚；t_1为毛坯的壁厚；d_{max}为胀形处的最大直径；d_1为毛坯直径。

3. 胀形介质

目前，在胀形中采用如下几种材料作为介质：

（1）液体　采用液体作为介质的胀形称为液压胀形。液体介质能够根据需要很方便地选择合理的胀形力和胀形速度，能够获得最大的胀形系数。但液体需要密封、填充管坯及从工件中清除等均给生产带来不便，此外，还存在生产效率低和管理不便等缺点。从便于密封的角度考虑，目前，在各种液体中，主要是选择具有一定粘度的油液为介质。

（2）橡胶或聚氨酯橡胶

1）橡胶的基本特性。利用橡胶棒体积受压建立起基本稳定的压力场，与液压的情况相似，只是管坯与橡胶棒间存在摩擦，但摩擦力场分布应合理，其方向与变形的方向尽可能一致。当外力撤除时，橡胶棒又能恢复原状且可方便地抽出，因而不需增添专门的设备，模具结构简单。但普通橡胶可压缩性大，使用寿命较低。近年来发展起来的聚氨酯橡胶，具有优良的物理、力学性能，得到了越来越广泛的应用，已成功地用于自行车接头生产中。

聚氨酯橡胶介质的工作，是通过聚氨酯橡胶的变形把压力机的压力传递到管坯上，使管坯按预定的要求发生变形来实现的。在胀形过程中，聚氨酯橡胶受压后，其形状首先发生变化，完全充满由毛坯和冲头组成的型腔，此过程压力不大。当冲头进一步动作时，聚氨酯橡胶的体积受到压缩，压力急剧增大，直至毛坯发生塑性变形。此后，聚氨酯橡胶随着毛坯一起变形，体积不再变化，建立起基本均匀稳定的压力场。

2）橡胶棒尺寸的确定。聚氨酯橡胶棒的直径尺寸，应以经多次变形而产生少量永久变形后仍然易于放进和取出为原则，一般可比管坯或中间毛坯的内径小0.5～1mm。取得过小，会增加聚氨酯橡胶的压缩变形量，从而降低其使用寿命。

若不考虑体积变化，聚氨酯橡胶或橡皮芯棒在变形前的长度为

$$L_0 = \frac{(H_0 + h) d_0^2}{d^2} \tag{9-8}$$

式中符号见图9-24，其中h为零件底部不变形部分的高度。

3）橡胶压缩量及硬度的选择。橡胶的压缩量和硬度对零件的胀形精度影响很大，最小

压缩量一般在 10% 以上时才能确保零件在开始胀形时具有所需的预压力。但是压缩量也不宜过大，最大不能超过 35%，否则，橡胶很快就会损坏，寿命低。胀形的聚氨酯橡胶的硬度最好选用 50～70HSA 较合理。较软的适用于成形大圆弧曲面的胀形件，由于其允许的变形量较大，可提高聚氨酯的使用寿命，而且也可减小压力机的吨位。但当成形零件具有小的圆弧或尖角，并要求成形后外轮廓清晰时，则应采用较硬的聚氨酯橡胶。若成形的同时还要求有冲裁工序时，则最好采用硬度为 70～80HSA 的聚氨酯橡胶。

若成形铝、铜等软金属且变形程度不太大的零件，压力要求不大，或即使所需压力较大但生产批量很小时，则可采用橡胶或具有一定弹性的聚氯乙烯塑料。

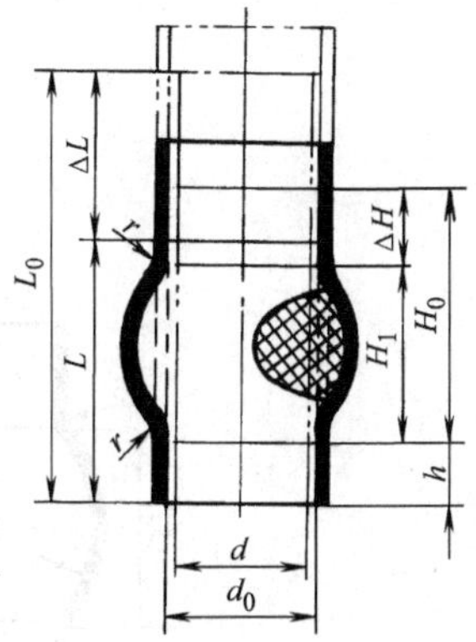

图 9-24　橡胶棒的尺寸

4）橡胶棒的单位压力。聚氨酯橡胶所能产生的单位压力 q 亦可由下式计算：

$$q = E\varepsilon = E\frac{\Delta H}{H_0} \tag{9-9}$$

式中，E 为聚氨酯橡胶的弹性模量(MPa)；ε 为聚氨酯橡胶的压缩应变(%)；ΔH 为聚氨酯橡胶的压缩量(mm)；H_0 为聚氨酯橡胶模块的原始高度(mm)。

（3）低熔点合金　以低熔点合金作为介质，即将熔化的低熔合金直接浇入管坯内部或将低熔点合金芯棒置入管坯内，其胀形过程可以认为是一整体毛坯的径向挤压过程。其优点是不需密封，缺点是装入和清理不方便，且影响生产效率的提高。它适合于强度较高的材料，或虽然强度较低但变形量大而需要成形力大的零件成形。

（4）其他介质　诸如黄油、凡士林，其特点是密封性好，可产生均匀的胀形内压力，基本为不可压缩的介质，其不足之处是装入和清理比较麻烦。此外，近年来开发了一种如前所述的粘性介质，是一种比较理想的胀形介质。

4. 挤压胀形模具

有关挤压胀形模具，通过若干典型结构及应用实例予以介绍。

（1）橡胶介质挤压胀形模　以橡胶为介质的挤压胀形主要适用于一些以管料为毛坯的回转体零件和支管长径比(l/d)≤1 的多通管的成形加工。

实例 1　筒形件带轴向压缩的胀形工艺及模具。图 9-25a 为薄壁圆筒胀形零件，材料为 1Cr18Ni9Ti，管坯壁厚 0.8mm，管坯为焊接管，模具结构如图 9-25b 所示。

由图 9-25b 可见，胀形凹模由上、下两半模组成。下半凹模 11 固定在下模板 10 上，上半凹模 4 由弹簧 8 和活动套筒 7 托起，托起高度可由螺钉 6 调节。压头 2 固定在上模板 1 上，橡胶棒 5 置于管坯 9 内。为获得较大的橡胶单位压力和提高橡胶棒使用寿命，故采用聚氨酯橡胶。压板 3 对管坯施加轴向压力，压力由橡胶垫块 13 提供，压板的上下位置可由螺钉调节。

模具工作时，压头首先与橡胶棒接触，将橡胶棒压缩距离 B，使橡胶充满管坯内腔并将管坯稍微胀大，以获得初步的胀形。随后压板与上半凹模接触，一方面橡胶棒继续被压缩而使管坯径向扩张，另一方面压板对上半凹模及管坯施加轴向压力直至上、下凹模闭合，从而完成胀形过程。上模回程时，由于橡胶垫块的弹力，使得压板的动作滞后于压头，亦即在橡

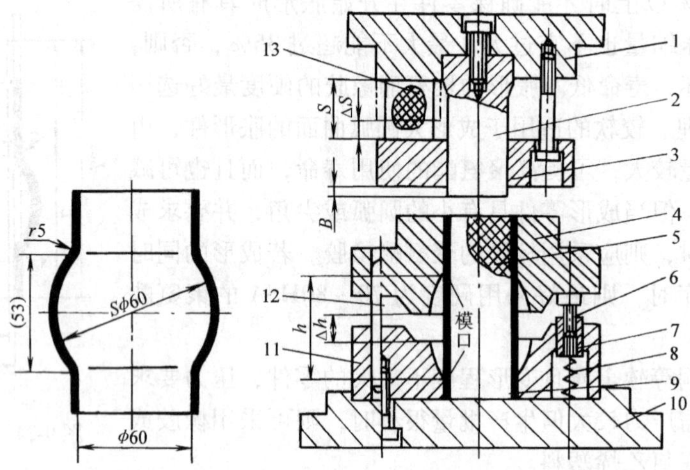

a) b)

图 9-25 橡胶挤压胀形模

a）零件 b）模具

1—上模板 2—压头 3—压板 4—上半凹模 5—橡胶棒

6—调节螺钉 7—活动套筒 8—弹簧 9—管坯 10—下模板

11—下半凹模 12—导向柱 13—橡胶垫块

胶棒随压头上移而恢复原状的过程中，在一段时间内上半凹模仍被压板压紧而处于闭合状态，这有利于保护胀形零件的既得形状。

实例 2 波纹管整体成形工艺。波纹管整体成形工艺过程如图 9-26 所示。该成形工艺一般分两个阶段进行。第一阶段，保持模块 1 间隙 e 不变，在拉杆 3 拉力的作用下，首先使橡胶块 2 充满管坯 4 内腔，并使管坯得到初步成形，其初步成形后的管坯表面积约等于零件的表面积。第二阶段，拉杆与模块同时移动，直至各模块间隙为零，成形完毕。这类带轴向压缩的胀形工艺，成形后的零件变薄量较少，能够成形变形程度较大的零件，生产效率高，操作方便，但缺点是工艺装置结构较复杂，且需用专用成形设备。

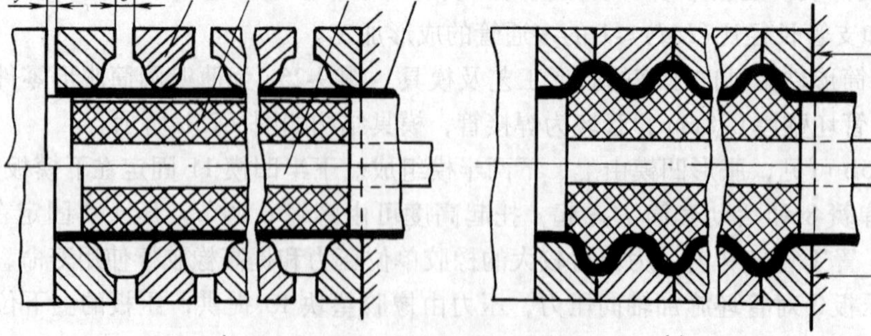

a) b)

图 9-26 波纹管整体成形工艺过程

a）初始状态 b）完成状态

1—模块 2—聚氨酯橡胶块 3—拉杆 4—管坯

（2）液体介质挤压胀形模　以液体为介质的挤压胀形适合于任何形状和尺寸大小的管类零件的成形。

实例 3　支管类管接头挤压胀形。支管类管接头属非对称零件，这类零件的液压胀形工作原理如图 9-27 所示，胀形加工时，先将管坯 2 置于下模 4 中，然后将上模 3 压下，再使左、右压头 1 压紧管坯端部，如图 9-27a 所示。随后由压头中心孔引进高压液体，则管坯在高压液体压力和轴向压力的联合作用下，胀出管接头支管形状，如图 9-27b 所示。

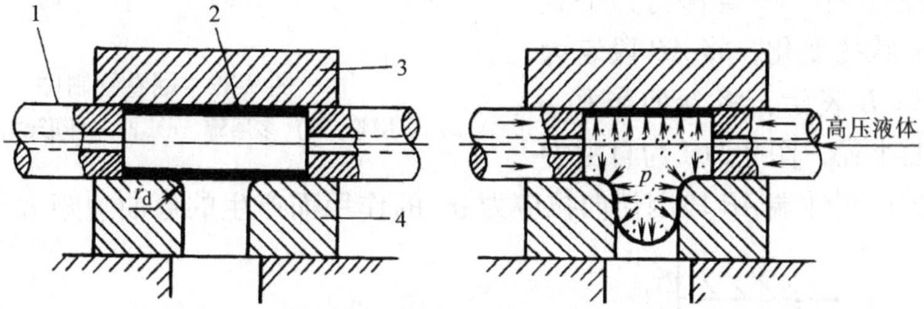

图 9-27　三通管接头液压胀形示意图
1—压头　2—管坯　3—上模　4—下模

当支管长径比$(l/d)>1$时，应在支管端部施加反向作用力，如图 9-28 所示。该反向作用力也称反向平衡力。施加反向平衡力后的挤压胀形，其工件受管坯内部的胀形压力 q、管坯端部（两头）挤压力 Q_1 和支管端部反向作用力 Q_2（见图 9-28）三个力的共同作用。Q_2 随 q 的增加而增加。反向作用力 Q_2 对应力状态有明显改善，使支管长度的中部呈现出两向强烈的压缩和一向轻微的拉应力状态，这种应力状态非常有利于支管产生稳定的挤压胀形。此外，随着 q、Q_1、Q_2 的增加，管件变形区内的静水压力 σ_m 也随之增大，这非常有助于提高管料的胀形极限。

在支管端施加反向平衡力，就是为了使多通管的成形过程能处于超高压静水压状态下进行，而产生反向平衡力的合适方法就是采用具有闭压系统的液压缸。

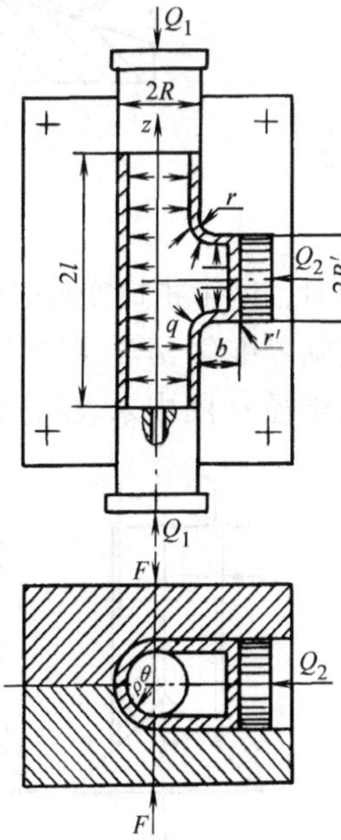

图 9-28　带有反向作用力的三通管管接头挤压胀形原理

二、管料的翻卷成形

翻卷就是将管材翻卷成双层管、多层管或其他形状的管件（图 9-29）。翻管有外翻，即管坯在轴向压力下从内向外翻卷，使管材的内壁翻卷成外壁，翻卷后的管径变大，管壁变薄（见图 9-29a）；内翻，即从外向内使管材的外壁翻卷成内壁，翻卷后的管径变小，管壁变厚（图 9-29b）。

在少数情况下，翻管可以不用模具；在大多数情况下，为了加工成管制件，则必须使用模具。适于在模具上翻管的管料很广泛，如铝合金、低碳钢、奥氏体不锈钢等，从 ϕ10mm×1mm 到 ϕ250mm×5mm 规格的管坯，都可以成功地翻成双层管。翻管模的形式很多，有锥形模、圆角模（见图 9-30a、b）、槽形模和拉伸翻管模。在后三种形式的模具上翻管，管料在变形过程中其几何形状有部分或全部受到模具的约束；在锥形模上翻管，管料在变形过程中处于自由状态，其几何形状只由模具锥角引起的应力状态决定。

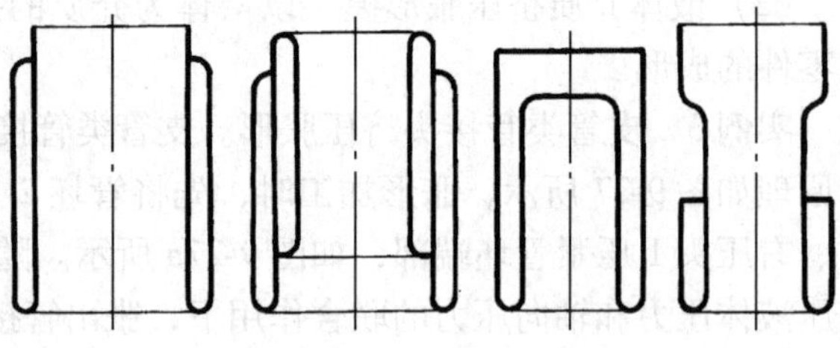

图 9-29 翻卷管制件

a）双层管 b）多层管 c）凸底杯形件 d）阶梯管

锥形模外翻管变形过程如图 9-31 所示，图 9-31a 为原始状态；图 9-31b 为管端扩口；图 9-31c 为扩口变形，其直壁 *AB* 段沿模具表面扩张，一直保持为平直段而不再发生形状的变化，将 *AB* 段定为扩口刚性端，以 *L* 表示，将卷曲半径 ρ 定义为自由卷曲半径；图 9-31d 为自由卷曲变形，如果扩口刚性端 *AB* 段因切向拉应力 σ_θ 的作用而产生的弯曲力矩大于 *A* 处的反弯力矩时，则由扩口变形转变为卷曲变形，要产生这一转变的关键是必须使模具的半锥角 α 大于其临界锥角 α_{CT}；图 9-31e 为稳定翻卷变形，保证稳定翻卷变形的条件是，必须使模具的圆角半径 *r*(图中未表示)大于干涉曲率半径 ρ_e。

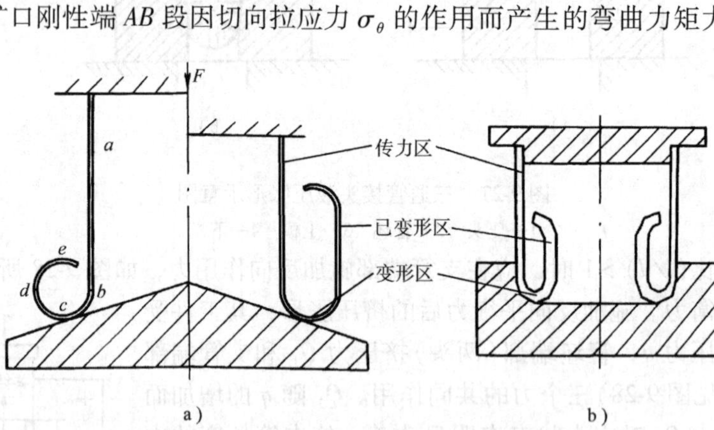

图 9-30 常用翻管形式与翻管模

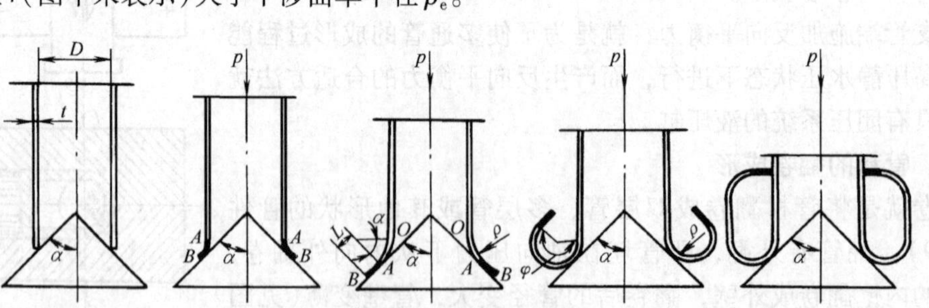

图 9-31 锥形模外翻管变形过程

翻管是一个复杂的变形过程，它涉及到三种变形的转化，即从扩口变形转化到卷曲变形、从卷曲变形转化到翻卷变形。要保证变形模式的顺利转化，必须满足翻管变形时的力学、几何和塑性条件，其中最主要的工艺参数是翻管成形力 *F*、模具半锥角 α、管材的相对壁厚 *S*(管坯壁厚 *t* 与管径 D_0 之比)和管材塑性条件 δ。

翻管成形力的计算：最小翻管成形力可按下式计算

$$F_{\min}=\frac{4\pi RtA\sqrt{\frac{t}{3R}}\times 2^{\frac{n+2}{2n+3}}}{(1-\mu)(1+n)} \tag{9-10}$$

式中，R 为管坯中半径；t 为管坯壁厚；A 为强化系数；n 为硬化指数；μ 为摩擦因数。

三、管料的弯曲成形

管料的弯曲成形即通常所说的弯管工艺，广泛应用在油、水、气的输送管道及汽车、飞机、轮船和多种机器中，而且工艺方法也发展很快。下面仅将应用最为普遍的几种方法予以简要说明。

1. 有芯弯管

有芯弯管是在弯管机上利用芯棒使管料沿弯曲模胎绕弯的工艺方法。有芯弯管的工作原理如图 9-32 所示，弯曲模胎 4 固定在机床主轴上并随主轴一起旋转，管坯 6 的一端由夹持块 3 压紧在弯曲模胎上。在管坯与弯曲模胎的相切点附近，其弯曲外侧装有压块 1，弯曲内侧装有防皱块 5，而管坯内部塞有芯棒 2。当弯曲模胎转动时，管坯即绕弯曲模胎转到管件要求的弯曲成形。管件的弯曲角度由挡块(图中未示出)控制，当弯曲模胎转到管件要求的弯曲角度时撞击挡块，使弯曲模胎停止转动。

2. 冷推弯管

冷推弯管是在普通液压机或曲柄压力机上借助弯管装置对管坯进行推弯的工艺方法，在常温状态下将直管坯压入带有弯曲型模的型腔中，从而形成管弯头。

冷推弯管装置如图 9-33 所示，主要由压柱 1、导向套 2 和弯曲型模 4 组成。弯曲型模由对中的两块拼成，以方便其型腔加工。弯管时，把管坯 3 放在导向套中定位后，压柱下行，对管坯端口施加轴向推力，强迫管坯进入弯曲型腔，从而产生弯曲变形。

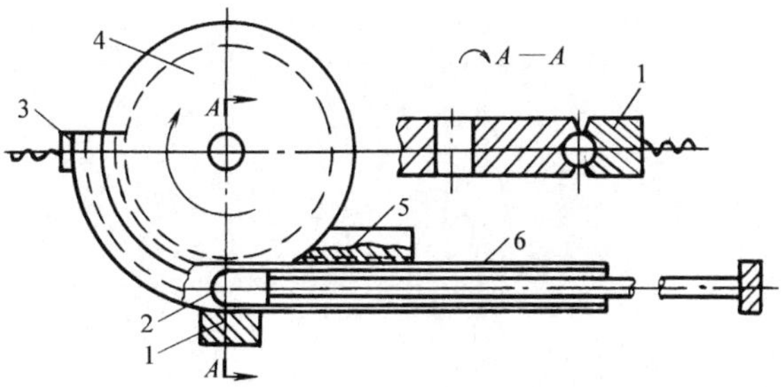

图 9-32　有芯弯管工作原理

1—压块　2—芯棒　3—夹持块　4—弯曲模胎　5—防皱块　6—管坯

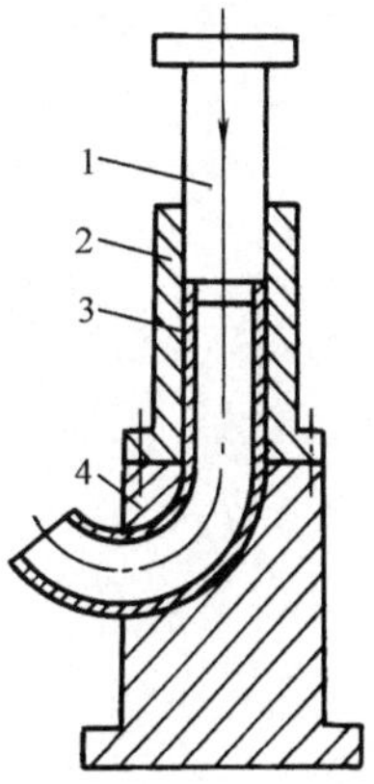

图 9-33　冷推弯管装置

1—压柱　2—导向套　3—管坯　4—弯曲型模

冷推弯管适用于弯制较小弯曲半径的弯头，能弯制的最小相对弯曲半径(R/D)≈1.3；弯头的截面圆度小(3%~5%)；外侧管壁的减薄量小(≤9%)；弯管装置结构简单，不需要专用设备且生产率高。但一般要求管材的相对厚度(t/D)≥0.06，否则，管坯往往由于刚度差而丧失稳定性，导致弯头的内侧起皱或扭曲。

复习思考题

1. 试述旋压成形原理、不变薄旋压与变薄旋压的相同点与不同点。旋压工艺的应用范围有哪些?

2. 试述板料的介质成形原理。几种介质成形工艺的特点及适用范围是什么?

3. 简述板料超塑性成形与电磁成形的原理及特点。

4. 为什么压缩胀形比自然胀形能提高管材的极限胀形系数?列举三种胀形介质并比较各自的优缺点及适用范围。

5. 试述翻卷管与弯管工艺原理及变形特点。

第四篇

金属焊接成形工艺

4

第十章　金属焊接成形的主要工艺

第一节　电　弧　焊

一、焊接电弧的物理基础

1. 电弧的导电特性

电弧是一种气体放电现象。所谓气体放电，是指两电极存在电位差时，电荷通过两电极之间气体空间的一种导电现象(见图 10-1)。

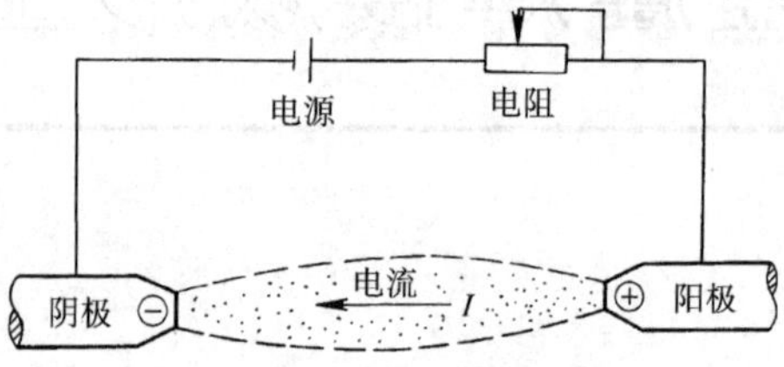

图 10-1　电弧示意图

为了使正常状态下的气体导电，必须先有一个产生带电粒子的过程，然后才能出现导电现象。在外电场的作用下，气体中所有带电粒子都要产生定向运动，所以气体的导电规律与金属导电有明显的不同。另外，气体导电时，其导电部分的电压与电流不遵循欧姆定律，而呈现出一个很复杂的关系，它在不同的条件和不同的导电区间，具有不同的导电特性。图 10-2 是气体放电的伏安特性曲线，图中电弧放电区是所有气体放电中电压最低、电流最大、温度最高、发光最强的一个放电区域，因此电弧在工业生产中广泛用来作为光源和热源。

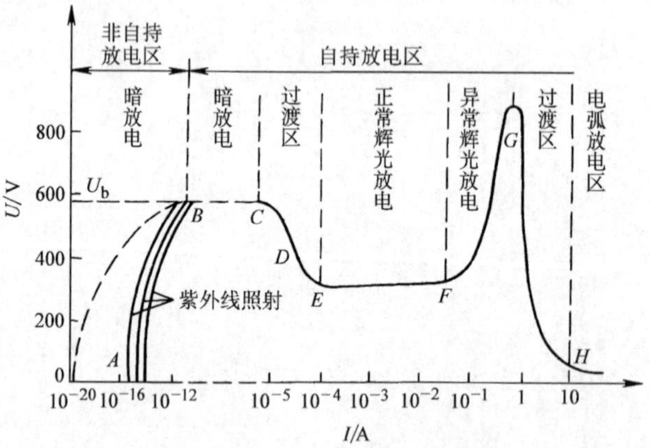

图 10-2　气体放电的伏安特性曲线

电弧中的带电粒子主要依靠气体的电离和电极发射电子这两个物理过程产生。除这两个主要物理过程外，还有一些其他过程，如气体的解离、激励、扩散、复合、形成负离子等，也会影响电弧的导电性能。

2. 焊接电弧的构成及其特性

（1）焊接电弧的组成　焊接电弧由三个不同电场强度的区域，即阴极区、弧柱区和阳极区构成(见图 10-3)。其中弧柱区电压降 U_C 较小而长度较大，说明阻抗较小，电场强度较低；两个极区沿弧长方向尺寸较小而电压降较大(U_A 为阳极压降，U_K 为阴极压降)，可见其阻抗较大，电场强度较高。电弧的这种特性是由于各区导电性能不同所决定的，电弧电压 $U_a = U_A + U_K + U_C$。

阴极压降区紧靠阴极，长度约为 10^{-5}cm，阴极表面发射电子的光亮斑点称为阴极斑点。在通常情况下，热发射和电场发射两种阴极导电机构并存，并且根据电极材料、电流大小和气体介质不同而自动调节。当电极材料熔点较高或者电流较大时，热发射占比例较大，电场发射比例较小，阴极压降较低；反之，电场发射占比例增大，阴极压降也随之提高。

弧柱区基本为电弧的长度，区内有热电离、解离、复合等导电过程。从整体看，弧柱呈动态电中性，因此电子流和离子流通过弧柱时不受空间电荷电场的排斥作用，从而决定电弧放电具有大电流、低电压的特点(电压降可为几伏，电流可达上千安培)。

阳极压降区紧靠阳极，长度约为10^{-4}cm，其表面接收电子的光亮斑点称为阳极斑点。一般认为，阳极区的作用是接受由弧柱流过来的电子流和经由电离向弧柱提供所需要的正离子流。

(2) 焊接电弧的静特性　电弧稳定燃烧时，电弧电压与电流之间的关系曲线称为电弧静特性曲线，其形状近似为U形(见图10-4)。电弧是一种特殊的导体，并不遵循欧姆定律，在电流密度较小时，曲线下降呈负阻特性(ab)；随着电流密度增大而变平(bc)甚至上升(cd)。通常，一种焊接方法的电弧静特性只对应图10-4中的某一区段，如焊条电弧焊、埋弧焊、钨极氩弧焊等，静特性一般为中间水平段(bc)；细丝熔化极气体保护焊，则为上升区段(cd)。此外，电弧长度变化时，静特性曲线将随之上下平行移动。

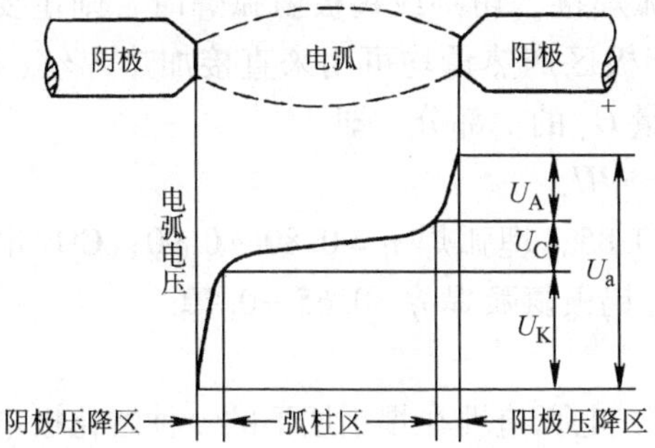

图10-3　电弧各区的电压分布

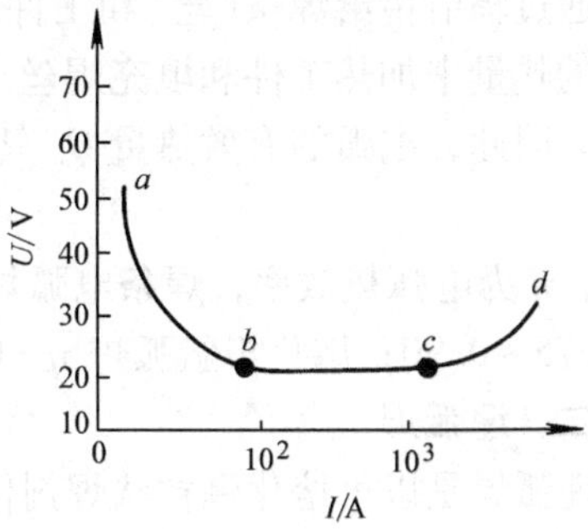

图10-4　电弧静特性曲线

(3) 电弧静特性与弧焊电源特性的关系　由于电弧是一种特殊负载，其供电电源特性也不同于一般的电源。为了可靠引燃电弧，要求弧焊电源有合适的空载电压(U_0)。综合经济和安全的考虑，U_0一般为70～100V。为了保证电弧稳定燃烧，弧焊电源应有合适的输出伏-安特性，这种特性通常称为弧焊电源的外特性或静特性，是电弧稳定燃烧时电源输出电压与电流的关系曲线。图10-5为常用的几种电源外特性曲线，电弧静特性应与电源外特性相匹配。如焊条电弧焊、埋弧焊一般配用下降或缓降外特性电源；钨极氩弧焊配用垂降外特性电源；细丝熔化极气体保护焊则配用平外特性电源。此外，在一些焊接过程中还要求电源有良好的动态特性，如短路电流上升速度、短路电流峰值、动态品质等。

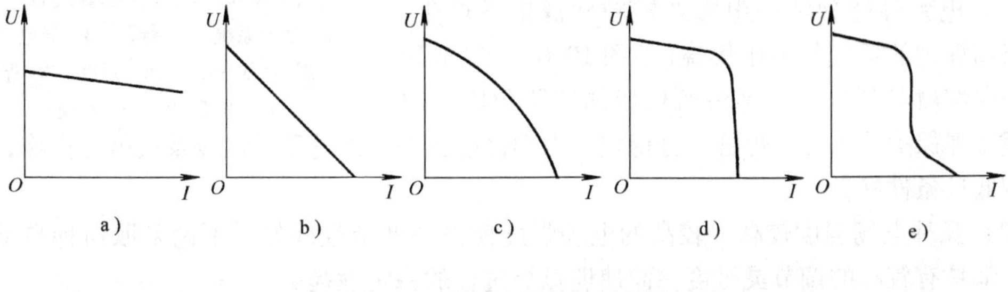

图10-5　常用电源外特性曲线

a) 平外特性　b) 下降外特性　c) 缓降外特性　d) 垂降外特性　e) 垂降带外拖的外特性

3. 焊接电弧中的能量平衡

电弧可以看作一个把电能转换成热能的元件，当其各部分(弧柱区、阴极区、阳极区)的能量交换达到平衡时，电弧便处于稳定燃烧状态。由于电弧三个区域导电性能不同，因而各区能量产生和转换的机理也不一样，各区的温度也不相同。

单位时间内弧柱区所产生的能量可用外加能量(电功率)P_C 表示，单位时间内阴极区产热量可用电功率 P_K 表示，单位时间内阳极区的总能量也可用电功率 P_A 表示，电弧总热量可用总电功率 P_a 表示，则可分别为

$$P_C = IU_C;\quad P_K = I(U_K - U_W - U_T);\quad P_A = I(U_A + U_W + U_T);$$

$$P_a = P_A + P_C + P_K = I(U_A + U_C + U_K) = IU_a$$

式中，I 为电弧电流(A)；U_W 为表征电子发射(逸出)功的电压(V)，IU_W 为逸出功；U_T 为与弧柱温度相适应的等效电压(V)；U_a 为电弧总电压(V)。

在一般电弧焊接过程中，弧柱的热量不能直接用于加热焊条(丝)或母材，只有很少一部分通过辐射传给焊条(丝)和工件。在等离子弧焊接、切割或钨极氩弧焊时，则主要利用弧柱的热量来加热工件和填充焊丝。阴极区和阳极区产热量均可用来直接加热焊丝(条)或工件。因此，电弧的有效热量 Q_e 只有电弧总热量 Q_a 的一部分，即

$$Q_e = \eta Q_a = \eta IU_a$$

式中，η 为电弧热效率，焊条电弧焊 $\eta = 0.65 \sim 0.85$；埋弧焊 $\eta = 0.80 \sim 0.90$；CO_2 电弧焊 $\eta = 0.75 \sim 0.90$；熔化极氩弧焊 $\eta = 0.70 \sim 0.80$；钨极氩弧焊 $\eta = 0.65 \sim 0.70$。

二、埋弧焊

埋弧焊是以可熔化颗粒状焊剂作为保护介质，电弧掩埋在焊剂层下的一种熔化极电弧焊接方法，也是最早获得应用的机械化焊接方法。

1. 埋弧焊的特点、应用

埋弧焊的施焊过程如图 10-6 所示，由三个基本环节组成：①在焊件待焊接缝处均匀堆敷足够的颗粒状焊剂；②导电嘴和焊件分别接通焊接电源两极，以产生焊接电弧；③自动送进焊丝并移动电弧实施焊接。通用埋弧焊设备的焊剂存储和输送漏斗、送丝机构、电弧行走机构、电源和程序的控制盘都装在焊接小车上，专用埋弧焊接设备，有的采取焊件移动或转动造成电弧相对运动。埋弧焊的主要特点有：

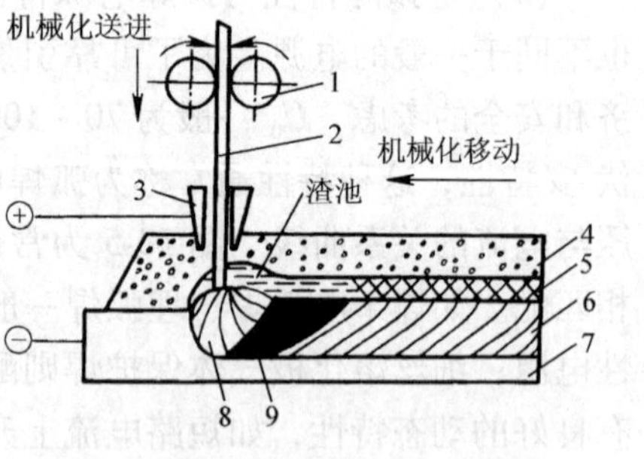

图 10-6 埋弧焊施焊过程
1—送丝系统 2—焊丝 3—导电嘴 4—焊剂 5—渣壳 6—焊缝 7—焊件 8—电弧 9—金属熔池

(1) 电弧性能独特 电弧在颗粒状焊剂下产生，在金属和焊剂的蒸气气泡中燃烧(见图 10-6)，气泡顶部被一层熔融状焊剂——熔渣所构成的渣膜包围。因此，埋弧焊保护效果好、焊缝成分稳定、力学性能良好，焊缝质量高以及机械化操作，劳动强度较低且条件好。

(2) 弧柱电场强度较高 较高的电场强度使设备调节性能好，不论采取何种自动调节系统，都具有较高的调节灵敏度，而使埋弧焊过程的稳定性提高。

(3) 生产效率高 与焊条电弧焊相比，由于焊丝导电长度缩短，加之电流和电流密度显著提高，使电弧的熔透能力和焊丝的熔敷效率都大大提高，一般不开坡口单面一次焊熔深

可达20mm；又由于焊剂和熔渣的隔热作用，总的热效率增加，而使焊接速度可以大大提高。以厚度8～10mm钢板对接焊为例，单丝埋弧焊焊速可达30～50m/h；双丝或多丝埋弧焊焊速还可提高一倍以上，而焊条电弧焊则不超过6～8m/h。

埋弧焊是目前工业钢结构焊接中广泛应用的一种弧焊方法。它可焊接碳素结构钢、低合金结构钢、不锈钢、耐热钢及它们的复合钢板，是造船、锅炉、化工容器、桥梁、起重及冶金机械制造中焊接生产的主要手段。此外，还可用于镍基合金，铜合金的焊接，以及耐磨、耐蚀合金的堆焊。埋弧焊应用局限性主要为：

1）焊接位置的局限。由于焊剂保持的原因，如果不采取特殊措施，埋弧焊主要应用于水平俯位置焊缝焊接，而不能用于横焊、立焊、仰焊。

2）焊接材料的局限。由于埋弧焊焊剂及电弧气氛的氧化性，此法不能用于铝、钛等氧化性强的金属及其合金的焊接。

此外，由于埋弧焊行走机构较为复杂，其机动灵活性比焊条电弧焊差，一般只适合于长直焊缝和环缝的焊接，且不能焊接空间位置有限（机头无法到达）的焊缝。

2. 埋弧焊的焊剂、焊丝及其选配

焊丝和焊剂的选配，首先必须保证获得高质量的焊接接头，同时又要尽可能降低成本。

（1）焊剂　埋弧焊使用的焊剂为颗粒状可熔化物质，其作用类似于焊条的药皮涂料。用于钢类焊接的焊剂要求如下：

1）具有良好的保护性能和冶金特性。焊剂熔化产生的气、渣能有效地保护电弧和熔池，防止焊缝金属氧化、氮化以及合金元素的蒸发和烧损；含有的合金元素有脱氧和渗合金作用，并与选用的焊丝配合使焊缝获得所需的化学成分、力学性能及抗热裂和冷裂的能力。

2）具有良好的工艺性能。即具有良好的稳弧、造渣、成形、脱渣性能；在焊接过程中析出的有害气体少；吸潮性小，有适当的粒度和足够的强度，便于重复使用。

焊剂除按用途分为钢用和有色金属用外，还可按制造方法分为熔炼焊剂、烧结焊剂和粘结焊剂三类；按化学成份，通常按熔渣碱度分为碱性、酸性和中性三类。我国的熔炼焊剂，是根据焊剂主要成分 MnO、SiO_2、CaF_2 含量的组合来间接反映焊剂的酸碱性，例如，高锰、高硅、低氟焊剂等。国产焊剂的牌号、类型、主要成分及用途，读者可参阅有关资料。

（2）焊丝　埋弧焊普遍使用实芯焊丝，直径通常为1.6～6mm。目前已有碳素结构钢、合金结构钢、高合金钢和各种有色金属焊丝及堆焊用的特殊合金焊丝。焊丝表面应当干净光滑，除不锈钢和有色金属外，各种低碳钢和低合金钢焊丝的表面最好镀铜，不仅防锈还可改善导电性能。

（3）焊丝和焊剂与焊接钢种的配合　低碳钢埋弧焊可选高锰、高硅、低氟型焊剂，配用 H08MnA 焊丝；或低硅、无锰、低氟型焊剂，配用 H08MnA、H10Mn2 焊丝；也可选用硅锰烧结型焊剂，配用 H08A 焊丝。低合金高强度钢埋弧焊，可选中锰、中硅、中氟或低锰、中硅、中氟型焊剂，配用适当强度的低合金高强度焊丝；亦可选用硅锰烧结型焊剂，配用 H08A 焊丝。耐热钢、低温钢、耐蚀钢埋弧焊，应选无锰或低锰、中硅或低硅型熔炼焊剂或高碱度烧结焊剂配用相近钢种的合金焊丝。铁素体、奥氏体等高合金埋弧焊，一般选用高碱度烧结焊剂或无锰、中硅、中氟，无锰、低硅、高氟型焊剂，配用相当材质的焊丝。特殊场合的埋弧焊，焊丝和焊剂与焊接钢种的配合可参阅相关手册。

3. 埋弧焊过程调节及焊接设备

借助机、电装置来完成送丝和行走的机械化埋弧焊，习惯上称为自动埋弧焊。为了获得稳定的焊接过程，自动系统应能根据工艺需要方便地选择主要焊接参数 I_a、U_a、v_w，而且一旦参数选定之后，应能使其在整个焊接过程中稳定不变。通常焊接埋弧焊 I_a、U_a 的控制精度要求为 ±25～50A、±2V。埋弧焊接稳定工作点，是由电源外特性曲线和自身调节系统的调节特性曲线的交点确定，即确定稳定的 I_a、U_a 和与之相对应的电弧静态特性曲线(弧长)。在实际焊接过程中，由于外界干扰，特别是弧长的变化，会使实际工作点偏离稳定工作点，造成 I_a、U_a 波动。埋弧焊弧柱电场强度约为40V/cm，弧长只要有1mm的变化，就可能使电弧电压的波动超过允许值。因此，如何克服弧长干扰是埋弧焊自动调节系统应解决的重要问题。

(1) 等速送丝埋弧焊自身调节系统　该系依统靠电弧自身内反馈具有的自身调节作用，达到补偿弧长的波动、稳定焊接参数的目的。一般配用缓降外特性焊接电源，用于细丝埋弧焊。

1) 等速送丝自身调节系统静特性。焊丝以 v_f 恒速送入电弧，当电弧稳定燃烧时必有

$$v_f = v_m \tag{10-1}$$

式中，v_f 为送丝速度；v_m 为焊丝熔化速度。

v_m 与焊接电流 I_a 电弧电压 U_a 关系为

$$v_m = k_i I_a - k_u U_a \tag{10-2}$$

式中，k_i 为熔化速度随焊接电流而变化的系数($cm \cdot s^{-1}A^{-1}$)；k_u 为熔化速度随电弧电压而变化的系数($cm \cdot s^{-1}A^{-1}$)。

由式(10-1)、式(10-2)可解得

$$I_a = \frac{v_f}{k_i} + \frac{k_u}{k_i U_a} \tag{10-3}$$

式(10-3)称为自身调节系统静特性方程。该方程为一直线，线上任何一点均满足 $v_m = v_f$，称为等熔特性曲线。此曲线与电源外特性曲线的交点构成系统的稳定工作点；若偏离此线，则会使 I_a、U_a 波动，造成 $v_m \neq v_f$。

图 10-7a 为由实验方法测定的不同送丝速度下埋弧焊的等熔特性曲线，细焊丝时(图中

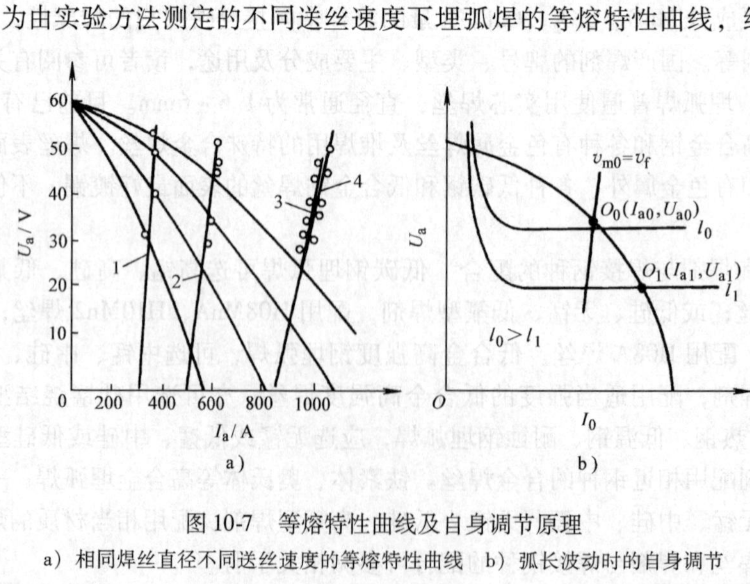

图 10-7　等熔特性曲线及自身调节原理

a) 相同焊丝直径不同送丝速度的等熔特性曲线　b) 弧长波动时的自身调节

1—ϕ2mm，v_f=7.1cm/s　2—ϕ4mm，v_f=2.5cm/s　3—ϕ4mm，v_f=4.4cm/s　4—ϕ5mm，v_f=2.9cm/s

曲线1)，由于 k_i 很大，而 k_u 很小，式(10-3)可写成

$$I_a \approx \frac{v_f}{k_i} \tag{10-4}$$

此时等熔特性曲线几乎垂直电流坐标轴，称为等电流曲线。

当其他条件不变时，v_f 增加(减少)，等熔特性曲线平行向右(左)移动；焊丝伸出长度增加(减少)，k_i 增大(减少)，等熔特性曲线向左(右)移动；焊丝直径增大(减少)，k_i 减少(增大)，等熔特性曲线向右(左)移动，而且斜率减小(增大)。

2）等速送丝自身调节过程。等速送丝埋弧焊的调节过程如图10-7b所示。当电弧受外扰弧长缩短时，系统的工作点将从 O_0 点移至 O_1 点，由于 $I_{a1} > I_{a0}$，$U_{a1} < U_{a0}$，所以 O_1 点的熔化速度 $v_{m1} > v_{m0} = v_f$，于是工作点将在电源外特性曲线上从 O_1 点向 O_0 点恢复。如果弧长变化是由于送丝速度瞬时波动等原因，焊枪与焊件表面距离不变，焊丝伸出长度不变，那么这种调节作用最终将回到系统的稳定工作点 O_0 而不带静态误差。为了获得良好的调节精度和调节灵敏度，等速送丝自身调节埋弧焊应采用缓降的外特性电源。

3）等速送丝埋弧焊的电流、电压调节方法。焊接电流是通过改变送丝速度实现调节；电弧电压调节，则通过改变电源外特性实现，如图10-8中 *A—B—C—D—E* 所示为工作点区间。

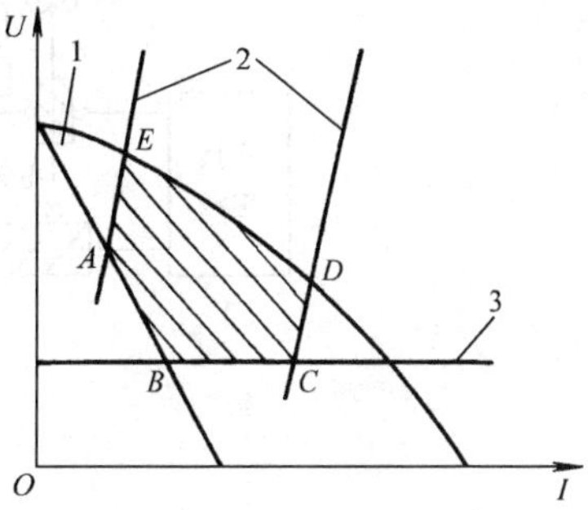

图10-8　等速送丝埋弧焊 I_a、U_a 的调节方法

1—电源外特性曲线　2—等熔特性曲线　3—最低工作电压线

(2) 埋弧焊电弧电压反馈调节系统　采用闭环自动调节控制，配用下降外特性焊接电源，用于粗丝埋弧焊，是一种变速送丝调节系统。

1）调节原理及调节静特性。其调节原理为：以电弧电压 U_a 为被调量，送丝速度 v_f 为操作量，$v_f = f(U_a)$；当弧长由于外界干扰增大(缩短)时，U_a 增大(减少)，v_f 增大(减少)，从而迫使弧长回到原来长度，保证焊接参数稳定。常用的调节器电路结构有发电机-电动机驱动式(图10-9a)和晶体管整流-电动机驱动式(图10-9c)两类。据电工原理均可求得

$$v_f = k(U_a - U_c) \tag{10-5}$$

式中，k 为系统变换系数，即调速灵敏度；U_a 为电弧反馈电压；U_c 为给定控制输入电压。

式(10-5)为该调节器的输入、输出静态特性方程，图10-9b为调节器静态控制特性曲线。该系统稳定工作时应满足式(10-1)。联立解式(10-1)、式(10-2)、式(10-5)可求得

$$U_a = \frac{k}{(k + k_u)}U_c + \frac{k_i}{(k + k_u)}I_a \tag{10-6}$$

此式称为熔化极电弧焊电压反馈调节系统静态特性方程。焊接条件一定时，k、k_i、k_u 均为常数，式(10-6)为一斜截式直线方程。该线在电压坐标轴上的截距 $U_{a0} = k/(k + k_u)U_c$，斜率 $\tan\beta = k_i/k + k_u$，如图10-10a所示。该直线上所有点均满足 $v_f = v_m$，并与电源外特性相交确定系统的稳定工作点；当其他条件不变时，增加 U_c，系统静特性直线平行上移，反之，则平行下移；减小焊丝直径或增大焊丝伸出长度时，k_i 增加，$\tan\beta$ 增加。电弧电压反馈调节系统静特性，采用与测定等熔特性曲线同样的方法测得。

2）电弧电压反馈系统调节过程。系统的调节过程如图10-10b所示，工作点 O_0 由电弧

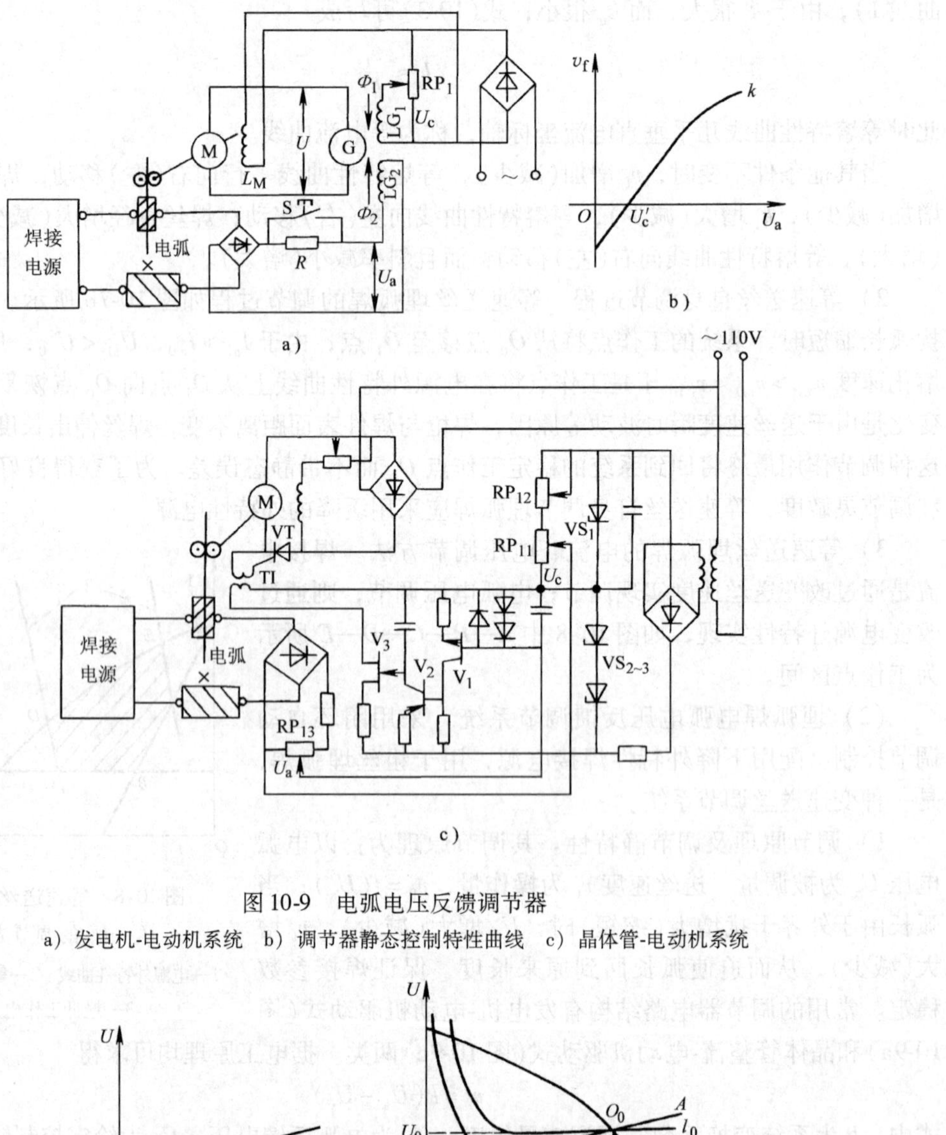

图 10-9 电弧电压反馈调节器

a）发电机-电动机系统 b）调节器静态控制特性曲线 c）晶体管-电动机系统

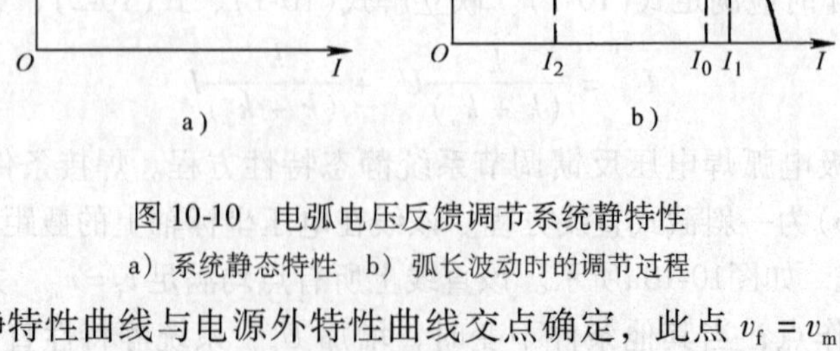

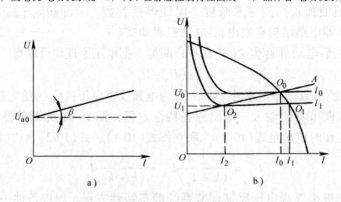

图 10-10 电弧电压反馈调节系统静特性

a）系统静态特性 b）弧长波动时的调节过程

电压反馈调节系统静特性曲线与电源外特性曲线交点确定，此点 $v_f = v_m$，并有对应稳定的 U_a、I_a 和弧长 l_0。如果弧长波动是在焊丝伸出长度不变的情况下发生的，如弧长由 l_0 缩短为 l_1，电弧工作点由 O_0 暂时移到 O_1 点，此时一方面由于 U_a 降低，使 v_f 急剧减小，另一方面由于 I_a 增加，v_m 增大，两者均使弧长恢复，工作点由 O_1 点沿外特性曲线向 O_0 点移动，系统不带静态误差。为了获得良好的调节精度和调节灵敏度，电弧电压反馈调节埋弧焊宜采用陡降的外特性电源。

3）电弧电压反馈埋弧焊的电流和电压调节方法。电弧电压反馈熔化极电弧焊系统静特性曲线为近乎平行于电流轴的直线，电源通常采用陡降外特性，因此调节电源外特性即可改变焊接电流；调节送丝给定控制电压，则可改变电弧电压。工作点区间由两者的调节范围确定，如图10-11中 $A—B—C—D$ 所示。

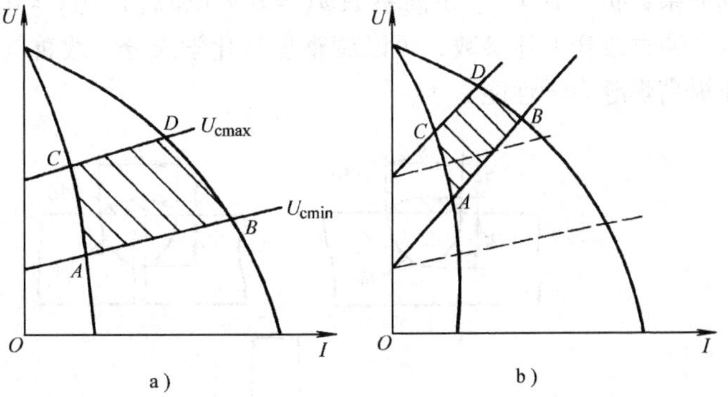

图 10-11　电弧电压反馈调节熔化极电弧焊 I_a、U_a 调节方法

a）焊丝直径 5mm　b）焊丝直径 2mm

由于焊丝直径对 k_i 有明显的影响，细焊时 k_i 增大，系统的调节特性曲线斜率 $\tan\beta$ 增大，使工作点调节区域向电流减小电压增高方向移动，如图 10-11b 所示。这种移动与细焊丝时电流减小、电弧电压也相应减小的参数要求是不相适应的，因此细焊丝时应增大 k 值，以减小 $\tan\beta$（如图 10-9a 中合上与 R 并联的开关 S）。但是 k 值过大易诱发系统振荡，故该系统不适于焊丝直径 2mm 以下的埋弧焊工艺。

（3）埋弧焊机　主要功能包括：连续不断地向焊接处送进焊丝；传输焊接电流；沿接缝移动电弧；调控电弧的主要参数；控制焊接的起动与停止；向焊接区送敷焊剂；焊前调节焊丝端部位置等。

1）埋弧焊机分类。按调节方式分为等速送丝式和电弧电压反馈调节式焊机，前者适于细焊丝，后者则多用于粗焊丝条件；按焊机用途分为通用和专用埋弧焊机，前者用于各种结构的对接、角接、环缝、纵缝等焊接，后者只用于某些特定焊缝或结构的焊接，例如埋弧自动 T 形梁焊机等。此外，还有按行走机构形式分类、按焊丝数量或形状分类的。

2）埋弧焊机结构。尽管埋弧焊机有不同的用途，但一台完整的埋弧焊设备通常由机械、电源和控制系统三个主要部分组成。

MZ-1000 型自动焊机的焊接小车是通用埋弧焊机机械部分的典型代表，它由送丝机头、行走小车、机头调节机构、导电嘴及焊丝盘、焊剂漏斗等部件构成。通常控制系统的操作面板也装在焊车上。

埋弧焊电源的种类和极性应与焊件的材质及选用的焊剂相匹配。焊接低碳钢或低合金钢焊件选用高锰高硅低氟类焊剂“HJ430”、“HJ431”时，应优先采用交流电源；若选用低锰、低硅、高氟等焊剂，则应配用直流反极性电源以保证电弧稳定及获得较大的焊件熔深。

通用小车式埋弧焊机控制系统由送丝与行走驱动控制、引弧和熄弧程序控制、电源外特性控制等环节组成。门架式、悬臂式专用埋弧焊机还可能包括横臂伸缩、升降、立柱旋转、焊剂回收等控制环节。控制系统的主要控制元件通常安装在一专设控制柜内，还有一部分控制元件安装在控制盒或焊接电源内，使用时必须按生产厂商提供的外部接线安装图把它们连成一个整体。新型电子控制埋弧焊机，因控制元器件体积大为减小，都安装在小车控制盒和电源箱内，不另设控制柜，使外部接线显著减少。

4. 埋弧焊工艺及技术

埋弧焊焊缝形状一般以熔深 H、熔宽 B 和余高 a 描述，如图 10-12 所示。通常采用焊缝成形系数$\phi(=B/H)$、余高系数$\psi(=B/a)$和熔合比$\gamma=A_m/(A_m+A_H)$来表示焊缝的成形特点。通过改变上述参数，可以调整焊缝化学成分，改善气孔、裂纹倾向及焊接接头应力状态和提高焊缝力学性能。

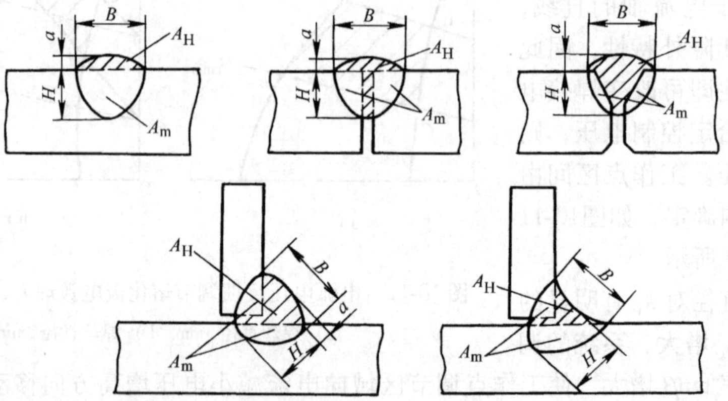

图 10-12 焊缝形状及描述参数

（1）埋弧焊焊缝成形的控制 要获得优良的焊缝成形，就必须根据焊件的材质、厚度、接头形式和焊缝位置以及工作条件对焊缝尺寸的要求等，选择合适的焊接参数和其他焊接条件。焊接电流、电弧电压和焊接速度是决定焊缝尺寸的主要参数，它们对于焊缝形状参数的影响（见图 10-13）规律如下：

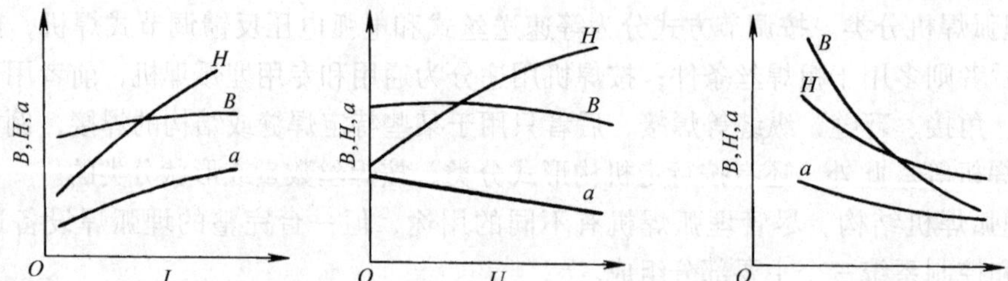

图 10-13 焊接参数对焊缝尺寸的影响

a）焊接电流的影响 b）电弧电压的影响 c）焊接速度的影响

1）焊接电流是影响焊缝熔深的主要因素。随着焊接电流增大，熔深近于成比例增加，熔宽略有增加，同时余高增加而使成形系数及余高系数减小。

2）电弧电压是影响焊缝熔宽的主要因素。在其他条件不变时，随着电弧电压增大，焊缝熔宽显著增加，熔深和余高略有减小。

3）焊接速度对焊缝形状和尺寸都有明显的影响。焊速提高，熔深和熔宽都显著减小。为了保证合理的焊缝尺寸同时又有高的焊接生产率，在提高焊速的同时应相应提高焊接电流和电弧电压，并使其保持在稳定的匹配工作范围内。

其他焊接条件诸如电流种类和极性、间隙和坡口、焊丝的倾角、焊件厚度和倾斜度、焊剂成分等都可以用来控制焊缝的形状参数。

（2）埋弧焊的主要焊接技术　埋弧焊以平焊位置最为普遍，角接焊缝也有应用。

1）平板对接双面焊接。该法对焊接参数的波动和焊件装配质量都较不敏感，是平板对接常用的焊接技术。其技术要点是，第一面焊接时既要保证足够熔深又要防止熔池流溢和烧穿。对于较小板厚的钢板，采用间隙小于1mm且不开坡口悬空焊接法；采用预留间隙(间隙随板厚增加而加大)不开坡口并采用焊剂垫来焊接第一面，是最理想、最经济的方法。此外，薄钢带、石棉绳、石棉板等均可用作间隙对接焊缝的垫板来进行第一面焊接。

2）平板对接单面焊双面一次成形。使用较大的焊接电流和强制成形衬垫，在适当的坡口、间隙条件下可以将焊件一次熔透，实现单面焊双面成形对接埋弧焊。这种焊接技术不需焊件翻面，可提高生产效率，但由于电弧能量密度的限制，一般用于25mm以下板厚埋弧焊。为保证反面焊缝均匀，应使用强制成形衬垫，目前生产中采用有焊剂垫、焊剂铜垫、水冷铜垫、热固化焊剂衬垫以及陶瓷衬垫等。为了防止焊接过程中焊件变形，应采用电磁平台、压力架、定位焊等定位。图10-14为平板对接埋弧焊几种衬垫结构形式。

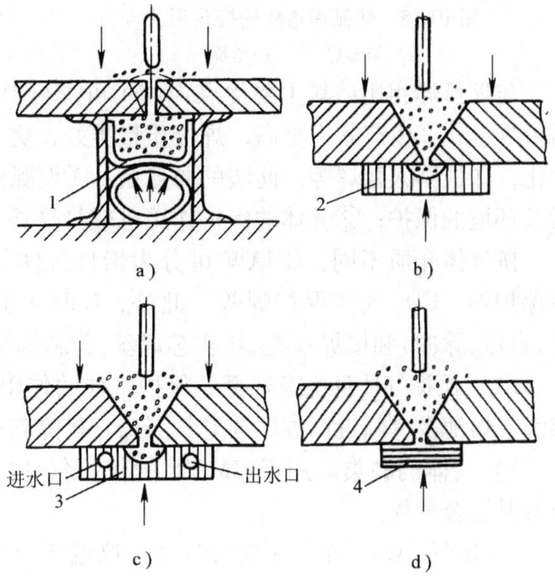

图10-14　平板对接埋弧焊几种衬垫结构形式

a）焊剂垫　b）焊剂铜垫　c）水冷铜垫

d）热固化焊剂衬垫

1—气压焊剂垫　2—铜衬垫截面　3—铜滑块截面

4—热固化焊剂衬垫

3）角接缝焊接。焊接T形接头或搭接接头的角焊缝时，通常可采取船形焊和横角焊(见图10-15)两种形式。船形焊要求装配间隙1～1.5mm，可用2～3mm直径焊丝，单道焊缝的焊脚高度可达到6～12mm；横角焊时对接头装配间隙要求相对较低，即使达到2～3mm也不会造成液态金属流失，但单道焊缝的焊脚长度不能超过8mm×8mm，且宜用直流。

4）双丝、多丝埋弧焊。为了增加厚钢板熔透并提高生产率，双丝和多丝串列电弧埋弧焊得到越来越多的工业应用，目前应用较多的是双丝焊。前后串列的电弧，前导焊丝较粗，用较高电流和较低电压获得足够熔深；后续焊丝较细，用较低电流和较高电压来改善熔池尾部液态金属流动和焊缝结晶条件，防止咬边，同时改善焊缝表面成形。图10-16所示为两电弧的电源组合方式，熔深将依次递减。前导电弧用直流时宜为反接法；后续电弧用直流时为正接法。

此外，还有带状电极埋弧焊和窄间隙埋弧焊，前者由多丝(并列)埋弧焊发展而成；后者由窄间隙气体保护电弧焊演变和发展而来。

三、熔化极气体保护电弧焊

1. 熔化极气体保护电弧焊原理及特征

以专用气体作为保护介质，以连续送进的可熔化焊丝与焊件之间的电弧作为热源的一类电弧焊方法的总称(GMAW)。GMAW原理如图10-17所示。

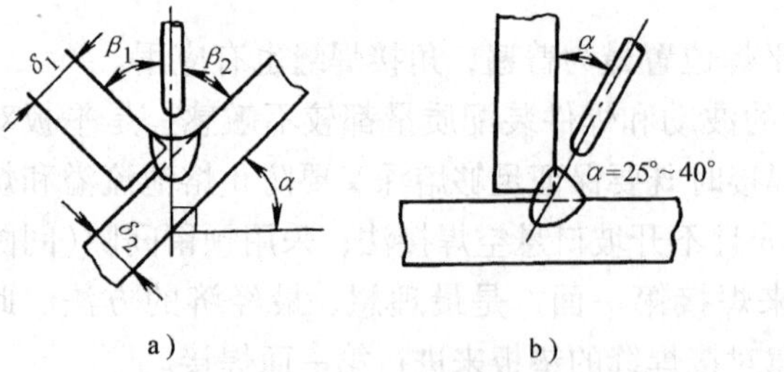

图 10-15 埋弧焊角接缝接头形式
a）船形焊 b）横角焊

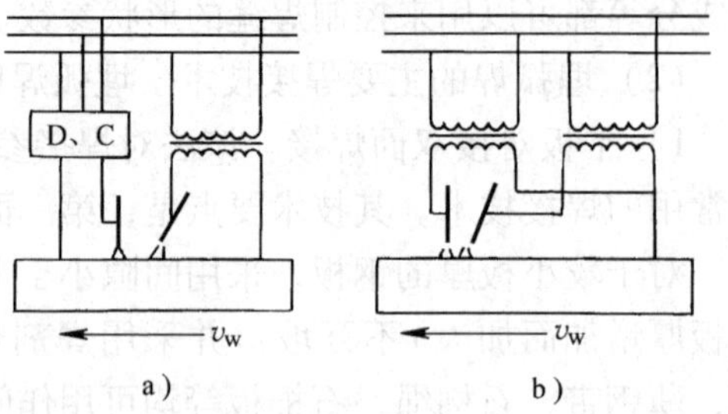

图 10-16 双丝串列埋弧焊电源的几种组合方式
a）直流-交流 b）交流-交流

与埋弧焊相比，其主要优点为：①可焊材料更为广泛，如 Al、Ti 及其合金等活性金属均可焊接；②生产效率更高，焊接质量更好，更易于实现机械化和自动化，如机器人弧焊等。此法的弱点是：①明弧弧光强，应注意操作者及环境的保护；②气体的保护作用也较易受外界的干扰。

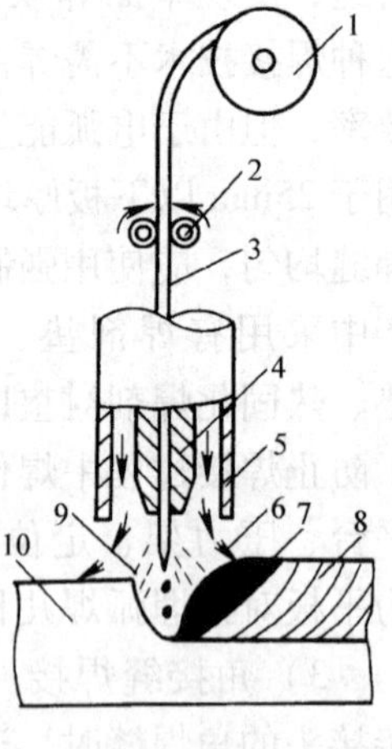

图 10-17 GMAW 原理示意图
1—焊丝盘 2—送丝滚轮 3—焊丝 4—导电嘴 5—保护气体喷嘴 6—保护气体 7—熔池 8—焊缝金属 9—电弧 10—母材

按气体介质不同，GMAW 可分为惰性气体保护焊、活性混合气体保护焊、CO_2 气体保护焊等。此外，GMAW 还可按电流类型（交流、直流、脉冲）和按焊丝类型（实芯焊丝、药芯焊丝）等分类。

（1）保护气体种类及选择 保护气体的作用就是使焊丝、电弧、熔滴、熔池及其临近高温区与空气隔离，排除其有害影响。

1）气体的种类。用于 GMAW 的保护气体主要有 Ar、He、CO_2 等及其混合气体。

① 氩气（Ar）：单原子惰性气体，高温不分解、不放热、不与金属化学反应，也不溶于金属。其密度比空气大，比热容和热导率比空气小，因此保护性能和稳弧性能良好。纯 Ar 保护主要用于有色金属及其合金、活性金属及其合金、高温合金的焊接。

② 二氧化碳（CO_2）：多原子气体，高温吸热分解为一氧化碳和氧，对电弧有较强的冷却作用；此外，CO_2 气体密度大，高温分解体积增大，因而具有较好的隔离保护效果；CO_2 虽具氧化性，但目前采用的焊丝（如 H08Mn2SiA 等）和药芯焊丝，已经解决氧化性等问题，能保证焊缝的冶金质量，适用于低碳钢和低合金结构钢的气体保护焊。

③ $Ar+CO_2$（5%）、$Ar+O_2$（1%~5%）：这类混合气体具有一定的氧化性，一般用于钢的射流过渡或脉冲过渡气体保护焊，可克服纯 Ar 保护时由于电弧阴极斑点漂移不定，造成焊缝熔深及成形不规则，以及由于液态金属粘度及表面张力较大，产生气孔及焊缝咬边等问题。这是因为氧化性气氛可以降低电子逸出功，有利于电子发射和电弧稳定；可以改善熔滴过渡形态，细化熔滴；同时还可降低液态金属粘度及表面张力，改善焊缝成形。通常 $Ar+CO_2$（5%）用于碳钢、合金结构钢焊接；$Ar+O_2$（1%~5%）则用于不锈钢、高合金钢的焊接。

④ $Ar+CO_2$（20%）、$Ar+CO_2$（15%）$+O_2$（5%）：这类混合气体有较好的熔深和焊缝成形，其中以后者为优，可用于射流、脉冲或短路过渡形式的低碳钢、低合金结构钢气体保护焊。

2）GMAW 保护气体选择原则。保护气体选择的基本原则是：①作为保护气体，能有效地保护电弧、熔池和焊接区域；②作为电弧介质，应便于电弧引燃及其稳定燃烧；③有助于提高电弧的加热效率，改善焊缝成形；④有利于改善熔滴过渡，减少金属飞溅；⑤便于控制和消除焊接过程中的有害冶金反应，减少焊接缺陷，提高焊缝质量；⑥来源丰富，价格低廉。

目前，除单一保护气体外，配制好的瓶装混合气体也有市售。

（2）熔化极气体保护焊设备特点　GMAW 方法有半自动焊和自动焊两种形式。半自动焊自动送进焊丝，由手工移动焊枪，因而比较方便灵活；自动焊则用于装配精度高、空间轨迹规则的焊缝。焊接设备主要由弧焊电源、送丝系统、供气系统、冷却系统、焊枪和控制系统等组成。对于自动焊还应有焊接小车及行走系统。图 10-18 为 GMAW 半自动焊设备组成示意图。

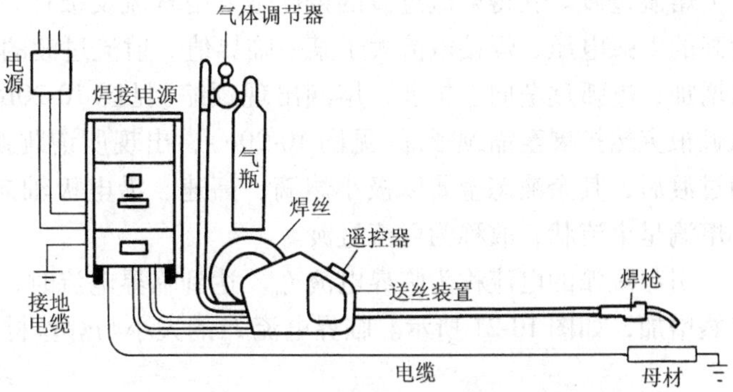

图 10-18　GMAW 半自动焊设备组成示意图

1）焊接电源。一般为直流电源反极性接法，主要有硅整流、晶闸管及逆变电源等。当焊丝直径小于 1.6mm 时，电弧静特性处于上升段，应选择平外特性电源；当焊丝直径大于 2.0mm 时，电弧静特性为水平段，应选用下降外特性电源。

2）焊枪。可分为自动焊枪和半自动焊枪两类。焊枪的主要作用是：①连续不断地向焊接区域输送保护气体和焊丝；②连接电源一极，源源不断地向电弧输送电能。因此，焊枪的构造应满足：①进气—导气—出气结构合理，能提供良好的保护气流；②焊丝的导送流畅且与电源接触良好。熔化极氩弧焊，当焊接电流大于 200A 时，焊枪要用水冷式；CO_2 气体保护焊，当焊接电流小于 600A 且为断续负载时，焊枪可以采用气冷式，否则采用水冷式。

3）半自动熔化极气体保护焊的送丝系统。半自动 GMAW 应用广泛，其送丝系统性能对焊接过程影响较大。要求送丝系统满足：①送丝稳定有力；②抗干扰性能好；③送丝机构惯性小。具体为：①送丝电动机机械特性好；②拖动控制电路具有较高的控制精度和抗干扰能力；③送丝软管内径与焊丝直径配合恰当，软管材料摩擦因数小，性能好；④导电嘴的导丝孔加工精确、孔径和长度尺寸合适等。

常用的送丝方式有：①推丝式，适于直径 $\phi \geqslant 1.0$mm 的钢焊丝和直径 $\phi \geqslant 2.0$mm 的铝焊丝，送丝软管长 2～5mm；②拉丝式，适于直径 $\phi \leqslant 1.0$mm 的钢焊丝；③推拉丝式，可使送丝软管加长，最长可达 25mm 等。

4）控制系统。应包括以下几个方面：

① 工作程序控制。通常应满足如图 10-19 所示的焊接工作程序。

② 送丝控制。主要为送丝速度调节与恒速控制。通常有：晶闸管整流式，一般采用电枢电压负反馈、电势负反馈等方法来补偿网路电压和送丝阻力的波动；场效应管、IGBT 快速器件开关式，采用 PWM 控制，具有更好的控制和调节性能。

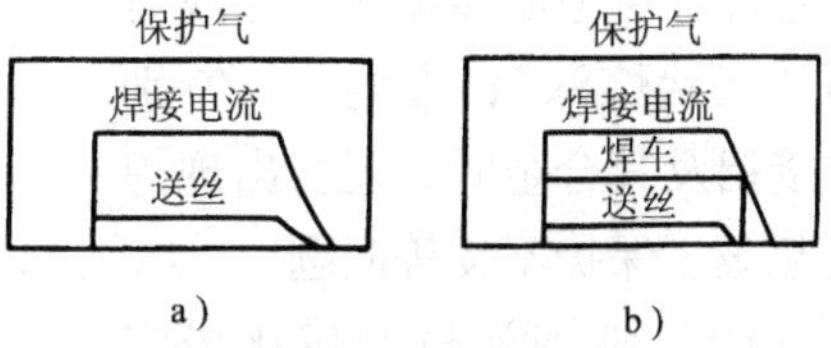

图 10-19　熔化极气体保护焊焊接工作程序
a）半自动　b）自动

③ 系统调节控制。与埋弧焊一样，可采用等速送丝调节系统和电弧电压反馈调节系统。因所用焊

丝直径多在 $\phi2.0$mm 以下，故等速送丝调节系统应用较为普遍。

2. 熔化极氩弧焊工艺

熔化极氩弧焊是一种熔化极惰性气体保护焊，简称 MIG 焊。

（1）射流过渡熔化极氩弧焊　熔化的焊丝形成熔滴，通过电弧空间向熔池转移的过程称为熔滴过渡。获得射流过渡的条件是采用直流反极性接法，采用纯 Ar 或富 Ar 保护气氛、较高的电弧电压、焊接电流大于某一临界值。射流过渡的形成过程如图 10-20 所示。随着电流增加，电弧逐渐向上扩展，熔滴出现颈缩（见图 10-20b）；当电流达到某一临界值时，电弧弧根突然扩展至缩颈根部（见图 10-20c），出现所谓跳弧现象。待图 10-20c 所示端部大熔滴过渡后，其余液态金属以极小熔滴、高速、沿电极轴向射向熔池（见图 10-20d）。这些细小熔滴呈束流状，故称为射流过渡。

引起跳弧的电流称为临界电流 I_{cr}。达到临界电流时，熔滴体积 V 迅速下降，过渡频率 f 突然增加，如图 10-21 所示。临界电流 I_{cr} 的大小与焊丝材料、焊丝直径、保护气氛种类及焊丝伸出长度等因素相关（见图 10-22）。焊丝材料熔点越低，直径越细，临界电流值越低；Ar 中加一些如 He、H_2、CO_2、O_2 等气体时，由于增加了电弧的冷却作用，弧根不易扩展，一般使临界电流增大。

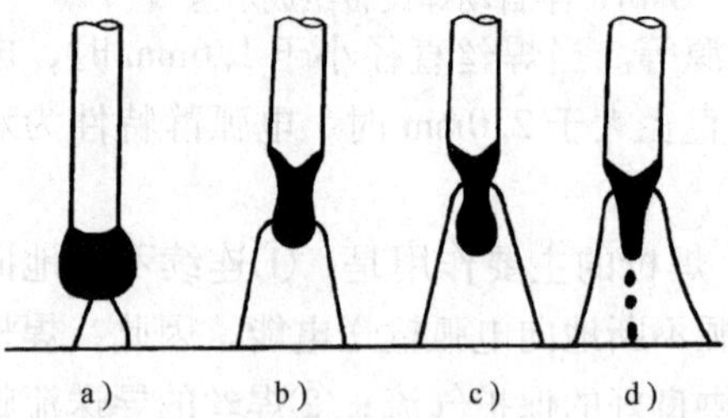

图 10-20　射流过渡的形成过程示意图

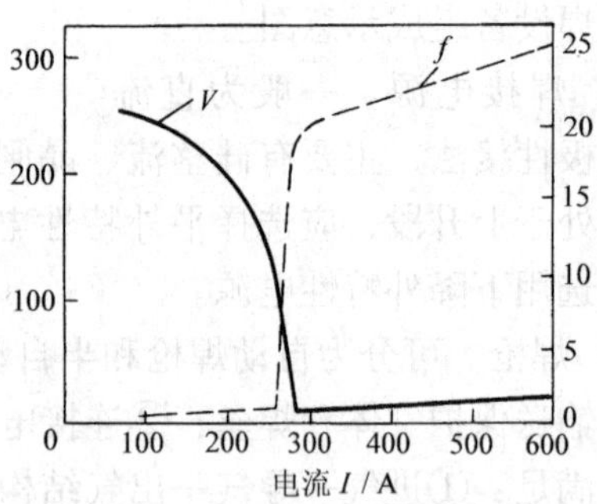

图 10-21　熔滴过渡频率 f、体积 V 与电流 I 的关系

射流过渡焊接过程十分稳定，几乎没有飞溅，保护效果也很好。此外，由于射流过渡电弧功率大，熔深也比较大，适合于平焊位置的中、厚板焊接。但是由于热流集中，细熔滴对熔池金属有较强的机械冲击作用，焊缝中心部分熔池明显增大，形成所谓“指状熔深”；大电流，特别焊接铝及其合金时，还会出现焊缝起皱、保护不良等问题。

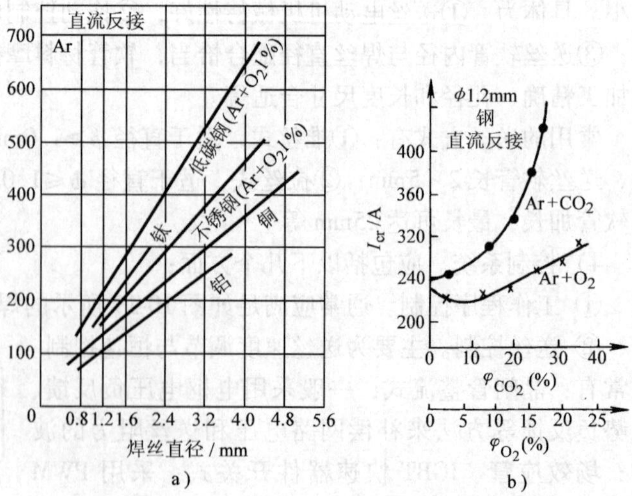

图 10-22　工艺因素对射流过渡临界电流的影响

a）焊丝材料、直径的影响　b）保护气氛成分的影响

（2）亚射流过渡熔化极气体保护焊　亚射流过渡是一个中间过渡区域，其可见弧长短，电

弧成碟形，如图 10-23(焊接条件:铝焊丝、直径 1.6mm,焊接电流 250A,DCRP)。这种过渡飞溅很小，熔滴对熔池冲击力较弱，焊缝呈碗状熔深，特别适于铝、镁及其合金的焊接。亚射流过渡区域焊丝熔化系数随可见弧光的缩短而增大，因而电弧具有固有的自调节特性，可以采用等速送丝系统，配用恒流外特性电源。这种焊接方法弧长范围不宽(如 1.6mm 铝焊丝，可见弧长为 2～8mm)，最佳送丝速度(焊接电流)范围很窄，须采用特殊的控制系统(如一元化调节系统)，使送丝速度与焊接电流同步控制。

3. CO_2 气体保护焊

CO_2 气体保护焊是以 CO_2 作为保护气体的熔化极气体保护焊，简称 CO_2 焊。它具有生产率高、成本低、焊接质量好等特点，广泛用于汽车制造、石油化工及造船等工业领域。

(1) 短路过渡 CO_2 焊　工艺条件是细焊丝(＜1.6mm)、小电流、短电弧(低电压)，其过渡过程如图 10-24①～⑦所示。

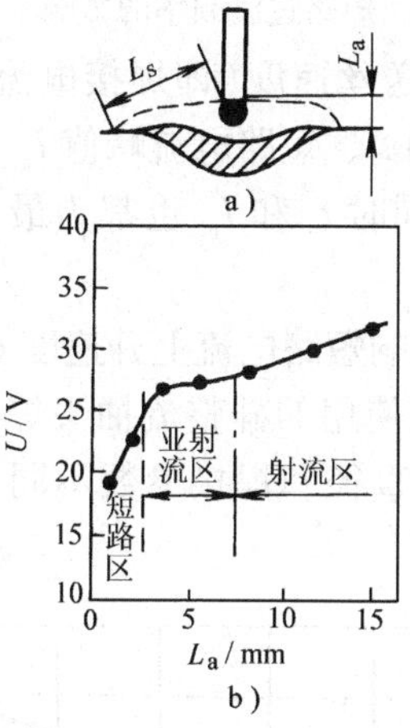

图 10-23　亚射流过渡电弧形态及可见弧长范围
a) 电弧形态　b) 可见弧长范围

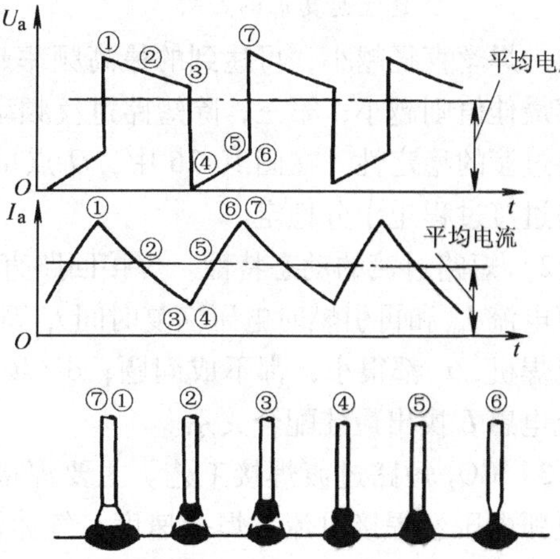

图 10-24　短路过渡过程

1) 短路过渡的频率特征。一般认为，在给定的送丝速度下，熔滴短路过渡频率 f 越高，则每次过渡的熔滴体积越小，过程越稳定。图 10-25、图 10-26、图 10-27，分别表示焊接电弧电压、送丝速度以及焊接回路直流电感与短路过渡频率的关系。其影响规律如下：第一，对于每一特定的焊丝直径，电弧电压、送丝速度以及直流电感都有一个获得最高短路过渡频率的最佳值范围，此值过大或过小都会使短路频率大大下降，飞溅增大，过渡过程不稳定；

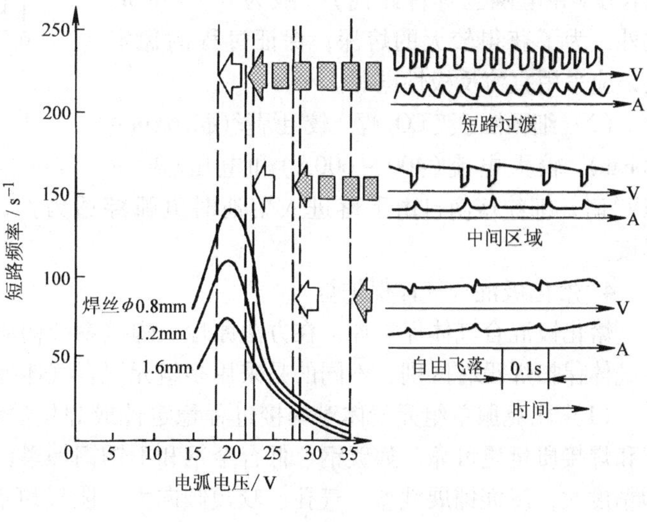

图 10-25　短路过渡频率与电弧电压的关系

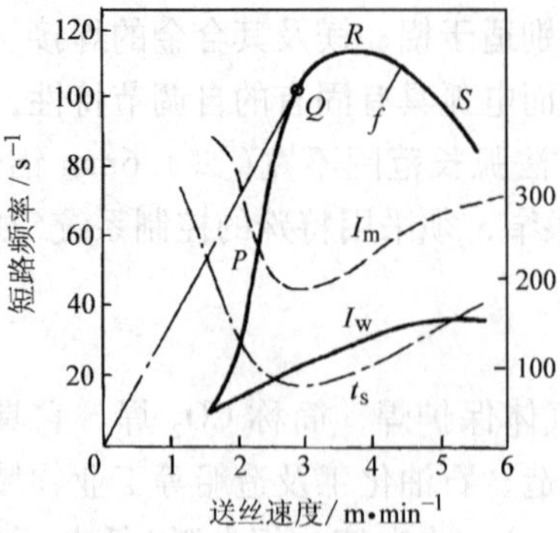

图 10-26　短路过渡频率 f 与送丝速度 v_f 的关系

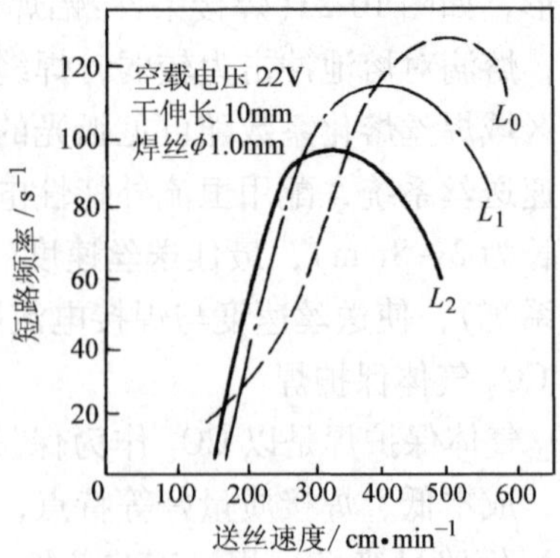

图 10-27　回路电感 L 对短路过渡频率的影响

第二，焊丝直径越小，可达到的最高频率越大，所对应的送丝速度(即焊接电流)以及直流电感最佳值则越小；第三，除短路过渡频率 f 外，短路时间 t_s、短路电流峰值 I_m 也都会影响短路过渡的稳定性。在图 10-26 中，Q 点熔滴体积最小，同时 t_s 和 I_m 也都为最小值，所以短路过渡过程也十分稳定。

2）短路过渡的动态特性。焊接回路直流电感 L 直接影响短路电流上升速度 di/dt、短路峰值电流 I_m 和再引燃时电压恢复时间 t_r 等动态特性。目前使用的硅整流抽头焊机、晶闸管整流焊机，t_r 都很小，都不成问题；di/dt、I_m 则根据焊丝直径和焊接参数不同，通过调节直流电感 L 找出最佳配合关系。

3）CO_2 短路过渡焊接工艺。主要焊接参数有电弧电压、焊接电流、焊接速度、气体流量、焊丝伸出长度以及直流回路电感 L 等。图 10-28 为适用的电流和电压范围。焊接速度通常为 30 ~ 50mm/min，气体流量为 8 ~ 15L /min，伸出长度(导电嘴至焊件距离)一般为 6 ~ 15mm。此外，为了获得较大的熔深，保证过程的稳定性，应采用直流反极性电源。

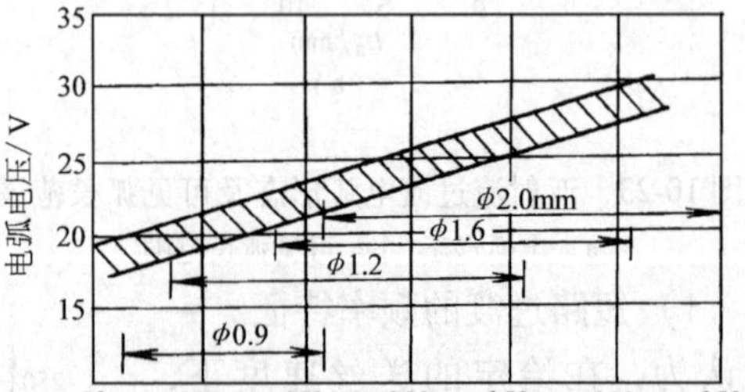

图 10-28　短路过渡焊接适用的电流和电压范围

(2）细颗粒过渡 CO_2 焊　较粗焊丝(ϕ1.6mm ~ 3.0mm)，较大电流(400 ~ 600A)和电压(34 ~ 35V)时，细粒熔滴自由下落进入熔池时电弧穿透力大，飞溅也较小，适合于中、厚板的焊接。

4. 熔化极混合气体保护焊

熔化极混合气体保护焊，在方法原理、焊接系统构成、焊接区的保护等方面与熔化极惰性气体保护焊没有区别，不同的是采用多组元混合气体保护。主要有以下特点：

(1）能克服单组元气体对焊接过程稳定性或焊接质量的某些不利影响　由此使焊接过程和焊接质量更可靠。如碳钢、低合金钢和不锈钢等黑色金属纯 Ar 保护 MIG 焊时，有熔池的粘度大，浸润铺展性差，气孔、咬边倾向大，阴极斑点不稳定，焊缝几何尺寸均匀性差，焊缝形状系数较小，“指状”熔深倾向大等缺点。在惰性气体组元里混合一定比例的氧化性气体，便可克服纯 Ar 保护的上述不足，并同时保留了纯 Ar 保护的优点，这就是 $Ar+CO_2$、$Ar+CO_2+O_2$、$Ar+O_2$ 等混合气体常用来焊接黑色金属的原因。

（2）可增大电弧的热功率，提高焊接生产率 单原子的气体往往电弧的能量密度较低，电弧刚度较差，穿透能力和高速焊接能力较差。$Ar+CO_2$ 等混合气体都具有提高电弧热功率和能量密度的特性。氧化性气氛还具有改善熔滴过渡特性、熔深特性及电弧稳定性等优点。图 10-29 是保护气体成分对焊缝形状的影响。

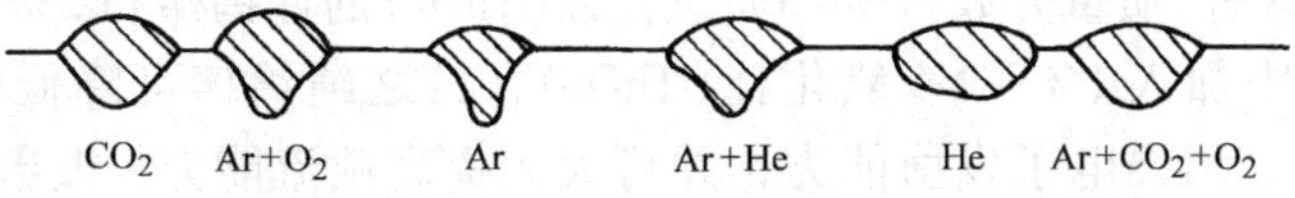

图 10-29 保护气体成分对焊缝形状的影响

四、不熔化极气体保护电弧焊

1. 不熔化极气体保护电弧焊方法特征及应用

不熔化极气体保护电弧焊是以难熔金属钨或其合金棒作为电源一极，采用惰性气体保护，利用钨极与焊件之间产生的电弧热作为热源，加热并熔化焊件和填充金属的一种电弧焊方法（见图 10-30）。国内只采用氩气作为保护，故称为钨极氩弧焊；国外简称 GTAW 或 TIG 焊。

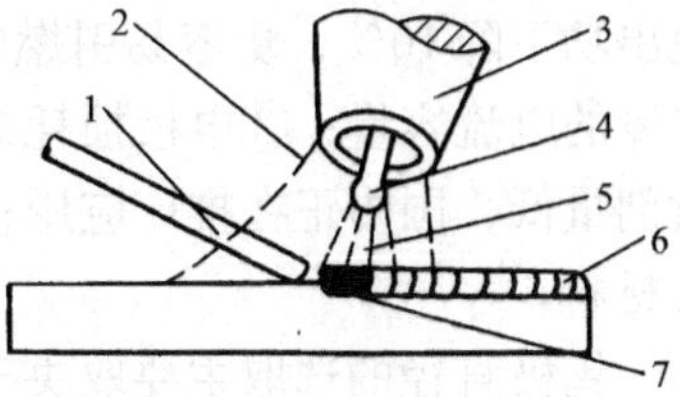

图 10-30 钨极氩弧焊示意图
1—填充金属 2—Ar 气 3—喷嘴 4—钨极 5—电弧 6—焊缝 7—熔池

钨极氩弧焊除具有氩气保护的所有特点外，其独特点还有：

1）电弧的稳定性好。由于氩气的热导率较低，比热容小，电弧引燃后热散失较小，能很好地保持弧柱温度；加之电弧长度基本稳定，因此一旦电弧引燃，直流钨极氩弧焊可在较低的电弧电压、较小的焊接电流下维持燃烧。

2）引弧特性较差。氩气的电离电势较高，引燃电弧需要更多的能量，因而为了避免钨极的非正常烧损或焊缝夹钨，必须采用高频引弧或高压脉冲等非接触引弧。

3）交流钨极氩弧焊时除了引弧问题之外，还有稳弧和消除直流分量的问题。

钨极氩弧焊有手工和自动焊两种，根据焊件厚度和设计要求，可以添加或不加填充金属焊丝。为了适应新材料以及新结构的要求，钨极氩弧焊也出现了一些新的形式，如钨极脉冲氩弧焊、热丝钨极氩弧焊、钨极氩弧点焊等。

钨极氩弧焊由于具有良好的电弧稳定性和良好的保护性能，是目前焊接有色金属及其合金、不锈钢、高温合金和难熔活性金属的理想方法，特别适合不开坡口、不加填充金属的薄板及全位置焊。但是，由于钨电极载流能力有限，电弧穿透能力受到限制，所以钨极氩弧焊一般只适用于焊接厚度小于 6mm 的焊件，或用于工件的打底焊，以保证单面焊背面成形。

2. 钨极氩弧焊焊枪和钨棒的选择

（1）焊枪 是实施焊接工艺的操作工具，其主要功用是可靠地传输焊接电流和保护气体，尤其是获得良好的气体保护效果。目前国内使用的钨极氩弧焊焊枪分为两类：一类是空气自冷式，主要供小电流（$<100A$）焊接使用，其结构简单，使用轻巧灵活；另一类是水冷式焊枪，结构较复杂，主要供焊接电流大于 100A 时使用，市场上可以选购到满足实际焊接

要求的各种规格焊枪。

（2）钨棒　钨棒作为电弧的一极，有发射或接受电子、导通电流、传输能量的作用，而且要求在焊接过程中不熔化，以保持电弧稳定。基本要求是：①发射电子能力强；②耐高温，不易烧损或熔化；③有较大的电流承载能力等。在生产中，通常以钨棒在一定直径下容许通过的最大焊接电流（许用电流）、耐高温抗损耗能力（耐用性）、引弧和稳弧性能以及安全卫生性能来作为评定和选择钨极材质的指标。

目前广泛使用含有（质量分数）1%~3%氧化钍（ThO_2）的钍钨棒和2%左右氧化铈（CeO）的铈钨棒。在纯钨中加入1%~2%氧化钍（ThO_2），较之纯钨棒可降低电极的逸出功（由4.54V降到2.63V），增强电子发射能力，并可大大提高载流能力，改善引弧、稳弧性能，而且还可减小阴极产热量和电极损耗，延长使用寿命。但钍是一种放射性元素，虽然钍含量甚微，在使用中仍发现有微量放射性，因此在焊接操作或磨光钨棒时若不注意防护，对操作者的健康是有害的。

为了改善劳动条件，我国研制出一种新型电极材料——铈钨棒（WCe）。铈钨棒能满足钨极氩弧焊的要求，而且某些性能优于钍钨极，如①直流小电流时，铈钨棒比钍钨棒电极的逸出功下降10%，更容易引燃电弧，稳定性更好；②最大许用电流可增加5%~8%，能提高钨棒的电流容量；③电极损耗减小，可延长使用寿命。由于铈钨棒具有上述优点，特别是放射剂量低，国内正在推广应用；国际标准化组织焊接材料分委员会也将铈钨棒列为非熔化电极材料。

钨极直径的选取主要取决于焊接电流的大小、电流种类及电源极性。电流大小、种类及极性则可由焊件的板厚及材质来确定。焊接薄壁构件或焊接电流较小时，应选用小直径钨棒并将其端部磨成尖锥角（θ约20°），以利于电弧引燃和稳定燃烧。焊接电流增大时，钨极直径增大，端部锥角θ也要随之增大，或采用带有平顶的锥角，以减小电极烧损，抑制电弧向上扩散，稳定电弧斑点；同时还可使电弧对焊件加热集中，保证焊缝成形均匀。θ较小将引起电弧扩散，导致焊缝熔深浅而熔宽大；随着θ增大，弧柱扩散倾向减小，从而熔深增大，熔宽减小。焊接电流越大，上述变化越明显。钨极脉冲氩弧焊时，由于采用脉冲电流，钨极在焊接过程中有冷却机会，故在相同的钨极直径条件下，可提高许用脉冲电流。

3. 钨极氩弧焊的电流种类和极性选择

钨极氩弧焊根据被焊构件的材质和焊接要求可以选择直流、交流和脉冲三种焊接电源。直流电源还有正极性和反极性两种接法可供选用。焊接铝、镁及其合金应优先选择交流电源，其他金属一般选择直流正极性。

（1）直流正极性　焊件为正极，接受电子轰击放出的全部能量（逸出功），产热能量大于阴极，熔深大熔宽小，热影响区小，变形小。同时由于钨棒为负极，发热量较小而不易过热，故可提高许用电流，选择较小直径。此外，钨棒为阴极属热阴极型导电机构，电子发射能力较强，电流密度大，有利于电弧稳定，故直流正极性比反极性电弧稳定性要好。在钨极氩弧焊工艺中，除铝、镁及其合金外，其他各种金属材料均采用直流正极性焊接。

（2）直流反极性　钨棒为正极，焊件接负极，属冷阴极型导电机构。相同的钨棒直径，许用电流值只有正极性的1/10；相同电流则钨棒烧损严重，故一般不用。但是，它可使阴极表面氧化膜破碎而除去，所以在焊接表面覆盖有难熔氧化膜的铝、镁及其合金时能获得表面光洁美观、成形良好的焊缝。在没有交流电源时，可用于焊接3mm以下的铝、镁及其合金的薄板构件。

（3）交流　钨极氩弧焊焊接铝、镁及其合金时，一般采用交流电源。在负极性半波，焊件为阴极，有阴极清理作用，可以除去其表面的氧化膜；在正极性区间，钨棒为阴极，产热较低，为了发射足够的电子，需要付出大量逸出功，实际上有冷却钨棒的作用。但由于工频交流电源每秒有100次改变方向和经过零点，钨棒和焊件的电、热物理性能间的巨大差别，使交流正负两个半周导电特性出现差异，因此交流钨极氩弧焊时，必须采取有效措施解决引弧、稳弧以及直流分量这两个问题。

方波交流能够较好地解决一般正弦交流钨极氩弧焊存在的引弧、稳弧问题，克服直流分量带来的危害，还可以通过调整正负半周的宽度和形状更好地发挥交流电源焊接铝、镁及其合金的优越性。由于方波电流波形很陡且有尖峰，过零极快，可显著提高电弧稳定性。例如焊接铝合金时，空载电压只需10～20V即可使电弧再引燃；不采取任何稳弧措施，电流在较低值时也可稳定燃烧。还可让正半波持续时间长于负半波，在保证足够阴极清理作用的前提下，尽量减少钨极产热和烧损，增大焊件产热，提高熔敷率和焊接速度。

4. 钨极氩弧焊工艺技术

（1）接头及坡口形式选择　钨极氩弧焊有对接、搭接、角接、T形接、端接五种基本接头形式。通常4mm以下板厚对接焊可用I形坡口（即平面对接坡口），其装配间隙为零时可不加填充丝，否则，需加填充焊丝或采用卷边接头。4～6mm对接焊缝可采用I形接头双面焊，6mm以上一般需开V、U或X形坡口，钝边高度不超过3mm，装配间隙也应在3mm以内。

（2）焊件和填充焊丝的焊前清理　清除填充焊丝、工件坡口和坡口两侧表面至少20mm范围内的油污、水分、灰尘和氧化膜等，是保证焊接质量的重要工艺步骤。可用有机溶剂，如丙铜、汽油等，也可用专门的工业清洗剂清除油、污和灰尘。可用机械清理和化学清洗除去氧化膜，如不锈钢用砂布打磨或钢丝刷清理；铝合金用刮刀清理；铝镁焊丝及重要焊件用碱洗及酸液冲洗中和光化。

（3）焊接参数的选择原则　手工钨极氩弧焊主要焊接参数有焊接电流种类、极性、电流大小、钨棒直径与端部形状、保护气体流量等；对于自动钨极氩弧焊还包括焊接速度等。

1）焊接电流和钨棒直径。焊接电流的大小是决定焊缝熔深的主要参数，它根据工件材质、厚度、接头形式、焊接位置等因素选择；钨棒直径则根据电流大小、电流种类选择。钨棒端部形状是一个重要的焊接参数，尖端角度对电弧引燃和稳定以及对焊缝熔深和熔宽都有一定的影响。

2）保护气体流量和喷嘴孔径。气体流量和喷嘴孔径应互相配合，使保护气体形成足够挺度的层流。通常手工钨极氩弧焊喷嘴孔径为5～20mm，对应保护气体流量为5～25L/min。焊接电流增大，所对应的喷嘴孔径和气体流量取值也应随之增大。

3）喷嘴与焊件的距离、弧长和电弧电压。喷嘴端部与焊件的距离在5～14mm之间，通常钨棒外伸长度为5～10mm；实用电弧长度范围为0.5～3mm，对应电弧电压8～20V。自动焊时一般不加填充焊丝，小电流或焊件变形小时，喷嘴端部与工件的距离、电弧长度可取下限；反之，则取上限。

4）焊接速度。焊接速度是用来调节热输入和焊缝形状的重要参数之一，其选择应根据焊件厚度并考虑与焊接电流等配合以获得所需的熔深和熔宽；在高速度自动焊时，还要考虑焊速对保护效果的影响。此外，在焊接热敏材料时应尽量采用快速多道焊；立、横、仰焊位置时则宜采用较低焊速。

（4）操作技术要领　焊枪、填充焊丝和焊件之间必须保持正确的相对位置，焊直缝时通常采用前倾焊，如图 10-31 所示。手工焊时常以左手断续送丝，自动焊时可连续送丝。

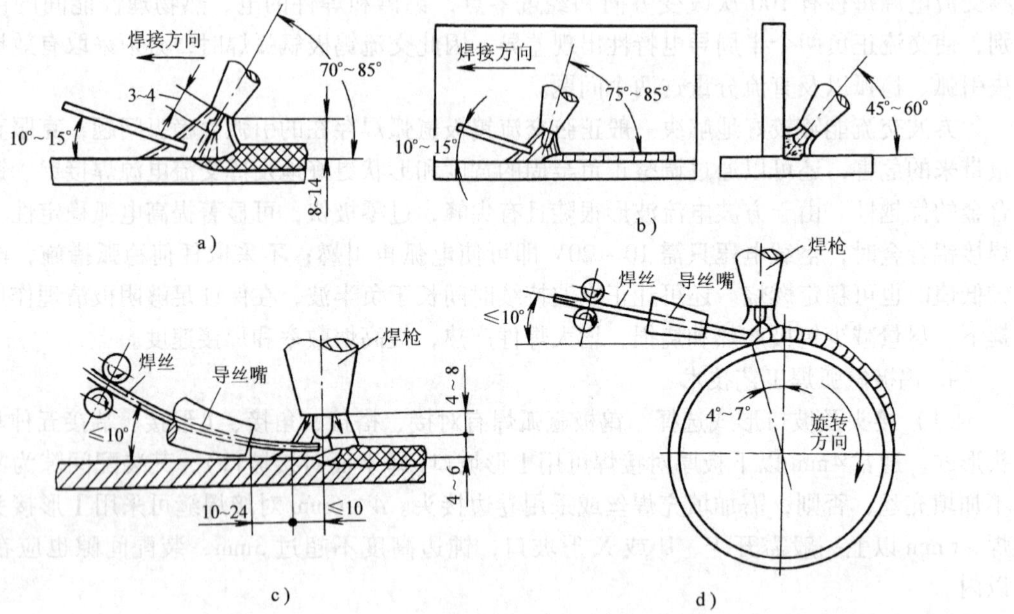

图 10-31　焊枪、焊丝和工件之间的相对位置

a）对接手工焊　b）角接手工焊　c）平对接自动焊　d）环缝自动焊

5. 脉冲钨极氩弧焊

（1）工艺特点　脉冲钨极氩弧焊采用经过调制的直流或交流脉冲电流，电流幅值(或交流电流有效值)按一定频率周期变化，典型的焊接电流波形如图 10-32 所示。脉冲电流时形成熔池，基值电流时熔池凝固，焊缝由多个焊点互相重叠而成(图 10-32e)。

调节脉冲波形、脉冲电流幅值、基值电流大小、脉冲电流持续时间，可以控制焊接热输入，从而控制焊缝及热影响区的尺寸和质量，主要工艺特点有：

1）可精确控制工件的热输入和熔池尺寸，提高焊缝抗烧穿和熔池的保持能力，并能获得均匀的熔深，特别适合薄板(薄至 0. 1mm)、全位置焊接和单面焊双面成形。

2）焊接过程中熔池金属冷凝快，高温停留时间短，结晶方向得以调整，焊缝金属组织致密。加之脉冲电流对熔池的搅拌作用，可减少热敏材料产生焊接裂纹的倾向，扩大可焊材料的范围。

3）由于脉冲电流的作用，可以用较低的热输入获得较大的熔深，使焊接热影响区和焊件变形减小，同时由于加热和冷却迅速，特别适于导热性能和厚度差别大的两种工件焊接。

（2）脉冲电流种类及工艺应用　如图 10-32 所示，脉冲钨极氩弧焊分为直流和交流两大类。直流脉冲钨极氩弧焊按照脉冲频率分为低频(0. 1 ~ 15Hz)、中频(100 ~ 500Hz)和高频(10 ~ 20kHz)，其中以低频脉冲钨极氩弧焊应用最为普遍。矩形波低频脉冲 TIG 焊，脉冲峰值电流 I_p 和持续时间 t_p 是决定焊缝熔深和熔宽的主要因素，增大 I_p 或 t_p 都使熔深和熔宽增

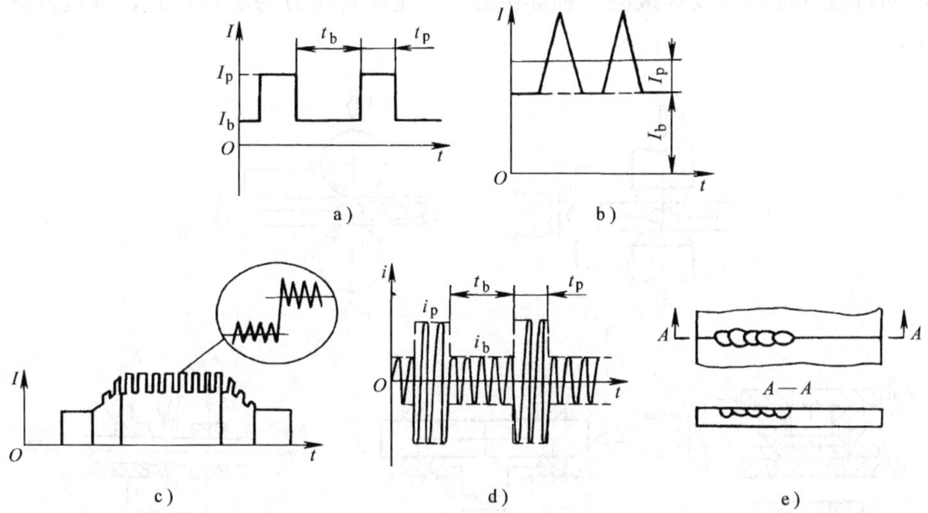

图 10-32 脉冲钨极氩弧焊电流波形

a）直流低频 b）直流高频 c）低频调制直流高频 d）交流 e）焊缝外观与熔深示意

I_p—直流脉冲电流 i_p—交流脉冲电流幅值 I_b—直流基值电流 i_b—交流基值电流幅值

t_p—脉冲电流持续时间 t_b—基值电流持续时间

大；基值电流 I_b 则对焊缝表面成形有明显影响。通常，对于热裂纹倾向大的焊件应使 I_p/I_b 低一些，t_p/t_b 大一些。全位置焊时，平焊段取 I_p/I_b 较低，t_p/t_b 较高；空间位置焊取 I_p/I_b 较高，t_p/t_b 较低；仰焊位置则取最高的 I_p/I_b 和最低的 t_p/t_b。一般手工脉冲 TIG 焊常取 $f=0.5\sim2$Hz，而自动脉冲 TIG 焊取 $f=5\sim10$Hz，适于焊接不锈钢、耐热钢等合金钢材料。

直流高频脉冲钨极氩弧焊在 10kHz 频率以上时电弧挺度特别好，最适合薄板高速焊；若加入低频脉冲调制可构成低频脉冲调制式高频 TIG 焊，波形如图 10-32c 所示，则适合于全位置焊接。低频和中频交流脉冲钨极氩弧焊，频率范围通常为 0.5～500Hz，通过对交流电流幅值进行调制，电流波形如图 10-32d 所示，可以达到直流脉冲 TIG 焊相同的控制效果，适合于铝、镁及其合金的薄板全位置焊。

交流方波钨极氩弧焊，可以通过脉冲宽度调制来控制正负半波的极性比例，改善焊缝成形和减少钨棒烧损。在确保阴极清理的前提下，应尽量减少负半波的比例，以增加焊缝熔深，减少钨棒烧损。

第二节 电 阻 焊

一、电阻焊过程原理及特点

电阻焊是压焊中应用最广的焊接方法，其应用范围大至宇宙飞行器，小至精细的半导体器件和各种厚、薄膜集成电路；可焊接各种结构钢、钛合金、铜合金、铝合金、镁合金、难熔合金和烧结铝之类的烧结材料。据统计，大约有 1/4 的焊接工作量是由电阻焊方法完成的。

1. 电阻焊过程原理

电阻焊是利用电流流经焊件接触面及邻近区域产生的电阻热将其加热到熔化或塑性状

态，同时对焊接处加压完成焊接的一种焊接方法。电阻焊可分为多种形式，其过程特征如图10-33所示。

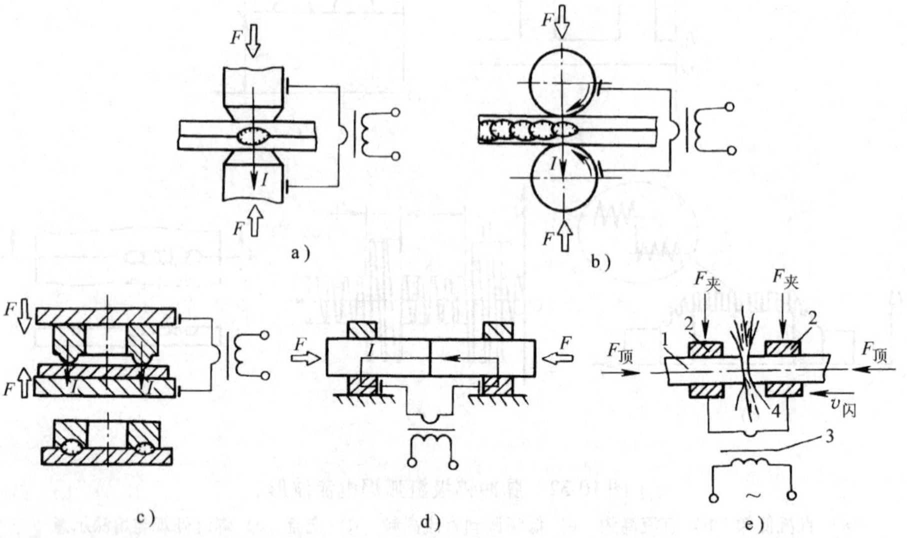

图10-33 电阻焊方法示意图

a) 点焊 b) 缝焊 c) 凸焊 d) 电阻对焊 e) 闪光对焊

其中点焊是将被焊焊件装配成搭接接头，并压紧在两电极之间，利用电流通过焊件时产生的电阻热熔化母材金属，形成熔核，冷却后形成焊点。缝焊是点焊的一种演变，用圆形滚轮取代点焊电极，滚轮压紧焊件并连续或断续滚动，同时通以连续或断续电流脉冲，形成由一系列焊点组成的焊缝。当点距较大时，形成的不连续焊缝称为滚点焊；当点距较小时，使熔核相互重叠时，则可得到具有一定气密性的焊缝。凸焊是点焊的一种特殊形式，它是利用零件原有型面倒角、底面或预制的凸点作为上下两焊件的接触面，施加压力并通以电流，达到在凸点处焊合连接。电阻对焊将被焊焊件装配成对接接头，使其端面紧密接触后通电，利用电阻热将接头一定范围内加热至塑性状态，然后施加顶锻力使之发生塑性连接。闪光对焊是将被焊焊件装配成对接接头，接通电源后使其端面逐渐移近达到局部接触，利用电阻热加热这些接触点（产生闪光），使端面金属熔化，直到端部在一定深度范围内达到预定温度分布时，迅速施加顶锻力挤压熔化金属，使之发生塑性连接的焊接方法。

以上各种方法都有一个共同的特点：内部电阻热加热，在压力下焊合。它们之间也有不同之处：点焊、缝焊、凸焊一般是搭接接头形式，可称搭接电阻焊，以液相连接；而电阻对焊和闪光对焊一般是对接接头形式，可称为对接电阻焊，以固相连接居多。电阻焊可加热到熔化状态（如点焊、缝焊、闪光对焊），也可仅加热到高温塑性状态（如电阻对焊）。熔化金属可组成焊缝的主要部分（如点焊、缝焊的熔核），也可被挤出呈毛刺状（如闪光对焊）。因此电阻焊焊缝可以为铸态组织，也可仅为锻态组织。

2. 电阻焊热源特点

电阻焊的热源是内部电阻热，由电极与焊件间的接触电阻 R_{ew}、工件本身电阻 R_w、两工件间接触面上的接触电阻 R_c 共同析热组成热源，总电阻 $R=2R_{ew}+2R_w+R_c$。

焊接区总电阻 R 产生的电阻热，可用平均热量 Q 表示：

$$Q = I^2Rt_w$$

式中，I 为焊接电流平均有效值(A)，可为数千至上万安培；R 为焊接区总电阻的平均值(Ω)，一般为 10～100Ω；t_w 为通电焊接时间(s)，一般为零点零几秒至几秒。

加热熔化金属的热量由两部分组成：第一部分由电流 I 通过 R_c 析出的热量，直接加热焊接区；第二部分由电流 I 通过 R_w 析出的热量，经热传导后加热焊接区。电阻焊时产生的热量 Q 只有较少部分 Q_1 用于加热焊接区，较大部分 Q_2 将向邻近传导和辐射而损失掉。有效热量 Q_1($\approx 10\% Q \sim 30\% Q$)取决于金属的热物理性质及熔化金属量，而与所用的焊接条件无关。电阻率低、导热性好的金属(铝、铜合金等)取低限；电阻率高、导热性差的金属(不锈钢、高温合金)取高限。散失的热量 Q_2 主要包括通过电极传导的热量($30\% Q \sim 50\% Q$)、通过工件传导的热量($\approx 20\% Q$)和辐射到大气中的热量($\approx 5\% Q$)。

二、点焊

点焊是一种快速、经济的连接方法。它适于可搭接、接头不需气密、厚度 3mm 以下的冲压、轧制薄板构件的焊接。

1. 点焊的基本特点

1）在大电流、短时间、加压力状态下完成焊接，热量集中，焊接变形小，生产率高，生产成本低。

2）冶金过程单一，不需填充材料和保护气体，适应同种及异种金属焊接。

3）工艺操作简单，焊工技能要求不高，易于实现机械化、自动化。

4）焊件依靠其间尺寸不大的熔核连接，因而焊缝质量受熔核尺寸、金属组织及其分布的影响。

2. 焊接循环

完成一个焊点所包括的主要程序，是由预压、焊接、维持、休止四步组成的焊接循环，必要时可增加附加程序。其基本参数为电流和电极压力随时间变化的规律。图 10-34 为复杂的点焊时序图，包括预压、焊接、维持、休止四个基本程序，以及预热、热量递增、热量递减、后热等六个附加程序段。

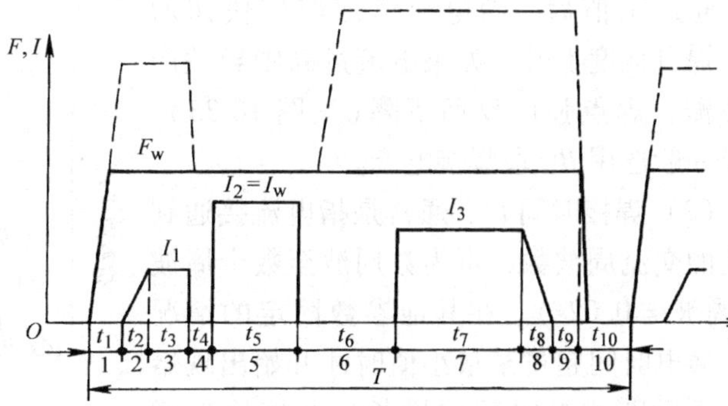

图 10-34　点焊时序图

1—预压程序　2—热量递增程序　3—加热 1(预热)程序　4—冷却 1 程序　5—加热 2(焊接)程序　6—冷却 2 程序　7—加热 3(热处理)程序　8—热量递减程序　9—维持程序　10—休止程序　F_w—电极压力　T—点焊周期　I_1、I_2、I_3—电流

1）预压($F_w > 0, I = 0$)阶段的目的是克服构件刚性，获得低而均匀的接触电阻，以保证焊接过程获得重复性好的电流密度。对厚板或刚度大的冲压零件，可在此期间先加大预压力，而后再回复到焊接时的电极压力，使接触电阻恒定而又不太小，以提高热效率。或者通以预热电流，达到上述目的。

2）焊接($F_w = C, I = I_w$)阶段是焊件加热熔化形成熔核的阶段，焊接电流可基本不变，亦可逐渐上升或阶跃上升，此阶段是焊接循环中的关键。

3）维持（$F_w>0, I=0$）阶段不再输入热量，熔核快速冷却结晶。由于熔核体积小，且夹持在水冷电极间，冷却速度极高，一般在几周波时间内凝固结束，如果无外力维持，冷却收缩时将产生三向拉应力，极易产生缩孔、裂纹等缺陷。对厚板、铝合金、高温合金等零件，希望增加顶锻力来防止缩孔、裂纹。此外，加热后缓冷电流可降低凝固速度，亦可防止缩孔和裂纹的产生。对焊接易淬硬的材料时，应加回火电流以改善金相组织。

4）休止（$F_w=0, I=0$）阶段为恢复到起始状态所必须的工艺时间。

3. 点焊焊接参数及相互关系

常用金属材料点焊焊接性的综合评估见表10-1。

表10-1 常用金属材料点焊焊接性的综合评估

材料（牌号）	焊接电流	焊接时间	电极压力	预热电流	缓冷电流	加大顶锻压力	焊后热处理	电极粘损
低碳钢（10）	中	中	小	不需	不需	不需	不需	小
合金结构钢（30GrMnSiA）	中	中长	中	希望	需	需	需	小
奥氏体钢（1Gr18Ni9Ti）	小	中	大	不需	不需	不需	不需	小
高温合金 GH3039（GH39）	小	长	大	希望	希望	希望	不需	小
铝合金（5A06，旧牌号 LF6）	大	短	大	不需	不需	希望	不需	中
钛合金（TA7）	小	中	小	不需	不需	不需	不需	小
镁合金（MB8）	大	短	小	不需	需	不需	不需	大
铜合金（H62）	中	短	中	不需	不需	不需	不需	大
纯（紫）铜（Cul）	大	短	中	不需	不需	不需	不需	小

（1）焊接电流 I_w　产热量与电流的平方成正比，对焊点性能影响最敏感。在其他参数不变时，当电流小于某值时，熔核不能形成；超过某值后，随电流增加熔核快速增大，焊点强度上升。如果电流过高则导致产生飞溅，焊点强度反而下降（见图10-35），所以一般选用 BC 段焊接电流。

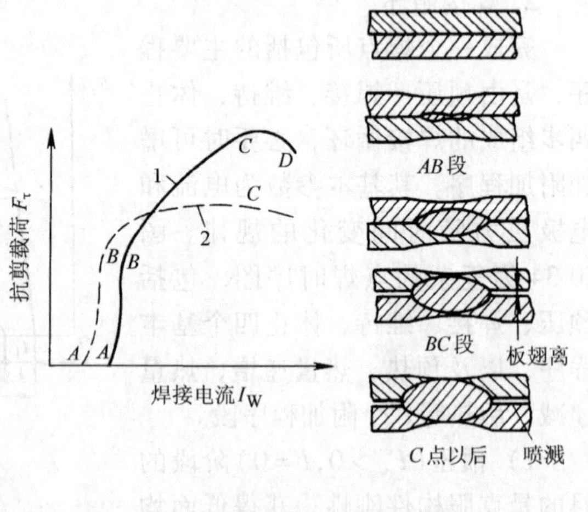

图10-35　电流与拉剪力（$F_τ$）的关系

1—厚1.6mm以上板　2—厚1.6mm以下板

（2）焊接时间 t_w　通常是指电流接通到停止的交流周波数，可为数周波至数十周波（1周波＝0.02s）。在其他参数固定的情况下，通电时间超过某最小值时才开始出现熔核，而后随通电时间的增长，熔核快速增大；再进一步增加通电时间熔核增长变慢，渐趋恒定，应停止供电；如果加热时间过长，组织变差，会使接头塑性指标下降。

（3）电极压力 F_w　一般为数千牛（kN），过小的电极压力将导致电阻增大，产热量过多且散热较差，引起前期飞溅；过大的电极压力将导致电阻减小，产热量少，散热良好，熔核尺寸缩小，尤其是焊透率显著下降。目前，建议选用RWMA推荐的临界飞溅曲线上无飞溅区内的工作点（见图10-36）。

（4）电极端面尺寸　点焊电极端面形状主要有锥台形和球面形两种。电极端面尺寸决定了电极与焊件接触面积、电流密度和电极压力分布范围。一般应选用比期望获得熔核直径大20%左右的工作面直径所需的端部尺寸，并要求锥台形电极工作面直径在工作期间每增大15%左右必须修复，而水冷孔端至表面距离在耗损至仅存3～4mm时即应更换新电极。

点焊各参数相互影响，大多数场合可选取多种参数的组合。通常把大电流、短通电时间的组合称硬规范；小电流、长通电时间的组合称软规范。软规范加热平稳，焊接质量对焊接参数波动的敏感性低，焊点强度稳定，熔核内喷溅、缩孔和裂纹特别是冷裂纹倾向低。此外，软规范所用设备装机容量小，配用的电极压力较低，因而较便宜。但是，软规范有焊点压痕深、接头变形大、表面质量差、电极磨损快、生产效率低等问题。硬规范的特点与软规范相反，通常，硬规范适于铝合金、奥氏体不锈钢、低碳钢及不等厚板材的点焊；软规范则适于低合金钢、可淬硬钢、耐热合金、钛合金等焊接。

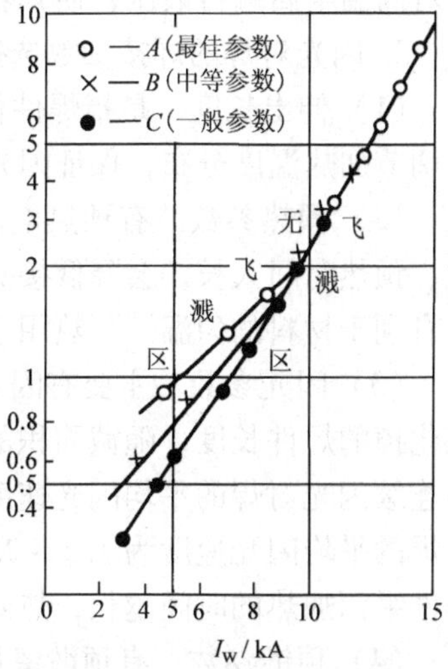

图10-36　RWMA推荐的电流与电极压力关系的临界飞溅曲线

三、闪光对焊

1. 闪光对焊的过程分析

先将焊件置于钳口中夹紧通电，再使焊件缓慢靠拢接触，使端面局部接触、个别点熔化并形成火花，加热达到一定程度后，加速送进焊件，进行顶锻焊合。预热闪光对焊过程分为预热(电阻或闪光预热)、闪光、顶锻三个主要阶段，保持和休止则是必需的辅助程序。连续闪光对焊时无预热阶段(见图10-37a)。为获得优质接头，闪光对焊循环应做到：

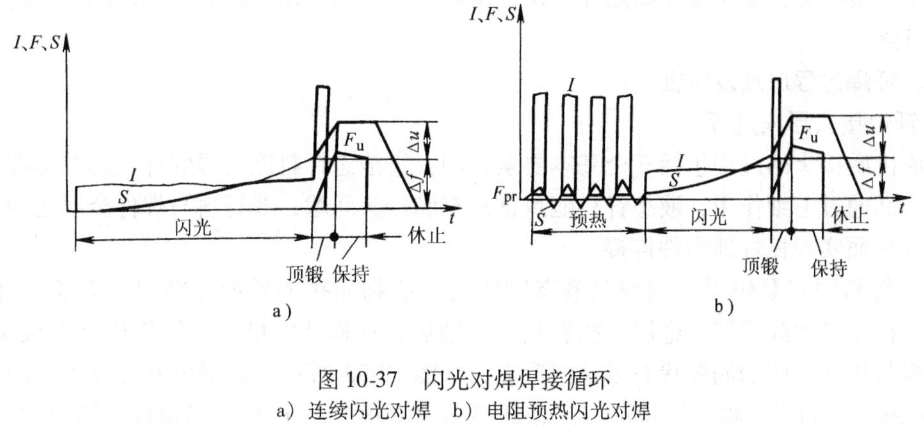

图10-37　闪光对焊焊接循环
a）连续闪光对焊　b）电阻预热闪光对焊
I—电流　F—压力　S—行程(位移)

1）预热过程均匀，结束时焊件端面较均匀地加热到预定温度值(如钢件为1073～1173K)。

2）闪光过程稳定而激烈，结束时应使焊件端面温度均匀上升，焊件沿纵深加热到合适且稳定的温度分布状态；通过闪光过程中的过梁爆破，将焊件端面上的夹杂物随液态金属一起抛出；闪光末期在端面形成一薄层液态金属保护层。

3）顶锻前期应将焊件端面的间隙封闭，防止再氧化，然后把液态金属挤出；顶锻后期则对高温金属进行锻压，使其获得必要的塑性变形，从而使金属界面消失，形成共同晶粒。

2. 闪光对焊的焊接参数选择

（1）伸出长度　是指焊件伸出夹钳电极端面的长度，一般用 l_0 表示。伸出长度主要用于调节加热温度分布，保证闪光对焊各阶段必要的留量。可根据材料性质和焊件截面选择。

（2）预热参数　有预热电流、预热总时间、预热次数及每次短接时间等。预热电流太大、预热时间太长，会降低接头的塑性和韧性。一般认为，预热次数多些、每次短接时间短些有利于材料的匀温。预热用于焊件截面较大或淬硬倾向大的材料。

（3）闪光参数　主要有闪光留量 Δf、闪光速度 v_f、二次空载电压 U_{20} 等。Δf 为闪光阶段烧化掉的焊件长度，随截面积的增大而增加；v_f 是指焊件在闪光阶段相互接近的速度。低碳钢连续闪光对焊的平均闪光速度为0.8～1.5mm/s，顶锻前闪光速度为4～5mm/s。预热闪光对焊的平均闪光速度为1.5～2.5mm/s。U_{20}（1.5～14V）越低，过梁存在的时间就长，则向焊件纵深加热的时间越长，热效率高。一般建议采用能正常闪光的最低空载电压。

（4）顶锻参数　有顶锻留量 Δu、顶锻力 F_u、顶锻速度 v_u 等。Δu 影响液体金属、氧化物的排出及塑性变形的程度，应与加热时的温度分布状态相互配合选取。F_u 是为了达到预定的塑性变形量而施加的力，其值随材料的热强性能和加热温度分布不同而异。氧化物必须在接头冷却到某一温度之前被挤出，因此 v_u 应大于最低顶锻速度。通常，低碳钢 v_u 为60～80mm/s；高合金钢 v_u 为80～100mm/s；铝合金 v_u 为150～200mm；铜 v_u 为200～300mm/s。

第三节　钎　焊

在被连接金属构件界面间放置比其熔点低的金属钎料，加热到钎料熔化温度，利用液态钎料润湿连接界面，填充接头间隙并与构件金属产生相互作用，随后冷却结晶实现连接的工艺称为钎焊。

一、钎焊过程原理及特征

1. 钎焊接头形成过程

形成优质接头的过程包括三个基本要素，即：①液态钎料能润湿焊件金属并能在焊件表面铺展；②通过毛细作用，液态钎料能致密地充满接头间隙；③钎料与焊件金属之间产生相互作用，从而实现良好地构件连接。

（1）钎料的润湿作用　润湿是液态物质与固态物质接触后相互粘附的现象。钎焊时，熔态钎料首先必须润湿焊件金属，接着是均匀铺展，这样才能借助毛细作用填满接头间隙。液态钎料与焊件基体的润湿状态以及润湿参数如图10-38所示。润湿角 θ 可以表征润湿性的优劣，θ 越小，润湿性越好。通常，钎焊钎料的润湿角应小于20°。影响钎料润湿作用的主要因素有：

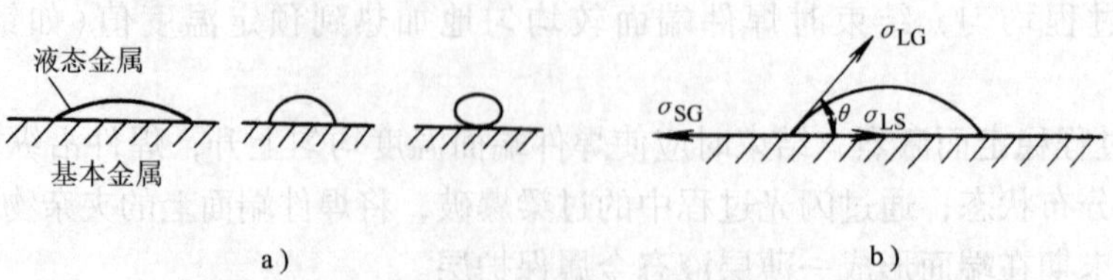

图10-38　液态钎料与焊件基体的润湿状态以及润湿参数
a）润湿状态　b）润湿参数

1）钎料和焊材成分。若钎料与焊材在液态和固态下均不发生物理化学作用，其间的润湿就很差；反之，若能互相溶解或形成化合物，则液态钎料就能较好地润湿焊材。例如银-铜、锡-铜相互作用，因而润湿性很好；铅-铜、铅-钢互不发生作用，而润湿性很差。但若在铅中加入能与铜、钢都能形成固溶体和化合物的锡，就可大大改善钎料与铜、钢的润湿作用，而且随锡量增多，润湿性越来越好。

2）钎焊温度。随加热温度升高，液-气相界面张力 σ_{LG} 和液-固相界面张力 σ_{LS} 减小，从而使钎料润湿性能改善；但温度过高，会造成溶蚀、钎料流失和基体金属晶粒过大等问题。

3）金属表面氧化物及状态。金属表面存在氧化物时，液态钎料往往凝聚成球状，不能在其表面润湿铺展。此时同一气相界面张力 $\sigma_{SG} < \sigma_{LS}$，$\theta[\cos\theta = (\sigma_{SG} - \sigma_{LS})/\sigma_{LG}]$ 过大，出现不润湿现象。因此，焊前应清除涂料和金属表面的氧化膜，并保持其不被氧化。此外，钎料在粗糙表面上比在光滑表面上的铺展能力更强。

4）钎剂。钎剂可以清除钎料和金属表面的氧化物，减小液态钎料的界面张力 σ_{LS}，从而改善润湿作用。

（2）液态钎料的填隙流动　液态钎料的填缝是依靠毛细管作用使其在间隙内流动而实现的。为促进毛细管填缝作用，钎焊接头间隙以小为佳。当然，只有在液态钎料具有良好的润湿性时，钎料才能在接缝间隙内均匀流动，形成致密钎缝；钎料润湿性差，则钎缝填充不良；若钎料不润湿焊件，则无法形成钎焊接头。

（3）钎料与基体金属的相互作用　一是焊件金属向液态钎料的溶解；二是钎料向焊件扩散。如果钎料和焊件金属在液态下能互溶，则钎焊过程中一般发生焊件溶入液态钎料的现象。如果焊件的溶解量适当，能在钎缝中形成固溶体组织，则有利于提高接头的强度和韧性；如果溶解导致钎焊缝中形成脆性化合物相，则钎缝的强度和延性下降。此外，焊件的过量溶解，会使钎料的熔点、粘度提高，流动性变差，有时还会造成焊件熔蚀，甚至烧穿等缺陷。凡焊件溶解有助于在钎缝中形成共晶体，则焊件的溶解作用强烈；钎焊温度越高，保温时间越长，钎料量越大，焊件金属的溶解作用也越强烈。

由于钎料与焊件金属组元之间存在着浓度差，钎料组元也会向焊件金属扩散，钎料组元浓度高于焊材，且浓度梯度越大，扩散量就越多；焊件金属晶体原子排列密度越小、钎焊温度越高、扩散组元原子直径越小，则钎料组元扩散量也就越大。如果钎料组元向整个焊件金属晶粒内部扩散，则在焊件与钎料交界处形成固溶体组织，对接头强度和塑性不会产生有害影响；但如果钎料组元只扩散到焊件金属晶粒边界，就会在晶界形成低熔点共晶体，将影响接头性能，此时就应降低钎焊温度或缩短保温时间，以限制晶界扩散。

2. 钎焊特点

1）加热温度低，对焊件金属组织和性能影响较小。

2）焊件变形较小，易于保证结构尺寸，可实现精密加工。

3）生产率高，可以实现多个零件多条焊缝的一次连接，也易于实现连续自动化生产。

4）可实现异种金属及合金、非金属与非金属以及金属与非金属的连接。

5）可实现形状特殊、结构复杂、壁厚、粗细差异的构件焊接。

钎焊在航空、航天、核能、电子通信、仪器仪表、电器、电机、机械等部门有广泛应用。尤其对微电子工业各种电路板元器件、微电子器件等，钎焊连接更是惟一可行的方法。

二、钎焊材料

1. 钎料

钎料作为接头填充金属，按其熔化温度分为熔点低于450°的软钎料(镓基、铋基、铟基、锡基、铅基、镉基、锌基等)和熔点高于450°的硬钎料(铝基、铜基、银基、锰基、金基、镍基、钯基、钛基等)。根据加工工艺的需要，钎料可制成丝、棒、片、箔、粉状，也可制成环状、圆片，以及钎料与钎剂合一的膏状。钎料的选用应从构件接头的使用要求、钎料与母材的相互匹配以及经济性等方面综合考虑。

(1) 钎料应满足结构的使用要求　如接头强度要求不高和焊件温度不高的，可用软钎料，要求在低温下工作的接头，应使用含锡量低的钎料；要求高温强度和抗氧化性好的接头，宜用镍基钎料；构件导电性要求高的，宜用银基钎料等。一些在特殊环境下工作的钎焊接头，有时必须研制专用钎料。

(2) 应考虑钎料与母材的相互作用　如铜磷钎料不能钎焊钢和镍，因为会在界面生成极脆的磷化物相；镉基钎料焊铜时易形成脆性的铜镉化合物而使接头变脆等。

(3) 考虑经济性　应在满足性能要求前提下尽量选用便宜的钎料，如制冷机中铜管的钎焊，可选用价格便宜的铜磷银或铜磷锡钎料，而不必选用银基钎料。

2. 钎剂

钎剂的主要作用是去除母材和液态钎料表面上的氧化物并保护其表面不再被氧化，从而改善钎料对母材表面的润湿能力，提高焊接过程的稳定性。

(1) 钎剂的性能要求　钎剂应具有足够的去除母材和钎料表面氧化物的能力；熔化温度及最低活性温度应低于钎料的熔化温度；在钎焊温度下应具有足够的润湿能力和良好的铺展性能。钎剂通常分为软钎剂、硬钎剂、铝用钎剂和气体钎剂等。

(2) 钎剂的加工形态及应用　钎剂的形态应随具体产品结构、钎焊方法及工艺而定。钎剂可以通过浸粘、涂敷、喷射、蘸取等方法置入钎焊接头区域。钎剂可制成干粉状，也可以将钎剂和钎料制成药芯焊丝(如焊锡丝)或者制成钎料膏；钎剂既可钎焊前预涂在接头区，也可在加热过程中通过手工或自动方法送到接头表面；钎剂还可作为合金组元包含在钎料中，构成自钎剂钎料。干粉状钎剂一般以水、酒精、丙酮调和成糊状；某些能完全溶于水的钎剂则可制成透明液体；自动钎焊时要求钎剂能喷射到接头上，故钎剂应调制成稀释的膏状或低粘性的悬浮液、乳状液等。无论膏状钎剂或是混合液钎剂，均要求颗粒细小而均匀。

三、钎焊方法在电子工业中的应用

钎焊是电子工业中十分重要的工艺技术，广泛用于分立电子器件、混合集成电路、大规模及超大规模的集成电路的制成。印制电路板(PCB)的组装技术，也是从分立元件单孔插装、双列直插组装，发展到表面组装技术(SMT)及微组装技术(MPT)。集成电路(IC)的集成密度也迅速增加，引脚数目由几个发展到几十、几百甚至上千个，引脚间距越来越小，从2.54mm到1.27mm、0.65mm、0.5mm、0.4mm、0.3mm。印制电路板组装密度成倍增加，使得钎焊工艺在电子工业中不断发展和提高。

1. 烙铁钎焊

烙铁钎焊是一种比较简单的手工软钎焊方法。现在印制电路板组装广泛采用自动钎焊工艺，但在电子产品开发与印制电路板焊接缺陷(如漏焊、脱焊等)的修复中，仍广泛应用烙铁手工钎焊。为了使电烙铁头具有良好的导热、润湿和耐高温氧化、抗钎剂腐蚀、钎料熔蚀性能，先在纯铜烙铁头上镀一层铁，防止钎料的熔蚀；再在烙铁头工作面上镀锡或银以增加对钎料的吸附能力，也有在铜烙铁上镀铁镍钴合金的。

2. 波峰钎焊

利用熔化的钎料形成的波峰面与组装好的印制电路板(PCB)待焊面接触，加热、润湿焊件，完成连接的钎焊工艺称为波峰钎焊，是目前电子工业中比较理想的一种焊接工艺。波峰钎焊具有焊接质量可靠、焊点外形美观、一致性好、用料省、工效高等特点，主要用于通孔插装组件 PCB，或者通孔插装和表面安装组件混装 PCB 的钎焊。图 10-39 是波峰钎焊示意图，其基本流程是：熔化的钎料经通道 4 流经基座 5 的坎状斜面形成钎料波，PCB 基板 2 与液面成一角度在钎料波上恒速移动而实现电子元件连接。

波峰钎焊的钎料波形，根据不同的焊接要求有正态曲线波、λ 波、Ω 波、P 形波；按印制电路板接触钎料波的个数又有单波峰和双波峰等。自动波峰钎焊的主要工艺环节是钎剂涂敷、焊件预热、焊接等。图 10-40 为一种双波峰钎焊系统原理，第一波峰称为湍流波峰，是一个空心的喷射式钎料波峰，随传送带走向喷射，在焊面上形成一种旋风效果，可以精密地对焊面冲洗，除去因气泡产生的不良后果，克服屏蔽现象；第二波峰是一个实心送钎料的层流波峰，保证焊点间没有桥连及堆料现象，使每块印制电路板获得良好的装连。

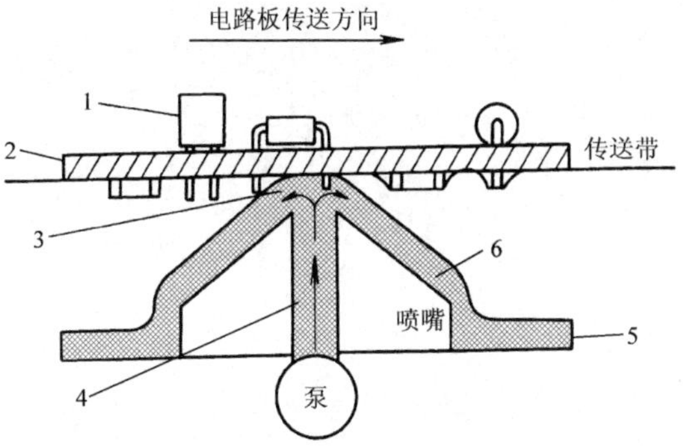

图 10-39　波峰钎焊示意图

1—电子元件　2—PCB 基板　3—钎料波　4—钎料通道　5—基座　6—软钎料

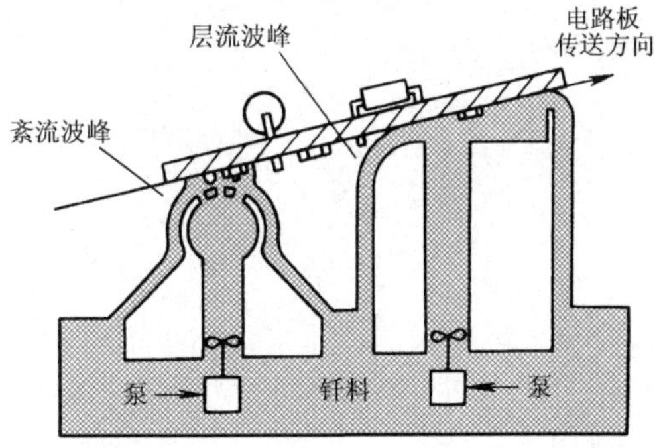

图 10-40　双波峰钎焊系统原理

3. 表面联装(SMT)钎焊技术

为了适应电子工业的高性能、高可靠性、高密度(微型化)、无缺陷的严格要求，PCB(印制电路板)装焊工艺已由通孔安装技术(THT)发展为表面联装 SMT，特别是 SMD、SMC 等表面元器件装拆技术，已经成为电子工业发展的趋势。图 10-41 是 SMT 双面混装工艺流程图，实现的钎焊工艺

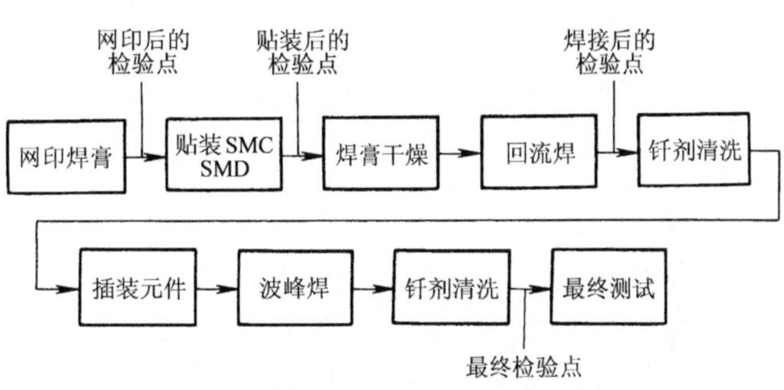

图 10-41　回流焊和双波峰钎焊 SMT 双面混装工艺流程图

除波峰钎焊(通常采用双波峰钎焊)外，还可以采用回流焊(或再流焊)。回流焊又分为气相回流焊和红外回流焊两种。

复习思考题

1. 焊接电弧的导电特点及主要物理过程是什么？焊接电弧各区的产热机理是什么？哪些因素影响阴极和阳极的热量？

2. 什么是埋弧焊、熔化极氩弧焊、钨极氩弧焊和 CO_2 气体保护焊？其工艺过程如何？电弧特点、熔滴过渡、工艺特点以及应用范围有哪些异同？

3. 电阻焊的本质是什么？与电弧焊有何异同？电阻焊可用于哪些材料的焊接？焊接性与电弧焊相比如何？

4. 钎焊接头形成的基本条件是什么？影响钎料润湿角的因素有哪些？为什么要使用钎剂？钎焊的工艺特点如何？其应用领域有哪些？

第十一章　焊接新技术及相关技术

第一节　高能束焊接

一、激光焊

激光焊是以聚焦的高能量密度激光束作为能源轰击焊接件接缝，传递和产生热量实现焊接的方法。该方法具有热量集中、焊接速度高、接头热变形和热影响区小、熔池形状深宽比大、组织细、韧性好等优点。

1. 激光束

激光是利用受激光辐射放大原理而产生的一种单色(单频率)、定向性好、干涉性优、能量密度高的光束。

（1）激光束的特性

1）单色性好。激光的谱线窄，波振面形状不随时间变化，有良好的时间和空间相干性。这一性质使其在检验和通信领域广泛应用。

2）方向性好。光束发散角小，束斑尺寸小，经透射或反射聚焦后可获得直径小于0.01mm、功率密度高达$10^9W/cm^2$的能束。此外，高质量激光器输出的激光发散全角一般为$(1\sim3)\times10^{-3}$rad，远距离传输时，每传输10m直径扩大10～20mm，因此可应用于远距离激光加工。

3）亮度高。亮度高表明能量密度高，正好应用于焊接等加工工艺。

（2）激光束模式　激光器的工作介质有固体、半导体、液体和气体等，目前用于激光的工作介质主要为渗钕钇铝石榴石(YAG)、钕玻璃和红宝石固体激光器和高功率CO_2气体激光器。二者都可以产生脉冲或连续的高功率密度激光束，最大连续输出功率分别可达2kW和50kW。激光器输出的光束模式是指光束横断面上的能量分布情况，图11-1是几种低阶模激光束的光斑花样能量分布示意图。其中TEM_{00}通常称为基模或零阶模，其余都称为低阶模，$TEM_{01}{}^*$也称为单环模或准基模，是由虚共焦腔产生或由TEM_{01}与TEM_{10}模叠加而成。基模光束也称为高斯光束，它是激光焊或切割的理想光斑，但实际使用的激光束多为环形光斑，如5kW以上的大功率激光器常用的输出模式为准基模光斑($TEM_{01}{}^*$)。

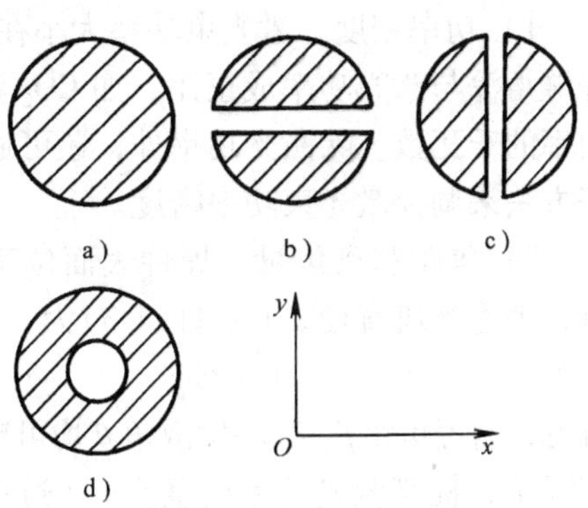

图11-1　几种低阶模激光束的光斑花样能量分布示意图

a）TEM_{00}　b）TEM_{01}　c）TEM_{10}　d）$TEM_{01}{}^*$

2. 激光焊原理

连续激光焊由于光束功率密度不同而分为传热熔化焊和深熔焊两种。当光斑功率密度小于$10^5W/cm^2$时，金属表面不产生汽化，所吸收的激光能通过热传导使焊件熔化，熔深轮廓近似半球形，过程原理与非熔化极电弧焊基本相同，称为传热熔化焊。当光斑功率密度足够大（$\geq 10^6 W/cm^2$），金属表面迅速加热升温，金属快速熔化并伴随强烈的汽化，获得深熔焊缝，其深宽比可达12:1，称为深熔焊或小孔焊。

（1）深熔焊的小孔效应　高能量密度的激光束聚焦到焊件金属表面或表面以下时，材料吸收热量使表面温度迅速升高，金属熔化形成熔池；同时强烈的激光辐射使金属汽化，对熔池产生反作用力，在光斑下产生凹坑使光束进一步深入，进而形成一细长小孔。当金属蒸气反作用力、液态金属表面张力和重力平衡后，小孔维持稳定；若激光束相对工件移动，则小孔也随之移动，金属在小孔前方熔化，绕过小孔流向后方，最后重新凝固形成一个宽深比很大的连续焊缝，如图11-2所示。

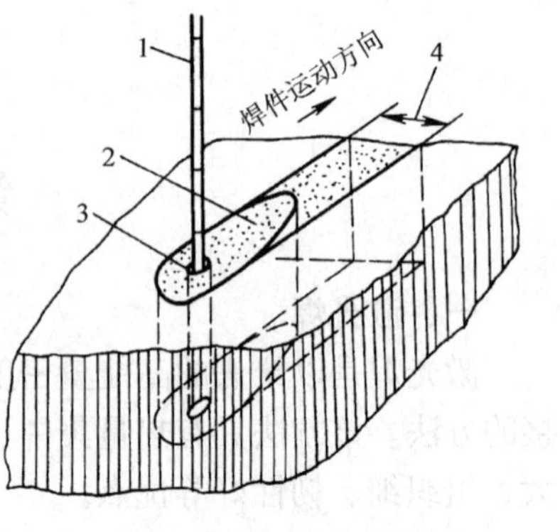

图11-2　深熔连续焊示意图
1—激光束　2—熔池　3—小孔　4—焊缝宽

（2）等离子体云的形成及其抑制　在高功率密度激光焊时，高温金属蒸气和外加保护气体在强烈的激光辐射和电磁场的作用下发生电离而形成等离子体云。该云状等离子体在熔池上方，位于激光源与焊件之间，会吸收激光能量并对入射激光有散射作用，而对进入金属熔池的能量产生"屏蔽"作用，使熔深减小，焊接过程不稳定，导致焊缝成形不规整。

在焊接过程中克服等离子体云的常用方法是：向熔池表面上方吹送保护气体（如Ar），以吹散表面金属蒸气和生成的等离子体云；还有用较低温度的气体降低熔池上方高温金属蒸气的温度，抑制金属蒸气电离。

3. 激光焊工艺

（1）激光焊参数及其调整　激光焊过程主要参数有激光功率密度、光斑性质、焊接速度、保护气体等。

1）功率密度。激光束功率大小在其他条件相同时，直接影响功率密度。一般认为激光焊缝熔深与激光功率成正比，如CO_2激光焊接钢材，可粗略估算为熔深的毫米数等于激光功率的千瓦数。除激光功率外，还可通过调节光斑面积大小、改变光束模式、调节焊接速度等方法来调控激光束功率密度。

2）焦距和离焦量。焊件表面位于焦平面时，理论光斑直径d_0（见图11-3）为

$$d_0 = f\theta \qquad (11\text{-}1)$$

可见，缩短焦距f、减小发散角θ均可减小光斑直径d_0，提高激光功率密度。但f过小，则焦深b_0也减小，不利于熔深方向加热，同时熔融金属飞溅及金属蒸气还可能损伤透镜表面。

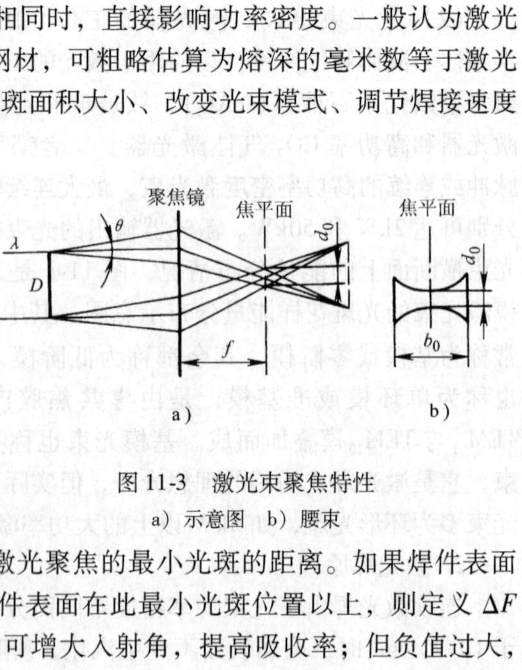

图11-3　激光束聚焦特性
a）示意图　b）腰束

调节焊件表面在焦深b_0范围内的位置——离焦量ΔF，也会改变光斑直径d_0及有效加热深度而影响焊缝成形。ΔF是焊件表面距激光聚焦的最小光斑的距离。如果焊件表面与激光聚焦的最小光斑位置重合，ΔF为零；焊件表面在此最小光斑位置以上，则定义ΔF为负值；反之为正值，如图11-4所示。ΔF为负可增大入射角，提高吸收率；但负值过大，

d_0 增大则功率密度减小。

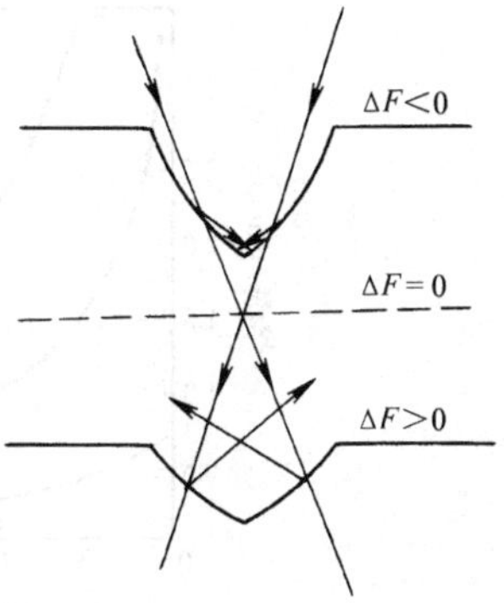

图 11-4　离焦量 ΔF 定义

图 11-5 是离焦量 ΔF 与焊缝形状的关系，图 11-5a 的横坐标为 $1+\Delta F/f$。图 11-5b 表明，焦点位于工件表面下方某一位置时熔深最大，焊缝成形也最好。实践中 ΔF 一般取 -1 ~ -2mm，也有人认为将有效焦点置于工件厚度(δ)的 1/3 深度处能获得理想焊缝。

3）焊接速度。试验表明，焊接速度增加，焊缝熔深几乎是线性下降，如图 11-6 所示。焊接速度应根据材料的热物理性能以及接头要求等条件选择，且与激光功率、离焦量等相配合，以保证材料吸收到足够的光束能量，能获得理想的焊缝熔深。

4）保护气体。其作用是保护焊缝不受空气中有害气体的侵袭和抑制等离子体云。实验证明，氦气具有优良的保护和抑制等离子体云的效果，且熔深较大。在 He 里加入少量 Ar 或 O_2 可进一步提高熔深，但价格较贵。氩气保护性能较好，价格也较氦气便宜，国内一般以氩气作为保护气体，但其电离能较低，容易形成等离子体，焊接时应采取适当的措施，抑制等离子体云的形成。此外，气体流量也应予以调控，流量过大或过小都不利于焊接过程的稳定和优良焊缝的形成。

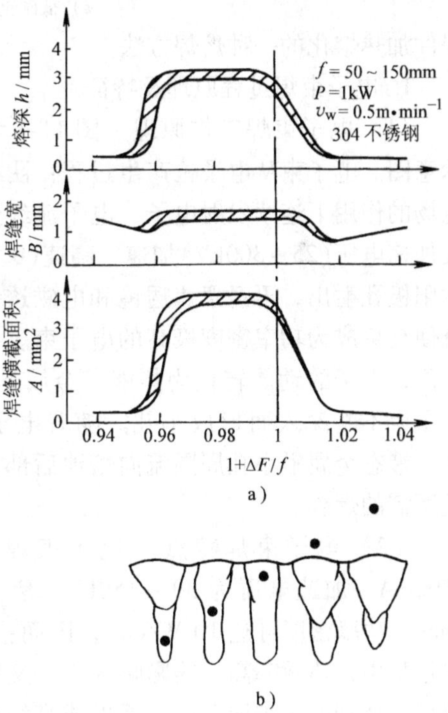

图 11-5　离焦量 ΔF 与焊缝形状的关系
a）ΔF 与焊缝形状参数的关系
b）焦点位置与焊缝形状的关系

（2）激光焊应用　激光焊可以焊接金属，也可焊接非金属，如玻璃、有机玻璃、陶瓷等，但在实际应用中主要为其他连接方法难以完成的材料及结构的焊接。

1）连续激光焊。低碳钢、合金钢、不锈钢、硅钢、耐热合金、铝及其合金、钛及其合金等材料及其结构的激光焊接都已获得应用。如有报道，采用功率为 10kW 的激光束焊接不锈钢熔深达 14mm；用 CO_2 激光束焊接最难焊的变压器用高硅取向钢（Q112B，板厚 0.35mm），已获得满意的结果；采用 8kW 功率激光焊可焊透 12.7mm 的铝合金材料（AlMg6），接头强度接近母材，韧性优于母材，焊缝成形良好。高功率连续激光焊，目前应用比较成熟的领域是钢铁工业和轿车工业，如硅钢冷轧生产中的连轧接带和轿车镀锌板拼接等。

2）脉冲激光焊。低功率脉冲激光焊主要用于 ϕ1mm 以下丝与丝、丝与片（膜）以及片（膜）之间的焊接等，最细可焊 ϕ0.02 ~ 0.2μm 细丝，例如集成电路和薄膜电路中元件的焊接等。

二、电子束焊

电子束焊是利用加速和聚焦的高能强化电子束流轰击焊件接缝，将动能转化为热能，使

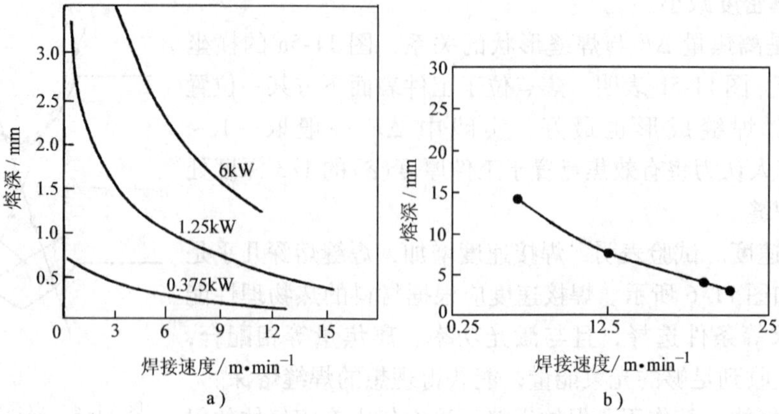

图 11-6 激光焊接速度对熔深的影响

a）低碳钢 b）不锈钢（功率 10kW）

焊件加热熔化的一种熔焊方法。

1. 电子束焊过程原理及特征

（1）电子束焊工作原理 图 11-7 为真空电子束焊示意图。电子束从电子枪产生过程：阴极在高温加热和电场的作用下连续发射电子，电子流经聚束极控制和阳极加速电压(25～300kV)加速，高速(0.3～0.7 倍光速)从阳极孔射出，再经聚焦透镜和电磁透镜的作用，电子流便会聚成为功率密度极高的电子束。电子束撞击焊件表面，电子的动能转化为热能，金属迅速熔化和蒸发，电子束不断深入而形成小孔。随着电子束相对焊件移动，液态金属沿小孔周围流向熔池后部，冷却凝固后形成所需的焊缝。

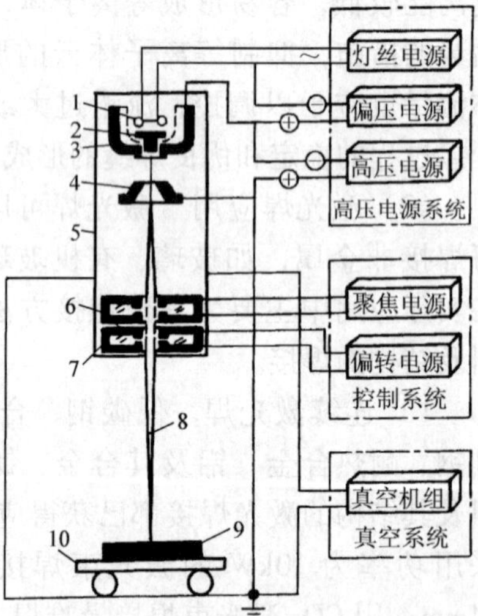

图 11-7 真空电子束焊示意图

1—灯丝 2—阴极 3—聚束极 4—阳极 5—电子枪 6—聚焦透镜 7—偏转线圈 8—电子束 9—焊件 10—工作台

（2）电子束焊特点 电子束焊接电流为 20～1000mA，加速电压为 30～150kV，焦点直径为 0.1～1mm，功率密度可达 $10^9 W/cm^2$，因而：①功率密度高，热量集中，热效率高，热影响区小，又是在真空中实施焊接，特别适于难熔金属、活性或高纯度金属、热敏金属的焊接；②束焦直径小，穿透能力强，焊缝深宽比大，一次可焊透 300mm 以上，焊缝深宽比则可达 50:1，远大于一般弧焊的深宽比（1.5:1），同时还可高速焊接薄板（如 0.05mm）构件；③焊速高，焊接变形小，可作为精密加工工件最后连接工序，适于精密构件的连接成形。

然而，此法的弱点在于：①设备比较复杂，投资和运行费用昂贵，且焊件尺寸受真空室容积限制；②焊接接头加工、装配要求严格，焊缝对准十分困难；③易受电磁场干扰，易激发 X 射线，需加以防护等。

由于上述特点，电子束焊目前主要用于钨、钼等难熔金属，铌、锆、钛、铝、镁等活性金属，异种钢及航天、核电制品中某些精度要求高的构件焊接。

2. 电子束焊焊接参数

主要焊接参数有电子束电流、加速电压、焊接速度和聚焦电流等，与热输入的关系可表示为

$$q = 60U_aI_b/v_w \qquad (11\text{-}2)$$

式中，q 为热输入(J/cm)；U_a 为阳极加速电压(V)；I_b 为电子束流(A)；v_w 为焊接速度(cm/min)。

由式(11-2)可见，增加 U_a、I_b 或减小 v_w 都会使 q 增大，从而熔深、熔宽增大。其中 U_a 增大可使熔深增大，焊缝深宽比增大；v_w 增大则使焊缝变窄，熔深减小。因此，目前一般采用较高的 U_a(60kV 以上)，以提高 v_w 并获得更大的熔深和深宽比。可采用的最大 U_a 为 200kV，I_b 仅为 $10 \sim 10^{-3}$mA；I_b 过高会使阴极表面电子发射密度增加，而缩短使用寿命。

3. 电子束焊应用

真空电子束焊目前应用最为广泛，它需要把工件放在真空度为 666×10^{-4}Pa 以上的真空管内；低真空电子束焊是把电子束引入真空度为 1～13Pa 的低真空室中进行焊接；非真空电子束焊亦称大气电子束焊，它是将真空条件下形成的电子束经充氦的气室，然后与氦气一起进入大气环境中施焊。非真空电子束焊可不受真空工作室的限制，使电子束焊的应用范围更大。

电子束焊可焊接钢，特别是不锈钢、铝和铝合金、铜及铜合金、钛及钛合金等同种金属；也可焊接锆、铌、钼、钨等难熔金属；还可焊接异种金属如韧性铜和钢或两种不同的韧性铜焊接、不锈钢和结构钢焊接等。

电子束焊接主要用于质量或生产率要求很高的产品，如核、航空工业中核燃料密封罐、特种合金喷气发动机部件、火箭推进系统压力容器、密封真空系统，汽车、焊管等工业中汽车传动齿轮，以及非真空电子束焊接直缝铜管、钢管、双金属(W6Mn65Cr4V2 和 50CrV2)机用锯条等。

第二节　智能化焊接

一、波形控制焊接

利用电子技术和计算机控制技术对焊接电流、电弧电压波形实施控制的焊接方法，可称为波形控制焊接。波形控制技术一般是以降低焊接过程飞溅为目标，多用于 CO_2 气体保护焊工艺中。

1. 短路期间的波形控制法

CO_2 气体保护短路过渡焊接工艺，实际上是“短路”-“燃弧”周期性交替的过程。有研究认为：在短路初期以较低的电流水平、较小的短路电流上升速度(di/dt)将有利于防止短路小桥的爆炸，可以减少飞溅；在短路末期和燃弧初期电流降至谷底，有利于抑制缩颈小桥的爆炸而引起的飞溅；同时，在短路末期向燃弧阶段过渡时如能输出高电弧电压，则有利于短路熄弧后电弧的再引燃。

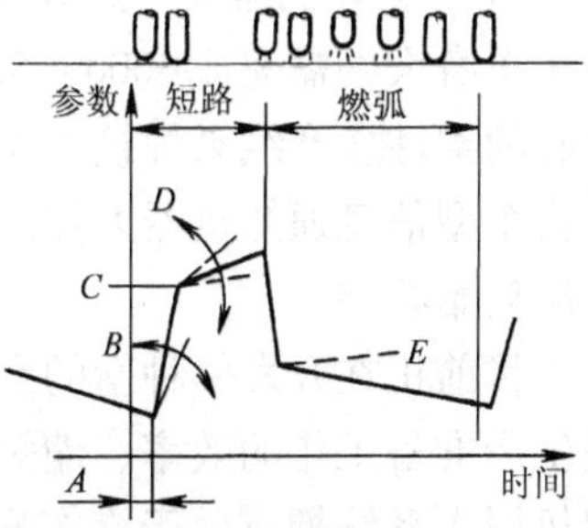

图 11-8　智能控制的短路电流波形

根据上述研究，已经开发出多种波形控制焊接设备。图 11-8 为一种用于 CO_2/MAG 焊，具有人工智能控制的短路电流波形，可对短路期间输出电流波形的 A、B、C、D、E 五个参

数实行控制，使其输出波形可有200万种组合，能有效地遏制短路小桥爆炸所产生的飞溅。

2.“表面张力过渡”波形控制法

表面张力过渡是利用表面张力实现熔滴过渡的技术。该技术认为，每完成一个熔滴过渡，都要经历两个“液态小桥”阶段，即熔滴与熔池早期的短路小桥和熔滴脱离固态焊丝之前的颈缩小桥（参见图10-24④、⑥）。第一小桥一旦形成，电弧熄灭，由液态金属导电。由于液态金属电阻远小于气体电弧电阻，导致短路电流迅速增长。当较大的短路电流通过较小的液态导电截面时，其电流密度为电弧正常燃烧时的数百倍，产生强大的电磁收缩力阻碍了短路小桥向熔池铺展；同时在强大的热作用下使第二小桥汽化爆炸，而导致大量的飞溅。

表面张力过渡理论认为，较大的短路电流使两个小桥汽化爆炸是产生飞溅的主要原因，只要把小桥形成和存在期间的焊接电流降到比燃弧电流（基值电流）低很多的水平就能抑制飞溅。表面张力过渡典型的电压电流波形如图11-9所示。其中时间段5～7是颈缩小桥断开后电弧再引燃、熔滴形成与长大的燃弧期，其余均为熄弧期。在熄弧期间，当熔滴稳定短路后，波形输出一较大电流（3～4时段）以提高短路前期的电磁收缩力，加快颈缩形成，减少短路时间。当产生颈缩并达到临界尺寸时，波形电流快速下降（4～5时段）而完成过渡。可以认为，此时熔滴主要是在表面张力作用下实现过渡的。

上述过渡波形必须与熔滴的空间状态精确对应，通常由高灵敏度、高精度的弧压传感器来获取控制信号。该控制技术具有飞溅率极低、过渡过程稳定、劳动条件好、效率高等优点，非常适用于薄板、全位置、封底焊道以及机器人焊接等生产领域。

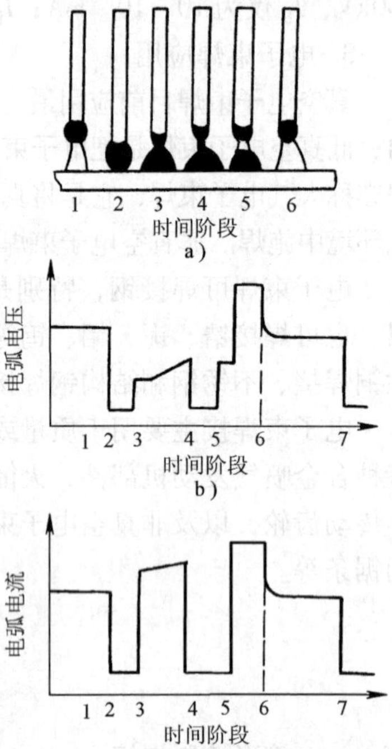

图11-9 表面张力过渡控制波形图
a）熔滴过渡状态 b）电弧电压波形
c）焊接电流波形

二、机器人焊接

机器人焊接是一种机器人与现代焊接技术相结合的自动化、智能化焊接方法。用于焊接的机器人称为焊接机器人，是用以完成焊接作业任务的机电一体化产品。

1. 焊接机器人

（1）点焊机器人　点焊机器人主要应用于汽车、农机、摩托车等行业。通常装配一台汽车车身大约需完成4000～5000个焊点。例如某汽车厂采用以198台Unimate通用机器人为核心的柔性生产线来焊接某型轿车，机器人完成98%的焊点，通过设置在生产线上的传感器将车型信息通知机器人控制器，以选择适应于该车型各种款式的预存任务程序并规定机器人的初始状态。

目前正在开发一种新的点焊机器人系统，可把焊接技术与CAD/CAM技术结合起来，提高生产准备工作的效率、缩短产品设计和投产的周期，使整个系统取得更高的效益。这种点焊机器人系统拥有关于汽车车身结构的信息、焊接条件计算信息和机器人机构信息等数据库，CAD系统则利用该数据库选择工艺及机器人配置方案。至于示教数据，则通过磁带或软盘以离线编程的方式输入机器人控制器，针对机器人本身不同的精度和工件之间的相对几何误差及时补偿，以保证足够的工作精度。

（2）弧焊机器人　弧焊机器人除应用于汽车行业外，在通用机械、金属结构、航空、航天、机车车辆及造船等行业都有应用。目前应用的弧焊机器人处于第一代向第二代过渡转型阶段，配有焊缝自动跟踪和熔池形状控制系统等，对环境的变化有一定范围的适应性调整。按弧焊工艺通常将弧焊机器人分为熔化极（CO_2、MAG/MIG、药芯焊丝电弧焊）和非熔化极（TIG）弧焊机器人、激光焊接（切割）机器人等。

弧焊机器人的发展是以“满足焊件空间曲线高质量的柔性焊接”为根本目标，配合多自由度变位机及相关的焊接传感控制设备、先进的弧焊电源，在计算机的综合控制下实现对空间焊缝的精确跟踪及焊接参数的在线调整，实现对熔池动态过程的智能控制。

2. 焊接工艺对机器人的基本要求

（1）点焊工艺对机器人的基本要求　①点焊工艺作业一般采用点位控制（PTP），定位精度要求≤±1mm；②必须有足够的工作空间，一般应大于5m^3；③焊钳应有足够的抓重能力，一般为50～120kg；④示教记忆容量应大于1000点；⑤应有较高的点焊速度（如每分钟60点以上，移动定位时间在0.4s以内等）；⑥应有较高的抗干扰能力和可靠性；⑦点焊控制系统应能实现点焊过程时序控制，即顺序控制预压、加压、焊接、维持、停止，每一程序周波数设定为0～99，误差为0；⑧可实现焊接电源波形的调制，且其恒流控制误差不大于1%～2%；⑨可自动进行电极磨损后阶梯电流补偿，记录焊点数并预报电极寿命；⑩具有自检报警功能等。

总之，对点焊机器人的控制要求可总结为两点：一是机器人运动的点位精度，它由机器人操作机和控制器来保证；二是点焊质量的控制精度，主要由阻焊变压器、焊钳、点焊控制器及水、电、气路等组成的机器人焊接系统来保证，如图11-10所示。

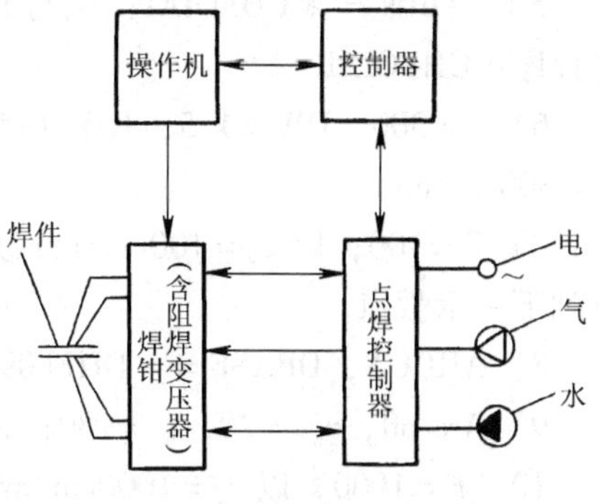

图11-10　点焊机器人组成框图

（2）弧焊工艺对机器人的基本要求　①弧焊作业采用连续路径控制（CP），要求定位精度≤±0.5mm；②应有足够大的工作空间，焊机应能悬挂或安装在运载小车上使用；③抓重一般要求50～50kg；④示教记忆容量应大于5000点；⑤足够的焊速和较高的稳定性，一般焊速为5～50mm/s，薄板高速MAG焊可高达4m/min；⑥具有较高的抗干扰能力和可靠性、较强的故障自诊断能力；⑦具有防碰撞及焊枪矫正、焊缝自动跟踪、焊透控制、焊缝始端检出、定点摆弧及摆动焊接、多层焊、清枪剪丝等多种功能；⑧能预置焊接参数并对电源的外特性、动特性进行控制；⑨对焊接电流波形进行控制，能获得脉冲频率、峰值电流、基值电流、脉冲宽度、占空比及脉冲前后沿斜率任意可控的脉冲电流波形，实现对电弧功率的精确控制；⑩具有与中央计算机双向通信的能力等。

总之，弧焊机器人的焊接质量主要取决于焊接运动轨迹的精确度和优良性能的焊接系统（包括弧焊电源及传感器等）。图11-11是采用逆变式弧焊电源的弧焊机器人系统组成框图。实践证明，逆变式弧焊电源可以很好地满足机器人电弧焊接的各项要求。

3. 机器人焊接操作

机器人焊接普遍采用示教方式工作。以机器人电弧焊接为例，首先通过示教盒的操作键引导到起始点，然后用按键确定位置、运动方式(直线或圆弧插补)、摆动方式、焊枪姿态以及各种焊接参数、周边设备、运动速度等。焊接工艺操作如施焊、熄弧、填充弧坑等也由示教盒设定。示教完毕后，控制器进入程序编辑状态，待焊接程序生成后即可实施焊接。图 11-12 为一种机器人电弧焊操作示例。

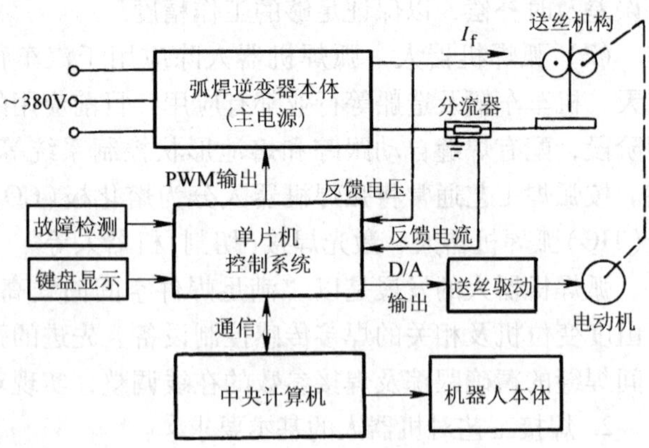

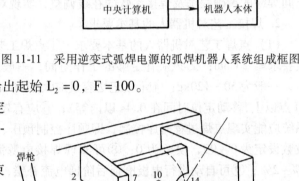

图 11-11 采用逆变式弧焊电源的弧焊机器人系统组成框图

操作过程为：

1） F = 2500；以 TV = 2500cm/min 的速度到达起始点。

2） SEASA = H_1，L_1 = 0；根据 H_1 给出起始 L_2 = 0，F = 100。

3） ARCON F = 35，V = 30；在给定条件下开始焊接 I = 280，TF = 0.5，SENSTON = H_1，并跟踪焊缝。

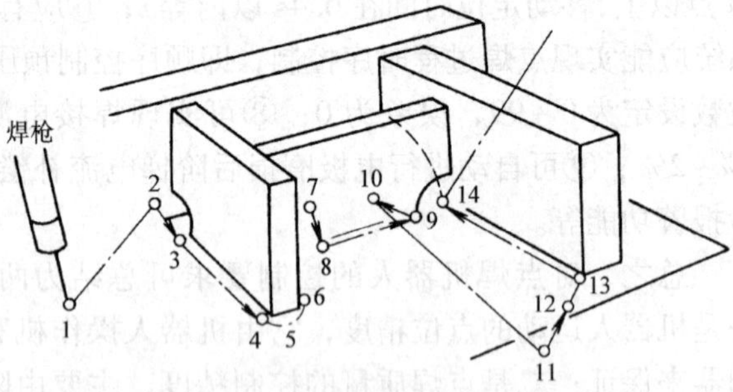

图 11-12 机器人电弧焊操作示例

4） SENSCON = H_1；给出焊缝结束位置。

5） CORN = * CHFOIAI；执行角焊缝程序 * CHFOIAI。

6） F = 300，DW = 1.5；1.5s 后焊速 v_w = 300cm/min。

7） F = 100；以 v_w = 100cm/min 并保持到下一示教点。

8） ARCON，DBASE = * DHFL09；开始以数据库 * DHFL09 的数据焊接。

9） Arc off，$v_w c$ = 20，ic = 180；在要求条件下结束焊接 TC = 1.5，F = 200。

10） F = 1000，以 v_w = 1000cm/min 的速度运动。

11） DW = 1，OUTB = 2；1s 后在 2 点发出 1 个脉冲。

12） F = 100；以 v_w = 100cm/min 的速度运动。

13） MULTON = * M；执行多层焊程序 * M。

14） MULTOFF，F = 200；结束多层焊接。

第三节 搅拌摩擦焊

搅拌摩擦焊是英国焊接研究所 1991 年提出的专利焊接技术，是一种经济、高效、高质量的“绿色”焊接技术。

与传统的摩擦焊及其熔焊方法相比，搅拌摩擦焊具有如下优点：

1）生产成本低。不用填充材料，也不用保护气体；厚焊件边缘不用加工坡口；不必进行去除氧化膜处理(只需要去除油污即可)；不苛求装配精度，也不需要先打底焊。

2）接头质量高。可以得到等强度接头，塑性降低很少甚至不降低；属于固态焊接，接头是在塑性状态下受挤压完成的，避免了熔焊时熔池凝固过程中产生裂纹、气孔等缺陷；解决了熔焊方法不能焊接的一些铝合金的高质量连接问题，如航天领域中裂纹敏感性强的高强铝合金的焊接。

3）整个焊接过程中无熔化、无飞溅、无烟尘、无辐射、无噪声、无污染等。

4）广泛的工艺适用性。不受是否轴类零件的限制，可实现多种形式、不同位置的焊接，可进行平板的对接和搭接，可焊接直焊缝、角焊缝及环焊缝，可进行大型框架结构、大型筒体制造及大型平板对接等。由于不受重力的影响，可以进行仰焊。

5）便于机械化、自动化操作。质量比较稳定，重复性高。

6）焊接后结构的残余应力和变形小，更适合于薄板焊接。搅拌摩擦焊焊接过程中加热温度低，焊接不易变形，这对较薄铝合金结构（如船舱板、小板拼成大板）的焊接极为有利。

搅拌摩擦焊作为一种新型焊接技术，也存在如下缺点：

1）焊接速度比某些熔焊方法低，主要是在焊接薄板时，其焊接速度不如激光焊接高，但焊接质量要比激光焊的好。

2）焊件必须被固定夹紧，不同的焊缝需要不同的工装夹具，焊接设备的灵活性差。

3）需要背面垫板。由于有较大的轴向力，故背面必须有刚性垫板。在封闭的结构中，背面垫板的抽出是一个问题。但英国焊接研究所（TWI）开发的“Bobbin tool”有效地解决了封闭系统的背面垫板问题。

4）焊接后存在“匙孔”。解决的方法：一是用引出板；二是用其他焊接方法进行补焊；三是在非承力结构件中用通用材料填塞；四是把“匙孔”停在安全区域。

一、搅拌摩擦焊原理及焊缝组织

1. 搅拌摩擦焊原理

与普通摩擦焊一样，搅拌摩擦焊也是利用摩擦热作为焊接热源。不同之处在于，搅拌摩擦焊焊接过程是由一个圆柱体形状的搅拌头伸入焊件的接缝处，通过焊头的高速旋转，使其与焊件材料发生摩擦，从而使连接部位的材料温度升高软化，同时对材料进行搅拌摩擦来完成焊接。焊接过程如图 11-13 所示。在焊接时，焊件要刚性固定在背面垫板上，焊头边高速旋转，边沿焊件的接缝与焊件相对移动。

在焊接过程中，焊头在旋转的同时伸入焊件的接缝中，旋转焊头与焊件之间的摩擦热，使焊头前面的材料发生强烈塑性变形，然后随着焊头的移动，前沿高度塑性变形的材料被挤压到搅拌焊头的背后，在搅拌头轴肩与焊件表层摩擦产热和锻压共同作用下，形成致密的固相连接接头（见图 11-14）。

搅拌摩擦焊对设备的要求并不高，主要是焊头的旋转和焊件的相对运动，一台铣床也可简单地达到小型平板对接焊的要求。但焊接设备及夹具的刚性是极为重要的。焊头一般采用工具钢制成，焊头的长度一般比要求焊接的深度稍短。

2. 搅拌摩擦焊焊缝组织

搅拌摩擦焊焊接时，由于轴肩与焊件上表面紧密接触，因而焊缝通常呈“V”形，焊核位于焊缝中心，内部结构呈清晰的洋葱形状，由一系列的椭圆排列组成，是焊接过程中材料流动的体现。不同的合金材料焊接不一定看到洋葱形状或其不够明显。焊核延伸到焊件的表面，它比搅拌头的搅拌焊针要大，但比搅拌头的轴肩要小。焊核有时会延伸到焊件的底部。

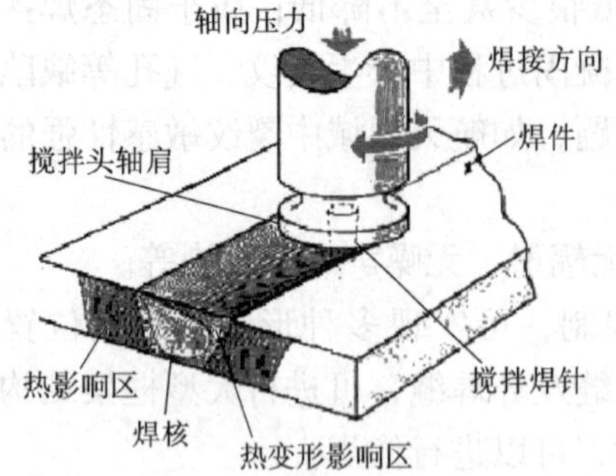

图 11-13 搅拌摩擦焊接原理图

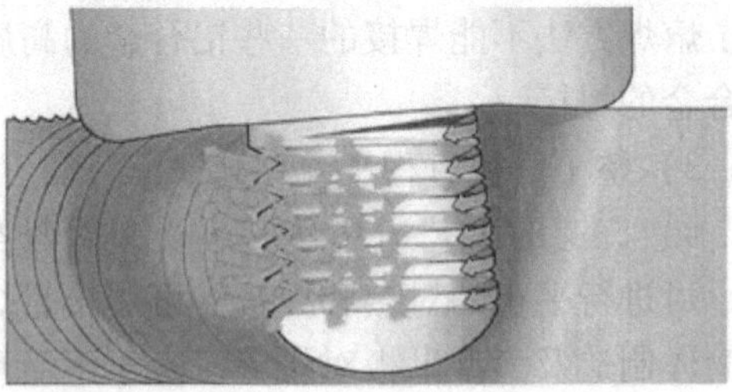

图 11-14 搅拌摩擦焊搅拌头与母材作用过程

焊核的形貌取决于搅拌焊针的形状、焊接参数和被焊材料的强度。

通过焊接接头的金相及显微硬度分析可以发现，搅拌摩擦焊接头的微观结构可分为四个区域：*A* 区为母材区在最外边，无热影响也无变形的影响；*B* 区为热影响区，没有受到变形的影响，但受到了从焊接区传导过来的热量影响；*C* 区为变形热影响区，该区受到了塑性变形的影响，也受到了焊接温度的影响；*D* 区为焊核，是两块焊件的共有部分，如图 11-15 所示。

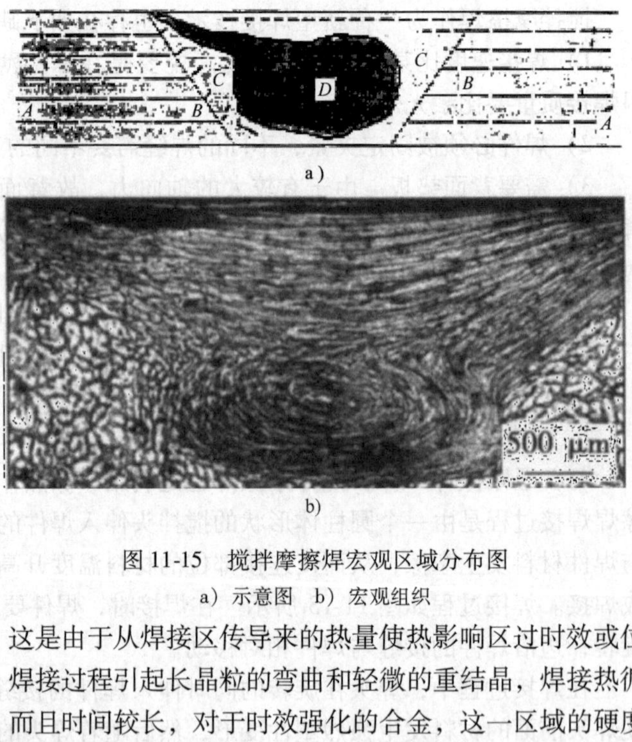

图 11-15 搅拌摩擦焊宏观区域分布图

a）示意图 b）宏观组织

搅拌摩擦焊各区域分布：在热影响区，除了腐蚀反应比母材快一些之外，显微结构与母材没有多大的区别。对于时效强化或加工硬化的合金，焊后接头的热影响区的硬度下降，这是由于从焊接区传导来的热量使热影响区过时效或位错密度下降造成的；在变形热影响区，焊接过程引起长晶粒的弯曲和轻微的重结晶，焊接热循环使得此区的退火过程发生得早一些，而且时间较长，对于时效强化的合金，这一区域的硬度最低；焊核区的微观结构是明显的等轴晶粒，并且非常细小，晶粒尺寸取决于所焊合金及焊接过程，但普遍比 10 级还要小，焊核区的硬度比时效强化和加工硬化的母材要低。

二、搅拌摩擦焊技术参数

1. 搅拌摩擦焊接头形式

搅拌摩擦焊可以实现管材-管材、板材-板材的可靠连接，接头形式可以设计为对接、搭接、直焊缝、角焊缝及环焊缝的焊接，并可以进行单层或多层一次焊接成形，焊接前不需要进行表面处理。由于搅拌摩擦焊接过程自身特性，可以将氧化膜破碎、挤出，如图 11-16 所示。

2. 焊接参数

搅拌摩擦焊主要参数包括焊接速度 v（即搅拌头沿焊缝方向的行走速度）、搅拌头转速 n、焊接压力、搅拌头倾角、搅拌头插入速度和保持时间等。焊接速度一定，搅拌头旋转速度提高，焊核区越来越大，层状结构更加稳定，接头性能更好。搅拌头旋转速度一定，随着焊接速度减小，焊件两侧的材料流动更加均匀，接头外形更好。

(1) 焊接速度 v　表 11-1 是几种有色金属常用的焊接速度。一般来说，对于铝合金的焊接，焊接速度一般在 1～15mm/s。所以搅拌摩擦焊可以很方便地实现自动控制。另外，在焊接过程中搅拌头要压紧焊件。

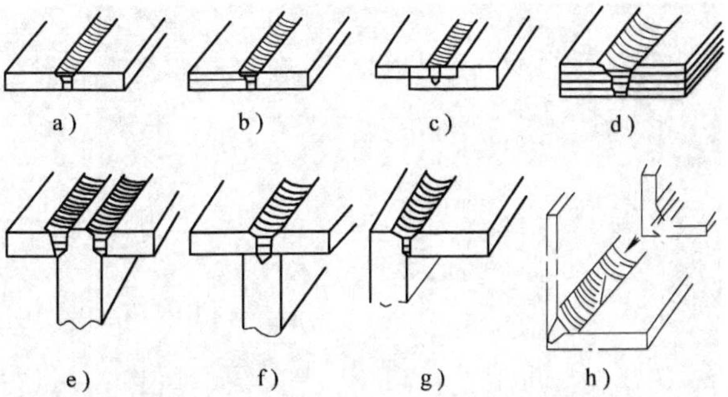

图 11-16　搅拌摩擦焊的接头形式

表 11-1　有色金属常用的焊接速度

材　料	板厚/mm	焊接速度/(mm/s)	焊　道　数
A16082-T6	5	12.5	1
A16082-T6	6	12.5	1
A16082-T6	10	6.2	1
A14212-T6	25	2.2	1
A16082-T6	30	3.0	2
Cu5010	0.7	8.8	1
Cu5010	7.4	6.3	1
A14212 + Cu5010	1 + 0.7	8.8	1

图 11-17 为焊接速度对镁合金搅拌摩擦焊接头抗拉强度的影响。由图可见，接头强度随焊接速度的提高并非单调变化，而是存在峰值。当焊接速度小于 150mm/min 时，接头强度随着焊接速度的提高而增大。从焊接热输入可知，当转速为定值且焊接速度较低时，搅拌头/焊件界面的整体摩擦热输入较高。如果焊接速度过高，使塑性软化材料填充搅拌焊针行走形成空腔的能力变弱，软化材料填充空腔能力不足，焊缝内容易形成一条狭长且平行于焊接方向的隧道沟，导致接头强度降低。

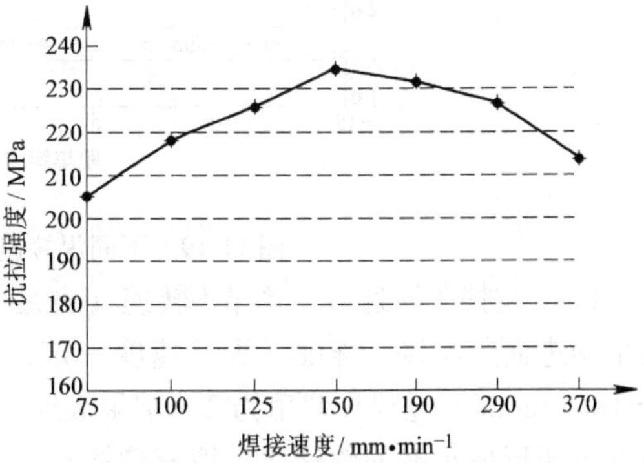

图 11-17　焊接速度对镁合金搅拌摩擦焊接头抗拉强度的影响(旋转速度为 1180r/min)

焊接速度对接头组织和性能有影响。采用搅拌摩擦焊焊接化学成分为 $w_C = 0.150\%$、$w_{Mn} = 1.440\%$、$w_P = 0.011\%$、$w_S = 0.007\%$、$w_{Si} = 0.320\%$、$w_{Cr} = 0.020\%$ 的 C-Mn 钢，搅拌头旋转速度为 1200r/min，焊接速度分别为 3.3mm/s 和 17.0mm/s 时，焊缝的显微组织如图 11-18 所示。焊接速度为 3.3mm/s 时，组织为大量马氏体；焊接速度为 17.0mm/s 时，焊缝显微组织为马氏体和大块贝氏体或魏氏体的混合组织。焊接速度越慢，焊缝的硬度越高，且在搅拌区两边出现软化区。焊接速度为

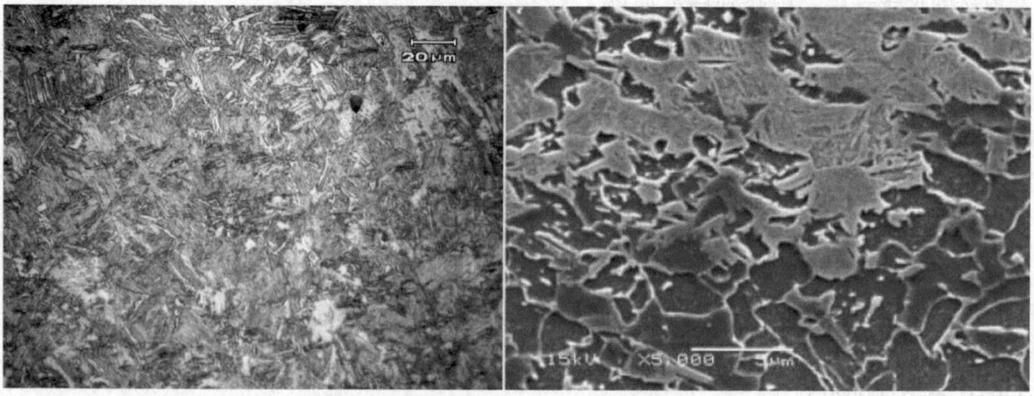

a) b)

图 11-18 两种不同焊接速度的焊缝区组织

a）焊接速度 3.3mm/s b）焊接速度 17.0mm/s

3.3mm/s 时，焊缝硬度比母材高 46%，焊接速度分别为 14.8mm/s 和 17.0mm/s 时，硬度分别减少 31% 和 33%（见图 11-19）。

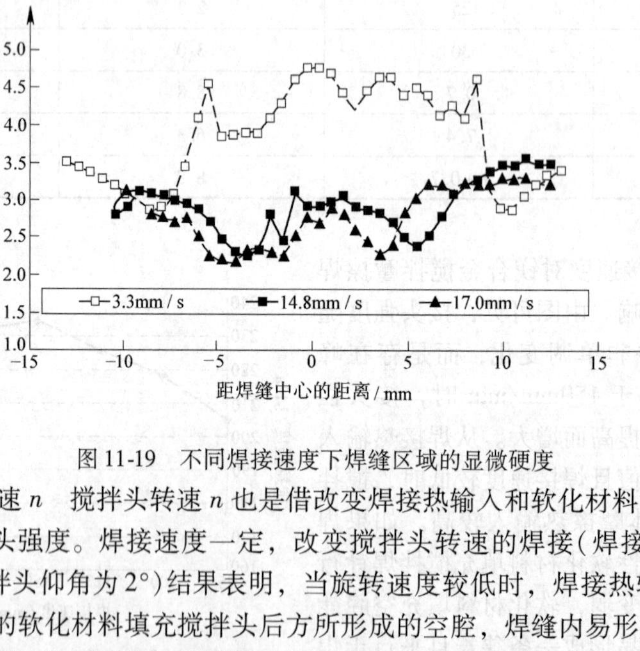

图 11-19 不同焊接速度下焊缝区域的显微硬度

（2）搅拌头转速 n 搅拌头转速 n 也是借改变焊接热输入和软化材料流动来影响接头微观结构进而影响接头强度。焊接速度一定，改变搅拌头转速的焊接（焊接材料为铝锂合金，$v=160\text{mm/min}$，搅拌头仰角为 2°）结果表明，当旋转速度较低时，焊接热输入较少，搅拌头前后不能形成足够的软化材料填充搅拌头后方所形成的空腔，焊缝内易形成孔洞缺陷或搅拌头的后边有一条沟槽，从而弱化接头强度。在一定范围内随着搅拌头转速的提高，焊接峰值温度升高，热输入增加，有利于提高软化材料填充空腔的能力，避免接头内缺陷的形成。当转速提高到一定值时，焊缝外观良好，内部孔洞也逐渐消失。因此，只有在合适的转速下，接头才能获得最佳强度值。试验表明，当 $n \leqslant 800\text{r/min}$ 时，接头强度随转速 n 的提高而增加，并于 $n=800\text{r/min}$ 时达到最大值；当 $n>800\text{r/min}$ 时，焊接峰值温度升高，搅拌头产热过多而产生较宽的热-机影响区，使得接头抗拉强度随着转速的提高而迅速降低。

而对如表 11-2 所示成分钢材进行搅拌摩擦焊，通过对其焊缝组织及强度测试（见图 11-20）可以明显看出，随着搅拌头旋转速度的增大，即由 400r/min 增大到 800r/min 时，焊

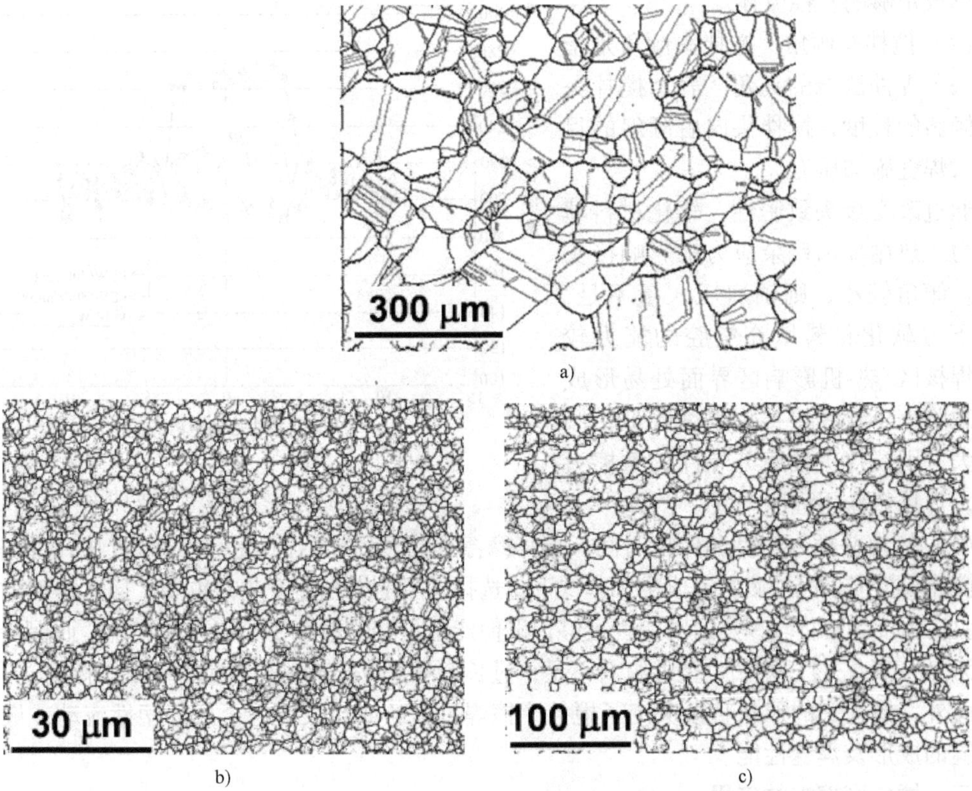

图 11-20　母材和不同搅拌头转速下的焊缝中心的晶粒图
a）母材　b）搅拌头转速 800r/min　c）搅拌头转速 400r/min

表 11-2　材料成分的质量分数

C	Si	Mn	P	S	Ni	Cr	Mo	N	Cu	Fe
0.016%	0.48%	0.49%	0.023%	0.001%	17.78%	19.82%	6.13%	0.20%	0.63%	余量

缝组织明显变粗大，母材的晶粒尺寸为 26μm；搅拌头转速为 800r/min 和 400r/min 时，晶粒尺寸分别为 10.0μm 和 2.0μm，同时相应焊缝的强度也有所降低。可见对于此类材料，当搅拌头转速 $n>400$r/min 时，使热-机影响区增大，使得其硬度有明显的降低（见图 11-21）。

（3）焊接压力　搅拌头与被焊焊件表面之间的接触状态对焊缝的成形也有较大的影响。当压紧力不足时，表面热塑性金属“上浮”，溢出焊接表面，焊缝底部在冷却后会由于金属的“上浮”而形成孔洞；当压紧力过大时，轴肩与焊件表面摩擦力增大，摩擦热将使轴肩发生“粘头”现象，使焊缝表面出现飞边、毛刺等缺陷。

压力适中时，焊核呈规则椭圆状，接头区域有明显分区，焊缝底部完全焊透。焊接时，搅拌焊针首先从前面带动材料往回撤面旋转，经过回撤面侧一次或多次旋转后沉积。焊接压入量不足，将导致产热不足，无法产生足够的塑性流体且塑性流体不能很好地围绕搅拌焊针选择移动，易在焊缝底部形成孔洞，一般出现在焊缝中心偏前进面一侧。镁合金搅拌摩擦焊过程中，很少有孔洞现象产生。孔洞一般产生于焊核边缘，能清晰看到塑性流体的流动迹线。由搅拌摩擦焊热过程分析可知，焊接温度与焊接压力密切相关，压力过低，产热不足而不能形成足够的塑性流体。

（4）搅拌头倾角　搅拌头倾角是指搅拌头与焊件法线的夹角，表示搅拌头向后倾斜的程度，搅拌头向后倾斜的目的是对焊缝施加压力。

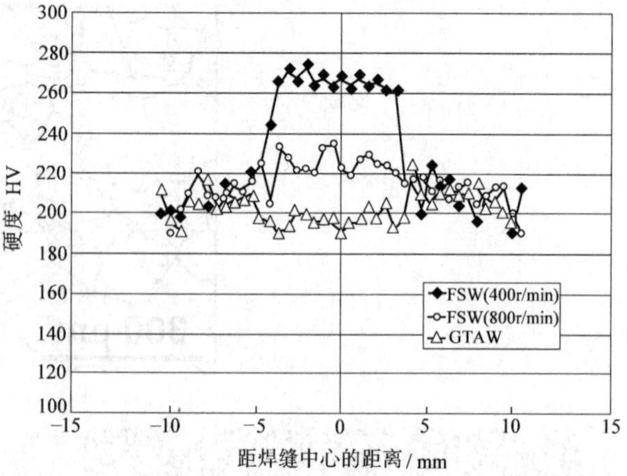

图 11-21　不同旋转速度对硬度的影响

通过改变接头致密性、软化材料填充能力、热循环和残余应力来影响接头性能。倾角较小，则轴肩压入量不足，轴肩下方软化材料填充空腔的能力较弱，焊核区/热-机影响区界面处易形成孔洞缺陷，导致焊接接头强度降低；倾角增大，则搅拌头轴肩与焊件的摩擦力增大，焊接热作用程度增大。

（5）搅拌头插入速度和保持时间　搅拌摩擦焊接过程起始插入速度不可过快，否则容易造成搅拌头折损；但过慢则造成生产率低下。选择适当的插入速度非常重要。插入速度的快慢最终决定焊接起始阶段预热温度是否足够，以便产生足够的塑性变形和流体流动。而保持时间一般为 10 ~ 15s，过短则产生塑性材料不足；过长容易造成局部过热和生产率的下降。

此外，搅拌头的形状直接决定了搅拌摩擦焊过程的产热及焊缝金属的塑性流动，最终影响焊缝的成形及焊缝性能。

三、搅拌摩擦焊的应用

目前，搅拌摩擦焊主要用于铝合金、镁合金等轻金属的焊接。在航空工业中主要用于 2014、2219、7050 铝合金以及大量铝-锂合金的焊接；在车辆工业中主要用于 6005 铝合金和 7005 铝合金的焊接；在造船工业主要用于5＊＊＊系铝合金的焊接；在兵器工业主要用于7＊＊＊系铝合金的焊接。所涉及的板厚范围为 1. 6 ~ 25mm。英国 TWI 报道已经成功地焊接了 75mm 厚的铝合金。另外，对于纯铜、不锈钢、钛合金、铅、塑料、复合材料等都有焊接成功的实例。但目前应用于工业的主要是以铝合金为主的轻金属和熔点较低的金属。

挪威用搅拌摩擦焊焊接了长为 20m 的快艇铝合金构件。美国洛克希德马丁航空航天公司用搅拌摩擦焊焊接了储存液态氧的低温容器。在马歇尔航天飞行中心，也已用搅拌摩擦焊技术焊接了大型圆筒形容器。在铁路行业中，法国阿尔斯通公司用搅拌摩擦焊技术焊接了地铁车辆中的铝制件。美国波音公司用搅拌摩擦焊修理了两个废弃的 VPPA 火箭筒，其中一个已经成功升空。美国波音公司有搅拌摩擦焊的专用车间，可以焊接大型构件，如发射导弹、火箭、飞船的运载工具。据波音公司的统计，采用搅拌摩擦焊比采用传统的熔化极氩弧焊（GMAW）的焊接质量显著提高，在常规和深冷状态下的抗拉强度、冲击韧度和疲劳强度等提高 30%~50%。

第四节　金属焊接的相关技术

一、热切割

金属的热切割是利用热能使金属材料分离的方法，它可以为连接工艺准备零部件，也可直接切割成形。热切割方法有气割、等离子弧切割、电弧切割、激光切割和电子束切割等，工业中以气割、等离子切割和激光切割应用较多。

1. 气割

气割是利用气体火焰热能将工件的切割处预热到一定温度，然后经割嘴通以高速切割氧流，使铁燃烧并放出热量实现切割的方法。常用氧-乙炔焰作为气体火焰，故也称为氧-乙炔切割。

(1) 气割过程及原理　气割过程及原理如图11-22所示。首先点燃氧-乙炔火焰，将割嘴移至割件气割面上方，预热气割处金属到燃点，然后从割嘴喷出切割氧流，纯氧与高温金属接触产生激烈的氧化反应，发生燃烧并放出热量；氧化燃烧的金属形成金属氧化物(熔渣)被切割氧气流吹走，而形成切口。金属燃烧产生的热量与预热火焰又进一步加热相邻的金属，随着割炬沿切割线方向移动，重复预热-燃烧-去渣的过程，最终形成一道切缝。

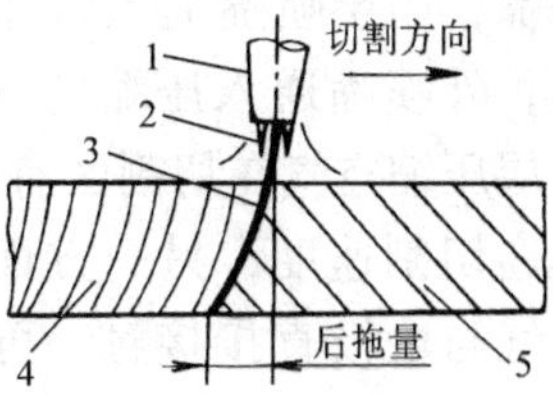

图11-22　气割过程及原理示意图

1—割嘴　2—氧-乙炔火焰　3—切割氧流　4—切缝断面　5—待气割金属

(2) 气割质量要求　为了保证气割过程正常进行并获得优良的气割质量，对切割材料和切割设备、参数的要求有：①金属的燃点低于其熔点，否则金属先熔化，切口凹凸不平；②生成的氧化物熔渣应低于金属本身的熔点，且流动性好，容易被氧吹掉；③燃烧时能放出足够的热量，金属本身热导率低；④燃气和氧气质量好，且其流量配合比合理；⑤设备和工具性能好；⑥工件表面状态及切割速度等工艺参数选配恰当等。

(3) 气割的特点及应用　气割具有灵活方便、适应性强、设备简单、操作方便、生产率高、切口质量较好等优点。气割主要用于低碳钢和低合金钢，广泛用于钢板下料和切除铸钢件的浇冒口等。一般割炬切割工件厚度为5~300mm。为了提高切割速度和切割厚度，可以采用：①收缩-扩散型割嘴，比一般割嘴可提高切割速度20%~100%；②采用氧气屏割嘴，即在切割氧孔道与预热孔道之间增加一个保护气体(氧气)通道，可以提高切割厚度；③采用双氧气孔道和多氧气孔的高速氧气切割，可以获得高速优质切口等。采用半自动气割，特别是仿型自动气割、光电跟踪自动气割以及数控气割，都是提高切割质量和效率的有效途径。

2. 等离子弧切割

利用等离子弧的热能实现金属材料切割的方法称为等离子弧切割。

(1) 等离子弧切割原理　等离子弧是依靠机械收缩、热收缩以及电磁收缩效应形成的高温、高速等离子焰流，其温度远远超过金属或非金属的熔点。等离子弧切割利用这种高温、高速的等离子焰直接将切割金属局部熔化乃至蒸发，并利用压缩气流的机械冲击力将熔化的金属吹走而形成狭窄、光整的切口。

目前用于等离子弧切割的离子气有空气、$(Ar+H_2)$、(N_2+H_2)等。$(Ar+H_2)$可用于较大厚度的不锈钢、铝、铜、铸铁的切割，且切口质量好；(N_2+H_2)切口质量较差；空气因成本低廉而应用较为广泛。图11-23a为单一式空气等离子弧切割原理示意图，它利用空气压缩机提供的压缩空气作为工作气体和排除熔化金属的气流；压缩空气在电弧中加热后分解和电离，生成的氧气与切割金属发生化学放热反应，加之充分电离的空气等离子体热焓值高，电弧能量高，因而切割速度加快。空气等离子弧切割主要用于40mm以下的钢板切割，也可用于不锈钢、铝及其他材料的切割。但是，这种切割方法的电极受到强烈的氧化腐蚀，应采用镶嵌式锆或纯铪电极，且其寿命只有5~10h。复合式空气等离子弧切割原理如图11-23b所示，采用内、外两层喷嘴，内层喷嘴通入常用的工作气体，外喷嘴通入压缩空气。一方面外层压缩空气在切割区有化学反应，提高切割速度；另一方面又避免了空气与电极直接接触，可采用纯钨和氧化物钨电极，使电极结构简化。

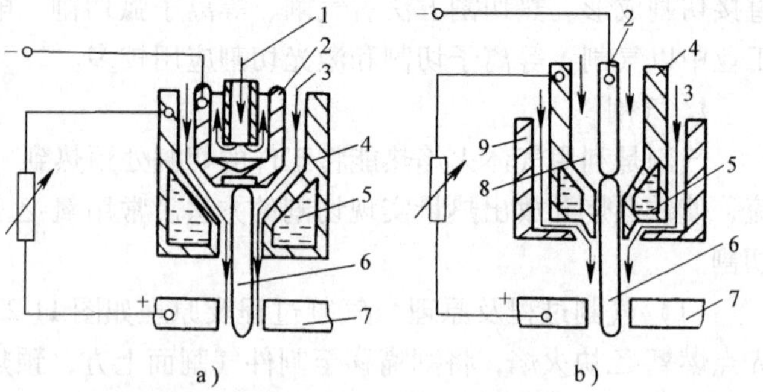

图 11-23 空气等离子弧切割原理示意图

a）单一式空气等离子弧切割原理 b）复合式空气等离子弧切割原理

1—电极冷却水 2—电极 3—压缩空气 4—镶嵌式压缩喷嘴 5—压缩喷嘴冷却水 6—等离子焰 7—工件 8—工作气体 9—外喷嘴

（2）等离子弧切割的主要工艺参数 影响切割速度、切口质量、切割厚度的因素有：①气体流量，是影响切割速度和切口质量的首要参数，应根据割炬结构、电流等参数合理选择；②电流和电压，增加时等离子弧功率提高，切割速度和切割厚度均可提高，但电流增加时切口加宽，也容易烧坏割嘴（空气等离子弧切割多用40~80A中等电流，100~140V较高切割电压，空载电压240~300V）；③切割速度，等离子弧功率确定时，对于给定厚度和材质的金属都有一个最佳的切割速度，过快或过慢都会影响切口质量；④喷嘴高度，一般取5~8mm。

（3）等离子弧切割应用 早期主要用于切割不锈钢、有色金属、铸铁、钨、钛等难以用氧-乙炔火焰切割的金属，还可切割非金属材料，如耐火砖、混凝土、花岗岩等。随着空气等离子弧切割的发展，已扩展到碳钢、低合金钢等，可切割厚度为0.1~200mm。

3. 激光切割

它是利用激光束的能量实现切割的方法，分为激光熔化切割、氧化切割、汽化切割等。

（1）激光切割原理及特点 激光熔化切割是利用激光束将被切割金属加热至熔化，然后以压缩惰性气体吹走熔化金属，形成切口。它主要用于易氧化材料切割。激光氧气切割类似于气割，也用氧气作为切割气体，只是用激光束作为预热热源，主要用于切割碳钢等金属材料。激光汽化切割是利用激光照射到材料表面，使其温度在极短时间内达到汽化点而蒸发，形成切口，主要用于非金属材料切割。

激光切割的主要特点为：切割质量好，割缝细，精度高，切口表面不需要机械加工；切割效率高，是一种无接触、无磨损、无噪声、易于实现自动化的高速切割技术。

（2）激光切割的可控参数 主要有：①功率、切割速度，它们与板厚的关系如图11-24所示；②离焦量，恰当的负离焦量（ΔF为负）可减小切口宽度；③辅助气体和流量，用氧作辅助气体切割低碳钢时有氧化反应产生热量，有助于提高切割速度或厚度，且流量增大，切口宽度减小，用氩气作辅助气体时，切口干净但下缘易挂渣，适用于切割不锈钢等。

二、热喷涂

以一定形式的热源将粉状、丝状或棒状喷涂材料加热至熔融状态，同时用喷射气流使其雾化，喷射到经过预处理的工件表面上，形成喷涂层的一种方法，通常简称为喷涂。

1. 热喷涂原理及特征

热喷涂工艺使加热到熔融状态的喷涂材料粒子喷射到工件表面，与工件表面发生撞击而产生变形、互相镶嵌并迅速冷却凝固；这种大量的变形粒子依次堆叠，形成了以叠层状结构为特征的喷涂层。

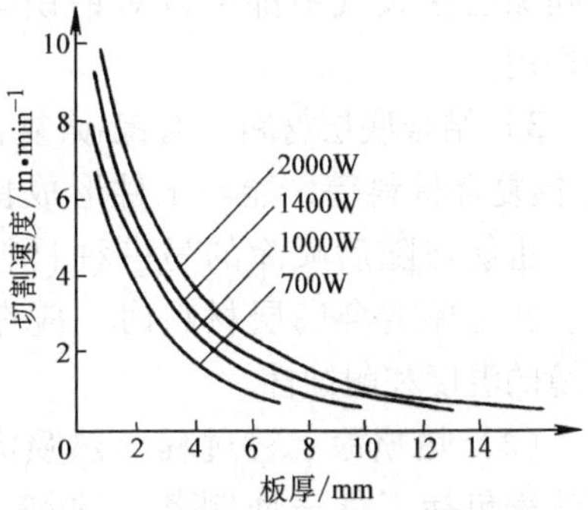

图 11-24　激光功率、切割速度和厚度关系

喷涂粒子的撞击和冷凝时的收缩，使形成的喷涂层内部产生拉应力或压应力。在喷涂过程中，喷涂材料与周围空气相互作用而发生氧化和氮化，因而喷涂层中含有氧化物或氮化物，喷涂粒子的堆叠，在喷涂层中形成了各种封闭的、表面的和穿透的孔隙。

喷涂层与工件表面之间主要为互相镶嵌而形成的机械结合，同时当高温、高速的金属喷涂粒子与清洁的工件表面紧密接触，当两者间的距离达到晶格常数范围内时，还可能产生金属键结合，形成微区冶金结合。

2. 热喷涂方法

热喷涂方法与所用热源相关，通常采用氧-乙炔火焰、电弧、等离子弧、电子束、激光束等热源。

（1）火焰喷涂　喷涂材料可为粉末状或丝状。粉末火焰喷涂是将粉末材料送入氧-乙炔火焰中，经火焰加热并加速喷射到工件表面。火焰线材喷涂是将金属丝加热熔化，由压缩空气将熔化的金属雾化成微粒，喷射到工件表面形成喷涂层，原理如图 11-25 所示。

（2）电弧喷涂　电弧喷涂是利用两根互相绝缘的金属丝在导管端部接触而产生电弧，将本身熔化，再由压缩空气使其雾化成微粒喷射到工件表面的方法，其原理如图 11-26 所示。

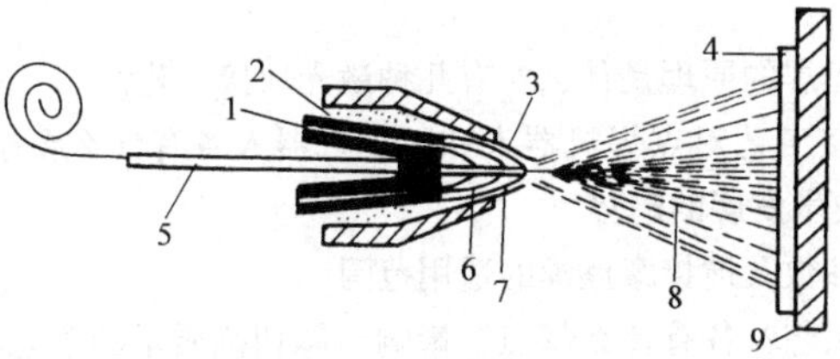

图 11-25　火焰线材喷涂

1—可燃气体　2—压缩空气　3—气封层　4—涂层
5—金属丝　6—焰芯　7—外焰　8—雾滴　9—基体

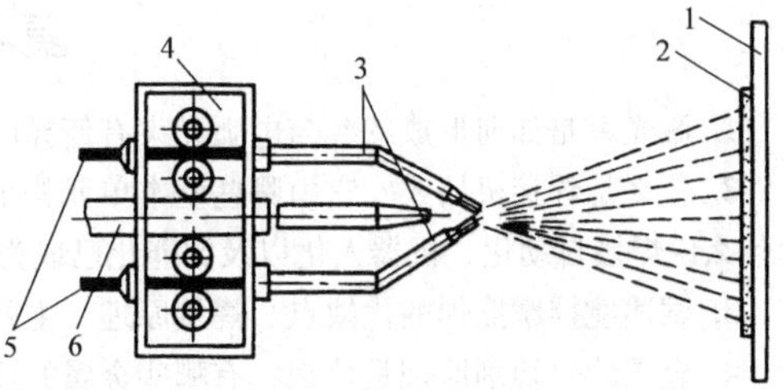

图 11-26　电弧喷涂原理示意图

1—工件　2—喷涂层　3—金属丝导管　4—送丝机构
5—金属丝　6—压缩空气导管

（3）等离子弧喷涂　采用等离子火焰为热源，喷涂材料为粉末状，其原理如图 11-27 所示。

3. 热喷涂材料及工艺

（1）热喷涂材料　材料形状有丝状和粉末两种。材质可分纯金属及合金、自熔性材料、复合材料、陶瓷和塑料等。根据工件的工作环境和使用要求又分为三类：

1）耐磨喷涂材料。多为镍基、钴基和铁基合金等自熔性材料，陶瓷材料，或者这两类材料的混合物。

2）耐腐蚀喷涂材料。采用锌、铝、奥氏体不锈钢、铝青铜、钴基和镍基合金等，其喷涂层在进行封孔处理后，都具有不同程度的耐大气腐蚀性。其中锌、铝应用最为广泛，它们的喷涂层在大气中都可以对钢铁构件起保护作用。

3）结合底层材料。有镍-铬复合材料和镍-铝复合材料等，能与工件形成良好的结合，也能与随后喷涂的另一种材料良好结合。在选择结合底层材料时，应考虑使用环境的温度和耐蚀性。

（2）热喷涂工艺过程　热喷涂基本工艺流程包括工件表面制备、预热、喷涂工作层、喷后处理等四个环节：

1）工件表面制备。包括表面清洗、表面预加工、表面粗化、喷涂结合底层等，是保证喷涂层质量的主要措施，会影响整个热喷涂工艺过程的成败。

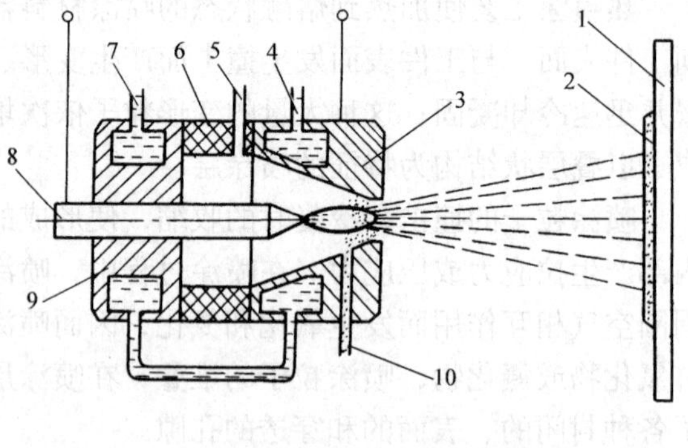

图 11-27　等离子弧喷涂原理

1—工件　2—喷涂层　3—前喷枪体　4—冷却水出口　5—等离子气进口　6—绝缘套　7—冷却水进口　8—钨极　9—后喷枪体　10—送粉口

2）预热。工件预热温度以 80 ~ 120℃为宜，可在电炉中预热，火焰喷涂时可用喷枪直接预热。

3）喷涂工作层。每次喷涂的厚度不应超过 0.15mm，工作层的总厚度为 1.0 ~ 1.5mm，否则会降低结合强度。应根据工件工作要求选择热喷涂方法，正确选择工艺参数和操作方法。

4）喷后处理。包括封孔处理、喷涂层机械加工等。封孔是采用各种有机合成树脂、合成橡胶，石蜡、某些油漆和油脂等使喷涂层表面孔隙封闭，以获得抗腐蚀和密封性能。机械加工可采用车削和磨削等工艺，使喷涂层获得必要的精度。

复习思考题

1. 激光束是如何形成的？与电弧光束有何异同？激光焊的原理是什么？有几种激光焊接工艺？

2. 什么是焊接机器人？它由哪些基本单元构成？焊接工艺对点焊机器人和弧焊机器人各有什么要求？为什么说焊接自动化、机器人化以及智能化已成为焊接技术发展的趋势？

3. 试述搅拌摩擦焊的优缺点、焊接原理、主要技术参数及搅拌摩擦焊的适用范围。

4. 金属的热切割原理是什么？有哪些金属的热切割工艺？各有什么特点？影响金属切割质量的工艺参数各有哪些？

5. 热喷涂原理是什么？有哪些热喷涂方法？各有什么特点？热喷涂对材料及工艺有什么要求？热喷涂有哪些工业应用？

第十二章　金属构件焊接工艺设计

第一节　金属材料的焊接性

一、金属焊接性的定义

金属焊接性是指金属材料是否具有适应焊接加工，以及在焊接加工后是否能在使用条件下安全运行的能力。它包括两方面的内容：一是结合性能，即在一定焊接工艺条件下，被焊接金属形成焊接缺陷(裂纹、夹渣、气孔等)的敏感性；二是使用性能，即在一定工艺条件下，被焊接金属的焊接接头对使用性能要求的适应性。简而言之，焊接性就是指金属材料“好不好焊”以及焊成的接头“好不好用”。

焊接性这两方面的内容有时又称为工艺焊接性和使用焊接性。工艺焊接性是指在一定的工艺条件下(包括焊接方法、焊接材料、焊接参数和结构形式等)焊接时，产生焊接缺陷的倾向性和严重性，在各种焊接缺陷中，裂纹的危害性最大，产生的原因多而复杂，所以通常将工艺焊接性的重点放在分析材料的抗裂性能上；使用焊接性是指焊接接头或整体结构是否满足技术条件所规定的各种使用性能的要求，如常温力学性能、低温韧性、高温蠕变、持久强度、疲劳性能以及耐蚀性和耐磨性能等。

二、影响材料焊接性的因素

1. 材料因素

材料本身的化学成分、组织状态和力学性能等对其焊接性起着决定性的作用，例如：铝和钛的化学性质活泼，容易氧化和烧损，所以它们的焊接性比铁要困难得多。两种不同金属材料的焊接，则与它们各自的性能有关，一般来说，理化性能、晶体结构接近的金属材料比较容易实现焊接。

焊接加工后，材料组织性能的变化对材料焊接性也有着重要影响。例如：低碳钢焊接时，其热影响区(HAZ)组织对焊接热输入量不敏感，焊接工艺简单，焊接性好；而中碳调质钢的 HAZ 组织对焊接热输入量很敏感，过小的热输入量可能造成 HAZ 的淬硬催化和冷裂纹，过大的热输入量有可能造成 HAZ 的过热催化和软化，所以中碳调质钢焊接时不仅要控制焊接热输入量，而且要采取预热、缓冷等措施，工艺复杂，焊接性差。

应当指出，焊接材料对母材的焊接性也有很大的影响。通过调整焊接材料的成分和变化熔合比，可以在一定程度上改善母材的焊接性。例如：硬铝 2A12 使用同质焊丝难以焊接，但使用 $w_{Si}=5\%$ 的 SalSi-1 铝合金焊丝则可以有效地防止结晶裂纹。

2. 工艺因素

工艺因素包括所采用的焊接方法和焊接工艺规程，如焊接热输入、预热、后热、焊接顺序和焊接热处理等，它们都会影响材料的焊接性。

焊接方法对焊接性的影响主要体现在两个方面，即能量密度和保护条件。采用功率密度较大的焊接工艺方法，例如激光焊、电子束焊、等离子弧焊等，可以大大减小焊接热影响区的宽度，从而大大减少各种焊接热影响区的焊接缺陷，改善金属的焊接性；采用良好的保护方法，更是实现正常焊接过程的必要手段，在氩弧焊发明之前，Al、Si 等活泼金属的焊接很困难，可是采用保护良好的氩弧焊后，使它们的高质量焊接成为可能。

3. 结构因素

焊接接头的结构设计直接影响到它的刚度、拘束应力的大小和方向，而这些又影响到焊接接头的各种裂纹倾向。尽量减少焊接接头的刚度，减少交叉焊缝，减少各种造成应力集中的因素是改善焊接性的重要措施之一。

4. 使用条件

焊接接头所承受载荷的性质和工作温度的高低、工作介质的腐蚀性等均属于使用条件，使用条件的苛刻程度也必然影响到金属材料的焊接性。

焊接接头在高温下工作，必须考虑到合金元素的扩散和整个结构的蠕变问题；在低温下工作或承受冲击的焊接接头要考虑脆性断裂的可能性。在腐蚀介质中工作的焊接接头要考虑各种腐蚀破坏的可能性。总之，使用条件越苛刻，对焊接接头的质量要求越高，焊接性也就越难保证。

综上所述，金属焊接性与材料、工艺、结构和使用条件等因素都有密切的关系，是一个相对的概念，所以不应脱离这些因素而单纯从材料本身的性能来评价焊接性。很难找到一项技术指标就可以概括金属材料的焊接性，只能通过多方面的研究对其进行综合评定。

三、焊接性的评定

影响金属焊接性的因素是多方面的，因此新材料、结构或工艺方法在正式使用之前，均要进行焊接的工艺评定，估计焊接过程当中可能存在的问题，依此制定出最佳的焊接工艺，以获得优质焊接接头。下面介绍焊接性评定的一般过程。

根据被评定材料的有关数据或图表（如化学成分、化学性能、物理性能、CCT 图或 SHCCT 图等）对其焊接性进行初步分析。对于生产单位，分析要结合产品的结构形式与具体的生产条件。

在上述分析的基础上，还必须进行焊接性试验。按照试验性质的不同，焊接性试验又可分为实焊性试验与模拟性试验两类。

评定焊接性的方法很多，从内容上看，都是从工艺焊接性和使用焊接性两方面来进行评定。

（1）工艺焊接性评定　主要是评定形成焊接缺陷的敏感性，特别是裂纹倾向，可分直接法和间接法两大类。

1）直接模拟试验。它是按照实际焊接条件，通过焊接过程观察是否发生某种焊接缺陷或发生缺陷的程度，来直观评价焊接性的优劣。主要有焊接裂纹试验、高温裂纹试验、再热裂纹试验、层状撕裂试验、应力腐蚀试验、脆性断裂试验等。

2）间接推算法。这类评定方法一般不需要焊出焊缝，而是根据材料的化学成分、金相组织、力学性能之间的关系，联系焊接热循环过程评定焊接性的优劣。主要有各种抗裂性判据、焊接 SHCCT 图、焊接热-应力模拟等。

（2）使用焊接性评定　这类焊接性评定方法最为直观，它是将实际的焊接接头甚至产品在使用条件下进行各方面的性能试验，以试验结果评定其焊接性。主要方法有常规力学性能试验、高温力学性能试验、低温脆性试验、耐腐蚀及耐磨损性试验、疲劳试验等；直接用产品的试验有水压试验、爆破试验等。

四、分析金属焊接性的方法

1. 利用化学成分分析

（1）碳当量法　碳当量法是一种粗略地估计低合金钢焊接冷裂敏感性的方法，焊接部位的淬硬倾向与化学成分有关，在各种元素中，碳对淬硬及冷裂影响最显著。设系数为“1”，将其他各种元素的作用按照相当于若干碳含量作用折合并叠加起来，即为“碳当量”。显然，母材碳当量越大，淬硬倾向越大，焊接性越差。

国际焊接学会(IIW)推荐的公式为

$$C_{eq}=C+Mn/6+(Ni+Cu)/15+(Cr+Mo+V)/5 \tag{12-1}$$

式(12-1)适用于中、高强度的低合金非调质钢。当计算的 $C_{eq}<0.4\%$ 时，钢材的淬硬性不大，焊接性良好；当 $C_{eq}=0.4\%\sim0.6\%$ 时，钢材易于淬硬，焊接时需要预热才能防止冷裂纹；当 $C_{eq}>0.6\%$ 时，钢材的淬硬倾向大，焊接性差。

日本工业标准和日本溶接协会推荐公式为

$$C_{eq}=C+Mn/6+Ni/40+Cr/5+Si/24+Mo/4+V/14 \tag{12-2}$$

式(12-2)适用于低合金调质钢，其化学成分范围：$w_C\leqslant0.2\%$；$w_{Si}\leqslant0.55\%$；$w_{Mn}\leqslant1.5\%$；$w_{Cu}\leqslant0.5\%$；$w_{Ni}\leqslant2.5\%$；$w_{Cr}\leqslant0.2\%$；$w_{Mo}\leqslant0.7\%$；$w_V\leqslant0.1\%$；$w_B\leqslant0.006\%$。

C_{eq}值作为评定冷裂敏感性指标，只涉及钢材本身，并未考虑其他一些因素，如接头拘束度、扩散氢等的影响，因此，不能准确反映实际构件的冷裂纹倾向。

（2）焊接低温裂纹敏感指数(P_c)　单纯以淬硬性估计低温裂纹倾向是比较片面的，低温裂纹敏感指数(P_c)综合考虑了产生低温裂纹三要素(淬硬倾向、拘束度和扩散氢含量)的影响，使计算结果更准确，其公式为

$$P_c=P_{cm}+[H]/60+\delta/600 \tag{12-3}$$

$$P_{cm}=C+Si/30+(Mn+Cu+Cr)/20+Ni/60+Mo/15+V/10+B/5 \tag{12-4}$$

式中，P_{cm}为化学成分的低温裂纹敏感指数(%)；δ 为板厚(mm)；[H]为焊缝中扩散氢含量(mL/100g)。

式(12-4)的适用条件：w_C：$0.07\%\sim0.12\%$；$w_{Si}\leqslant0.60\%$；w_{Mn}：$0.4\%\sim1.40\%$；$w_{Cu}\leqslant0.5\%$；$w_{Ni}\leqslant1.20\%$；$w_{Cr}\leqslant1.20\%$；$w_{Mo}\leqslant0.70\%$；$w_V\leqslant0.12\%$；$w_{Nb}\leqslant0.04\%$；$w_{Ti}\leqslant0.05\%$；$w_B\leqslant0.005\%$；$\delta=19\sim50$mm；$[H]=1.0\sim5.0$mL/100g。

求得 P_c 后，利用下式即可求出斜 Y 坡口对接裂纹试验条件下，防止低温裂纹所需要的最低预热温度 t_0(℃)，即

$$t_0=1440P_c-392 \tag{12-5}$$

影响焊接性的因素是非常复杂的，计算公式难以考虑到物理模型的所有变量，这是数据与实际测量结果有一定差距的原因。工程上，上述公式只能作为分析时的一种估算，最终防止裂纹的条件，必须通过直接裂纹试验或模拟试验来确定。

2. 利用 CCT 图分析

根据材料的 CCT 图可获得各种冷却速度下的组织和性能以及临界冷却时间，对制定焊接工艺参数提供依据。

3. 利用材料的物理性能分析

材料的物理性能包括熔点、导热性、密度、线膨胀系数、热容量等，这些参数影响焊接过程中刚度大小和残余应力的分布，影响热循环、熔化、结晶和相变过程。

4. 利用材料的化学性能分析

材料的化学性能主要是分析其与气体的亲和力，如铝合金和钛合金对氧很敏感，在高温下极易氧化，需要采取可靠的保护方法，如惰性气体保护焊或真空焊接等。有的情况下还必须实施后拖保护罩。

5. 利用合金相图分析

主要是分析高温裂纹倾向。依照成分范围，查找相图，可知结晶范围、脆性温度区间的大小、是否形成低熔点共晶物及形成何组织等。

6. 利用焊接工艺条件分析

(1) 热源特点　各种焊接方法所采用的热源在功率、能量密度、最高加热温度等方面有很大的差别，使金属在不同工艺条件下焊接时显示出不同的焊接性。例如：电渣焊，其功率很大，能量密度很低，最高加热温度也不高，加热缓慢，高温停留时间长，焊接热影响区晶粒粗大，冲击韧度下降；电子束焊、激光焊，其功率小，能量密度高，加热迅速，高温停留时间短，热影响区窄，没有晶粒长大危险。

(2) 保护方法　保护方法是否恰当也会影响金属焊接性的效果。例如：熔化极惰性气体保护焊通常采用惰性气体 Ar、He 或它们的混合气体作为焊接区的保护气体，使电弧燃烧稳定，熔滴细小，熔滴过渡过程稳定，飞溅小，焊缝冶金纯净度高，力学性能好。

(3) 热循环的控制　正确选择焊接工艺规范控制焊接热循环；利用预热、缓冷及层间温度来改变焊接性。

(4) 其他工艺因素　彻底清理坡口及其附近部位；对焊接材料进行处理、烘干、除锈，保护气体要提纯、去杂质后使用；合理安排焊接顺序；正确制定焊接规范等。

第二节　金属构件常用材料的焊接

一、合金结构钢的焊接

1. 高强钢的焊接性分析

高强钢强度级别较低(屈服强度 300～400MPa)时，其焊接性较好，接近于低碳钢。随着钢中合金元素增加，强度级别提高，焊接性逐渐变差，主要问题有：结晶裂纹、冷裂纹及热影响区的性能变化等。

(1) 结晶裂纹　焊缝中的结晶裂纹是在焊接凝固后期，由于低熔共晶在晶界形成液态薄膜，在拉应力作用下沿晶界开裂而形成的。它的产生与焊缝中的杂质(如硫、磷、碳等)含量有关。热轧正火钢和低碳调质钢含碳量较低，合金元素的含量较低，这类钢的结晶裂纹的敏感性较小。中碳调质钢的含碳量及合金元素的含量较高(如 30CrMnSiA)，结晶区较宽，会引起较大的偏析，具有较大的结晶裂纹倾向，尤其在焊接弧坑及焊缝凹陷部位更易形成结晶裂纹。

(2) 冷裂纹　高强钢焊接时，冷裂纹是最常见的缺陷，随着钢种强度级别的提高，产生冷裂纹的倾向增大。产生冷裂纹主要与焊缝中的扩散氢含量、接头的拘束程度以及金属的淬硬组织有关。

(3) 热影响区脆化　焊接热影响区可分为过热区、重结晶区和不完全重结晶区，其中除重结晶区由于晶粒细小，具有较好的综合力学性能外，不完全重结晶区、过热区的脆化严重。不同种类的钢，引起热影响区的脆化原因也不同。

（4）热影响区软化 焊接调质钢时，在 Ac_1 温度以下，热影响区中加热的峰值温度超过母材调质处理时的回火温度就会出现软化现象，软化程度大小与焊前母材的回火温度有关。回火温度越低，软化区就越宽，软化越严重。

2. 高强钢的焊接工艺

（1）热轧及正火钢的焊接工艺 热轧正火钢有良好的焊接性，只有在焊接工艺不当时才会出现接头性能问题。

1）焊接方法及工艺参数。热轧、正火钢适合于各种焊接方法，通常可采用焊条电弧焊、埋弧焊、二氧化碳气体保护焊和电渣焊等方法进行焊接。为避免过热区脆化，宜选用小的热输入。在焊接厚大工件和母材合金元素较多的钢种时，可采用偏小热输入及预热措施，并控制层间温度以防止产生裂纹。

2）焊接材料的选择。采用焊条电弧焊时，可以选择强度级别和母材相当的焊条，对强度级别高的钢，一般应选择低氢型焊条。采用埋弧焊时，对强度级别不大、接头厚度不大的热轧、正火钢，可选择高硅高锰焊剂，如 HJ431 和相应焊丝（不含或含少量锰、硅焊丝）。对钢的强度级别较高或厚度较大的接头，应选择中硅焊剂如 HJ350、HJ250，并配合含锰合金焊丝，以保证接头足够的强度。

3）焊接接头热处理。热轧钢焊接头可以在焊态下使用，不必进行焊后热处理，正火钢的焊接接头焊接后应及时进行消除应力处理，以防止裂纹。

（2）低碳调质钢的焊接工艺 低碳调质钢焊接性的主要问题是冷裂纹、热影响区组织脆化及软化。

1）焊接方法及工艺参数的选择。为了减小热影响区的脆化、软化及液化裂纹产生，应选择能量密度高、热源集中的焊接方法，如钨极和熔化极气体保护焊。如选择焊条电弧焊和埋弧焊方式，其焊接热输入应偏小些。为防止冷裂纹产生，尤其是延迟裂纹，还需控制接头中原含氢量和采取预热、控制多层焊缝层间温度等措施。

2）焊接材料的选择。由于低碳调质钢焊后一般不再进行热处理，因此选择焊接材料时必须使焊缝的性能接近于母材的机能。焊条电弧焊时选用低氢型焊条，埋弧焊时应选择中硅焊剂。

3）焊后热处理。在正常情况下，低碳调质钢焊后不必再进行热处理。对于电渣焊接头或线能量较大的埋弧焊接头，为消除应力、改善组织和性能，须进行焊后调质处理。

（3）中碳调质钢的焊接工艺 此类钢一般在退火状态下进行焊接，焊后整体进行调质处理，常用的焊接方法均能适用。在选择焊接材料时，要保证焊缝和母材调质处理后具有相同的性能，并严格控制焊缝中的杂质及有害元素。为防止冷裂纹，可采用合适的热输入，不能采用太高的预热温度、层间温度（250 ~ 350℃），焊后及时进行调质处理。如不能及时调质处理，可及时进行一次中间退火或回火。

若必须在调质状态下焊接时，焊接主要问题是防止冷裂纹和避免接头软化。首先，必须正确选择预热温度及焊后及时回火处理；其次，为减少热影响区的软化，应采用热源集中、能量密度大的焊接能源，而且以小热输入为宜，如氩弧焊等。

3. 特殊用钢的焊接

（1）珠光体耐热钢的焊接 珠光体耐热钢是以 Cr-Mo 为基的低中合金钢，一般在正火-

回火或淬火-回火状态下焊接，在热影响区中可能出现硬化和软化，以及冷裂纹和消除应力裂纹(再热裂纹)倾向。珠光体耐热钢常采用的方法有焊条电弧焊、埋弧焊、电渣焊等，有时还可用 CO_2 气体保护焊。采用焊条电弧焊时，一般用钼和铬钼耐热钢焊条；埋弧焊用低锰中硅(HJ250)焊剂或中锰中硅(HJ350)焊剂配 H08CrMoA、H10CrMo、H08CrMoVA 等焊丝。为了减少软化区，改善热强性，同时考虑到减小冷裂倾向，尽可能选择小热输入和预热等工艺措施。

(2) 低温钢的焊接　低温钢主要为工作温度在 -40 ~ -196℃时用钢，分为无镍钢和含镍钢两大类。焊接主要问题是焊缝和近缝区的晶粒粗化而使韧性降低。焊接材料的选择原则是保持焊缝中有足够的锰和铜，同时还渗入 Mo、W、Nb、V、Ti 等元素，使晶粒细化。对含有 w_{Ni} = 2.5%~3.5% 的低温用钢，焊接材料的成分应选与母材相同，另添加 Ti 元素来细化晶粒，并降低含碳量。加入 Mo 可控制回火脆性。9% Ni 钢属低碳马化体钢，可采用高 Ni 合金焊丝或 Cr16-Ni13 型的奥化体钢焊丝，但要注意防止结晶裂纹。

焊接低温钢时希望选择小热输入和快速多道焊工艺，以细化晶粒，提高韧性。

(3) 耐蚀钢的焊接　主要讨论含铝低合金耐蚀钢和含磷低合金耐蚀钢的焊接。

1) 含铝低的耐蚀钢。常选用不含铝的 E5015(J507)、E5515G(J557)钼钒焊条电弧焊，对含铝较高的耐蚀钢，选 Cr-Ni 系焊条和 Mn-Al 系焊条。为防止铁素体带脆化，可采用调整成分的措施。但对含铝较多的钢，应采取小线能量和多层多道焊，避免接头过热，减少铁素体带脆化倾向。

2) 含磷低合金耐蚀钢。焊接冷裂纹敏感性小，但铜、磷在焊接接头的局部熔化区晶界偏析可能增加脆化和液化裂纹倾向，所以宜选用较小的热输入。

二、耐热钢、不锈钢焊接

1. 珠光体耐热钢的焊接

珠光体耐热钢是一种以 Cr、Mo 为主要合金元素的低、中合金钢。一般含 Cr 的质量分数为 0.5%~5%，含 Mo 的质量分数为 0.5% 或 1%，随着使用温度的提高，钢中往往还加入 V、W、Nb、B 等微量强化元素，合金元素总含量的质量分数一般小于 5%，常用有 15CrMo、12Cr1MoV 等。珠光体耐热钢广泛应用于 600℃以下工作的石油化工及动力工业设备中，它不仅具有良好的抗氧化性和热强性，还具有一定的抗硫和氢腐蚀能力，同时具有很好的冷热加工性能。

(1) 珠光体耐热钢的焊接性　珠光体耐热钢的焊接问题与低碳调质钢相似。珠光体耐热钢的主要合金元素是 Cr 和 Mo，它们显著提高钢的淬硬性，增加接头冷裂纹敏感性；若结构拘束度较大，那么在消除应力处理或高温长期使用时，粗晶部位容易出现消除应力(再热)裂纹；母材合金化越高，焊前原始硬度越大，焊后软化程度越严重，焊后高温回火不但不能使“软化区”硬度恢复，甚至还会稍有降低，只有经正火+回火后才能消除软化问题；焊缝金属回火脆化的敏感性比母材大，这是因为焊接材料中的杂质更难以控制。根据研究结果，要获得低回火脆性的焊缝，必须严格控制 P 和 Si 含量(Si 促进 P 偏析)，P 的质量分数 $w_P \leq 0.015\%$。

(2) 珠光体耐热钢的焊接工艺　与普通低碳钢和低合金结构钢相比，制订珠光体耐热钢焊接工艺时，除防止焊接裂纹外，最重要的是保证接头性能，特别是满足高温性能要求。焊接珠光体耐热钢的常用方法有焊条电弧焊、钨极和熔化极氩弧焊、埋弧焊和电渣焊。

珠光体耐热钢焊接材料的选择应根据母材金属的合金成分，而不是强度性能。为了确保接头的耐热性，焊接材料的合金含量应相当或略高于母材。为了防止焊缝出现热裂纹，其含碳的质量分数应小于0.12%，但不得低于0.07%，否则，焊缝金属的可热处理性、冲击韧度、热强性变坏。

预热是珠光体耐热钢焊接时防止焊接冷裂纹的有效工艺措施。预热温度一般在150～330℃。用钨极氩弧焊打底时，可以降低预热温度或不预热。珠光体耐热钢焊后立即作高温回火处理，以防止延迟裂纹、消除应力和改善组织，提高接头高温力学性能。回火温度应避免在回火脆性及消除应力裂纹敏感温度范围内（150～330℃）进行，并要在危险区间内以较快的加热速度。

2. 铁素体、马氏体钢的焊接

（1）铁素体钢的焊接 铁素体钢是 $w_{cr}=12\%\sim30\%$ 的高合金钢，其化学成分特点是低碳、高Cr，如06Cr13Al、10Cr15等。铁素体钢耐蚀性好，主要用作不锈钢（耐硝酸、氨水腐蚀），也可用于抗高温氧化钢。

铁素体钢焊接时的主要问题是：因铁素体钢在加热冷却过程中不发生相变，焊缝及热影响区（HAZ）晶粒长大严重，易形成粗大铁素体组织，且不能通过热处理来改善，导致接头韧性比母材更低；多层焊时，焊道间重复加热，可能导致σ相析出和475℃脆性，进一步增加接头脆化。对于在耐蚀条件下使用的铁素体钢，还要注意近缝区的晶间腐蚀倾向。因此，铁素体钢焊接时宜采用低热输入量的焊接方法，如焊条电弧焊、钨极氩弧焊等。为防止裂纹，改善接头塑性和耐蚀性，焊接时要选择与母材相近的铁素体铬钢和铬镍奥氏体钢作为填充材料。用于高温条件下的铁素体钢，必须采用成分基本与母材匹配的填充材料。

主要工艺措施为，低温预热至150℃左右，使材料在富有韧性的状态下焊接。含Cr量越高，预热温度应越高。最好采用低热输入的钨极氩弧焊，小电流快速施焊，减少横向摆动，待前一道焊缝冷却到预热温度后再焊下一道焊缝。焊后进行750～800℃退火处理，使铬均匀化，恢复耐蚀性，并可改善接头塑性。退火后应快冷，防止出现σ相及475℃脆化。

（2）马氏体钢的焊接 在铁素体钢基础上，适当增加含C量、减少含Cr量，高温时可以获得较多的奥氏体组织，快速冷却后，室温下得到具有马氏体组织的钢，即马氏体钢，主要钢号有12Cr12、20Cr13、14Cr17Ni2等。它有高的强度、硬度及耐磨性、耐蚀性，在工业中被广泛用作不锈钢或热强钢。

马氏体钢焊接性很差，焊缝及HAZ在焊态下组织多为硬而脆的马氏体，所以焊接时有强烈的冷裂纹倾向；其导热性差，焊接时易过热，故热影响区易形成粗大的马氏体组织；此外，接头HAZ也存在明显的软化问题。

马氏体钢焊接最好采用无氢源的钨极或熔化极氩弧焊，采用与母材成分基本相同的同类焊材或采用奥氏体填充金属。由于奥氏体焊缝金属具有良好的塑性，可以缓解接头的残余应力，它还可溶解大量的氢，因此可大大降低接头产生冷裂纹的可能性，简化焊接工艺。焊接时，预热是不可缺少的工序，是防止冷裂纹、降低接头各区硬度和应力峰值的有效措施。预热温度范围一般在150～400℃之间。焊后冷至100～150℃，并保温0.5～1h后再加热回火。马氏体钢一般在调质状态下焊接，故焊后只需作高温（650～750℃）回火处理。

3. 奥氏体钢的焊接

奥氏体钢是在耐热、耐蚀条件下应用的一类高合金钢。它是以铁为基，主要以镍、铬、锰、氮等元素合金化，使马氏体转变点降至室温以下，空冷至室温时组织仍然是奥氏体，如12Cr18Ni9、06Cr18Ni11Nb、022Cr18Ni10N等。

（1）奥氏体钢焊接性 奥氏体钢具有面心立方晶体结构，室温下塑韧性很好，因此焊接冷裂倾向很小。从这一点看，其焊接性比铁素体钢、马氏体钢都要好。奥氏体钢焊接时存在的主要问题是：焊缝及热影响区热裂纹敏感性大；接头产生碳化铬沉淀析出，出现诸如晶间腐蚀、应力腐蚀开裂，使耐蚀性下降；接头中铁素体含量高时，可能出现475℃脆性或σ相脆化。

（2）奥氏体钢焊接工艺 奥氏体钢可以采用所有的熔焊方法，但钨极氩弧焊是最理想方法。因为钨极氩弧焊在焊接过程中合金元素烧损很小，焊缝金属表面洁净无渣，焊缝成形好。此外由于焊接热输入量低，特别适宜对过热敏感的奥氏体钢焊接。

对工作于高温条件下的奥氏体钢，要求填充材料其合金成分大致与母材成分匹配，同时应当考虑对焊缝金属中铁素体含量的控制。在铬镍的质量分数均大于20%的奥氏体钢中，为获得抗裂性高的纯奥氏体组织，选用w_{Mn}为6%~8%的焊材是一种行之有效且经济的解决办法。对于在腐蚀介质下工作的奥氏体不锈钢，一般选用与母材成分相同或相近的焊条。由于含碳量对奥氏体不锈钢的抗蚀性能有很大影响，因此熔敷金属含C量不要高于母材。在强腐蚀介质下工作的设备，要选用含Ti或Nb等稳定化元素或超低碳焊接材料；对于耐酸腐蚀性能要求较高的工件，常选用含Mo的焊接材料。奥氏体钢焊接时应注意以下几点：

1）焊前不预热。因奥氏体钢具有较好的塑性，冷裂纹倾向很小。多层焊时要避免层间温度过高，一般应冷到100℃以下再焊次层。

2）防止接头过热。采用较小焊接电流（比焊低碳钢时小10%~20%），短弧快速焊，直线运条，避免重复加热，强制冷却焊缝（加铜垫板、喷水冷却）等。

3）注意保护工件表面。焊件表面损伤是产生腐蚀的根源，应避免碰撞损伤；避免在焊件表面进行引弧，造成局部烧伤；防止焊件表面溅落飞溅物等。

4）焊后热处理。奥氏体钢焊接后，原则上不进行热处理。只有焊接接头产生了脆化或要进一步提高其耐蚀能力时，才根据需要选择固溶处理、稳定化处理或消除应力处理。

三、有色金属焊接

1. 铝及铝合金的焊接

铝具有密度小、抗蚀性好、导电性及导热性能优良等特点。在纯铝中加入少量合金元素如铜、镁、锰等形成的铝合金，可显著提高强度等各项性能。

（1）焊接特性 主要问题有：

1）氧化性极强。铝及其合金与氧的化学结合力很强，焊件表面形成一层厚度为0.1~0.2μm、熔点约为2050℃的Ai_2O_3薄膜，远超过铝及其合金的熔点（660℃），加之铝及其合金导热性强，焊接时容易造成不熔合现象，Ai_2O_3也容易成为焊缝金属的夹杂物。

2）焊缝易出现氢气孔。在平衡条件下，氢在液态铝中的溶解度为0.69mL/100g，而在660℃凝固温度时突然降到0.04mL/100g，使原来溶于液态铝中的氢大量析出，形成气泡。另外，由于铝及铝合金的密度小，气泡在熔池中的上升速度较慢，加之铝及合金的导热性很强，熔池冷凝快，气泡来不及浮出便容易成为气孔。

3）焊接热裂纹。铝及铝合金的线膨胀系数为钢的2倍，凝固时的体积收缩率达6.5%左右，为钢的3倍，易产生较大的焊接应力，因此焊接时具有较大的热裂纹倾向。

4）焊接接头与母材不等强。铝及铝合金焊接接头的热影响区由于受焊接热循环作用而发生软化，强度降低，使接头强度低于母材，出现焊接接头与母材不等强度问题。工业纯铝及非热处理强化铝合金的接头强度约为母材强度的75%~100%；热处理强化铝合金的接头强度仅为母材强度的40%~50%。

5）焊接接头的耐蚀性下降。焊接接头的耐蚀性一般都低于母材，热处理强化铝合金（如硬铝）接头的耐蚀性的降低尤其明显。接头耐蚀性的下降，主要与接头的组织不均匀性有关（尤其是有析出相存在时），它由接头各部位的电极电位产生不均匀性所致。

6）焊（烧）穿。铝及铝合金从固态转变为液态时无明显的颜色变化，施焊时时常会因温度过高无法察觉而导致焊件烧穿。

（2）焊接工艺特点及焊接方法的选用　铝及其合金的导热性强、线膨胀系数大、熔点低、高温强度小，给焊接工艺带来一定困难。因此必须采用：①能量集中的热源，以保证熔合良好；②采用垫板和夹具，以保证装配质量和防止焊接变形；③焊前清理焊丝和母材的氧化膜和表面油污，清理后的焊件应在4h内施焊。薄板（厚度3~6mm）焊接一般不开坡口，采用大功率焊接时，不开坡口可焊透的厚度还可增大。厚度小于3mm时，可采用卷边接头。氩弧焊时，应使接口间隙的氧化膜有效地暴露在电弧作用范围内。

钨极氩弧焊（TIG）和熔化极氩弧焊（MIG）是铝及其合金首选的熔焊方法。TIG焊多用于焊接薄板，通常是采用工频交流或交流方波电源，并采用高频振荡器引弧；而MIG焊主要用在板厚3mm以上的产品上，焊接时采用直流电源反接法（DCRP），焊接电流超过“临界电流”值，以便获得稳定的射流过渡。熔化极脉冲氩弧焊（脉冲电源）用于薄板焊接具有优越性，例如，焊丝直径1.6mm，可成功地焊接板厚1.6~2.0mm的构件。由于脉冲氩弧焊的热作用小，很适于焊接热处理强化铝合金。

2. 铜及铜合金的焊接

铜及铜合金有良好的导电性、导热性、较高的强度、优良的塑性和冷热加工成形性能，并且在非氧化酸中有耐蚀性，是电力、化工、航空、交通、矿山等领域不可缺少的贵重材料。

（1）焊接性能　铜及铜合金的焊接性不良，主要问题为：

1）氧化性。铜在常温时不易氧化，当温度超过300℃时铜的氧化加快，接近熔点时，氧化能力最强。氧化的结果生成氧化亚铜（Cu_2O），焊接熔池结晶时氧化亚铜与铜形成低熔点共晶（1064℃）分布在铜的晶界上，大大降低接头的力学性能；有用合金元素的氧化和蒸发等，使接头塑性严重变坏、导电性下降和耐蚀性能下降。

2）焊缝成形能力差。因为铜和大多数铜合金的热导率比碳钢大得多（高7~11倍），焊接时散热严重，焊接区难以达到熔化温度，且铜在熔化温度时的表面张力比铁小1/3，流动性比钢大1~1.5倍。因此，熔化焊接铜及大多数铜合金时，容易出现母材难于熔合、未熔透和表面成形差等问题。

3）气孔倾向严重。气孔是铜及铜合金焊接时的一个主要问题，主要形式有：①扩散气孔，即铜在液态能溶解较多的氢，凝固时氢的溶解度急剧降低，造成氢在铜中的过饱和固溶，过量的氢如来不及扩散逸出，很容易出现气孔；②反应性气孔，即在焊接高温下，铜与氧生成Cu_2O，与铜中的氢发生反应（$Cu_2O + 2H = 2Cu + H_2O\uparrow$），生成的水蒸气不溶解于铜，如来不及逸出便形成气孔。

为了减少和消除铜焊缝中的气孔，最重要的措施是限制氢和氧来源。此外，还可以加入一定量的脱氧元素(铝、钛、硅、锰等)，加强熔池的脱氧过程；用预热等方法使熔池缓冷，创造有利于气体析出的条件。

4）热裂纹倾向。铜及铜合金焊接时，焊缝及热影响区容易产生热裂纹，主要原因为：①铜与氧、铅、铋、硫等有害杂质易于形成低熔点共晶如 Cu-Bi(300℃)、Cu-Pb(326℃)、Cu_2O-Cu(1064℃)、Cu-Cu_2S(1067℃)等，分布在枝晶间或晶界处形成薄弱面；②铜及其合金在加热过程中无同素异构转变，晶粒长大严重，有利于低熔点共晶薄弱面的形成；③铜及其合金的线膨胀系数和收缩率较大，增加了焊接接头的应力，以及凝固金属中的过饱和氢向微间隙扩散造成压力等。

(2）焊接工艺　气焊、焊条电弧焊、氩弧焊、埋弧焊、等离子弧焊、电子束焊等熔焊是铜及铜合金焊接均可选用的工艺方法。薄板(厚度小于6mm)以钨极氩弧焊、焊条电弧焊和气焊为好；中厚板以埋弧焊、熔化极氩弧焊为好。铜及铜合金焊接前，应将吸附在焊丝表面和焊件坡口上两侧30mm范围内表面上的油脂、水分以及金属表面氧化膜清理干净，直至露出金属光泽。为了保证焊缝的良好成形及随后冷却中气体充分地逸出，要进行焊前预热，并采用大热输入量焊接。接头形式设计尽量避免使用搭接接头、T形接头、内接接头，可改为散热条件相同的对接接头；单面焊特别是开坡口的接头必须在背面加上垫板，防止液态铜流失；一般情况下，铜及铜合金不易实现立焊和仰焊。铜及铜合金不同的焊接工艺有不同的特点：

1）钨极氩弧焊工艺特点。除焊接铝青铜、铍青铜时为破除表面氧化膜而使焊接过程稳定、应采用交流电源外，铜及铜合金钨极氩弧焊都采用直流电源正接法，以获得较大的焊缝熔深。纯铜、青铜一般选用同材质焊丝，通常焊件厚度在4mm以下不预热，厚度4～12mm的纯铜板需预热200～450℃；磷青铜可不预热并严格控制道间温度低于100℃；其余青铜和白铜需预热至150～200℃；补焊大尺寸的黄铜和青铜时预热至200～300℃；若采用Ar+He混合气体保护，则可以不预热。

2）气焊工艺特点。纯铜、青铜气焊采用中性火焰；黄铜采用弱氧化火焰。纯铜小尺寸焊件预热温度为400～500℃，厚大焊件预热温度为600～700℃；黄铜、青铜预热温度可适当降低。纯铜气焊用低磷铜焊丝HS202；黄铜气焊用焊丝HS220、HS221、HS222。焊剂主要组成物是硼酸盐、卤化物，牌号为CJ301、CJ401。

3）埋弧焊工艺特点。焊丝采用T1、T2纯铜丝、TUP脱氧铜丝及HS201焊丝等；焊剂可用HJ431、HJ260、HJ150等多种钢用埋弧焊剂。

3. 钛及钛合金的焊接

钛是一种非磁性材料，具有密度小($4.5g/cm^3$)、强度高(比铁约高1倍)、较好的高温强度和低温韧性以及良好的耐蚀性等特点，在航空工业、宇航工业、化学工业、造船工业等方面得到广泛的应用。

(1）焊接性能　主要特点有：

1）化学活性大。钛从250℃开始吸收氢，400℃开始吸收氧，600℃开始吸收氮，处于高温熔化状态的熔池与熔滴金属极易被气体、水分、油脂等杂质污染，使接头变脆，塑性及韧性严重下降。

2）热物理性能特殊。和其他金属比较，钛和钛合金具有熔点高、热容量较小、热导率小等特点，因此接头过热区高温停留时间长，冷速缓慢，出现显著的粗大晶粒，导致过热区的塑性下降。

3）接头冷裂纹倾向大。溶解在焊缝热影响区的氢气含量较高，320℃时氢和钛发生共析转变析出 TiH_2，增大该区的脆性；另外，析出氢化物时体积膨胀引起较大的组织应力，加之氢原子向该区的高应力部位扩散及聚集，以致容易形成冷裂纹。

4）易产生氢气孔。焊缝气孔往往分布在熔合线附近，这是钛及钛合金气孔的一个特点。氢在钛中的溶解度随温度升高而降低，在凝固温度有跃变。熔池中部的氢易向熔池边缘扩散，易使熔池边缘氢过饱和而生成气孔。

（2）焊接工艺要点　钛及钛合金的焊接方法，主要为钨极氩弧焊。近年来，等离子弧焊、真空电子束焊、电阻点焊、缝焊、钎焊和扩散焊等焊接方法也有一定的应用。为了要保证焊接质量，焊前焊件接头附近表面必须认真进行机械清理，再将焊件及焊丝进行酸洗，随后用清水洗净。临焊前，焊件表面及焊丝再用丙酮或酒精擦净。根据不同母材及性能要求，正确选用焊丝、焊接参数及必要的焊接热处理。

1）钨极氩弧焊焊接特点。采用高纯度氩气保护。对处于400℃以上的熔池后部焊缝及热影响区，均应采用拖罩进行氩气保护，焊缝背面也应采取相应的保护措施。有些结构复杂的零件可在充氩箱内焊接。通常采用与母材的同质焊丝，焊丝可比母材金属合金化程度稍低，如焊接 TC4 钛合金，可用 TC3 焊丝。

2）等离子弧焊焊接特点。等离子弧焊具有能量集中、穿透力强、单面焊双面成形、坡口制备简单（直边坡口）、质量稳定及生产效率高等一系列优点。所用离子气和保护气体均为氩气，很适合于钛及钛合金的焊接。钛及钛合金的密度小，其液态的表面张力较大，故采用“小孔效应”等离子弧进行钛及钛合金焊接时，其厚度范围为 1.5 ~ 15mm。对于板厚在 1.5mm 以下的钛材，一般采用熔透背面成形（背面放铜板垫）的等离子弧焊接法。此时若采用脉冲等离子弧焊，可降低装配精度要求，更易于保证焊接质量。焊接 0.5mm 厚以下的钛及钛合金，最好采用微束等离子弧焊。用微束等离子弧焊接小于 0.5mm 厚的钛及钛合金板材很易保证质量，而用钨极氩弧焊焊接小于 0.5mm 厚的钛及钛合金板材则是很困难的。

第三节　焊接方法的选择

一、选择原则

质量和效率是焊接方法选择的基本原则。焊接方法应保证产品质量优良可靠，生产率高，成本低，有良好的综合效益，通常由产品性质、结构特点、焊接件厚度、接头形式、接缝空间位置、被焊接材料性能、技术水平、设备条件等因素确定。其中最重要的有：

1. 产品特点

结构类产品用电弧焊方法，如长接缝、环接缝用埋弧焊；短接缝、打底焊用焊条电弧焊；机械类产品，其接缝较短，可选用气体保护焊（一般厚度）、电渣焊（重型立焊构件）、电阻焊（薄板件）、摩擦焊（圆形截面）或电子束焊（高精度要求）；微电子器件类的接头要求密封又不应影响器件的电气性能，宜选用电子束焊、激光焊、超声波焊、扩散焊、电容储能焊或钎焊、胶接等。

2. 母材性能

母材的物理性能、力学性能和冶金性能都是焊接方法选择的重要因素。

（1）母材的物理性能　影响焊接性的主要物理性能有导热性、导电性和熔点等。通常热导率高的金属（如铜、铝及其合金），选择热输入大、焊透力强的焊接方法；电阻率高的金属，宜用电阻焊；热敏材料，选用热输入小的方法，如激光焊、超声波焊；高熔点金属（如钼等），用电子束焊最好。

（2）母材的力学性能　影响焊接性的主要力学性能有焊件强度、伸长率、冲击韧度等。焊接方法的选择应便于通过控制热输入来控制接头的熔深、熔合比和热影响区，以获得与母材力学性能相近的焊缝。如电渣焊、埋弧焊热输入大，会降低接头冲击韧度值；电子束焊、激光焊接头热影响区窄、力学性能好，宜焊接不锈钢或已经热处理精密零件。

（3）母材的冶金性能　影响焊接性的主要冶金性能有母材金属的化学成分、化学活性和母材金属的淬硬性等。普通碳钢和低合金结构钢用一般的电弧焊都可焊接。钢材的合金含量，特别是碳含量越高，焊接性越差，可选焊接方法越少；化学活泼的有色金属（如铝、镁及合金）应选用惰性气体保护焊，如钨极氩弧焊、熔化极氩弧焊等；钛锆类金属，最好用高真空电子束焊；淬硬性金属，不宜电阻焊，宜选冷却速度缓慢的方法；对于不易熔焊的异种金属，应采用非液相焊接方法，如钎焊、扩散焊、爆炸焊或胶接等。

二、常用焊接方法比较

表12-1为常用焊接方法的比较，可作焊接方法选择参考。

表12-1　常用焊接方法的比较

焊接方法	接头形式	焊接位置	适焊材料	钢板厚度/mm	生产率	变形度	应用范围
焊条电弧焊	对接、搭接、角接、T形接等	全位置	碳钢、合金钢、铜及铜合金等	3～20	中等	较小	结构件、零件焊接、修补等
气焊	对接、卷边接头等	全位置	碳钢、合金钢、铜及铜合金、耐热钢、铝及铝合金等	0.5～3	低	大	受力不大的薄板构件焊接、修补等
埋弧焊	对接、搭接、角接、T形接等	平焊	碳钢、合金钢、铜及铜合金等	6～60	高	小	结构件中厚板长直焊缝、环缝批量生产
钨极氩弧焊	对接、搭接、角接、T形接等	全位置	铝、铜、镁、钛及其合金，耐热钢、不锈钢	0.5～6	中等	小	薄板构件全位置焊、打底焊等
熔化极惰性气体保护电弧焊	对接、搭接、角接、T形接等	全位置	铝、铜、镁、钛及其合金，耐热钢、不锈钢	0.5～25	高	小	各种板厚、各种熔滴过渡形式
CO_2焊及MAG焊	对接、搭接、角接、T形接等	全位置	碳钢、低合金结构钢、不锈钢等	0.8～25	高	小	各种板厚、各种熔滴过渡形式

（续）

焊接方法	接头形式	焊接位置	适焊材料	钢板厚度/mm	生产率	变形度	应用范围
等离子弧焊	对接	全位置	耐热钢、不锈钢、铜、镍、钛及钛合金	0.025～12	较高	小	薄件熔入型焊、厚件小孔穿透焊
电渣焊	对接	立焊	碳钢、低合金钢、铸钢不锈钢等	40～450	很高	大	大厚度件拼接
电子束焊、激光焊	对接、搭接、角接、T形接等	全位置	碳钢、低合金结构钢、不锈钢、热敏金属等	0.5～60	高	极小	高速薄板、超厚板焊
电阻对焊 电阻点焊 电阻缝焊	对接 搭接 搭接	平焊 全位置 平焊	碳钢、低合金钢、不锈钢、铝合金	$\phi \leq 20$ 0.5～3 <3	很高	小	杆状零件薄板件容器管件
钎焊	搭接、套接	平焊	碳钢、合金钢、铜及铜合金等	—	高	极小	特殊形状及结构、异种材料、微电子器件等
胶接	搭接	全位置	各种金属、非金属	—	较高	极小	飞行器、汽车构件、微电子器件等

第四节 金属构件焊接接头的设计

一、熔焊接头及焊缝设计

1. 电弧焊接头及焊缝设计

电弧焊常见的接头形式有对接、角接、T形接、搭接、端接等五种。接头形式的设计与选择，主要根据焊接结构的形式、焊件厚度、受力状况、使用条件和施工情况等确定。

（1）接头坡口设计原则　为使厚度较大的焊件焊透，常将焊件边缘加工成一定形状的沟、槽(坡口)。坡口设计应考虑到接头的受载状况和板厚、填充金属的耗量、加工条件、焊接应力及可焊到性等。典型的电弧焊焊接接头的基本形式和坡口标注方法如图12-1所示。

（2）焊缝位置设计　焊缝的形式由接头的形式而定，是焊接接头的主体。焊缝位置设计是否合理，对于接头质量和生产率都有很大的影响。焊缝位置设计应循以下主要原则：

1）焊缝对称设计。如图12-2b，两条对称焊缝产生的变形可互相抵消，可大大减少结构的弯曲变形。

2）焊缝分散设计。应避免焊缝密集交叉，如图12-3b所示。图12-3a设计会导致接头处过热，力学性能下降，焊接应力增大。一般两条焊缝的间距应大于三倍的钢板厚度。

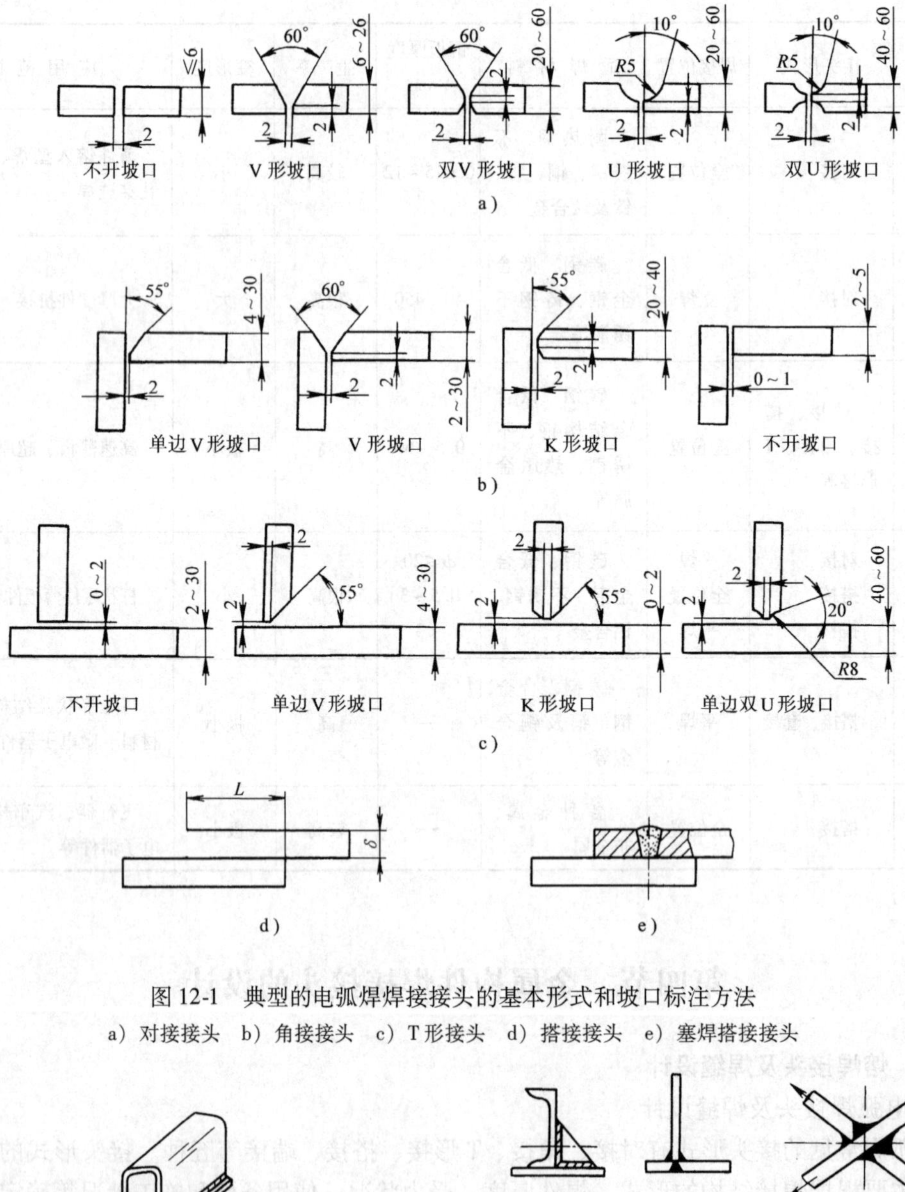

图 12-1 典型的电弧焊焊接接头的基本形式和坡口标注方法

a）对接接头 b）角接接头 c）T 形接头 d）搭接接头 e）塞焊搭接接头

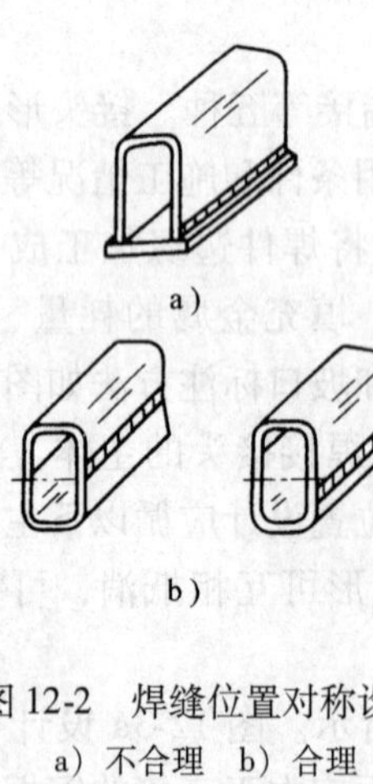

图 12-2 焊缝位置对称设计

a）不合理 b）合理

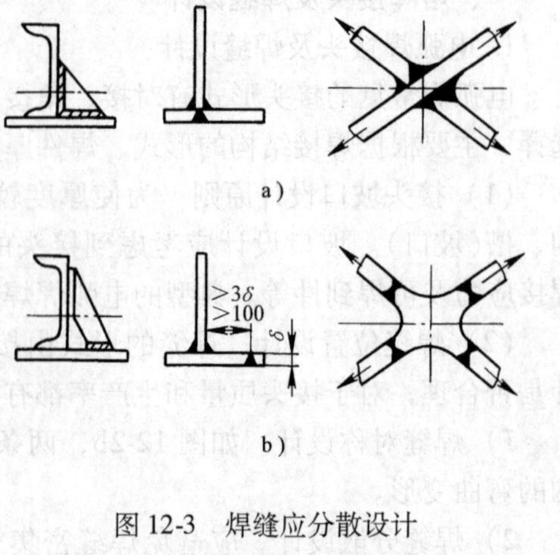

图 12-3 焊缝应分散设计

a）不合理 b）合理

3）焊缝受力合理。焊缝应避开最大应力和应力集中处，以防止焊接应力与外加应力叠加，避免应力过大和开裂，如图12-4b所示。

4）焊缝施焊条件良好。应便于焊条电弧焊运条，有良好的气体保护、埋弧焊焊剂保持等，如图12-5b所示。

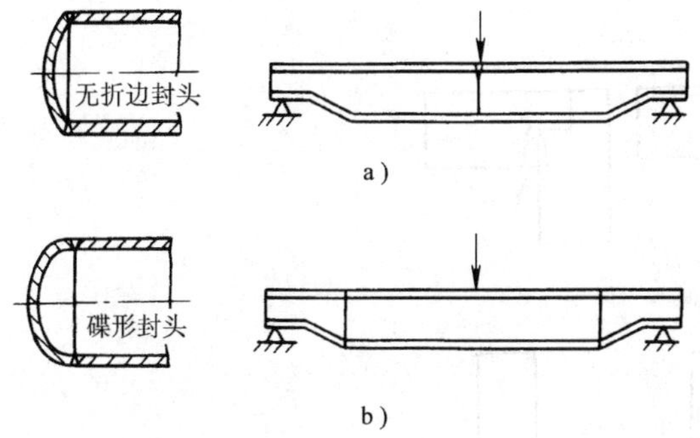

图12-4　焊缝应避开最大应力和应力集中处
a）不合理　b）合理

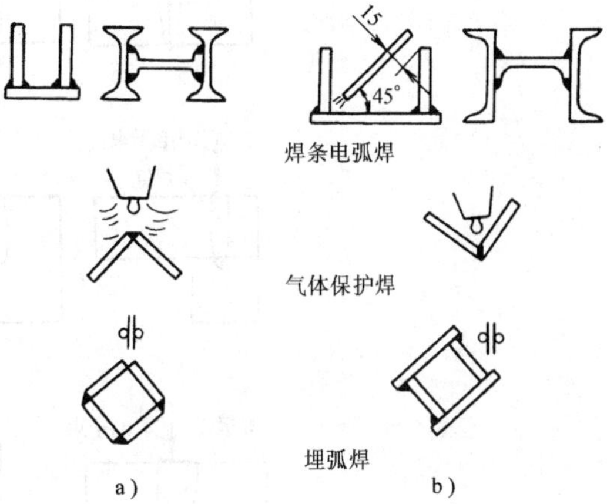

图12-5　焊缝应有良好的施焊条件
a）不合理　b）合理

此外，设计还应尽量减少焊缝数量，焊缝避开机械加工面，在转角处应平滑过渡等。

2. 电子束、激光束焊接接头设计

（1）电子束焊接接头设计　常用接头有对接、角接、T形接、搭接和端接；焊缝有线焊缝、角焊缝、端接焊缝等，一般不加填充金属。设计对接接头，用线焊缝，一般使装配间隙<0.1板厚；搭接接头优先采用角接焊缝，板厚不等时薄板应放在上面；T形接头优先采用双向角接焊缝，受力较小时可采用翼板穿透接头。典型的电子束焊接接头设计如图12-6所示。

（2）激光束焊接接头设计　低功率脉冲激光焊主要用于微电子电路中微米级直径或厚度的金属丝、薄膜、箔之间的脉冲点焊，典型的激光脉冲点焊接头设计如图12-7所示。连续激光深熔焊接头形式，可参考电弧焊接头设计，但接头装配间隙、错边要小，精度要求较高。图12-8为激光深熔焊接头主要设计形式。

二、电阻焊接头设计

1. 电阻焊接头设计原则

对设计的电阻焊接头要求：①应保证电极能够达到；②接头应尽量位于刚性和应力较小的位置；③搭接接头应有足够的搭边量；④多个点焊要控制焊点间的最小距离，尽量减小分流的影响；⑤对于要求密封的缝焊接头，相邻焊点重叠量应在50%以上等。

2. 电阻焊接头设计

（1）点焊接头设计　点焊接头设计如图12-9所示，其承载能力取决于焊点的直径（d），一般 $d=2\delta+3\text{mm}$（δ 为板厚）。焊点间最小距离、最小搭边尺寸可查阅有关手册。

（2）对焊接头设计　对焊焊件的接触端面的形状和尺寸应相同或相近，如图12-10b所示。

三、钎焊接头设计

钎焊接头的承载能力与接头的接触面有关，故一般采用搭接接头，如图12-11所示。设计中应注意控制接头应力，尽可能增大钎缝面积、合理选择接头间隙（0.05～0.15mm）等。

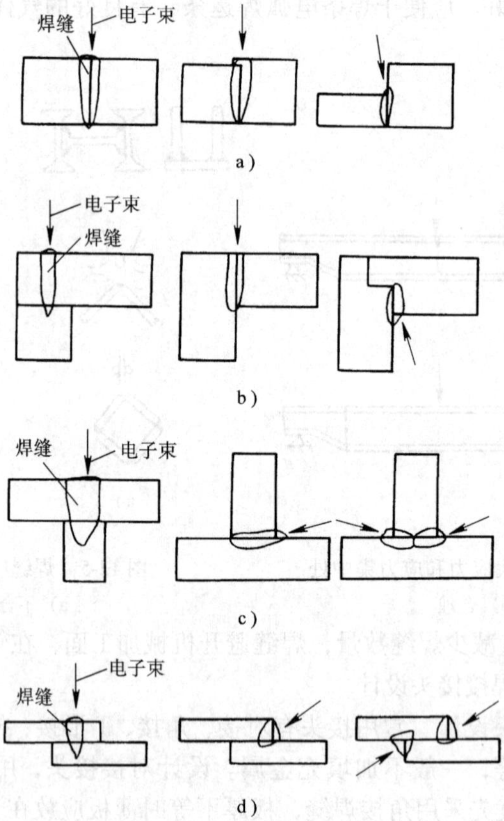

图 12-6　典型的电子束焊接接头设计

a）对接　b）角接　c）T 形接　d）搭接

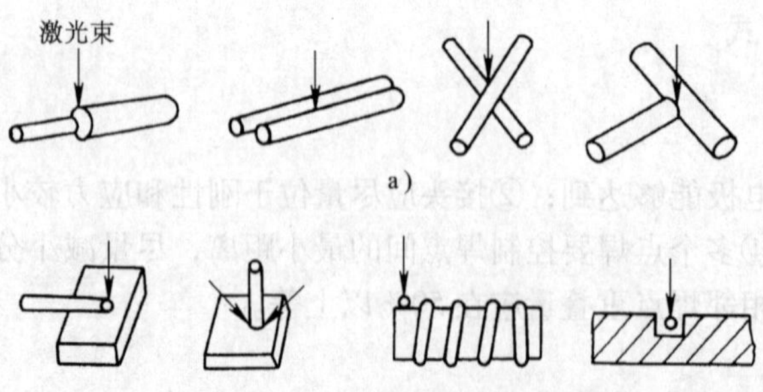

图 12-7　典型的激光脉冲点焊接头设计

a）金属丝-金属丝连接　b）金属丝-膜、箔连接

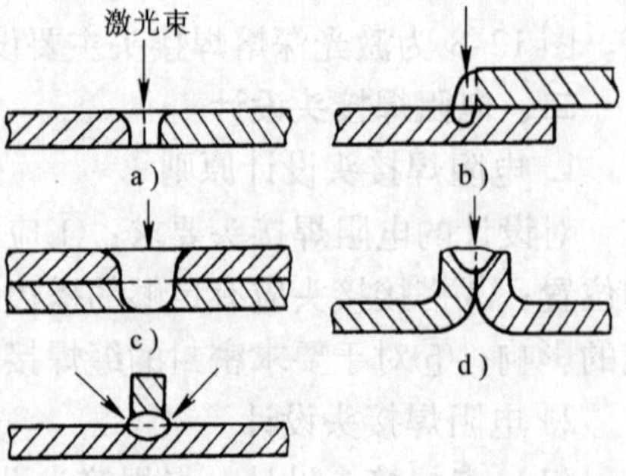

图 12-8　激光深熔焊接头主要设计形式

a）对接　b）搭接　c）点固

d）卷边　e）角接

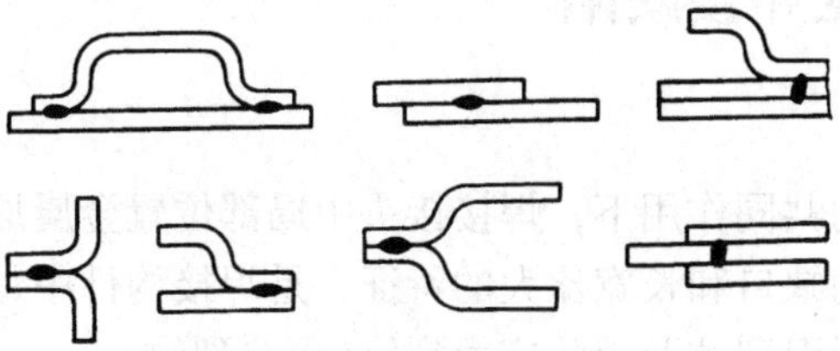

图 12-9　电阻点焊接头设计

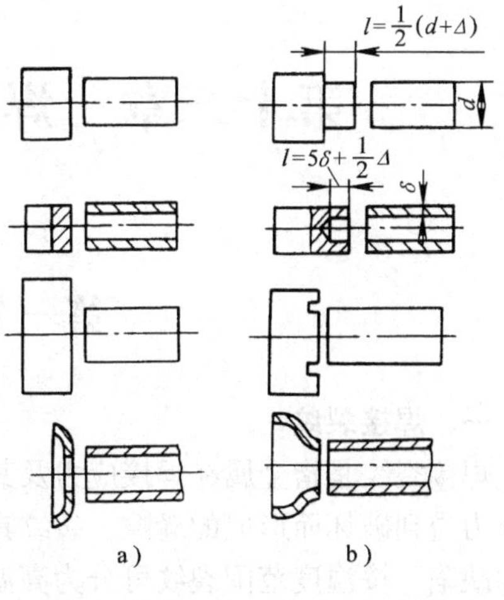

图 12-10　对焊接头设计（图中 Δ 为总留量）
a）不合理　b）合理

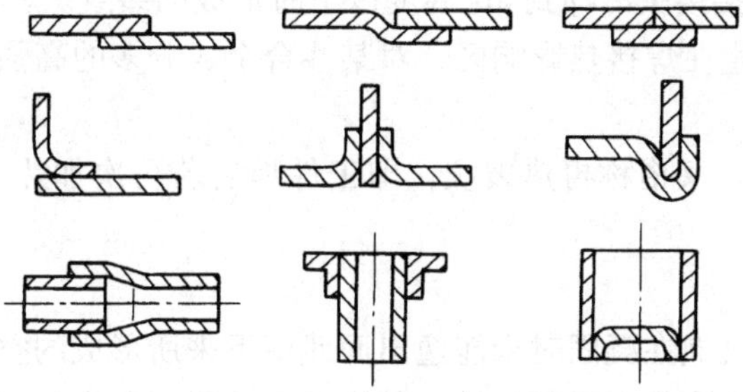

图 12-11　钎焊接头设计实例

复习思考题

1. 试述金属材料的焊接性。其影响因素有哪些？焊接性的评定方法和分析金属焊接性的方法有哪些？

2. 高强合金结构的焊接性如何？通常会有哪些问题？几种高强钢焊接的焊接方法、工艺参数、焊接材料、焊接接头热处理等各有什么特点？

3. 各种耐热钢、不锈钢的性能特点如何？珠光体耐热钢、铁素体、马氏体钢、奥氏体钢等材料的焊接性及焊接工艺各有什么特点？

4. 铝及铝合金、铜及其合金、钛及钛合金等有色金属的焊接性各有什么特点？其焊接方法、工艺参数、焊接材料及焊接接头热处理等各有什么特点？

5. 常用焊接方法有哪些？焊接方法的选择原则是什么？

6. 何谓连接的接头？接头的形式有哪些？各种连接方法的接缝位置、接头设计各有什么要求和特点？

第十三章　焊接成形件的缺陷及检测

第一节　常见焊接缺陷

一、焊接裂纹

焊接裂纹是指金属在焊接应力及其他因素的共同作用下，焊接接头中局部位置金属原子结合力遭到破坏而形成的缝隙。裂纹具有尖锐的缺口和长宽比大的特征，是焊接构件中最危险的缺陷。按温度范围裂纹可分为高温裂纹、低温裂纹及消除应力裂纹(再热裂纹)。

(1) 高温裂纹　在固相线附近的高温区形成的裂纹。高温裂纹主要产生在晶界，由于裂纹形成的温度较高，在与空气接触的开裂部位有强烈的氧化特征，呈蓝色或天蓝色。

(2) 低温裂纹　焊接接头冷却到 Ms 温度以下时形成的裂纹。其特点是裂纹表面无氧化特征。低温裂纹主要发生在焊接热影响区，对某些合金成分多的高强度钢来说，也可能发生在焊缝金属中。

(3) 消除应力裂纹　又俗称再热裂纹，即工件焊后若再次加热(如消除应力退火等)到一定温度而产生的裂纹。

二、气孔及夹渣

焊接时，熔池中的气泡在凝固时未能逸出而残留下来所形成的空穴称为气孔。气孔有时以单个出现，有时成堆地聚集在局部区域，其形状有球形、条虫形等。

焊后残留在焊缝中的熔渣称为夹渣。夹渣一般呈线状、长条状、颗粒状及其他形式。夹渣主要出现在坡口边缘和每层焊道之间非圆滑过渡的部位，在焊道形状发生突变的部位也易产生夹渣。如钨极氩弧焊时，若钨极不慎与熔池接触，钨的颗粒进入焊缝金属可造成钨夹渣。

三、未熔合及未焊透

在焊缝金属与母材之间或焊道金属与焊道金属之间，未完全熔化结合的部分称为未熔合，常出现在坡口的侧壁、多层焊的层间及焊缝的根部。焊接时，母材金属应该熔合而未熔合焊接的部位称为未焊透，未焊透常出现在单面焊的坡口根部及双面焊的坡口钝边。

四、其他焊接缺陷

由于焊接参数选择不当或操作工艺不正确，沿焊趾的母材部位产生的沟槽或凹陷称为咬边；在焊接过程中，熔化金属自坡口背面流出，形成穿孔的缺陷称为烧穿；由于两个焊件没有对正而造成板的中心线平行偏差则称为错边。这些统称为焊缝的形状缺陷。

五、焊接质量评定标准

(1) 质量控制标准　质量控制标准是以人们长期在生产中所积累的经验为基础，以焊接产品制造或修复质量控制为目的而制定的国家级、部级及企业级(厂级)焊接质量验收标准，如《焊接质量保证》、《钢熔化焊对接接头射线照相和质量分级》、《钢制压力容器磁粉探伤》、《结构钢和不锈钢电阻点焊和缝焊质量检验》等。

(2) 合于使用的标准　工程实践证明，按质量控制标准检验不合格的压力容器，仍有不少可以使用。因此，以适合于工程使用为目的，对《超标缺陷》加以区别对待而制订的标准称为合于使用的标准。这类标准的产生已有十几年的历史，其中在我国工程界应用较多的有：国际焊接学会在 1974 年提出的 IIW-X-749-1974《按脆断破坏观点建议的缺陷评定方法》；英国标准协会在 1980 年提出的 BSI-PD6493《焊接缺陷验收标准若干方法指南》；日本焊接工程协会在 1978 年提出的 WES-2805K《按脆断评定的焊接缺陷验收标准》；美国的《锅炉及压力容器规范》(ASME)第Ⅲ篇第Ⅰ分篇附录 G、第Ⅺ篇第Ⅰ分篇附录 A；我国的 CVDA-1984《压力容器评定规范》等。

第二节　焊接检验方法

焊接检验方法分无损检测和破坏检验两大类。常用焊接件的无损检测方法有：射线探伤、超声波探伤、磁力与涡流探伤、渗透法探伤等。

一、射线探伤

探伤射线采用波长为 0.001 ~ 0.1nm 的 X 射线和波长为 0.0003 ~ 0.1nm 的 γ 射线，二者均为短波长的电磁波。

1. 射线探伤原理

射线探伤是利用被检工件与其内部缺陷介质对射线能量衰减程度的不同，而引起射线透过工件后的强度发生变化，使缺陷在 X 光底片上显示出来。射线探伤原理如图 13-1 所示。射线在工件及缺陷中的衰减系数分别为 μ 和 μ'。根据衰减定律，透过厚度为 x 无缺陷部位的射线强度 I_x 和透过缺陷部位 Δx 的射线强度 I' 分别为

$$I_x = I_0 e^{-\mu x} \quad I' = I_0 e^{-\mu x} e^{-(\mu' - \mu)\Delta x} \tag{13-1}$$

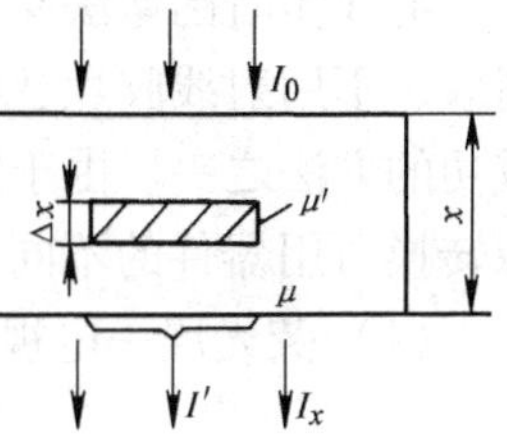

图 13-1　射线探伤原理图

从上式可以看出：当 $\mu' < \mu$ 时，$I' > I_x$，即缺陷部位透过的射线强度大于周围完好部位，例如，钢焊缝中的气孔、夹渣就属于这种情况，射线底片上的缺陷呈黑色影像，X 光电视屏幕上呈灰白色影像；当 $\mu' > \mu$ 时，$I' < I_x$，即透过缺陷部位的射线强度小于周围完好部位，例如钢焊缝中的夹钨就属于这种情况，射线底片上缺陷呈白色块状影像，X 光电视屏幕上呈黑色块状影像；当 $\mu' = \mu$ 或 Δx 很小且趋近于零时，$I' = I_x$。这时，缺陷部位与周围完好部位透过的射线强度无差异，则缺陷在 X 光底片或 X 光电视屏幕上将得不到显示。

2. 射线探伤设备

（1）X 射线机　X 射线机按其结构形式分为携带式、移动式和固定式三种。携带式 X 射线机多采用组合式 X 射线发生器，因其体积小、质量轻，而适用于施工现场和野外作业的探伤工作；移动式 X 射线机能在室内移动，适合于中、厚板焊件的探伤；固定式 X 射线机一般不移动，仅靠移动焊件来完成探伤工作。X 射线机通常由 X 射线管、高压发生器、控制装置、冷却器、机械装置和高压电缆等部件组成，其核心部分为 X 射线管，又称 X 光管，是由阴极、阳极、管套等组成的真空电子器件(见图 13-2)。

（2）γ 射线机　γ 射线机穿透力强(可透照厚度达 300mm 的钢件)，可在野外、高空、高温、水下及高压带电场合进行探伤。设备轻巧、简单、操作方便。其主缺点是：半衰期短

的γ源更换频繁，要求严格的射线防护。γ射线机按其结构形式分为携带式、移动式和爬行式三种。携带式多采用 Ir^{192} 作射线源，适用于较薄件的探伤；移动式多采用 Co^{60} 作射线源，用于厚件探伤；爬行式用于野外焊接管线的探伤。

3. 射线照相法探伤

射线照相法探伤的实质，是根据被检工件与内部缺陷介质对射线能量衰减程度的不同，从而引起穿透工件的射线强度发生变化，在感光胶片上获得缺陷投影所产生的潜影，经过暗室处理后获得缺陷影像，再对照有关标准来评定工件的内部质量。焊件射线探伤的主要标准为 GB 3323—1987《钢熔化焊对接接头的射线照相和质量分级》。

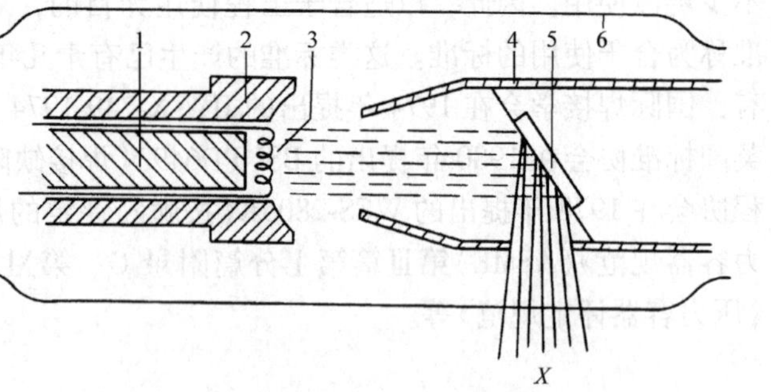

图 13-2　X 射线管结构示意图

1—阴极　2—聚集罩　3—灯丝　4—阳极(壳)　5—靶　6—管套

射线照相法探伤系统如图 13-3 所示。图中射线源可以是 X 射线机、γ射线机或加速器。

4. 射线实时图像法探伤

射线实时图像法探伤是一种新型的射线探伤方法，与传统的射线照相法相比具有实时、高效、不用射线胶片、可记录和劳动条件好等显著特点，是当前无损检测自动化技术中较为成功的方法之一。由于它多采用 X 射线源，故称为 X 射线实时图像法探伤。根据 X 射线图像转换所用器件的不同，射线实时图像法探伤主要分为以下几种。

（1）荧光屏—电视成像法探伤　荧光屏—电视成像法探伤系统基本组成如图 13-4 所示。

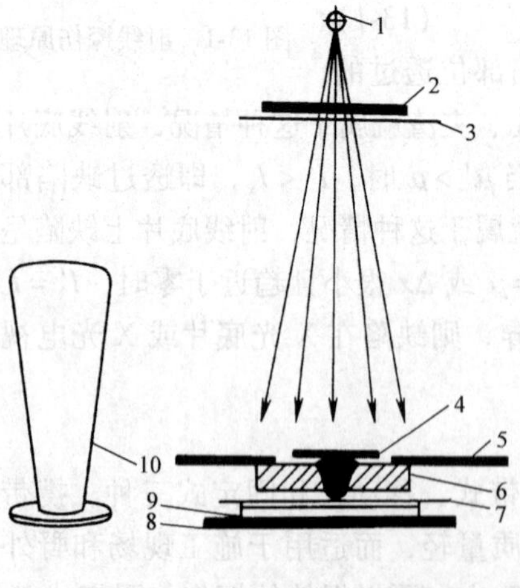

图 13-3　射线照相法探伤系统基本组成示意图

1—射线源　2—铅光阑　3—滤板　4—像质计、标记带　5—铅遮板　6—工件　7—滤板　8—底部铅板　9—暗盒、胶片、增感屏　10—铅罩

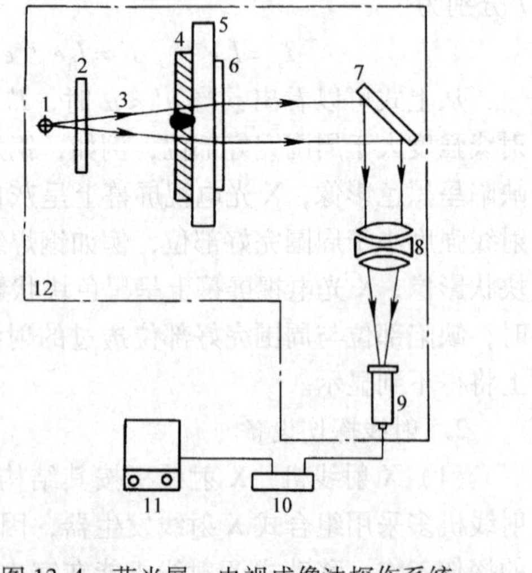

图 13-4　荧光屏—电视成像法探伤系统

1—射线源　2、5—电动光阑　3—X 射线束　4—工件　6—荧光屏　7—反射镜　8—光学透镜组　9—电视摄像机　10—控制器　11—监视器　12—防护设施

当 X 射线照射到荧光物质上时会激发出可见荧光，荧光的强弱(明亮程度)与入射的射线强度成正比。利用荧光屏的上述性质可将 X 射线透过物体后形成的射线图像转换为可见荧光屏图像，并利用闭路电视方法，用可见光摄像机摄像馈送至监视器，显示出焊接缺陷图像。荧光屏—电视成像法探伤适用于中等厚度的轻合金(如铝、镁合金等)材料的缺陷探伤，其最佳探伤灵敏度可达 3%~4%。

(2) X 光图像增强—电视成像法　它在国内外均获得广泛的应用，其探伤灵敏度已高于 2%，并可与射线照相法相媲美。通常所说工业 X 射线电视探伤，即指该方法而言。其中主要部件是图像增强器，又称 X 光荧光图像增强管，是该探伤系统的关键部件。它是一特殊设计的复杂真空电子器件，能将输入的 X 射线图像转换为可见荧光图像输出，并使其输出面的亮度比输入面的亮度增强 1 万倍以上。该系统基本组成如图 13-5 所示。图像处理器 RIM—500 为一通用部件，可用于 X 射线电视探伤系统，亦可用于各种电视系统。工作时，它将从摄像机取得的图像信号(模拟信号)进行高速数据采集和处理。应该注意，若被探板件太薄将使探伤灵敏度显著降低，这时应采用小焦点的软 X 射线机，以提高探伤灵敏度。

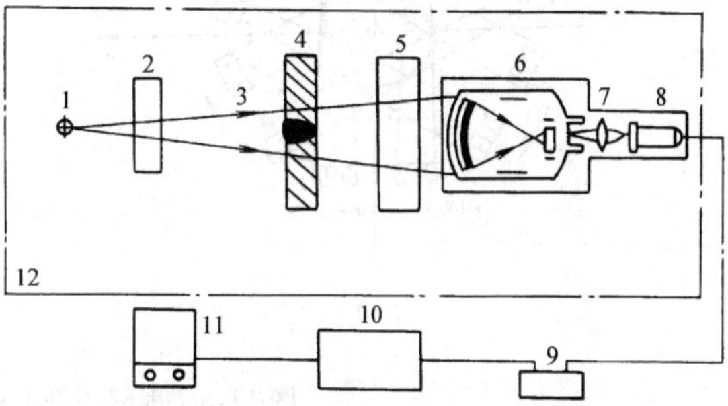

图 13-5　X 光图像增强—电视成像法探伤系统
1—射线源　2、5—电动光阑　3—X 射线束　4—工件
6—图像增强器　7—耦合透镜组　8—电视摄像机
9—控制器　10—图像处理器 RIM—500
11—监视器　12—防护设施

5. 射线计算机断层扫描技术

射线计算机断层扫描技术简称 CT。目前，CT 技术已推广至工业产品的无损检测和其他领域的无损评价方面。例如，1983 年美国 SMS 公司发表了用 CT 技术检测固体火箭发动机壳体真空电子束焊缝成形及内部质量监控，检测一道焊缝仅需 16 ~ 20s。

CT 技术是断层照相技术，它根据物体横断面的一组投影数据，经过计算机处理后得到物体横断面的图像。所以，它是一种由数据到图像的重建技术。

射线工业 CT 目前主要应用为第二、三代，第二代射线工业 CT 装置工作原理如图 13-6 所示。射线源与检测接收器固定在同一扫描机架上，同步地对被检物进行联动扫描。在一次扫描结束后，机架转动一个角度再进行下一次扫描(见图 13-6a)，如此反复下去即可采集到若干组数据。例如平移扫描一次得到 256 个数据，那么每转 1°扫描一次，旋转 180°即可得到 256 × 180 = 46080 个数据，将这些信息综合处理，便要获得被检物体某一断面层的真实图像，显示于监视器上(见图 13-6b)。

6. 射线检测中的安全防护

由于射线对人体有明显的损伤作用，因此，进行射线探伤时必须保护探伤人员免受辐射的伤害。《放射卫生防护基本标准》(GB 4792—1984)规定，职业探伤人员年最高允许剂量当量为 5 雷姆(rem)，而终生累计照射剂量不得超过 250 雷姆(rem)。为使工作场所的剂量水平降到允许水平之下，应采取安全距离防护、尽量减少接触射线的时间、射线探伤机体衬铅、射线发生器用遮光器，以及现场使用流动铅房和建立固定曝光室的钡水泥墙壁等屏蔽防护。

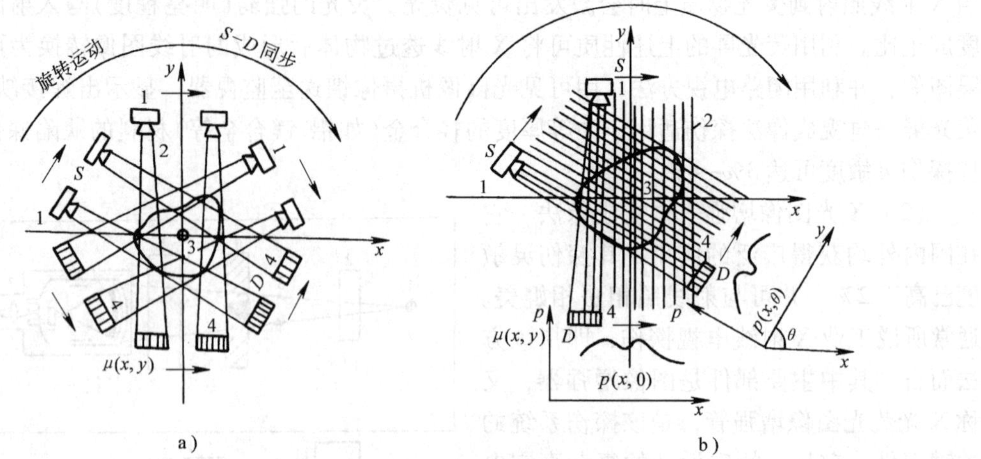

图 13-6 射线工业 CT 装置工作原理图

1—射线源 2—射线束 3—被检物 4—检测接收器

二、超声波探伤

1. 超声波探伤的基本原理

超声波是频率大于 20000Hz 的机械波。超声波探伤是利用超声在物体中的传播、反射和衰减等物理特征来发现缺陷的一种探伤方法。超声波在介质中传播时，随着传播距离的增加，其能量逐渐减弱的现象，称为衰减。

对于经常探伤的钢铁材料来说，超声波的衰减不仅涉及到材料组织结构类型，还同时关系到化学成分、凝固条件、形变和热处理方法。不论是铸件、锻件或者是焊件，都必须考虑到所在部位以及方向不同所形成衰减的差异。例如，在焊缝检验时，不同的焊件结构及焊接方法，致使焊缝金属与母材往往具有不同的组织，因而有着相应的衰减值，所以在估算衰减值时必须掌握焊接区中各自组织的特点。

铸件和锻件的组织结构，显然与不同部位的凝固条件、热处理方法、形变方法及形变量等有关。前者不经外力的形变，保持粗大的不致密的铸造状态，通常衰减值大于锻件。表 13-1 是用不同加工方法制成的 Cr-Ni 钢试件，在 2MHz 频率的超声波通过时的大致的衰减系数。

表 13-1 用不同加工方法制成的 Cr-Ni 钢试件在 2MHz 时的衰减系数

试件加工方法	衰减系数/$dB \cdot mm^{-1}$	试件加工方法	衰减系数/$dB \cdot mm^{-1}$
锻	$(9\sim10)\times10^{-3}$	铸	$(40\sim80)\times10^{-3}$
轧	18×10^{-3}	离心浇铸	$(105\sim170)\times10^{-3}$

2. 超声波探伤设备

（1）探头 在焊缝探伤中，常采用下面介绍的几种探头。

1）直探头。声束垂直于被探工件表面入射的探头称为直探头，可发射和接收纵波。

2）斜探头。利用透声斜楔块使声束倾斜于工件表面射入工件的探头称为斜探头，其典型的结构如图 13-7 所示。通常横波斜探头是以钢中的折射角标称：$\gamma=40°$、$50°$等；有时也以折射角的正切值标称：$k=\tan\gamma=1.0$、1.5 等。

3）水浸聚焦探头。基本结构如图 13-8 所示。声透镜 5 由环氧树脂浇铸成球形或圆柱形

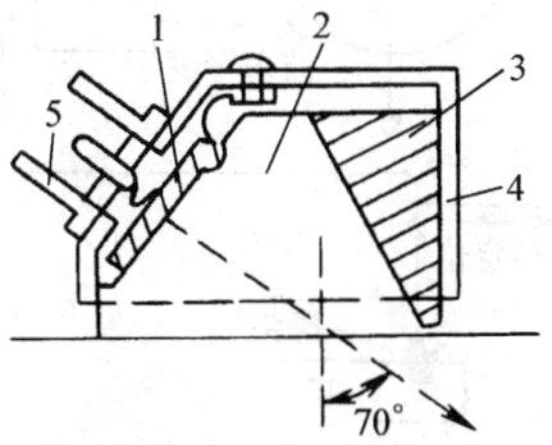

图 13-7　斜探头构造示意图

1—压电晶片　2—有机玻璃斜楔块

3—阻尼块　4—外壳　5—插座

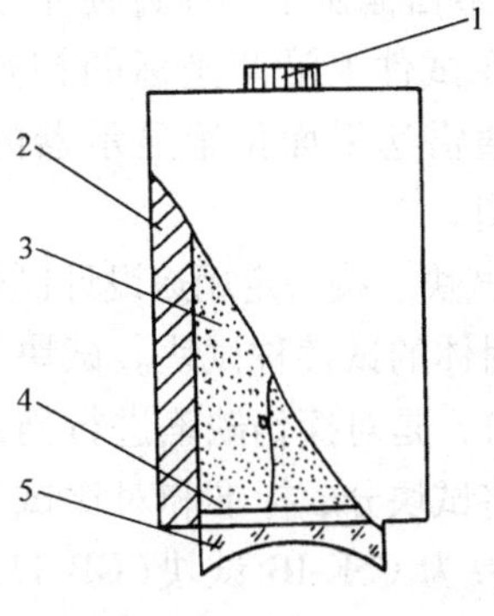

图 13-8　水浸聚焦探头的基本结构

1—接头　2—外壳　3—阻尼块

4—压电晶片　5—声透镜

凹透镜，可使声束聚焦到一点或一条线，前者称点聚焦探头，后者称线聚焦探头。由于声束会聚区尺寸小，能量集中，因此，可提高探伤灵敏度和分辨力。

探头性能的好坏，直接影响着探伤结果的可靠性和准确性。对探头性能指标的测试应按《ZBY 231—1984 超声探伤用探头性能测试方法》进行。探头的主要性能指标有：探头灵敏度、折射角 γ(或 k 值)、声轴偏斜角等。

（2）超声波探伤仪　超声波探伤仪的主要功能是发射和接收超声信号，并将接收到的超声信号进行放大、处理并按一定的方式在示波器上显示出来。按缺陷的显示方式，超声波探伤仪可分为 A 型、B 型及 C 型显示。

1）A 型扫描显示。大多数超声检测系统用基本的 A 型扫描显示(见图 13-9)。示波器上的水平基线显示经过的时间(从左到右)，垂直方向偏移表示信号的幅度。如果给出试件的超声波速度，水平扫描就可以直接按距离或深度校准。反过来，在已知构件穿过壁厚的情况下，可由扫描时间来确定超声波速度。信号的幅度代表发射或反射波的强度，其值与缺陷的小大、指向性、试件的衰减、波束发散等因素有关。

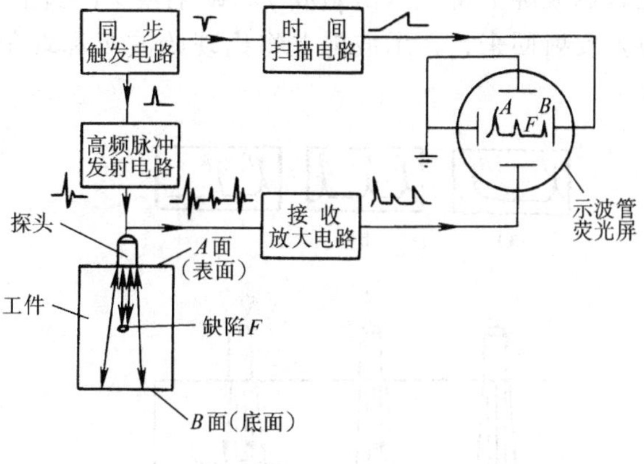

图 13-9　脉冲反射式 A 型显示系统框图

2）B 型扫描显示。当对缺陷的平面形状及其分布感兴趣时，B 型扫描显示最为有用。除了具有 A 型扫描系统的基本组件外，仪器还增加正比于缺陷信号幅度的亮度调制(或示波器光点亮度增亮)；示波器扫迹偏转与探头在试件上的移动同步；用长余辉荧光物质保留示波器图像等功能。典型超声 B 型扫描显示如图 13-10 所示。

B 型扫描显示经常连同 A 型扫描检测系统一起使用，或作为标准 A 型扫描的设备附件。因而，该系统设计是以 A 型扫描设备和检测应用为依据的。需要高速扫查时，B 型扫描显示较长的余辉保留时间对操作者有利。

3）C 型扫描显示。通过使示波器上的光点位置与探头在试件上沿两坐标的扫查运动同步，可得到与普通雷达平面位置显示器的显示相类似的试件俯视图。

（3）试块　按一定用途设计制作的具有简单形状人工反射体的试件称试块。试块是探伤标准的一个组成部分，是对探伤缺陷进行当量评判的重要尺度。通常将试块分成标准和对比试块两大类。常用的标准试块为 CSK-IB 试块(GB 11345—1989)；对比试块有 RB-1、RB-2 试块(GB 11345—1989)。

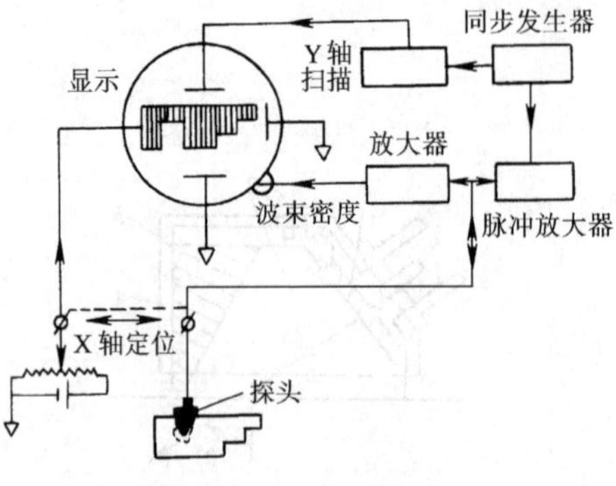

图 13-10　典型超声 B 型扫描显示框图

3. 超声波探伤方法

（1）垂直入射探伤法　垂直入射探伤法是采用直探头将声束垂直入射工件探伤面进行探伤的方法。当直探头在探伤面上移动时，若无缺陷，示波屏上只有始波 T 及底波 B(见图 13-11a)；若探测区有缺陷，则在始波与底波之间要出现缺陷波 F(见图 13-11b)；当缺陷面大于声束截面时，底波将在示波屏上消失，只有始波与缺陷波(见图 13-11c)。显然，缺陷波 F 与始波之间的距离与缺陷与探伤面之间的距离成正比。

（2）斜角探伤法　斜角探伤法是采用斜探头将声束倾斜入射工件进行探伤的方法，简称斜射法，又称横波法。当探头在探伤面上移动时，若无缺陷示波屏上只有始波 T(见图 13-12a)。这是因为声束倾斜入射至底面产生反射后，在工件内以“W”形路径传播，故无底波出现。当工件存在缺陷，且缺陷与声束垂直或倾角很小时，声束会发生反射，此时示波屏上将显示出始波 T、缺陷波 F(见图 13-12b)。当探头接近板端时，声束将从端角被反射回来，在示波屏上将出现始波 T 和端角反射波 B'(见图 13-12c)。

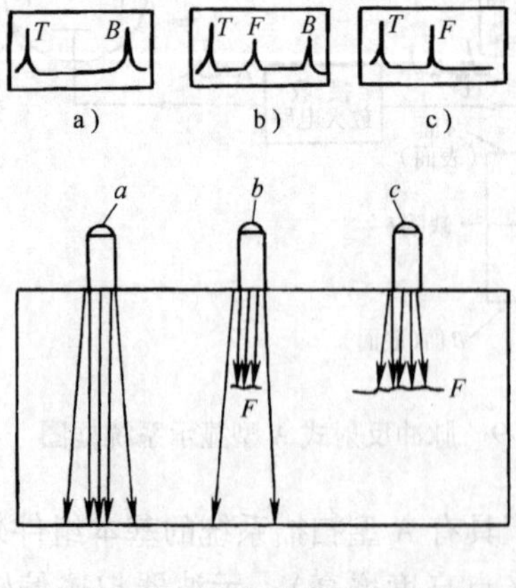

图 13-11　垂直法探伤示意图
a）无缺陷　b）小缺陷　c）大缺陷

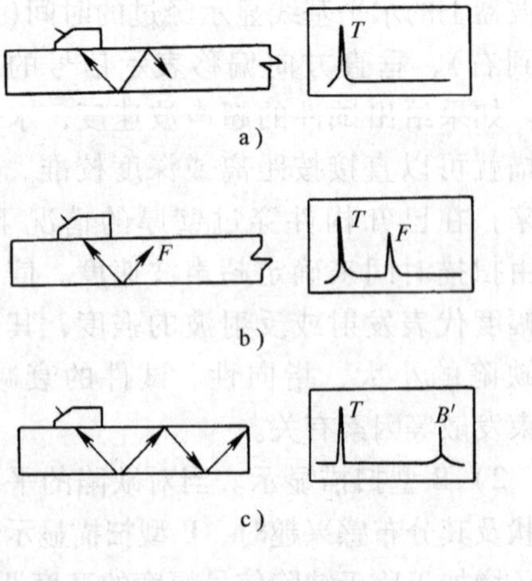

图 13-12　斜角探伤法
a）无缺陷　b）有缺陷　c）接近板端波形

（3）水浸聚焦超声探伤　水浸聚焦超声纵波法探伤原理及波形如图 13-13 所示。

水浸聚焦超声横波法探伤原理如图 13-14 所示。当聚焦直探头声束轴线 L 偏离金属中心线时，聚焦声将透过水介质倾斜入射到金属管表面，这时声束在界面上将发生波形转换。适当调整偏轴距(即选择入射角)，使折射波中只有横波。此横波在金属管内外壁之间

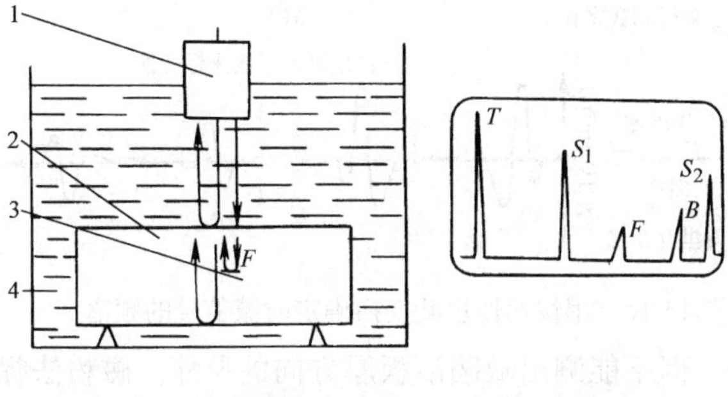

图 13-13　水浸聚焦超声纵波法探伤原理及波形

1—探头　2—工件　3—缺陷　4—水

T—始波　S_1——次界面反射波　F—缺陷波

B—工件底波　S_2—二次界面反射波

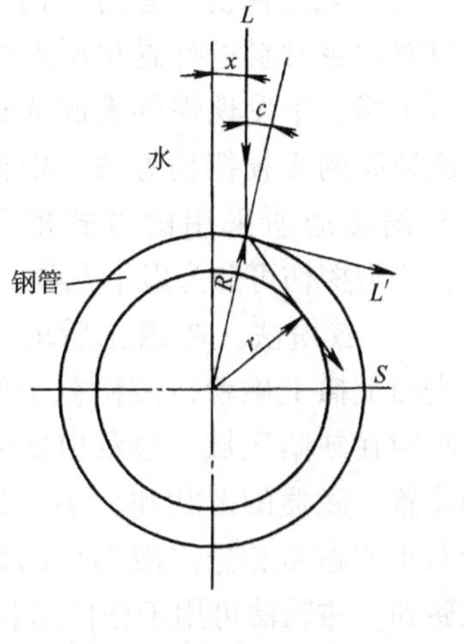

图 13-14　水浸聚焦超声横波法探伤原理

沿圆周呈锯齿形传播，若在声波的传播路径上有缺陷，则缺陷的反射回波将沿入射路径返回探头，并在显示屏上显现出缺陷波。

4. 超声信号的频谱分析法

对超声信号进行频谱分析，可为超声检测提供大量的附加信息，例如晶体材料中的晶粒度、复合材料板中的纤维直径等。超声频谱分析系统必须具有以下功能：①产生超声波；②接收同被检材料相互作用后的哪部分超声；③确定接收回波中许多频率成分的幅度(有时还有相位)，并对它进行分析。图 13-15 是典型超声波频谱分析系统的主要组成部分。

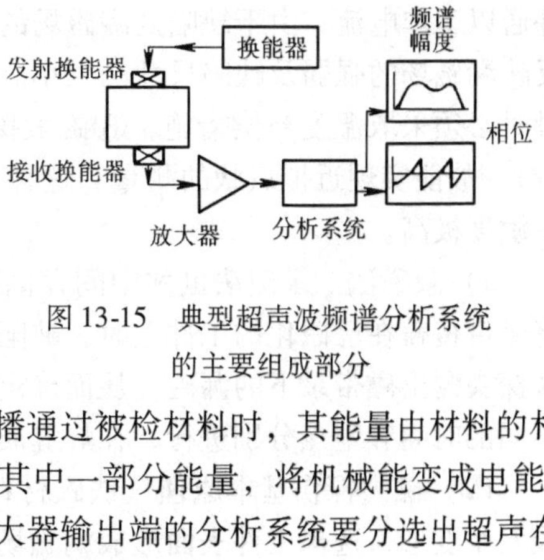

图 13-15　典型超声波频谱分析系统的主要组成部分

系统产生电脉冲，使探头发射超声波。超声波传播通过被检材料时，其能量由材料的相互作用改变了波的幅度、相位和方向。接收探头截取其中一部分能量，将机械能变成电能。通常由于电信号很弱，信号要用放大器放大。接在放大器输出端的分析系统要分选出超声在材料中与材料相互作用的信号特征，并显示它们的幅度谱和相位谱。

频谱分析也可用数字技术来实现，被称为快速傅里叶变换的算法几乎是专门用于这一目的的。它用重复消去冗长系数的计算方法，将高分辨力与高速计算融为一体。将接收信号 $V_2(t)$ 变换成等效的频域信号 $V_2(f)$ 的主要步骤如图 13-16 所示。以时间间隔 t_s 对信号 $V_2(t)$ 进行取样，形成数组 $V_2(nf)$。用快速傅里叶变换算法对数组中的 N 个数据点进行处理，产生 N 个复数组成的数组，它们就是信号频率分量的实数和虚数部分 $V_2(nfs)$。随后根据此复数数组计算出频率的幅度谱和相位谱。

三、其他无损探伤方法

1. 磁力与涡流探伤

(1) 磁力探伤　磁力探伤是通过对铁磁材料进行磁化所产生的漏磁场，来发现焊件表面或近表面缺陷的无损探伤方法。根据检测漏磁通所采用的方式的不同，磁力探伤可分为以下几类。

1) 磁粉法。在磁化后的工件表面上撒上磁粉，磁粉粒子便会吸附在缺陷区域，显示出缺陷的位置、磁痕的形状和大小。磁粉有干式磁粉和悬浮液类型的湿式磁粉。磁粉法可用于任何形状的被测件，但不能测出缺陷沿板厚方向的尺寸。磁粉法提供的缺陷分布和数量是直观的，并且可以用光电式照相法将其摄制下来。

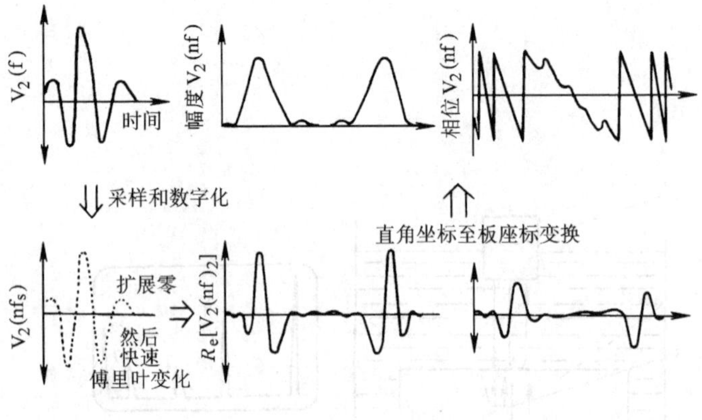

图 13-16　用快速傅里叶变换确定时域信号的频谱

2) 磁敏探头法。用合适的磁敏探头探测工件表面，把漏磁场转换成电信号，再经过放大、信号处理和储存，就可以用光电指示器加以显示。与磁粉法相比，用磁敏探头法所测得的漏磁大小与缺陷大小之间有着更明显的关系，因而可以对缺陷大小进行分类。常用的磁敏探头有：①磁感应线圈。对于交变的漏磁场，感应线圈上的感应电压等于单位时间内磁通的变化率；对于直流产生的漏磁场，如果使其作恒速运动，则可根据感应电动势的幅值来确定缺陷的深度。②磁敏元件。常用的磁敏元件有霍尔元件、磁敏二极管等。工作时，将磁敏元件通以工作电流，由于缺陷处漏磁场的作用使其电性能发生改变，并输出相应的电信号，可反映漏磁场的强弱及缺陷尺寸的大小。磁敏元件通常适用于测量较强的漏磁场，在作精确测量时必须采取温度补偿措施。③磁敏探针。由于磁敏探针的尺寸制作得很小(例如 1mm 左右)，故能实现近拟点状的测量。这种微型探头能测量大于 2×106Hz 的高频交变磁场，且灵敏度极高。

3) 录磁法。录磁法也称中间存储漏磁检验法。其中以磁带记录方法为最主要的方法。将磁带覆盖在已磁化的工件上时，缺陷的漏磁场就在磁带上产生局部磁化作用，然后再用磁敏探头测出磁带录下的漏磁，从而确定焊缝表面缺陷的位置。其录磁过程和测量过程可以在不同的时间和地点分别进行，在焊缝质量检验中正得到推广和应用。

(2) 磁力探伤基本原理　铁磁材料的工件被磁化后，在其表面和近表面的缺陷处磁力线发生变形，逸出工件表面形成漏磁场。用上述的方法将漏磁场检测出来，进而确定缺陷的位置(有时包括缺陷的形状、大小和深度)。

1) 漏磁场。当磁通量从一种介质进入另一种介质时，若两种介质的磁导率不同，在界面上磁力线的方向一般会发生突变。若工作表面或近表面存在着缺陷，经磁化后，缺陷处空气的相对磁导率($\mu_r=1$)远远低于铁磁材料的相对磁导率(钢 $\mu_r=3000$)，在界面上磁力线的方向将发生改变。这样，便有一部分磁通散布在缺陷周围(见图 13-17)。这种由于介质磁导率的变化而使磁通泄漏到缺陷附近的空气中所形成的磁场，称为漏磁场。

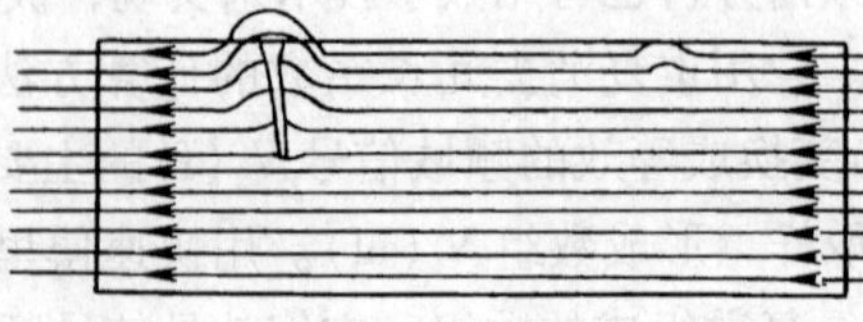

图 13-17　零件表面的漏磁场

2）影响漏磁场的因素。影响因素有：①外加磁场的影响，当工件磁感应强度达到饱和值的80%左右时，漏磁场的感应强度急剧上升(见图13-18)，这为正确选择磁化规范提供了依据。②工件材料及状态的影响，钢材的磁化曲线随合金成分、含碳量、加工状态及热处理状态而变化。材料的磁特性不同，缺陷处形成的漏磁场也不同；工件表面有覆盖层，则会导致漏磁场的下降。③缺陷位置和形状的影响，同样的缺陷，位于表面时漏磁通增多；位距表面很深的地方，则几乎没有漏磁通泄漏于空间；缺陷的深宽比越大，漏磁场越强；缺陷垂直于工件表面时，漏磁场最强；与工件表面平行，则几乎不产生漏磁通。

（3）涡流探伤

1）涡流的产生。在图13-19中，若给线圈通以变化的交流电，根据电磁感应原理，穿过金属块中若干个同心圆截面的磁通量将发生变化，因而会在金属块内感应出交流电。由于这种电流的回路在金属块呈旋涡形状，故称为涡流。交变的涡流会在周围空间形成交变磁场。因此，空间中某点的磁场不再是一次电流产生的磁场，而是由一次电流磁场 H_1 和涡流磁场 H_2 迭加而形成的合成磁场。涡流的大小影响着激励线圈中的电流。涡流的大小和分布决定于激励线圈的形状和尺寸、交流电频率、金属块的电导率、磁导率、金属块与线圈的距离、金属块表层缺陷等因素。根据一次侧检测线圈中的电流变化情况(或者是阻抗的变化)，就可以取得关于试件材质的情况、有无缺陷以及形状尺寸的变化等信息。

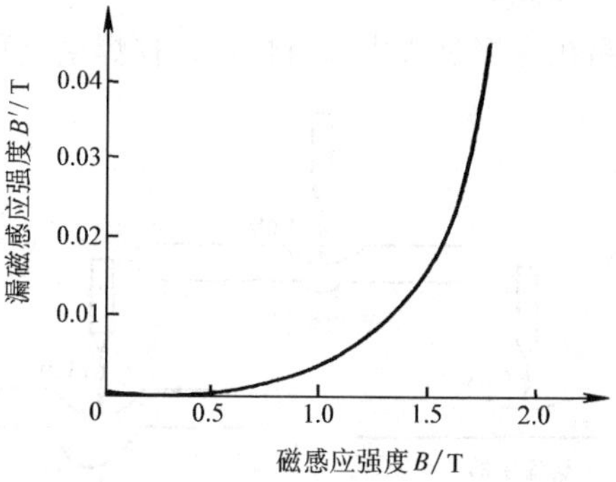

图13-18　漏磁场与磁感应强度的关系

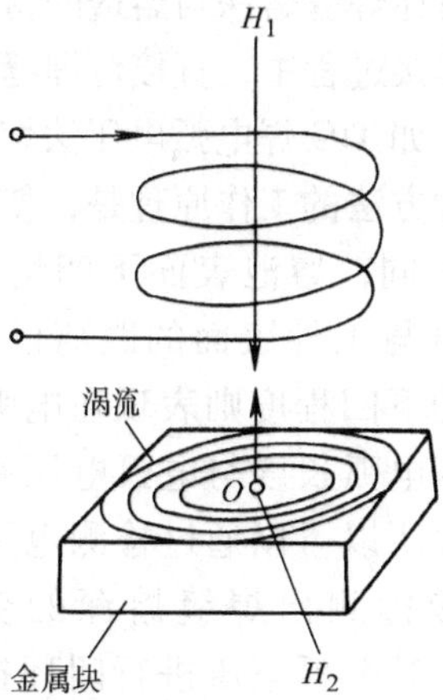

图13-19　涡流的产生

2）探伤基本原理。根据前面的分析，涡流的大小影响到激励线圈的电流变化。如果施加的交变电压不变，则这种影响可等效于激励线圈的阻抗发生了变化。设 Z_0 为没有试件时线圈的等效阻抗，Z_S 为有试件时反射到激励线圈去的附加阻抗，则线圈的阻抗 Z 可表示为

无试件时，
$$Z = Z_0 = R_0 + jX_0 \tag{13-2}$$

有试件时，
$$Z = Z_0 - Z_S = Z_0 - (R_S + jX_S) \tag{13-3}$$

式中，R_0 为激励线圈的电阻(Ω)；X_0 为激励线圈的电抗(Ω)；R_S 为反射电阻(Ω)；X_S 为反射电抗(Ω)。

反射阻抗 Z_S 包含了试件的各种信息，当试件存在着缺陷时，涡流的流动发生了畸变，如果能检测出这种畸变的信息，就能判定试件中有关缺陷的情况。在涡流探伤仪中的信息处理单元电路可用来抑制干扰信息，使有关缺陷的信息则能顺利地通过，并被送去显示、记

录、触发报警或实现分类控制等。

2. 渗透法探伤

渗透法探伤是利用带有荧光染料(荧光法)或红色染料(着色法)渗透剂的渗透作用，显示缺陷痕迹的无损检验法，可用于各种金属材料和非金属材料表面开口缺陷的质量检验。通常包括预清洗、渗透、中间清洗、干燥、显像、观察等六个基本操作步骤。

渗透探伤的原理是：在被检工件表面涂覆某些渗透力较强的渗透剂，在毛细作用下，渗透剂被渗入到工件表面开口的缺陷中，然后去除工件表面上多余的渗透剂(保留渗透到表面缺陷中的渗透剂)，再在工件表面涂上一层显像剂，缺陷中的渗透剂在毛细作用下重新被吸到工件的表面，从而形成缺陷的痕迹。根据在黑光(荧光渗透液)或白光(着色渗透液)下观察到的缺陷显示痕迹，作出缺陷的评定。

第三节 焊接过程的检测与控制

一、焊缝质量的自适应控制

在焊接生产过程中，为了得到稳定的高质量的焊接产品，在合理选用焊接条件和焊接参数之后还要在焊接过程采用实时的焊接质量检测与控制，即进行焊缝质量的自适应控制。下面着重讲述焊缝熔深与熔透的检测与控制。

在焊接过程中，直接对焊缝的熔透与熔深进行检测是困难的，目前只能用一些间接的检测方法，如 TIG 焊电弧电压法熔透与熔深的检测与控制等。

这种方法的工作原理是，使焊枪与工件的距离在焊接过程中保持恒定，在焊接过程中焊缝熔深不同，熔池表面下凹情况则不同。因为焊枪与工件表面的距离已固定不变，故熔池的下凹程度则表现在电弧长度的变化上。因电弧长度与电弧电压有较好的比例关系，所以可以通过检测电弧电压的变化，间接检测出焊缝熔深的变化(见图 13-20)。对电弧电压进行闭环控制，则可以达到控制焊缝熔深的目的。

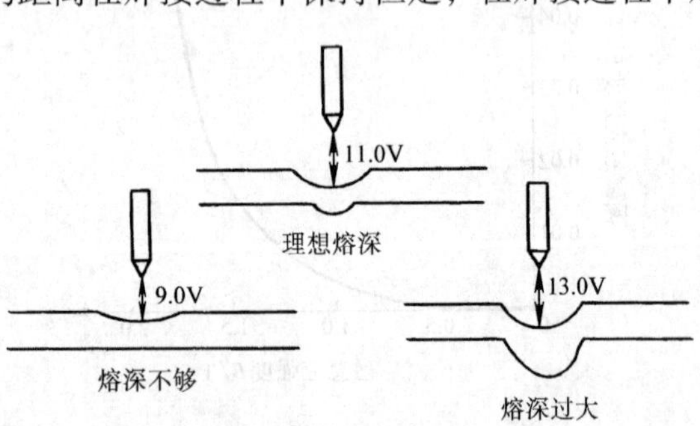

图 13-20 焊缝熔深情况与电弧电压关系示意图

图 13-21 为焊枪与工件表面间距的检测装置，焊枪与工件表面的相对距离是靠两个分别置于焊接对缝的两侧、固定在同一支架上距离传感器来检测。距离传感器与一套闭环控制电路构成一个独立系统，通过焊枪轴向运动电动机及伺服控制装置，来达到保持焊枪与工件表面间距恒定的目的。图 13-22 为焊枪与工件表面间距闭环控制系统框图，这个系统可以保证焊枪与工件表面间距在焊接过程中的波动小于 0.07mm。

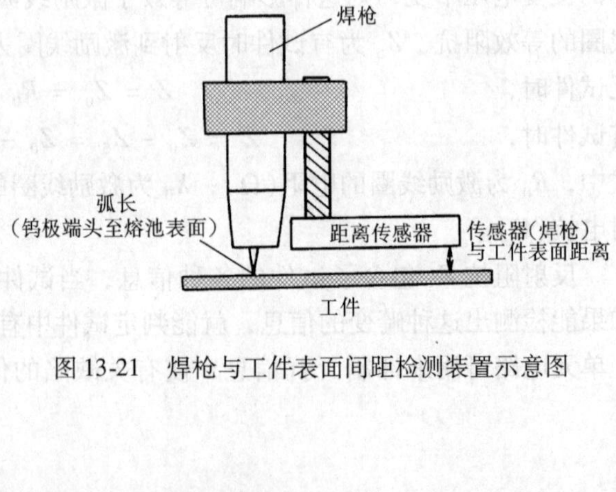

图 13-21 焊枪与工件表面间距检测装置示意图

电弧电压信号一般取自钨极与熔池

之间的电压降。根据电弧电压与给定电弧电压的偏差，调节焊接电流来达到控制焊缝熔深的目的。其闭环控制系统如图 13-23 所示。当电弧电压大于给定电弧电压时，表明熔深大于所要求的熔深，控制系统指令降低焊接电流，减小熔深；反之，电弧电压小于给定电压时，表面熔深小于所要求的熔深，控制系统指令增大焊接电流，直至实际的熔深与要求的熔深相同，亦即电弧电压与给定电弧电压相同为止。通过实际的焊接试验证明，此控制方法可以得到较满意的熔深控制效果。

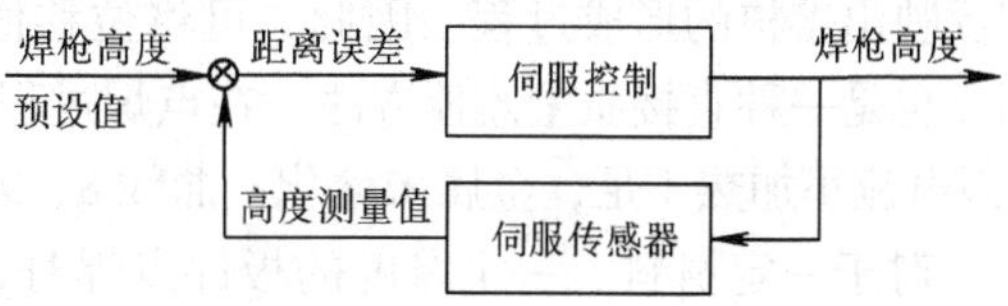

图 13-22　焊枪与工件表面间距闭环控制系统框图

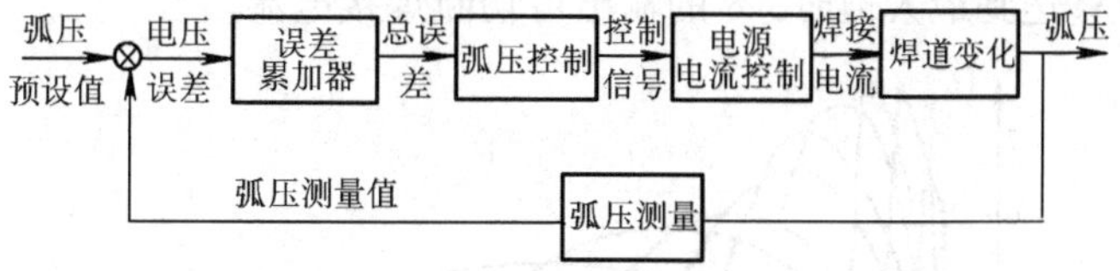

图 13-23　电弧电压法熔深闭环控制系统框图

二、电阻焊的质量监控

用常规的无损检测方法检查电阻焊接头往往效果并不理想，因此，电阻焊的质量监测与控制就显得更为重要。电阻焊的质量监测与控制的方法主要有以下两类：①在焊接过程中实时监测和控制焊接参数的变化，当超出给定范围时进行调整，以获得稳定的接头质量，是一种间接质量监控的方法；②监测与控制与电阻焊接头形成有直接关系的物理量，例如，实时监测与点焊熔核形成有直接关系的电极间电压、热膨胀位移、红外幅射等，根据其变化与熔核生长过程的关系来判断焊接质量，并在焊接过程中进行反馈控制，以达到稳定焊接质量的目的。这类方法称为直接质量监控，在此着重介绍几种点焊的监控方法。

1. 电极间电压法

这种方法以两电极之间的电压作为反馈信号进行质量监测和控制，是一种直接质量监控方法。电极间电压可用下式表示

$$u = \int_{-L}^{L} j\rho \mathrm{d}x \tag{13-4}$$

式中，L 为电流路径；j 为电流密度；ρ 为电阻率。

由于许多金属的热阻率与电阻率成线性关系，而电极间电压与焊接区温度及电流路径的扩大有一定的对应关系，因此，可以用电压监测或反馈控制焊接质量。图 13-24 为电极间电压的监测原理框图。电极间电压法的参数获取比较容易，故受到了人们的重视。但当点焊发生喷溅时，喷溅金属会填塞板间间隙，使导电通道迅速增加，极间电压急剧下降，反馈控制系统常会有反向补偿作用。

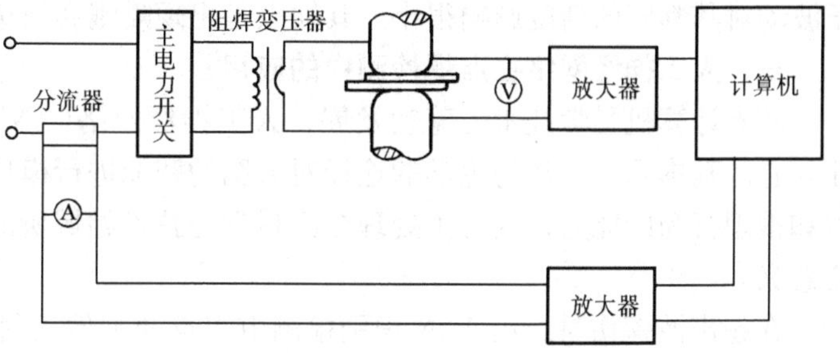

图 13-24　电极间电压的监测原理框图

2. 热膨胀位移法

点焊时，焊接区金属因加热熔化使体积膨胀，并使上、下电极产生相对位移。这种位移过

程反映出熔核的形成过程，因此，可将位移值的变化作为反馈信息，对点焊质量进行质量控制，也是一种直接质量监控方法。在点焊过程中，位移变化曲线如图 13-25 所示。其中曲线 1、2 因电流小加热不足，金属未熔化；曲线 8、9、10 因电流过大加热过于强烈，产生飞溅。

对于一定材料、一定厚度的板件点焊时，都有一最佳位移量和最佳位移速度。前者适合于点焊过程的时间序列控制，包括预热、断电、加锻压力、结束的整个焊接过程；后者可用于控制焊接电流及锻压力的大小等。基于这种想法的一个点焊质量控制系统如图 13-26 所示。当检测到位移上升速度未达到设定值时，7 的输出使电流增大；而当速度达到零时，即位移达到最大值时，8 的输出可切断焊接电流。

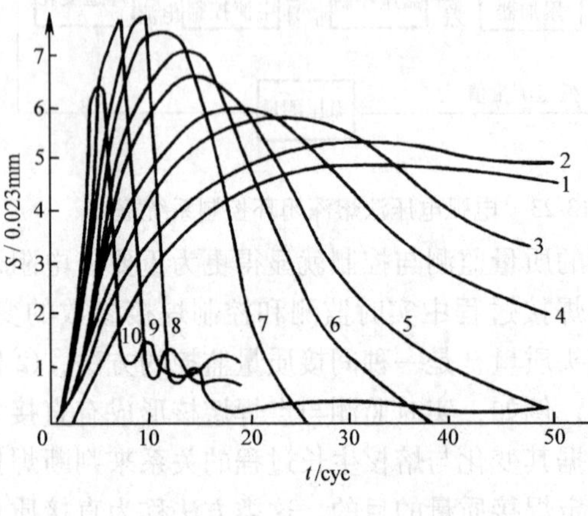

图 13-25 长时间加热的位移曲线

（低碳钢 1 + 1mm，$F_w = 2400$N，$t = 50$cyc）

1—4300A 2—4400A 3—4800A 4—5400A
5—5800A 6—6200A 7—6400A 8—6500A
9—7600A 10—7900A

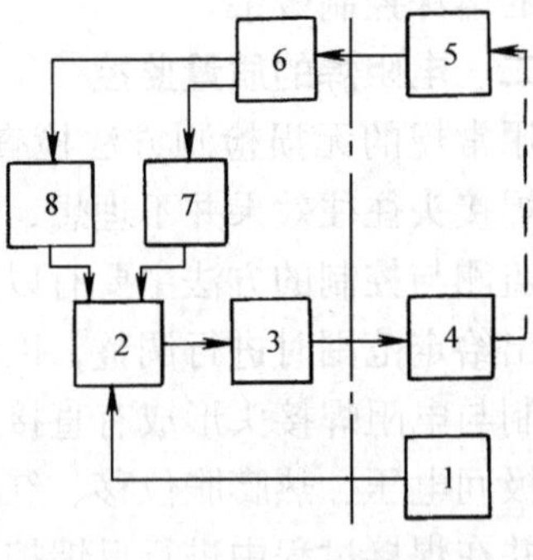

图 13-26 热膨胀法质量控制系统框图

1—机械控制部分 2—并联输出控制
3—晶闸管 4—阻焊变压器
5—位移传感器 6—滤波、放大电路
7—位移速度显示及电流大小控制
8—位移显示及电流通断控制

热膨胀位移法是当今点焊生产中应用较广泛的一种质量控制方法，电极磨损、分流和网压波动对其判别的精度影响很小。其缺点是出现喷溅和板边距离较小的场合不适用。

三、人工神经网络在点焊检测中的应用

随着计算机科学技术的蓬勃发展，人工神经网络（ANN）的研究已引起了人们的广泛关注。它的基本思想是从仿生学的途径对人脑的智能进行模拟，使机器具有模拟人类感知、学习和推理行为的能力，这对于处理今天科学与技术领域所面临的日益复杂的系统问题具有重要意义。

在超声波探伤时，用 ANN 识别检测由焊点和工件反射后的超声波信号，再用信号中一定范围宽度的波峰训练网络，使网络被训练得能识别超声波的时间历史特征，从而能识别出声波的初始相位、焊点反射信号和工件边缘反射信号及噪声。这样，利用 ANN 便可实现多维信息处理和定位，检测出焊接缺陷。当超声波穿过点焊熔核时，因铸造组织对超声波的衰减作用比母材与热影响区严重，所以超声波通过熔核大的焊点时，反射波的幅值会急骤下降（见图 13-27）。若熔核直径过小，超声波会从未熔合的贴合面上发生反射，从而在第一次与第二次反射波之间出现一个小反射波。对于未形成熔核的粘接焊点，则超声波从两板贴合面

上发生反射。焊点中若存在缩孔、裂纹等缺陷，超声波会从缺陷处反射，从而在荧光屏上出现缺陷波，缺陷波的波幅及波形会因缺陷的形状不同而发生变化(见图 13-28)。可根据反射波的形状和波幅变化来判定焊点的质量。但这种判定的准确性，在很大程度上取决于检验人员的技术水平、对焊点的熟悉程度以及综合判断能力。

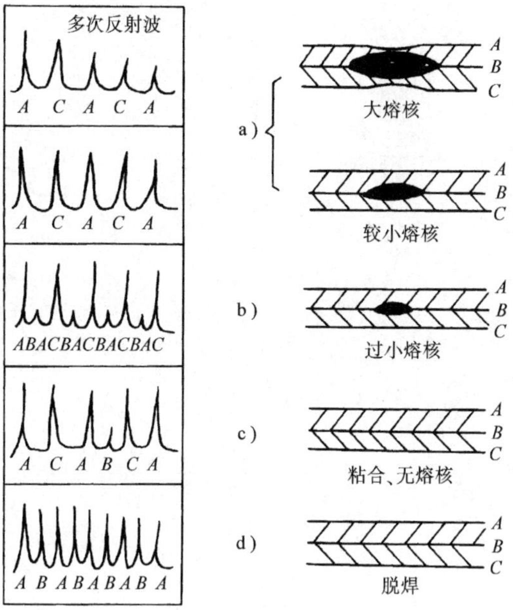

图 13-27　点焊质量的超声波检验

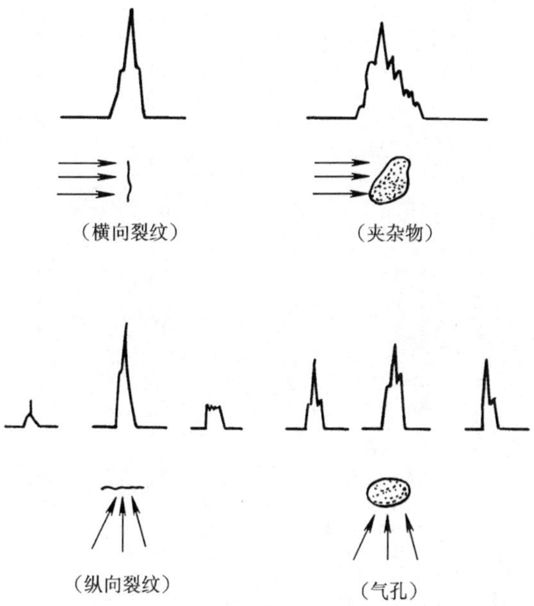

图 13-28　点焊缺陷超声波图

利用 ANN 的记忆和分类处理的优点，可实现点焊超声波智能检验。用点聚焦探头对焊点进行平行扫描，以每个扫描点的反射波高度作为 ANN 的输入参量，以焊点的拉剪强度作为 ANN 的输出参量，用优质焊点和各种缺陷焊点中采集的数据作为训练样本，使 ANN 学习和记忆这些波形的幅值和形状以及它们所对应的拉剪强度，建立起鉴别模型。以这个模型为基础，可研制出基于 ANN 的点焊抗拉剪强度无损检测系统。

复习思考题

1. 常见焊接缺陷有哪些？其产生原因如何？焊接质量的评定标准有几种？各有什么要求？

2. 焊接质量检验方法分为哪两大类？常用焊接件的无损检测方法有几种？射线探伤、超声波探伤的原理、设备、方法以及分析控制技术各有什么特点？磁力、涡流、渗透法探伤等方法的原理与应用如何？

3. 焊缝质量的自动检测与控制有哪些类型？每种形式的原理、特点和应用条件如何？人工神经网络技术在焊接质量的自动检测与控制中有哪些应用？其发展前景如何？

第五篇

高分子材料成形工艺

5

第十四章　塑料的性能与工艺特性

第一节　塑料的性能和用途

不同品种的塑料具有不同的性能和用途。综合起来，塑料具有如下性能及用途。

（1）质量轻　一般塑料的密度与水相近，大约是钢密度的1/6。虽然塑料的密度小，但它的机械强度比木材、玻璃、陶瓷等要高得多。有些塑料在强度上甚至可与钢铁媲美。这对于要求减轻自重的车辆、船舶和飞机有着特别重要的意义。由于质量轻，塑料特别适合制造轻巧的日用品和家用电器零件。

（2）比强度高　如果按单位质量计算材料的抗拉强度（称之为比强度），则塑料并不逊于金属，有些塑料，如工程塑料、碳纤维增强塑料等，还远远超过金属。所以一般塑料除制造日常用品外，还可用于工程机械中。纤维增强塑料可用于负载较大的结构零件。塑料零件在运输工具中所占比例越来越大。目前，在小轿车中塑料的质量约占车重的1/10，而在宇宙飞船中塑料约占飞船总体积的一半。

（3）耐化学腐蚀能力强　塑料对酸、碱、盐等化学物质均有耐腐蚀能力。其中，聚四氟乙烯是化学性能最稳定的塑料，它的化学稳定性超过了所有的已知材料（包括金与铂）。最常用的耐腐蚀材料的硬聚氯乙烯，可以耐浓度达90%的浓硫酸、各种浓度的盐酸及碱液，被广泛用来制造化工管道及容器。

（4）绝缘性能好　塑料对电、热、声都有良好的绝缘性能，被广泛地用来制造电绝缘材料、绝热保温材料以及隔音吸音材料。塑料的优越电气绝缘性能和极低的介电损耗性能，可以与陶瓷和橡胶媲美。另外，目前制造出的半导体塑料、导电磁塑料等，对电子工业的发展具有独特的意义。

（5）光学性能好　塑料的折光率较高，并且具有很好的光泽。不加填充剂的塑料大都可以制成透光性良好的制品，如有机玻璃、聚苯乙烯、聚碳酸酯等都可制成晶莹透明的制品。目前，这些塑料已广泛地被用来制造玻璃窗、罩壳、透明薄膜以及光导纤维材料。

（6）多种防护性能　上述塑料的耐蚀性、绝缘性等，皆体现出塑料对其他物质的防护性。塑料还具有防水、防潮、防辐射、防震等多种防护性能，被广泛地用来制造食品、化工、航天、原子能工业的包装材料和防护材料。

应该指出的是，塑料也存在着一些缺点，在应用中受到一定的限制。一般塑料的刚性差，如尼龙的弹性模量约为钢铁的1/100。塑料的耐热性差，在长时间工作的条件下一般使用温度在100℃以下，在低温下易脆裂。塑料的热导率只有金属的1/200～1/600，这对散热而言是一个缺点。若长期受载荷作用，即使温度不高，塑料也会渐渐产生塑性流动，即产生“蠕变”现象。塑料易燃烧，在光和热的作用下性能容易变坏，发生老化现象。所以，在选择塑料时要注意扬长避短。

第二节　塑料的组成和分类

塑料是一类以合成树脂为基本成分，加入一定量不同添加剂的混合物，在一定温度、压力和时间下可制成规定形状和尺寸且具有一定功能的塑料制品。

合成树脂是高分子聚合物，其分子由无数个单体单元构成，这些单体单元称之为链节。与低分子化合物不同，高分子聚合物的每个分子中可以包含数百、数千、数万乃至于数十万个链节，因此高分子聚合物的相对分子质量可以是数万、数十万到数百万。这些链节相互连接构成很长的链状分子。热塑性塑料的链状分子在加热前和加热后只是互相缠绕并不以化学链相连接，通常称为线型聚合物；热固性塑料在加热开始时也具有链状结构，但在受热后这些链状分子通过交联后会逐渐结合成三维的网状结构，成为既不熔化又不溶解的物质，通常称为体型聚合物。

聚合物大分子中所含链节数称为聚合度。同一种聚合物的各个大分子的聚合度会有很大差别，通常称为相对分子质量的多分散性。这是由于在生成聚合物时，受诸多复杂因素的影响，分子链的增长是一个随机过程，各个大分子的链长会有较大差别。因此，聚合物的相对分子质量总是用平均值来表示。同一种聚合物的平均相对分子质量相同，但相对分子质量的多分散性也会有差别。平均相对分子质量及其多分散性对聚合物的许多性能，特别是对其力学性能有着重要影响。平均相对分子质量越大，力学性能越好；平均相对分子质量相同，相对分子质量多分散性越小，力学性越好。

根据需要，在合成树脂中加入其他成分的添加剂，可以改善或调节塑料的性能。常用的添加剂有填料、增强剂、增塑剂、润滑剂、着色剂、抗氧剂、光稳定剂、固化剂、阻燃剂等。并非所有塑料中都必须加入上述添加剂，而是根据塑料的预定用途和树脂的基本性能有选择性地加入某些添加剂。以同一树脂为基础的塑料，所含添加剂品种和数量不同，性能亦有很大差别，这就使得塑料的品种、品级出现了性能的多样化和应用的广泛性。

塑料的品种繁多，通常可按如下方法分类：

1. 按受热时的行为分为热塑性和热固性

热塑性塑料加热时变软，冷却时变硬，其过程是可逆的，能够反复进行。聚乙烯、聚丙烯、聚氯乙烯、聚苯乙烯、聚甲醛、聚碳酸酯、聚酰胺（尼龙）、丙烯酸类、其他聚烯烃及其共聚物、聚砜、聚苯醚等都是热塑性塑料。热塑性塑料中聚合物的分子链都是线型或带支链结构，分子链之间无化学链产生，加热时软化流动和冷却变硬的过程都是物理变化。

热固性塑料第一次加热时可以软化流动，加热到一定温度时产生化学反应，交联固化而变硬，其过程是不可逆的，再次加热已不能再变软。热固性塑料的聚合物在固化前是线型或带支链的结构，固化后分子链之间形成化学链，成为三维的网状结构。酚醛、脲醛、三聚氰胺、环氧、不饱和聚酯、有机硅等塑料，都是热固性塑料。

2. 按反应类型分为加聚型和缩聚型

由低分子单体合成聚合物的反应统称为聚合反应。由单体加成聚合起来的反应称之为加聚反应，例如由氯乙烯聚合成聚氯乙烯的反应：

$$n(CH_2{=}\underset{\displaystyle Cl}{\underset{|}{C}}H) \longrightarrow \left[CH_2{-}\underset{\displaystyle Cl}{\underset{|}{C}}H \right]_n$$

由加聚反应生成的聚合物称为加聚物。反应过程中无低分子产物释出，其元素组成与单体相同，加聚物分子量是单体分子量与聚合度的乘积。聚烯烃、聚卤代烯烃、聚苯乙烯、聚甲醛、丙烯酸类等塑料都属于加聚物。加聚型塑料都是热塑性塑料。

若在反应过程中，除形成聚合物外，同时还有低分子副产物形成，则此种聚合反应称为缩聚反应，其产物亦称为缩聚物。由于有低分子副产物析出，所以缩聚物的元素组成与相应的单体不同。例如已二胺与已二酸之间的缩聚反应可表示为

$$nH_2N{+}CH_2{+}_6NH_2 + nHOOC{+}CH_2{+}_4COOH$$
$$\rightarrow H{+}NH{+}CH_2{+}_6NH{-}CO{+}CH_2{+}_4CO{+}_nOH + (2n-1)H_2O$$

反应中析出低分子水，生成主链中含 n 个聚酰胺。聚酰胺、聚碳酸酯、聚苯醚、聚砜、酚醛、环氧、氨基塑料等都是缩聚型塑料。缩聚型塑料中的部分品种是热固性塑料，另一部分品种是热塑性塑料。

3. 按大分子排列状态分为无定形和结晶型

无定形塑料的聚合物大分子的排列是无序的。这种塑料由于受聚合物分子链的结构特点或者是成形过程中工艺条件的限制，分子链不会产生有序的整齐堆砌的结晶结构，而呈现无规则的随机排列。属于无定形的常用塑料如聚苯乙烯、聚碳酸酯、聚氧乙烯、ABS 等。

结晶型塑料的聚合物大分子排列呈现出三维有序。在从熔融状态冷却成为制品过程中，聚合物的分子链能够有序地紧密堆砌产生结晶结构。结晶型塑料不像低分子晶体那样能产生100%的结晶度，一般结晶度在10%~60%，称为半结晶。聚合物大分子链列呈现出无定形相与结晶相共存的状态。成形条件对结晶度和晶态结构有明显影响。结晶结构只存在于热塑性塑料中。常用结晶型塑料如聚乙烯、聚丙烯、聚四氟乙烯、尼龙、聚甲醛等。

4. 按性能和应用范围分为通用、工程和特种塑料

（1）通用塑料　是指生产量大、货源广、价格低、适于大量应用的塑料。通用塑料具有良好的成型工艺性，可采用多种成型工艺生产出各种不同用途的制品。聚乙烯、聚氯乙烯、聚苯乙烯、聚丙烯和酚醛塑料被称为五大通用塑料，其他聚烯烃、乙烯基塑料及其共聚物与改性材料、丙烯酸塑料和氨基塑料等也都属于通用塑料。

（2）工程塑料　是指那些只有突出力学性能和耐热性、或优异耐化学试剂、耐溶剂性，或在变化的环境条件下可保持良好的绝缘介电性能的塑料。工程塑料一般可以作为承载结构件，高温环境下的耐热件和承载件，高温条件、潮湿条件、大范围变频条件下的介电制品和绝缘用品。工程塑料的生产批量小，价格也较昂贵，用途范围相对狭窄，一般都是按某些特殊用途生产一定批量的材料。工程塑料主要品种有聚酰胺(尼龙)、聚碳酸酯、聚甲醛、聚苯醚、ABS、PET、聚砜、氟塑料、超高分子量聚乙烯、环氧塑料和不饱和聚酯等。

（3）特种塑料　是指那些具有某种特殊功能、适于某种特殊用途的塑料，如用于导电、压电、热电、导磁、感光、防辐射、光导纤维、液晶、高分子分离膜、专用于减摩耐磨用途等的塑料。

由于塑料的名称大都冗长繁琐，说与写均不方便，所以常用国际通用的英文缩写字母来表示。表 14-1 为常用的塑料名称及英文代号。

表 14-1　常用的塑料名称及英文代号

塑料种类	塑料名称	代　号
热塑性塑料	聚乙烯	PE
	高密度聚乙烯	HDPE
	低密度聚乙烯	LDPE
	聚丙烯	PP
	聚苯乙烯	PS
	丙烯腈-丁二烯-苯乙烯共聚物	ABS
	聚甲基丙烯酸甲酯(有机玻璃)	PMMA
	聚苯醚	PPO
	聚酰胺(尼龙)	PA(N)
热塑性塑料	聚砜	PSF
	聚氯乙烯	PVC
	聚甲醛	POM
	聚碳酸酯	PC
热固性塑料	酚醛	PF
	脲醛	UF
	三聚氰胺甲醛	MF
	环氧	EP
	不饱和聚酯	UP

第三节　塑料的工艺特性

本节着重讲述塑料的收缩性、流动性、结晶性及其他工艺性能。

一、塑料的收缩性

塑料制品从模具中取出会发生尺寸收缩的特性，称为塑料的收缩性。因为塑料制品的收缩不仅与塑料本身的热胀冷缩性质有关，而且还与模具结构及成型工艺条件等因素有关，所以通常所指的塑料的收缩性实际上是指塑料制品的成型收缩性能。

塑料的收缩性可用塑料制品的收缩率表示。收缩率定义为

$$S=\frac{L_{\mathrm{m}}-L}{L_{\mathrm{m}}}\times 100\% \tag{14-1}$$

式中，S 为塑料的收缩率(%)；L_{m} 为模具型腔尺寸(mm)；L 为收缩后塑料制品的尺寸(mm)。

由式(14-1)可推得

$$L_{\mathrm{m}}=\frac{L}{(1-S)}=L(1+S+S^2+S^3+\cdots) \tag{14-2}$$

由于塑料的收缩率 S 一般为 $10^{-2}\sim10^{-3}$ 数量级，略去式(14-2)左边 S 的平方项和高次方项，有

$$L_{\mathrm{m}}=L(1+S) \tag{14-3}$$

式(14-3)即为由给定的塑料制品尺寸与收缩率计算模具型腔尺寸的基本关系式。

塑料的收缩率数据是以标准试样实测得到的。部分常用热塑性塑料的计算收缩率见表 14-2。

表 14-2 部分常用热塑性塑料的计算收缩率

成型物料			线膨胀系数	计算收缩率
	塑料名称	填充材料	$10^5℃^{-1}$	%
结晶型	聚乙烯(低密度)	—	10.0~20.0	1.5~5.0
	聚乙烯(中密度)	—	14.0~16.0	1.5~5.0
	聚乙烯(高密度)	—	11.0~13.0	2.0~5.0
	聚丙烯	—	5.8~10.0	1.0~2.5
	聚丙烯	玻璃纤维	2.9~5.2	0.4~0.8
	聚酰胺(b)	—	8.3	0.6~1.4
	聚缩醛	20%玻璃纤维	3.6~8.1	1.3~2.8
无定形	聚苯乙烯(通用)	—	6.0~8.0	0.2~0.6
	聚苯乙烯(抗冲击型)	—	3.4~21.0	0.2~0.6
	聚苯乙烯	20%~30%玻璃纤维	1.8~4.5	0.1~0.2
	ABS(抗冲击型)	—	9.5~13.0	0.3~0.8
	ABS	20%~40%玻璃纤维	2.9~3.6	0.1~0.2
	聚碳酸酯	—	6.6	0.5~0.7
	聚碳酸酯	10%~40%玻璃纤维	1.7~4.0	0.1~0.3
	聚氯乙烯(硬质)	—	5.0~18.5	0.1~0.57

从表 14-2 中可见，塑料收缩率的绝对数值一般在 $10^{-3}\sim10^{-2}$ 的数量级，比金属、玻璃、陶瓷大 1~2 个数量级。收缩率绝对值大对塑料制品成型不利，容易造成制品的表面凹陷和内部缩孔，特别是当制品壁厚较大时，会使制品的内应力较大而产生翘曲。从表 14-2 中还可看出，所有塑料的收缩率都不是一个固定不变的数值，而是在一定范围内变化。在实际成型时不仅不同品种的塑料收缩率不同，而且不同批次的同一品种塑料或者同一制品的不同部位的收缩率也经常不同。收缩率的大小不仅与聚合物相对分子质量大小、相对分子质量分散度有关，更与成型时的工艺参数的选择有关。收缩率波动使生产中难以控制制品尺寸，难于生产高精度尺寸的塑料制品。收缩率波动也使在计算模具型腔尺寸时准确选取收缩率变得困难。

影响塑料收缩率的因素可以从以下三个方面来分析：

（1）成型工艺参数的影响　成型工艺参数中影响最大的因素当属成型压力。提高压力可以导致塑料制品密度增加，使收缩率减小。

提高物料温度，会使制品体积膨胀而使压入型腔的物料减少，使收缩率增大；但物料温度的升高会使粘度减小，却有利于向型腔内传递压力，又使收缩率减小，最终收缩率的大小取决于这上述两种效应的综合影响。一般，粘度对温度变化敏感的塑料，后一种效应影响大，致使收缩率减小；粘度对温度变化不敏感的塑料，前一种效应影响大，导致收缩率增大。

提高模具温度，一般会使收缩率增大，特别是对于结晶型塑料。延长保压时间，可以使收缩率减小。但是一旦浇口已经封闭，再延长保压时间便不再会对收缩率有影响。

（2）塑料制品结构的影响　制品壁厚增大，收缩率增大。同一制品中壁厚较大部位的收缩率总是大于壁厚较小部位。制品收缩受到阻碍方向的收缩率总比无阻碍方向要小，例如带通孔制品的孔方向收缩要小于其轴向收缩；靠近嵌件部位的收缩要小于远离嵌件部位的收缩。形状复杂制品的收缩要小于形状简单制品的收缩。流动方向与垂直于流动方向的收缩也有明显差别，一般为流动方向收缩率大于垂直于流动方向的收缩率。

（3）模具结构的影响　模具结构对收缩率主要的影响因素是浇注系统的设置，包括浇口位置、浇口截面面积和浇口数量。浇口的数量和开设的位置不同，熔体进入型腔后的流向和流程便不同，使聚合物分子链的取向和程度不同，不仅影响到收缩率大小，还影响到制品各部位和各方向收缩的差别程度。浇口截面面积大，有利于传递压力和补料，使收缩率减小。但采用截面大的浇口，要求有相应的较长保压时间，以便使浇口处熔体凝固，否则过早地结束保压，会因浇口尚未冻结封闭而熔体就从型腔内倒流至浇口外，反而会增大收缩率并引起制品的其他弊病。制品远离浇口部位的收缩率要比靠近浇口部位的收缩率大。

模具温度调节系统的设置有助于保持模具温度的恒定，能减少收缩率的波动。在可能的情况下采用较低的模温可以减小收缩率。

二、塑料的流动性

所有塑料都是在熔融状态下加工成型的，流动性是塑料成型过程中应具备的基本特性和标志。流动性好的塑料容易充满复杂的型腔并获得精确的形状。热塑性塑料的流动性常用熔体流动速率指数来表征，简称熔融指数（MFI）。熔融指数是将塑料在规定温度下使之熔融并在规定压力下从一个规定直径和长度的仪器口模中挤出，在10min内挤出的材料克数。熔融指数值越大，材料流动性越好。由于材料的流动性与聚合物的相对分子质量有关，相对分子质量越大，流动性越差。因此，熔融指数用于定性地表示相对分子质量的大小，成为热塑性塑料规定品级的重要数据。同一种品种的塑料材料，规定出各种不同的熔融指数范围，以满足不同成型工艺的要求。

熔融指数测量仪虽然具有结构简单、使用简便等优点，但测试时熔体的剪切速率仅在$10^{-2} \sim 10^{-1}s^{-1}$范围内，属于低剪切速率下的流动，远比塑料注射成型加工中通常的剪切速率$10^2 \sim 10^4 s^{-1}$的范围要低。因此，通常测量的熔融指数并不能说明注射成型时塑料熔体的实际流动性能。

采用毛细管流变仪可测得剪切速率在$10^1 \sim 10^5 s^{-1}$范围内的熔体表观粘度。粘度是描述塑料流动行为的最重要量度，在塑料注射成型计算机模拟技术中已广泛应用。毛细管流变仪的工作原理也十分简单，塑料熔体在流变仪料筒内保持恒温并被压入规定内径和长度的毛细管内，通过测量其流量和压力降便可获得其表观粘度值。

一般可将常用的热塑性塑料的流动性分为三类：

（1）流动性好　如聚乙烯、聚丙烯、聚苯乙烯、尼龙、醋酸纤维素等。

（2）流动性较好　如有机玻璃、聚甲醛、改性聚苯乙烯（ABS、AS、HIPS）以及氯化聚醚等。

（3）流动性差　如聚碳酸酯、硬聚氯乙烯、聚砜、聚芳砜、聚苯醚等。

热固性塑料的流动性测试方法与热塑性塑料类似，但又不完全相同，最常用的有拉西格流动性和螺旋流动长度测试两种。拉西格流动性是在规定温度和压力下，将塑料配料从规定口径和长度的拉西格流动仪中在规定时间内挤出的长度（mm）表示，其值越大塑料的流动性越好。螺旋流动长度测试是将塑料配料装入一个标准的传递模加料室中，模具的型腔为螺旋状。在规定的温度、压力和时间内，在柱塞的挤压下塑料通过流道被挤入螺旋状型腔的长度即为该塑料的螺旋流动长度，其值越大，流动性越好。拉西格流动性和螺旋流动长度，都是热固性塑料配料在规定条件熔融塑化、熔体粘度、凝胶速率等综合特性的一个量度。

三、塑料的结晶性及其他工艺性能

如前所述，高分子聚合物按其分子结构可分为结晶型和无定形两类。用 X 射线衍射方法研究发现，尽管许多聚合物并不具有很规则的宏观外形，但却包含着许多微小晶粒，这些晶粒内部结构与普通晶体类似，具有三维远程有序的特征。通过规则的折叠方式，长径比很大的链状分子整齐地排列成微小晶粒。聚合物结晶结构的基本单元为薄晶片，称为片晶。在一定条件下，无数片晶可以一个结晶中心向四面八方生长，发展成球状的多晶聚集体，称为球晶。球晶在热塑性塑料的制品中是一种最常见的结晶结构单元。

聚合物能否结晶取决于分子链结构的规整性，只有具有充分规整结构的聚合物才能形成结晶结构。因此，只有那些具有高度规整结构的线性或带轻微支链结构的热塑性聚合物才有可能结晶。热固性聚合物由于具有三维网状结构，根本不可能结晶。在热塑性聚合物中，那些分子链上含有不规则排列的侧基，或者分子链是由两种单体共聚生成，而两种单体又以随机方式排列，都大大减小了结晶的可能性。聚合物是否容易结晶，还与分子链的柔性有关，柔性越好，结晶越容易，因为其柔性有助于结晶时分子链的重排与折叠。

聚合物的结晶与低分子物质的结晶有着很大区别。聚合物结晶速度慢，结晶不完全，晶体不整齐。由于结晶不完全，结晶型塑料不像低分子结晶化合物那样具有明确的熔点，结晶型塑料的熔化是在比较宽的温度范围内完成的，其完全熔化时的温度被称为熔点。熔点和熔化温度随着聚合物的结晶程度不同而变化，结晶程度高的熔点较高。

聚合物结晶的不完全性，通常用结晶度来表示，一般聚合物的结晶度在 10%~60%。由于聚合物达到完全结晶时所需时间太长，有的需要几年甚至于几十年的时间，因此通常将结晶度达到 50% 的时间倒数作为评定各种聚合物结晶速度的标准。

能够结晶的常用塑料有聚乙烯、聚丙烯、聚四氟乙烯、尼龙、聚甲醛等。无定形的常用塑料有聚苯乙烯、ABS、有机玻璃、聚砜、聚碳酸酯等。

结晶型塑料在注射成型时有如下特点：

1）结晶型塑料必须要加热至熔点温度以上才能达到软化状态。由于结晶熔解需要热量，结晶型塑料达到成型温度要比无定形塑料达到成型温度需要更多的热量。

2）塑料制品在模内冷却时，结晶型塑料要比无定形塑料放出更多的热量，因此结晶型塑料制品在模具内冷却时需要较长的冷却时间。

3）由于结晶型塑料固态的密度与熔融时的密度相差较大，因此结晶型塑料的成型收缩率较大，达到 0.5%~3.0%，而无定形塑料的成型收缩率一般为 0.4%~0.6%。

4）结晶型塑料的结晶度与冷却速度切密切相关，在结晶型塑料成型时应按要求控制好模具的温度。

5）结晶型塑料各向异性显著，内应力大，脱模后制品内未结晶的分子有继续结晶的倾向，易使制品变形和翘曲。

塑料的其他工艺性能包括塑料的热敏性、水敏性、应力敏感性、吸湿性、粒度以及塑料的各种热性能指标。

热敏性是指某些塑料（如硬聚氯乙烯、聚甲醛等）对热较为敏感，在高温下受热时间较长或浇口截面过小、剪切作用较大时，物料温度升高易发生变色和降解的倾向。对于这类热敏性塑料必须严格控制成型温度、模具温度和加热时间。

水敏性是指某些塑料(如聚碳酸酯等)即使只含有少量水分，在高温和高压下也容易分解。对于这类水敏性塑料在成型前必须加热干燥。

应力敏感性是指某些塑料对应力敏感，成型时质脆易开裂。对于这类应力敏感性塑料，除了在原材料内加入添加剂提高抗裂性外，还应合理地设计制品和模具，并选择有利的成型工艺条件，以减小内应力。

粒度是指塑料颗粒的细度和均匀度。塑料的热性能指标是指塑料的比热容、热导率、热变形温度等，这些指标对塑料成型都有较大的影响。

复习思考题

1. 塑料的主要成分是什么？它们从何而来？默写五种常用热塑性塑料的名称及代号。
2. 试列举两种常用结晶型塑料的工艺特性。
3. 通过查阅有关书籍，总结 PP 和 PE 塑料的异同点和使用范围。

第十五章　塑料制品的设计原则

第一节　制品的材料和几何形状

塑料制品主要应根据使用要求进行设计。由于塑料有其特殊的物理力学性能，因此在设计塑料制品时必须充分发挥其性能上的优点，避免其缺点，在满足使用要求的前提下，塑料制品的几何形状应尽可能地做到简化模具结构，符合成型工艺特点，同时还应尽可能美观大方。

一、制品的选材

（1）塑料制品的选材应考虑的几个方面

1）塑料的力学性能，如强度、刚性、韧性、弹性、弯曲性能、冲击性能以及对应力的敏感性。

2）塑料的物理性能，如对使用环境温度变化的适应性、光学特性、绝热或电气绝缘的程度、精加工和外观的圆满程度等。

3）塑料的化学性能，如对接触物（水、溶剂、油、药品）的耐性、卫生程度以及使用上的安全性等。

4）必要的精度，如收缩率的大小及各向收缩率的差异。

5）成型工艺性，如塑料的流动性、结晶性、热敏性等。

对于塑料材料的这些要求往往是通过塑料的特性表进行选择和比较的。表 15-1 为常用塑料的特性以供参考。选出合适的材料后，再判断所选的材料是否满足制品的使用条件，最好是通过试样做试验。应指出的是，采用标准试样所得到的数据（如力学性能）并不能代替或预测制品在具体使用条件下的实际物理力学性能，只有当使用条件与测试条件相同时，试验才可靠。因此，最好是按照试验所形成的设想来制作原型模具，再通过原型模具生产的试验制品来确认目标值，这样会使塑料材料的选择更为准确。

表 15-1　常用塑料特性一览表

特性＼名称	成型性	机械加工性	耐冲击性	韧性	耐磨性	耐蠕变性	挠性	润滑性	透明性	耐候性	耐溶剂性	耐药性	耐燃性	热稳定性	耐寒性	耐湿性	尺寸稳定性	价格低廉
聚乙烯	好	好	好		好		较好	较好			较好	较好			好	较好		好
聚丙烯	好	好	较好		较好		较好				较好	较好				较好		好
聚氯乙烯	好	较好			较好		较好		较好	较好		较好	较好			较好	较好	好
聚苯乙烯	好								较好							较好	较好	好
ABS	好	好	好	较好					较好							较好	较好	较好
聚碳酸酯	较好	好	好	好	好				较好	较好			较好	较好	较好		较好	
聚酰胺	较好	好	较好	好	好					较好	较好		较好	较好	较好			

（续）

特性 名称	成型性	机械加工性	耐冲击性	韧性	耐磨性	耐蠕变性	挠性	润滑性	透明性	耐候性	耐溶剂性	耐药性	耐燃性	热稳定性	耐寒性	耐湿性	尺寸稳定性	价格低廉
聚甲醛	较好	好	较好	好	较好	较好		较好			较好	较好		较好				
酚醛树脂	好	较好			较好	较好	较好	较好			较好		较好	较好	较好			好
尿素树脂	好				好	好					较好		较好		较好			好
环氧树脂	较好		较好	较好	好	好	较好		较好	较好	较好			较好	较好			
聚氨酯	较好	较好	较好	较好	好	好	较好		较好	较好	较好				好	较好		

（2）聚丙烯(PP)和高密度聚乙烯(HDPE)的使用特性和选择原则　聚丙烯(PP)比高密度聚乙烯(HDPE)有许多更优越的性能，PP 的光泽性好，外观漂亮，由于收缩率较 HDPE 小，制品细小部位的清晰度好，表面可制成皮革图案，如注射器和其他医疗器具、吹塑容器等均可选择 PP。PP 的尺寸稳定性也优于 HDPE，可采用 PP 制造较大平面的薄壁制品。PP 的热变形温度高于 HDPE，因此可用 PP 制造耐热性餐具。

但是，HDPE 的耐冲击性能比 PP 强，即使在低温下韧性也好，因此 HDPE 适合制造寒冷地区使用的货箱及冷藏室中使用的制品。HDPE 适应气候的能力优于 PP，像啤酒瓶周转箱、室外垃圾箱等塑料制品均宜于采用 HDPE 制造。

二、成型工艺对制品几何形状的要求

塑料制品几何形状的设计包括脱模斜度、制品壁厚、加强肋、圆角、孔、支承面、标志及花纹等的设计。在设计时应在满足使用要求的基础上，一方面使模具结构尽量简单，另一方面要使制品的几何形状能适应成型工艺的要求。

1. 脱模斜度

由于制品冷却后产生收缩，会紧紧地包住模具型芯或型腔中凸出的部分，为了使制品易于从模具内脱出，在设计时必须保证制品的内外壁具有足够的脱模斜度。

脱模斜度还没有比较精确的计算公式，目前仍依靠经验数据。脱模斜度与塑料的品种、制品的形状及模具的结构等有关，一般情况下脱模斜度取 0.5°，可小到 15′~20′。脱模斜度的经验数据见表 15-2。

表 15-2　各种塑料的脱模斜度

塑料名称	脱模斜度
聚乙烯、聚丙烯、软聚氯乙烯	30′~1°
ABS、尼龙、聚甲醛、氯化聚醚、聚苯醚	40′~1°30′
硬聚氯乙烯、聚碳酸酯、聚砜、聚苯乙烯、有机玻璃	50′~2°
热固性塑料	20′~1°

由表 15-2 可见，对性质较脆、较硬的塑料，脱模斜度要求大一些。在选择具体的脱模斜度时，应按如下原则：

1）在满足制品尺寸公差要求的前提下，脱模斜度可取得大一些，这样有利于脱模。

2）在塑料收缩率大的情况下应选用较大的脱模斜度。热塑性塑料的收缩率一般较热固性塑料大，故脱模斜度也相应大一些。

3）当制品壁厚较厚时，因成型时制品的收缩量大，故也应选用较大的脱模斜度。

4）对于较高、较大的制品，应选用较小的脱模斜度。

5）对于高精度的制品，应选用较小的脱模斜度。

6）只是在制品高度很小时才允许不设计脱模斜度。

7）如果要求脱模后制品保持在型芯一边，可有意将制品内表面的脱模斜度设计得比外表面的小。

8）如图 15-1 所示，斜度的方向一般是以内孔小端为基准由扩大方向取得；外形以大端为基准，斜度由缩小方向取得。

2. 制品壁厚

制品应有一定的壁厚，这不仅是为了制品在使用中有足够的强度和刚度，而且也为了塑料在成型时有良好的流动状态。有时制品在使用中需要的强度虽然很小，但是为了使制品便于从模具中顶出以及部件的装配，仍须有适当的厚度。

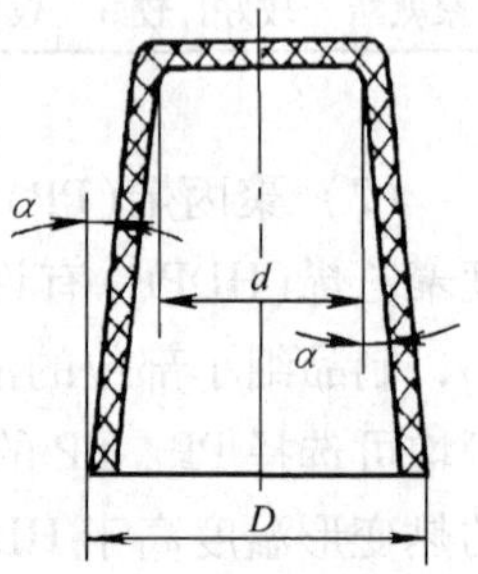

图 15-1 脱模斜度的基准

根据成型工艺的要求，应尽量使制品各部分壁厚均匀，避免有的部位太厚或太薄，否则成型后因收缩不均匀会使制品变形或产生缩孔、凹陷、烧伤以及填充不足等缺陷。为了使壁厚均匀，在可能的情况下常常是将厚的部分挖空，使壁厚尽量一致。如果在结构上要求具有不同的壁厚时，不同壁厚的比例不应超过 1∶3，且不同壁厚应采用适当的修饰半径使厚、薄部分间呈缓慢过渡。

热塑性塑料制品的壁厚，一般在 1 ~ 4mm。壁厚过大，易产生气泡和凹陷，同时也不易冷却。若制品的强度不够时，可设置加强肋。表 15-3 为热塑性塑料制品的最小壁厚及常用壁厚的推荐值。

表 15-3 热塑性塑料制品的壁厚推荐值 （单位：mm）

塑料名称	最小壁厚	常用壁厚		
		小型制品	中型制品	大型制品
尼龙	0.45	0.76	1.50	2.4 ~ 3.2
聚乙烯	0.60	1.25	1.60	2.4 ~ 3.2
聚苯乙烯	0.75	1.25	1.60	3.2 ~ 5.4
改性聚苯乙烯	0.75	1.25	1.60	3.2 ~ 5.4
有机玻璃	0.80	1.50	2.20	4.0 ~ 6.5
硬聚氯乙烯	1.20	1.60	1.80	3.2 ~ 5.8
聚丙烯	0.85	1.45	1.75	2.4 ~ 3.2
聚碳酸酯	0.95	1.80	2.30	3.0 ~ 4.5
醋酸纤维素	0.70	1.25	1.90	3.2 ~ 4.8
聚甲醛	0.80	1.40	1.60	3.2 ~ 5.4

热固性塑料制品的厚度一般在 1 ~ 6mm 之间，壁厚过大既要增加塑压时间，制品内部又不易压实。壁厚过薄则刚度差、易变形。表 15-4 列出热固性塑料制品最小壁厚的推荐值。

表 15-4　热固性塑料制品最小壁厚推荐值　（单位：mm）

制品高度	最小壁厚		
	酚醛塑料	氨基塑料	纤维素塑料
40 以下	0.7～1.5	0.9～1.0	1.5～1.7
>40～60	2.0～2.5	1.3～1.5	2.5～3.5
>60	5.0～6.5	3.0～3.5	6.0～8.0

3. 加强肋

加强肋的作用是在不增加制品壁厚的条件下增加制品的刚度和强度。在制品中适当设置加强肋，还可以防止制品翘曲变形。

加强肋的形状和尺寸如图 15-2 所示。原则上，肋的厚度不应大于壁厚，否则壁面会因肋根部的内切圆处的缩孔而产生凹陷。加强肋的高度也不宜过高，以免肋部受力破损。为了得到较好的增强效果，可用数个高度较矮的肋来代替孤立的高肋。若能够将若干个小肋连成栅格，则强度能显著提高。加强肋的调协方向除应与受力方向一致外，还应尽可能与熔体流动方向一致，以免料流被搅乱，使制品的韧性降低。

若制品中需设置许多加强肋，其分布排列应相互错开，以避免因收缩不均匀引起破裂。图 15-3b 的设计就比图 15-3a 的合理。

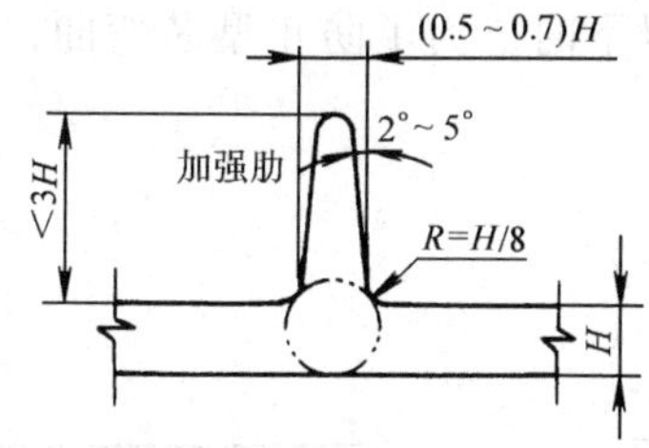

图 15-2　加强肋的形状和尺寸

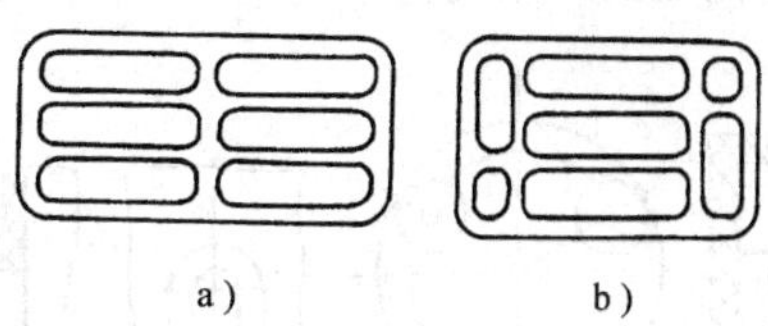

图 15-3　加强肋的交错分布

a）不合理　b）合理

加强肋不应设置在大面积制品的中央部位。当中央部位必须设置加强肋时，应在其所对应的外表面上加设楞沟，以便遮掩可能产生的流纹和凹坑，如图 15-4 所示。

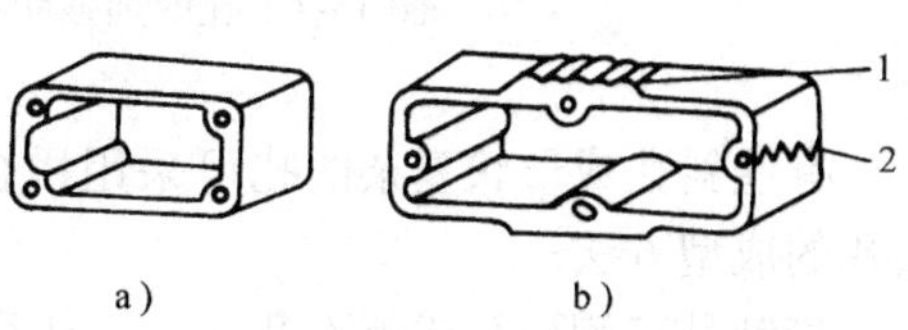

图 15-4　大面积制品上的加强肋

a）普通制品　b）带楞沟的制品

1—楞沟　2—流纹

4. 圆角

为了避免应力集中，提高塑料制品的强度，改善熔体的流动情况和便于脱模，在制品各内外表面的连接处均应采用过渡圆弧。制品上的圆角对于模具制造、提高模具的强度也是必要的。在无特殊要求时，制品的各连接处均应有半径不小于 0.5mm 的圆角。如图 15-5 所示，一般外圆弧半径应是壁厚的 1.5 倍，内圆角半径应是壁厚 0.5 倍。

5. 孔

制品上各种孔的位置应尽可能开设在不减弱制品的机械强度的部位，孔的形状也应力求不增加模具制造工艺的复杂性。孔间距、孔边距不应太小(参见图 15-6 和表 15-5)，否则，在装配时孔的周围易破裂。若两孔径不一致时，应以小孔直径为查表依据。查表时，选取上限还是下限可参考制品的材料特性而定。

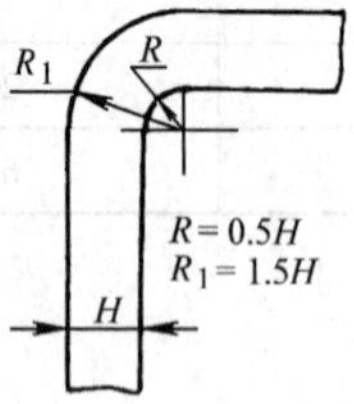

图 15-5 圆角半径的大小

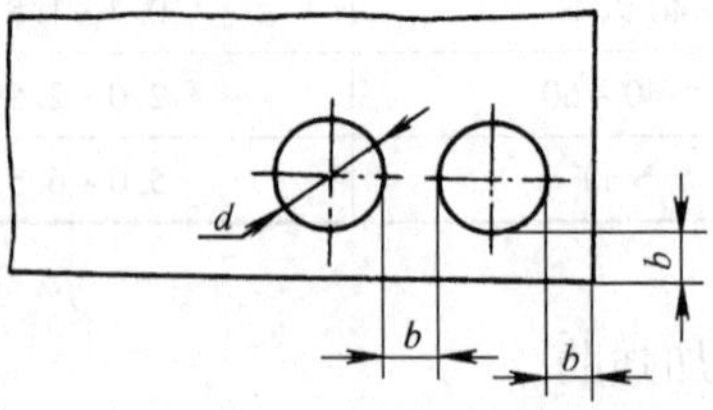

图 15-6 孔间距与孔边距

表 15-5 不同孔径所对应的孔间(边)距值 (单位:mm)

孔径 d	<1.5	1.5~3	3~6	6~10	10~18	18~30
孔间距、孔边距 b	1~1.5	1.5~2	2~3	3~4	4~5	5~7

制品上的固定用孔和其他受力孔的四周可采用凸边加强肋，如图 15-7 所示。

制品上的通孔可用一端固定的型芯成型，也可用两端分别固定的对接型芯成型。为了防止上、下孔偏心，可将任一侧孔稍微放大，如图 15-8 所示。盲孔只能用一端固定的型芯成型。对于与熔体流动方向垂直的孔，当孔径在 1.5mm 以下时，为了防止型芯弯曲，孔深以不超过孔径的 2 倍为好。

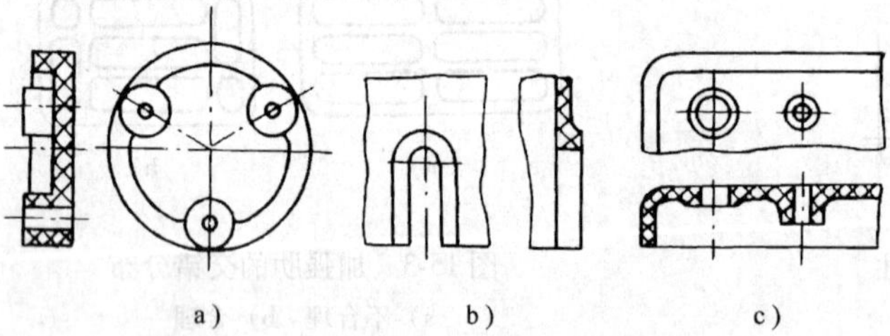

图 15-7 孔的加强肋

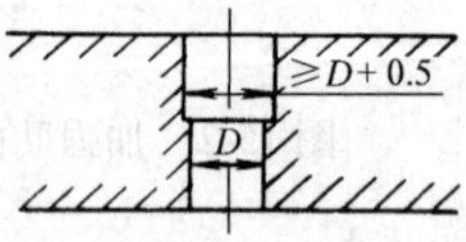

图 15-8 用对接型芯成型的孔

有些斜孔或形状复杂的孔可采用拼合的型芯成型，以避免侧向抽芯，图 15-9 为某些复杂孔的成型方法。

当制品有侧面孔或侧面凸凹时，往往会使模具的设计和制造复杂化。因此，在设计这类制品时，应考虑尽可能使模具结构简单化，以适合模具的自动化生产。图 15-10a 所示为具有侧孔和侧凹的两类制品，当改用图 15-10b 所示的结构后，便能避免侧向抽芯。

对于有较浅的内侧凹槽并带有圆角的制品，若制品在脱模温度下具有足够的弹性，则可采用强制脱模的方法将制品脱出，而不必采用组合型芯的方法。聚甲醛、聚乙烯、聚丙烯等的塑料制品均可以带有如图 15-11 所示的两种可强制脱模的浅侧凹槽。图中，A 与 B 的关系应满足

$$\frac{A-B}{B}\times 100\% \leqslant 5\% \qquad (15\text{-}1)$$

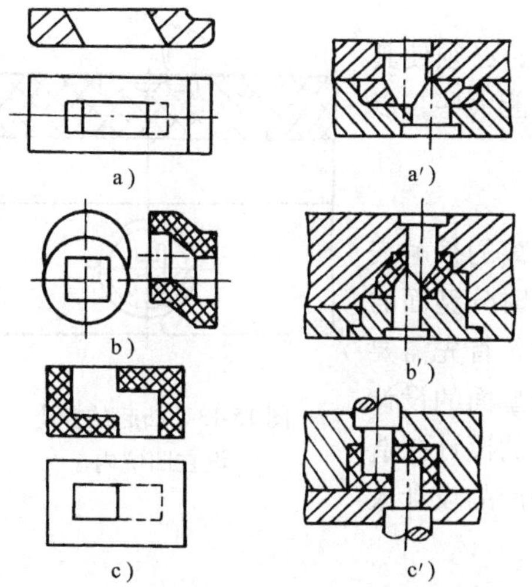

图 15-9　复杂孔的成型方法

a)、b)、c）塑件形状　a′)、b′)、c′）成型方法

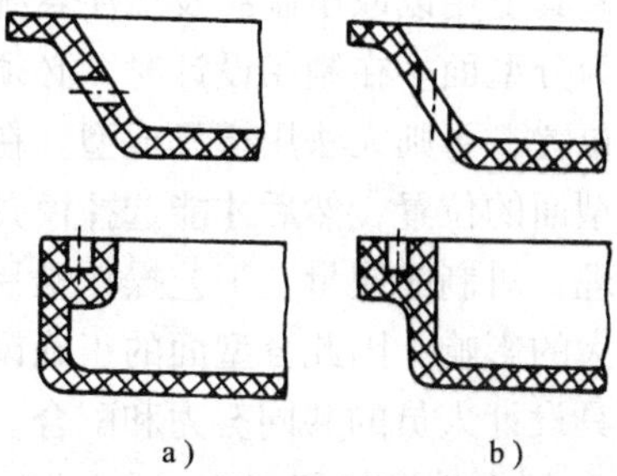

图 15-10　侧孔和侧凹的改进

a）改进前　b）改进后

在有些情况下，当模具型芯的脱模斜度较大而担心制品在开模后滞留在型腔内时，常常有意地在型芯上开设可强制脱模的浅侧凹槽，以使制品在开模后滞留在型芯上，此时这样的浅侧凹槽被称为拉引槽。

6. 支承面

以制品的整个底面作为支承面是不合理的，因为制品稍许翘曲或变形就会使底面不平。通常采用凸起的边框或底脚(三点或四点)来作支承，如图 15-12 所示。当制品底部有加强肋时，肋的端部应低于支承面约 0. 5mm 左右。

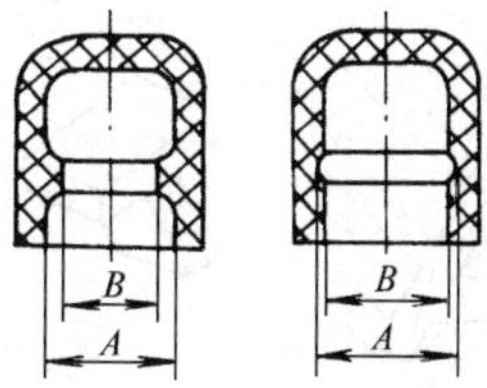

图 15-11　两种可强制脱模的浅侧凹槽

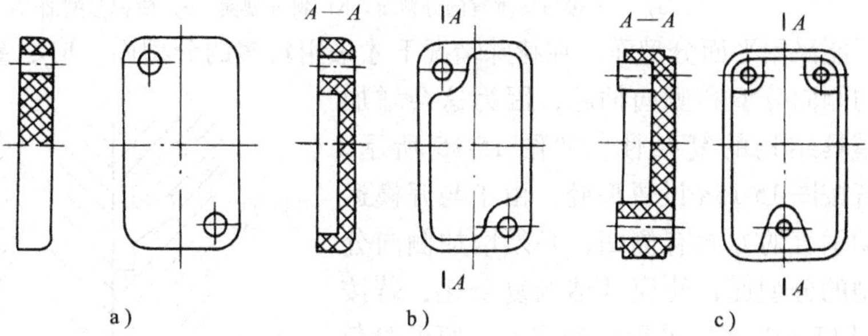

图 15-12　塑料制品的支承面

a）整个底面(不合理)　b）边框凸起(合理)　c）底脚(合理)

7. 标志及花纹

根据装潢或某种要求，制品上常需直接制出文字、符号或花纹。因为模具上的凹形标志及花纹易于加工，所以制品上多采用凸文字、符号或花纹。如果塑料制品上不允许有凸起，或在文字符号上需涂色时，可将凸起的标志设在凹坑内，如图 15-13 所示，这样既便于制造，又能避免碰坏凸起的标志。

制品上成型的文字、符号的凸出高度应不小于 0. 2mm，线条宽度应不小于 0. 3mm，一般以 0. 8mm 最为适宜，两线条之间的距离应不小于 0. 4mm。边框可比字体高出 0. 3mm 以上，字体或符号的脱模斜度应大于10°。

对于外表面有条形花纹的手轮、手柄、按钮等，必须使其条纹的方向与脱模的方向一致，条纹的间距应尽可能大些，以便于制品脱模和制造模具。

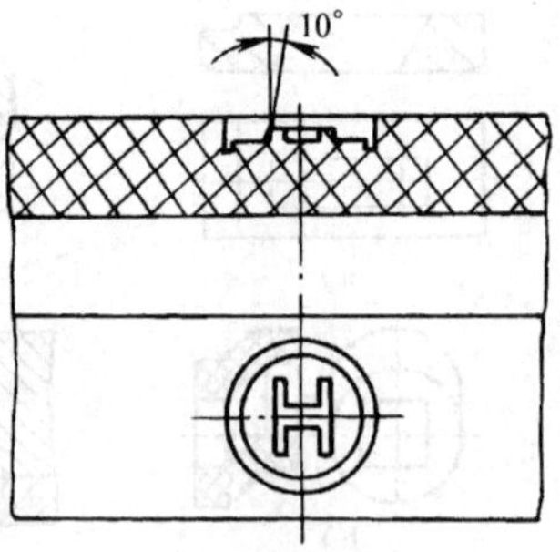

图 15-13　凸起的标志设在凹坑内

三、分型面的确定

在模具上用以取出制品及浇注系统凝料的可分离的接触表面，称为分型面。在制品设计时，必须要考虑成型时分型面的形状和位置，否则无法用模具成型。在设计模具时，首先需要确立分型面的位置，然后才能选择模具的结构。分型面的设计是否合理，对制品质量、工艺操作难易程度和模具的设计制造都有很大的影响。因此分型面的正确设计需要塑料产品设计人员和模具设计人员的共同努力和配合。

1. 分型面的形状和方位

分型面的形状应尽可能简单，以便于制品脱模和模具的制造。分型面可以是平面、阶梯面或者曲面，如图 15-14 所示。一般只采用一个与注射机开模方向相垂直的分型面，而且尽可能采用平面分型面，在特殊情况下才采用较多的分型面。应尽量避免与开模运动方向垂直的侧向分型和侧向抽芯，因为这会增加模具结构的复杂性。如图 15-15 所示，若按图 15-15a 设置型腔，由于与开模运动垂直的方向有侧凹，必须增加侧向分型的分型面，使模具结构复杂化；若按图 15-15b 那样采用斜分型面，便可避免在与开模运动垂直方向上有侧凹。

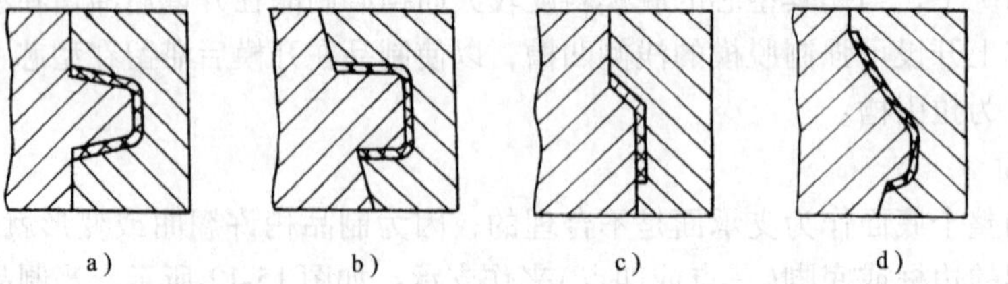

图 15-14　分型面的各种形状

a）与开模方向垂直的分型面　b）斜分型面　c）阶梯分型面　d）曲面分型面

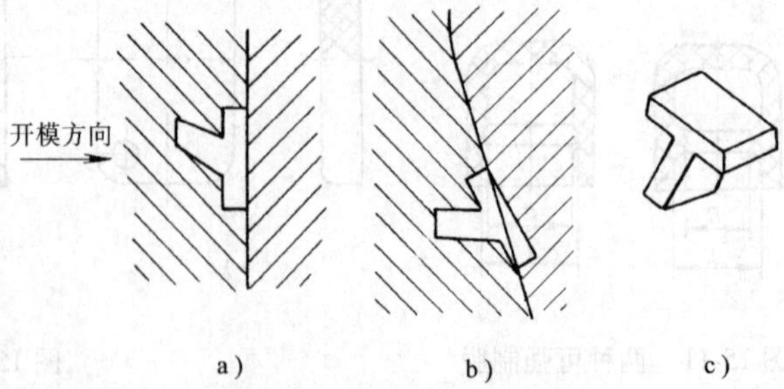

图 15-15　避免侧凹的分型面方位

a）不合理　b）合理　c）制品

根据分型面的不同方位，塑料制品可以全部在动模或下模内成型，也可以全部在定模或上模内成型，还可以在动、定模或上、下模内同时成型。具体采用哪种形式成型，要根据制品的几何形状、浇注系统、顶出机构以及制品质量要求等因素综合加以考虑。

2. 分型面位置的选择原则

1）分型面必须开设在制品断面轮廓最大的部位才能使制品顺利地脱模。

2）因为分型面不可避免地要在制品上留下痕迹，所以分型面最好不选在制品光滑的外表面或带圆弧的转角处，如图 15-16 所示，图 15-16a不合理，而图 15-16b 是合理的。

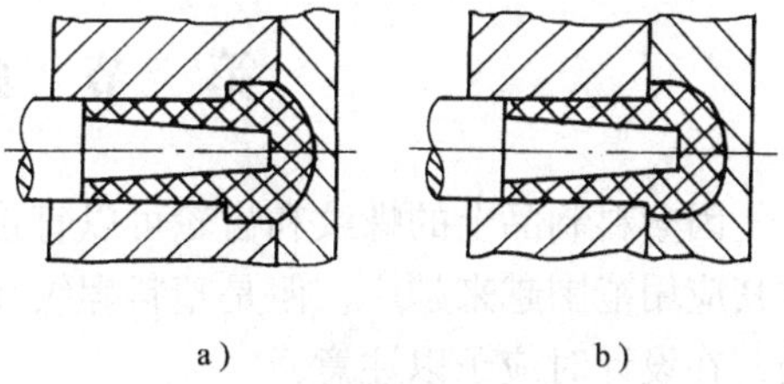

图 15-16 分型面位置对制品外观的影响

a）不合理 b）合理

3）在注射成型时因推件机构一般设置在动模一侧，故分型面应尽量选在能使制品留在动模内。例如，薄壁筒形制品，收缩后易包附在型芯上，此时将型芯设在动模一边，型腔设在定模一边是合理的，如图 15-17a 所示。当制品上有较多型芯时，制品对型芯的包紧力大，此时将型芯设在动模一边，型腔设在定模一边也是合理的，如图15-17b所示。若制品的壁很厚且内孔较小时，制品对型芯的包紧力不大，此时往往不能确切判断制品留在型芯上还是型腔内，故应将型腔和型芯的主要部分都设在动模一边，如图 15-17c 所示。当制品的孔内有非螺纹联接的金属嵌件时，嵌件不会对型芯产生包紧力，此时应将型腔设在动模一边，型芯既可设在动模一边，也可设在定模一边，如图 15-17d 所示。

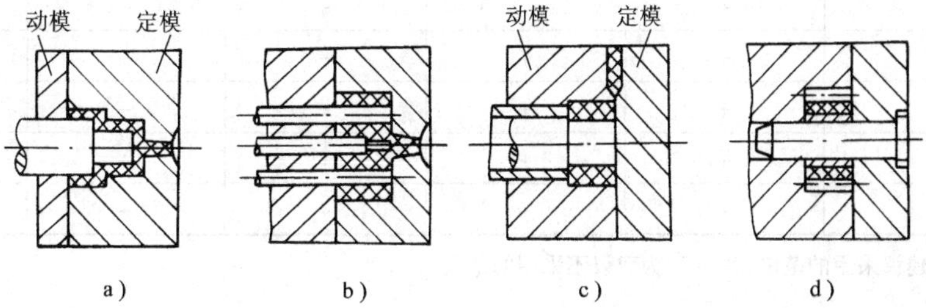

图 15-17 保证制品留在动模的分型面位置

4）对于同轴度要求高的制品(如双连齿轮)等，在选择分型面时最好把要求同轴的部分放在分型面的同一侧。

5）一般侧向分型抽芯机构的侧向抽拔距离都较小，故选择分型面时应将抽芯或分型距离长的一边放在动、定模开模的方向上，而将短的一边作为侧向分型抽芯，如图 15-18 所示。

6）因侧向合模锁紧力较小，故对于投影面积较大的大型制品，应将投影面积大的分型面放在动、定模的合模主平面上，而将投影面积较小的分型面作为侧向分型面。

7）当分型面作为主要排气面时，应将分型面设计在料流的末端，以利于排气，如图 15-19 所示。

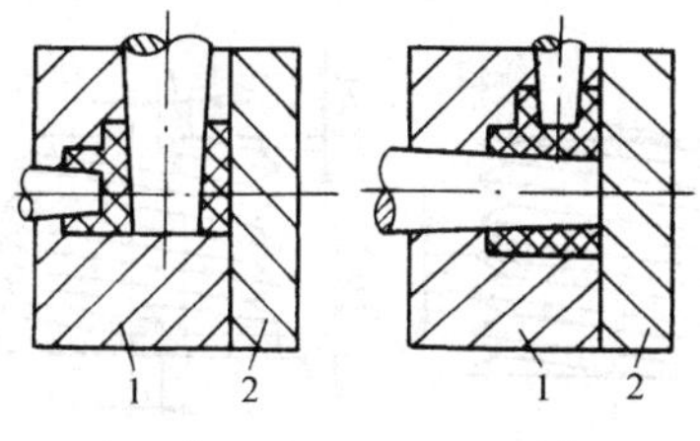

图 15-18 侧向抽芯的选择

a）不合理 b）合理

1—动模 2—定模

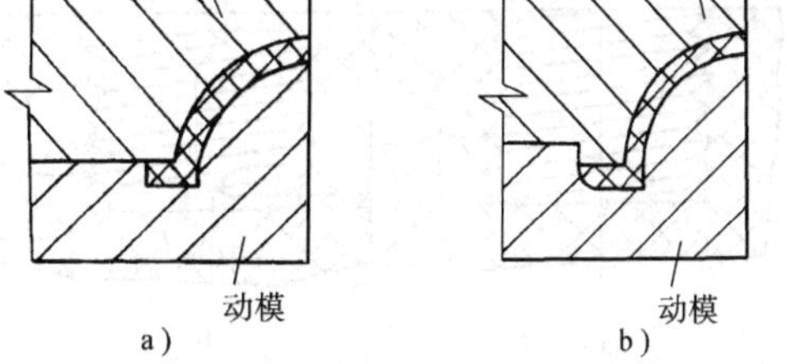

图 15-19 分型面在料流的末端

a）合理 b）不合理

第二节　螺纹与齿轮的设计

因塑料制品上的螺纹和齿轮可以直接成型，并在一般情况下成型后无需进行切削加工，故其应用范围越来越广。但是塑料螺纹和齿轮的结构与金属螺纹和齿轮的结构有一些不同之处，在设计时应予以注意。

一、塑料螺纹设计

在塑料制品上直接成型的螺纹不能达到高精度要求。在经常装卸和受力较大的地方不宜采用塑料螺纹，而应在塑料中装入金属的螺纹嵌件。塑料螺纹应选用较大的螺牙尺寸，直径较小时不要选用细牙螺纹，否则会影响使用强度。表 15-6 列出塑料螺纹的选用范围。

表 15-6　塑料螺纹的选用范围

螺纹公称直径/mm	普通标准螺纹	1 级细牙螺纹	2 级细牙螺纹	3 级细牙螺纹	4 级细牙螺纹
<3	+	–	–	–	–
3 ~ 6	+	–	–	–	–
6 ~ 10	+	+	–	–	–
10 ~ 18	+	+	+	–	–
18 ~ 30	+	+	+	+	–
30 ~ 50	+	+	+	+	+

注：“ + ” 为建议采用的范围；“ – ” 为建议不采用的范围。

塑料螺纹的直径不宜过小，螺纹的大径不应小于 4mm，小径不应小于 2mm。如果模具上螺纹的螺距未考虑收缩值，那么塑料螺纹与金属螺纹的配合长度不能太长，一般不大于螺纹直径的 1.5 ~ 2 倍，否则会产生干涉造成附加内应力，使螺纹联接强度降低。

因为一般塑料比金属的强度和刚度差，为了防止螺孔最外圈的螺纹崩裂或变形，螺孔始端应有一深度为 0.2 ~ 0.8mm 的台阶孔，螺纹末端也不宜与底面相连接，一般与底面应留有不小于 0.2mm 的距离，如图 15-20 所示。

同样，塑料螺纹的始端与顶面应留有 0.2mm 以上的距离，末端与底面也应留有 0.2mm 的距离，外螺纹的始端和末端均不应突然开始和结束，而应有过渡部分 l，如图 15-21 所示。l 值可按表 15-7 选取。

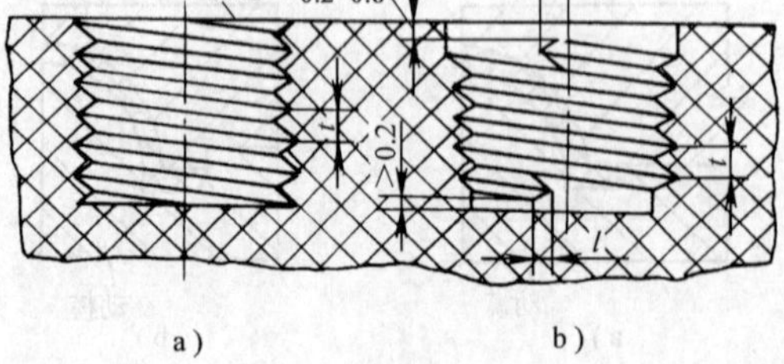

图 15-20　塑料螺孔的形状

a）不合理　b）合理

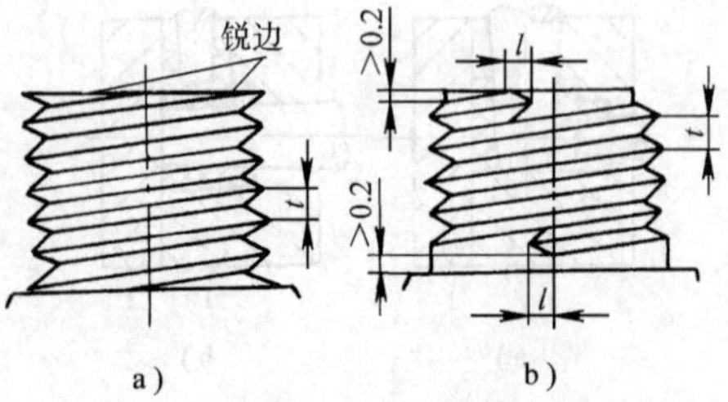

图 15-21　塑料螺纹的形状

a）不合理　b）合理

表 15-7　塑料螺纹始末部分的尺寸

螺纹公称直径/mm	螺距 t/mm		
	<0.5	≥0.5	≥1
	始末部分长度尺寸 l/mm		
≤10	1	2	3
10～20	2	2	4
20～34	2	4	6
34～52	3	6	8
>52	3	8	10

二、塑料齿轮设计

塑料齿轮目前主要用于精度和强度不太高的传动机构。用作齿轮的塑料有尼龙、聚碳酸酯、聚甲醛、聚砜等。为了使塑料齿轮适应注射成型工艺，齿轮的轮缘、辐板和轮毂应有一定的厚度，如图 15-22 所示，齿轮各部分尺寸应有如下关系：

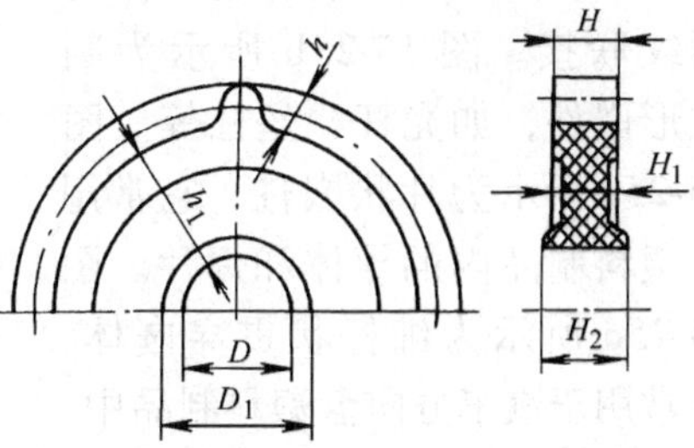

图 15-22　齿轮各部分尺寸

1）最小轮缘宽度 h_1 应为齿轮高 h 的 3 倍。

2）辐板厚度 H_1 应不大于轮缘厚度 H。

3）轮毂厚度 H_2 应不小于轮缘厚度 H。

4）最小轮毂外径 D_1 应为轴孔直径 D 的 1.5～3 倍。

5）轮毂长(厚)度 H_2 应相当于轴径 D。

为了减小尖角处的应力集中及齿轮在成型时内部应力的影响，应尽量避免截面的突然变化，尽可能加大圆角及过渡圆弧的半径。为了避免装配时产生内应力，轴与孔的配合应尽可能不采用过盈配合，而采用过渡配合。图 15-23 为轴与孔采用过渡配合的两种形式。其中，采用月形孔配合(见图 15-23a)比采用销孔固定形式(见图 15-23b)好。

对于薄型齿轮，因厚度不均会引起歪斜，故采用无轮毂无轮缘的齿轮效果较好。若在辐板上开孔，则因孔在成型时很少向中心收缩，故会使齿轮歪斜。此时若将图 15-24a 所示的开孔形式改为图 15-24b 所示的薄肋形式，则能保证轮缘向中心收缩。由于塑料不同收缩率也不同，故一般采用收缩率相同的塑料锥齿相互啮合。

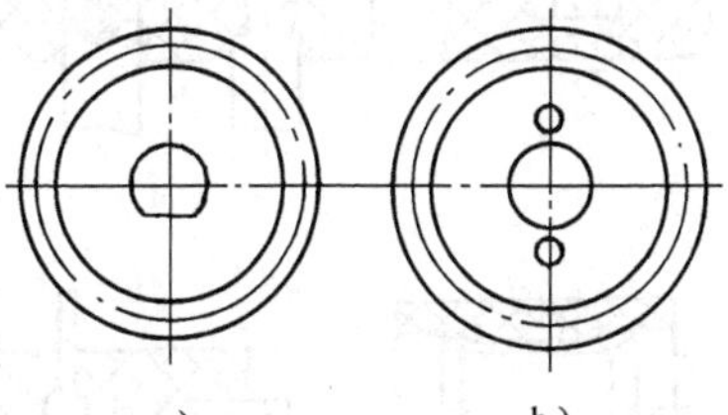

a)　b)

图 15-23　塑料齿轮的固定形式

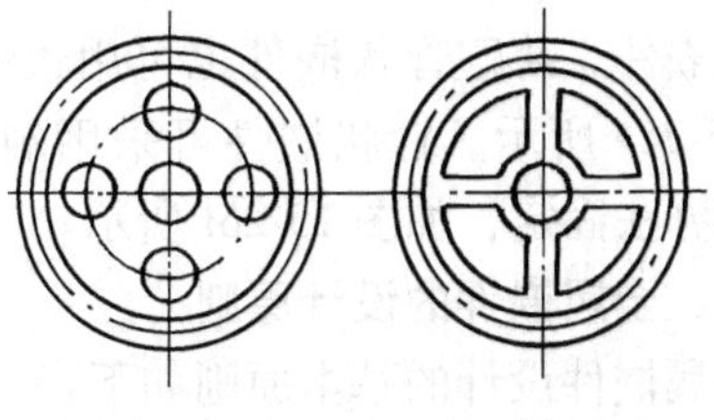

a)　b)

图 15-24　塑料齿轮辐板的形式

a）不合理　b）合理

第三节 金属嵌件的设计

塑料制品中镶入嵌件的目的是为增强制品局部的强度、硬度、耐磨性、导电性、导磁性等，或者是为增加制品尺寸及形状的稳定性，或者是降低塑料的消耗。嵌件的材料有金属、玻璃、木材和已成型塑料等，其中金属嵌件用得最为普遍。

一、金属嵌件的形式与固定方式

图 15-25 为几种常见的金属嵌件。其中，图 15-25a 所示为圆筒形嵌件，以带螺纹孔的嵌件最为常见，它主要用于经常拆卸或受力较大的场合或导电部位的螺纹联接。图 15-25b 所示为圆柱形嵌件，如光杆、丝杠等。图 15-25c 所示为片状嵌件，它常用作塑料制品内的导体和焊片。图 15-25d 所示为细杆状贯穿嵌体，它常用于汽车方向盘塑料制品中，加入金属杆可以提高方向盘的强度和硬度。

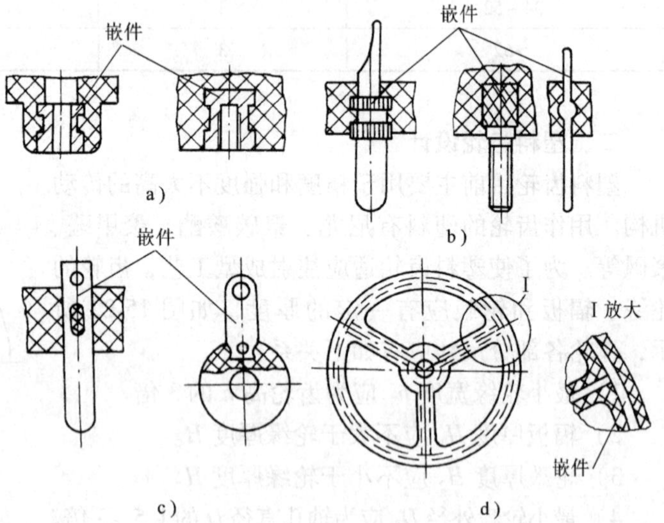

图 15-25 几种常见的金属嵌件

为了使嵌件牢固地固定在塑料制品中，防止嵌件受力时在制品内转动或脱出，嵌件表面必须设计有适当的凸状或凹状部分。图 15-26a 所示为最常用的菱形滚花，无论从抗拉或抗扭来看，其固定力是令人满意的。图 15-26b 所示为直纹滚花，这种滚花在嵌件较长时可允许塑料制品作少许的轴向伸长，以降低这一方向的内应力，但在这种嵌件上必须开有环形沟槽，以免在受力时被拔出。图 15-26c 所示为六角形嵌件，因其尖角处易产生应力集中，目前已较少采用。图 15-26d 所示为用孔眼、切口或局部折弯来固定片状嵌件。薄壁管状嵌件也可用边缘折弯法固定，如图 15-26e 所示。针状嵌件可采用砸扁其中一段或折弯的办法固定，如图 15-26f 所示。

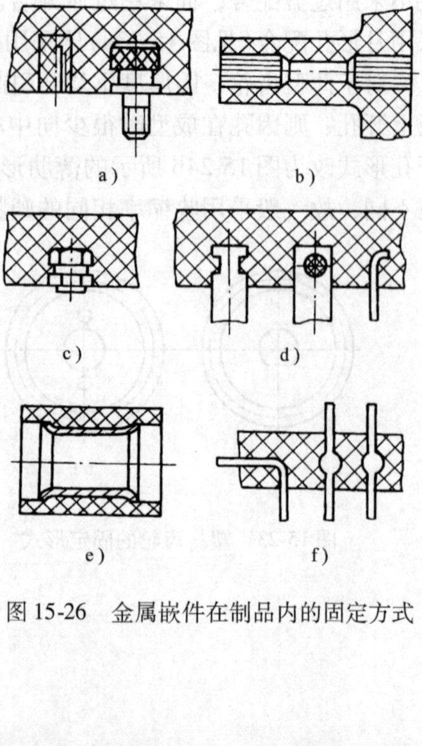

图 15-26 金属嵌件在制品内的固定方式

二、金属嵌件的设计原则

金属嵌件设计的基本原则如下：

1）嵌件应尽可能采用圆形或对称形状，这样可以保证收缩均匀。

2）嵌件周围的壁厚应足够大。由于金属嵌件与塑料制品的收缩量不同，因此会使嵌件四周产生很大的内应力而造成制品开裂，若金属嵌件四周的塑料壁厚越大，则制品开裂的可能性就越小。表 15-8 列表常用塑料制品中金属嵌件周围的最小壁厚。

表 15-8　金属嵌件周围的最小壁厚

塑料名称	钢制嵌件直径 D/mm		塑料名称	钢制嵌件直径 D/mm	
	1.5～1.6	16～25		1.5～1.6	16～25
酚醛塑料	0.8D	0.5D	软聚氯乙烯	0.75D	0.5D
尼龙 66	0.5D	0.3D	聚苯乙烯	1.5D	1.3D
聚乙烯	0.4D	0.25D	聚碳酸酯	1.0D	0.8D
聚丙烯	0.5D	0.25D	聚甲醛	0.5D	0.3D

3）金属嵌件嵌入部分的周边应有倒角，以减少周围塑料冷却时产生的应力集中。

4）模具内的金属嵌件在塑料成型过程中受到高压熔体流的冲击，可能发生位移或变形，同时塑料还可能挤入嵌件上预留孔或螺纹线中，影响嵌件使用，因此嵌件必须可靠定位。嵌件在模具内固定的方式很多，例如，圆柱形嵌件一般插入到模具的孔内固定。为了防止塑料挤入螺纹线中，常采用如图 15-27 的几种办法：图 15-27a 为采用光杆与模具孔的间隙配合 H9/f9；图 15-27b 为采用凸肩；图 15-27c 为采用凸出的圆环。对于在圆环形嵌件中没有螺纹孔时，可以采用插入式方法定位，即将嵌件直接装插在模具的圆形光杆上，如图 15-28a所示。当嵌件有螺纹通孔时，一般将螺纹插入件旋入嵌件后再放入模具内定位，如图 15-28b 所示。当注射压力不大，且螺牙很细(M3.5 以下)时，有通孔的螺纹嵌件也可直接插在模具的光滑芯杆上定位，此时塑料可能挤入到一小段螺纹牙中，但并不妨碍多数螺纹牙的使用，这样安放嵌件会使操作大为简便。

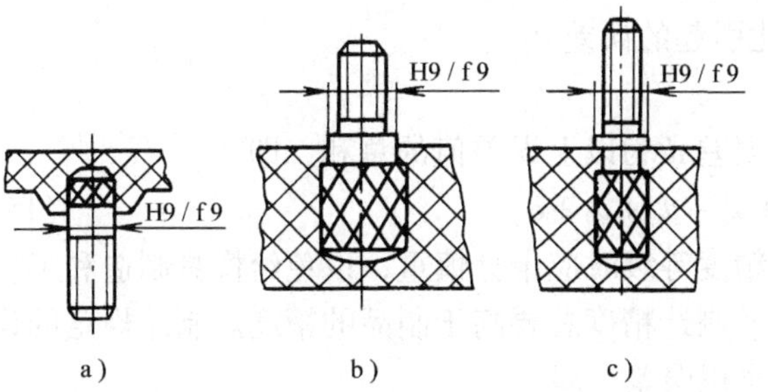

图 15-27　圆柱形嵌件在模内的固定方式

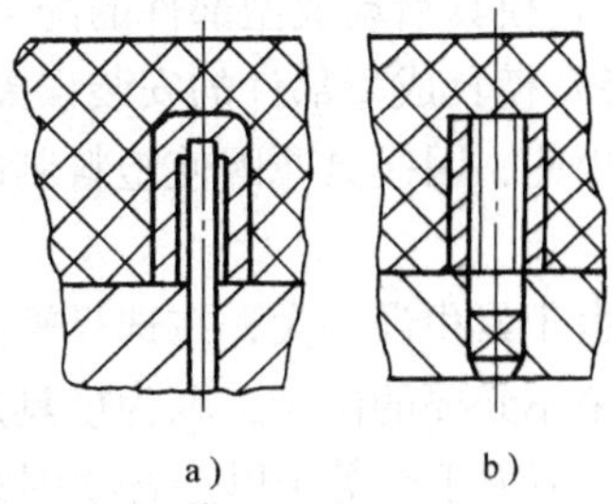

图 15-28　圆环形嵌件在模内的固定方式

5）嵌件自由伸出长度不宜超过其定位部分直径的 2 倍，否则应在模具上设置支柱，以免嵌件弯曲。

6）成型带嵌件的塑料制品会降低生产效率，且生产不易自动化，因此在设计塑料制品时此类嵌件就应尽可能不用。

第四节　制品尺寸精度与表面粗糙度

一、影响制品尺寸精度的因素

影响塑料制品尺寸精度的因素很多，表 15-9 列出了造成塑料制品尺寸误差的主要原因。

从表中可以看到，塑料制品尺寸误差的产生是诸多因素综合影响的结果，在一般情况下塑料制品要达到金属制品那样的精度是非常困难的。

表 15-9 塑料制品尺寸误差的主要原因

原因分类	原因的细节
与模具直接有关的原因	1）模具的形式或基本结构 2）模具的加工制造误差 3）模具的磨损、变形、热膨胀
与塑料有关的原因	1）不同种类塑料的标准收缩率的变化 2）不同批塑料的成型收缩率、流动性、结晶化程度的差异 3）再生塑料的混合、着色剂等添加物的影响 4）塑料中的水分以及挥发和分解气体的影响
与成型工艺有关的原因	1）由于成型条件变化造成的成型收缩率的波动 2）成型操作变化的影响 3）脱模顶出时的塑料变形、弹性恢复
与成型后时效有关的原因	1）周围温度、湿度不同造成的尺寸变化 2）塑料的塑性变形及外力作用产生的蠕变、弹性恢复 3）残余应力、残余变形引起的变化

从模具设计和制造的角度看，影响塑料制品尺寸精度的因素主要有以下五个方面：

1）模具成型部件的制造误差 d_z。

2）模具成型部件的表面磨损带来误差 d_c。

3）由塑料收缩率波动所引起的塑料制品的尺寸误差 d_s。

4）模具活动成型部件的配合间隙变化引起的误差 d_j。

5）模具成型部件的安装误差 d_a。

因此，因模具原因使塑料制品产生的误差 d 为以上误差值的总和，即

$$d = d_z + d_c + d_s + d_j + d_a \tag{15-2}$$

由于累积误差大，在选择塑料制品的精度等级时应十分慎重，以免给模具制造和工艺操作带来不必要的困难，因为模具成型部件的制造精度总要高于制品的精度。制品规定的误差值 Δ，应大于或等于以上各项因素带来的累积误差，即

$$\Delta \geqslant d \tag{15-3}$$

需要指出的是，不是塑料制品上任何尺寸都与以上几个方面的误差因素有关，因制品上的尺寸可分成“由模具直接确定的尺寸”、“不由模具直接确定的尺寸”等几类，图 15-29 为一个塑料罩壳的这两类尺寸。由模具直接确定的尺寸不受由模具安装误差和配合间隙误差的

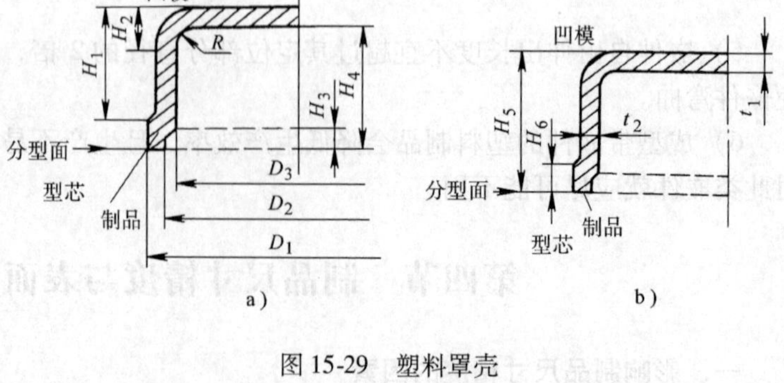

图 15-29 塑料罩壳

a）由模具直接决定的尺寸 b）不由模具直接决定的尺寸

影响，因此，塑料制品上的高精度尺寸应由“由模具直接确定的尺寸”成型获得。

一些资料指出，模具制造误差、由收缩率波动引起误差以及由磨损等造成的误差各占塑料制品尺寸误差的1/3。实际上对于小尺寸的制品，模具制造误差对制品尺寸的影响要大些，而对于大尺寸的制品，收缩率波动引起的误差则是影响制品尺寸精度的主要因素。目前，我国一些工厂的经验是，当制品的基本尺寸小于80mm或在80～120mm之间时，模具成型部件的尺寸公差取制品尺寸公差的1/4～1/3；当制品的尺寸在120～500mm时，模具成型部件的尺寸公差取制品尺寸公差的1/9～1/8。

二、制品尺寸精度和公差的确定

塑料制品的尺寸精度一般是根据使用要求确定的，但还必须充分考虑塑料的性能及成型工艺的特点，过高的精度要求是不恰当的。目前我国尚没有塑料制品尺寸精度和公差的国家标准，原电子工业部根据国内的塑料工业水平，制订了塑料制品的尺寸精度等级选用表和尺寸公差标准，见表15-10、表15-11。该标准可供设计塑料制品及模具时参考。

表15-10　塑料制品尺寸精度等级选用表

类别	塑料品种	建议采用的精度等级		
		高精度	一般精度	低精度
1	聚苯乙烯、ABS、聚碳碳酸酯、聚砜、酚醛塑料、氨基塑料、玻璃纤维增强塑料	3	4	5
2	聚酰胺6、66、610、9、1010、氯化聚醚、硬聚氯乙烯	4	5	6
3	聚甲醛、聚乙烯(高密度)、聚丙烯	5	6	7
4	软聚氯乙烯、聚乙烯(低密度)	6	7	8

表15-11　塑料制品的尺寸公差数值表

基本尺寸/mm	精度等级							
	1	2	3	4	5	6	7	8
	公差数值/mm							
3以下	0.04	0.06	0.08	0.12	0.16	0.24	0.32	0.48
3～6	0.05	0.07	0.08	0.14	0.18	0.28	0.36	0.56
6～10	0.06	0.08	0.10	0.16	0.20	0.32	0.40	0.61
10～14	0.07	0.09	0.12	0.18	0.22	0.36	0.44	0.72
14～18	0.08	0.10	0.12	0.20	0.24	0.40	0.48	0.80
18～24	0.09	0.11	0.14	0.22	0.28	0.44	0.56	0.88
24～30	0.10	0.12	0.16	0.28	0.32	0.48	0.64	0.56
30～40	0.11	0.13	0.18	0.26	0.36	0.52	0.72	1.04
40～50	0.12	0.14	0.20	0.28	0.40	0.56	0.80	1.20
50～65	0.13	0.16	0.22	0.32	0.46	0.64	0.92	1.40
65～80	0.14	0.19	0.26	0.38	0.52	0.76	1.04	1.60
80～100	0.16	0.22	0.30	0.44	0.60	0.88	1.20	1.80
100～120	0.18	0.25	0.34	0.50	0.68	1.00	1.36	2.00

（续）

基本尺寸/mm	精度等级							
	1	2	3	4	5	6	7	8
	公差数值/mm							
120～140		0.28	0.38	0.56	0.76	1.12	1.52	2.20
140～160		0.31	0.42	0.62	0.84	1.24	1.68	2.40
160～180		0.34	0.46	0.68	0.92	1.36	1.84	2.70
180～200		0.37	0.50	0.74	1.00	1.50	2.00	3.00
200～225		0.41	0.56	0.82	1.10	1.64	2.20	3.30
225～250		0.45	0.62	0.90	1.20	1.80	2.40	3.60
250～280		0.50	0.68	1.00	1.30	2.00	2.60	4.00
280～315		0.55	0.74	1.10	1.40	2.20	2.80	4.40
315～355		0.60	0.82	1.20	1.60	2.40	3.20	4.80
355～400		0.65	0.90	1.30	1.80	2.60	3.60	5.20
400～450		0.70	1.00	1.40	2.00	2.80	4.00	5.60
450～500		0.80	1.10	1.60	2.20	3.20	4.40	6.40

表15-10将塑料制品的精度分为8个等级，对于每种塑料制品，可选其中三个等级（高精度、一般精度和低精度），目前一般不采用1、2级精度。

在表15-11中，其具体的上、下偏差可根据制品的配合性质进行选择。对于无公差要求的自由尺寸，可采用标准的8级精度；孔类尺寸的公差取正值；轴类尺寸的公差取负值；中心距尺寸公差取表中数值之半并冠以±号。

对于受模具活动部分影响很大的尺寸，例如压缩件的高度尺寸，可将各等级的公差放宽，即根据不同的精度等级，在原公差值的基础上再加上附加值。2级精度的附加值为0.05mm；3～5级精度的附加值为0.1mm；6～8级精度的附加值为0.2mm。

三、制品表面粗糙度的确定

塑料制品的表面粗糙度，除了在成型时从工艺上尽可能避免冷疤、波纹等疵点外，主要由模具的表面粗糙度决定。一般模具的表面粗糙度应比塑料制品的表面粗糙度值低一级。为了降低模具成型表面的粗糙度，制造时需精心地打磨和抛光，会导致模具加工成本提高，因此对模具成型表面粗糙度的要求，应以刚刚能满足需要为好。对透明的塑料制品要求型腔与型芯的表面粗糙度相同。对于不透明的塑料制品，模具型芯的成型表面并不影响制品的外观，仅仅影响制品的脱模性能，因此在不影响使用要求的前提下，型芯的表面粗糙度的级别可比型腔的表面粗糙度高1～2级。

有些制品的表面要求有R_a0.8～0.05μm的表面粗糙度（镜面），而模具在使用中由于型腔的磨损，表面粗糙度将逐渐提高，因此需要经常抛光型腔表面，以保持其原有的镜面。

应该指出的是，光洁如镜的制品表面很易划伤，制品与模具表面还易形成真空吸附面而使脱模困难，并且在成型过程中产生的疵点、丝痕和波纹会在制品的光洁表面上暴露无遗。因此，常常利用化学腐蚀的方法在模具型腔表面形成诸如凹槽纹、皮革纹、桔皮纹、木纹等装饰花纹，可对塑料制品进行表面装饰。制品表面经装饰后可以隐蔽在成型过程中产生的缺陷，使外形美观，并且由于型腔表面细小的凹纹，在制品表面与型腔表面之间能容纳少许的空气，以防形成真空吸附而造成脱模困难。

复习思考题

1. 试为汽水瓶周转箱、盐酸容器、开关盒、电视外壳选择合适的塑料材料，并说明选材的依据。
2. 选择您所见的塑料制品，确定其分型面。
3. 如何改进塑料薄壁窗口的形状设计以增强其刚性和减小变形？
4. 为什么在制品加强筋所对应的外表面常产生缩痕或凹坑？如何防止？

第十六章　注射成型工艺及注射模

第一节　注射工艺过程

注射工艺过程包括成型前的准备、注射过程和制品的后处理。

一、成型前的准备

一般在成型前应对塑料原料进行外观检验，如原料的色泽、细度及均匀度等，必要时应对塑料的工艺性能进行测试。对容易吸湿的塑料，如尼龙、聚碳酸酯、ABS 等，成型前应进行充分的干燥，避免制品表面出现银丝、斑纹和气泡等缺陷。

在成型前，还应对注射机的料筒进行清洗或拆换。当在塑料制品内设置金属嵌件时，有时需对金属嵌件进行预热，以减小塑料熔体与金属嵌件之间的温度差。为了使制品容易从模具内脱出，对有的模具型腔或型芯还需涂上脱模剂，常用的脱模剂有硬脂酸锌、液体石蜡和硅油等。在成型前，有时还需对模具进行预热。

二、注射过程

塑料在注射机料筒内经过加热、塑化达到流动状态后，由模具的浇注系统进入模具型腔，其过程可以分为充模、压实、保压、倒流和冷却五个阶段。

图 16-1 所示充模过程，对于螺杆式注射机，充模是注射机的螺杆从预塑后的位置向前运动开始的。在油缸的推力作用下，螺杆头部产生注射压力，迫使料筒计量室中已塑化好的熔体流经注塑机喷嘴、模具主流道、分流道，最后从浇口处注入并充满模具型腔。

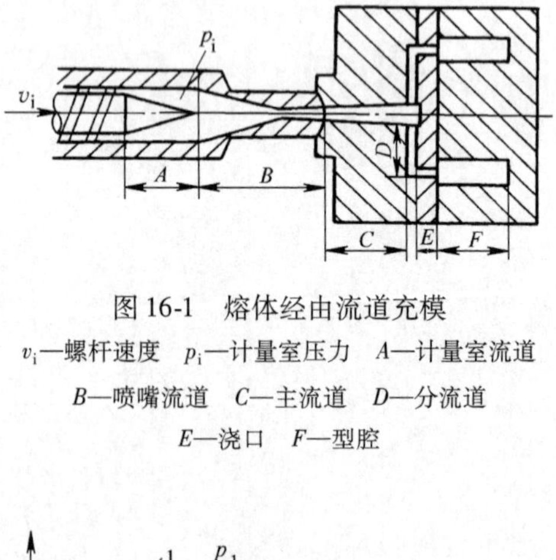

图 16-1　熔体经由流道充模

v_i—螺杆速度　p_i—计量室压力　A—计量室流道

B—喷嘴流道　C—主流道　D—分流道

E—浇口　F—型腔

在注射过程中压力随时间呈非线性变化。图 16-2 为在一个注射周期内各部位压力随时间变化的曲线图(用压力传感器测得)。图中，曲线 1 是料筒计量室中注射压力随时间变化的曲线；曲线 2 是喷嘴末端的压力曲线；曲线 3 是型腔始端(或者是浇口末端)的压力曲线；曲线 4 是型腔末端的压力曲线。

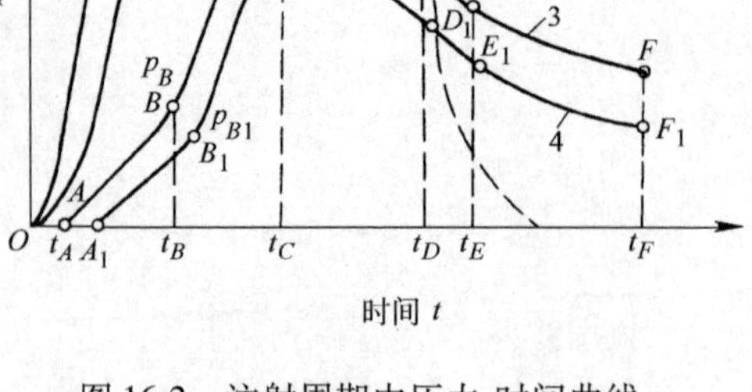

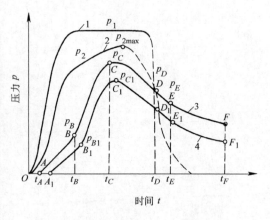

图 16-2　注射周期中压力-时间曲线

图中 OA 段是塑料熔体在注射压力 p_1 作用下从料筒计量室流入型腔始端的时间。在 AB 时间段熔体充满型腔。此时注射压力 p_1 迅速达到最大值，喷嘴压力也达到一定的动态压力

p_2。充模时间($t_B \sim t_A$)是注射过程中最重要的参数，因为熔体在型腔内流动时的剪切速率和造成聚合物分子取向的程度都取决于这一时间。

型腔始端压力与末端压力之差($p_B - p_{B1}$)取决于熔体在型腔内的流动阻力。

型腔充满后，型腔压力迅速增加达到最大值。图中，型腔始端的最大压力为 p_C，型腔末端的最大压力为 p_{C1}。喷嘴压力也迅速增加并接近注射压力 p_1。

BC 时间段是熔体的压实阶段。在压实阶段约占制品质量 15% 的熔体被压入到型腔内。此时熔体进入型腔的速度已经很慢。

CD 时间段是保压阶段。在这一阶段中熔体仍处于螺杆所提供的注射压力之下，因此熔体会继续流入型腔内以弥补因冷却收缩而产生的空隙，此时熔体流动速度更慢，螺杆只有微小的补缩位移。在保压阶段，熔体随着模具冷却密度增大而逐渐成型。

保压结束后螺杆回程(预塑开始)，此时喷嘴压力迅速下降至零。若塑料熔体在此刻还具有一定的流动性，在模内压力的作用下熔体可能从型腔向浇注系统倒流，致使型腔压力从 p_D 降至 p_E。在 *E* 时刻熔体在浇口处凝固，使流动封断，浇口尺寸越小封断越快。p_E 称为封断压力，p_E 和与此相对应的熔体温度对制品性能有很大影响。

EF 时间段为冷却定型阶段，制品逐渐冷却到具有一定的刚性和强度时脱模。脱模时制品的剩余压力为 p_F，剩余压力过大可能会造成制品开裂、损伤和卡模。

图 16-3 为一个注射周期中塑料熔体和模具温度随时间的变化曲线。

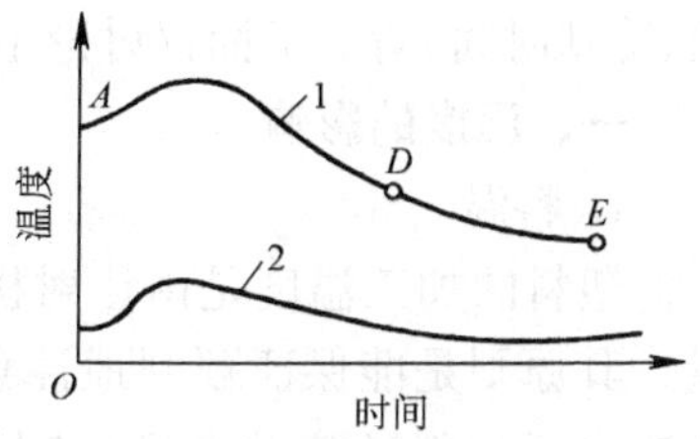

图 16-3　注射周期中温度-时间曲线
1—熔体　2—模具型腔

从图中可见，当塑料熔体流入型腔时熔体温度稍有升高。当型腔压力迅速上升时熔体温度也上升到最高值；随着保压阶段的开始，熔体逐渐冷却，温度下降。当熔体注入型腔时，型腔的表面温度升高，以后因受到冷却而逐渐降低。因此，型腔表面温度在两个极限值之间变化，最低值出现在制品脱模后，最高值出现在熔体充满后。熔体与模具之间的温差对于制品的冷却时间和表面质量影响很大，因此模具冷却系统的设计十分重要。

三、制品的后处理

塑料制品脱模后，常需要进行适当的后处理来改善制品的性能和提高制品尺寸的稳定性。制品的后处理主要指退火和调湿处理。

1. 退火处理

由于塑料在注射机料筒内塑化不均匀或者在模具型腔内冷却速度不等，在塑料制品内常常会产生不均匀的结晶、取向和收缩，导致制品中存在内应力，这对于厚壁制品和带有金属嵌件的制品更为突出。存在内应力的制品常会导致力学性能下降、光学性能变坏、表面出现银纹，甚至于变形开裂。解决的办法是对制品进行退火处理。

退火处理的方法是使制品在定温的加热液体介质或热空气循环烘箱中静置一段时间。一般退火温度应控制在高于制品使用温度 10 ~ 20℃ 或者低于塑料变形温度 10 ~ 20℃ 为宜。退火时间视制品厚度而定。退火后应使制品缓冷至室温。

图 16-4 为结晶形塑料制品的结晶度和尺寸随退火时间的变化关系曲线。若制品的使用要求不高，则不必进行退火处理。退火处理的实质是松弛聚合物中冻结的分子链、消除内应

力以及提高结晶度、稳定结晶结构。

2. 调湿处理

有些塑料制品（如尼龙等）在高温下与空气接触会氧化变色或容易吸收水分膨胀。调湿处理就是使制品在一定的湿度环境中预先吸收一定的水分，使制品尺寸稳定下来，以避免制品在使用过程中再发生更大的变化。例如，将刚脱模的制品放在热水或油中处理，这样既可隔绝空气，进行无氧化退火，又可使制品快速达到吸湿平衡状态，使制品尺寸稳定。

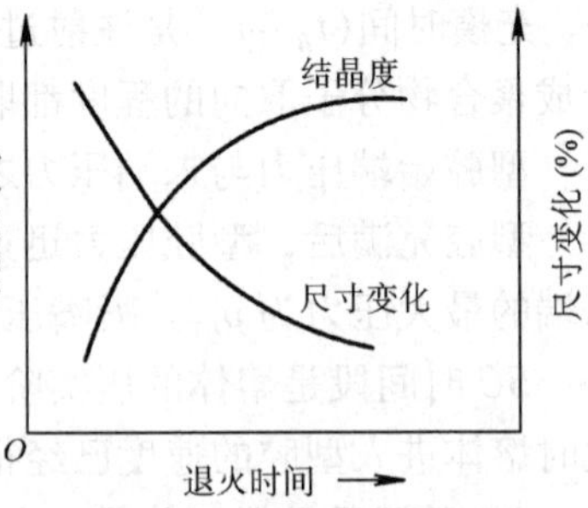

图 16-4 退火时间对制品结晶度和尺寸的影响

第二节 注射工艺的影响因素

注射工艺的正确制订是为了保证塑料熔体良好塑化，并顺利地充模、冷却与定型，以便生产出质量合乎要求的制品；在注射工艺中最重要的工艺参数是温度（料温、喷嘴温度、模具温度）、压力（塑化压力、注射压力、型腔压力）和相对应的各个作用时间（注射时间、保压时间、冷却时间）等。下面仅讨论主要的工艺参数及相互影响。

一、温度的影响

1. 料温

塑料的加工温度是由注射机料筒来控制的。料筒温度的正确选择关系到塑料的塑化质量，其原则是能保证顺利地注射成型而又不引起塑料局部降解。通常，料筒末端最高温度应高于塑料的流动温度（或熔融温度），但低于塑料的分解温度。

在生产中除了要严格控制注射机料筒的最高温度外，还应控制塑料熔体在料筒中的停留时间。在确定料筒温度时，还应考虑制品和模具的结构特点。当成型薄壁或形状复杂的制品时，流动阻力大，提高料筒温度有助于改善熔体的流动性。

通常控制喷嘴的最高温度稍低于料筒的最高温度，以防止熔体在喷嘴口发生流涎现象。

塑料料温对制品质量及成型条件的影响如图 16-5 所示。

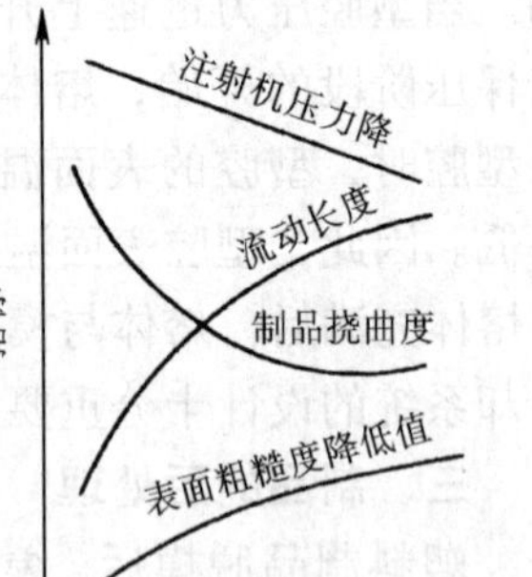

图 16-5 塑料料温对制品质量及成型条件的影响

2. 模具温度

在注射成型过程中模具温度是由冷却介质（一般为水）控制的，它决定了塑料熔体的冷却速度。模具温度越低，冷却速度越快，熔体温度降低得越迅速，造成熔体粘度增大、注射压力损失增加，严重时甚至于引起充模不足。随着模具温度的增加，熔体流动性增加，所需充模压力减小，制品表面质量提高；但由于冷却时间增长，制品的生产率下降，制品的成型收缩率增大。

对于结晶形塑料，由于较高温度有利于结晶，所以升高模具温度能提高制品的密度或结晶度。在较高的模温下制品中聚合物大分子松弛过程较快，分子取向作用和内应力都会降低。图 16-6 为模温对塑料某些成型性能的影响。

二、压力的影响

注射成型过程中的压力包括塑化压力、注射压力和型腔压力。

塑化压力又称背压，是指注射机螺杆顶部的熔体在螺杆转动后退时所受到的压力，是通过调节注射液压缸的回油阻力来控制的。塑化压力增加了熔体的内压力，加强了剪切效果，由于塑料的剪切发热，因此提高了熔体的温度。塑化压力的增加使螺杆退回速度减慢，延长了塑料在螺杆中的受热时间，塑化质量可以得到改善；但过大的塑化压力还增加料筒计量室内熔体的反流和漏流，降低了熔体的输送能力，减少了塑化量，增加了功率消耗，并且过高塑化压力会使剪切发热或切应力过大，熔体易发生降解。

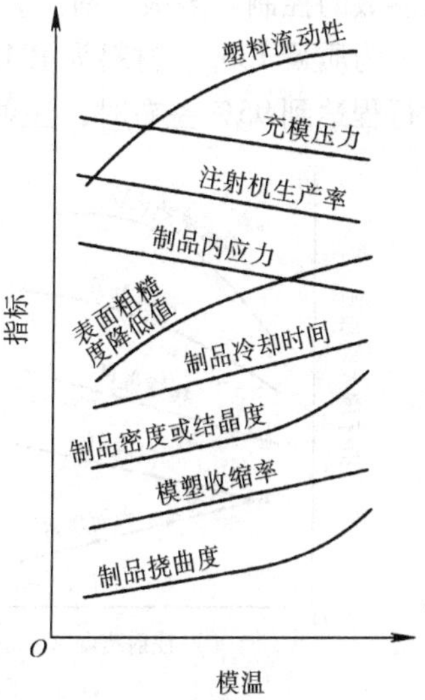

图 16-6　模温对塑料某些成型性能的影响

注射压力是指注射时在螺杆头部产生的熔体压强。在选择注射压力时，首先应考虑注射机所允许的注射压力，只有在注射机的额定范围内才能调整出制品所需要的注射压力。注射压力过低会导致型腔压力不足，熔体不能顺利充满型腔；反之，注射压力过大，不仅会造成制品溢料，还会造成制品变形，甚至于系统过载。图 16-7 为注射压力对塑料某些成型性能的影响。

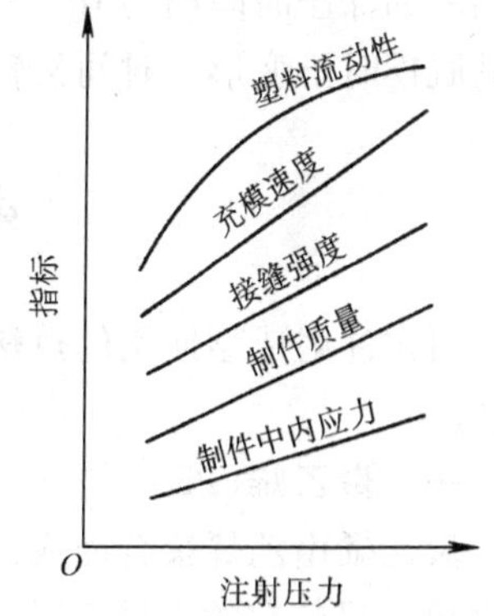

图 16-7　注射压力对塑料某些成型性能的影响

在注射过程中注射压力与熔体温度是相互制约的。料温高时所需注射压力低；料温低则所需注射压力高。因此，只有在适当的注射压力和料温的组合下才会获得满意的结果。

型腔压力是指注射压力经过喷嘴、流道和浇口的压力损失后在模具型腔内产生的熔体压强。

三、注射成型周期和注射速度

完成一次注射成型所需的时间称为注射成型周期，它包括加料、加热、充模、保压、冷却时间，以及开模、脱模、闭模及辅助作业等时间。在整个注射成型周期中，注射速度和冷却时间对制品的性能有着决定性的影响。

注射速度主要影响熔体在型腔内的流动行为。通常随着注射速度的增大，熔体流速增加，剪切作用加强；熔体温度因剪切发热而升高，粘度降低，所以有利于充模。并且制品各部分的熔合纹强度也得以增加。但是，由于注射速度增大，可能使熔体从层流状态变为湍流，严重时会引起熔体在模内喷射而造成模内空气无法排出，这部分空气在高压下被压缩迅速升温，会引起制品局部烧焦或分解。

在实际生产中，注射速度通常是经过试验来确定的。一般先以低压慢速注射，然后根据制品的成型情况而调整注射速度。图 16-8 为注射速度对塑料某些成型性能的影响。

现代的注射机已实现了多级注射技术，即在一个注射过程中，当注射机螺杆推动熔体注入模具时，可以根据不同的需要实现对在不同位置上有不同注射速度和不同的注射压力等工艺参数的控制。多级注射工艺应根据不同品种的塑料和不同的制品进行拟定和选择。图16-9所示为质量136g、材料为PMMA的塑料水管的多级注射速度和压力图。从图中可见，当注射行程达到95%左右时，注射机由多级速度控制自动切换为多级保压控制。

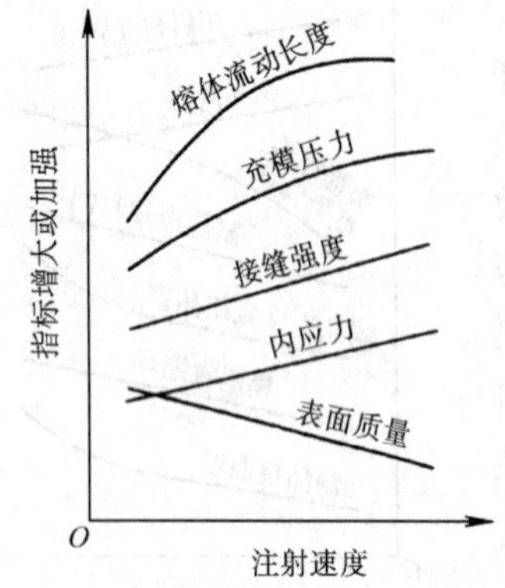

图16-8 注射速度对塑料某些成型性能的影响

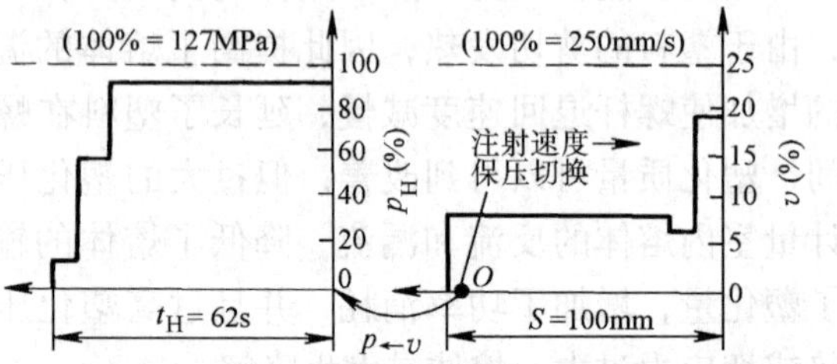

图16-9 多级注射速度和压力图

v—相对注射速度 p_H—相对压力 t_H—保压时间 S—行程

一般制品的充模时间都很短，约2~10s，大型和厚壁制品的充模时间可达10s以上。一般制品的保压时间约为10~100s，大型和厚壁制品可达1~5min甚至更长。冷却时间以控制制品脱模时不变形、时间又较短为原则，一般为30~120s，大型和厚壁制品可适当地延长。

第三节 常用塑料及其注射工艺

可供注射成型使用的热塑性塑料很多，下面仅介绍一部分最常用的热塑性塑料及其注射工艺。

一、聚乙烯(PE)

聚乙烯由乙烯聚合而成，乙烯是炼制石油时的主要副产品。由于原料来源充足，制造过程简单，目前它的产量已居世界塑料工业的首位。

由于乙烯聚合时的压力不同，聚乙烯又分高压聚乙烯、中压聚乙烯和低压聚乙烯。用高压得到的聚乙烯密度低，质地软，熔点也较低，外观为半透明乳白色，常用来制造薄膜、日常用品。而低压和中压得到的聚乙烯密度高，机械强度高，刚性大，熔点也较高，外观为不透明乳白色，常用来制造容器及工业配件。聚乙烯化学性质稳定、无毒、无味、应用十分广泛。

1. 工艺特性

1）聚乙烯熔体属非牛顿型流体、结晶形聚合物，有较为明显的熔点，熔点随密度的增大而升高，结晶度随温度的上升而下降。

2）热氧化性能较差，在与氧接触的情况下，温度超过50℃便有氧化的倾向。氧化后色泽变黄，力学性能下降，聚乙烯粒料中通常都添加有适量的抗氧化剂。

3）吸水性较低(<0.01%)，成型前可以不进行干燥处理。

4）收缩率大且方向性明显，制品易翘曲变形。

5）注射压力对聚乙烯熔体流动性的影响比料筒温度对流动性的影响明显。

2. 成型工艺

1）一般情况下，低密度聚乙烯成型时料筒温度在 160 ~ 220℃之间，高密度聚乙烯在 108 ~ 240℃之间。

2）聚乙烯熔体的流动性较好，一般注射压力可在 60 ~ 80MPa 之间选择。

3）由于聚乙烯熔体在高剪切速率下存在熔体破裂的倾向，成型时宜选用中等注射速度。

4）低密度聚乙烯成型时模具温度为 35 ~ 55℃，高密度聚乙烯为 60 ~ 70℃，模具温度的高低对聚乙烯制品的质量有较大影响。

5）聚乙烯成型时保压时间一般在 10 ~ 30s 之间，具体时间的选择取决于浇口、制品形状与壁厚。

二、聚丙烯(PP)

聚丙烯由丙烯聚合而成，有质轻、价廉、无毒、无味等特点，而且还具有耐腐蚀、耐温、机械强度高等优点，在医药、食品、化工及日常生活中都有着广泛的用途。聚丙烯成型收缩率高，耐老化性及抗低温性差；但是，通过改性技术(如共聚、共混、加入添加剂等)可克服其缺点，扩大使用范围。

1. 工艺特点

1）聚丙烯为结晶型聚合物，其结晶度可达 50%~70%，有明显的熔点(164 ~ 170℃)。

2）热稳定性较好，在与氧接触的情况下聚丙烯在 260℃左右开始变黄，分解温度可达 300℃以上。

3）流动性比聚乙烯好。

4）成型收缩率较大，并具有各向异性。

5）聚丙烯的折叠性能十分突出，常用来制作各种绞链制品。

2. 成型工艺

1）在一般情况下聚丙烯的料筒温度在 200 ~ 270℃之间。

2）在聚丙烯成型时常选用较高的注射压力，以便使其成型收缩有较大的改善。

3）模具温度的变化对聚丙烯制品的性能有较大影响，一般模具温度约为 30 ~ 60℃。

三、聚苯乙烯(PS)

聚苯乙烯由苯乙烯聚合而成，而苯乙烯则由苯和乙烯制成。聚苯乙烯是发现最早、研究较完善的一类塑料。聚苯乙烯具有多种应用性能：价廉、容易着色、透明、吸湿性低、电绝缘性能好、加工性能优良，被广泛应用于电子、化学、冷冻工业以及日常用品等各个方面。聚苯乙烯的主要缺点是脆性和耐热性差，为了改进这些缺点，研制了聚苯乙烯的改性品种，如高抗冲聚苯乙烯(HIPS)、ABS 等。

1. 工艺特性

1）聚苯乙烯属于无定形聚合物，无明显熔点，熔融温度范围较宽且热稳定性较好。加热后约在 95℃左右开始软化，120 ~ 180℃之间成为流体，300℃以上分解。

2）熔体的粘度适中，流动性较好，易于成型。

3）在成型过程中既可以通过提高料筒温度，又可以通过提高注射压力来改善流动性。

4）制品中内应力大。

2. 成型工艺

1）料筒温度范围较宽，约为 180 ~ 215℃。采用较高的成型温度有利于提高制品的透明度。

2）注射压力可在 60 ~ 150MPa 较宽的范围内选取。

3）为了提高制品的透明度，减小制品的内应力，应尽可能采用较低的注射速度。

4）模温约在 50 ~ 60℃左右。

四、丙烯腈-丁二烯-苯乙烯共聚物（ABS）

ABS 是由丙烯腈、丁二烯和苯乙烯组成的三元共聚物。ABS 的综合性能好，如冲击强度高、尺寸稳定、易于成型，耐热、耐腐蚀等，并有良好的耐寒性，在 -40℃ 低温时仍有一定的机械强度。在 ABS 中，丁二烯可以提高塑料的弹性和冲击韧度，所以丁二烯含量越高，塑料的冲击韧度越大；苯乙烯可以保持塑料的优良电绝缘性能和成型加工性能；丙烯腈可以提高塑料的耐热和耐蚀性能。在 ABS 中这三种单体的含量可以根据不同的要求任意改变。

ASB 良好的综合性能决定了它应用的广泛性，目前已广泛地用于制造汽车、飞机、电冰箱、电视机等的零件。

1. 工艺特性

1）ABS 属于无定形聚合物，无明显熔点。成型过程中热稳定性较好，成型温度可选择的范围也较大。

2）ABS 的粘度适中，流动性比聚苯乙烯、尼龙等要差，但是比硬聚氯乙烯、聚碳酸酯等要好。

3）流动性对注射压力变化的敏感性比对温度变化稍大。

4）ABS 在成型加工之前，大都要作干燥处理。

2. 成型工艺

1）注射温度在 160 ~ 320℃之间。

2）对于薄壁、长流程、小浇口制品，注射压力可达 130 ~ 150MPa；而厚壁、大浇口制品只需 70 ~ 100MPa 即可。

3）为了获得内应力较小的制品，保压压力不宜过高（60 ~ 70MPa）。

4）注射速度以中、低速为宜。

5）模具温度在 60℃左右。

五、聚酰胺（尼龙，PA）

聚酰胺又称尼龙，是目前工业中应用十分广泛的塑料。尼龙的种类很多，如尼龙 6、66、610、1010 等。

由于尼龙不仅具有优良的韧性、自润滑性、耐磨性和良好的耐化学性及耐油性，还具有无毒、着色容易的优点，因此在工业上广泛用作各种机械、仪器、仪表、化工、交通运输的零部件，以及医疗卫生和各种日用品的材料。

1. 工艺特性

1）尼龙有着从空气中吸收水分的倾向，吸水的程度因品种不同而有差异。

2）除透明尼龙外，尼龙类塑料大都为结晶形聚合物，结晶度一般在 20%~30% 之间。

3）尼龙的流动性好，温度与压力对尼龙熔体的流动性都有明显的影响，在成型过程中应严格控制成型工艺参数，以防溢料或物料阻塞。

4）熔融状态下的尼龙的热稳定性比聚苯乙烯、聚丙烯要差得多，在成型时应避免熔体加热时间过长。

5）尼龙的成型收缩率较大。

2. 成型工艺

1）注射温度必须高于熔点，如尼龙 6 的最低注射温度为 225℃，尼龙 66 为 260℃。由于尼龙的热稳定性较差，注射温度也不宜过高。

2）尼龙大多数品种的注射压力均不超过 120MPa，一般为 60～100MPa。

3）对尼龙而言，注射速度以较快为宜，以防止制品出现波纹、充模不足等弊病。

4）模具温度的选择应根据制品的性能要求以及制品壁厚情况来确定，表 16-1、表 16-2 分别示出制品壁厚与模具温度的关系以及模具温度与成型收缩率的关系。

表 16-1　制品壁厚与模具温度的关系

制品壁厚/mm	模具温度/℃	制品壁厚/mm	模具温度/℃
<3	20～40	6～10	60～90
3～	40～60	>10	>100

表 16-2　模具温度与成型收缩率的关系

模具温度/℃	PA6(%)	PA66(%)	PA610(%)
30	1.9	2.7	2.5
60	1.9	3.2	2.7
90	2.2	3.2	2.7

第四节　热　成　型

一、热成型原理及特点

热成型是将加热成富有弹性的塑料片，利用外力将其完全覆盖在所需形状的型腔或型芯上，冷却成型后取下，即成制品。

热成型工艺的原理如图 16-10 所示。

首先将夹持框 2 中的塑料片 4 加热，然后移入模 1、3 中，注入压缩空气，已被加热富有弹性的塑料片即向下模贴近，至大部分覆盖到下模时，开始抽真空至全部成型，待冷却后取出，用修边模或其他方法修去废边即为成品。

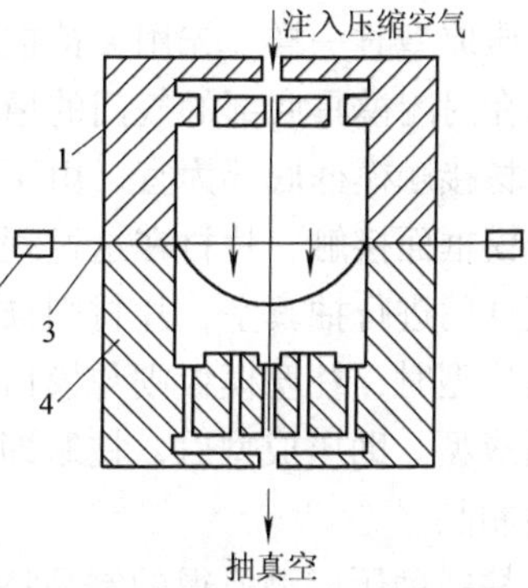

图 16-10　热成型原理示意图

1—上模　2—夹持框　3—凹模　4—塑料片

热成型工艺有如下特点：

1）适应性强。制件可大可小、可厚可薄，但目前主要是成型厚度为 2mm 以内的制品，而且大都属于半壳形的。可用此法加工的塑料品种有聚氯乙烯、聚乙烯、ABS 塑料和有机玻璃等。

2）应用范围广。从日用器皿及食品与医药的包装到家电、仪器仪表的外壳，汽车部件、化工设备、建筑构件、儿童玩具等。

3）设备投资少。由于成型压力不高，对设备要求也不高，造价低廉，投资不多，大大低于其他成型设备。对模具的材质要求也不高，除钢材以外，还可用铝、木材、石膏和塑料等材料制造模具，而且加工方便。

因此，热成型是一种经济实用的塑料成型加工方法。其不足之处是不能制造结构复杂的制品，制品的厚度均匀性较差、边角废料较多。

二、热成型的主要方法

热成型的方法很多，有几十种，但不管其变化形式如何，总是由几个基本方法组合或经改进而成的。通常有六种基本方法，如真空成型、压力成型、覆盖成型、推气成型、对模成型和柱塞助压成型等。其中最主要的是前两种方法，这两种方法又称为差压成型。

（1）差压成型　使塑料片材用夹持框夹紧在模具上方并对片材加热，当片材加热到弹性消失时即进行抽真空或通入压缩空气加压，这时由于因受热软化的塑料片材两面形成压差而向下弯垂，从而紧贴模具型腔的表面，取得所需的形状。经冷却定型后，即用压缩空气自模具底部通入，把制品吹出，再经适当的整修后为制品。

差压成型是热成型中最简单的一种，其制品特点是：制品结构比较鲜明，精细部位是与模面贴合的一面，粗糙度较低；成型时，凡片材与模面贴合时间越迟的部位，其厚度越小，因此制品厚度不大均匀。

差压成型的模具结构简单，通常只用凹模。

（2）覆盖成型　成型原理基本上与真空成型相同，但模具只用凸模。其制品的厚度和深宽比比真空成型的大。成型时借助液压系统的推力将凸模顶向由夹持框夹持且已加热好的片材中，也可以用机械力移动框架将片材覆扣在凸模上，然后在模底抽真空使片材与模面完全贴合而成型。经过冷却、脱模和整修后即为制品。制品特点是：与差压成型一样，与模面贴合的一面粗糙度低，结构也比较鲜明，壁厚的最大部分是模具顶部，而最薄的部位则在模具的侧面与底部的交界处；制品的侧面上常会出现由牵伸和冷却所造成的条纹，其原因是片材与模面贴合不均所致。

（3）柱塞助压成型　这种成型又可分为柱塞助压真空成型和柱塞助压气压成型两种。与差压成型时一样，先用夹持框将塑料片材夹紧在凹模模具之上并加热到适宜的软化程度，随后在封闭模具底部的气门的情况下，将柱塞接触片材一同压入模框内，柱塞下压程度以不使片材接触模框底部为宜，由于片材下部模框内封闭气体的反压作用，使片材先包住柱塞而不与模框面接触，片材在这过程中也受到一不定期的延伸；在停止柱塞下降的同时随即打开模底气门进行抽真空，片材则被吸附于模壁而成型，这就是柱塞助压真空成型。而柱塞助压气压成型时，柱塞模板则与模口紧密相扣，并从柱塞边通入压缩空气以使片材与模面完全贴合而成型。助压成型后，柱塞即提升回复到原来的位置，片材成型后经冷却脱模和修整后，即为制品。

柱塞助压成型所得的制品特点与差压成型相似，但厚度均匀性要好得多。

三、冰箱门胆的热成型

作为差压成型法应用的典型实例——冰箱门胆热压成型，即将加热后的塑料片用夹持框送到凹模壁，即开始抽真空，直至塑料膜全部贴在凹模壁上，然后吹入空气致冷，而凹模始终通有冷却水以保持适当而均匀的模温，待制件冷却后，开模并开启抽芯机构，抽芯完毕，然后从凹模中通往压缩空气将制件顶出，完成一个周期。该模的主要特点是成型件大且有一定的精度要求，尤其是欲安装果菜盒的小凸台以及镶嵌密封条的凹槽均有装配要求，为此在模具结构及成型工艺方面均要加以充分的考虑。图 16-11 为冰箱门内胆零件部分图。

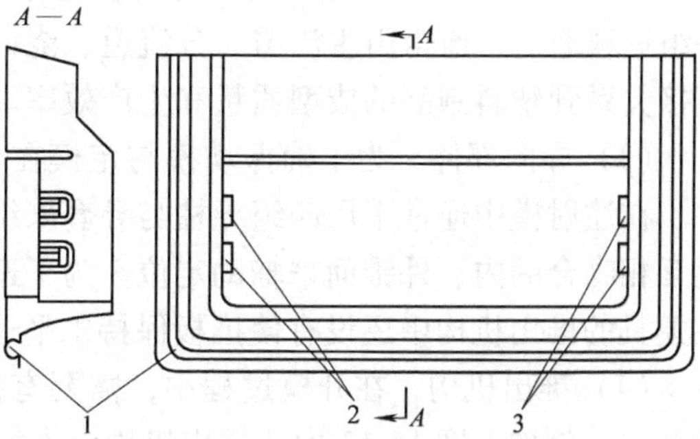

图 16-11 冰箱门内胆零件部分图

1—凹槽 2、3—小凸台

第五节 注射模具的基本结构

一、典型的注射模具结构

注射模具由动模和定模两部分组成，动模安装在注射成型机（简称注射机）的移动模板上，定模安装在注射机的固定模板上。在注射成型时，动模与定模闭合构成浇注系统和型腔，开模时动模与定模分离以便取出塑料制品。图 16-12 为典型的单分型面注射模具结构，根据模具中各个部件所起的作用，一般可将注射模细分为几个基本组成部分。

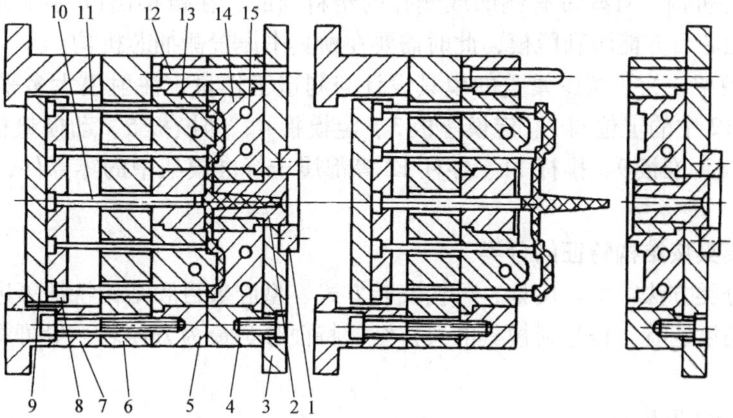

图 16-12 典型的单分型面注射模具结构

1—定位圈 2—主流道衬套 3—定模座板 4—定模板 5—动模板 6—动模垫板 7—动模底座 8—推出固定板 9—推板 10—拉料杆 11—推杆 12—导柱 13—型芯 14—凹模 15—冷却水通道

（1）成型部件 成型部件由型芯和凹模组成。型芯形成制品的内表面形状，凹模形成制品的外表面形状。合模后型芯 13 和凹模 14 便构成了模具的型腔，如图 16-12 所示。按工艺和制造的要求，有时型芯或凹模由若干拼块组合而成，有时做成整体，仅在易损坏、难加工的部位采用镶件。选作型芯或凹模的钢材，要求有足够的强度、表面耐磨性，有时还需要有耐蚀性，并且淬火后的变形量要小，故常采用合金结构钢或合金工具钢制作。当要求较低或批量较小时，也可选用中碳钢或碳素工具钢来制造简单的型芯和凹模。

（2）浇注系统　浇注系统又称为流道系统，它是将塑料熔体由注射机喷嘴引向型腔的一组进料通道，通常由主流道、分流道、浇口和冷料穴组成。浇注系统的设计十分重要，它直接关系到塑料制品的成型质量和生产效率。

（3）导向部件　为了确保动模与定模在合模时能准确对中，在模具中必须设置导向部件。在注射模中通常采用四组导柱与导套来组成导向部件，有时还需在动模和定模上分别设置互相吻合的内、外锥面来辅助定位。为了避免在制品推出过程中推板发生歪斜现象，一般在模具的推出机构中还设有使推板保持水平运动的导向部件，如导柱与导套。

（4）推出机构　在开模过程中，需要有推出机构将塑料制品及其在流道内的凝料推出或拉出。例如在图 16-12 中，推出机构由推杆 11、推出固定板 8、推板 9 及主流道的拉料杆 10 组成。推出固定板和推板用以夹持推杆。在推板中一般还固定有复位杆，复位杆在动、定模合模时使推板复位。

（5）调温系统　为了满足注射工艺对模具温度的要求，需要有调温系统对模具的温度进行调节。对于热塑性塑料用注射模，主要是设计冷却系统使模具冷却。模具冷却的常用办法是在模具内开设冷却水通道，利用循环流动的冷却水带走模具的热量；模具的加热除可利用冷却水通道通热水或蒸汽外，还可在模具内部和周围安装电加热元件。

（6）排气槽　排气槽用以将成型过程中型腔的气体充分排除。常用的办法是在分型面处开设排气槽。由于分型面之间存在有微小的间隙，对于较小的塑料制品，因其排气量不大，可直接用分型面排气，不必开设排气槽，一些模具的推杆或型芯与模具的配合间隙均可起到排气作用，有时便不必另外开设排气槽。

（7）侧抽芯机构　有些带有侧凹或侧孔的塑料制品，在被推出以前必须先进行侧向分型，抽出侧向型芯后方能顺利脱模，此时需要在模具中设置侧抽芯机构。

（8）标准模架　为了减少繁重的模具设计与制造工作量，注射模大多采用了标准模架结构，如图 16-12 中的定位圈 1、定模座板 3、定模板 4、动模板 5、动模垫板 6、动模底座 7、推出固定板 8、推板 9、推杆 11、导柱 12 等都属于标准模架中的零部件，它们都可以从有关厂家订购。

二、注射模具按结构特征的分类

注射模的分类方法很多。例如，可按安装方式、型腔数目和结构特征等进行分类，但是从模具设计的角度上看，按注射模具的总体结构特征分类最为方便。一般可将注射模具分为以下几类。

1. 单分型面注射模具

单分型面注射模具又称为两板式模具，它是注射模具中最简单而又最常用的一类。据统计，两板式模具约占全部注射模具的 70%。如图 16-12 所示的单分型面注射模具，型腔的一部分（型芯）在动模板上，另一部分（凹模）在定模板上，主流道设在定模一侧，分流道设在分型面上。开模后由于动模上拉料杆的拉料作用以及制品因收缩包紧在型芯上，制品连同流道内的凝料一起留在动模一侧。动模上设置有推出机构，用以推出制品和流道内的凝料。

单分型面注射模具结构简单、操作方便，但是除采用直接浇口之外，型腔的浇口位置只能选择在制品侧面。

2. 双分型面注射模具

双分型面注射模具以两个不同的分型面分别取出流道内的凝料和塑料制品，与上述单分型面注射模具相比，双分型面注射模具在动模板与定模板之间增加了一块可以移动的中间板(又名浇口板)，故又称三板式模具。在定模板与中间板之间设置流道，在中间板与动模板之间设置型腔，中间板适用于采用点浇口进料的单型腔或多型腔模具。图 16-13 为典型的双分型面注射模简图。从图中可见，在开模时由于定距拉板的限制，中间板 13 与定模板 14 作定距离的分开，以便取出这两块板之间流道内的凝料，在中间板与动模板分开后，利用推件板 5 将包紧在型芯上的制品脱出。

双分型面注射模具能在制品的中心部件设置点浇口，但制造成本较高、结构复杂，需要较大的开模行程，故较少用于大型塑料制品的注射成型。

3. 带有活动镶件的注射模具

由于塑料制品的复杂结构，无法通过简单的分型从模具内取出制品，这时可在模具中设置活动镶件和活动的侧向型芯或半块(哈夫块)，图 16-14 为这样的注射模具。开模时这些活动部件不能简单地沿开模方向与制品分离，而是在脱模时必须将它们连同制品一起移出模外，然后用手工或简单工具将它们与制品分开。当将这些活动镶件装入模具时还应可靠地定位，因此这类模具的生产效率不高，常用于小批量的试生产。

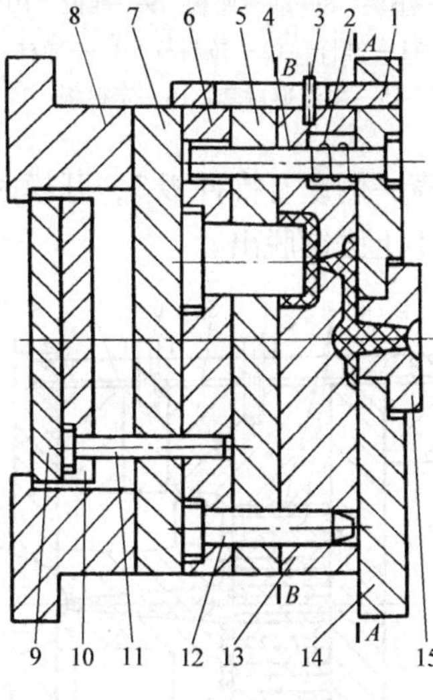

图 16-13　双分型面注射模具

1—定距拉板　2—弹簧　3—限位销
4—导柱　5—推件板　6—动模板　7—动模垫板
8—模底座　9—推板　10—推出固定板　11—推杆
12—导柱　13—中间板　14—定模板　15—主流道衬套

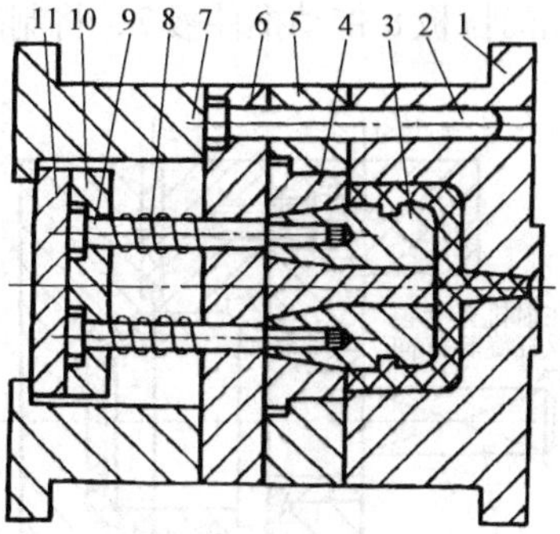

图 16-14　带活动镶件的注射模具

1—定模板　2—导柱　3—活动镶件
4—型芯　5—动模板　6—动模垫板
7—模底座　8—弹簧　9—推杆
10—推出固定板　11—推板

4. 带侧向分型抽芯的注射模具

当塑料制品上有侧孔或侧凹时，在模具内可设置由斜导柱、斜滑块等组成侧向分型抽芯机构，它能使侧型芯作横向移动。图 16-15 所示为一斜导柱带动侧向分型抽芯的注射模具。在开模时，斜导柱利用开模力带动侧型芯横向移动，使侧型芯与制品分离，然后推杆就能顺利地将制品从型芯上推出。除斜导柱、斜滑块等机构利用开模力作侧向抽芯外，还可以在模具中装设液压缸或气压缸带动侧型芯作侧向分型抽芯动作，这类模具广泛地运用在有侧孔或侧凹的塑料制品的大批量生产中。

5. 自动卸螺纹的注射模具

当要求能自动卸带有内螺纹或外螺纹的塑料制品时，可在模具中设置转动的螺纹型芯或型环，这样使利用机械的旋转运动或往复运动，将螺纹制品脱出；或者用专门的驱动和传动机构，带动螺纹型芯或型环转动，将螺纹制品脱出。自动卸螺纹的注射模具如图 16-16 所示，该模具用于直角式注射机，螺纹型芯由注射机开合模的丝杠带动旋转，以便与制品相脱离。

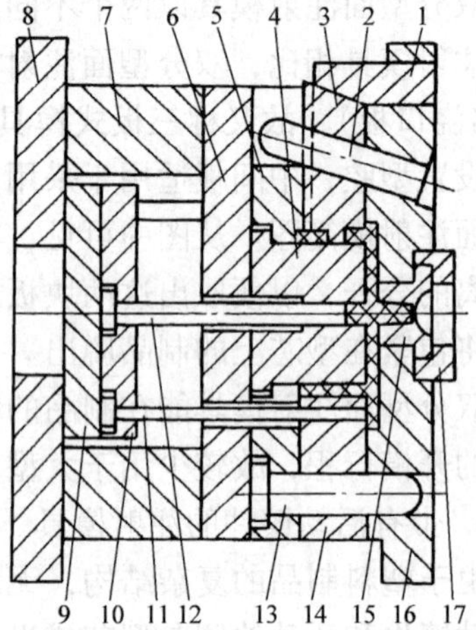

图 16-15 带侧向分型抽芯的注射模具

1—楔紧块 2—斜导柱 3—斜滑块 4—侧型芯 5—固定板 6—动模垫板 7—垫块 8—动模座板 9—推板 10—推固板 11—推杆 12—拉料杆 13—导柱 14—动模板 15—主流道衬套 16—定模板 17—定位圈

6. 推出机构设在定模的注射模具

一般当注射模具开模后，塑料制品均留在动模一侧，故推出机构也设在动模一侧，这种形式是最常用、最方便的，因为注射机的推出液压缸就在动模一侧。但有时由于制品的特殊要求或形状的限制，制品必须要留在定模内，这时就应在定模一侧设置推出机构，以便将制品从定模内脱出。定模一侧的推出机构一般由动模通过拉板或链条来驱动。图 16-17 所示的塑料衣刷注射模具，由于制品的特殊形状，为了便于成型采用了直接浇口，开模后制品滞留在定模上，故在定模一侧设有推件板 7，开模时由设在动模一侧的拉板 8 带动推件板 7，将制品从定模中的型芯 11 上强制脱出。

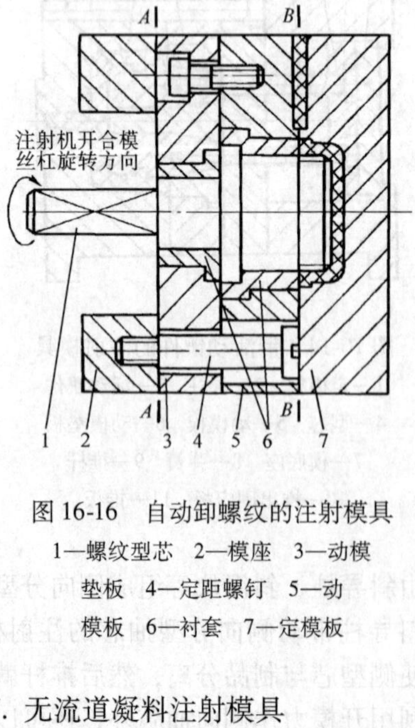

图 16-16 自动卸螺纹的注射模具

1—螺纹型芯 2—模座 3—动模垫板 4—定距螺钉 5—动模板 6—衬套 7—定模板

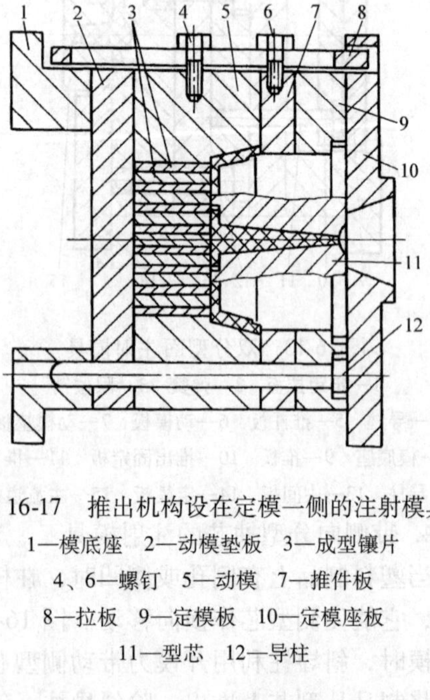

图 16-17 推出机构设在定模一侧的注射模具

1—模底座 2—动模垫板 3—成型镶片 4、6—螺钉 5—动模 7—推件板 8—拉板 9—定模板 10—定模座板 11—型芯 12—导柱

7. 无流道凝料注射模具

无流道凝料注射模具常被简称为无流道注射模具。这类模具包括热流道和绝热流道模具两种，它们是通过对流道加热或绝热的办法来保持从注射机喷嘴到浇口处之间的塑料保持熔

融状态。这样，在每次注射成型后流道内均没有塑料凝料，这不仅提高了生产率，节约了塑料，而且还保证了注射压力在流道中的传递，有利于改善制品的质量。此外，无流道凝料注射模具还易实现全自动操作。这类模具的缺点是模具成本高，对浇注系统和控温系统要求高，对制品形状和塑料有一定的限制。图 16-18 所示为两型腔热流道注射模具。

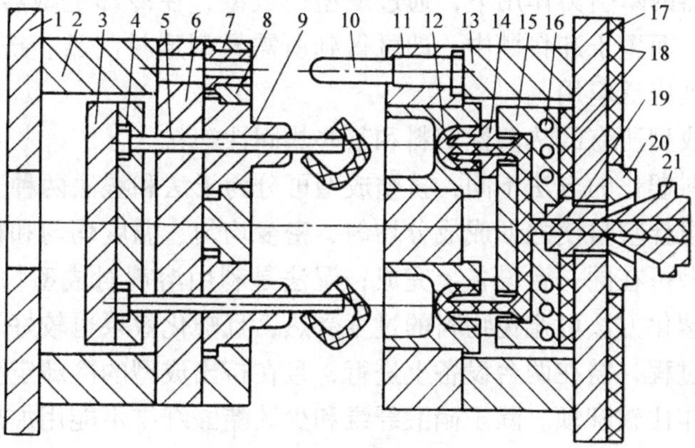

图 16-18　两型腔热流道注射模具

1—动模座板　2—垫板　3—推板　4—推出固定板　5—推杆　6—动模垫板　7—导套　8—动模板　9—型芯　10—导柱　11—定模板　12—凹模　13—支架　14—喷嘴　15—热流道板　16—加热器孔道　17—定模座板　18—绝热层　19—主流道衬套　20—定位圈　21—注射机喷嘴

三、挤塑膜的典型结构

挤塑成型已被广泛应用于片材、板材、棒材、管材、异型材、电线电缆的包覆及薄膜、单丝、金属覆膜塑料等生产领域，它是将具有一定压力和流速的熔融态塑料源源不断地通过模具成型再冷却定型并截成一定长度得到产品的塑料成型方法。

其中，异型材挤塑模的典型结构如图 16-19 所示，它与挤管模基本相同，由机头、口模

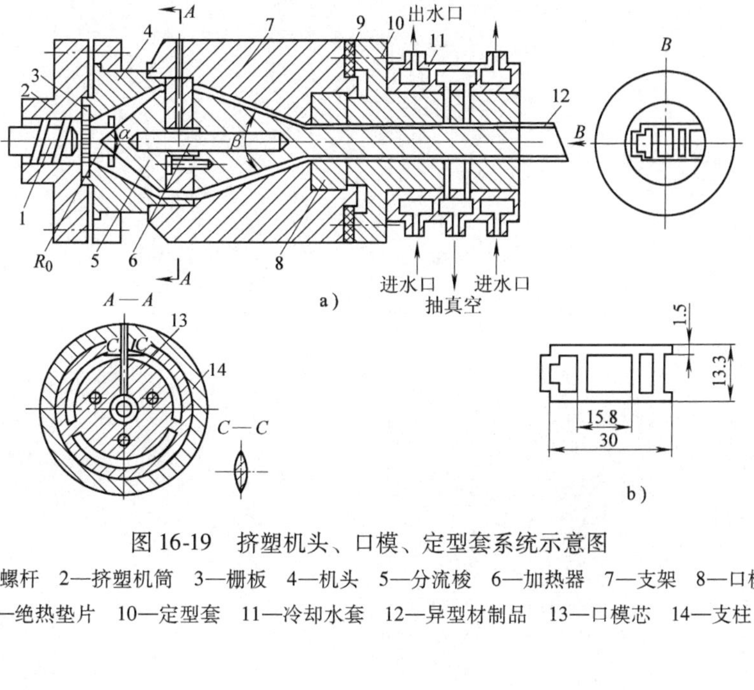

图 16-19　挤塑机头、口模、定型套系统示意图

1—螺杆　2—挤塑机筒　3—栅板　4—机头　5—分流梭　6—加热器　7—支架　8—口模　9—绝热垫片　10—定型套　11—冷却水套　12—异型材制品　13—口模芯　14—支柱

和定型套三部分组成。但不同的是，前者定型模中往往用真空吸附的方法定型，后者则常用压缩空气定型。因为前者往往带有缺口，必须用真空定型套，而对于形状封闭的管材，可采用压缩空气的定型套。

其工作原理及过程是，塑料从料斗进入料筒被加热到熔融态，在螺杆旋压下被挤入机头，然后，在牵引器的牵引力作用下，通过成型模成型，在冷却定型器中被冷却固化定型，经切断器定长切断，而置于卸料槽中，即可得到所需异型形材制品。挤塑成型具有效率高、投资小等特点而得到广泛应用。

挤塑成型可以成型所有的热塑性塑料和某些热固性塑料。

根据对成型物料塑化的方法不同，挤塑成型可分为干法和湿法两种。干法是利用挤塑机的机筒加热和螺杆搅拌塑料使之形成成分均匀、密度均匀、温度均匀和粘度均匀的连续熔融体，塑化和挤出成型可在同一台设备上完成；湿法是利用溶剂对成型物料进行充分软化后，再进行塑化，这种塑化方法可避免物料的过度受热，且塑化效果也较好。但塑化和挤塑成型是两个独立的工艺过程，需在两台设备上进行，且在挤出成型的冷却定型阶段需对制品进行脱除溶剂处理，操作比较麻烦。除了硝酸纤维和少数醋酸纤维不能用加热方法塑化的塑料用湿法外，一般多用干法。

复习思考题

1. 塑料注射过程可分为几个阶段？各个阶段的作用是什么？
2. 背压、注射压力、型腔压力的区别是什么？为什么现代注射机要采用多级注射技术？
3. 试述模具温度对制品表面质量及精度的影响。
4. 试述热成型与塑挤成型的特点及应用范围。
5. 在注射模设计时选用单分型面和双分型面的依据是什么？
6. 型腔冷却和型芯冷却的形式为什么有很大差别？
7. 试说明挤塑成型系统的结构及工作原理。

第十七章　橡胶成形工艺及模具

第一节　橡胶的特性与分类

橡胶有天然橡胶和合成橡胶两大类，它具有很高的弹性，但在高温时变粘，低温时发脆，在溶剂中溶解。

为了改善橡胶产品的使用性能，改进工艺和降低成本，常常以生胶为基加入增强剂(如炭黑、碳酸钙粉末等)，再配以填料、硫磺、硫化促进剂、颜料、软化剂和防老剂等其他配合剂，然后用炼胶机混炼而成混炼胶。混炼胶是制造各种橡胶制品的胶料，把它放入所需形状的模具中经过加热、加压处理(即硫化处理)后，具有很高的弹性以及耐寒、耐热、耐臭氧、耐油、耐溶剂、减震、耐磨、耐疲劳、密封和介电等重要性能。

由于橡胶材料具有上述特性，因此广泛用于工业、农业、国防等部门，是防震、缓冲、耐磨、介电、密封等不可缺少的材料。橡胶的分类如图 17-1 所示，各种橡胶性能不同，其用途也有所差异。

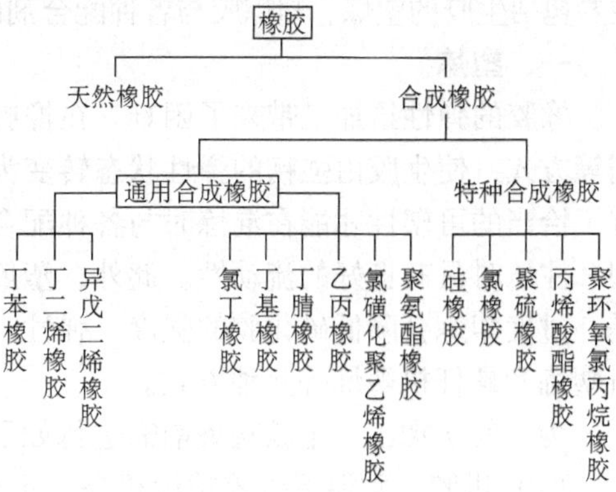

图 17-1　橡胶的分类

橡胶牌号的表示方法如下：

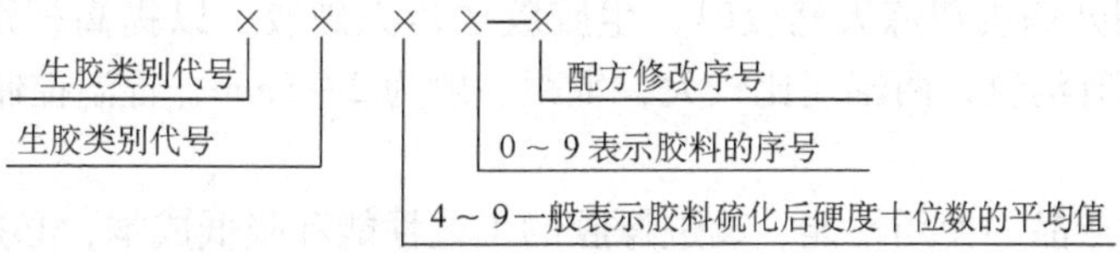

生胶类别及型别代号见表 17-1。橡胶代号实例：

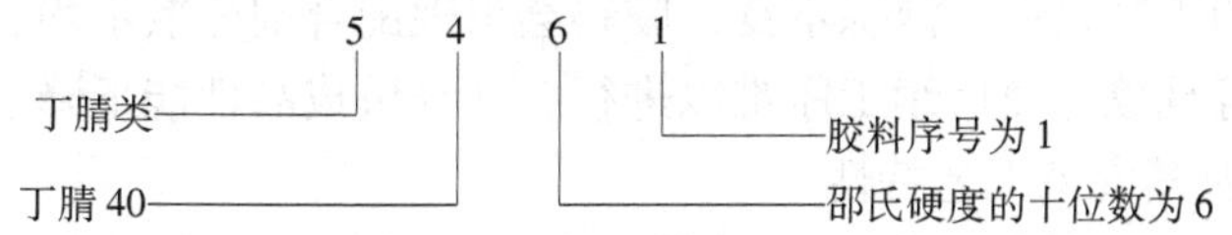

表 17-1　生胶类别及型别代号

生胶类别及代号		生胶型别及代号				
		1	2	3	4	5
异戊二烯类	1	天然橡胶	天然橡胶	天然橡胶	丁基橡胶	异丁橡胶
聚丁二烯类	2	丁钠橡胶	丁锂橡胶	顺丁二烯		
丁苯类	3	丁苯-10		丁苯-30		

（续）

生胶类别及代号		生胶型别及代号				
		1	2	3	4	5
卤代丁二烯类	4	氯丁橡胶				
丁腈类	5	丁腈-18	丁腈-26		丁腈-40	
硅橡胶	6	甲基硅胶	甲基硅胶			
氧橡胶类	7					

第二节 橡胶成形的基本工艺

橡胶的加工成形是指由生胶及其配合剂经过一系列化学与物理作用制成橡胶制品的过程。主要包括生胶的塑炼、塑炼胶与各种配合剂的混炼及成形、胶料的硫化等几个加工工序。

一、塑炼

橡胶的弹性给加工带来了困难。在橡胶的加工中，首先通过机械、热、氧和加入化学试剂等方式，使生胶由强韧的弹性状态转变为柔软、便于加工的塑性状态，这就是塑炼。生胶有了恰当的可塑性才能在混炼时与各种配合剂均匀混合，在压延时易于渗入增强剂中，在压型、注压时具有良好的流动性。此外，塑炼还能使生胶的性质均匀，便于控制生产过程。但是，过度塑炼会降低硫化胶的强度、弹性、耐磨等性能。生胶的塑炼分为开炼机塑炼、密炼机塑炼和螺杆机塑炼等几种方式。

为了便于加工，生胶塑炼前需进行如下处理：

（1）烘胶　常温下生胶粘度很高，难于切割和进一步加工，尤其在冬季，生胶常呈现硬化和结晶。因此加温不仅便于切割，还能解除结晶。

（2）切胶　自烘胶室出来的生胶用切胶机切成10～20kg的小块。

（3）破胶　用开炼机塑炼天然胶时，生胶胶块需先破胶，以提高塑炼效率。破胶机的辊筒粗而短，表面有沟纹，两辊速比较大，辊距一般为2～3mm，辊温控制在45℃以下。

二、混炼

为了提高橡胶产品的使用性能，改进橡胶的工艺性能和降低成本，必须在生胶中加入各种配合剂。混炼就是通过机械作用使生胶与各种配合剂均匀混合的过程。混炼是橡胶加工过程中最易影响质量的工序之一。混炼不良，胶料会出现配合剂分散不均、胶料可塑性过低或过高、焦烧、喷霜等现象，使后续工序难以进行，并导致成品性能下降。

1. 几种原材料及其混炼工艺特性

（1）生胶　生胶因分子量、粘度及润湿性不同，对各种配合剂分散效果的影响在最初阶段表现得最明显。各种胶的混炼特性不同，对混炼操作的要求也不同。

（2）硫磺　硫磺的熔点很低，100℃以上即发生液化结团，难以分散。因此，加硫磺时胶料温度必须冷却到100℃以下，以利分散。硫磺可以制成母胶或与硬脂酸、石蜡制成硫磺油膏使用，以促进其分散并防止飞扬。为防止焦烧，硫磺一般在混炼的最后阶段加入，并要求操作迅速完成。

（3）补强填充剂　这是橡胶中用量最大的配合剂，与分散的关系也最密切。一般说来，补强填充剂粒径越小，比表面积越大，就越难分散；它对橡胶的润湿性作用越差，也越难分散。

（4）促进剂　一般用量很少，为了防止飞扬和损耗，可制成母胶或与软化剂制成膏状体使用。促进剂一般在混炼初期加入，也有在最后加入的，但无论何时加入，均应与硫化剂分开加入，以免发生焦烧。

（5）软化剂　软化剂的种类很多，一般说来，石油系适用于合成橡胶，松焦油系适用于天然橡胶。软化剂用量一般比较大，特别是在合成橡胶中的质量分数达20%~40%，所以必须考虑它们与橡胶的相容性。芳香度高的油类混炼时易于操作，而石蜡系油类混入性较差。

（6）防老剂　一般分散较快，常在混炼初期加入。它除了具有防老化的作用外，还有防止胶凝的作用，还可以改善某些胶的塑性。

2. 混炼方式

（1）开炼机混炼　在开炼机上先将橡胶压软，然后按一定顺序加入各种配合剂，经多次反复捣胶压炼，采用小辊距薄通法，使橡胶与配合剂互相混合以得到均匀的混炼胶。加料顺序对混炼操作及胶料质量都有很大的影响，应根据原材料的不同特点，采用一定的加料顺序。通常的加料顺序为：生胶（或塑炼胶）→小料（促进剂、活化剂、防老剂等）→液体软化剂→补强剂、填充剂→硫磺。

（2）密炼机混炼　密炼机混炼一般要和压片机配合使用。先把生胶、配合剂按一定顺序投入密炼机的混炼室内，使之相互混合均匀后，于压片机上排胶、压成片，并使胶料温度降低（不高于100℃）；然后加入硫化剂和需低温加入的配合剂，通过捣胶装置或人工捣胶反复压炼，以混炼均匀。密炼机的加料顺序一般为：生胶→小料（包括促进剂、活化剂、防老剂等）→填料、补强剂→液体增塑剂。

（3）螺杆机混炼　与前两种混炼机不同，螺杆混炼机可连续混炼，生产效率高。它可使混炼与压延、压出连续进行，便于实现自动化。研究和应用比较成熟的有传递式连续混炼机和隔板式连续混炼机。

三、成形

橡胶的成形有预成形和最终成形两种。所谓预成形，是将橡胶加工成具有一定形状的半成品供后续成形使用。主要的预成形方法有压延、压出成形。所谓最终成形，则是将胶料或半成品加工成最终制品形状，包括压制成形、压铸成形和注压成形。下面先介绍压延预成形，其余工艺将在下一节中与模具一起介绍。

橡胶的压延工艺包括将胶料制成一定厚度和宽度的胶片、在胶片上压出花纹（压型）及在制品结构骨架层的纺织物上覆上一层胶膜等。

1. 胶片压延

将经过预热的胶料，用压延机压制成有一定厚度和宽度的胶片。胶片应光滑无气泡、不皱缩、厚度一致。压片工艺分中、下辊间不积胶和积胶两种方法，如图17-2所示。

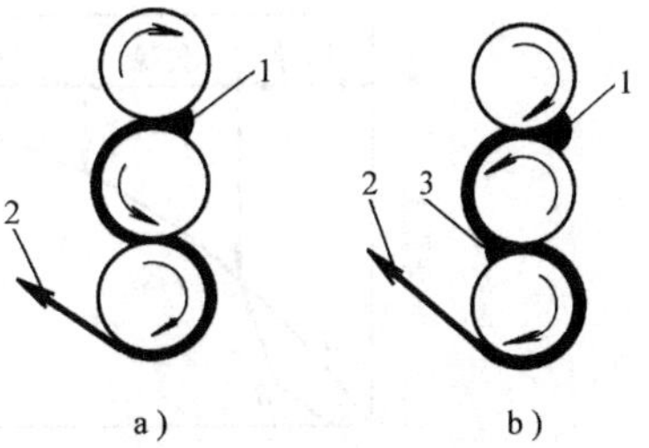

图17-2　胶片压延示意图
a）中、下辊间无积胶
b）中、下辊间有积胶
1—进料　2—压片出料　3—积胶

2. 压型

将胶料压制成具有一定断面形状或表面有某种花纹的胶片。此种胶片可用作鞋底、车胎胎面等的坯胶。压型用的压延机至少有一个辊筒上刻有一定的花纹图案。压型后要急冷却，以使花纹定型。

3. 纺织物的挂胶

纺织物的挂胶是使纺织物通过压延机辊筒间隙，使其表面挂上一层薄胶，制成挂胶帘布或挂胶帆布，作为橡胶制品的骨架层。挂胶方法可分为贴胶、压力贴胶和擦胶三种。

四、硫化

硫化是橡胶制品生产的最后也是很重要的一个工艺过程。在这一过程中，橡胶要发生一系列化学变化，使塑性状态的橡胶转变为弹性（或硬质）状态的橡胶制品，从而获得完善的物理力学性能和化学性质，成为有使用价值的高分子材料。硫化过程是橡胶大分子链发生交联反应的过程。由于硫化与成形工艺和模具关系很密切，故详细介绍如下：

1. 硫化方法

硫化方法很多，在工业上可按使用的设备、传热介质和硫化方法的不同来划分。主要方法如下：

（1）平板硫化　它是将装有半成品或胶料的模型置于能够加压的上下两个平板间进行硫化的。所需压力由油压或水压通过机筒传递供给平板。

（2）注压硫化　它的工艺过程包括胶料的预热塑化、注射、硫化、出模及修边等。

（3）硫化罐硫化　它包括立式硫化罐硫化（主要用于硫化轮胎）和卧式硫化罐硫化（一般用于硫化胶布、胶鞋、胶管和球类等制品）。

（4）个体硫化机硫化　个体硫化机带有固定模型的特殊结构，其上半部（或下半部）模型是安装在不动的外壳上；另一半模型则可用压缩空气、水压或立杆活动机构作上下活动，两半模型均由蒸汽加热腔。

（5）共熔盐硫化　共熔盐由53%硝酸钾、40%亚硝酸钠、7%硝酸钠组成，其熔点为142℃，沸点为500℃。硫化时，将共熔盐加热到200～300℃，然后使制品通过装在槽内的共熔盐进行热硫化。

此外，还有沸腾床硫化、微波硫化、高能辐射硫化等。

2. 交联反应过程

加有硫化剂的橡胶，在加热过程中逐渐成为三维空间的网络结构。其交联程度的大小，可通过测定交联密度来判断，宏观上可由聚合物在硫化仪中的转矩随时间的变化来反映（见图17-3b），习惯上也可用硫化胶的定伸强度来表示。生产中把硫化过程分为诱导、欠硫、正硫化和过硫几个阶段（见图17-3a），其物理力学性能的变化如图17-4所示。

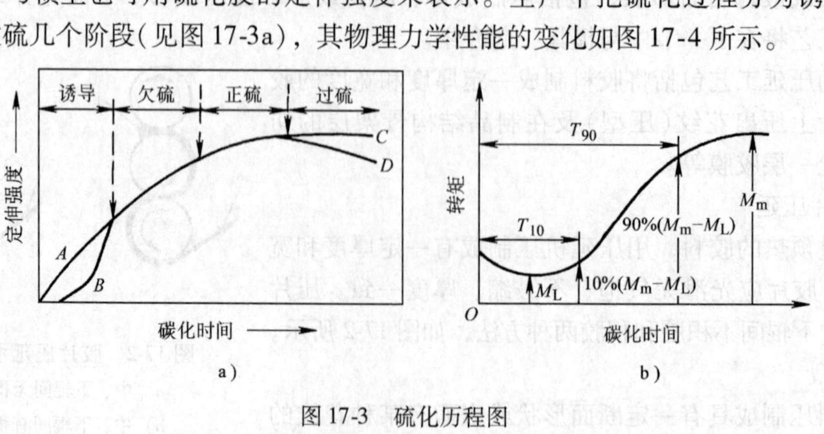

图17-3　硫化历程图

M_m—最大转矩　M_L—最小转矩

对于诱导阶段，生产中习惯使用焦烧时间，实际指胶料尚未有效交联，仍处于可以流动的阶段，在用硫化仪测定的硫化曲线中，以 T_{10} 表示，即达到硫化仪最大转矩的 10% 所对应的时间。由硫化诱导期到正硫化之间的阶段称为欠硫，在此阶段胶料的交联程度仍较低，尚未达到硫化胶应有的物理力学性能。正硫化时间以 T_{90} 表示，即达到最大转矩的 90% 所对应的时间称为正硫化时间。这时硫化胶具有较好的物理力学性能，并在一段时间内性能不发生明显的变化。由正硫化到硫化胶性能下降这一段时间称为硫化平坦期(平坦期极短,图中未表示)。过了硫化平坦期后，硫化胶的性能发生较大的下降，这时称为过硫或称为硫化返原(返硫)，这主要是由于交联键断裂和橡胶分子主链异构化所致。天然橡胶的硫化返原现象较合成胶严重。硫化历程中各段时间的长短与生胶的性质、硫磺和促进剂的用量，以及促进剂的类型等有关。

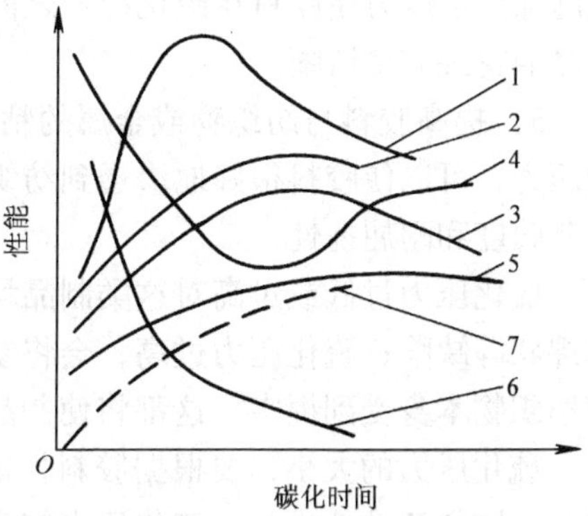

图 17-4　硫化过程中胶料性能变化

1—扯断强度　2—定伸强度　3—回弹性　4—扯断伸长率　5—硬度　6—永久变形　7—交联密度

3. 硫化条件对橡胶制品质量的影响

硫化条件通常是指橡胶硫化的温度、时间、压力及硫化介质。正确制订和控制硫化条件是保证橡胶制品质量的关键因素。

（1）硫化温度　硫化温度是橡胶硫化反应的基本条件，它直接影响硫化速度和产品质量。硫化温度的高低应根据橡胶的种类和硫化体系而定。试验表明，各种橡胶最宜(获得最佳性能)的硫化温度是：天然橡胶 <143℃；丁苯橡胶、丁腈橡胶 <180℃；异戊橡胶、顺丁橡胶、氯丁橡胶 <151℃；丁基橡胶 <170℃。温度过高容易导致橡胶分子主链及硫磺交联键的断裂，而导致硫化胶性能的下降；当产品中含有纺织物(特别是棉织品和人造丝)时，硫化温度的确定还要以不太多损害纺织品的性能为原则。由于橡胶是热的不良导体，对于厚制品的硫化宜采用较低的温度，以保证厚制品内外层硫化程度的一致。

（2）硫化时间　它是完成硫化反应过程的条件，并由胶料的配方、硫化温度等来决定。对于给定的胶料来说，在一定的硫化温度和压力条件下有一最适宜的硫化时间。这一时间通常用硫化仪来测定，即以达到硫化仪曲线最大转矩的 90% 所对应的时间作为正硫化时间。为准确了解硫化胶的性能，通常还需在这一温度下用不同硫化时间制备若干试片，测定其主要性能，以选取综合性能最优的硫化时间。对于多部件、多配方胶料的产品，还要测定其平坦硫化时间，所选择的硫化时间必须落在其共同的平坦期内(配方的制订亦要依照这一原则)。

（3）硫化压力　目前，大多数橡胶制品是在一定压力下进行硫化的。硫化时对橡胶制品进行加压的目的有如下几点：

1）防止在制品中产生气泡。由于生胶及配合剂都含有一定的空气和水分，或某些挥发物以及在硫化时所产生的副产物，它们在硫化温度下将会形成气泡，如果不施加一定压力来阻止气泡的形成，就会在硫化后的制品中出现一些空隙，导致橡胶制品的性能下降。

2）使胶料流动且充满模腔。模腔制品，特别是花纹比较复杂的模型制品，在硫化时必须施加一定压力使胶料在硫化起步之前能很好地流动而充满模腔，防止出现缺胶现象，保证制品的花纹完整清晰。

3）提高胶料与纺织物或金属的粘合力。对有纺织物的制品（如轮胎）在硫化时施加合适的压力，可以使胶料很好地渗透到纺织物的缝隙中，从而增加它们之间的粘合力，有利于提高其强度和耐屈挠性。

硫化压力过低或过高对这类制品均有不良影响。硫化压力过低，会出现起泡、脱层和呈海绵状等缺陷；硫化压力过高，会将纺织物压扁而难以使胶料很好地渗入到织物缝隙中去或使纺织物本身受到损害，这都将使制品的性能降低。

硫化压力的大小，要根据胶料性能（主要是可塑性）、产品结构及工艺条件而定。其原则是：胶料流动性小者，硫化压力应高一些；反之，硫化压力可以低一些；产品厚度大、层数多和结构复杂的需要较高的压力。对多数制品的硫化压力，通常在 2.55MPa 以下。当采用注压工艺时，由于胶料的充模全靠注射压力来进行，所以要采用达 80～150MPa 的高压。对于薄制品（如雨布），在生产上采用脱水剂（如氧化钙）或机械消泡方法后，已实现连续常压硫化。

（4）硫化介质　在加热硫化过程中，凡是借以传递热能的物质通称硫化介质。常用的硫化介质有：饱和蒸汽、过热蒸汽、过热水、热空气以及热水等。近年来还有采用共熔盐、共熔金属、微粒玻璃珠、高频率电场、红外线、γ 射线等作硫化介质的。

第三节　橡胶成形模具的设计

一、橡胶模具的分类

橡胶模具的种类较多，但根据模具结构和压制工艺的不同，大体上可将橡胶成形模具分为如下四大类。

1. 压制成形模具

压制成形模具又称普通压模。它是将混炼过的、经加工成一定形状和称量过的半成品胶料直接放入敞开的模具型腔中，而后将模具闭合，送入平板硫化机中加压、加热，胶料在加热和压力作用下硫化成形。压制成形模具由于结构简单、通用性强、适用面广、操作方便，故在整个橡胶模压制品的生产中占有较大的比例。

2. 压铸成形模具

压铸成形模具又称传递式模具。它是将混炼过的、形状简单的、限量的胶条或胶块半成品放入压铸模料腔中，通过压铸塞的压力挤压胶料，并使胶料通过浇注系统进入模具型腔中硫化定型。

压铸成形模具结构比普通压模复杂，它适用于制作用普通压模所不能压制或勉强压制的薄壁、细长易弯的制品以及形状复杂难于加料的橡胶制品。采用这种结构的模具所生产的制品致密性好、质量优越。

3. 注压成形模具

注压成形模具又称注射法模具。它是利用注压机的压力，将胶料直接由机筒注入模型，完成成形并进行硫化的生产方法。

注压模具成形是在模压法和移模法基础上发展起来的一种新型硫化方法。其优点是硫化周期短，废边少，生产效率高，并把成形和硫化过程合为一体。这种方法工序简单，提高了机械化自动化程度，减轻了劳动强度并大大提高了产品质量。目前，注压模具已广泛用于生产橡胶密封圈、橡胶-金属复合制品、减震制品及胶鞋等。

4. 压出成形模具

压出成形模具又称压出口型模。压出工艺是橡胶工业的基本工艺之一，它是利用压出机使胶料在螺杆推动下连续不断地向前运动，然后借助于口型模压出各种所需形状半成品，以完成造型或其他作业的过程，它具有连续、高效、不用金属模型即能成形制造多种橡胶制品等特点。因此，目前广泛用来制造胎面、内胎、胶管、电线电缆和各种复杂断面形状的(空心的或实心的)半成品以达到初步造型的目的，而后经过冷却定型，输送到硫化罐内进行硫化或用作模压法所需的预成形半成品胶料。压出成形模具在橡胶工业中的应用很广，主要是操作简单、经济、半成品质地均匀、致密、容易变换规格和断面形状、能连续操作、生产能力大。

除了上述列举的四大类橡胶模具外，还有蒸缸硫化模具、充气模具以及与专机配套的橡胶模具等。它们适用于轮胎、蓄电池胶壳、玩具、胶鞋、乳胶制品等橡胶制品生产。因为这些制品专业性较强，本书不作介绍。下面将简要介绍上述主要的四大类橡胶模具的设计。

二、橡胶压制成形模具设计

1. 压制成形模具的结构设计

压制成形模具的结构设计需要考虑以下几个方面。

(1) 分型面　把模具型腔分成两个或两个以上的分割面叫做分型面，它一般是平面，也可能是曲面或折面。分型面选择是否合理，直接关系到产品质量、装卸模的方便性和模具加工成本。分型面的设计需要考虑的因素多，经验性强，对模具结构的影响很大。有关分型面选择的具体方法可参考有关资料。

(2) 镶块及型芯　在实用中，很多橡胶制品几何形状复杂，因此在模具结构设计时，为了便于模具的机械加工，节约贵重的优质钢和合金钢，便于产品的装胶和制品的脱模，便于排气和型芯的安装以及修理方便，一般在模具中多采用镶块结构。

(3) 嵌件　在橡胶制品中，放进模具中与胶料一起成形的零件称为嵌件。为了使嵌件与胶料牢固地结合。常用以下两种方法：①在嵌件的表面镀铜或涂刷粘合剂，或采用其他化学处理；②嵌件与胶料接触的地方滚花、攻螺纹、开槽以钩住胶料。

(4) 余料槽(又称流胶槽、溢胶槽)　填入型腔的胶料，为保证充满压实应稍微过量，特别是开放式压模，余胶量就更多些。这些多余的胶料必须在压制过程中排除，不然余料会将上模顶起，模板间留下较大的间隙，造成过厚的胶边，影响制品尺寸和使用性能，因此必须在型腔周围开设沟槽储存余胶，这种用来排除余料的沟槽称为余料槽或溢胶槽。

(5) 排气孔　硫化模具型腔中空气和胶料硫化过程中产生的一些挥发性气体，要在硫化过程中予以排除，因此需设排气孔。排气孔的大小，要根据制品的大小而定，孔径过大会降低型腔中胶料的压力，而且废胶消耗大；孔径过小，排气性能不好，且孔中的废胶难以清除。

上述内容是橡胶压制成形模具结构设计的主要内容，除此之外，还有启模口(撬口)、手柄设计等内容。在模具结构基本确定后，需要考虑模具的型腔尺寸、模具零件的导向与定位、模具公差及配合等。关于模具的型腔尺寸，由于胶料在压制、加热硫化过程中内部发生形变和交联，由此产生热膨胀应力，硫化胶料在冷却过程中应力趋于消除，胶料的线性尺寸成比例地缩小，故在设计模具型腔时尺寸需相应加大。加大的比例即为模压制品橡胶(或称胶料)的收缩率。模具的型腔尺寸及公差应根据制品的平均尺寸、公差和胶料收缩率来计算。这与前面的铸型与锻模模膛尺寸的设计计算方法非常类似。

2. 压制成形模具典型结构

表 17-2 列出了几种典型压制成形模的结构及其特点。

表 17-2 典型压制成形模的结构及其特点

压制成形模名称	典型结构例图	特 点
油封膜	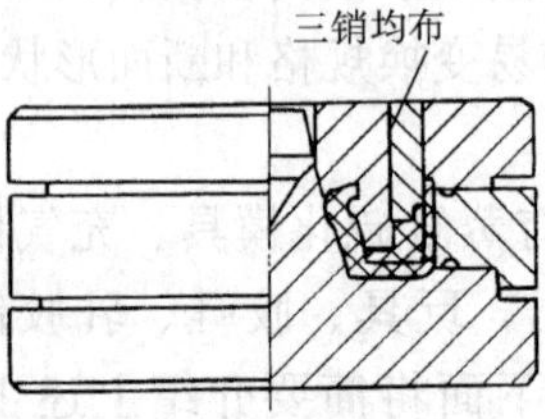	分型面避开了油封的工作面，分型面避免了锐角，沿圆周均布三个销子使骨架定位
多腔骨架油封膜	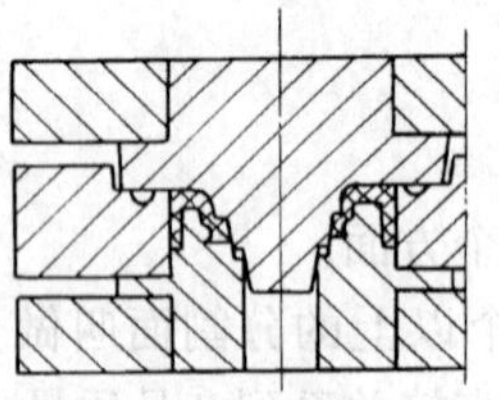	多腔模采用镶芯构成型腔，可减少模板厚度，用于机械加工，可以防止因一个型腔不合格，而使整块模板报废
多腔衬套模	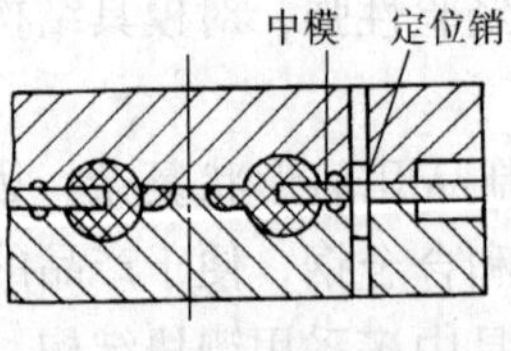	用可分中模代替对分镶块完成成形制品的侧凹部分
接头模	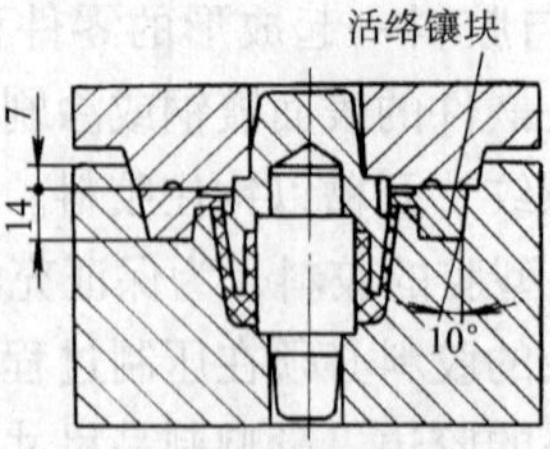	用对分活络镶块来成形制品的侧凹，又用外芯套、内芯的结构，型芯较易加工，排气好，便于填放胶料，易取出制品
软垫模	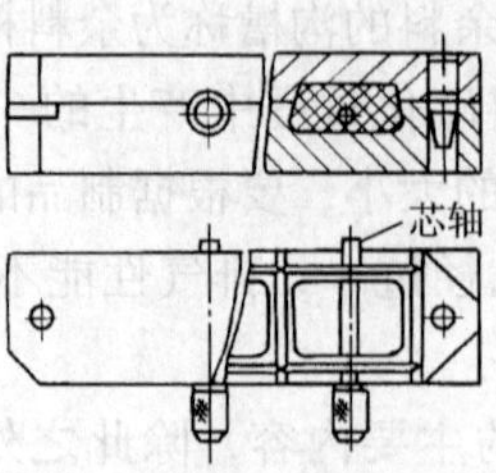	用芯轴成形制品的侧向孔，待成形硫化后，先抽出芯轴，再取出制品

三、橡胶压铸成形模具设计

压铸成形是通过压柱(柱塞)将加料室中的胶料压入模具型腔，经硫化而得到产品的一项新型的工艺方法。其特点是提高生产效率，改进橡胶制品的质量，尤其是能压制普通模压法所不能压制的薄壁、超长和超厚的制品。压铸成形对设备要求不高，既可用专用压铸机，也可在普通硫化机上进行，对胶料也无特殊要求。此外，还能增强橡胶与金属嵌件的结合粘附力，在模具使用中由于先合模后加料，致使模具不易损坏，因此压铸成形在橡胶制品中逐渐被广泛地应用。

1. 压铸模设计

压铸模综合了注射模和普通压模的特点，其结构在很多地方与这两类模具相似或相近，如型腔的总体设计、分型面的位置确定、浇注系统设计、启模口的设计、模板精度等均可参考压模设计。这里仅对压铸料腔(加料室)和压柱的设计分别加以介绍。

(1) 压铸料腔(加料室)的尺寸计算　在设计和计算压铸料腔具体尺寸时，应首先考虑到当料腔一次加料后，压料柱塞进入压铸料腔能将胶料一次性铸(注)入型腔内进行硫化，而后考虑压料柱塞进入料腔时的定位高度与半成品胶料所占料腔中有效容积。

1) 压铸料腔与压料柱塞定位高度的计算。常用的是按压铸料腔外径大小或断面宽度的变化来选择适宜的定位高度，压铸料腔直径与定位高度之比约为2∶1。

2) 压铸料腔尺寸的计算。在生产中为了得到致密性好、消耗胶料少的橡胶制品，除合理选取模具结构外，还应合理设计压铸料腔尺寸。例如：料腔容积设计过大，特别是料腔断面底面积过宽，则压铸时阻力大，进胶慢；若料腔容积过小，则使压料柱塞与料腔配合高度相应提高和加深，从而给模具操作、加工带来一定困难。在实际应用中料腔的容积与深度尺寸，一般根据经验选用。

(2) 压柱　在压铸料腔中的压料柱塞简称压柱。压柱的结构应与料腔相适应，其高度应稍大于料腔高度，保证压柱能压到底，以免料腔内残留余胶。为使压柱易拔出，其外圆中部有时车上几道环形槽，以减少压柱与料腔之间的摩擦。柱与料腔之间的配合为动配合 H7/f6，上段间隙可稍大些，以免压柱卡紧在料腔中；但间隙过大了容易溢胶，使料腔内压力损失大。

2. 压铸模典型结构

图 17-5 为一薄壁制品的压铸模典型结构，其模具由上模板、中模(型腔模套)、下模板以及上、下顶杆构成。模具在工作时，首先将一块条状矩形的胶条围成管状塞入压铸料腔内，加压后，胶条在上模板压力作用下注入模具型腔中成形。图 17-6 为一细长套管的压铸模结构，其模具结构特点是：能克服一般模压法模具加料后，在模具闭合时由于型芯较长易被压弯并碰撞下模型芯孔上端，导致损坏，即使顺利进入型芯孔，胶料也不易充满型腔，造成缺胶、

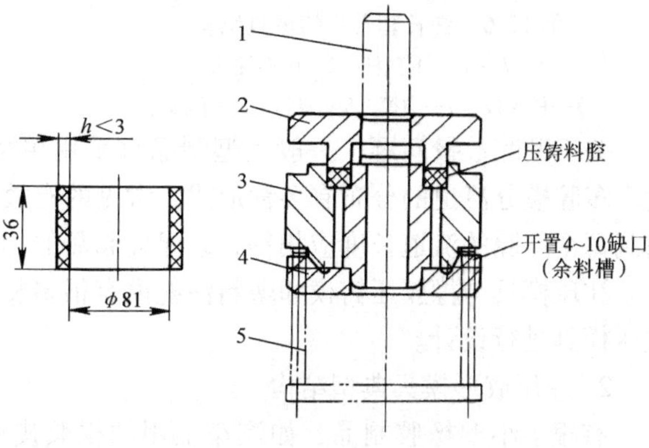

图 17-5　薄壁制品压铸模典型结构

1—上顶杆　2—上模板　3—中模　4—下模板　5—下顶杆

不致密等缺点。

四、橡胶注压成形模具设计

橡胶注压成形是将预热好的胶料通过注压机的螺杆或活塞，经过喷嘴注入模具型腔，完成成形并进行硫化的生产方法，所用模型称注压成形模具，简称为橡胶注压模。在注压过程中，橡胶主要经历塑化注射和热压硫化两个阶段。对注射与硫化过程的分析表明，当胶料注射通过较小的喷嘴时，其流动剪切速率增大，达到$10^3 \sim 10^4 s^{-1}$。胶料激烈摩擦生热温度可达120℃以上，再继续加热到180～220℃，就可以在很短的时间内完成硫化。因此，注压硫化的最大特点是内层胶料与外层胶料的温度差别较小，比较均一，从而为高温快速硫化提供了必要的前提。

1. 注压成形模具

橡胶注压用模具的结构比较复杂，由于模具本身要承受高温和高压作用，需要采用高强度钢材；模具必须经过精细的加工，以保证制品的质量。硫化时，模具通常用电加热，用恒温器保温，也可以用蒸汽或汽油加热。注压硫化模具主要由定模和动模两个部分构成，如图17-7所示，定模1和动模5分别镶嵌在合模装置的定板4和动板6上，胶料从注压机的喷嘴流出，经定模上的注胶槽进入模腔，动模部分随动板完成开闭动作，顶出机构7在制品硫化后将它从模具中顶出。在模腔周围设置加热孔2，以便加热硫化。

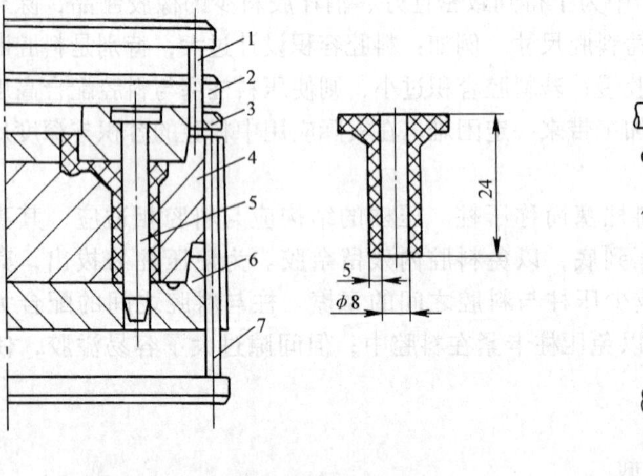

图17-6　细长套管压铸模具结构

1、7—上、下顶杆　2—压料柱塞　3—料腔板　4—中模　5—型芯　6—下模

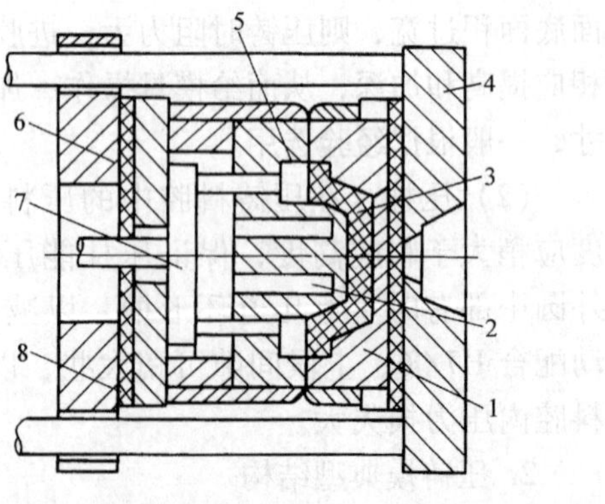

图17-7　注压用硫化模具的结构示意图

1—定模　2—加热孔　3—橡胶制件　4—定板　5—动模　6—动板　7—顶出机构　8—绝热板

关于型腔数量问题，一般大型制品宜采用单型腔和双型腔，小制品可适当增加型腔数量。多腔模分流道的分布有多种形式，常见的有放射状和榨节状。根据胶料流变特性，从喷嘴到每个型腔的流道长度应相等，以保证制品的均一性。

注压模具与橡胶压铸模和塑料注射模有很多相似之处，可参照本书前面有关章节对橡胶注压模具进行设计。

2. 注压成形模具典型结构

有很多小型橡胶制品，如汽车上用的橡胶皮碗、皮圈等产品，高度方向尺寸不大(在30mm以下)，硫化过程中产生的微小胶边也不大影响制品的使用，或在后一道工序中可以方便地除去胶边的制品，为了降低模具的制造成本，提高劳动生产率，而且又便于产品的取出，可以设计成多模孔的无浇口型注压模，如图 17-8 所示。图 17-9 所示注压模结构适用于异型、薄壁、筒形制品，外径小于 30mm 可采用直流道点浇口，大于 30mm 可采用主流道浇口。为了便于修剪，不致制品浇口过大，应采用多小孔进料主流道浇口。

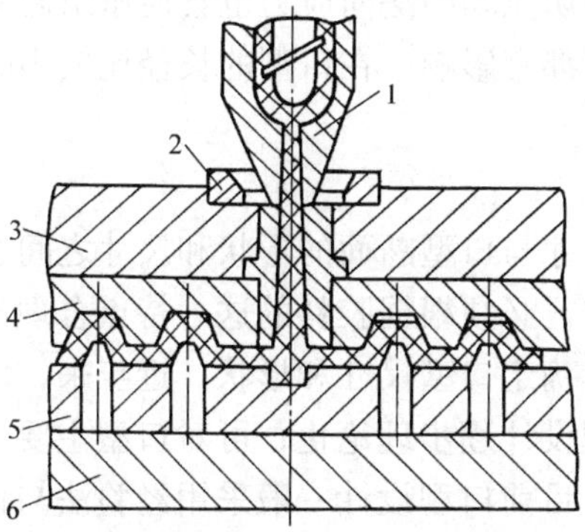

图 17-8　无浇口型注压模

1—注射机喷嘴　2—浇注套　3—上垫板

4—上模板　5—下模板　6—下垫板

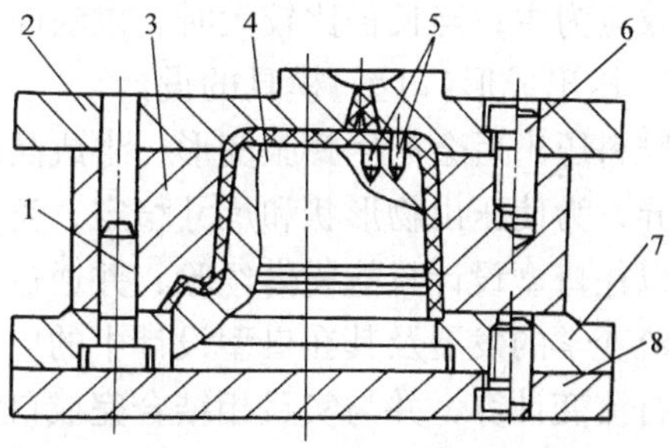

图 17-9　异型、薄壁、筒形制品注压模结构

1—导柱　2—进料板　3—中模　4—大型芯

5—小型芯　6—圆柱销　7—定位板　8—底板

五、橡胶压出成形模具设计

压出又称挤出，它是在压出机中对胶料加热和塑化，通过螺杆或柱塞推动将胶料连续不断地向前传送，然后借助于橡胶压出成形模具（简称口型模）压出各种所需形状半成品，以完成造型或其他作业的工艺过程。

压出工艺的优点主要是操作简单、经济、半成品质地均匀致密、容易变换规格和断面形状、设备占地面积小、结构简单、造价低、灵活机动性大、能连续操作、生产能力大。因此，随着压出设备与压出技术的不断进步，压出工艺的用途日益扩大，主要可归纳为：①塑炼生胶；②滤胶、消除胶料杂质；③胶料压出成形，供无模连续硫化，为模压制品提供胶坯；④制备轮胎、胶鞋、胶管等制品的半成品；⑤为金属丝或丝物线绳覆胶；⑥为压延作业提供热炼胶等。由此可见，压出成形在橡胶型材、模压制品预成形半成品加工中占有很重要的地位。

用压出成形制造的型材，虽然优点较多，但也有不足之处，存在一定的局限性。例如：除制造形状简单的直条型材、预成形半成品（如管、棒板材）外，还不能适用于生产精度高、断面形状复杂的橡胶零件和带有金属嵌件的橡胶制品，以及带角度密封嵌条制品（如各种减振零件、无接缝角形门窗密封嵌条等）。此外，由于影响压出成形的工艺因素较多，设计的口型模具很难一次试验成功，必须边试验边修正，最后才得到所需要的口型模具定型尺寸。在压出过程中要求由技术熟练、经验丰富的工人操作，因为压出机的转速、温度高低、加料快慢均与胶料热炼后的硬度有关系，这些工艺参数必须凭经验来调整和控制，控制得当才能连续不断地压出合格的制品。

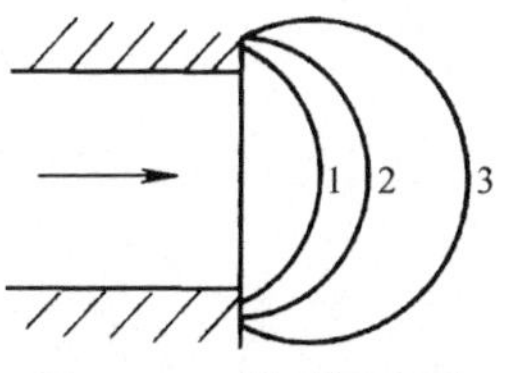

图 17-10　胶料压出后（离开口型后）的变形

1、2、3—不同胶料

1. 压出膨胀

胶料压出后（即离开口型后）一般都会膨胀变形，如图 17-10 所示。胶料是粘弹性体，当它流过口型时，同时经历着两个过程：粘

性流动和弹性变形。当胶料由机头进入口型时，一般是直径变小，流速增大，在流动方向形成速度梯度，这种速度梯度使胶料产生拉伸弹性变形。当口型流道较短时，胶料拉伸变形来不及恢复，压出后产生膨胀现象。这种变形的原因产生于“入口效应”。当口型流道较长时，胶料的拉伸变形可在流道中恢复；但是，胶料剪切流动中法向应力也会使压出后呈现膨胀现象。其实，入口效应和法向应力两者对压出变形都有影响。在口型的长径比较小时，以入口效应为主；当长径比较大时，以法向应力为主。

2. 压出成形(口型)模具的设计

胶料压出后会产生膨胀变形，半成品的形状和尺寸与口型断面的形状和尺寸之间有很大的差异，为使压出物形状和尺寸稳定，符合制品要求，必须根据胶料的这一特点合理设计口型。以往口型设计只能凭借经验，并通过多次尝试后确定口型尺寸和形状。近年来，由于高聚物流变学的发展及其在口型设计中的应用，使口型设计逐步理论化，可对口型主要几何参数进行流变计算，并与实践相结合完成口型的设计。目前口型设计一般采用经验法与计算法相结合的方式来进行。计算法主要是根据粘性流体输送理论对一维和二维口型流动进行流变计算，具体的计算方法可参照有关资料。

口型设计的一般原则可归纳为：

（1）口型应有一定锥角　口型的锥角设计有利于胶料流动，并避免形成死角。锥角越大，压出压力越大，压出速度越快，压出物表面光滑致密，但收缩率较大。

（2）口型内部应光滑、呈流线型　无死角，不产生涡流。

（3）口型边部适当开孔　某些口型适当开孔，可以防止口型边角处积胶和焦烧，或产生压出物断边现象。排胶孔可按压出半成品大小确定。

（4）口型厚度适当　口型厚度即口型流道长度。容易焦烧的胶料用口型应较薄，以利于压出。对于较薄的空心制品或再生胶含量多的制品，则应采用较厚的口型，以减少压出物膨胀。

复习思考题

1. 说明橡胶牌号各位数字的意义。
2. 简述橡胶加工过程的主要工序。
3. 硫化条件对橡胶制品质量的影响主要表现在哪些方面？
4. 橡胶成形模具主要包括哪几类？各类的典型结构如何？

第六篇

综合应用

6

第十八章　材料成形工艺的选用

材料成形工艺选用最基本的原则是：技术上的可行性和经济上的合理性，可具体化为：形状精、性能好、用料少、能耗低、工装简、无公害。

一、零件毛坯主要种类及成形工艺比较

1. 零件毛坯的主要种类及特点

采用材料成形工艺所能加工的毛坯及成品零件主要有：铸件、锻件、冲压件、焊接件和塑料件等，此外，还有挤压件、粉末冶金制件及型材等。

（1）铸件　铸造可生产形状复杂的大中型零件毛坯，其缺点是晶粒粗大、组织疏松、成分不均匀、力学性能差；其优点是减振、耐磨性好。铸件可用于受力不大或以承受压力为主的零件。铸件分为铸铁件、铸钢件和铝、铜、镁等有色合金铸件。铸钢件力学性能比铸铁件的好。铸钢件可分为一般工程用碳素结构钢和合金结构钢铸件等；各种有色合金铸件按化学成分还可分为多种牌号的铸件。

（2）锻件　锻造可以改善金属的流线分布和内在质量，提高零件的力学性能，用于承受重载、动载和复杂载荷的关键零件。锻件可分为自由锻件、胎模锻件和模锻件。模锻件按是否形成飞边又可分为有飞边（开式）模锻件和无飞边（闭式）模锻件；按加工余量和公差的大小可分为普通模锻件和精密模锻件等。此外，还有辊锻、楔横轧、摆辗和扩孔环轧等特种锻件。

（3）冲压件　可分为冲裁件、弯曲件和拉深件等。若按制件尺寸精度可分为普通冲压件和精冲件。

（4）焊接件　焊接是通过金属原子间的扩散和结合将若干单元坯件连接成各种结构件，其形状和尺寸不受限制。另外，铸-焊、锻-焊、冲压-焊接相结合，可使单纯的焊接制件的范围大为扩展。

（5）塑料件　其特点是通过注射、挤出等不同的成形方法，将颗粒状塑料加工成塑料制件，即直接获得最终零件或产品。

（6）挤压件　按挤压温度分为热、冷、温挤压件。热挤压件主要用作精化毛坯；冷挤压件的精度可达 IT7 ~ IT6 级，表面粗糙度可达 $R_a1.6 \sim 0.4\mu m$，许多冷挤压件即为最终零件；温挤压件的尺寸精度和表面粗糙度介于冷、热挤压件之间。

（7）粉末冶金制件　以金属粉末为原料，采用压制成形后高温烧结而成，尺寸精度可达 IT6 级，表面粗糙度为 $R_a0.4 \sim 0.2\mu m$，可获得最终零件。为了提高零件的致密度和力学性能，可采用粉末冶金制坯，然后采用热模锻成形。

（8）型材　分为实心和空心型材。实心型材一般用作毛坯；空心型材可进行少量切削加工，甚至不加工即可获得所需制件。

2. 各种成形工艺的比较及主要适用范围

各种成形工艺的比较及主要适用范围列于表 18-1。

表 18-1 各种成形工艺的比较及主要适用范围

序号	比较内容	铸造	锻造	冲压	焊接	注塑
1	成形特点	液态金属成形	固态金属塑性成形		金属焊接成形	塑料注射成型
2	对原材料性能的要求	流动性好、收缩率低	塑性好、变形抗力小		强度好、塑性好、液态下化学稳定性好	塑料：加热、加压时可塑性好
3	一般的制品材料	灰铸铁、球墨铸铁、中碳铸钢和有色金属	中碳钢和合金结构钢	低碳钢和有色金属薄板	低碳钢和低合金结构钢	热塑性塑料 热固性塑料
4	制品内部组织特点	晶粒粗大、疏松、杂质排列无方向性	晶粒细小、致密、杂质呈纤维方向排列	多数工序在加工后材料原组织基本不变；拉深加工后沿拉深方向形成新的纤维组织	焊缝区为铸造组织、熔合区及过热区有粗大晶粒	热塑性塑料产品：分子结构呈链状或树枝状 热固性塑料产品：分子结构呈网状
5	制品力学性能特征	铸铁件力学性能差，但减振及耐磨性能好；铸钢件力学性能较好	比相同成分的铸钢件力学性能好	强度、硬度提高，结构刚度好	接头的力学性能可达到或接近母材金属	
6	零件结构特征	形状一般不受限制，可以相当复杂	形状一般较铸件简单	轻巧，可以比较复杂	尺寸、形状一般不受限制，结构轻便	轻巧，形状可以相当复杂
7	材料利用率	高	较高	较高	较高	高
8	生产周期	长	模锻长，自由锻短	长	短	短
9	生产成本	较低	较高	批量越大，成本越低	较高	低
10	主要适用范围	铸铁件用于受力不大或承压为主的零件，或要求有减振、耐磨性能的零件；铸钢件用于承受重载而形状复杂的大、中型零件	用于承受重载、动载及复杂载荷的重要零件	用于以薄板成形的各种零件	主要用于制造各种金属结构件，部分用于制造零件的毛坯及修复废旧零件	日用品、家用电器零件，轿车、飞行器零件，建筑装饰材料，包装与防护材料

二、零件毛坯及其成形工艺的选用原则

通常，零件毛坯或成品零件及相应的成形工艺，应根据零件的使用性能要求、生产批量、生产条件和经济合理性来选择。相应的选择原则为：

1. 零件的使用性能要求

零件的使用性能主要是指零件在使用状态下应具有的力学性能、物理性能或化学性能等。选择毛坯首先应考虑由该毛坯制造出的零件的使用性能，然后再根据其使用性能初步选

择毛坯材料及相应的成形方法。

零件的力学性能主要指在室温下或在高温下的承载性能、强度与刚性、耐磨性及减振性等。不同的零件在机器中所起的作用不同，如轴类零件传递转矩；用于联接的螺栓承受拉力；冷挤压凹模要求有足够的强度与刚性；机身和底座等则以承压力为主，要求有较好的刚性和减振性；工作台及导轨应具有好的耐磨性能。甚至同类零件在不同机器中的作用也不同，如仪表中的齿轮仅传递运动；农机和建筑机械等齿轮则主要是传递运动，其次是传递力；而汽车中的齿轮既传递运动又传递力。又如发动机中进气门基本上是在室温下工作，而排气门则是在900℃左右的高温条件下工作。

有的零件，如汽车发电机的磁极(即极爪)和打印机的线圈座等要求具有良好的导磁和导电性能。又如化工工业中的泵、阀和管道等零部件，要求具有良好的耐蚀性能；汽轮发电机叶片是在高温和潮湿的蒸汽中工作，则要求耐锈蚀等。

充分了解零件的使用性能要求，即可根据其使用性能要求来选择相应的毛坯。毛坯确定后，即可选择毛坯材料和初步确定毛坯的成形加工方法。

2. 材料的成形性能与性能价格比

(1) 成形性能　金属材料的成形性能主要是铸造凝固成形性能、锻造成形与冲压成形性能、焊接性能、热处理性能(包括淬透性、淬火变形、开裂倾向、过热敏感性和耐回火性能)以及切削加工性能。成形工艺性能的好坏，对决定零件毛坯成形加工的难易程度、生产效率、生产成本等方面起着十分重要的作用，在满足零件使用性能的前提下，是选择时必须同时考虑的因素。

(2) 性能价格比　毛坯材料在满足零件的使用性能和毛坯的成形性能的前提下，应尽可能使零件的生产总成本最低、经济效益最高，即选用材料时不宜在使用性能和成形性能上拼命地拔高，这样必然导致选用价格昂贵的材料。应当对几种材料的性能与价格进行分析比较，最终选择性能价格比合理的材料作为毛坯材料。

我国目前模锻件生产成本的构成与国外大致相当，生产费用中各项费用构成比例虽有不同，而原材料费用所占比例一般约为锻件成本的50%。不难判断，降低材料费用可明显地降低锻件成本。而降低锻件成本有两项措施：一是选择价格合理的材料；二是提高材料利用率，减少材料的用量。

3. 生产条件

分析生产条件，首先应分析本企业的生产条件。当根据零件的使用性能要求基本确定了选用的毛坯后，则应当按照所选用的毛坯生产流程分析本企业现有的设备型号、数量及配套装备的水平和能力，看是否能满足毛坯的生产要求。若本企业不能满足毛坯的生产要求，其解决的办法有：一是若已有设备及配套装备能部分满足生产要求时，或是添置所缺乏的设备和配套装备，使之形成完备的生产流程，或是采取与其他企业协作的办法，来补充本企业生产条件的不足；二是已有设备根本不能满足毛坯生产要求时，则可采取完全外协或建立新的生产线(或机组)。对于毛坯的生产条件的分析，应当充分利用社会的分工与协作条件，克服“大而全、小而全”的封闭式的生产方式，通过技术上的可行性和经济上的合理性来综合分析确定。

4. 生产批量

生产批量常常成为毛坯成形工艺方案选择的主要依据。显而易见，当生产批量不大时，采用昂贵的专用设备和工装必然会导致生产成本的提高；当生产批量很大时，若仍采用简单而通用的设备和工装，必然导致材料利用率和劳动生产率的降低。

以锻件毛坯生产为例，由表18-2所列数据，既能看出模锻件的批量越大，单件的成本越低；又能看出同样批量下，精密模锻件的成本比普通模锻件的低。

表18-2　两种模锻工艺生产的典型铝合金锻件的单件费用比较

工序和工具	普通模锻		精密模锻	
	100件批	1000件批	100件批	1000件批
锻造厂的：				
1. 原材料费	100	1000	50	450
2. 调整费	10	10	20	500
3. 锻造工序费	20	200	40	20
4. 模具与量具费	300	300	500	400
机加工厂的：				
5. 机械加工调整费	15	15	5	5
6. 机械加工费	200	2000	20	200
7. 夹具和量具费	100	100	10	10
8. 总费用	745	3625	645	2085
9. 单件费用指数	7.45	3.625	6.45	2.085

5. 经济合理性

仍以锻件生产为例进行经济性分析。材料价格对锻件生产成本的影响，已在上面作了分析。而影响锻件成本的另一重要因素就是成形工艺方案，因不同的工艺方案，所采用的锻造设备、配套装备、模具的结构及数量不同。如前所述，应当综合考虑所选材料、生产条件和生产批量，力求设备与工装投入的费用最低，尽量降低锻件成本。

铸件、焊接件、冲压件和塑料制件的生产，均应进行同样的分析。

三、典型零件毛坯成形工艺方法的选用

常用机械零件按形状和用途的不同，可分为饼盘类、轴杆类、机箱机架类和薄壁薄板制件等四大类。形状相似且用途相近的零件毛坯，其成形工艺方法与工模具结构也会相同或相似。

1. 饼盘类零件毛坯

饼盘类零件，其特点是高度方向的尺寸比其平面图上的长、宽尺寸小，其平面呈圆形、方形或近似圆形和方形。有各种齿轮、带轮、飞轮、轴承圈、环形件、圆形和近似圆形的模具等，如图18-1所示。

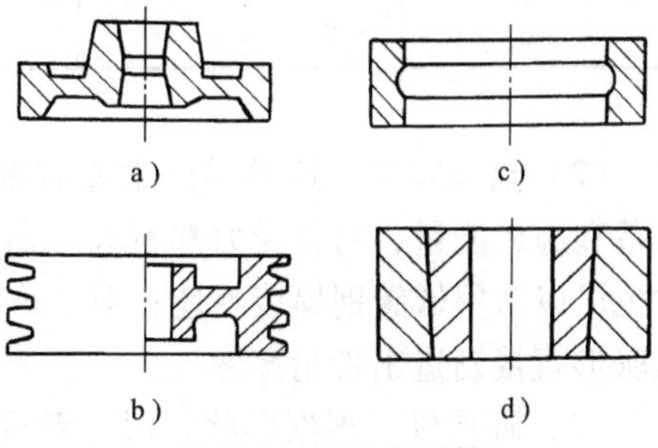

图18-1　饼盘类零件

a）齿轮　b）带轮　c）轴承圈　d）预应力结构

这类零件在不同的机械中其工作条件和使用性能要求也各不相同，因此它们所用的材料和相应的毛坯及其成形工艺方法也各不相同。

（1）齿轮　它是各种机械中重要的传动零件，运动时两个相互啮合的轮齿之间通过一个狭小的接触面来传递力和运动。因此，齿面上要承受很大的接触应力和摩擦力，这就要求轮齿表面有足够的强度和硬度；同时，齿根部分要能承受较大的弯曲应力。齿轮在运动过程中有时还要承受冲击力的作用，因此齿轮的本体也要有一定的强度和韧性。

根据以上分析，齿轮一般应选用良好综合力学性能的中碳结构钢(40 钢、45 钢)制造，采用正火或调质处理；重要机械上的齿轮可选用 20Cr、20CrMnTi 等合金结构钢，进行渗碳或碳氮共渗、渗氮处理。中小型齿轮一般应选用锻件毛坯，其中以大批量生产条件下采用的精锻齿轮性能最好；在单件或小批量生产的条件下，直径小于 100mm 的齿轮也可以圆钢为毛坯；结构复杂的大型齿轮(直径在 400mm 以上)锻造比较困难，可用铸钢或球墨铸铁件为毛坯。铸造齿轮一般以辐条结构代替锻造齿轮的辐板结构；在单件生产的条件下，也可以焊接方式制造大型齿轮的毛坯；在低速运转且受力不大，或者在多粉尘的环境下开式运转的齿轮，也可用灰铸铁为毛坯；以传递运动为主的仪表齿轮，多采用高碳工具钢(T8A、T10A)、优质碳素结构钢(08 ~70 钢)、合金结构钢和铜合金及铝合金板料，通过精密冲裁直接得到齿轮零件。几种常用齿轮的工作条件、使用性能要求、选用材料及其成形工艺比较见表 18-3。

表 18-3　几种常用齿轮的工作条件、使用性能要求、选用材料及其成形工艺比较

比较内容 / 机械种类	工作条件	使用性能要求	选用材料	成形工艺
机床齿轮	封闭状态、润滑良好、受力稳定	齿面高硬度、高耐磨，本体有足够的强度、韧性	中碳结构钢、中碳合金结构钢：40Cr	锻件：小批量生产采用胎模锻；批量生产采用模锻
汽车齿轮	封闭状态、润滑良好，间断冲击载荷	齿面高硬度、高耐磨，本体强度与韧性好	低合金结构钢：20CrMnTi、20CrMo	中小型齿轮锻件：采用热模锻压力机或高速镦锻机多工位闭式模锻；中小型锥齿轮精密锻件：采用精密模锻
农机、建筑机械齿轮	半开或开式状态、低速、受力不大	齿面硬度较高、耐磨	灰铸铁	铸件：铸造成形
仪表齿轮	封闭状态、润滑良好、运动平稳、受力小	耐磨、运动精度高	T8A、T10A，35 ~70 钢，铜合金、铝合金	精冲零件：精密冲裁

（2）盘类零件　这类零件主要有带轮和飞轮。带轮主要是传递运动和力矩，飞轮则是积蓄和施放能量，两者受力都不大，通常采用 HT150 或 HT200 等灰铸铁件毛坯；单件生产时也可以采用低碳钢焊接毛坯；对于汽车带轮，为了减轻质量，近年来采用低碳钢板通过液压胀形直接制造出带轮零件。

（3）环形件　根据形状、尺寸和受力情况的不同，可分别采用铸铁件、铸钢件或锻钢件。对于大中型锻钢件，当数量较少时一般采用马架扩孔方式的自由锻工艺生产；当数量较多时，如大中型轴承套圈锻件，一般采用专用扩孔机生产；对于小型轴承套圈锻件大批量生产时，最先进的方法是采用轧制棒料为坯料，在多工位热镦锻机上通过闭式模锻工艺生产。

（4）圆形模具　主要是各种挤压凹模、饼盘类锻件的锻模和冲压模具等，其模具毛坯均采用合金钢锻件。冷挤压凹模常采用 W6Mo5Cr4V2、YG5 等冷作模具钢和硬质合金，热处理硬度在 60～62HRC 以上。为了节约贵重的合金钢，冷挤压凹模常采用预应力组合结构，即内、外圈为过盈配合(见图 18-1d)，内圈采用合金钢，外圈采用 45 或 40Cr 钢通过调质处理硬度 36～40HRC。热锻模常采用 5CrNiMo、5CrMnMo 等热作模具钢，经淬火和中温回火使模膛表面的硬度为 37～34HRC。冲模常采用 Cr12、Cr12MoV 等冷作模具钢，经淬火和低温回火处理硬度为 58～60HRC。

2. 轴杆类零件

轴杆类零件，其特点是长度与宽度或高度(或直径)的尺寸比例较大。常见的轴杆类零件有实心轴和空心轴、直轴和曲轴以及各种管件、杆件等，如图 18-2 所示。

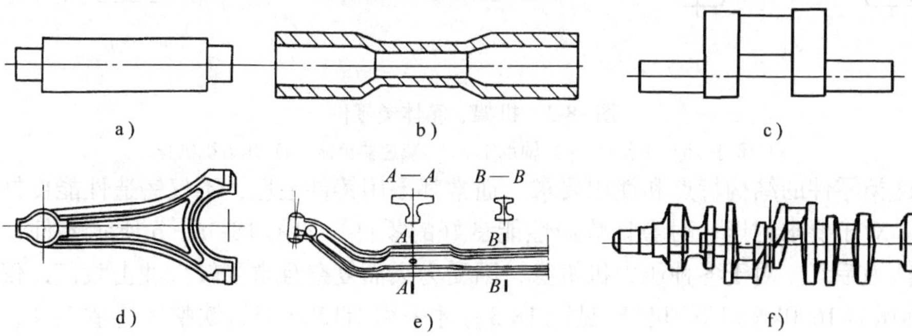

图 18-2　轴杆类零件

工作既承受弯矩又传递转矩的轴称为转轴，如曲柄压力机上的曲柄和发动机曲轴(见图 18-2c、f)与带轮相连的轴及机床主轴等，主要用来支撑转动零件；本身仅承受弯矩但不传递转矩的轴称为心轴，如汽车的前轴(见图 18-2e)、火车的轮轴等，主要用来传递转矩；不承受或仅承受很小弯矩作用的轴称为传动轴，如汽车传动轴套管、车床上的光轴等；有的轴类零件仅承受轴向拉力或压力的作用，如组合压力机机身的预应力拉杆、汽车直拉杆和连杆(见图 18-2a、b、d)等。

轴杆类零件一般都是各种机械中的重要受力和传动零件，除光轴和直径变化不大的直长轴(见图 18-2a)可直接采用 45、40Cr 棒料进行机加工和调质处理获得所需零件外，其他轴杆类零件几乎都采用锻件毛坯。对于曲柄压力机用曲轴，多为 45、40Cr 钢采用自由锻生产锻件毛坯；对于农用柴油机曲轴、凸轮轴，为了降低成本，可采 QT450—10、QT500—7、QT600—3 等球墨铸铁毛坯；而对于汽车曲轴、凸轮轴、前轴和连杆，则采用 45、40CrNi、40MnB 等中碳或中碳合金结构钢模锻件。对于空心轴杆类零件(见图 18-2b)，一般采用 30、45 钢厚壁管为原毛坯，当其为一头粗大的杯杆形结构时，应按杆部直径和壁厚选择管坯采用镦粗工艺生产；当两端粗而中段细小时，则应按两端管径和壁厚选择管坯采用楔横轧工艺生产。

3. 机架、箱体类零件

这类零件包括各种机械的机身、底座、支架、横梁、工作台、导轨以及齿轮箱、轴承座、阀体、泵体等(见图 18-3)。这类零件的结构特点是形状不规则，结构比较复杂，质量从几千克至数十吨。工作条件也相差很大，其中床身、底座等是以承压为主，并要求有较好的刚度和减振性；有些机械的机身，如压力机机身(见图 18-3e)往往同时承受压、拉和弯曲应力的联合作用，或者还有冲击载荷；工作台和导轨等零件，则要求有较好的耐磨性；箱体零件一般受力不大，但要求有良好的刚度和密封性。

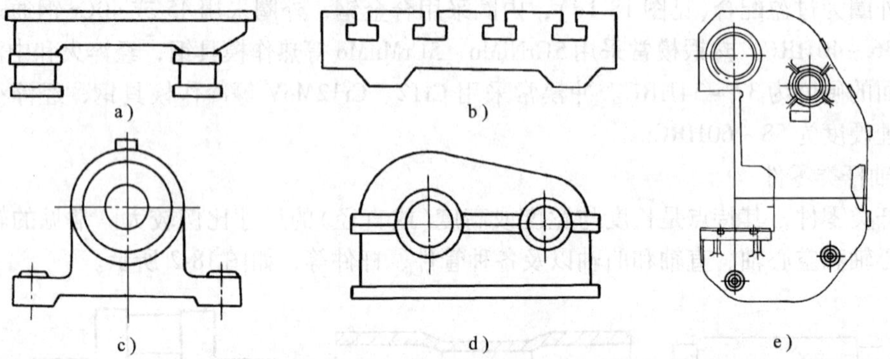

图 18-3 机架、箱体类零件

a）床身 b）工作台 c）轴承座 d）减速器箱体 e）压力机机身

根据这类零件的结构特点和使用要求，通常都采用铸件毛坯，不仅铸造性能良好，而且价格便宜。对于要求耐压、耐磨且减振性能良好的零件，如图 18-3a、b 所示零件，一般采用灰铸铁件为毛坯。对于各种压力机机身，因受力大而复杂且常受较大冲击载荷，仅小型压力机(公称压力 1600kN 以下)机身(见图 18-3e)才采用 HT200 灰铸铁整体铸造毛坯；当为大中型压力机机身时，一般分上、下横梁和左、右立柱四个 HT200 铸件，通过左、右两根锻钢拉杆(见图 18-2a)和螺母将其紧固为组合机身；对于用于模锻的压力机，为了提高机身的刚性，通常采用铸钢毛坯；大型压力机和单件生产的压力机常采用钢板焊接机身，有的还采用铸焊组合机身。

4. 薄壁、薄板件

薄壁、薄板件主要是板料冲压件和塑料注射成型件，广泛应用于汽车、飞机、家电、农机、厨具及建筑装潢等，且其应用范围和产量越来越大。以汽车上的薄板冲压件为例，其驾驶室由 32 件不同形状和大小的复杂薄板件(称为覆盖件)焊接拼装而成。这些覆盖件由厚度 0.7 ~ 1mm 的 08 钢板冲压而成，如图 18-4 所示的汽车车门外板和汽车轮毂盖。由塑料注射

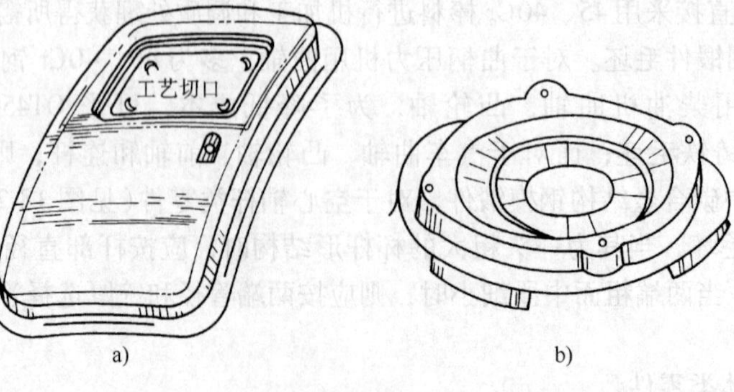

图 18-4 汽车覆盖件

a）车门外板 b）轮毂盖

而成的薄壁薄壳件如彩色电视机、收音机和录像机等家电的机壳和水桶、玩具等，举不胜举。

四、成形工艺方案的技术经济性论证

技术经济指标是评价材料成形工艺方案的经济效益及其技术先进性的主要依据。其评价指标大体可分为两类：价值指标和实物指标。

价值指标包括生产成本（毛坯成本与零件成本）、基建（新建或改建）投资回收期、年度利润等，是评价的主要指标，它从整体上反映出工艺方案的优劣。

实物指标包括金属材料利用率、毛坯（零件）劳动消耗量（台时或工时），燃料或动力消耗、工模具消耗等。实物指标是计算价值指标的依据，通过单项指标的比较，有利于提出具体改进措施。下面以锻件生产为例，对工艺方案的分析作进一步的论述。

1. 成本与批量的关系及方案比较

锻造工艺方案比较应从分析锻件的单件成本开始，单件成本大体上可划分为与生产批量无关的项目，如材料费、工资等；与生产批量有关的项目，如摊销的模具费、车间企管费等。其关系如下式：

$$C = A + \frac{B}{n}$$

式中，C 为单件成本；A 为与生产批量无关的项目之和；B 为与生产批量有关的项目之和；n 为生产批量。

目前，我国一般模锻件成本比例为：材料费约占45%~65%；燃料动力费约占7%；模具费约占6%；生产工人工资约占20%~50%；企管费约占15%。

环形锻件单件成本与生产批量的关系如图18-5所示，它是四种工艺方案分别按上式所作的曲线。由图18-5可知，当锻件批量小于210件时，应采用自由锻工艺生产；大于210件应采用平锻工艺生产；若无平锻机，也可采用机械压力机或模锻锤生产，此时其临界批量分别为400件和480件。

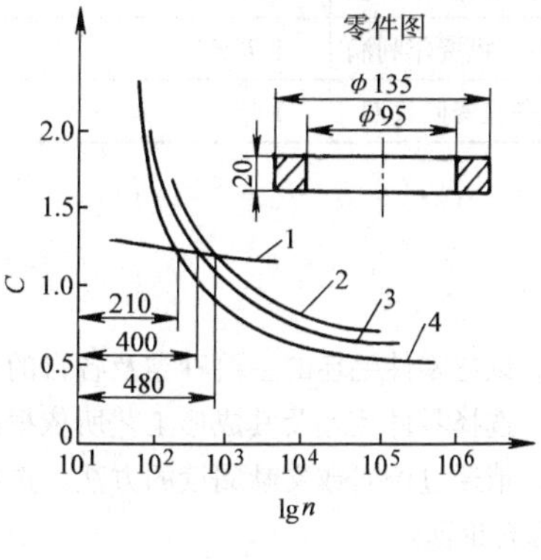

图18-5　环形件单件成本与生产批量的关系
1—自由锻　2—锤上开式模锻
3—机械压力机上开式模锻
4—平锻机上闭式模锻

2. 锻件合理生产批量的确定

影响锻件成本的因素甚为复杂，上述分析虽然比较粗糙，但已不难看出生产批量与锻件成本有直接关系，常成为工艺方案选择的主要依据。显然可见，当生产批量不大时，采用昂贵的专用设备和工装，必然导致生产成本的提高；当生产批量很大时，若仍采用简单通用的设备和工装，必然导致材料利用率和劳动生产率的降低，同样引起生产总成本的提高。工艺的先进与落后，视具体生产条件（特别是生产批量）而定，必须立足从经济效果来评价工艺方案。

除此，从锻造车间局部利益出发，为了增大投产批量，常希望将全年任务一次连续生产完毕。但从全局观点出发，这样做必然会增大中间仓库的面积、积压流动资金，导致全厂技术经济指标的恶化。所以在中批、大批生产条件下，特别是当模具寿命小于年产量时，常需将年产量合理划分为数批投产。一般可参照机械加工车间生产能力或锻造模具寿命分批投产。模锻车间常按一至二个工作班产量作为投产批量。

3. 基建设计中的工艺方案比较

在工厂和车间的基建设计中，也常遇到锻造工艺方案评比问题，这时基本建设投资及回收期常作为主要因素。特别是一些量大面广的锻件工艺方案，往往牵涉到国家技术经济政策和现代化的道路问题，更应反复比较、慎重处理。

如链轨节(见图18-6)是履带的重要组成部分，我国每年需要量近千万件。链轨节的锻造工艺方案很多，现作粗略比较见表18-4，可作示例。

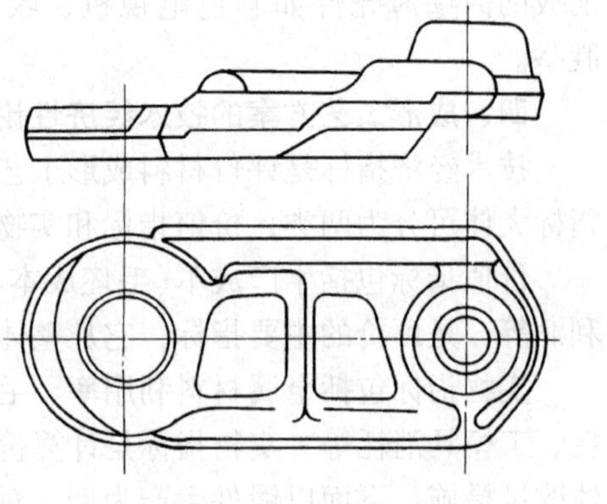

图18-6 链轨节锻件简图

表18-4 年产60万件链轨节锻造工艺方案比较表

比较项目	辊锻工艺	锤模锻工艺	热模锻压力机工艺
锻造机组及投资	主机 ϕ900mm 辊锻机，另配6300kN摩擦压力机，共需投资60万元	主机30kN模锻锤，另配切边压力机和锅炉房工程，共需投资45万元	主机40000kN曲柄压力机，进口需600万元，国产需100万元
厂房	高度6m，造价100元/m^2	高度9m，造价250/m^2	高度9m，造价200元/m^2
每万元投资年产值	10万元	13.3万元	6万元
每万元投资年利润	1万元	0.85万元	0.384万元
设备投资回收期	1年	1年2个月	2年7个月

复习思考题

1. 试述零件毛坯的主要种类及各自的适用范围。
2. 选择零件毛坯及其成形工艺所依据的原则是什么？试以齿轮和挤压凹模为例加以说明。
3. 请通过调研或文献阅读的方法，选择一典型零件，针对不同的条件进行成形工艺方案的技术与经济性的综合论证。

参考文献

[1] 曲卫涛. 铸造工艺学[M]. 西安：西北工业大学出版社，1996.

[2] 胡城立，朱敏. 材料成型基础[M]. 武汉：武汉理工大学出版社，2001.

[3] 王寿彭. 铸件形成理论及工艺基础[M]. 西安：西北工业大学出版社，1994.

[4] 胡忠，张启勋，高以熹. 铝镁合金铸造工艺及质量控制[M]. 北京：航空工业出版社，1990.

[5] 陈金德. 材料成型工程[M]. 西安：西安交通大学出版社，2002.

[6] 陈金德，等. 材料成形技术基础[M]. 北京：机械工业出版社，2000.

[7] 卡尔金 H M. 轻合金浇注系统[M]. 王乐议，译. 北京：国防工业出版社，1982.

[8] 王文清，李魁盛. 铸造工艺学[M]. 北京：机械工业出版社，1998.

[9] 曾光廷. 材料成型加工工艺及设备[M]. 北京：化学工业出版社，2001.

[10] 林再学，樊铁船. 现代铸造方法[M]. 北京：航空工业出版社，1991.

[11] 李仁杰. 压力铸造技术[M]. 北京：国防工业出版社，1996.

[12] 中国机械工程学会铸造专业学会. 铸造手册：第6卷特种铸造[M]. 北京：机械工业出版社，2000.

[13] 黄乃瑜，等. 面向21世纪的消失模铸造技术[J]. 特种铸造及有色合金，1998(4)：37-40.

[14] 马幼平，等. 负压实型铸造及铸件质量[M]. 北京：冶金工业出版社，2002.

[15] 谢长生，等. 半固态金属加工技术及其应用[M]. 北京：冶金工业出版社，1999.

[16] 樊自田. 金属零件快速成型技术中材料及工艺的基础研究[D]. 武汉：华中理工大学，1999.

[17] 李周，等. 喷射成形技术应用[J]. 粉末冶金工业，1995(4)：14-17.

[18] 张永昌. 金属喷射成形的进展[J]. 粉末冶金工业，2001(12)：17-21.

[19] 曹志强，等. 电磁铸造技术及其发展[J]. 轻金属，1995(10)：51-53.

[20] 冠宏超，等. 钢的电磁铸造及其研究进展[J]. 铸造技术，2001(3)：46-48.

[21] 魏华胜. 铸造工程基础[M]. 北京：机械工业出版社，2002.

[22] 夏巨谌. 塑性成形工艺及设备[M]. 北京：机械工业出版社，2001.

[23] 姚泽坤. 锻造工艺学与模具设计[M]. 西安：西北工业大学出版社，2001.

[24] 美国金属学会. 金属手册：第14卷成型和锻造[M]. 9版. 北京：机械工业出版社，1994.

[25] 阿尔坦 T，等. 现代锻造[M]. 陆索，译. 北京：国防工业出版社，1982.

[26] 郭鸿镇，姚泽坤，苏祖武. 钛合金大型盘形件等温锻模具设计[J]. 锻压技术，1992，5.

[27] 夏巨谌. 精密塑性成形工艺[M]. 北京：机械工业出版社，1999.

[28] 林法禹. 特种锻压工艺[M]. 北京：机械工业出版社，1991.

[29] 洪深泽. 挤压工艺及模具设计[M]. 北京：机械工业出版社，1995.

[30] 张志文. 锻造工艺学[M]. 北京：机械工业出版社，1988.

[31] 肖景容. 精密模锻[M]. 北京：机械工业出版社，1985.

[32] 姜奎华. 冲压工艺与模具设计[M]. 北京：机械工业出版社，1997.

[33] 肖祥芷，王孝培. 中国模具设计大典：第3卷冲压模具设计[M]. 南昌：江西科学技术出版社，2002.

[34] 涂光祺. 精冲技术[M]. 北京：机械工业出版社，1990.

[35] 张毅. 现代冲压技术[M]. 北京：国防工业出版社，1994.

[36] 吴诗惇. 冲压工艺学[M]. 西安：西北工业大学出版社，1987.

[37] 马正元，韩启. 冲压工艺与模具设计[M]. 北京：机械工业出版社，1998.

[38] 日本塑性加工学会. 旋压成形技术[M]. 陈敬元，译. 北京：机械工业出版社，1988.

[39] 王同海. 管材塑性加工技术[M]. 北京：机械工业出版社，1998.
[40] 黄早文，等. 翻管工艺的研究[J]. 华中理工大学学报，1991，19(增刊Ⅲ)：89-94.
[41] 蒋侠民，等. 聚氨酯橡胶在冲压技术中的应用[M]. 北京：国防工业出版社，1989.
[42] Hardwick R. and Doherty A. High Energy Rate Forming-Considerations and Production Methods[J]. Sheet Metal 1nd，1988(4).
[43] 熊腊森. 焊接工程基础[M]. 北京：机械工业出版社，2002.
[44] 周兴中. 焊接方法及设备[M]. 北京：机械工业出版社. 1990.
[45] 安藤弘平，长谷川雄. 焊接电弧现象[M]. 施雨湘，译. 北京：机械工业出版社，1988.
[46] 郑庭宜，黄石生. 弧焊电源[M]. 北京：机械工业出版社，1988.
[47] 殷树言，张久海. 气体保护焊工艺[M]. 哈尔滨：哈尔滨工业大学出版社，1993.
[48] 熊腊森. 逆变式脉冲弧焊电源的研究[J]. 电源世界，2000(10)：44-46.
[49] 朱正行，等. 电阻焊技术[M]. 北京：机械工业出版社，2000.
[50] Collard J F. Adaptive Pulsed GMAW Control The Digipulse System[J]. Welding Journal，NoV，1988：35-38.
[51] Ogasawara T，Matuyama T，Saito T，Sato M，Hida Y. A Power Souce for Gas shield Arc Welding With New Current Waveforms[J]. Welding Journal，Mar，1987：57-63.
[52] 赵熹华. 压力焊[M]. 北京：机械工业出版社，1988.
[53] 潘际銮. 现代焊接控制[M]. 北京：机械工业出版社，2000.
[54] 林尚杨. 焊接机器人及其应用[M]. 北京：机械工业出版社，2000.
[55] 邹莱莲. 焊接理论及工艺基础[M]. 北京：北京航空航天大学出版社，1994.
[56] 周振丰. 焊接冶金学(金属焊接性)[M]. 北京：机械工业出版社，1996.
[57] 田燕. 焊接区断口分析[M]. 北京：机械工业出版社，1993.
[58] 孟广喆，贾安东. 焊接结构强度和断裂[M]. 北京：机械工业出版社，1986.
[59] 沈新元. 高分子材料加工原理[M]. 北京：中国纺织出版社，2000.
[60] 薛迪甘. 焊接概论[M]. 北京：机械工业出版社，1995.
[61] 李德群，等. 中国模具设计大典：第2卷轻工模具设计[M]. 江西：江西科学技术出版社，2002.
[62] 李德群. 塑料成型工艺及模具设计[M]. 北京：机械工业出版社，1994.
[63] 王兴天. 注塑成型技术[M]. 北京：化学工业出版社，1989.
[64] 张留成，等. 高分子材料基础[M]. 北京：化学工业出版社，2002.
[65] 申开智. 塑料成型模具[M]. 北京：中国轻工业出版社，2002.
[66] 张留成，等. 高分子材料基础[M]. 北京：化学工业出版社，2001.
[67] 申长雨. 橡塑模具优化设计技术[M]. 北京：化学工业出版社，1997.
[68] 夏巨谌. 金属材料精密塑性加工方法[M]. 北京：国防工业出版社，2007.
[69] 张孝民. 塑料模具设计[M]. 北京：机械工业出版社，2003.